全国教育科学"十一五"规划课题研究成果

机械设计

第2版

○ 主 编 朱龙英 袁 健
○ 副主编 周 海

中国教育出版传媒集团
高等教育出版社·北京

内容简介

本书为全国教育科学“十一五”规划课题研究成果，是在第1版的基础上，为适应高等学校工程应用型人才的培养和新工科人才培养计划课程体系改革的需要修订而成的。

全书的体系和章节安排与第1版相同，共5篇16章。第1篇机械设计总论（第1、2章），介绍机械设计概论和机械零件的强度；第2篇常用连接设计（第3~5章），主要介绍常用连接，如轴毂连接、螺纹连接、联轴器与离合器等的工作原理、结构特点和设计方法；第3篇常用传动设计（第6~10章），主要介绍带传动、链传动、齿轮传动、蜗杆传动及其他传动的运动特点、工作能力分析和结构设计；第4篇支承零部件设计（第11~14章），主要介绍滑动轴承、滚动轴承、轴及机座、箱体和导轨等零部件的设计；第5篇其他零部件和机械传动系统设计（第15、16章），主要介绍弹簧和机械传动系统设计。每章后附有习题。

本书可作为普通高等学校机械类专业的机械设计课程教材，也可供有关专业的师生和工程技术人员参考使用。

图书在版编目（CIP）数据

机械设计／朱龙英，袁健主编；周海副主编. --2版. --北京：高等教育出版社，2023.3

ISBN 978-7-04-059687-8

Ⅰ. ①机… Ⅱ. ①朱… ②袁… ③周… Ⅲ. ①机械设计-高等学校-教材 Ⅳ. ①TH122

中国国家版本馆CIP数据核字（2023）第011113号

Jixie Sheji

策划编辑 庚 欣　责任编辑 庚 欣　封面设计 张申申　版式设计 杜微言
责任绘图 于 博　责任校对 窦丽娜　责任印制 田 甜

出版发行 高等教育出版社
社　　址 北京市西城区德外大街4号
邮政编码 100120
印　　刷 北京市鑫霸印务有限公司
开　　本 787mm×1092mm 1/16
印　　张 25.75
字　　数 630千字
购书热线 010-58581118
咨询电话 400-810-0598
网　　址 http://www.hep.edu.cn
　　　　 http://www.hep.com.cn
网上订购 http://www.hepmall.com.cn
　　　　 http://www.hepmall.com
　　　　 http://www.hepmall.cn
版　　次 2012年6月第1版
　　　　 2023年3月第2版
印　　次 2023年3月第1次印刷
定　　价 49.00元

物 料 号 59687-00

第 2 版前言

《机械设计》(第 2 版)是依据“高等学校本科教学质量与教学改革工程项目”有关文件的精神,以及教育部机械基础课程教学指导分委员会审定通过的高等学校《机械设计课程教学基本要求》,以培养应用型本科院校机械类专业学生的综合设计能力与创新能力为目标,结合近年来各院校机械设计课程的教学实践经验和改革成果,以及同行和读者的建议修订而成的。

在本书修订过程中,编者对原书作了较全面的修改和补充,力求做到精选内容,适当拓宽知识面,反映学科的新成果,教学针对性更强。本书保持了第 1 版的结构体系和内容,主要做了如下的修订:

(1) 对各章的内容和基本概念进行了推敲和完善,力求严谨、准确,便于教学。

(2) 增加了新技术的应用,如窄 V 带、同步带的设计计算图表,新的轴承型号等,以适应行业的发展,反映学科前沿。

(3) 根据最新颁布的国家标准,对螺纹连接、带传动、链传动、齿轮传动、滚动轴承、弹簧等的术语、图表和数据等内容进行了订正、补充和更新。

(4) 部分章节增补了例题和习题,以加强课程训练。

本书由朱龙英、袁健担任主编,周海担任副主编。参加本书修订工作的有盐城工学院朱龙英(第 1、2、10 章)、赵世田(第 3~5 章)、郁倩(第 6~9 章)、周海(第 11、12 章)、袁健(第 13~16 章)。

本书由盐城工学院马如宏教授审阅,他对本书提出了很多宝贵的意见,在此深表感谢。江苏海洋大学的李贵三教授,南通大学的杨玉萍教授、吴云教授参与了本书第 1 版的编写工作,感谢他们对本书做出的贡献。同时感谢盐城工学院对本书出版的大力支持。

本书在修订过程中参阅了其他版本的同类教材以及相关的文献资料,在此对有关作者表示衷心的感谢!

恳切希望使用本书的高校师生及读者提出批评指正。

编　者

2022 年 5 月

目　　录

第1篇　机械设计总论

机械设计是设计人员为满足人们对机械产品功能的需要，运用专业知识、实践经验和系统工程等方法进行设想和构思，经过强度计算和分析，最后以技术文件的形式提供产品制造依据的全过程。设计就是为产品进入市场提供所必需的一系列创新思维和活动。

机械设计是机械工业的基础环节，是生产机械所必须进行的技术决策活动。在制造业中，设计是制造的第一步。科技成果要转变为有竞争力的新产品，设计起着关键性的作用。

现代机械设计既要满足市场需求，又要考虑企业的发展；既要解决技术和可靠性问题，又要考虑经济性问题；既要解决设计本身的方法、手段和关键技术问题，又要解决产品生命周期中各个环节的技术问题。为此，机械设计必须在系统工程的现代设计方法学的指导下进行。

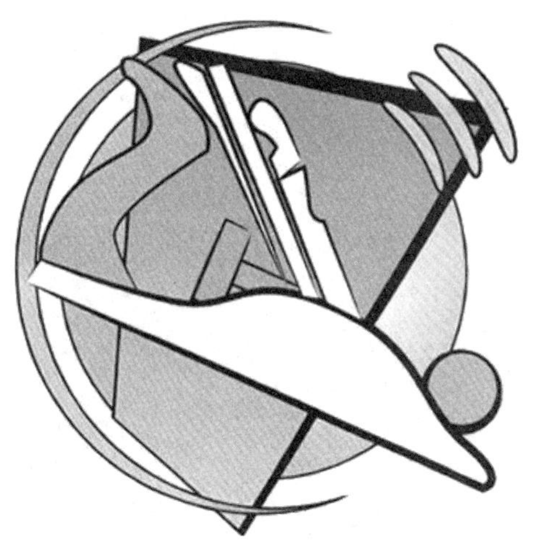

第 1 章　机械设计概论

机器是人们改造世界和实现现代化生活的重要工具，机器的发明、使用和发展是现代社会发展的重要创新过程，在这一创新过程中，人们总结机械设计的理论与方法，从而为更高层次的创新与设计奠定基础。设计能满足人们生产、生活需要并具有市场竞争力的机器是机械设计的核心任务，使用机器进行生产的水平是衡量一个国家科技水平和现代化程度的重要标志。

工业、农业、社会生活等各个领域都要求机械工业提供各种各样的机器，大部分科学研究成果也必须通过机械设计、机械制造等过程才能转变为生产力。机械设计是生产机械产品的第一道工序，设计质量的高低将直接影响机械产品的技术水平和经济效果。在设计这道工序下的功夫愈多，愈加符合客观实际，则其效果愈好。因此，机械设计学科的发展对于国民经济具有很重要的意义。

1.1　机器及其组成

机器是执行机械运动的装置，用来变换或传递能量、物料、信息等。在生产、生活中应用的机器种类很多，如汽车、机床、起重机、洗衣机等，其结构及用途各不相同，但从机器组成的角度来分析，它们有着共同的特点。

一台完整的机器通常由动力系统、传动系统、执行系统、控制系统和辅助系统等部分组成，如图 1.1 所示。动力系统是将其他形式的能量变换为机械能的装置，如内燃机、电动机、液压马达、气缸等，是机械系统的动力源。执行系统是利用机械能去实现预期功能的装置，包括执行机构和执行件，一般处于机械系统的末端，如曲柄压力机中由曲柄、连杆和滑块组成的曲柄滑块机构，金属切削机床中的刀具，带式运输机中的卷筒和运输带等。传动系统是将动力系统的运动和动力传递给执行系统的中间装置，如金属切削机床的主轴箱、汽车的变速器和差速器、自行车的链传动机构等都是机器的传动部分。传动系统分为机械传动、液力传动、气压传动和电力传动，本书主要介绍应用最多的机械传动，如齿轮传动、带传动、链传动等。控制系统是为了使动力系统、传动系统和执行系统彼此协调工作，并准确可靠地完成整机功能的装置。如数控机床的控制系统，是由控制器和控制信息（程序）组成，通过输入信息，使数控系统确立相应的工作状态，从而控制机床发生相应的动作，如润滑、冷却液供给、主轴电动机开启与关停、调速以及坐标轴功能控制等。辅助系统是根据机器的功能要求而确定的，如润滑、冷却、显示、照明等。

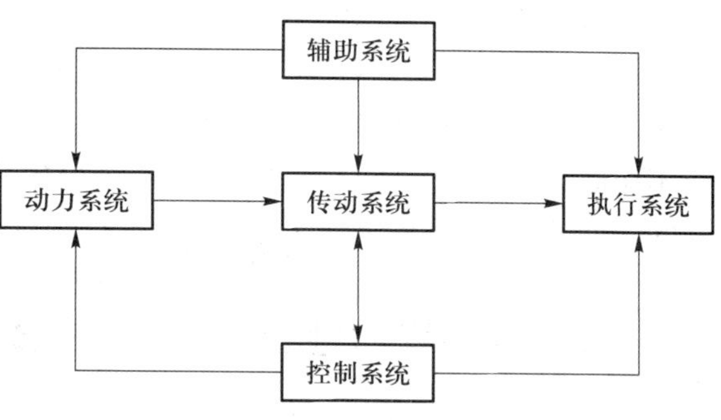

图 1.1　机器的组成

以曲柄冲压机为例，如图1.2所示。电动机1是动力源，为冲压机提供动力；带轮2、3和齿轮4、5、9、10组成传动系统，将电动机输出的运动和力传递给冲压机构；执行系统是曲柄13、连杆14和冲头15等组成的冲压机构以及气缸20、推料头21组成的送料机构；电磁铁8、12及电控换向阀22和电控箱24等组成控制系统，协调冲压、送料等动作配合，实现自动化操作；此外，还有支承部件、气路系统、滑润系统等辅助系统。

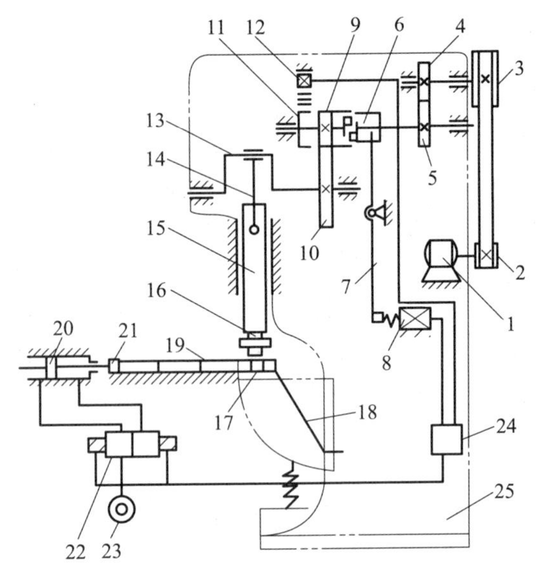

1—电动机；2、3—带轮；4、5、9、10—齿轮；6—离合器；7—推杆；8、12—电磁铁；11—制动器；13—曲柄；14—连杆；15—冲头；16—凸模；17—凹槽；18—料箱；19—板材；20—气缸；21—推料头；22—电控换向阀；23—油泵；24—电控箱；25—机身

图1.2　曲柄冲压机

从运动的角度看，机构中的构件是实现运动的基本单元，由一个或多个无相对运动的零件固结而成。从制造的角度看，机器的基本组成要素是零件，零件是制造单元，如单个的齿轮、凸轮、连杆等。通常，把由一组零件组合起来为实现某一功能而形成的独立装配体称为部件，部件是装配单元，如联轴器、滚动轴承、减速器等。

机器中的零件或部件可分为两大类：一类是通用零部件，在各种机器中经常会用到，如螺钉、轴、齿轮、轴承、联轴器、弹簧等；另一类是专用零部件，只是在特定类型的机器中用到，如直升机的螺旋桨、水泵的叶轮、内燃机的曲轴和活塞等。

综上所述，机器与零件是密切联系的。机器的性能不但取决于零件的性能，而且取决于各零件之间的配合。机器性能指标的确定必须建立在其零件性能可以实现的基础之上，而零件的设计不能脱离机器的要求独立进行。没有全局的设计观念，是不可能正确地设计或选择任何机构和零部件的。

1.2　本课程的性质、任务和主要内容

1.2.1　本课程的性质和任务

机械设计是高等学校机械类专业必修的一门具有设计性质的重要的技术基础课，是学习许多专业课和从事机械装备设计的基础。

机械设计可以应用新的原理或新的概念，开发创造新的机器，也可以在已有机器的基础上，重新设计或作局部的改造。因此，提高机器工作能力、简化机器结构、增加或减少机器功能、提高机器效率、降低机器能耗、变更机器零件和改用新材料等，都属于机械设计的范畴。机械设计的理论与方法博大精深，而作为大学本科阶段的机械设计课程，其主要任务是讲述通用机械零部件的设计以及机械系统设计的基础知识。

本课程的任务主要体现在以下几个方面：

(1) 培养学生逐步树立正确的设计思想,了解国家当前的有关技术经济政策,掌握机械设计所必需的基本知识、基本理论和基本技能,具有初步设计机械的传动装置和简单机械的能力;

(2) 培养学生具有运用标准、规范、手册、图册查阅有关技术资料的能力,掌握典型机械零件及机械系统的实验方法,获得实验技能的进一步训练;

(3) 对机械设计的新发展、机械系统方案设计、现代机械设计理论与方法有所了解,应尽可能在设计中加以应用。

1.2.2 本课程的内容

本课程的主要内容是在简要介绍关于整部机器设计的基本知识的基础上,重点讨论一般尺寸和参数的通用零部件的设计,包括它们的基本设计理论和方法以及有关技术资料的应用等。通用零件的设计和选用是机械设计的基础,也是本课程的主要学习内容,而专用零件的设计方法将在有关专业课中学习。

本书讲述的具体内容如下:

(1) 机械设计总论。包括机械设计的基本要求、机械设计的一般程序、机械零件的主要失效形式和设计准则、机械零件的设计方法与基本原则、机械设计中的强度问题。

(2) 常用连接件设计。包括螺纹连接、键连接、花键连接、销连接、成形连接、联轴器与离合器的设计。

(3) 常用机械传动设计。包括带传动和链传动、齿轮传动、蜗杆传动、螺旋传动、摩擦轮传动、无级变速器的设计。

(4) 支承零部件设计。包括轴、滑动轴承、滚动轴承、机座、箱体和导轨的设计。

(5) 其他零部件及传动系统设计。包括弹簧、机械传动系统设计。

1.2.3 本课程的学习方法

本课程的综合性和实践性很强。从基础理论课学习逐步进入到专业课学习,本课程在此过程中起着承上启下的作用。本课程涉及的内容广泛,而且问题的答案不是唯一的,可能有多种方案供选择和判断决策,有的学生可能难以适应这一变化。为使学生尽快适应本课程的学习,归纳的学习方法主要有以下几点:

(1) 理论联系实际。本课程研究的对象是机械中常用的零部件,只有从整机入手,联系实际,了解机械的工作条件和要求,才能设计出满足实际需求的机械零部件。

(2) 抓住设计主线,掌握设计规律。在机械零部件的参数设计过程中,分析问题的思路基本是相同的,即根据零部件的工作状况、运动特点进行受力分析→确定该零部件工作时可能出现的主要失效形式→针对失效形式确定相应的设计准则→导出设计计算公式→计算主要几何尺寸→进行结构设计,并绘制零部件工作图。学习时一定要抓住设计这条主线,熟练掌握设计机械零部件的一般规律。

(3) 培养解决实际工程问题的能力。设计参数方案选择、经验公式或经验数据的选用、结构设计等是实际工程中经常遇到的问题,也是学生学习时的难点。要按解决实际工程问题的思维方法,努力培养机械设计的能力,特别要学会不断修改、逐步完善的设计方法。

1.3 机械设计的基本原则和一般程序

1.3.1 机械设计的基本原则

机械设计的最终目的是为市场提供优质高效、价廉物美的机械产品,以取得良好的经济效益和社会效益。产品的质量和经济效益、社会效益取决于设计、制造和管理的综合水平,其中设计是最为关键的。机械的类型虽然很多,但其设计原则基本相同,主要有以下几个方面。

1. 满足预定的功能要求

用户购买产品就是购买产品的功能。所设计制造的机械产品必须具有预定的解决生产或生活问题的功能,这是机械设计最基本的出发点。为使所设计的机器具有预定的功能,合理选择机器的工作原理和机构类型是关键。产品的功能与技术、经济等因素密切相关,通常随着产品功能的增加,产品的成本也随之上升。因此,设计时应优先保证基本功能,满足使用要求,提高功能价值。

2. 满足经济性要求

机械的经济性是指在设计、制造上要求成本低,制造周期短;在使用上要求生产率高,效率高,适用范围广;能源和辅助材料消耗少,操作方便,维护费用低廉等。产品的经济性是一个综合指标,在产品的设计、制造、销售、管理、使用等各环节都有体现,应作为一个整体考虑。

3. 满足可靠性要求

机械的可靠性是指机械在规定的使用条件下、在规定的时间内完成规定功能的能力。可靠性是衡量产品质量的一个重要指标,可靠性水平高,说明机械产品在使用过程中发生故障的概率小,正常工作的时间长。为了满足这一要求,必须从机械系统的整体设计、零部件的结构设计、材料及热处理的选择、加工工艺的制订等方面加以保证。

4. 满足安全性要求

安全性是指机器工作时本身的安全性和使用机器的人员及周围环境的安全性。因此,在设计机器时就必须对机器的使用安全予以重视,要采取各种防护措施,如防护罩、过载保护装置、连锁闭合装置等;同时还应符合环境保护法规及标准,如“三废”治理、除尘、防爆、防火及噪声控制等。

此外,对不同用途的机器还可能提出一些其他要求,如巨型机器有起重、运输的要求,生产食品的机械要防止污染,交通运输机械要重量轻等。机器外观造型应比例协调、大方,给人以时代感、美感、安全感,色彩要和产品功能相应。例如:消防、起重机械要用鲜艳醒目色,给人以紧迫、预警感;医疗、食品机械要用浅色,给人以卫生、安静感;军用器械要用保护色,给人以安全感;冰箱、风扇等要用冷色,给人以清凉感等。

1.3.2 机械设计的类型

机械设计是一项创造性的劳动,同时也是对已有成功经验的继承过程。根据机械设计的实际情况可分为以下几种设计类型。

1. 开发性设计

在机械产品的工作原理和具体结构等完全未知的情况下,应用新原理、新技术设计新型技术装备的工作称为开发性设计(又称新型设计)。开发性设计的过程最复杂,创新性强。比如最初的蒸汽机、电动机、电视机的设计，都属于开发性设计。

2. 适应性设计

根据使用经验和技术发展对已有的机械进行设计更新，以提高性能，降低制造成本，减少运行费用。如用微电子技术代替原有的机械结构或为了进行微电子控制对机械结构进行局部适应性设计，以提高产品的性能和质量。

3. 变型设计

为了适应不同的工况条件或使用要求，对已存在的产品结构作局部调整和参数修改，从而发展出不同于标准型的变型产品。

1.3.3　机械设计的一般程序

机械设计的过程是复杂的，涉及的方面很多，如市场需求、技术预测、人机工程等，再加上机械的种类繁多，性能差异巨大，所以机械设计的过程并没有一个通用的固定程序，需要根据具体情况进行相应的处理。虽然不可能列出一个在任何情况下都有效的程序，但是根据经验，机械产品开发的过程大致可分为规划设计、方案设计、技术设计、施工设计、试验和鉴定、改进设计六个阶段，如图 1.3 所示。

1. 规划设计阶段

在明确任务的基础上开展市场调查，根据社会、市场的需求确定所设计机器的功能范围和性能指标；根据现有的技术、资料及研究成果进行可行性分析，提出产品开发的可行性报告，明确设计中要解决的关键问题；拟订设计工作计划和任务书。

2. 方案设计阶段

按设计任务书的要求，了解并分析同类机器的设计、生产和使用情况以及制造厂的生产技术水平，提出可能实现机器功能的多种方案。每个方案应该包括原动机、传动机构和工作机构，对较为复杂的机器还应包括控制系统。然后，在考虑机器的使用要求、现有技术水平和经济性的基础上，综合运用各方面的知识与经验对各方案进行分析比较，进行技术经济评价及可行性评价，从中选出最优方案。通过分析确定原动机，选定传动机构，确定工作机构的工作原理及工作参数，绘制工作原理图。

在方案设计的过程中，应注意相关学科与技术中新成果的应用，如先进制造技术、现代控制技术、新材料等，这些新技术的出现使得以往不可能实现的方案变为可能，为方案设计的创新奠定了基础。

3. 技术设计阶段

对已选定的设计方案进行运动学和动力学分析，确定机构和零件的功能参数，必要时进行模拟试验、现场测试、改进参数；计算零件的工作能力，确定机器的主要结构尺寸；绘制总体装配草图。

4. 施工设计阶段

根据总体设计的结果，考虑零部件的工作能力和结构工艺性，将零部件的全部尺寸和形状、装配关系和安装尺寸等确定下来，绘制零部件和整机的全部工作图，编写各种技术文件和产品说明书。

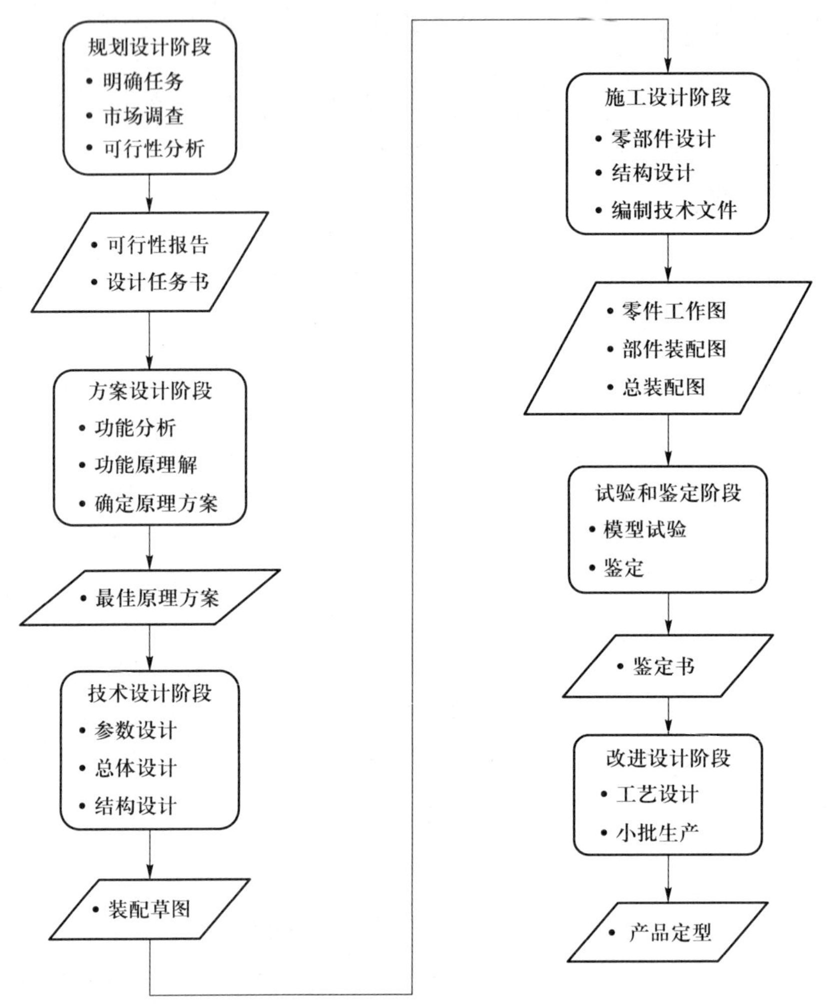

图1.3 机械产品设计过程

5. 试验和鉴定阶段

所设计的机器能否满足使用要求，预定功能能否全部实现，可靠性和经济性指标是否合理，与同类机器相比有何改进，制造部门能否制造等均需经过鉴定，给予科学的评价。通常新设计的机器要先经过试制，并进行模型或样机试验，有时还要进行破坏性测试，以鉴定机器的质量。

6. 改进设计阶段

经过试验和鉴定，对设计进行必要的修改后就可进行小批量的试制和成品试验，必要时还应在实际使用条件下试用。通过小批量生产，在进一步考察和验证的基础上将原设计进行改进，然后正式投产。

整个机械设计的各个阶段是互相联系的，在某个阶段发现问题后，必须返回到前面的有关阶段对设计进行修改，直至问题得到解决。有时，可能整个方案都要推翻重来。因此，机械设计过程是一个不断修改、不断完善以至逐步接近最佳结果的过程。

完成整个机械设计过程需要进行一系列艰苦的工作。设计者应树立正确的设计思想，坚持绿色、发展的理念，努力掌握先进的科学技术知识和科学、辩证的思想方法。同时，还要坚持理论联系实际，并在实践中不断总结和积累设计经验，向有关领域的科技工作者和从事生产实践的劳动者学习，不断发展和创新，才能更好地完成机械设计任务。

1.4　机械零件设计的基本要求和一般步骤

1.4.1　机械零件设计的基本要求

在机械设计过程中，主要进行机械零件的设计，设计时应满足以下基本要求。

1. 功能要求

组成机器的所有零件必须具有相应的功能。为避免在设计期限内失效，所设计的机械零件应具有强度大、刚度足、抗疲劳、耐磨损和防腐蚀等性能。

2. 结构工艺性要求

机械零件具有良好的结构工艺性，就是要求所设计的零件结构合理、外形简单、在既定生产条件下易于加工和装配。零件的结构工艺性不仅与毛坯制造、机械加工和装配要求有关，还与制造零件的原材料、生产批量和生产设备条件有关。零件的结构设计对零件的结构工艺性具有决定性的影响，对此要予以足够的重视。

3. 经济性要求

经济性要求就是要降低零件的生产成本。从经济性考虑，设计零件时可以采取以下一些措施：尽量采用标准化的零部件以取代需要加工的零部件；采用廉价材料代替贵重材料；采用轻型结构以减少用料；采用少余量或无余量的毛坯或简化零件结构，以减少加工工时；采用装配工艺性良好的结构以减少装配工序和工时等。

4. 小质量要求

设计零件时，要尽量减轻机械零件的质量，因为这样可以减少材料的消耗，降低运动零件的惯性，从而改善机器的动力性能。

5. 可靠性要求

机器的可靠性取决于机械零件的可靠性。为了提高零件的可靠性，设计时应尽量使零件的性能满足工作环境要求，并在使用时加强维护，对工作条件进行监测。

1.4.2　机械零件设计的一般步骤

机械零件设计的好坏将对机器使用性能的优劣起着决定性的作用。由于零件的种类不同，具体的设计步骤也不一样，但一般可按下列步骤进行：

（1）类型选择。根据使用条件、载荷性质及尺寸大小选择零件的类型。

（2）受力分析。根据机器的运动学与动力学设计结果，计算作用在零件上的名义载荷，分析零件的工作情况，确定零件的计算载荷。

（3）选择材料。根据零件的工作条件和受力情况，选择适当的零件材料，并确定计算中的许用应力等。

（4）确定计算准则。分析零件工作时可能出现的失效形式，确定零件的设计计算准则。

（5）理论设计计算。由设计准则所得到的设计计算公式，确定零件的基本尺寸和参数。

(6) 结构设计。根据功能要求、加工及装配工艺性要求、强度要求等进行零件的结构设计，确定其结构尺寸。

(7) 精确校核。为确保重要零件设计的可靠性，在结构设计完成后应进行必要的精确校核计算，以判定设计的合理性。

(8) 绘制零件工作图。零件设计的最终结果要通过零件工作图体现。工作图上应标注详细的零件尺寸，对零件的配合尺寸等应标注尺寸公差及必要的几何公差、表面质量要求，图中还应注写技术条件等内容。

(9) 编写设计计算说明书。将设计计算的资料整理成简练的设计计算说明书，作为技术文件之一备查。

1.4.3 机械零件设计中的标准化

一个国家的标准化程度反映了这个国家的技术发展水平。标准化是进行现代化生产的重要手段，贯彻标准化是一项重要的技术经济政策和法规，设计人员务必在思想上和工作上予以重视。

1. 标准化的内容

标准化工作包括三方面的内容，即标准化、系列化和通用化。标准化是指对机械零件种类、尺寸、结构要素、材料性质、检验方法、设计方法、极限与配合和制图规范等制定出相应的标准，供设计、制造时共同遵照使用。系列化是指产品按大小分档，进行尺寸优选，并成系列地开发新产品，用较少的品种规格来满足多种尺寸和性能指标的要求，例如圆柱齿轮减速器系列。通用化是指同类机型的主要零部件最大限度地相互通用或互换。通用化是广义标准化的一部分，因此它既包括已标准化的项目内容，也包括未标准化的项目内容。机械产品的系列化、零部件的通用化和标准化，简称为机械产品的“三化”。

国家标准规定我国实行三级标准化体系，即国家标准(GB)、行业标准(如JB、YB等)和企业标准。为有利于国际间的技术交流和进出口贸易，特别是在我国加入WTO之后，现有标准已尽可能靠拢、符合和采用国际标准化组织(ISO)标准。

2. 标准化的意义

机械产品实现“三化”的重要意义主要表现在以下四个方面：

(1) 可减少设计工作量，缩短设计周期，降低设计费用，使设计人员将主要精力用于创新，用于多方案优化设计，更有效地提高产品的设计质量，开发更多的新产品；

(2) 便于专业化工厂批量生产，以提高标准件(如滚动轴承、螺栓等)的质量，最大限度地降低生产成本；

(3) 便于维修时互换零件，减少维修成本；

(4) 有利于增加产品品种，扩大生产批量，提高经济效益。

机械设计是贯彻标准化的第一步，设计者必须认真执行标准化、系列化和通用化。标准化程度的高低也是评定设计水平及产品质量的指标之一。

1.5 机械零件的失效形式及计算准则

机械零件因某种原因不能正常工作或丧失了工作能力的现象称为失效。零件出现失效将直接影响机器的正常工作,因此研究机械零件的失效并分析其产生原因,对设计具有重要意义。

1.5.1 机械零件的主要失效形式

1. 整体断裂

零件在载荷作用下,危险截面上的应力大于材料的强度极限而引起的断裂称为整体断裂,如螺栓破断、齿轮断齿、轴断裂等。整体断裂分为静强度断裂和疲劳强度断裂。静强度断裂是由于静应力过大产生的,疲劳断裂是由于变应力的反复作用产生的。机械零件整体断裂中80%属于疲劳断裂。断裂是严重的失效,有时会导致严重的生产事故。

2. 过大的变形

机械零件受载时将产生弹性变形。当弹性变形量超过许用范围时,将使零件或机械不能正常工作。弹性变形量过大会破坏零件之间的相对位置及配合关系,有时还会引起附加动载荷及振动,机床主轴的过大弯曲变形不仅产生振动,而且会造成工件加工质量降低。

塑性材料制作的零件,在过大载荷作用下会产生塑性变形,不仅使零件尺寸和形状发生改变,而且使零件丧失工作能力。

3. 表面破坏

表面破坏是发生在机械零件工作表面上的一种失效。运动的工作表面一旦出现某种表面失效,都将破坏表面精度,改变表面尺寸和形貌,使运动性能降低、摩擦加大、能耗增加,严重时导致零件完全不能工作。根据失效机理的不同,表面破坏可分为以下几种情况:

(1) 点蚀。如滚动轴承、齿轮等点、线接触的零件,在高接触应力(接触部分受载后产生弹性变形,接触表面产生的压力)及一定工作循环次数下,可能在局部表面上形成小块或片状的麻点或凹坑,进而导致零件失效。

(2) 胶合。金属表面接触时,实际上只有少数凸起的峰顶在接触,因承受压力大而产生弹塑性变形,使摩擦表面的吸附膜破裂。同时因摩擦而产生高温,造成基体金属的"点焊"现象。当摩擦表面相对滑动时,切向力将黏着点切开呈撕脱状态。被撕脱的金属粘在摩擦表面形成表面凸起,严重时会造成运动副咬死。

(3) 磨损。不论是摩擦表面的硬凸起,还是外界掺入的硬质颗粒,在摩擦过程中都会造成摩擦表面切削或辗破,引起表面材料的丧失或转移。

(4) 腐蚀。在摩擦过程中摩擦表面与周围介质发生化学反应或电化学反应的现象。腐蚀的结果会使金属表面产生锈蚀,从而使零件表面遭到破坏。

4. 破坏正常工作条件引起的失效

有些零件只有在一定的工作条件下才能正常工作,若破坏了这些必备条件,则将发生不同类型的失效。例如,V带传动的有效圆周力大于最大摩擦力时产生的打滑失效,受横向工作载荷的普通螺栓连接的松动失效等。

1.5.2 机械零件的计算准则

设计零件时所依据的计算准则是与零件的失效形式紧密联系在一起的。对于一个具体零件,要根据其主要失效形式采用相应的计算准则。机械零件常用的设计计算准则有以下几个。

1. 强度准则

强度是零件抵抗破坏的能力。强度准则主要针对零件的整体断裂失效、塑性变形失效和点蚀失效。如果零件强度不够,就会出现上述某种失效而丧失工作能力。强度准则要求零件的计算应力不超过其许用应力。强度准则的一般表达式为

$$\sigma \leqslant [\sigma] \tag{1.1}$$

式中:σ——零件的计算应力;

$[\sigma]$——零件的许用应力,由零件材料的极限应力和设计安全系数确定,即

$$[\sigma]=\frac{\sigma_{\lim}}{[S]} \tag{1.2}$$

式中:$\sigma_{\lim}$——零件材料的极限应力,其数值是根据零件失效形式来确定的(对于静强度断裂,$\sigma_{\lim}$ 为材料的静强度极限;对于疲劳断裂,$\sigma_{\lim}$ 为材料的疲劳极限;对于塑性变形,$\sigma_{\lim}$ 为材料的屈服极限);

$[S]$——设计安全系数,也称为许用安全系数。

满足强度准则要求的另一个表达式是,零件工作时的计算安全系数大于或等于许用安全系数,即

$$S \geqslant [S] \tag{1.3}$$

式中:S——计算安全系数。

2. 刚度准则

刚度是零件抵抗弹性变形的能力。刚度准则主要针对零件的弹性变形失效,它要求零件在载荷作用下产生的弹性变形量不超过机器工作性能允许的值。有些零件,如机床主轴、电动机轴等,其基本尺寸是由刚度条件确定的。对重要的零件要验算刚度是否足够。刚度准则的一般表达式为

$$y \leqslant [y] \tag{1.4}$$

式中:y——零件的弹性变形量(挠度、偏转角和扭转角);

$[y]$——零件的许用变形量。

3. 寿命准则

影响零件寿命的主要失效形式有腐蚀、磨损及疲劳,它们产生的机理及发展规律完全不同。迄今为止,还未能提出有效而实用的腐蚀寿命计算方法。目前,通常是求出使用寿命期间的疲劳极限来作为疲劳寿命计算的依据,这将在本书后续的有关章节中做介绍。对于磨损,由于影响因素十分复杂,发生的机理还未完全搞清,所以至今还未形成供工程实际使用的计算准则。目前在工程上只能进行条件性验算,又称耐磨性计算。一是验算压强,使其不超过许用值,以防止压强过大使零件工作表面油膜破坏而产生过快的磨损,其验算式为

$$p \leqslant [p] \tag{1.5}$$

式中:p——工作表面上的压强;

$[p]$——材料的许用压强。

二是对相对滑动速度比较大的摩擦表面,还要防止摩擦表面温度过高而使油膜破坏,导致磨损加剧,严重时产生胶合。为此,要限制单位接触面积上单位时间内产生的摩擦功不要过大。如果摩擦因数为常数,则可验算 pv 值不超过许用值,即

$$pv \leqslant [pv] \tag{1.6}$$

式中：v——工作表面线速度；

$[pv]$——pv 的许用值。

4. 振动稳定性准则

高速机械中存在着许多激振源，如齿轮的啮合、滚动轴承的运转、滑动轴承中的油膜振荡、柔性轴的偏心转动等。设计高速机械的运动零件时，除要满足强度准则外，还要满足振动稳定性准则。当零件自身的固有频率接近激振源频率时，零件就会发生共振，致使零件或机械失效。振动稳定性准则是使零件的固有频率与激振频率错开，其表达式为

$$f_p<0.85f \quad 或 \quad f_p>1.15f \tag{1.7}$$

式中：f_p——激振频率；

f——零件的固有频率。

1.6 机械零件的材料及选用原则

材料的选择是机械零件设计中非常重要的环节。随着工程实际对机械及零件要求的提高，以及材料科学的不断发展，材料的合理选择愈来愈成为提高零件质量、降低成本的重要手段。

1.6.1 机械零件常用的材料

1. 金属材料

在各类工程材料中，以金属材料（尤其是钢铁）使用最广。据统计，在机械制造产品中，钢铁材料占 90%以上。钢铁之所以被大量采用，除了因为它们具有较好的力学性能（如强度、塑性、韧性等）外，还因其产量相对较大，获取容易，而且能满足多种性能和用途的要求。在各类钢铁材料中，由于合金钢的性能优良，因而常常用来制造重要的零件。

钢铁以外的金属材料均称为有色金属。在有色金属中，铝、铜及其合金的应用最多。这些材料中，有的具有质量小的优点，有的具有导热和导电性能好的优点，有的可用于有减摩及耐腐蚀要求的场合。

2. 高分子材料

高分子材料通常包含三大类，即塑料、橡胶及合成纤维。高分子材料有许多优点，如原料丰富，可以从石油、天然气和煤中提取，获取时所需的能耗低；密度小，平均只有钢的 1/6；在适当的温度范围内有很好的弹性；耐蚀性好等。例如，有“塑料王”之称的聚四氟乙烯有很强的耐蚀性，其化学稳定性也极强，在极低的温度下不会变脆，在沸水中也不会变软，因此聚四氟乙烯在化工设备和冷冻设备中应用广泛。

高分子材料也有明显的缺点，如容易老化，其中不少材料阻燃性差，总体上讲，耐热性不好。

3. 陶瓷材料

作为工程结构的陶瓷材料，有以 Si_3N_4 和 SiC 为主要成分的高温结构陶瓷，有以 Al_2O_3 为主要成分的刀具结构陶瓷。陶瓷材料的主要特点是硬度极高、耐磨、耐腐蚀、熔点高、刚度大以及密度相对较小（比钢铁小）等。陶瓷材料常被形容为“像钢一样强，像金刚石一样硬，像铝一样轻”的材料。目前，陶瓷材料已广泛应用于密封件、滚动轴承和切削刀具等结构中。

陶瓷材料的主要缺点是比较脆,断裂韧度低,价格较高,加工工艺性差等。

4. 复合材料

复合材料是由两种或两种以上具有明显不同的物理和力学性能的材料复合制成的,不同的材料可分别作为材料的基体相和增强相。基体相起着使增强相定型的作用,而增强相起着提高基体相的强度和刚度的作用,从而获得单一材料难以达到的优良性能。

复合材料的主要优点是有较高的强度和弹性模量,而质量又特别小;但也有耐热性差、导热和导电性能较差的缺点。此外,复合材料的价格比较高。所以,目前复合材料主要用于航空、航天等高科技领域,如在战斗机、直升机和人造卫星中都有应用。在民用产品中,复合材料主要用于体育用品,如高尔夫球杆、网球拍、赛艇、划船桨等。

1.6.2 机械零件材料的选择原则

机械零件的选材是一项十分重要的工作。选材是否恰当,特别是一台机器中关键零件的选材是否恰当,将直接影响产品的使用性能、使用寿命及制造成本。选材不当,严重时可能导致零件完全失效。

判断零件选材是否合理的基本标准是:能否满足必需的使用性能,是否具有良好的工艺性能,能否实现最低成本。选材的任务就是求得三者之间的统一。因此,选材时一般应遵循以下三个原则。

1. 满足使用性能要求

使用性能要求是指零件的受载情况、工作条件、零件的尺寸和质量的限制等。例如,对于承受变应力的零件,应选择疲劳强度极限高的材料;对于受冲击载荷的零件,应选用韧性较好的材料;对于受接触应力较大的零件,应选用经表面强化处理的材料。在湿热环境下工作的零件,应选择防锈和耐腐蚀材料;在高温下工作的零件,应选用耐热材料;在滑动摩擦下工作的零件,应选用减摩、耐磨材料;对于要求强度高而质量小的零件,应选用强度极限与密度之比较高的材料;对于要求刚度大而质量小的零件,应选用弹性模量与密度之比较高的材料等。

2. 满足工艺性能要求

任何零件都是由工程材料通过一定的加工工艺制造出来的,因此材料的工艺性能,即加工成零件的难易程度是选材时必须考虑的重要问题。所以,熟悉材料的加工工艺过程及材料的工艺性能,对于正确选材是相当重要的。材料的工艺性能包括以下内容:

(1) 铸造性能。包含流动性、收缩性、疏松及偏析倾向、吸气性、熔点高低等。

(2) 压力加工性能。指材料的塑性和变形抗力等。

(3) 焊接性能。包括焊接应力、变形及晶粒粗化倾向、焊缝脆性、裂纹、气孔及其他缺陷倾向等。

(4) 切削加工性能。指切削抗力、零件表面粗糙度、排除切屑的难易程度及刀具磨损量等。

(5) 热处理性能。指材料的热敏感性,氧化、脱碳倾向,淬透性、回火脆性、淬火变形和开裂倾向等。

与使用性能的要求相比,工艺性能处于次要地位,但在某些情况下,工艺性能也可成为主要考虑的因素。当工艺性能和力学性能相矛盾时,有时正是因为工艺性能的考虑使某些力学性能显然合格的材料不得不被舍弃,此点对于大批量生产的零件特别重要,因为在大批量生产时,工艺周期的长短和加工费用的高低常常是影响生产的关键因素。例如,为了提高生产效率而采用自动机床进行大批量生产时,零件的切削性能可成为选材时考虑的主要因素,此时应选用易切削的材料,尽管它的某些性能并不是最好的。

3. 满足经济性要求

零件的选材应力求零件生产的总成本最低。除了使用性能与工艺性能外,经济性也是选材必须考虑的重要问题。选材的经济性不单指选用的材料本身应便宜,更重要的是采用所选材料来制造零件时,可使产品的总成本降至最低,同时所选材料应符合国家的资源情况和供应情况等。

(1) 材料的价格。不同材料的价格差异很大,而且在不断变动,因此设计人员应对材料的市场价格有所了解,以便于核算产品的制造成本。

(2) 国家的资源状况。随着工业的发展,资源和能源的问题日益突出,选用材料时必须对此有所考虑,特别是对于大批量生产的零件,所用的材料应该是来源丰富并符合我国的资源状况的。例如,我国缺钼,但钨却十分丰富,所以选用高速钢时尽量选用钨高速钢,而少用钼高速钢。另外,还要注意生产所用材料的能源消耗,尽量选用耗能低的材料。

(3) 零件的总成本。由于生产经济性的要求,选用材料时应使零件的总成本降至最低。

1.7 机械零件的工艺性

零件的工艺性是指在既定的生产条件和规模下,能用较少的劳动和较低的成本把零部件制造和装配出来。为此,设计者必须了解零部件的制造工艺,能从材料的选择、毛坯制造、机械加工、装配以及维修等环节考虑有关工艺问题。

零件的结构既能满足使用要求,又能在具体的生产条件下所耗的制造和装配时间、劳动量及费用最少,那么这种结构就是符合工艺性的,否则就可能制造不出来,或虽能制造但费工费料很不经济。

要正确设计零件的结构,设计人员就必须熟悉零件制造工艺的各种方法及工艺要求,在设计过程中要虚心听取工艺方面的技术人员和工人的意见,使零件的结构设计得更加合理。在具体生产条件下,如果所设计的机械零件不但便于加工,而且加工费用又很低,则这样的零件就具有良好的工艺性。有关工艺性的基本要求有以下几个方面。

1. 选择合理的毛坯种类

零件的毛坯种类主要有铸件、锻件、轧制型材、冲压件和焊接件等。根据零件的要求和生产条件来选择合理的毛坯种类,对零件的工作能力和经济性有很大影响。毛坯的种类又与零件的尺寸和形状以及生产批量有关。在大批量生产及有大型生产设备的条件下,宜采用模锻毛坯;对形状复杂、尺寸大的零件,宜采用铸造毛坯。而单件或小批量生产的零件,应避免用铸造或模锻毛坯,否则会因为模具使用率太低而造成成本增加,因此应采用焊接毛坯或自由锻毛坯。

2. 零件的结构要简单合理

零件形状愈复杂,制造愈困难,成本就愈高。因此,设计零件的结构形状时,最好采用最简单的表面(如平面、圆柱面、螺旋面)及其组合,同时还应当尽量使加工表面数量最少和加工面积最小。

3. 规定合理的制造精度和表面质量要求

零件的精度规定得过高和过分要求表面光洁,都会增加零件的制造成本。因此,不应该盲目提高零件的精度和表面质量。

4. 零件的结构应适合热处理

很多零件都要通过热处理来改善材料的力学性能，增强零件的工作可靠性，延长其使用寿命。因此，在设计零件结构时一定要考虑零件的热处理工艺性，避免在热处理时产生裂纹及严重的变形。

5. 零件的结构应保证装拆的可能性和方便性

设计出的零件结构应保证能够方便地进行装配与拆卸。

1.8 机械设计方法及其新发展

机械设计方法通常分为两类：一类是过去长期采用的传统设计方法（也称常规设计方法），一类是近几十年发展起来的现代设计方法。

1.8.1 传统设计方法

传统设计方法是以经验总结为基础，运用力学和数学经验公式、图表、设计手册等作为设计依据，通过经验公式、近似系数或类比等方法进行设计的方法。传统设计方法是以静态分析、近似计算、经验设计、人工劳动为基础，综合运用与机械设计有关的基础知识（如理论力学、材料力学、流体力学、精度设计与标准化、机械制图等）而逐渐形成的机械设计方法。目前，传统设计方法还在广泛使用。传统设计方法可以分为以下三种。

1. 理论设计

理论设计是根据设计理论和实验数据进行的设计。理论设计的计算过程可分为设计计算和校核计算。设计计算是根据零件的工作情况选定计算准则，按其规定的要求计算出零件的主要几何尺寸和参数。校核计算是先根据类比法、实验法等方法初步拟订零件的主要尺寸和参数，然后根据计算准则校核零件是否安全。设计计算多用于能通过简单的力学模型进行设计的零件；由于校核计算时已知零件的有关尺寸，因此能考虑影响强度的结构因素和尺寸因素，计算结果比较精确，多用于结构和应力分布都比较复杂的零件。

2. 经验设计

经验设计是根据已有的经验公式或设计者本人的工作经验，或借助类比方法进行的设计。主要适用于使用要求不常变化且结构形状已典型化的零件，如箱体、机架、传动零件的结构要素等。

3. 模型试验设计

这种设计是对一些尺寸巨大、结构复杂的重要零件，根据初步设计的结果，按比例制成小尺寸的模型，通过试验手段对其各方面的特性进行检验，再根据试验结果对原设计进行逐步修改，从而达到完善的设计。模型试验设计是在设计理论还不成熟，已有的经验又不足以解决设计问题时，为积累经验、发展新理论和获得更好的结果而采用的一种设计方法。这种设计方法费时、耗资，一般只用于特别重要的设计中。

1.8.2 设计方法的新发展

20世纪60年代以来，随着科学的发展和新材料、新工艺、新技术的不断出现，产品的更新换代周期日益缩短，促进机械设计方法和技术不断推陈出新，以适应新产品的加速开发。在这种形势下，产生和发展了以动态、优化、计算机化为核心的现代设计方法，如有限元分析、可靠性设计、优化设计、计算机辅助设计、摩擦学设计、虚拟设计、并行设计、人机工程设计、概念设计、模块化设计、反求工程设计、面向产品生命周期设计、绿色设计等。这些设计方法使得机械设计学科发生了很大的变化。由于现代设计方法正在不断发展，内容十分丰富，人们对它的内涵看法不一，这里仅简单介绍几种目前应用较为成熟、影响较大的方法，具体使用时可参考有关资料。

1. 可靠性设计

机械零件的可靠性设计又称概率设计，它是将概率论和数理统计理论运用到机械设计中，并将可靠度指标引进机械设计的一种方法。其任务是针对设计对象的失效和防止失效问题，建立设计计算理论和方法，通过设计解决产品的不可靠性问题，使之具有固有的可靠性。在可靠性设计中，“强度”概念从零件发生“破坏”或“不破坏”这两个极端，转变为“出现破坏的概率”。对零件安全工作能力的评价则表示为“达到预期寿命要求的概率有多大”。可靠性设计主要有两方面工作：一是确定设计变量（如载荷、零件尺寸和材料力学性能等）的统计分布；二是建立失效的数学模型和理论，进行可靠性设计和计算。

2. 优化设计

优化设计方法是根据最优化原理和方法并综合各方面的因素，以人机配合的方式或用“自动探索”的方式，借助计算机进行半自动或自动设计，寻求在现有工程条件下最优化设计方案的一种现代设计方法。

优化设计方法建立在最优化数学理论和现代计算技术的基础之上，首先建立优化设计的数学模型，即设计方案的设计变量、目标函数、约束条件，然后选用合适的优化方法，编制相应的优化设计程序，运用计算机自动确定最优设计参数。

优化设计方案中的设计变量是指在优化过程中经过调整或逼近，最后达到最优值的独立参数。目标函数是反映各个设计变量相互关系的数学表达式。约束条件是设计变量间或设计变量本身所受限制条件的数学表达式。

3. 计算机辅助设计

随着计算机技术的发展，在设计过程中出现了由计算机辅助设计计算和绘图的技术——计算机辅助设计（CAD）。计算机辅助设计就是在设计中应用计算机进行设计和信息处理。它包括分析计算和自动绘图两部分功能。CAD 系统应支持设计过程的各个阶段，即从方案设计入手，使设计对象模型化；依据提供的设计技术参数进行总体设计和总图设计；通过对结构的静态和动态性能分析，最后确定设计参数。在此基础上，完成详细设计和技术设计。因此，CAD 设计应包括二维工程绘图、三维几何造型、有限元分析等方面的技术。

理论上 CAD 的功能是参与设计的全过程，但由于一般使用者认为设计中制图工作量占的比重较大（50%~60%），因此在应用中，CAD 的重点实际上是放在制图自动化方面。目前，国际上已有比较成熟的二维和三维 CAD 绘图软件，最常用的如国外的 AutoCAD、UG、SolidEdge 等。近年来，我国也研制或开发了许多具有自主版权的二维和三维 CAD 支持软件及应用软件，并得到了较好的推广应用。

4. 虚拟设计

计算机仿真技术是以计算机为工具，建立实际或联想的系统模型，并在不同条件下对模型进行动态运行(实验)的一门综合性技术。近年来涌现和迅速发展的高新技术,如计算机仿真建模、CAD/CAM及其技术演示验证、可视化计算、遥控机器和计算机艺术等,都有一个共同的需求,就是建立一个比现有计算机系统更为真实方便的输入输出系统,使其能与各种传感器相连,组成人机界面更为友好的多维化信息环境。这个环境就是计算机虚拟现实系统(virtual reality system,VRS),在这个环境中从事的设计即称为虚拟设计(virtual design,VD)。

5. 并行设计

并行设计的思想是在产品开发的初始阶段,即规划和设计阶段,就以并行的方式综合考虑其生命周期中所有后续阶段,包括工艺规划、制造、装配、试验、检验、营销、运输、使用、维修、保养……直至回收处置等环节,以降低产品成本,提高产品质量。其基本特征是集成性,反映了产品全生命周期各环节间的耦合作用。

6. 人机工程设计

人机工程设计是以人机工程学理论为基础,面向人的产品设计方法。人机工程又称为人体工程(美国称为human factors,欧洲国家称为ergonomics),它依据人的心理和生理特征,利用科学技术成果和数据设计技术系统,使之符合人的使用要求,改善环境和优化人机系统,随之达到最佳配合,以最小的劳动代价换取最大的经济成果。

7. 模块化设计

模块化设计是在对一定范围内的不同功能或相同功能不同性能、不同规格的产品进行功能分析的基础上,划分并设计一系列的功能模块,通过模块的不同选择可构成不同产品的一种设计方法。该方法的主要目标是利用尽可能少的模块种类和数量,组成种类和规格尽可能多的产品。模块化设计可以减少产品的设计和制造时间,有利于产品的更新换代,有利于提高产品质量、降低成本,便于产品维修。

8. 绿色设计

绿色设计包含面向环境设计和面向能源设计。面向环境设计是在产品整个生命周期内,以系统集成的观点考虑产品的环境属性(可拆性、可回收性、可维护性、可重复利用性和人身健康及安全性等)和基本属性,并将其作为设计目标,使产品在满足环境目标要求的情况下同时具备应用的基本性能、使用寿命和质量等。

面向能源设计是指用对环境影响最小和资源消耗最少的能源供给方式来支持产品的整个生命周期,并以最小的代价来获得能量的可靠回收和重新利用的设计方法。产品设计是影响能源消耗最关键的环节,在产品功能和基本要素确定的情况下,产品的结构布局、材料选择、加工工艺、可制造性、可装配性和可重复使用性等影响能源消耗的主要因素都是在设计阶段确定的。

1.8.3 现代设计方法的特点

现代设计方法是将现代各个领域科学技术的发展成果综合应用于机械设计领域所形成的设计方法,同时又是在传统设计方法的基础上发展形成的。特别是计算机的广泛应用和现代信息科学和技术的发展,极大地推动了现代设计方法的发展。与传统设计方法相比,现代机械设计方法具有以下特点。

(1) 以动态设计与分析取代静态设计与分析。如以机器结构动力学计算取代静力学计算,以实时在线测试数据作为评价依据等。

(2) 以定量的设计计算取代定性的设计分析。如以有限元法取代经验类比法来计算箱体的尺寸和刚度。

(3) 以变量取代常量进行设计计算。如可靠性设计中用随机变量进行设计计算,取代传统设计方法中当作常量的粗略处理方法。

(4) 以优化设计取代可行性设计。用相关的设计变量恰当地建立设计目标的数学模型,从众多的可行解(方案)中寻求最优解。

(5) 以并行设计取代串行设计。并行设计是一种面向整个"产品生命周期"的一体化设计过程,在设计阶段就从总体上并行地综合考虑其整个生命周期中功能结构、工艺规划、可制造性、可装配性、可测试性、可维修性以及可靠性等各方面的要求与相互关系,避免了串行设计中可能发生的干涉与返工,从而快速开发出质优、价廉、低能耗的产品。

(6) 以微观取代宏观。如以断裂力学理论处理零件材料本身微观裂纹扩展引起的低应力脆断现象,建立以损伤容限为设计判据的设计方法;润滑理论中的微-纳米摩擦学等。

(7) 以系统工程法取代分部处理法。将产品的整个设计工作作为一个单级或多级的系统,用系统工程的观点分析划分设计阶段及组成单元,通过仿真及自动控制等手段,综合最优地处理它们的内在关系及系统与外界环境的关系。

(8) 以自动化设计取代人工设计。按照集成化与智能化的要求,充分利用先进的硬件及软件(如计算机、自动绘图机,以及数据库、图形库、知识库、专家系统、评价与决策系统等众多支持系统),极力提高人机结合的设计系统的自动化水平,大大提高产品的设计质量、设计效率和经济效益,并利于设计人员集中精力创新开发更多的高科技产品。以自动化设计取代人工设计是现代设计方法发展的核心目标。

总之,设计工作本质上是一种创造性的活动,是对知识与信息等进行创造性的运作与处理。发展机械现代设计方法,实质上就是不断追求最机智、最恰当而且最快速地满足用户需求和社会效益、经济效益、机械内在要求等对机械的全部约束条件。但是,现代设计方法并不能完全取代传统设计方法,它是在传统设计方法的基础上进行的,是传统设计方法的继承和发展。

习　　题

1.1　本课程的性质和任务是什么?与前面学过的几门技术基础课相比,本课程有什么特点?

1.2　机器在经济建设中有何重要作用?

1.3　一台完整的机器通常由哪些基本部分组成?各部分的作用是什么?

1.4　为什么说机械零件是组成机器的基本要素?通用零件和专用零件各指的是什么?

1.5　设计机器时应满足哪些基本要求?设计机械零件时应满足哪些基本要求?

1.6　机械零件设计计算准则与失效形式有什么关系?有哪些常用的计算准则?它们是针对什么失效形式建立的?

1.7　什么是零件的标准化?标准化的意义是什么?

1.8　机械制造中选用材料时应该考虑哪些原则?

1.9　设计机械零件时应从哪些方面考虑其结构工艺性?

1.10　机械的现代设计方法与传统设计方法有哪些主要区别?

第2章　机械零件的强度

2.1　载荷和应力

2.1.1　载荷的分类

进行强度计算所依据的作用于零件上的力、弯矩、扭矩等统称为载荷。这些载荷在零件中引起拉、压、弯、切等应力,并使零件产生相应的变形。

根据载荷性质的不同,可分为静载荷和动载荷。载荷的大小或方向不随时间变化或随时间变化极缓慢的称为静载荷,如机器放在地面上,机器的重量对地面的作用就是静载荷。载荷的大小或方向随时间变化的称为动载荷。动载荷又可分为交变载荷和冲击载荷。交变载荷是随时间作周期性变化的载荷,冲击载荷则是物体运动发生突变所引起的载荷。

机械零部件上所受的载荷还可分为工作载荷、名义载荷和计算载荷。工作载荷是机器正常工作时所受的实际载荷。由于机器实际工作情况比较复杂,工作载荷的变化规律往往也比较复杂,故工作载荷比较难以确定。在理想的平稳工作条件下作用在零件上的载荷称为名义载荷(如外力、弯矩、扭矩等)。机器运转时零件还会受到各种附加载荷,通常用引入载荷系数 K(有时只考虑工作情况的影响,则用工作情况系数 K_A)的办法来估计这些因素的影响程度。载荷系数与名义载荷的乘积称为计算载荷,计算载荷 F_{ca} 与名义载荷 F 之间的关系式为

$$F_{ca}=KF \tag{2.1}$$

2.1.2　应力

在载荷作用下,机械零部件的剖面(或表面)上将产生应力。按随时间变化的情况不同,应力可分为静应力和变应力两大类:不随时间而变的应力为静应力,静应力只能由静载荷产生,纯粹的静应力是没有的,但如变化缓慢,就可看作是静应力;随时间而变的应力为变应力,它是由变载荷产生的,也可由静载荷产生。图2.1所示为转动心轴(图2.1a)表面和滚动轴承(图2.1b)外圈表面上 a 点的应力变化情况,体现了静载荷作用下产生的变应力。大多数机械零部件都是处于变应力状态下工作的。

变应力可分为稳定变应力和非稳定变应力两类。稳定变应力可分为非对称循环变应力(图2.2a)、脉动循环变应力(图2.2b)和对称循环变应力(图2.2c)三种类型。非稳定变应力可分为规律性非稳定变应力(图2.3a)和无规律性非稳定变应力(图2.3b)。

在稳定变应力中,最大应力 σ_{max}、最小应力 σ_{min}、平均应力 σ_m 和应力幅 σ_a 之间的关系如下:

$$\sigma_m=\frac{\sigma_{max}+\sigma_{min}}{2} \tag{2.2}$$

$$\sigma_a=\frac{\sigma_{max}-\sigma_{min}}{2} \tag{2.3}$$

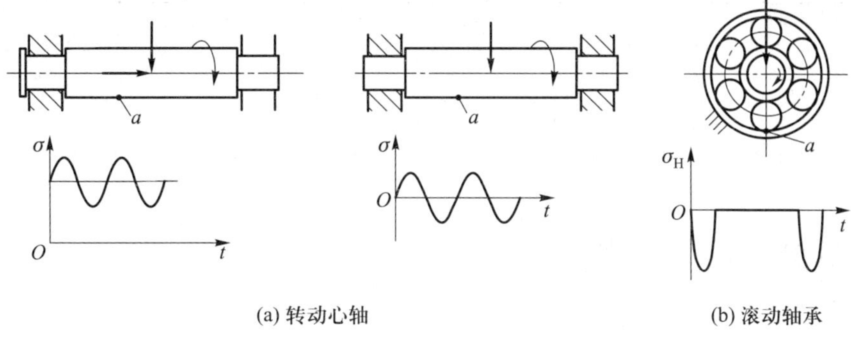

图 2.1 静载荷作用下产生变应力的实例

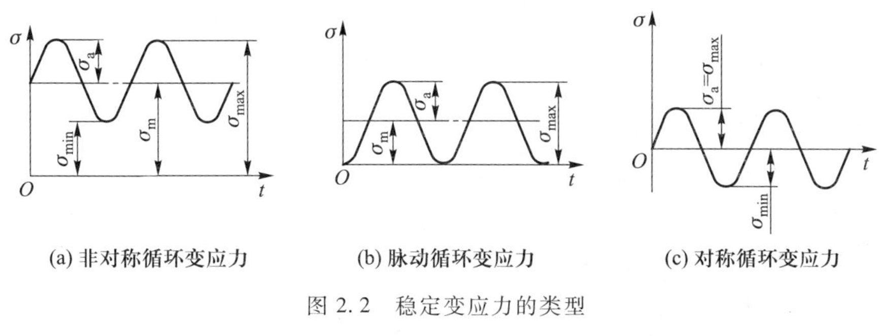

图 2.2 稳定变应力的类型

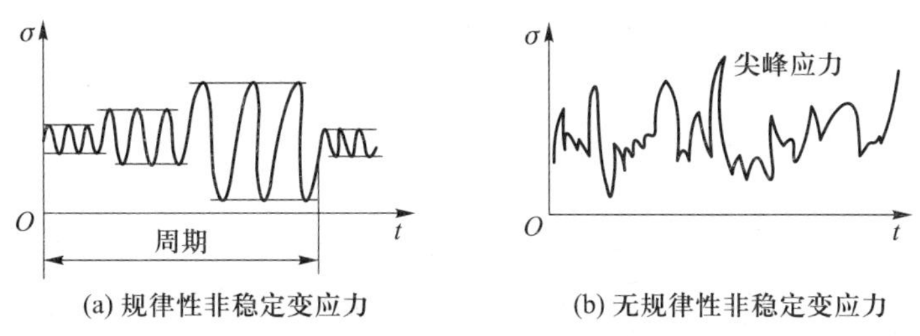

图 2.3 非稳定变应力的类型

最小应力 σ_{min} 与最大应力 σ_{max} 之比称为变应力的循环特性,用 r 表示,即

$$r=\frac{\sigma_{min}}{\sigma_{max}} \tag{2.4}$$

在上述五个变应力参量中,只要知道其中两个参量,便可求出其余三个参量。几种典型应力的变化规律见表 2.1。

表 2.1 典型应力的变化规律

序号	名称	循环特性	应力特点
1	静应力	$r=+1$	$\sigma_{max}=\sigma_{min}=\sigma_m,\sigma_a=0$
2	非对称循环变应力	$-1<r<+1$	$\sigma_{max}=\sigma_m+\sigma_a,\sigma_{min}=\sigma_m-\sigma_a$

续表

序号	名称	循环特性	应力特点
3	脉动循环变应力	$r=0$	$\sigma_m=\sigma_a=\sigma_{max}/2, \sigma_{min}=0$
4	对称循环变应力	$r=-1$	$\sigma_{max}=\sigma_a=-\sigma_{min}, \sigma_m=0$

2.2　机械零件的静强度

2.2.1　静应力下的强度条件

在静应力作用下，机械零件的失效形式主要是断裂和塑性变形，相应的强度条件可表示为

$$\sigma_{ca}\leqslant[\sigma]=\frac{\sigma_{lim}}{[S_\sigma]},\quad \tau_{ca}\leqslant[\tau]=\frac{\tau_{lim}}{[S_\tau]} \tag{2.5}$$

式中：σ_{ca}、τ_{ca}——计算正应力和计算切应力；

σ_{lim}、τ_{lim}——材料的极限正应力和极限切应力；

$[S_\sigma]$、$[S_\tau]$——正应力和切应力的许用安全系数。

强度条件也可用安全系数来表示，即

$$S_\sigma=\frac{\sigma_{lim}}{\sigma_{ca}}\geqslant[S_\sigma],\quad S_\tau=\frac{\tau_{lim}}{\tau_{ca}}\geqslant[S_\tau] \tag{2.6}$$

对于塑性材料，可按不发生塑性变形的条件进行计算，这时应取材料的屈服强度(σ_S、τ_S)作为极限应力，即 $\sigma_{lim}=\sigma_S, \tau_{lim}=\tau_S$；对于用脆性材料制成的零件，由于没有明显的屈服极限，故应取抗拉强度(σ_B、τ_B)作为极限应力，即 $\sigma_{lim}=\sigma_B, \tau_{lim}=\tau_B$。

2.2.2　计算应力

对于单向应力(拉伸、压缩、弯曲、扭转)状态下工作的零件，其危险剖面上的最大工作应力即为计算应力。

对于复杂应力状态下工作的零件，则应按材料力学的强度理论来计算应力。在通用零件的设计中，常用第一、三、四强度理论(第一强度理论适用于脆性材料，第三、四强度理论适用于塑性材料)。用第三或第四强度理论计算弯扭复合应力时，其计算应力为

$$\sigma_{ca}=\sqrt{\sigma_b^2+4\tau_T^2},\quad \sigma_{ca}=\sqrt{\sigma_b^2+3\tau_T^2} \tag{2.7}$$

式中：σ_b——弯曲正应力；

τ_T——扭转切应力。

2.2.3　许用安全系数

合理选择许用安全系数是设计过程中的一项重要工作。许用安全系数过大，机器将过于笨重，在用料、加工、运输、运转等方面都不符合经济原则；许用安全系数过小，机器又可能不够安全。所以，在设计过程中选择许用安全系数时应做到在保证安全、可靠的前提下，尽可能选用较

小的许用安全系数。

影响安全系数的因素很多,在确定许用安全系数时,主要考虑的因素如下:① 载荷和应力的性质及计算的准确性;② 零件材料的性质和材质的均匀性;③ 零件的重要程度;④ 工艺质量和探伤水平;⑤ 机械运行条件(平稳、冲击);⑥ 环境状况(腐蚀、温度)等。

各个不同的机器制造部门常有自己的许用应力或许用安全系数的专用规范,有时还有附加说明。一般应严格按照这些规范来确定许用安全系数,在使用这些规范时必须充分注意这些规范中所规定的使用条件,不能随意套用。通用机械零件的许用安全系数详见以后各章。在进行静强度计算时,若无规范可循,可参照表 2.2 所推荐的数值选取许用安全系数。

表 2.2 静应力下的许用安全系数

塑性材料					脆性材料
σ_S/σ_B	0.45~0.55	0.55~0.70	0.70~0.90	铸件	
$[S]$	1.2~1.5	1.4~1.8	1.7~2.2	1.6~2.5	3~4

注:当载荷和应力的计算不十分准确时,塑性材料的$[S]$加大 20%~50%,脆性材料的$[S]$加大 50%~100%。

2.3 机械零件的疲劳强度

2.3.1 疲劳断裂特征

机械零件在变应力作用下的损坏与在静应力作用下的损坏有本质的区别。静应力作用下,机械零件的损坏是由于在危险截面中产生过大的塑性变形或最终断裂。而在变应力作用下,机械零件的主要失效形式是疲劳断裂。据统计,在机械零件和构件的断裂中有 80% 属于疲劳断裂,因此疲劳强度设计在机械设计中占有重要的地位。

疲劳断裂过程分为三个阶段:第一阶段是零件表面应力较大处的材料发生剪切滑移,产生初始裂纹,形成疲劳源,疲劳源可以有一个或数个;第二阶段是裂纹端部在切应力下发生反复的塑性变形,使裂纹逐渐扩展;第三阶段是当裂纹扩展到一定程度,剩余剖面的静强度不足时就发生瞬时的断裂。在浇注铸件和加工工件、热处理时,材料内部的夹渣、微孔、晶界以及表面划伤、裂纹、腐蚀等都有可能产生初始裂纹,所以零件的疲劳过程通常是从第二阶段开始的,应力集中促使表面裂纹产生和发展。

通常疲劳断裂具有以下特征:① 疲劳断裂的最大应力远比静应力下材料的强度极限低,甚至比屈服极限低;② 不管是脆性材料还是塑性材料,其疲劳断口均表现为无明显塑性变形的脆性突然断裂;③ 疲劳断裂是损伤后在反复的工作状态下积累形成的结果,它的初期现象是在零件表面或表层形成微裂纹,这种微裂纹随着应力循环次数的增加而逐渐扩展,直至余下的未裂开的截面积不足以承受外荷载时,零件就突然断裂。图 2.4 所示为一具有三个初始裂纹的疲劳断裂截面,在断裂截面上明显地有两个

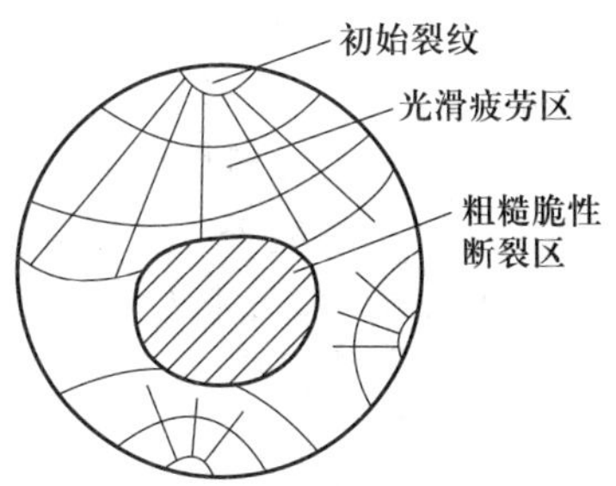

图 2.4 疲劳断裂截面

区域：一个是在变应力重复作用下裂纹两边相互摩擦形成的光滑疲劳区，另一个是最终发生断裂的粗糙脆性断裂区。

由于疲劳破坏具有突发性、高度局部性的特点，而且对各种缺陷具有敏感性，因而具有更大的危险性。

2.3.2　疲劳极限及疲劳曲线

对任一给定的应力循环特性 r，当应力循环 N 次后，材料不发生疲劳破坏的最大应力称为疲劳极限，以 σ_{rN} 表示。

表示应力循环次数 N 与疲劳极限 σ_{rN} 的关系曲线称为疲劳曲线或 $\sigma_{rN}-N$ 曲线。疲劳曲线可表示为以 N 或 $\lg N$ 为横坐标，σ_{rN} 或 $\lg\sigma_{rN}$ 为纵坐标，这两种表示方式所得的疲劳曲线如图 2.5 所示。

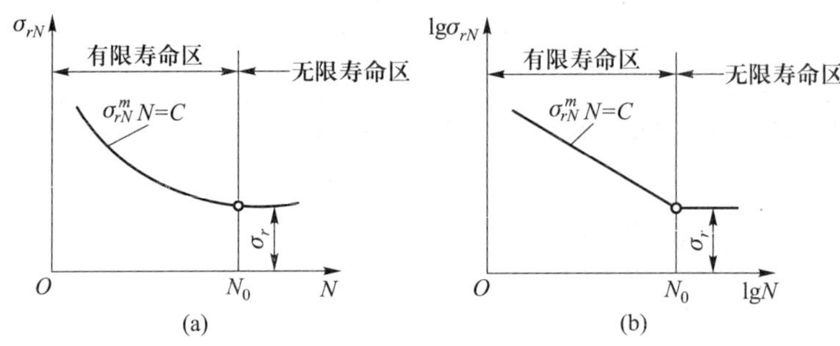

图 2.5　疲劳曲线

金属材料疲劳曲线可分为如下两类：对于大多数黑色金属及其合金，当应力循环次数高于某一数值后，疲劳曲线呈现为水平直线（图 2.5）；而对非铁合金和高硬度合金钢，无论 N 值多大，疲劳曲线也不存在水平部分（图 2.6）。N_0 称为应力循环基数，它随材料的不同而有不同的数值。通常，对硬度≤350 HBW 的钢，$N_0\approx1\times10^7$；对硬度>350 HBW 的钢，$N_0\approx2.5\times10^8$。

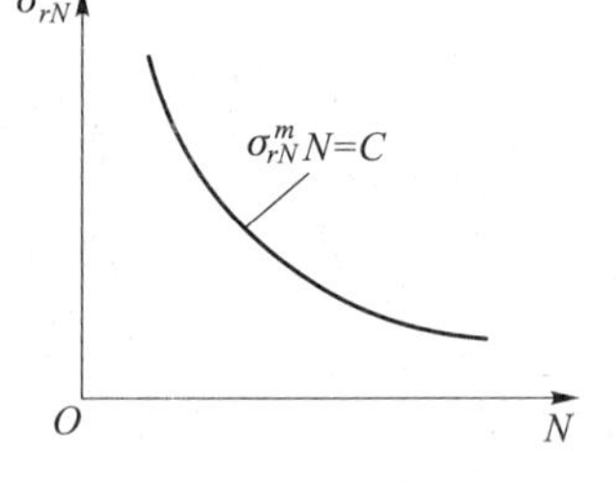

图 2.6　无水平部分的疲劳曲线

有明显水平部分的疲劳曲线可分为两个区域：$N<N_0$ 的部分称为有限寿命区，$N\geqslant N_0$ 的部分称为无限寿命区。有限寿命区应力循环次数和疲劳极限之间的关系可表示为

$$\sigma_{rN}^m N=\sigma_r^m N_0=C \tag{2.8}$$

式中：C——试验常数；

m——与材料性能和应力状态有关的特性系数，一般对于受弯钢制零件，$m=9$；

σ_r——对应于应力循环基数 N_0 的疲劳极限，称为材料的疲劳极限。

由式(2.8)可求得对应于循环次数 N 的弯曲疲劳极限为

$$\sigma_{rN}=\sqrt[m]{\frac{N_0}{N}}\sigma_r=K_N\sigma_r \tag{2.9}$$

式中：K_N——寿命系数，$K_N=\sqrt[m]{\frac{N_0}{N}}$，当 $N \geqslant N_0$ 时，取 $K_N=1$。

当应力循环基数 $N_0<10^3$ 时，按静强度计算。

2.3.3　材料疲劳极限应力图

材料相同但应力循环特性 r 不同时，其疲劳极限 σ_r 也不同，可用疲劳极限应力图表示。以平均应力 σ_m 为横坐标，应力幅 σ_a 为纵坐标，根据试验数据，可作出塑性材料的疲劳极限应力图，如图 2.7 所示。曲线近似呈抛物线分布。曲线上点 $A(0,\sigma_{-1})$ 的坐标表示对称循环点，点 $B\left(\frac{\sigma_0}{2},\frac{\sigma_0}{2}\right)$ 的坐标表示脉动循环点，点 $C(\sigma_B,0)$ 的坐标表示静应力点。

工程上为计算方便，常将塑性材料的疲劳极限应力图进行简化，其静应力作用下的极限应力应为屈服强度 σ_S。因此，在横坐标上取点 $S(\sigma_S,0)$，过点 S 作与横坐标成 135°的斜线，该斜线与 AB 的延长线相交于点 E，折线 $ABES$ 即是循环特性为 r 时塑性材料的简化疲劳极限应力曲线。连接 OE，OE 连线将简化疲劳极限应力图分为 OAE 和 OES 两个区域，如图 2.8 所示。

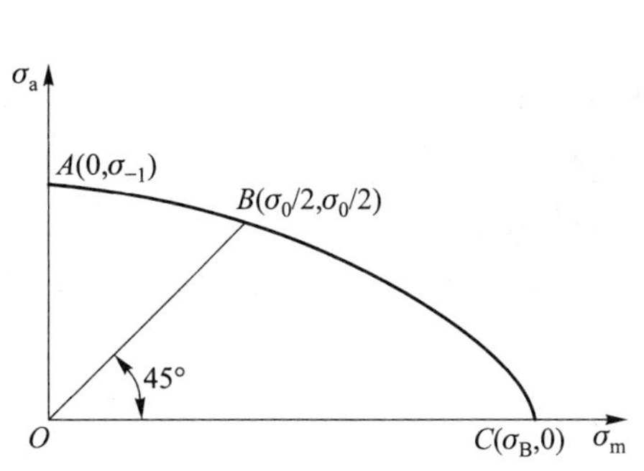

图 2.7　疲劳极限应力图

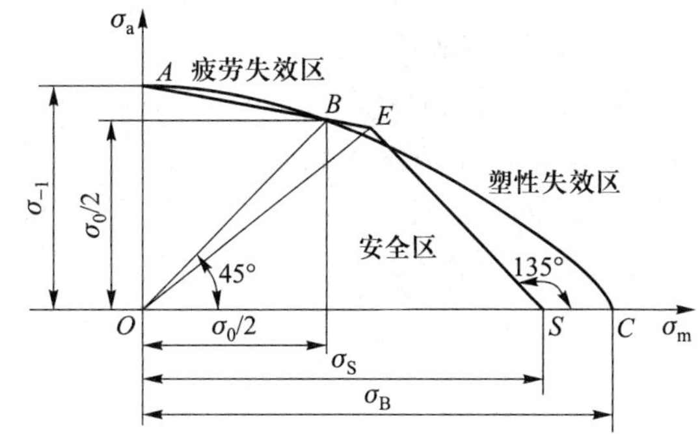

图 2.8　简化疲劳极限应力图

AE 线段上任一点的极限应力为

$$\sigma_r=\sigma_{rm}+\sigma_{ra} \tag{2.10}$$

式中：σ_r——循环特性 r 时的疲劳极限；

σ_{rm}——循环特性 r 时的极限平均应力；

σ_{ra}——循环特性 r 时的极限应力幅。

ES 线段上任一点的极限应力均为

$$\sigma_{rm}+\sigma_{ra}=\sigma_S \tag{2.11}$$

若零件工作应力(σ_m,σ_a)处于折线范围以内，其最大应力既不超过疲劳极限，也不超过屈服极限，故为安全区，而在折线范围以外为疲劳或塑性失效区。

2.3.4　影响机械零件疲劳强度的主要因素

影响机械零件疲劳强度的因素很多，是否有应力集中、零件剖面的绝对尺寸、表面状态、环境介质等，其中以前三种因素最为重要。

1. 应力集中

在零件剖面的几何形状突然变化之处（如过渡圆角、键槽、螺纹、横孔）常产生很大的局部应力，该局部应力远远大于名义应力，这种现象称为应力集中。由于应力集中的存在，疲劳极限相对有所降低，其影响通常通过应力集中系数来表示。在应力集中处，最大局部应力 σ_{max} 与名义应力 σ 的比值 α 称为理论应力集中系数。理论应力集中系数不能直接判断出因局部应力使零件疲劳强度降低的程度。对应力集中的敏感程度还与零件材料有关，强度极限愈高的钢对应力集中愈敏感，而铸铁零件由于内部组织不均匀，对应力集中的敏感度接近于零。因此，常用有效应力集中系数 $k_\sigma(k_\tau)$ 来表示疲劳强度的真正降低程度。

有效应力集中系数定义为材料、尺寸和受载情况都相同的一个无应力集中试件与一个有应力集中试件的疲劳极限的比值，即

$$k_\sigma=\frac{\sigma_{-1}}{(\sigma_{-1})_k},\quad k_\tau=\frac{\tau_{-1}}{(\tau_{-1})_k} \tag{2.12}$$

式中：σ_{-1}、τ_{-1}——无应力集中试件的疲劳极限；

$(\sigma_{-1})_k$、$(\tau_{-1})_k$——有应力集中试件的疲劳极限。

如果在同一截面上同时有几个应力集中源，在进行强度计算时应取其中的最大值。

2. 零件剖面的绝对尺寸

当其他条件相同时，零件剖面的绝对尺寸越大，其疲劳强度越低。其原因是尺寸大时，材料晶粒粗，出现缺陷的概率大，机加工后表面冷作硬化层相对较薄，疲劳裂纹容易形成。

零件剖面的绝对尺寸对疲劳极限的影响通常用绝对尺寸系数 ε_σ（或 ε_τ）来表示。绝对尺寸系数定义为直径为 d 的试件的疲劳极限 $(\sigma_{-1})_d$［或 $(\tau_{-1})_d$］与直径为 6~8 mm 的标准试件的疲劳极限 σ_{-1}（或 τ_{-1}）的比值，即

$$\varepsilon_\sigma=\frac{(\sigma_{-1})_d}{\sigma_{-1}},\quad \varepsilon_\tau=\frac{(\tau_{-1})_d}{\tau_{-1}} \tag{2.13}$$

3. 表面状态

零件的表面状态包括表面粗糙度和表面处理。在其他条件相同时，可通过零件表面强化处理（如喷丸、表面热处理、表面化学处理等）来提高零件的表面光滑程度，也就提高了机械零件的疲劳强度。

表面状态对疲劳极限的影响可用表面状态系数 β 来表示。表面状态系数定义为试件在某种表面状态下的疲劳极限 $(\sigma_{-1})_\beta$ 与精抛光试样（未经强化处理）的疲劳极限 σ_{-1} 的比值，即

$$\beta=\frac{(\sigma_{-1})_\beta}{\sigma_{-1}} \tag{2.14}$$

试验研究表明，影响零件疲劳强度的因素（应力集中、尺寸效应和表面状态）只对应力幅有影响，而对平均应力（静应力部分）没有影响。通常，可将这三个系数综合考虑，称为综合影响系数，即

$$K_\sigma=\frac{k_\sigma}{\varepsilon_\sigma\beta},\quad K_\tau=\frac{k_\tau}{\varepsilon_\tau\beta} \tag{2.15}$$

有关 $k_\sigma(k_\tau)$、$\varepsilon_\sigma(\varepsilon_\tau)$ 和 β 见表 2.3~表 2.8。

表 2.3 螺纹、键、花键、横孔及配合边缘处的有效应力集中系数 k_σ 和 k_τ 值

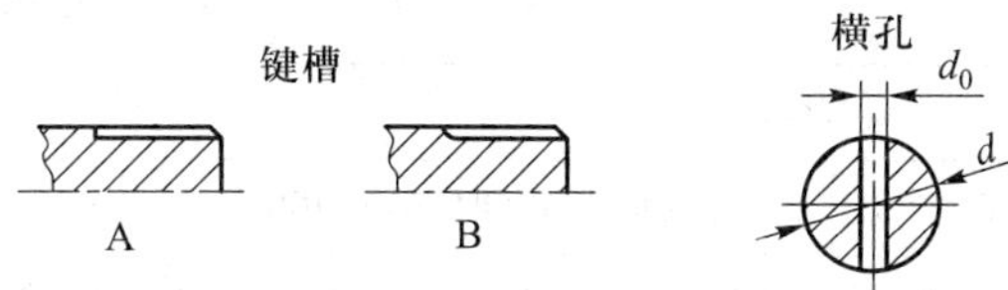

σ_B/MPa	螺纹 ($k_\tau=1$) k_σ	键槽			花键			横孔			配合					
		k_σ		k_τ	k_σ	k_τ		k_σ		k_τ	H7/r6		H7/k6		H7/h6	
		A 型	B 型	A,B 型		矩形	渐开线	$\frac{d_0}{d}$=0.05~0.15	$\frac{d_0}{d}$=0.15~0.25	$\frac{d_0}{d}$=0.05~0.25	k_σ	k_τ	k_σ	k_τ	k_σ	k_τ
400	1.45	1.51	1.30	1.20	1.35	2.10	1.40	1.90	1.70	1.70	2.05	1.55	1.55	1.25	1.33	1.14
500	1.78	1.64	1.38	1.37	1.45	2.25	1.43	1.95	1.75	1.75	2.30	1.69	1.72	1.36	1.49	1.23
600	1.96	1.76	1.46	1.54	1.55	2.35	1.46	2.00	1.80	1.80	2.52	1.82	1.89	1.46	1.64	1.31
700	2.20	1.89	1.54	1.71	1.60	2.45	1.49	2.05	1.85	1.80	2.73	1.96	2.05	1.56	1.77	1.40
800	2.32	2.01	1.62	1.88	1.65	2.55	1.52	2.10	1.90	1.85	2.96	2.09	2.22	1.65	1.92	1.49
900	2.47	2.14	1.69	2.05	1.70	2.65	1.55	2.15	1.95	1.90	3.18	2.22	2.39	1.76	2.08	1.57
1 000	2.61	2.26	1.77	2.22	1.72	2.70	1.58	2.2	2.00	1.90	3.41	2.36	2.56	1.86	2.22	1.66
1 200	2.90	2.50	1.92	2.39	1.75	2.80	1.60	2.30	2.10	2.00	3.87	2.62	2.90	2.05	2.5	1.83

注:1. 滚动轴承与轴按 H7/r6 配合选择系数。

2. 蜗杆螺旋根部有效应力集中系数可取 $k_\sigma=2.3\sim2.5$,$k_\tau=1.7\sim1.9$。

表 2.4 圆角处的有效应力集中系数 k_σ 和 k_τ 值

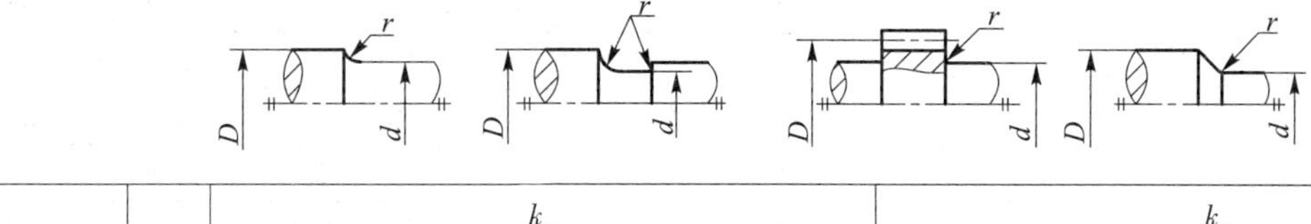

$\frac{D-d}{r}$	$\frac{r}{d}$	k_σ								k_τ							
		σ_B/MPa								σ_B/MPa							
		400	500	600	700	800	900	1 000	1 200	400	500	600	700	800	900	1 000	1 200
2	0.01	1.34	1.36	1.38	1.4	1.41	1.43	1.45	1.49	1.26	1.28	1.29	1.29	1.30	1.30	1.31	1.32
	0.02	1.41	1.44	1.47	1.49	1.52	1.54	1.57	1.62	1.33	1.35	1.36	1.37	1.37	1.38	1.39	1.42
	0.03	1.59	1.63	1.67	1.71	1.76	1.80	1.84	1.92	1.39	1.40	1.42	1.44	1.45	1.47	1.48	1.52
	0.05	1.54	1.59	1.64	1.69	1.73	1.78	1.83	1.93	1.42	1.43	1.44	1.46	1.47	1.50	1.51	1.54
	0.10	1.38	1.44	1.50	1.55	1.61	1.66	1.72	1.83	1.37	1.38	1.39	1.42	1.43	1.45	1.46	1.50

续表

$\frac{D-d}{r}$	$\frac{r}{d}$	k_σ								k_τ							
		σ_B/MPa								σ_B/MPa							
		400	500	600	700	800	900	1 000	1 200	400	500	600	700	800	900	1 000	1 200
4	0.01	1.51	1.54	1.57	1.59	1.62	1.64	1.67	1.72	1.37	1.39	1.40	1.42	1.43	1.44	1.46	1.47
	0.02	1.76	1.81	1.86	1.91	1.96	2.01	2.06	2.16	1.53	1.55	1.58	1.59	1.61	1.62	1.65	1.68
	0.03	1.76	1.82	1.88	1.94	1.99	2.05	2.11	2.23	1.52	1.54	1.57	1.59	1.61	1.64	1.66	1.71
	0.05	1.70	1.76	1.82	1.88	1.95	2.01	2.07	2.19	1.50	1.53	1.57	1.59	1.62	1.65	1.68	1.74
6	0.01	1.86	1.90	1.94	1.99	2.03	2.08	2.12	2.21	1.54	1.57	1.59	1.61	1.64	1.66	1.68	1.73
	0.02	1.90	1.96	2.02	2.08	2.13	2.19	2.25	2.37	1.59	1.62	1.66	1.69	1.72	1.75	1.79	1.86
	0.03	1.89	1.96	2.03	2.10	2.16	2.23	2.30	2.44	1.61	1.65	1.68	1.72	1.74	1.77	1.81	1.88
10	0.01	2.07	2.12	2.17	2.23	2.28	2.34	2.39	2.50	2.12	2.18	2.24	2.30	2.37	2.42	2.48	2.60
	0.02	2.09	2.16	2.23	2.30	2.38	2.45	2.52	2.66	2.03	2.08	2.12	2.17	2.22	2.26	2.31	2.40

注：当 r/d 超过表中给出的最大值时，按最大值取 k_σ、k_τ。

表 2.5 环槽处的有效应力集中系数 k_σ 和 k_τ 值

系数	$\frac{D-d}{r}$	$\frac{r}{d}$	σ_B/MPa						
			400	500	600	700	800	900	1 000
k_σ	1	0.01	1.88	1.93	1.98	2.04	2.09	2.15	2.20
		0.02	1.79	0.84	1.89	1.95	2.00	2.06	2.11
		0.03	1.72	1.77	1.82	1.87	1.92	1.97	2.02
		0.05	1.61	1.66	1.71	1.77	1.82	1.88	1.93
		0.10	1.44	1.48	1.52	1.55	1.59	1.62	1.66
	2	0.01	2.09	2.15	2.21	2.27	2.34	2.39	2.45
		0.02	1.99	2.05	2.11	2.17	2.23	2.28	2.35
		0.03	1.91	1.97	2.03	2.08	2.14	2.19	2.25
		0.05	1.79	1.85	1.91	1.97	2.03	2.09	2.15
	4	0.01	2.29	2.36	2.43	2.50	2.56	2.63	2.70
		0.02	2.18	2.25	2.32	2.38	2.45	2.51	2.58
		0.03	2.10	2.16	2.22	2.28	2.35	2.41	2.47
	6	0.01	2.38	2.47	2.56	2.64	2.73	2.81	2.90
		0.02	2.28	2.35	2.42	2.49	2.56	2.63	2.70
k_τ	任何比值	0.01	1.60	1.70	1.80	1.90	2.00	2.10	2.20
		0.02	1.51	1.60	1.69	1.77	1.86	1.94	2.03
		0.03	1.44	1.52	1.60	1.67	1.75	1.82	1.90
		0.05	1.34	1.40	1.46	1.52	1.57	1.63	1.69
		0.10	1.17	1.20	1.23	1.26	1.28	1.31	1.34

表 2.6 绝对尺寸系数 ε_σ 和 ε_τ 值

直径 d/mm		>20~30	>30~40	>40~50	>50~60	>60~70	>70~80	>80~100	>100~120	>120~150	>150~500
ε_σ	碳钢	0.91	0.88	0.84	0.81	0.78	0.75	0.73	0.70	0.68	0.60
	合金钢	0.83	0.77	0.73	0.70	0.68	0.66	0.64	0.62	0.60	0.54
ε_τ	各种钢	0.89	0.81	0.78	0.76	0.74	0.73	0.72	0.70	0.68	0.60

表 2.7 加工表面的表面状态系数 β 值

加工方法	轴表面粗糙度 Ra/mm	σ_B/MPa		
		600	800	1 200
磨削	0.000 4~0.000 2	1.00	1.00	1.00
车削	0.003 2~0.000 8	0.95	0.90	0.80
粗车	0.025~0.006 3	0.85	0.80	0.65
未加工面	—	0.75	0.65	0.45

表 2.8 经过各种强化方法处理的表面状态系数 β 值

强化方法	心部强度 σ_B/MPa	β		
		光轴	$k_\sigma\leqslant1.5$	$k_\sigma\leqslant1.8\sim2.0$
高频淬火	600~800 800~1 000	1.5~1.7 1.3~1.5	1.6~1.7 —	2.4~2.8 —
氮化	900~1 200	1.1~1.25	1.5~1.7	1.7~2.1
渗碳	400~600 700~800 1 000~1 200	1.8~2.0 1.4~1.5 1.2~1.3	3 — 2	— — —
喷丸硬化	600~1 500	1.1~1.25	1.5~1.6	1.7~2.1
滚子滚压	600~1 500	1.1~1.3	1.3~1.5	1.6~2.0

注:1. 高频淬火处理后的 β 值是根据直径为 10~20 mm、淬硬层厚度为(0.05~0.20)d 的试件试验求得的数据,对大尺寸试件,强化系数的值会有所降低。

2. 氮化层厚度为 0.01d 时 β 取小值,厚度为(0.03~0.04)d 时 β 取大值。

3. 喷丸硬化处理后的 β 值是根据 8~40 mm 的试件求得的数据,喷丸速度低时取小值,速度高时取大值。

4. 滚子滚压处理后的 β 值是根据 17~130 mm 的试件求得的数据。

2.3.5 零件的疲劳极限应力图

对于有应力集中、剖面的绝对尺寸和表面状态影响的零件,在计算安全系数时必须考虑综合影响系数和寿命系数对疲劳强度的影响。由于综合影响系数只影响应力幅部分,寿命系数对平均应力和应力幅均有影响,故零件的简化疲劳极限应力图可将其材料的疲劳极限应力图的直线 AB 下移到 $A'B'$(图 2.9)。由于材料疲劳极限应力图中直线 SE 是按静应力的要求考虑的,故不需进行修正。

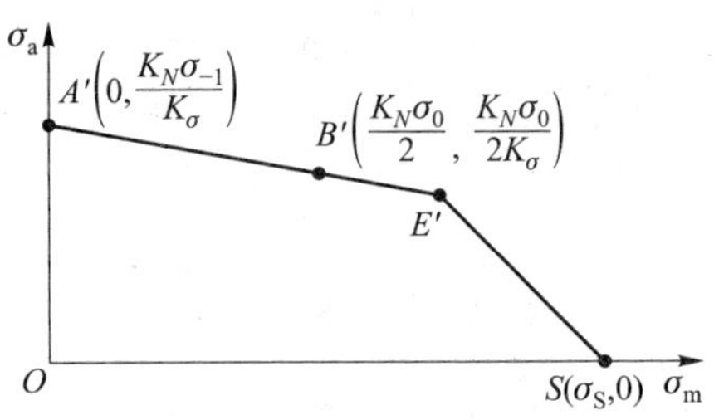

图 2.9 零件的简化疲劳极限应力图

2.3.6 稳定变应力状态下机械零件疲劳强度计算

1. 许用应力法

机械零件在变应力作用下的疲劳强度计算与静强度计算相似,即零件危险点处的最大工作应力应小于或等于零件的许用应力。危险点处的最大工作应力 σ_{max} 也按静载荷时的应力公式计算。

零件在对称循环下的许用应力$[\sigma_{-1c}]$表示零件的疲劳极限 σ_{-1Nc} 与规定的安全系数 S_σ 的比值,则对称循环下的疲劳强度条件为

$$\sigma_{max}\leqslant[\sigma_{-1c}]=\frac{\sigma_{-1Nc}}{[S_\sigma]} \tag{2.16}$$

式中:σ_{-1Nc}——零件对称循环的疲劳极限,其值为

$$\sigma_{-1Nc}=\frac{K_N\sigma_{-1}}{K_\sigma} \tag{2.17}$$

对某些受不对称循环变应力的零件,其疲劳强度条件可取为

$$\sigma_a\leqslant[\sigma_a] \tag{2.18}$$

式中:σ_a——零件所受的最大工作应力幅;

$[\sigma_a]$——零件的许用应力幅。

2. 安全系数法

用安全系数法判断零件危险截面处的安全程度,其条件为危险截面处的安全系数 S 应大于等于许用安全系数$[S]$,即

$$S\geqslant[S] \tag{2.19}$$

许用疲劳安全系数$[S]$一般荐用下列数值:当材料均匀、工艺质量好、载荷和应力计算准确时,$[S]=1.3\sim1.5$;当材料均匀、工艺质量中等、载荷和应力计算精确度较低时,$[S]=1.5\sim1.8$;当材料不均匀、载荷和应力计算精度很低时,$[S]=1.8\sim2.5$。

1) 单向变应力状态时的安全系数

在进行机械零件的疲劳强度计算时,首先要求计算出零件危险截面上的最大应力和最小应力,并据此计算出平均应力和应力幅,然后在零件的极限应力图上标出其相应的工作应力点,如图 2.10 所示。

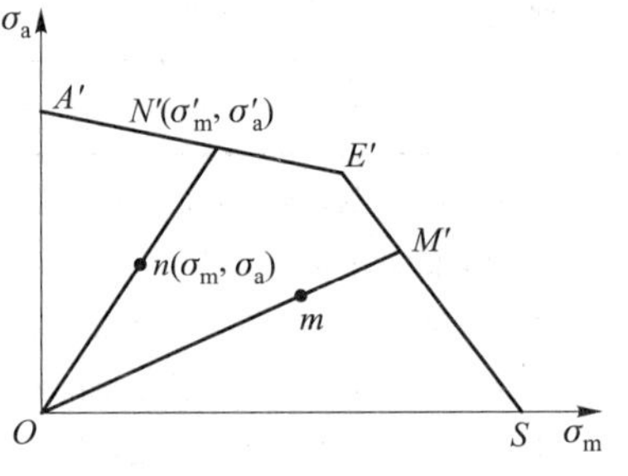

图 2.10 单向应力状态

在计算 n 点的安全系数时，其疲劳极限应为疲劳曲线 $A'E'S$ 上某一点所代表的应力，该应力点的位置取决于零件工作应力增长达到曲线 $A'E'S$ 时的变化规律。

常见的工作应力变化规律有以下三种：① 循环特性 r 为常数，如转轴中的应力状态参数；② 平均应力 σ_m 为常数，如车辆减振弹簧，由于车的质量在弹簧上产生预加平均应力；③ 最小应力为常数，如气缸盖的紧螺栓连接，在安装拧紧时螺栓杆中先产生预加的（最小）拉应力。通常将第一种称为简单加载，后两种称为复杂加载。下面以 r 为常数的情况为例，说明其强度计算方法。

由于 r 为常数，即

$$r=\frac{\sigma_{\min}}{\sigma_{\max}}=\frac{\sigma_m-\sigma_a}{\sigma_m+\sigma_a}=\frac{1-\dfrac{\sigma_a}{\sigma_m}}{1+\dfrac{\sigma_a}{\sigma_m}}=\text{常数} \tag{2.20}$$

可见，要使 r 为常数，必须使 $\dfrac{\sigma_a}{\sigma_m}$ 保持不变，即 σ_a 和 σ_m 应按同一比例增长。

在图 2.10 中，由原点 O 作射线，通过工作点 n（或 m）交疲劳极限曲线于 N'（或 M'）点，得到 ON'（OM'）线，则此射线上任意一点所表示的应力循环都具有相同的循环特性。而点 N'（或 M'）所表示的应力值就是零件的极限应力。

由图 2.9 中 $A'\left(0,\dfrac{K_N\sigma_{-1}}{K_\sigma}\right)$ 和 $B'\left(\dfrac{K_N\sigma_0}{2},\dfrac{K_N\sigma_0}{2K_\sigma}\right)$ 两点可求出 $A'E'$ 的疲劳极限方程为

$$\left.\begin{aligned}\sigma'_a&=\frac{K_N\sigma_{-1}}{K_\sigma}-\frac{1}{K_\sigma}\psi_\sigma\sigma'_m\\ \psi_\sigma&=\frac{2\sigma_{-1}-\sigma_0}{\sigma_0}\end{aligned}\right\} \tag{2.21}$$

直线 ON' 的方程为

$$\sigma'_a=\frac{\sigma_a}{\sigma_m}\sigma'_m \tag{2.22}$$

式中：σ'_m——循环特性 r 时零件的极限平均应力；

σ'_a——循环特性 r 时零件的极限应力幅；

ψ_σ——将平均应力折合为应力幅的等效系数，其大小表示材料对循环不对称特性的敏感程度；根据试验，碳钢的，$\psi_\sigma\approx0.1\sim0.2$，合金钢的，$\psi_\sigma\approx0.2\sim0.3$。

联立解式（2.21）和式（2.22），可求出点 N' 的坐标值 σ'_m 和 σ'_a，然后将其相加，就可求出对应于点 N 的零件的疲劳极限 $\sigma'_{\max}$，即

$$\sigma'_{\max}=\sigma'_m+\sigma'_a=\frac{K_N\sigma_{-1}(\sigma_m+\sigma_a)}{K_\sigma\sigma_a+\psi_\sigma\sigma_m}=\frac{K_N\sigma_{-1}\sigma_{\max}}{K_\sigma\sigma_a+\psi_\sigma\sigma_m} \tag{2.23}$$

因此，正应力安全系数为

$$S_\sigma=\frac{\sigma'_{\max}}{\sigma_{\max}}=\frac{K_N\sigma_{-1}}{K_\sigma\sigma_a+\psi_\sigma\sigma_m} \tag{2.24}$$

同理,可求得切应力的安全系数为

$$S_{\tau}=\frac{\tau'_{\max}}{\tau_{\max}}=\frac{K_N\tau_{-1}}{K_{\tau}\tau_{a}+\psi_{\tau}\tau_{m}} \tag{2.25}$$

$$\psi_{\tau}=\frac{2\tau_{-1}-\tau_{0}}{\tau_{0}} \tag{2.26}$$

式中:ψ_{τ}——切应力平均应力折合为应力幅的等效系数,一般取 $\psi_{\tau}\approx 0.5\psi_{\sigma}$。

对于塑性材料,工作应力点 m 的极限应力点 M' 位于直线 $E'S$ 上,此时的极限应力为屈服强度 σ_S,只需进行静强度计算。其安全系数为

$$S_{\sigma}=\frac{\sigma_S}{\sigma_{\max}}=\frac{\sigma_S}{\sigma_m+\sigma_a},\quad S_{\tau}=\frac{\tau_S}{\tau_{\max}}=\frac{\tau_S}{\tau_m+\tau_a} \tag{2.27}$$

2)双向变应力状态时的安全系数

许多零件在工作时,剖面上同时作用有正应力和切应力(如转轴),此应力状态称为双向应力状态。

根据试验研究和理论分析,塑性材料零件在对称循环弯扭双向应力作用下的疲劳强度安全系数计算式为

$$S=\frac{S_{\sigma}S_{\tau}}{\sqrt{S_{\sigma}^2+S_{\tau}^2}} \tag{2.28}$$

式中 S_{σ} 和 S_{τ} 的计算式为

$$S_{\sigma}=\frac{K_N\sigma_{-1}}{K_{\sigma}\sigma_{a}},\quad S_{\tau}=\frac{K_N\tau_{-1}}{K_{\tau}\tau_{a}} \tag{2.29}$$

为防止塑性材料零件在双向应力作用下发生塑性变形,还要验算其静强度安全系数,即按第三或第四强度理论计算安全系数

$$S=\frac{\sigma_S}{\sqrt{\sigma_{\max}^2+4\tau_{\max}^2}},\quad S=\frac{\sigma_S}{\sqrt{\sigma_{\max}^2+3\tau_{\max}^2}} \tag{2.30}$$

式中 $\sigma_{\max}=\sigma_m+\sigma_a$,$\tau_{\max}=\tau_m+\tau_a$。

对于低塑性和脆性材料,计算弯扭双向应力疲劳强度安全系数时建议用下式:

$$S=\frac{S_{\sigma}S_{\tau}}{S_{\sigma}+S_{\tau}} \tag{2.31}$$

对于受非对称循环弯扭双向变应力作用的零件,疲劳强度安全系数 S 仍按式(2.28)或式(2.31)计算,而式中的 S_{σ} 和 S_{τ} 应分别按式(2.24)和式(2.25)计算。

例 2.1 一钢制零件,其 $\sigma_B=770$ MPa,$\sigma_S=400$ MPa,$\sigma_{-1}=250$ MPa,承受对称循环变应力,$\sigma_{\max}=80$ MPa;已知零件的有效应力集中系数 $k_{\sigma}=1.65$,绝对尺寸系数 $\varepsilon_{\sigma}=0.81$,表面状态系数 $\beta=0.95$(精车),$N_0=10^7$,$m=9$。若取许用安全系数$[S]=1.5$,应力循环次数 $N=10^6$,试校核此零件的疲劳强度。

解 零件受单向对称变应力作用,由式(2.9)得寿命系数

$$K_N=\sqrt[m]{\frac{N_0}{N}}=\sqrt[9]{\frac{10^7}{10^6}}=1.292$$

由式(2.15)得综合影响系数

$$K_\sigma=\frac{k_\sigma}{\varepsilon_\sigma\beta}=\frac{1.65}{0.81\times0.95}=2.144$$

1) 许用应力法校核

由式(2.16)和式(2.17)得零件的许用疲劳极限

$$[\sigma_{-1c}]=\frac{\sigma_{-1Nc}}{[S_\sigma]}=\frac{K_N\sigma_{-1}}{K_\sigma[S_\sigma]}=\frac{1.292\times250}{2.144\times1.5}\ \text{MPa}=100.44\ \text{MPa}$$

则

$$\sigma_{max}=80\ \text{MPa}\leqslant[\sigma_{-1c}]$$

满足强度条件,故安全。

2) 安全系数法校核

对称循环,$\sigma_m=0$,$\sigma_a=\sigma_{max}$,则由式(2.24)得

$$S_\sigma=\frac{K_N\sigma_{-1}}{K_\sigma\sigma_a+\psi_\sigma\sigma_m}=\frac{1.292\times250}{2.144\times80}=1.88>[S]$$

结果相同,是安全的。

例 2.2 一优质碳素钢零件,其 $\sigma_B=560$ MPa,$\sigma_S=280$ MPa,$\sigma_{-1}=250$ MPa,承受工作变应力 $\sigma_{max}=155$ MPa,$\sigma_{min}=30$ MPa;已知零件的有效应力集中系数 $k_\sigma=1.65$,绝对尺寸系数 $\varepsilon_\sigma=0.81$,表面状态系数 $\beta=0.95$(精车)。若取许用安全系数 $[S]=1.5$,试按无限寿命校核此零件的强度。

解 1) 计算平均应力和应力幅

$$\sigma_m=\frac{\sigma_{max}+\sigma_{min}}{2}=\frac{155+30}{2}\ \text{MPa}=92.5\ \text{MPa}$$

$$\sigma_a=\frac{\sigma_{max}-\sigma_{min}}{2}=\frac{155-30}{2}\ \text{MPa}=62.5\ \text{MPa}$$

2) 疲劳强度安全系数校核

因按无限寿命计算,故 $K_N=1$。综合影响系数为

$$K_\sigma=\frac{k_\sigma}{\varepsilon_\sigma\beta}=\frac{1.65}{0.81\times0.95}=2.144$$

取等效系数 $\psi_\sigma=0.2$,则有

$$S_\sigma=\frac{K_N\sigma_{-1}}{K_\sigma\sigma_a+\psi_\sigma\sigma_m}=\frac{250}{2.144\times62.5+0.2\times92.5}=1.64>[S]$$

故安全。

3) 静强度安全系数校核

由式(2.27)得

$$S_\sigma=\frac{\sigma_S}{\sigma_{max}}=\frac{280}{155}=1.81>[S]$$

故安全。

本例中由于疲劳极限应力图未知,不能判断属于何种失效形式,故对疲劳强度和静强度都进行了校核。

2.3.7　规律性非稳定变应力状态下机械零件疲劳强度计算

1. 疲劳损伤积累理论

经过长期的试验和分析，人们发现对承受规律性非稳定变应力的零件，可以根据疲劳积累理论进行计算。该理论认为，当零件或材料承受的应力高于疲劳极限应力时，每一循环都使零件或材料产生一定的损伤，而该损伤是可以积累的，当损伤积累到一定程度达到疲劳寿命极限时即发生疲劳破坏。

到目前为止，已建立的疲劳损伤积累理论有几十种，但应用最广泛的是线性疲劳损伤积累理论。该理论认为，材料或零件在各个应力下的疲劳损伤是独立进行的，并且总损伤是线性累加的。其中最有代表性的是 Miner 疲劳损伤积累理论。

图 2.11a 所示为一材料的规律性非稳定变应力的变化规律图。图中 $\sigma_1,\sigma_2,\cdots,\sigma_n$ 是应力循环特性为 r 时各循环作用的最大应力，$N_1,N_2,\cdots,N_n$ 为与各应力相对应的积累循环次数。$N_1',N_2',\cdots,N_n'$为与各应力相对应的材料发生疲劳破坏时的极限循环次数，如图 2.11c 所示。

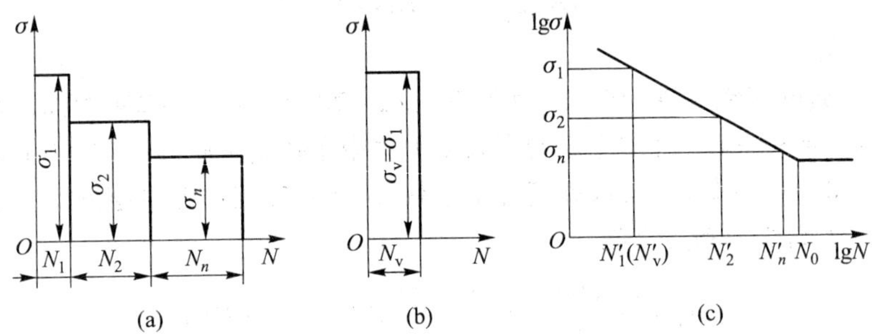

图 2.11　规律性非稳定变应力

大于材料疲劳极限 σ_r 的各个应力，每循环一次，造成一次寿命损伤，故其总寿命损伤率为

$$F=\frac{N_1}{N_1'}+\frac{N_2}{N_2'}+\cdots+\frac{N_n}{N_n'}=\sum_{i=1}^{n}\frac{N_i}{N_i'} \tag{2.32}$$

小于材料疲劳极限 σ_r 的应力可认为对材料不起损伤作用，故计算时可以不考虑。

当大于材料疲劳极限 σ_r 的各个应力对材料的总寿命损伤率为 1 时，材料即发生疲劳破坏，故对应于极限情况有

$$F=\sum_{i=1}^{n}\frac{N_i}{N_i'}=1 \tag{2.33}$$

式(2.33)则为线性疲劳损伤积累理论的数学表达式，又称 Miner 方程。实际上 $F=0.7\sim2.2$，表面有残余压应力的可能大于 1，表面有残余拉应力的可能小于 1。为计算方便，通常取 1，小于 1 时可认为未达到疲劳极限。

2. 规律性非稳定应力作用下零件的疲劳强度计算

规律性非稳定变应力作用下，零件的疲劳强度计算是先将非稳定变应力转换成单一的、与其总寿命损伤率相等的等效稳定变应力(简称等效应力)σ_v，然后再按稳定变应力进行疲劳强度计算。

通常取等效应力 σ_v 等于非稳定变应力中作用时间最长的或起主要作用的应力，例如图

2.11b 中取 $\sigma_v=\sigma_1$，对应 σ_v 的是等效循环次数 N_v，相对应的材料发生疲劳破坏时的等效极限循环次数 $N'_v=N'_1$。

根据总寿命损伤率相等的条件，得

$$\frac{N_1}{N'_1}+\frac{N_2}{N'_2}+\cdots+\frac{N_n}{N'_n}=\frac{N_v}{N'_v} \tag{2.34}$$

另由疲劳曲线方程式(2.8)可知

$$\sigma_i^m N'_i=C \tag{2.35}$$

将式(2.34)各项的分子和分母相应乘以 $\sigma_1^m,\sigma_2^m,\cdots,\sigma_n^m,\sigma_v^m$ 得

$$\sigma_1^m N_1+\sigma_2^m N_2+\cdots+\sigma_n^m N_n=\sigma_v^m N_v \tag{2.36}$$

则

$$N_v=\sum_{i=1}^{n}\left(\frac{\sigma_i}{\sigma_v}\right)^m N_i \tag{2.37}$$

由式(2.9)得

$$K_N=\sqrt[m]{\frac{N_0}{N_v}} \tag{2.38}$$

式中：K_N——等效循环次数时的寿命系数。

根据式(2.24)可求得其安全系数为

$$S_\sigma=\frac{K_N\sigma_{-1}}{K_\sigma\sigma_{av}+\psi_\sigma\sigma_{mv}} \tag{2.39}$$

式中：σ_{av}——等效应力的应力幅；

σ_{mv}——等效应力的平均应力。

对于受非稳定切应力作用的零件，计算其疲劳强度时只需将上述公式中的正应力 σ 换成切应力 τ 即可。

2.4 机械零件的表面接触强度

有些机械零件(如齿轮、滚动轴承等)在理论分析时都将力的作用看成是点或线接触的，而实际上，零件工作时受载，接触部分要产生局部的弹性变形而形成面接触。由于接触的面积很小，因而产生的局部应力很大，可将这种局部应力称为接触应力，这时零件的强度称为接触强度。

实际工作中遇到的接触应力多为变应力，产生的失效属于接触疲劳破坏。接触疲劳破坏产生的特点是：零件接触应力在载荷的反复作用下，先在表面或表层内 15~25 μm 处产生初始疲劳裂纹，然后在不断的接触过程中，由于润滑油被挤进裂纹内形成高压，使裂纹加速扩展，裂纹扩展到一定深度以后，导致零件表面的小片状金属剥落下来，使金属零件表面形成一个个小坑，如图 2.12 所示，这种现象称为疲劳点蚀。发生疲劳点蚀后，减小了接触面积，破坏了零件的光滑表面，因而也降低了承载能力，并引起振动和噪声。疲劳点蚀常是齿轮、滚动轴承等零件的主要失效形式。

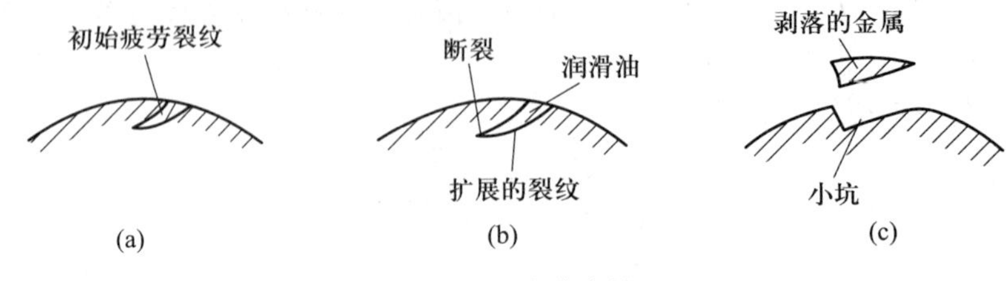

图 2.12 疲劳点蚀

对于线接触情况，按照弹性力学的理论，当两个半径为 ρ_1、ρ_2 的圆柱在压力 F_n 作用下接触时，其接触区为一狭长矩形，最大接触应力发生在接触区中线的各点上（图 2.13）。根据赫兹（Hertz）公式，最大接触应力为

$$\sigma_{\mathrm{Hmax}}=\sqrt{\frac{F_n}{\pi L}\,\frac{\dfrac{1}{\rho_1}\pm\dfrac{1}{\rho_2}}{\dfrac{1-\mu_1^2}{E_1}+\dfrac{1-\mu_2^2}{E_2}}} \tag{2.40}$$

式中：σ_{Hmax}——最大接触应力；

E_1、E_2——两圆柱材料的弹性模量；

μ_1、μ_2——两圆柱的泊松比；

L——接触线长度；

±——“+”号用于外接触（图 2.13a），“−”号用于内接触（图 2.13b）。

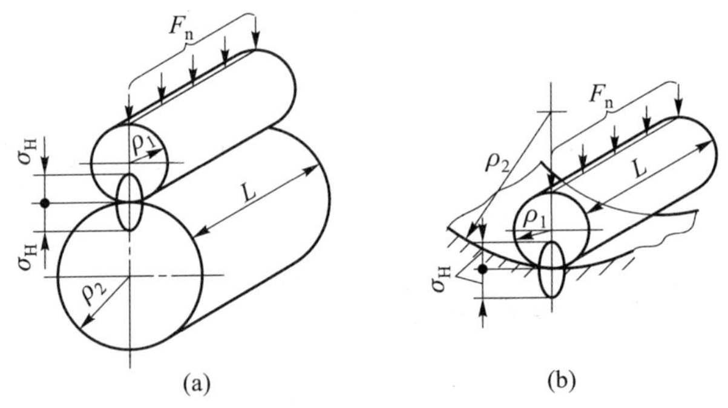

图 2.13 两圆柱的接触应力

影响疲劳点蚀的主要因素是接触应力的大小，因此表面接触疲劳强度条件为

$$\sigma_{\mathrm{Hmax}}\leqslant[\sigma_{\mathrm{H}}]=\frac{\sigma_{\mathrm{Hlim}}}{S_{\mathrm{H}}} \tag{2.41}$$

式中：$[\sigma_{\mathrm{H}}]$——材料的许用接触应力；

S_{H}——接触疲劳安全系数；对闭式齿轮传动进行齿面接触疲劳强度计算时，其安全系数可取：表面未强化时，$S_{\mathrm{H}}=1.1\sim1.2$，表面强化时，$S_{\mathrm{H}}=1.2\sim1.3$。

由式（2.40）可见，最大接触应力以两圆柱外接触最高，圆柱与平面外接触次之，内、外圆柱内接触最低。内接触只有外接触的 48%，故在重载情况下常采用内接触，有利于提高承载能力或降低接触副的尺寸。

2.5 机械零件的冲击强度

冲击强度是指材料或零件抗冲击破坏的能力。在很短时间内以较高速度作用于零件上的载荷称为冲击载荷。由冲击载荷作用而产生的应力称为冲击应力。由于冲击时间极短,加上物体接触变形等因素影响,冲击强度计算不易准确。

冲击载荷在零件中产生的冲击应力除与零件的形状、体积和局部弹塑性变形等有关外,还与其相连接的物体有关。如与零件相连接的物体是绝对刚体,则冲击能量全部由该零件所承受;如与零件相连接的物体刚度为某一值,则冲击能量为整个体系所承担,该零件只承受冲击能量的一部分。此外,冲击应力的大小还取决于冲击能量的大小。因此,冲击载荷作用下零件的强度计算比静载荷作用下的强度计算复杂得多。现以自由落体为例,介绍冲击强度的计算方法。

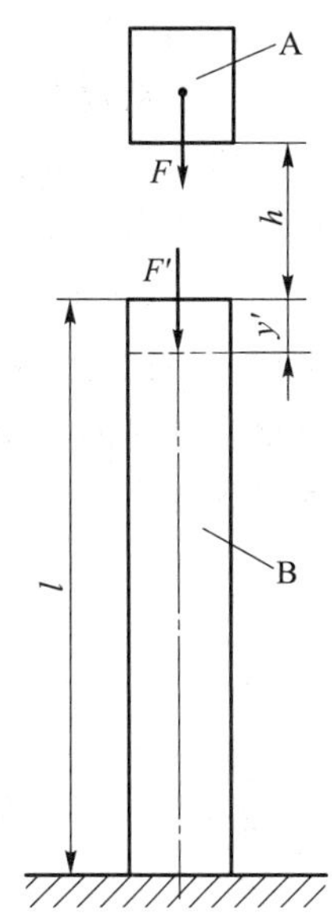

图 2.14 冲击载荷

图 2.14 中一重力为 F 的物体 A 从高度 h 下落,沿轴向冲击直杆 B,B 在冲击载荷 F'的作用下产生的弹性变形为 y',则 A 给 B 的冲击能量 E_k 和 B 的变形位能 E_p 分别为

$$E_k = F(h+y'),\quad E_p = \frac{F'y'}{2} \tag{2.42}$$

根据 $E_k = E_p$ 的关系,得

$$F(h+y') = \frac{F'y'}{2} \tag{2.43}$$

假设材料在弹性范围内工作,由载荷与变形成正比,得

$$\frac{F}{F'} = \frac{y}{y'} \tag{2.44}$$

式中:y——物体 B 受静载荷 F 作用时的弹性变形。

联立解上两式,可得

$$F' = \left(1+\sqrt{1+\frac{2h}{y}}\right)F = K_I F \tag{2.45}$$

式中:K_I——冲击系数,$K_I = 1+\sqrt{1+\frac{2h}{y}}$。

因此,其冲击应力为

$$\sigma' = K_I \sigma \tag{2.46}$$

式中:σ——静载荷 F 作用时的静应力。

根据载荷与变形的关系,可得

$$y' = K_I y \tag{2.47}$$

分析结果可知:在自由落体冲击下,距离 h 愈小和零件静载荷弹性变形 y 愈大,则冲击系数、冲击载荷和冲击变形愈小。即使 $h \approx 0$,冲击载荷和冲击变形也是静载荷时的两倍。

当零件所受的载荷和速度发生变化时都会引起冲击，所以在设计时也应考虑冲击系数。由于影响冲击系数的因素很多，所以按上述理论计算所得结果可能和实际值相差很大，因此常用经验公式计算。在设计时，也可将载荷增大某一倍数或将许用应力降低来考虑。通常可取 K_1 值：轻度冲击时取 1～1.1，中度冲击时取 1.25～1.4，重度冲击时取 1.6～2，极大冲击时取 2～3。有时是将冲击系数考虑到载荷系数或工作情况系数中。

研究零件冲击强度时要考虑材料在冲击载荷作用下力学性能的改变和对零件冲击效应的大小。对于结构钢来说，当应变速率在 10^{-6}～10^{-2} s^{-1} 时，力学性能无明显变化。但在更高的应变速率下，结构钢的强度极限和屈服极限随冲击速度的增大而提高，且屈服极限比强度极限提高得更快。因此，把冲击载荷当作静载荷来处理对于一般结构钢来说是偏于安全的。另外，冲击载荷对材料缺口的敏感性比静载荷对材料缺口的敏感性大，这时如果把冲击载荷当作静载荷来处理，就必须提高安全系数。

习 题

2.1 按时间和应力的关系，应力可分为哪几类？

2.2 在强度计算时如何确定许用应力？

2.3 什么是循环基数 N_0？为什么当 $N>N_0$ 时称为无限寿命区？

2.4 稳定循环变应力的 σ_{max}、σ_{min}、σ_a、σ_m、r 五个参数各代表什么？试列出根据已知零件的 σ_{max}、σ_{min} 计算 σ_a、σ_m 及 r 的公式。

2.5 如何绘制材料的极限应力图？材料的极限应力图在零件强度计算中有什么用处？

2.6 影响机械零件疲劳强度的主要因素有哪些？原因是什么？为什么影响因素中的 K_σ、ε_σ、β 只对变应力的应力幅部分有影响？

2.7 已知某钢制零件，其材料的疲劳极限 $\sigma_r=112$ MPa，若取疲劳曲线表达式中的指数 $m=9$，试求相应于寿命分别为 5×10^5、7×10^5 次循环时的条件疲劳极限 σ_{rN}。（取循环基数 $N_0=10^7$）

2.8 某钢制零件材料性能为 $\sigma_{-1}=270$ MPa，$\sigma_S=350$ MPa，$\sigma_0=450$ MPa，受单向稳定循环变应力，危险剖面的综合影响系数 $K_\sigma=2.25$，寿命系数 $K_N=1$。

（1）若工作应力按 $\sigma_m=270$ MPa$=C$（常数）的规律变化，问该零件首先是发生疲劳破坏还是塑性变形？

（2）若工作应力按应力比（循环特性）$r=C$（常数）的规律变化，问 r 在什么范围内零件首先发生疲劳破坏？

2.9 零件材料的力学性能为 $\sigma_{-1}=500$ MPa，$\sigma_0=800$ MPa，$\sigma_S=850$ MPa，综合影响系数 $K_\sigma=2$，零件工作的最大应力 $\sigma_{max}=300$ MPa，最小应力 $\sigma_{min}=-50$ MPa，加载方式为 $r=C$（常数）。

（1）按比例绘制该零件的极限应力图，并在图中标出该零件的工作应力点 M 和其相应的极限应力点 M_1。

（2）根据极限应力图，判断该零件将可能发生何种破坏。

（3）若该零件的设计安全系数 $S=1.5$，用计算法验算其是否安全。

2.10 在图 2.15 所示零件的极限应力图中，零件的工作应力位于 M 点，在零件的加载过程中可能发生哪种失效？若应力循环特性 r 等于常数，应按什么方式进行强度计算？

2.11 已知 45 钢经调质后的力学性能为抗拉强度 $\sigma_B=600$ MPa，屈服强度 $\sigma_S=360$ MPa，疲劳极限 $\sigma_{-1}=300$ MPa，材料的等效系数 $\psi_\sigma=0.25$。

（1）材料的极限应力图如图 2.16 所示，试求材料的脉动循环疲劳极限 σ_0。

（2）疲劳强度综合影响系数 $K_\sigma=2$，试作出零件的极限应力图。

（3）若某零件所受的最大应力 $\sigma_{max}=120$ MPa，循环特性系数 $r=0.25$，试求工作应力点 M 的坐标 σ_m 和 σ_a 的值。

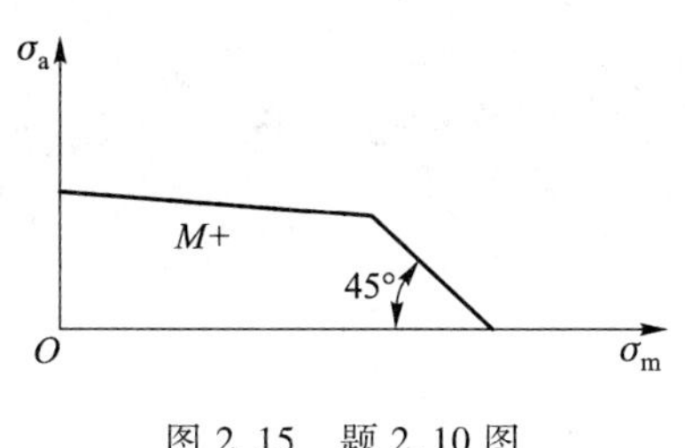

图 2.15　题 2.10 图

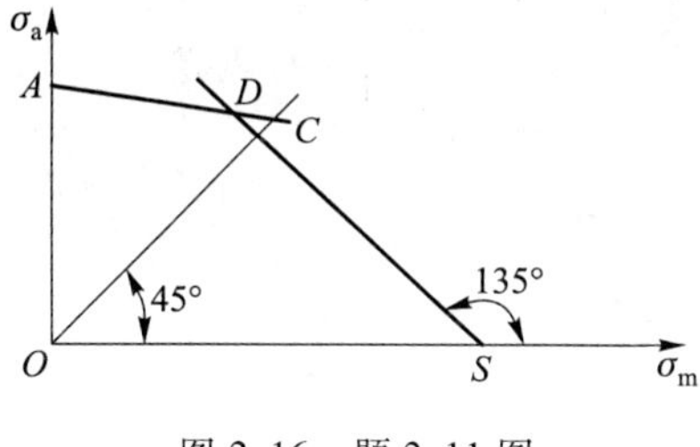

图 2.16　题 2.11 图

2.12　合金钢对称循环疲劳极限 $\sigma_{-1}=400$ MPa,屈服强度 $\sigma_S=780$ MPa,$\psi_\sigma=0.2$。

(1) 绘制此材料的简化极限应力图。

(2) 求 $r=0.5$ 时的 σ'_a、σ'_m 值。

第 2 篇　常用连接设计

为了满足机器的制造、安装、维修和运输等要求，需广泛地使用各种连接。因此，机械设计人员必须熟悉各种机器中常用的连接方法及有关连接零件的结构、类型、性能与适用场合，掌握它们的设计理论和选用方法。

机械连接有两类：一类是机器工作时被连接的零、部件之间可以有相对运动（如各种运动副），称为机械动连接；另一类则是在机器工作时，连接的零（部）件之间不允许产生相对运动，称为机械静连接。根据连接件是否可以重复使用，机械静连接又分为可拆连接和不可拆连接。可拆连接是不需毁坏连接中的任一零件就可拆开的连接，故多次装拆无损于其使用性能。常见的可拆连接有螺纹连接、键连接、销连接及联轴器和离合器连接等，其中螺纹连接和键连接应用较广。不可拆连接是至少必须毁坏连接中的某一部分才能拆开的连接，常见的有铆钉连接、焊接等。

在通用机械中，连接件占总零件数的 20%~50%，是近年来发明创造最多的零件。

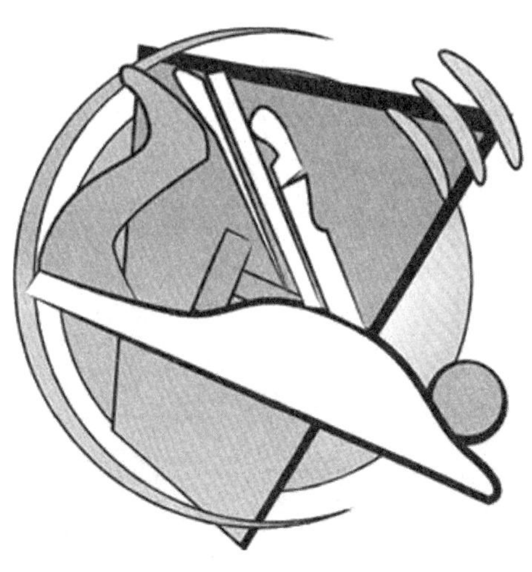

第 3 章　轴毂连接

轴毂连接中最常见的是键和花键连接，它们均属可拆连接。键和花键主要是用于轴与回转零件（如齿轮、带轮等）轮毂之间周向固定和传递转矩，其中有的还可实现轴向固定和传递轴向力。销连接除用作轴毂连接外，还常用来确定零件间的相互位置（定位销）或作安全装置（安全销）。

3.1　键连接

3.1.1　键连接的类型

键可以分为平键、半圆键、楔键及切向键等多种类型，其中平键最为常用。

1. 平键连接

平键连接靠键的两侧面传递转矩，键的两侧面是工作面，上表面和轮毂之间留有间隙（图 3.1a）。平键连接结构简单，对中良好，装拆方便，加工容易，但它不能实现轴上零件的轴向固定。平键连接按用途分类有三种：普通平键、导向键、滑键。

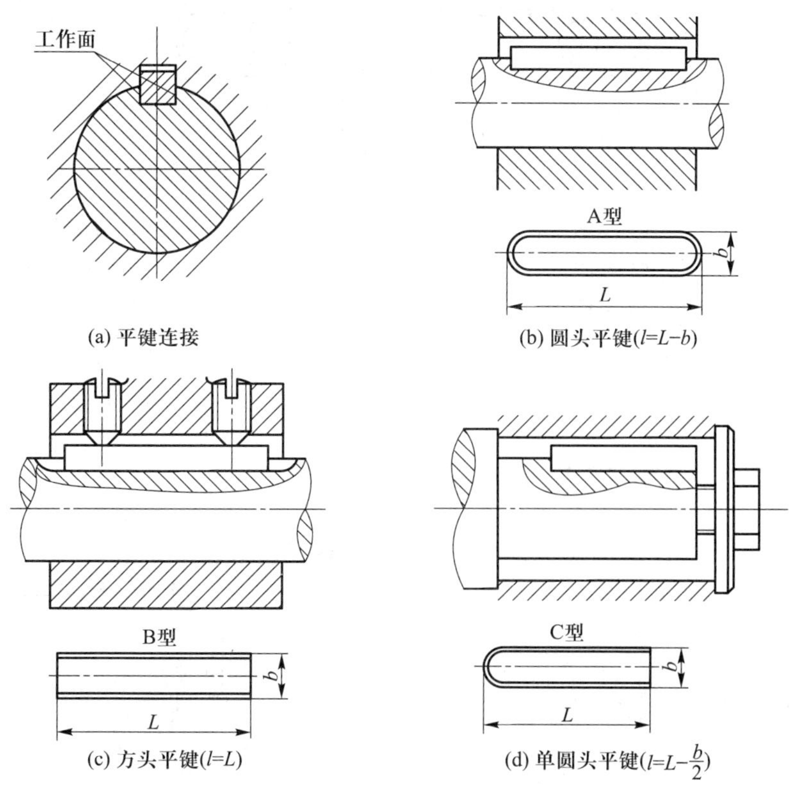

(a) 平键连接　(b) 圆头平键($l=L-b$)　(c) 方头平键($l=L$)　(d) 单圆头平键($l=L-\frac{b}{2}$)

图 3.1　普通平键连接

普通平键连接用于静连接，即轴及轮毂间无相对轴向移动的连接，它按端部形状不同分为：A 型，圆头平键（图 3.1b）；B 型，方头平键（图 3.1c）；C 型，单圆头平键（图 3.1d）三种。

圆头平键的轴槽用指状铣刀加工，轴槽两端具有与键相同的形状，故键在槽中固定良好，缺点是槽对轴引起的应力集中较大。方头平键的轴槽用盘铣刀加工，键与槽不同形，轴向定位不好，但轴的应力集中较小。半圆头平键常用于轴端。

导向键和滑键用于动连接。导向键连接如图 3.2 所示，所连接的轴与轮毂之间有相对的轴向移动。导向键用螺钉固定在轴槽中，轴上的零件能沿键做轴向滑动；为拆装方便，设有起键螺孔。导向键适用于轴上零件轴向移动量不大的场合，如机床变速箱中的滑移齿轮。滑键连接如图 3.3 所示，滑键固定在轮毂上，轮毂与滑键一同作轴向移动，适用于轴上零件轴向移动量较大的场合。

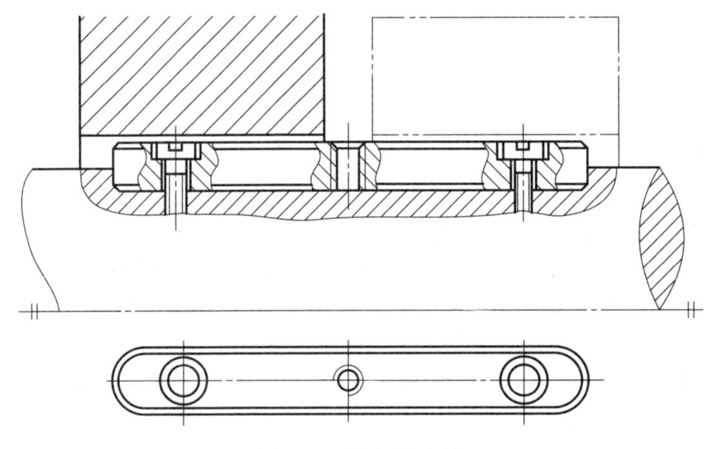

图 3.2　导向键连接

2. 半圆键连接

半圆键连接如图 3.4 所示，用于静连接，与平键一样，键的侧面为工作面，定心较好。半圆键能在轴槽中摆动，以适应毂槽底面，装拆方便。它的缺点是键槽深，对轴的强度削弱较大，故一般适用于中、小载荷和锥形轴端连接中。

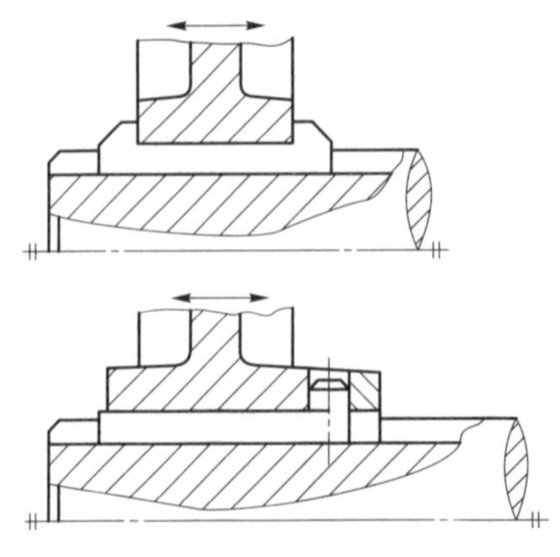

图 3.3　滑键连接

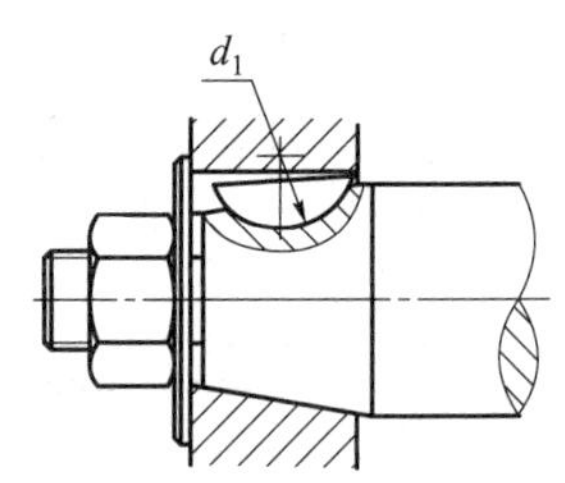

图 3.4　半圆键连接

3. 楔键连接

楔键连接如图 3.5 所示,用于静连接,连接特点是楔键的上、下表面是工作面。键的上表面和毂槽底面各有 1 : 100 的斜度,装配时需打入,靠楔紧作用传递转矩,并能轴向固定零件或承受单向轴向力。其缺点是由于楔键打入时迫使轮毂和轴的配合产生偏心,因此主要用于同心度要求不高、载荷平稳、低速的场合。

楔键分为普通楔键和钩头楔键两种,普通楔键也有圆头、方头和单圆头三种,钩头楔键(图 3.5c)的钩头供拆卸使用。如果楔键安装在轴端,应注意加防护罩。

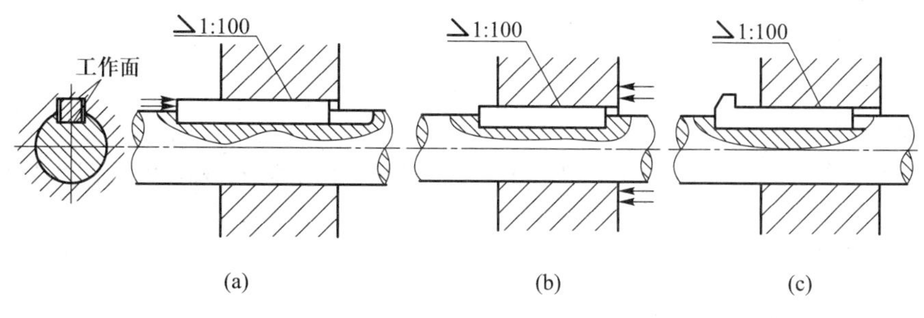

图 3.5 楔键连接

4. 切向键连接

切向键如图 3.6 所示,用于静连接。它是由一对斜度为 1 : 100 的楔键组成,其上、下表面为工作面,其中一个工作面通过轴中心线的平面,使工作面上的压力沿轴向的切向作用,能传递很大的转矩。当传递双向转矩时,需用两个切向键呈 120°~130°布置。切向键主要用于轴径大于 100 mm、对中要求不严格而载荷很大的重型机械中。

3.1.2 键连接的强度计算

1. 平键连接的强度校核

平键连接靠两个侧面工作,传递转矩时,其失效形式有压溃(静连接)、磨损(动连接)及键的剪断。用于静连接的普通平键的主要失效形式是键、轴上的键槽和轮毂上的键槽三者中最弱的工作面被压溃,或键被剪断。其强度条件分别是工作面上的挤压应力或切应力小于相应的许用应力值。用于动连接的导向键与滑键的主要失效形式是磨损。如图 3.7 所示,假设载荷沿键长和键高均匀分布,平键的抗压强度条件为

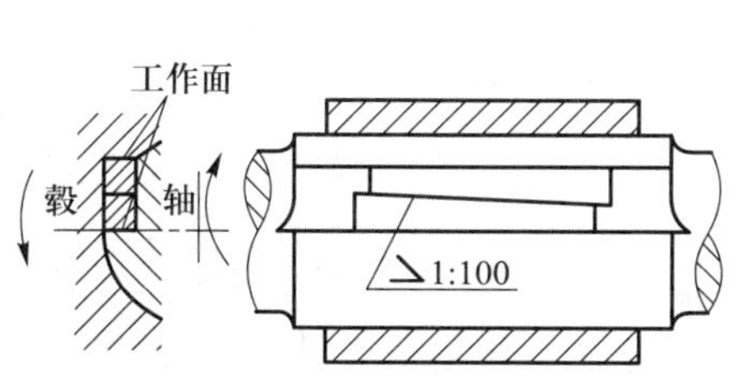

图 3.6 切向键连接

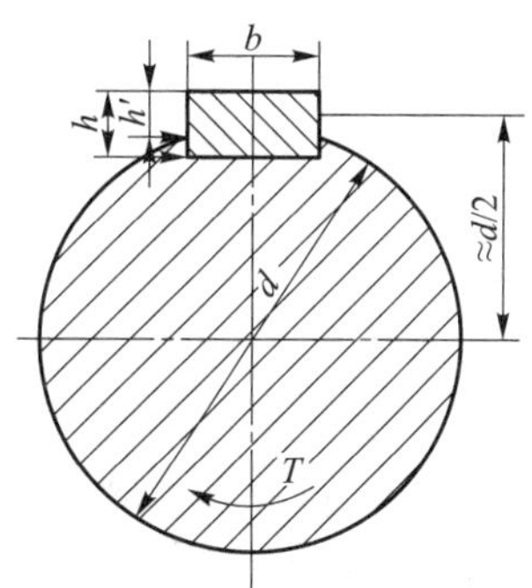

图 3.7 平键连接的受力情况

$$\sigma_p=\frac{\frac{T}{d/2}}{\frac{h}{2}l}=\frac{4T}{dhl}\leqslant[\sigma_p] \tag{3.1}$$

平键连接的抗剪强度为

$$\tau=\frac{\frac{T}{d/2}}{bl}=\frac{2T}{dbl}\leqslant[\tau] \tag{3.2}$$

式中：d——轴的直径，mm；

b——键的宽度，mm；

h——键的高度，mm；

l——键的工作长度，mm[对于圆头平键，$l=L-b$，对于方头平键，$l=L$，对于单圆头平键，$l=L-\frac{b}{2}$，其中L为键的公称长度(图3.1)]；

T——转矩，N·mm；

$[\sigma_p]$——许用挤压应力(对动连接的导向键与滑键，则应以许用压强$[p]$代替，见表3.1)，MPa。

表3.1　键连接的许用挤压应力和许用压强

许用值	连接方式	轮毂或键的材料	载荷性质		
			静载荷	轻微冲击	冲击
$[\sigma_p]$/MPa	静连接	钢	125~150	100~120	60~90
		铸铁	70~80	50~60	30~45
$[p]$/MPa	动连接	钢	50	40	30
$[\tau]$/MPa	静连接	钢	120	90	60

注：1. $[\sigma_p]$和$[p]$应按连接中力学性能较差的材料选取。

2. 动连接的相对滑动表面经淬火，$[p]$值可提高2~3倍。

2. 楔键连接的强度校核

楔键连接的主要失效形式是相互楔紧的工作面被压溃，故应校核工作面的挤压强度。

$$\sigma_p=\frac{12T}{bl(b+6\mu d)}\leqslant[\sigma_p] \tag{3.3}$$

式中：T——转矩，N·mm；

b——键宽，mm；

l——键的工作长度，mm；

μ——键与键槽间的摩擦因数，一般取$\mu=0.12\sim0.17$；

$[\sigma_p]$——许用挤压应力，MPa，见表3.1。

平键是标准件，设计时先根据连接的结构、使用要求和工作状况选择平键类型。选择平键类型时应考虑：传递转矩的大小，连接的对中性要求，如果轴上零件需要沿着轴滑动，要考虑滑动距离的长短和键在轴上的位置，然后确定键长和键宽。键长根据轴段(或轮毂)长选择，可由键所在的轴段长减掉 3~8 mm,并按标准(GB/T 1096—2003)选出接近的标准键长度 L。可根据轴的截面尺寸(即轴径)并按标准(GB/T 1095—2003)选择键宽 b 和键高 h(表 3.2),然后进行强度校核。

表 3.2 普通平键和普通楔键的主要尺寸 mm

轴的直径 d	6~8	>8~10	>10~12	>12~17	>17~22	>22~30	>30~38	>38~44
键宽 b×键高 h	2×2	3×3	4×4	5×5	6×6	8×7	10×8	12×8
轴的直径 d	>44~50	>50~58	>58~65	>65~75	>75~85	>85~95	>95~110	>110~130
键宽 b×键高 h	14×9	16×10	18×11	20×12	22×14	25×14	28×16	32×18

L 系列:6,8,10,12,14,16,18,20,22,25,28,32,36,40,45,50,56,63,70,80,90,100,110,125,140,160,180,200,250,280,320,360,400,450,500。

键的材料一般采用 45 钢。若校核强度不够,则可采用双键。两个平键按 180°布置,两个楔键可相隔 90°~120°布置。考虑到双键的载荷沿键长的分布不均匀,在校核强度中按 1.5 个键计算。如轮毂能加长,也可适当增加键长,但键长一般不宜超过 1.6 d~1.8d(d 为轴径),否则载荷沿键长的分布严重不均,如果键槽在轴端,可以改用单圆头平键,以增加工作长度。

3.2 花键连接

花键连接由多个带有纵向键齿的轴(外花键)与带有纵向键齿的毂孔(内花键)构成,齿侧面为工作面,适用于静连接和动连接(图 3.8)。设计时通常先选择花键连接的类型,查出标准尺寸,然后再做强度校核。

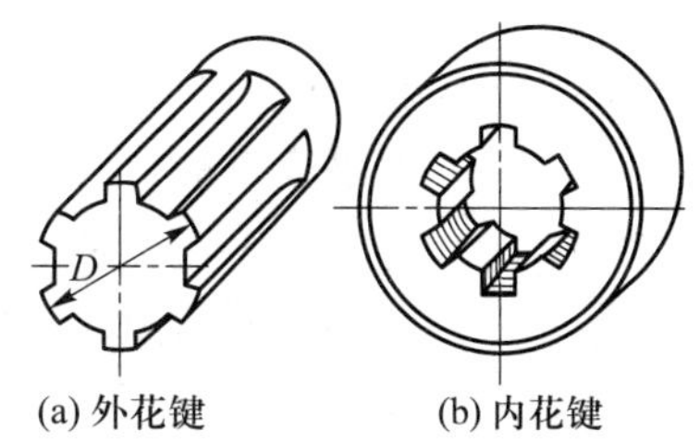

图 3.8 花键的组成

3.2.1 花键的类型和特点

花键具有承载能力强,定心性能和导向性能好,浅齿对轴的削弱轻,应力集中小等优点;但加工困难,需专用设备、量具和刃具,因此成本较高。花键适用于重载或变载,定心精度要求较高的连接。花键按齿形不同分为三种类型:矩形花键、渐开线花键和三角形花键,且均已标准化。

1. 矩形花键

矩形花键加工方便,并用磨削的方法获得较高的精度,故较为常用。矩形花键按齿高的不同分中、轻两个系列,已经标准化。其定心形式按新标准规定为内径定心(图 3.9),目前还有按旧标准生产的外径定心和侧面定心的矩形花键连接(图 3.10)。

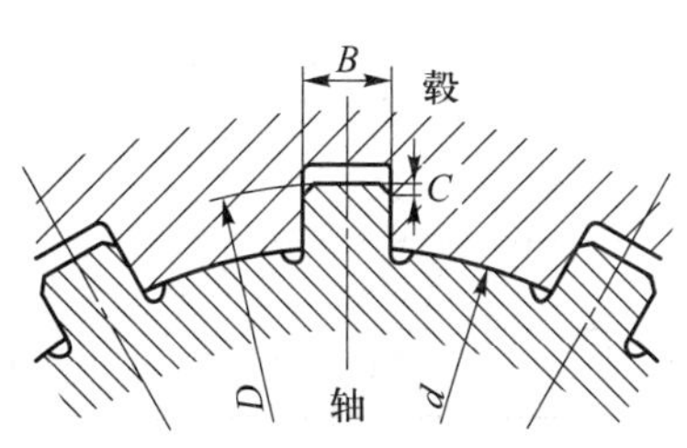

图 3.9 矩形花键的内径定心

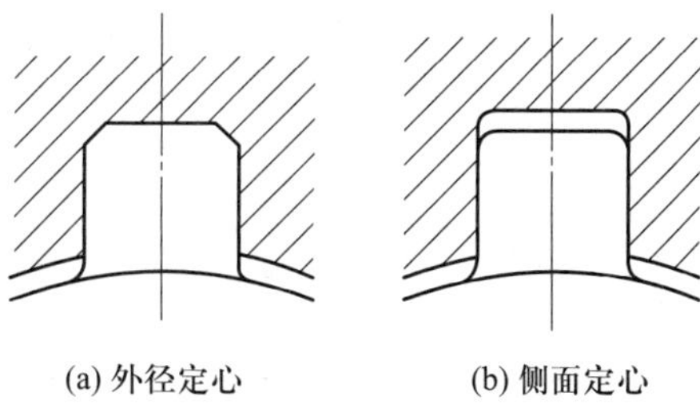

图 3.10 矩形花键的其他定心方式

外径定心和内径定心精度较高。定心轴表面可以用通用外圆磨床磨削，加工方便。侧面定心精度不高，但有利于各齿均匀承载，故适用于载荷较大而定心要求不严格的场合。

2. 渐开线花键

图3.11所示渐开线花键的齿廓为渐开线，分度圆压力角有30°和45°，后者也称为三角形花键或细齿渐开线花键。与矩形花键比较，渐开线花键的主要特点是齿根较厚，齿根圆角大，连接强度高，寿命长，可利用制造齿轮的各种加工方法加工，工艺性较好。它适用于载荷较大，定心精度要求较高及尺寸较大的连接。

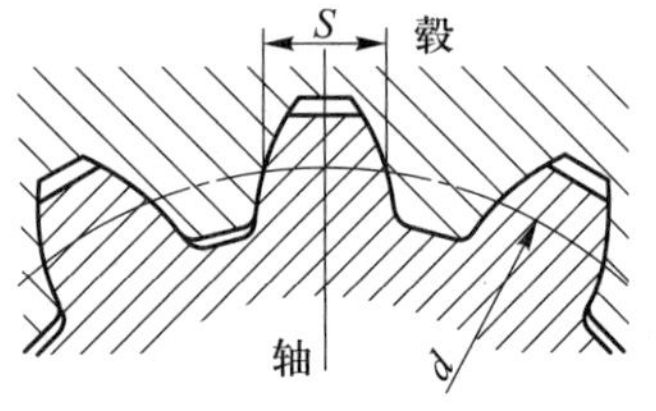

图3.11　渐开线花键的齿形定心

渐开线花键的定心方式是齿形定心。当承受载荷时齿廓上的径向力能起到自动定心的作用，定心性优于矩形花键。

3.2.2　花键连接的强度计算

花键连接的主要失效形式是齿面压溃或磨损。一般只进行挤压强度或耐磨性计算，其静连接强度条件为

$$\sigma_p = \frac{T}{\psi z h L r_m} \leqslant [\sigma_p] \tag{3.4}$$

式中：ψ——各齿载荷分布不均匀系数，一般取=0.7~0.8；

z——花键的齿数；

r_m——花键的平均半径，mm；

h——花键侧面的工作高度，mm；

L——齿的长度，mm；

$[\sigma_p]$——对静连接，用许用挤压应力，MPa；对动连接，进行耐磨性计算用许用压强$[p]$代替，见表3.3。

表3.3　花键连接的$[p]$和$[\sigma_p]$值

连接工作方式		许用值	工作条件	齿面未经热处理	齿面经热处理
静连接		$[\sigma_p]$/MPa	不良	35~50	40~70
			中等	60~100	100~140
			良好	80~120	120~200
动连接	空载下移动	$[p]$/MPa	不良	15~20	20~35
			中等	20~30	30~60
			良好	25~40	40~70
	载荷F作用下移动	$[p]$/MPa	不良	—	3~10
			中等	—	5~15
			良好	—	10~20

注：1. 工作条件不良是指受变载，有双向冲击，振动频率高和振幅大，动连接时润滑不良，材料硬度不高及精度不高等。

2. 同一情况下的较小许用值用于工作时间长和较重要场合。

3.3 销连接

销是标准件,主要用来固定零件相对位置的,称为定位销(图 3.12);用于轴与毂或其他零件的连接,传递不大的载荷的,称为连接销(图 3.13);作为安全装置中的过载剪断元件的,称为安全销(图 3.14)。

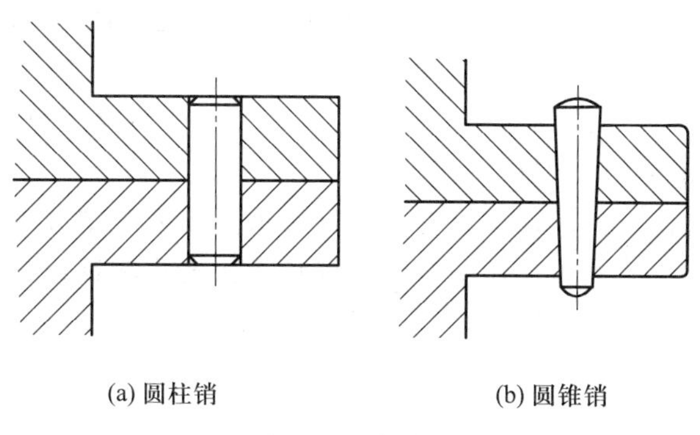
(a) 圆柱销 (b) 圆锥销

图 3.12 定位销

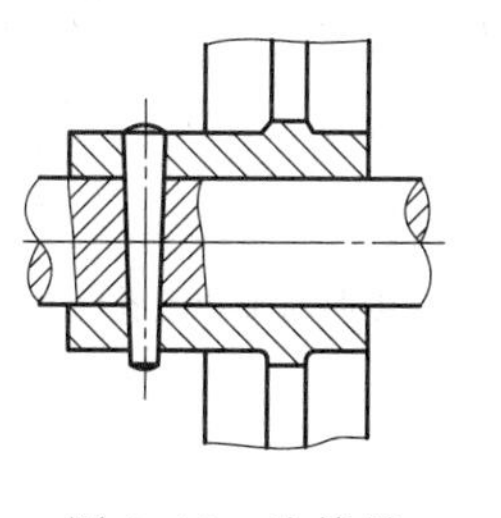
图 3.13 连接销

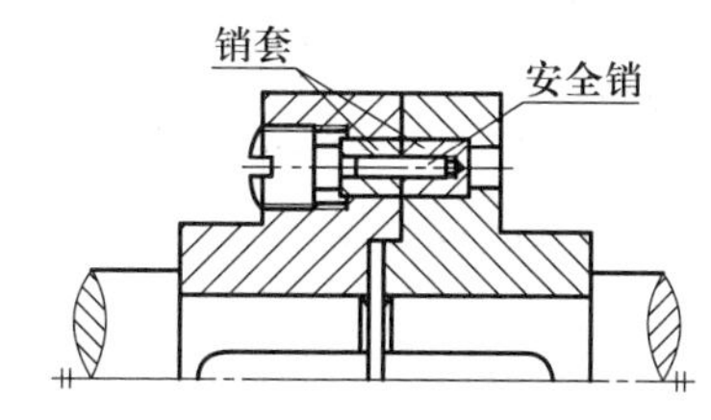

图 3.14 安全销

销按形状可分为圆柱销、圆锥销、开尾圆锥销和特殊形式销等。圆柱销(图 3.12a)靠过盈配合固定在孔中,经多次装拆就会破坏配合性质,所以连接不可靠,而圆锥销(图 3.12b)就没有此缺点。圆锥销具有 1∶50 的锥度,以使其有可靠的自锁性能。特殊形式销是带有外螺纹或内螺纹的圆锥销(图 3.15),可用于盲孔或拆卸困难,或有振动、冲击和变载荷场合。开尾圆锥销如图 3.16 所示。

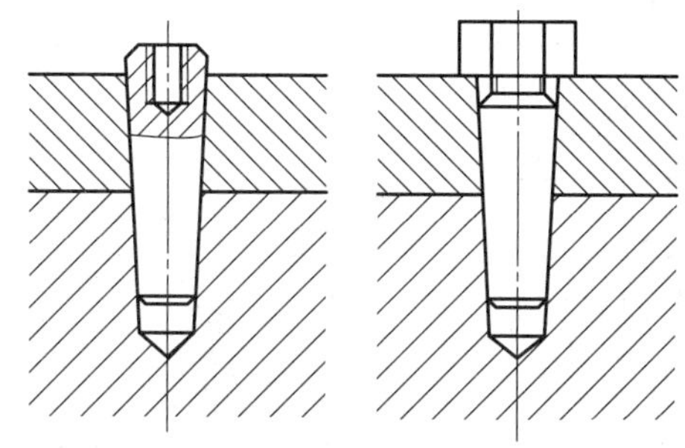
图 3.15 用于盲孔或拆卸困难时的圆锥销(特殊形式销)

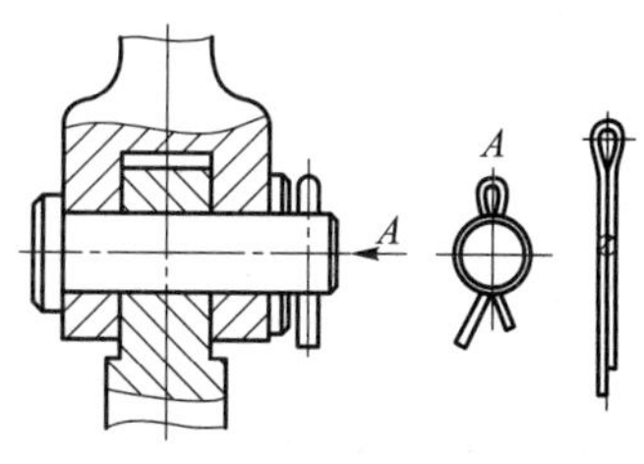

图 3.16 开尾圆锥销

销的常用材料为35、45钢。选择定位销时,应以连接的用途和定位零件尺寸,以及传递载荷的大小来估算尺寸大小,重要的连接可按剪切和挤压强度进行校核计算,一般可不进行强度校核。安全销的直径应按过载被剪断的剪切强度确定。

3.4　成形连接

凡是轴和轮毂的连接不用键或花键时统称为无键连接。无键连接包括成形连接、弹性环连接和过盈连接。下面仅介绍成形连接。

成形连接是利用非圆截面的轴与相应的毂孔构成的连接,如图3.17所示。轴和毂孔可做成柱形或锥形,前者只能传递转矩,但可用作不在载荷下移动的动连接,后者还能传递轴向力。成形连接定心性好,装拆方便。成形连接没有键槽及尖角等应力集中源,因此可传递很大的转矩。但制造工艺较困难,非圆截面轴先经车削,然后磨削;毂孔先经钻镗或拉削,然后磨削,这样才能保证配合精度。因此,成形连接的应用并不普遍。

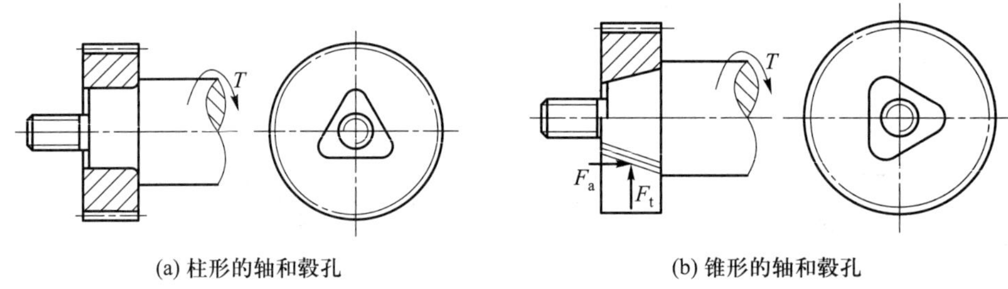

(a) 柱形的轴和毂孔　　(b) 锥形的轴和毂孔

图3.17　成形连接

习　　题

3.1　图3.18所示为减速器低速轴上的凸缘联轴器及圆柱齿轮处的键连接,已知传递的转矩 $T=1\ 000\ \text{N}\cdot\text{m}$,齿轮材料为锻钢,凸缘联轴器材料为HT200,工作时有轻微冲击,连接处的轴与轮毂的尺寸如图所示。试选择键连接的类型和尺寸,并校核其连接强度。

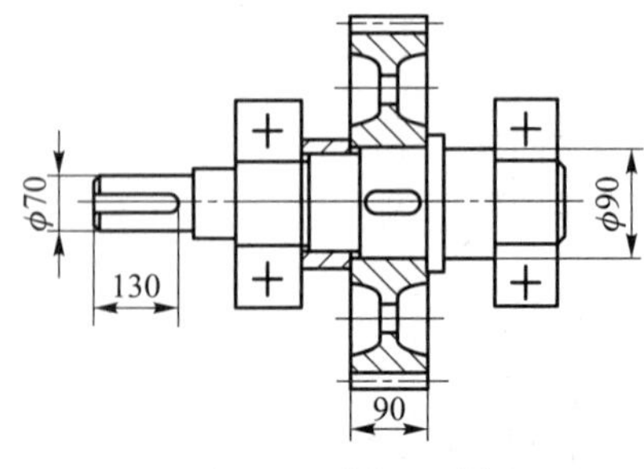

图3.18　题3.1图

3.2　图3.19所示的刚性凸缘联轴器允许传递的最大转矩 $T=1\ 500\ \text{N}\cdot\text{m}$(设为静连接),联轴器材料为灰铸铁。试确定平键连接尺寸并校核其强度,若强度不够应采取什么措施?

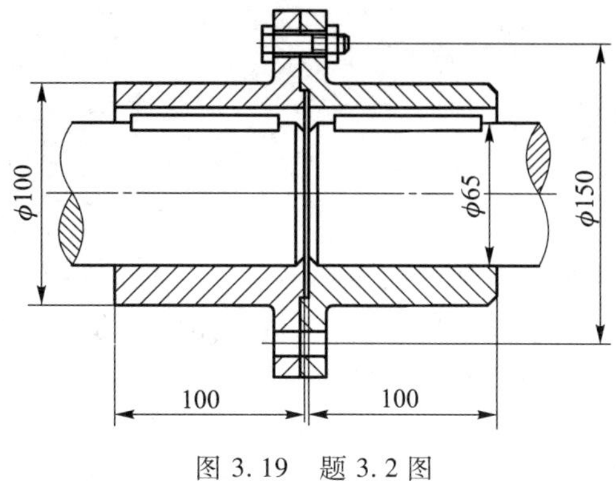

图 3.19　题 3.2 图

3.3　变速箱中的双联滑移齿轮采取矩形花键连接。齿轮在空载下移动，工作情况良好，轴外径 $D=40$ mm，齿轮轮毂长 $L=60$ mm；轴及齿轮的材料为钢，且经过热处理，硬度为 30HRC。试选择花键定心方法；按传递转矩最大来选择尺寸系列，求能传递的转矩。

第 4 章　螺纹连接

随着科学技术的发展,螺纹紧固件已成为必不可少的机械零件。虽然螺纹连接已经有一百多年的历史,但是目前使用得仍十分普遍,许多机械产品的质量与螺纹紧固件的质量密切相关。现代生产过程的完全自动化要求螺纹紧固件没有任何缺陷,在某些重要的机器设备,例如在飞机、汽轮机、核反应堆等大型装备中,一旦螺纹连接出现损坏,将造成严重后果。

螺纹紧固件是普通的标准零件,但螺纹紧固件构成连接后载荷与变形关系很复杂。在螺纹连接的失效统计中,设计不当造成的损坏占 24%,装配不当引起的损坏占 29%,上述两种原因引起的失效加在一起数字相当可观。随着技术的发展,对螺纹紧固件的性能提出了更高的要求。

4.1　螺纹的主要参数及类型

4.1.1　螺纹的主要参数

图 4.1 所示为普通圆柱螺纹的主要几何参数。

(1) 大径　大径为螺纹的公称直径。内螺纹的大径又称底径,记做 D,外螺纹的大径又称顶径,记做 d。

(2) 小径　小径为螺纹的最小直径。内螺纹的小径又称顶径,记做 D_1,外螺纹的小径又称底径,记做 d_1。

(3) 中径　中径为螺纹假想的圆柱直径,是配合性质的直径。内螺纹的中径记做 D_2,外螺纹的中径记做 d_2。螺纹中径的牙槽宽和牙厚相等。中径近似等于螺纹的平均直径,即

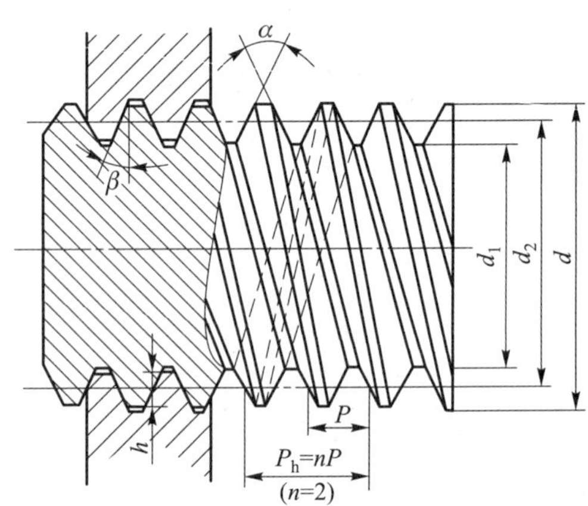

图 4.1　螺纹的主要几何参数

$$D_2 \approx \frac{D+D_1}{2}, \quad d_2 \approx \frac{d+d_1}{2} \tag{4.1}$$

(4) 线数 n　线数即为螺纹的螺旋线数目。单线普通螺纹有自锁性,常用于连接;多线螺纹的传动效率高,常用于螺旋传动。

(5) 螺距 P　螺距即螺纹相邻两个牙上对应点间的轴向距离。

(6) 导程 P_h　导程即螺纹上任意一点沿同一条螺旋线旋转一周所移动的轴向距离。单线螺纹 $P_h=P$,多线螺纹 $P_h=nP$。

(7) 升角 λ　升角即螺纹线的切线与垂直于螺纹轴线的平面间的夹角。螺纹升角是中径 d_2(或 D_2)处的升角,即

$$\lambda = \arctan \frac{P_h}{\pi d_2} = \arctan \frac{nP}{\pi d_2} \tag{4.2}$$

(8) 普通螺纹的牙型角 α　螺纹在螺杆轴向剖面上的形状称为牙型。牙型两侧边之间的夹角称为牙型角。

(9) 工作高度 h　工作高度指内、外螺纹旋合后接触面的径向高度。普通螺纹 $h=\frac{5}{8}H$,式中 H 是牙型原始三角形的高。

4.1.2 螺纹的类型

1. 按螺纹的牙型分类

(1) 普通螺纹　如图 4.2 所示,普通螺纹的牙型为三角形。内、外螺纹旋合后有一定的径向间隙。螺纹的牙型角 $\alpha=60°$。这种螺纹主要用于没有密封要求的连接。

(2) 管螺纹　管螺纹是寸制细牙螺纹,以管子内径为公称直径。如图 4.3 所示,管螺纹的牙型角 $\alpha=55°$,牙顶和牙根有较大的圆角,连接时牙顶和牙根之间不存在径向间隙,具有密封性,适用于管系零件的连接。管螺纹又分为两种:一种是圆柱管螺纹;一种是圆锥管螺纹,螺纹分布在锥度为 1∶16 的圆锥管壁上。

(3) 圆锥螺纹　与圆锥管螺纹相似,其牙型角为 $\alpha=60°$,螺纹牙顶为平顶。用于除了水、煤气之外的气、液体管路螺纹密封连接。

(4) 矩形螺纹　如图 4.4 所示,矩形螺纹的牙型为正方形,牙型角 $\alpha=0°$。这种螺纹的优点是传动效率较高,但牙根强度弱,又较难加工。矩形螺纹尚未标准化,因此在许多场合已被梯形螺纹所代替。

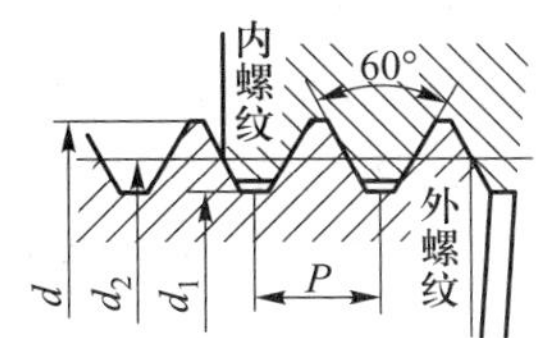

图 4.2　普通螺纹

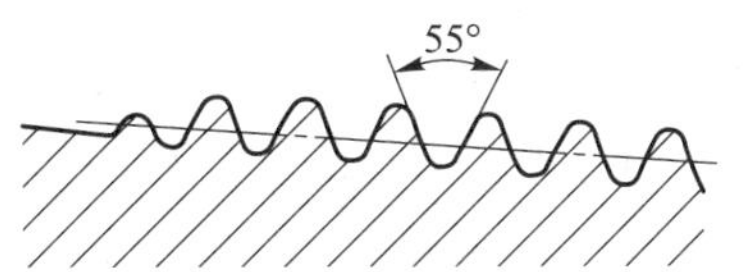

图 4.3　管螺纹

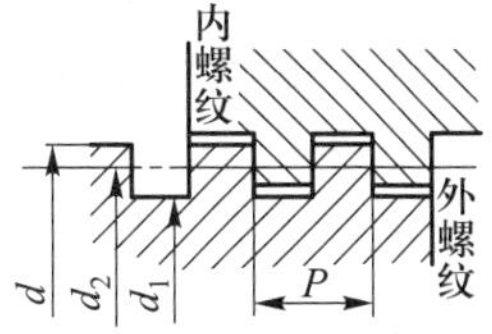

图 4.4　矩形螺纹

(5) 梯形螺纹　如图 4.5 所示,梯形螺纹的牙型为等腰梯形,牙型角 $\alpha=30°$。这种螺纹的传动效率低于矩形螺纹,但牙根强度高,且易于加工,已被广泛应用于螺旋传动。

(6) 锯齿形螺纹　如图 4.6 所示,锯齿形螺纹的牙型为不等腰梯形,工作面的牙型斜角为 3°。这种螺纹既具有矩形螺纹传动效率高的优点,又具有梯形螺纹牙根强度高的优点,适用于承受单向轴向力的螺旋传动。

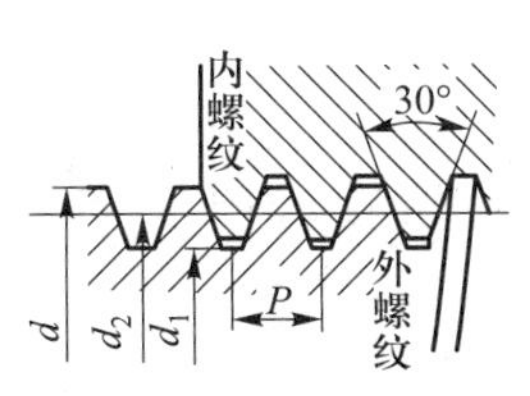

图 4.5　梯形螺纹

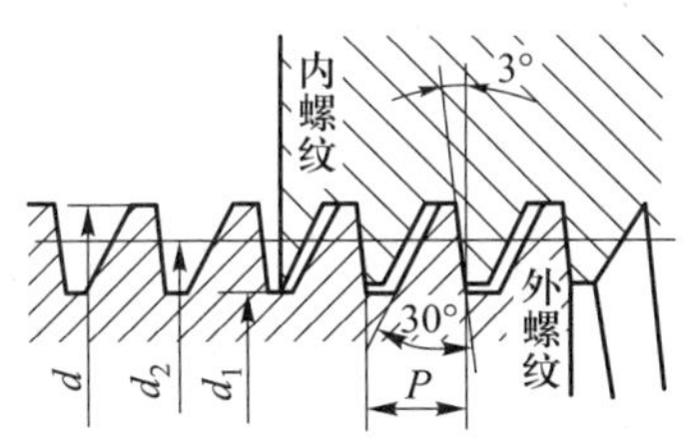

图 4.6　锯齿形螺纹

2. 按螺旋线方向分类

按螺旋线方向螺纹分左旋和右旋两种,而绝大多数都采用右旋螺纹。

3. 按牙的粗、细分类

一般分为粗牙和细牙两类。连接多用粗牙螺纹。公称直径相同时,细牙螺纹的螺距小,故母体强度高,多用于对强度影响较大的轴上的螺纹、仪表接头螺纹以及微调装置或其他特殊需要的场合。粗牙普通螺纹的代号用字母“M”及“公称直径”表示,细牙普通螺纹用字母“M”及“公称直径×螺距”表示,例如,M24 表示公称直径为 24 mm 的粗牙普通右旋螺纹,M24×1.5 表示公称直径为 24 mm、螺距为 1.5 mm 的细牙普通右旋螺纹。

4.2 螺纹连接的类型及螺纹连接件

螺纹紧固件包括螺栓、双头螺柱、螺钉、螺母、垫圈以及防松零件等,都有相应的国家标准。实际设计时可参考机械设计手册。

螺纹紧固件连接的基本类型可分为以下四种。

1. 螺栓连接

螺栓连接是应用最为广泛的一种类型,只需在被连接件上钻通孔,穿入螺栓,需要时加上垫圈,拧紧螺母,即能实现连接。螺栓连接适用于通孔并能从连接两边进行装配的场合。

下列情况可使用螺栓连接:① 有足够的空间容纳螺栓头和螺母,并留有扳手使用空间,可用于连接中等厚度的零件;② 连接件需要经常拆卸;③ 连接低强度材料制成的零件,以保证连接的可靠性。

螺栓分普通螺栓和铰制孔用螺栓两种,可根据载荷方向选用不同的螺栓。如图 4.7 所示,选用普通螺栓连接时螺栓与通孔之间有明显的间隙。由于通孔的加工精度低,因而普通螺栓连接不但成本较低,而且结构简单,拆卸方便。图 4.8 所示为铰制孔用螺栓连接,通孔需进行精铰,螺杆与通孔之间采用基孔制过渡配合(H7/m6,H7/n6)。这种连接既能承受横向载荷,又能精确固定被连接件的相对位置,起到定位作用,但成本较高。

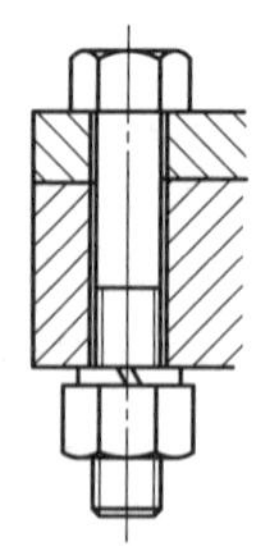

图 4.7 普通螺栓连接

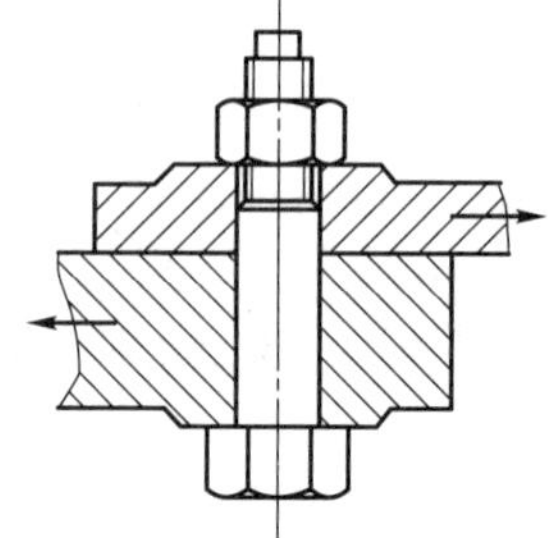

图 4.8 铰制孔用螺栓连接

螺栓是标准件,在装配图上只需标出标准号、螺栓公称直径及螺杆长度即可,如 M16×60 表示普通螺纹的公称直径为 16 mm,螺杆长度 $l=60$ mm。

2. 螺钉连接

图 4.9 所示为螺钉连接。螺钉连接与螺栓连接的不同之处是在较薄的连接件上必须钻出通

孔,并与螺杆之间有明显的间隙;在较厚的被连接件上制出螺孔,不用螺母,而是将螺钉直接拧入螺孔中以实现连接。螺钉连接适用于受力不大的场合。

下列情况使用螺钉连接:① 被连接件之一太厚,不可能或无必要钻通孔;② 被连接件的材料能保证内螺纹有足够的强度;③ 被连接件不经常拆卸,以免内螺纹磨损。

3. 双头螺柱连接

图 4.10 所示为双头螺柱连接。这种连接是柱端拧入并紧固在被连接件之一的螺孔中,再装配钻有通孔的另一被连接件,然后拧紧螺母来实现连接。

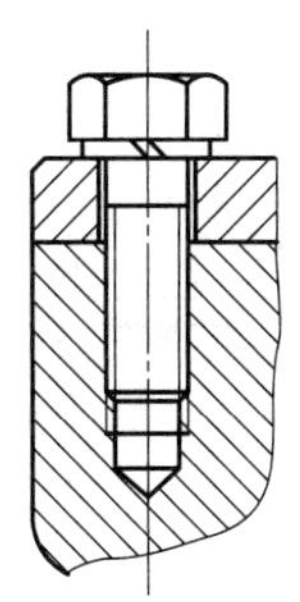

图 4.9　螺钉连接

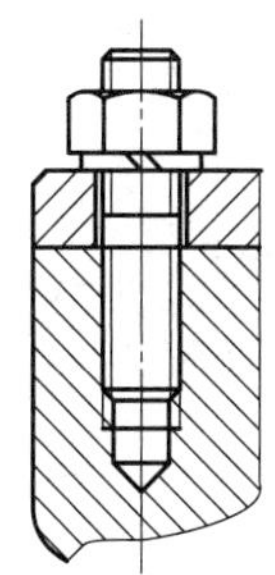

图 4.10　双头螺柱连接

下列情况可使用双头螺柱连接:① 被连接件之一太厚,不可能钻通孔;② 被连接件材料的内螺纹不耐磨,如铝合金等;③ 被连接件之一需经常拆卸。

双头螺柱是标准件,通常螺纹公称直径相等。在装配图上标注双头螺柱时只需标注标准号、螺纹代号、螺纹公称直径及长度,如 M16×60,60 mm 不是双头螺柱总长,而是螺杆长度 $l=60$ mm,柱端螺纹长度 b 可根据被连接件的材料确定。

4. 紧定螺钉连接

图 4.11 所示为紧定螺钉连接。这种连接是将紧定螺钉拧入被连接件之一的螺孔中,其末端顶住另一被连接件的表面或顶入相应的坑中,以固定两个零件的相对位置,防止产生相对运动,适用于传递不大的力或扭矩的场合。

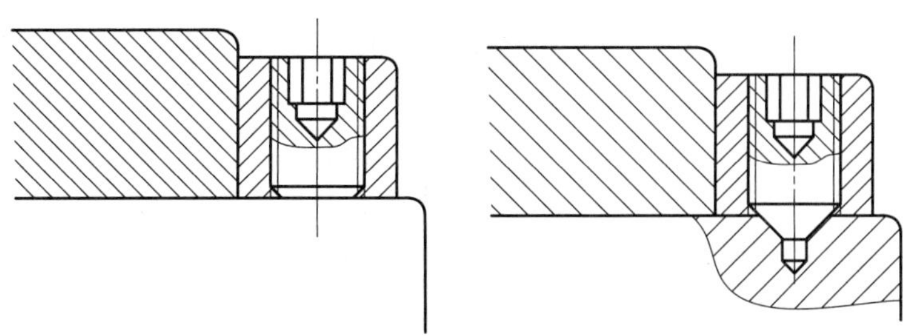

图 4.11　紧定螺钉连接

紧定螺钉与螺钉的差异是:① 紧定螺钉受压缩而不是受拉伸;② 通过紧定螺钉的末端将力传给与其相配的零件;③ 紧定螺钉大都没有螺钉头,在整个圆柱部分都有螺纹。

紧定螺钉除平端、锥端紧定螺钉外,所有与紧定螺钉末端相配的孔必须在装配时按螺孔的位置配钻,以保证装配的准确性。

除上述四种螺纹紧固件连接的基本类型外，还有一些特殊结构的连接，如图 4.12 所示为固定在地基中的地脚螺栓连接，如图 4.13 所示为机床工作台上固定工件的 T 形槽螺栓连接。

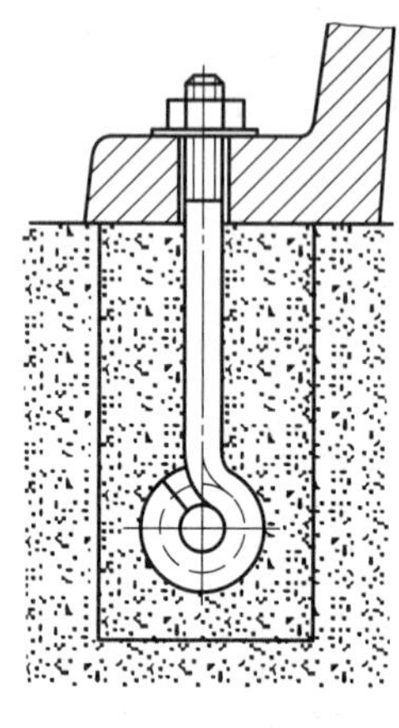

图 4.12　地脚螺栓连接

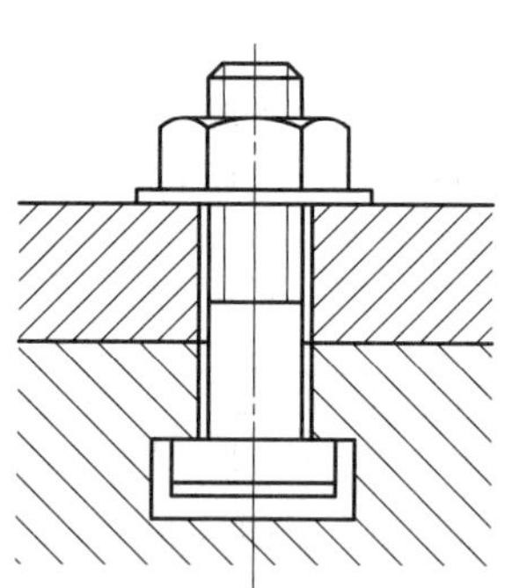

图 4.13　T 形槽螺栓连接

4.3　螺纹连接的预紧和防松

4.3.1　预紧与拧紧力矩

螺纹连接分松连接和紧连接两类。松连接只承受静载荷，装配时螺母不需拧紧，在承受工作载荷之前，螺栓不受拉力，这种螺栓的应用范围较小。实际上，绝大多数的螺纹连接在装配时都必须拧紧。螺纹连接在承受工作载荷之前预先受到拉力，这个预加的作用力称为预紧力。预紧的目的是为了增加连接的刚度、紧密性和防松能力。对于受轴向载荷的螺栓连接，预紧还可以提高螺栓的疲劳强度；对于受横向载荷的螺栓连接，预紧可以增大连接中的摩擦力，从而提高传递载荷的能力。

为了保证连接所需的预紧力，同时又不使螺栓过载，通常规定拧紧后螺栓承受的预紧拉应力不得超过材料屈服强度 σ_S 的 80%。对于一般连接用的钢制螺栓连接，其预紧力 F_P 可按下列关系确定：

$$\begin{aligned}&\text{碳素钢螺栓} \quad F_P=(0.6\sim0.7)\sigma_S A_1\\&\text{合金钢螺栓} \quad F_P=(0.5\sim0.6)\sigma_S A_1\end{aligned} \tag{4.3}$$

式中：σ_S——螺栓材料的屈服强度，MPa；

A_1——螺栓危险剖面的面积，mm^2，$A_1\approx\dfrac{\pi d_1^2}{4}$（当螺栓局部直径小于其螺杆部分的小径 d_1，如退刀槽或局部空心时，应按最小剖面面积计算）。

对于有特殊要求的螺栓连接，应在装配图上注明预紧力的数值。

用下列方法可将预紧力控制在允许范围内：① 用定力矩扳手；② 用测力矩扳手；③ 当螺母与支承面接触后，将螺母再旋转一个预先计算好的角度；④ 用已校准的弹簧垫圈，当达到设计的预紧力时，垫圈正好压平，弹性垫圈变成刚性垫圈；⑤ 测定螺栓的伸长量，将螺栓穿入被连接件的通孔中，利用液力来拉伸螺栓，或借用电阻、电感或用蒸汽加热，使螺栓伸长到所需的变形量，然后拧紧螺母，这种方法适用于大直径的螺栓，也是确定预紧力最精确的方法。

拧紧力矩计算的目的是分析拧紧力 F_h 与预紧力 F_P 的关系，保证螺纹连接在预紧中的安全性。拧紧力矩 T 由两部分组成，即

$$T=T_1+T_2 \tag{4.4}$$

式中：T_1——螺纹副中的摩擦阻力矩，即

$$T_1=F_P\frac{d_2}{2}\tan(\lambda+\varphi_v) \tag{4.5}$$

T_2——螺母环形端面和被连接件支承面之间的摩擦阻力矩，即

$$T_2=\frac{1}{3}\mu_e F_P\frac{D_0^3-d_0^3}{D_0^2-d_0^2} \tag{4.6}$$

式中：D_0——螺母环形端面直径，mm；

d_0——被连接件上通孔直径，mm；

μ_e——螺母与被连接件支承面之间的摩擦因数；

φ_v——螺纹副的当量摩擦角。

将式(4.5)和式(4.6)代入式(4.4)得

$$T=\frac{1}{2}F_P\left[d_2\tan(\lambda+\varphi_v)+\frac{2}{3}\mu_e\frac{D_0^3-d_0^3}{D_0^2-d_0^2}\right] \tag{4.7}$$

对于普通螺纹钢制螺栓，螺纹升角 $\lambda\approx2°30'$，螺纹中径 $d_2=0.9d$，$d_0\approx1.1d$，$D_0\approx1.7d$，$\varphi_v\approx\arctan1.15\mu$（$\mu$ 为摩擦因数，无润滑时 $\mu=0.1\sim0.2$），取 $\mu_e=0.15$，将上述各参数代入式(4.7)，整理后可得

$$T=0.2F_Pd$$

如扳手的设计长度取 $L=14d$，使施加于手柄上的拧紧力 F_h 所产生的力矩与拧紧力矩相等，可得到预紧力 F_P 与 F_h 之间的近似关系：

$$F_P=70F_h \tag{4.8}$$

假设 $F_h=200$ N，则 $F_P=14\ 000$ N。如果用这个预紧力拧紧 M12 以下的钢制螺栓，就很可能过载拧断。因此，重要连接螺栓的公称直径不应小于 M12 就是这个原因。

4.3.2 螺纹连接的防松

螺纹在静载荷或温度变化不大时均能满足自锁条件，螺纹升角（$\lambda=1°42'\sim3°2'$）小于螺纹副的当量摩擦角（$\varphi_v\approx6.5°\sim10.5°$），螺纹连接不会自动松脱。但在冲击、振动、变载或工作温度变化很大时，由于轴向载荷的变化，使螺纹副间的摩擦力减小，甚至瞬时摩擦力可能全部消失，这种现象多次反复后就会使连接松脱。螺纹连接的松脱会使机器中的个别部件甚至整机发生严重事故，因此对于重要连接必须采用防松措施。

1. 摩擦防松

最简单的摩擦防松方法是采用对顶螺母，即用双螺母，如图 4.14 所示。拧紧后，上面的螺母承受主要的轴向载荷，扳手除去后，螺纹间的摩擦力依然存在。这种结构适用于载荷平稳以及有足够空间的场合。

对较重要的连接,可用自锁螺母,它的上部开槽后向径向收口,当螺母拧紧后,收口胀开,如图4.15所示,利用收口的弹力使旋合螺纹压紧。

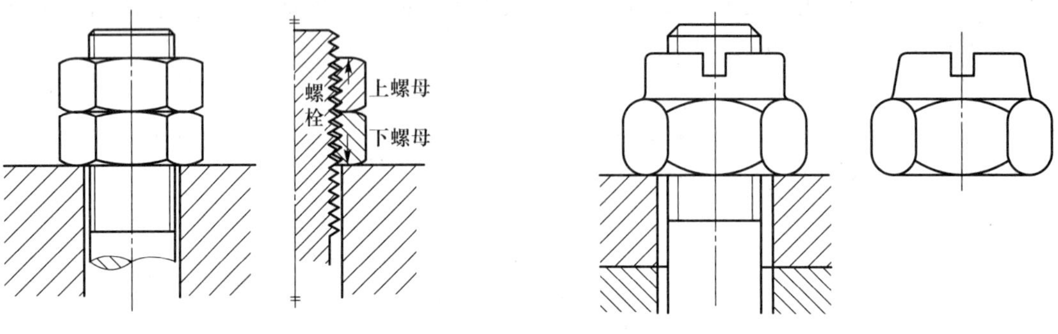

图4.14　对顶螺母防松

图4.15　自锁螺母防松

图4.16所示为使用弹簧垫圈防松。由于垫圈有弹性,在轴向载荷变化时,螺纹间仍有摩擦力。弹簧垫圈还有一个附加的锁紧作用,这就是斜口的两个尖端分别抵住螺母与被连接件的支承面,右旋螺纹和左旋螺纹用斜口方向不同的弹簧垫圈。这种垫圈的缺点是弹力不均,在冲击、振动的工作条件下,防松效果较差,通常用于直径较小、不太重要的连接。

2. 机械防松

图4.17所示为开口销防松,它是由半圆形截面的线材使其两个平面相向弯曲制成。槽形螺母拧紧后,将开口销穿入螺母槽和螺栓尾部的小孔内,再将开口销尾部掰开,与螺母侧面贴紧。用开口销防松的缺点是所得的锁紧力是分段的,因为螺母只有六个槽。为了避免上述缺点,在装配时先拧紧螺母,然后根据槽的最终位置钻出螺栓上的销孔。开口销防松可靠,适用于较大冲击、振动的高速机械中的连接。

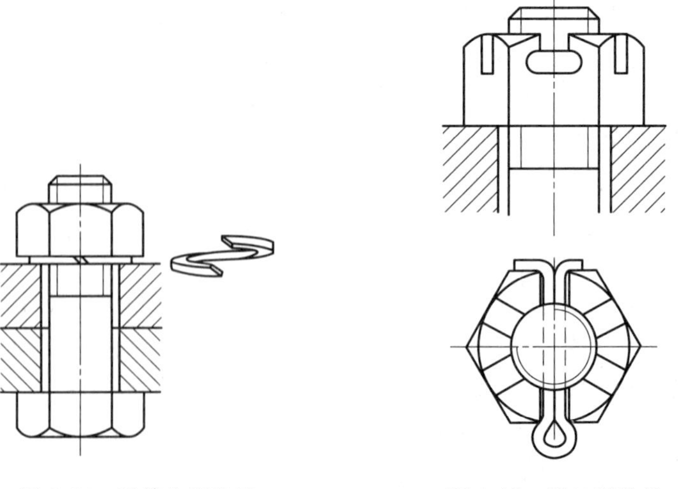

图4.16　弹簧垫圈防松

图4.17　开口销防松

图4.18所示为多耳止动垫圈防松。它有一个内耳插入轴上的槽内,以防止垫圈转动,这种垫圈必须与带槽的圆螺母配合使用。螺母拧紧后将一个外耳折弯贴紧在圆螺母的一个槽内。这种连接主要用于固定轴上的滚动轴承。

图 4.19 所示为双耳止动垫圈防松。螺母拧紧后,将垫圈的一个耳折弯贴紧在螺母或螺栓头的侧面,另一个耳折弯贴紧在被连接件的边缘,这种止动垫圈结构简单,使用方便,防松可靠。

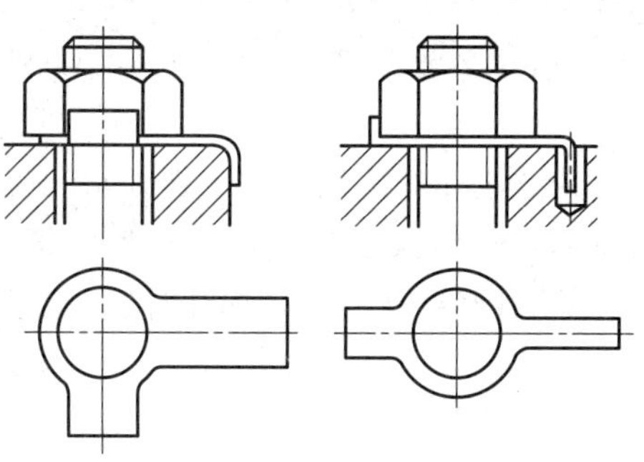

图 4.18　多耳止动垫圈防松

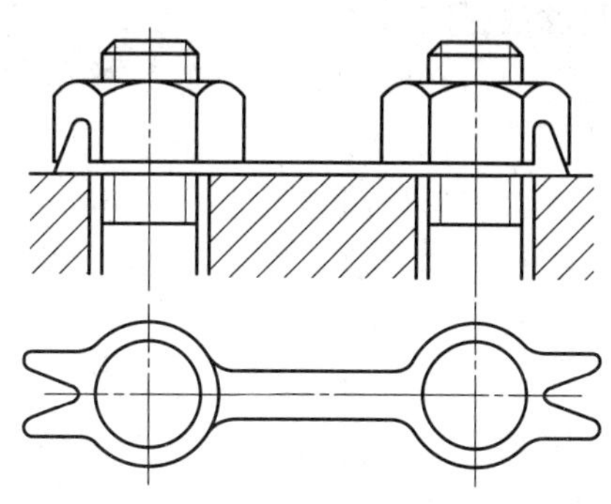

图 4.19　双耳止动垫圈防松

串联钢丝是用一根低碳钢钢丝穿入各螺栓头的小孔或螺母的槽中,并将钢丝的两端拧紧以达到防松的目的。使用时必须注意钢丝的穿入方向,当螺栓有松脱趋势时,应使钢丝拉得更紧(图 4.20a 正确,图 4.20b 错误)。这种防松方法可靠,但装拆不方便。

3. 铆冲防松

这种防松方法只适用于不需拆卸的特殊连接,即将可拆卸连接变为永久连接。端铆即拧紧螺母后把螺栓端伸出部分铆死。图 4.21 所示为铆冲防松,即拧紧螺母后利用冲头在螺栓末端与螺母的旋合缝处打冲。也可以采用点焊的方法防松。

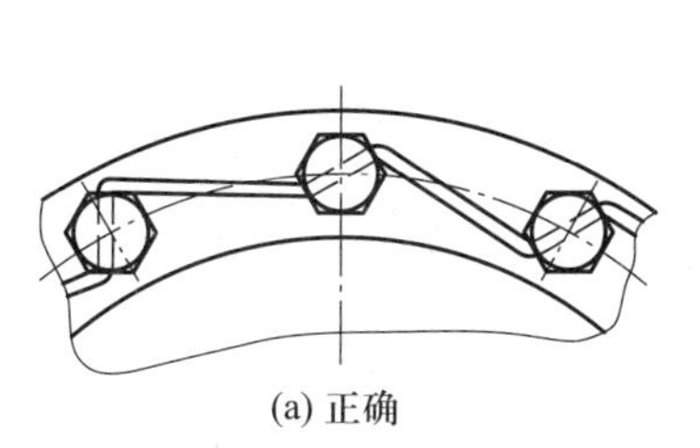

(b) 不正确

图 4.20　串联钢丝防松

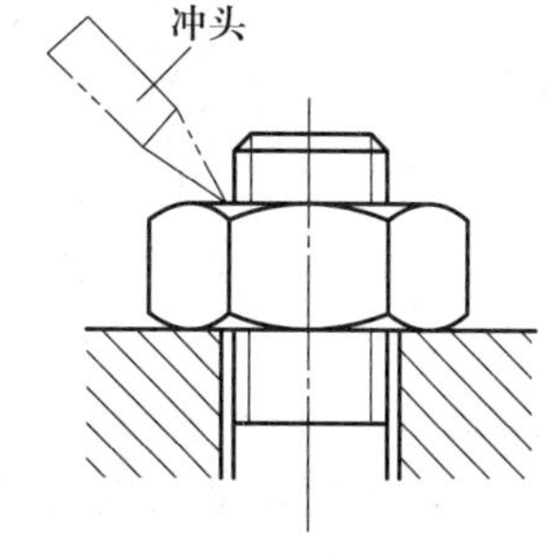

图 4.21　铆冲防松

近年来,还发展一种黏合防松法,对小直径的螺纹连接,在旋合的螺纹间涂液体密封胶,待硬化后,使螺纹副紧密黏合,防松效果良好。

4.4　螺栓组连接的设计与螺栓的工作载荷

在绝大多数情况下,螺纹连接件都是成组使用的,螺栓组中各螺栓位置的布置应注意以下问题:

(1) 在一般情况下,螺栓的布置应力求对称、均匀,使螺栓组的对称中心与接合面的形心重合,这样可使接合面受力均匀,对压力容器而言,则更有利于垫圈的密封。

(2) 螺栓的布置应使各螺栓的受力合理。如螺栓连接承受转矩时,应使螺栓位置尽量靠近接合面的边缘，以达到增加力臂、减少螺栓受力的目的。

（3）螺栓组的排列应有合理的间距和边距，使拧紧螺栓时不但有足够的空间，同时也保证连接有足够的强度。

（4）分布在同一圆周上的螺栓数目 z 应取为 3、4、6、8、12 等易于分度的数目，以利用划线钻孔。

下面就以螺栓组连接为例，讨论连接中的受力分析，其结论同样适用于双头螺柱组和螺钉组连接。螺栓组连接受力分析的目的是根据连接承受载荷的性质以及所选用不同类型的螺栓，求出受载荷最大的螺栓所承受的载荷，为单个螺栓的强度计算做好准备。为了简化计算，在进行螺栓组连接的受力分析时，做如下假设：

（1）被连接件为刚体，即受载后连接接合面仍保持为平面；

（2）所有螺栓的材料相同，直径、长度和预紧力均相等；

（3）螺栓组的对称中心与连接接合面的形心重合。

1. 受轴向载荷的螺栓组连接

对于受纯轴向载荷的螺栓组连接，宜选用普通螺栓。图 4.22 所示为一受轴向总载荷 F_{Σ} 的气缸盖螺栓组连接。F_{Σ} 的作用线与各螺栓轴线平行，并通过螺栓组的对称中心。在计算时，假设各螺栓所受的载荷相等，则每个螺栓所受的工作拉力为

$$F=\frac{F_{\Sigma}}{z}$$

式中：z——螺栓数目。

由于螺栓组中每个螺栓还承受预紧力 F_P，各个单个螺栓承受的总载荷并不等于预紧力 F_P 和工作拉力 F 之和。单个螺栓承受的总载荷 F_q 的计算将在螺栓连接强度计算中单个紧螺栓连接中介绍。

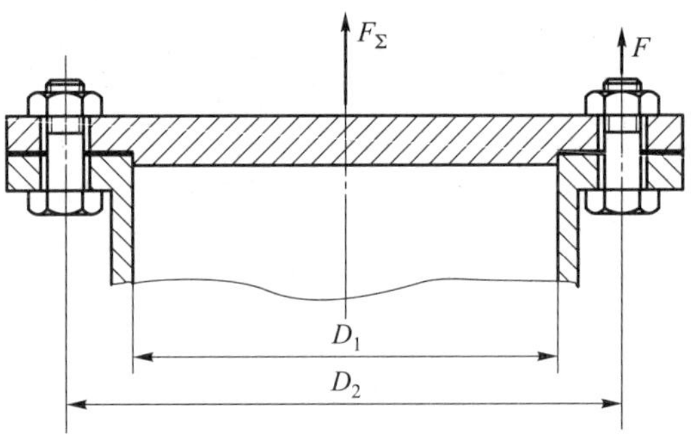

图 4.22 受轴向载荷的螺栓组连接

2. 受横向载荷的螺栓组连接

横向总载荷 F_{Σ} 的作用线与各螺栓轴线垂直，并通过螺栓组的对称中心。这种连接可选用普通螺栓连接，也可选用铰制孔用螺栓连接。

选用普通螺栓组连接如图 4.23a 所示，普通螺栓组连接是靠螺栓预紧力在接合面上产生的摩擦力来平衡横向载荷，即摩擦力的总和必须大于或等于横向载荷，才能保证接合面不产生滑移。计算时，假设每个螺栓连接处所需传递的力相等，则每个螺栓所需的预紧力为

$$F_P\mu zi \geqslant K_s F_{\Sigma} \quad \text{或} \quad F_P \geqslant \frac{K_s F_{\Sigma}}{\mu zi} \tag{4.9}$$

式中：i——接合面数（图 4.23a 中，$i=2$）；

K_s——防滑系数，$K_s=1.1\sim1.3$；

z——螺栓数目；

μ——接合面间的当量摩擦因数，见表 4.1。

表 4.1　螺纹副的当量摩擦因数

螺纹副材料	钢对钢	钢对灰铸铁	钢对耐磨铸铁	钢对青铜	淬火钢对青铜
当量摩擦因数	0.11~0.17	0.12~0.15	0.10~0.12	0.08~0.10	0.06~0.08

注：较大值用于起动。

铰制孔用螺栓组连接如图 4.23b 所示。用铰制孔用螺栓连接时，螺杆与通孔之间采用基孔制过渡配合，主要靠螺杆受剪切和挤压来平衡横向载荷。计算时，假设每个螺栓所承受的工作载荷是相等的，则每个螺栓所承受的横向载荷为

$$F=\frac{F_{\Sigma}}{z} \tag{4.10}$$

在机械设计中，对受横向载荷的螺栓组连接，宜优先选用铰制孔用螺栓。

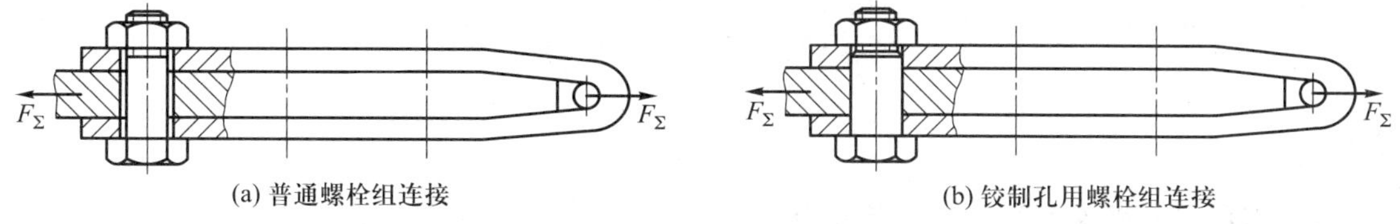

图 4.23　受横向载荷的螺栓组连接

3. 受转矩的螺栓组连接

如图 4.24 所示的底板螺栓连接中。转矩 T 作用在接合面形心，在 T 的作用下，底板有绕接合面形心 O 点转动的趋势，即每个螺栓均受有横向载荷。为了防止底板转动，同样可用普通螺栓组连接，也可用铰制孔用螺栓组连接。

普通螺栓组连接如图 4.24a 所示。这种连接是靠预紧力在接合面间所产生的摩擦力矩来平衡转矩的。假设每个螺栓的预紧力均相等，则各螺栓连接处产生的摩擦力也均相等，并集中作用在各螺栓中心处，且各摩擦力与力臂（即螺栓组对称中心 O 至螺栓轴线间的距离）垂直，其产生的摩擦力矩与转矩 T 的方向相反。为了保证底板不转动，则各摩擦力矩之和必须大于或等于转矩 T，即

$$F_{\mathrm{P}}\mu r_1+F_{\mathrm{P}}\mu r_2+\cdots+F_{\mathrm{P}}\mu r_z\geqslant K_{\mathrm{s}}T$$

得每个螺栓的预紧力为

$$F_{\mathrm{P}}\geqslant\frac{K_{\mathrm{s}}T}{\mu(r_1+r_2+\cdots+r_z)}=\frac{K_{\mathrm{s}}T}{\mu\sum\limits_{i=1}^{z}r_i} \tag{4.11}$$

式中：μ——接合面的当量摩擦因数，见表 4.1；

r_i——第 i 个螺栓的轴线到螺栓组对称中心 O 的距离，即力臂长；

z——螺栓数目；

K_{s}——防滑系数。

铰制孔用螺栓组连接如图 4.24b 所示。这种连接在转矩 T 的作用下，各螺栓受到剪切和挤压作用。必须注意的是各螺栓所受的横向工作剪力与力臂垂直，并与 T 的方向相同。由于假设底板为刚体，受载后连接接合面仍保持为平面。根据螺栓变形协调条件，每个螺栓的剪切变形量

并不相同，而是与力臂成正比，即距螺栓组对称中心 O 愈远，螺栓的剪切变形量愈大。

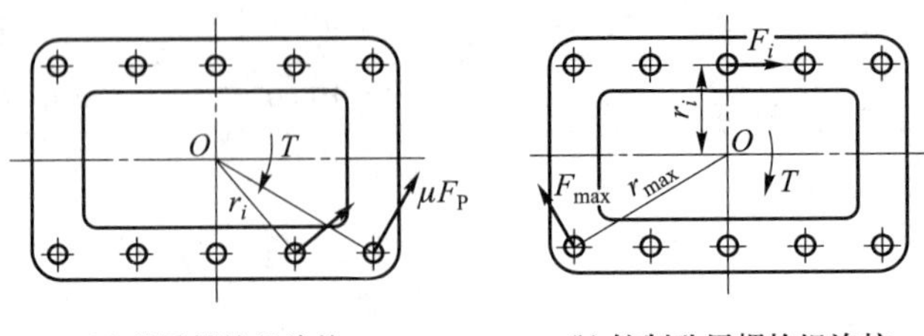

图 4.24 受转矩的螺栓组连接

以 r_i、r_{max} 分别表示第 i 个螺栓和受力最大螺栓的力臂；F_i、F_{max} 分别表示第 i 个螺栓和受力最大螺栓的工作剪力。则有

$$\frac{F_{max}}{r_{max}}=\frac{F_1}{r_1}=\frac{F_2}{r_2}=\cdots=\frac{F_i}{r_i}$$

或

$$F_i=F_{max}\frac{r_i}{r_{max}} \tag{4.12}$$

根据作用在底板上的力矩平衡条件得

$$F_1r_1+F_2r_2+\cdots+F_zr_z=T \tag{4.13}$$

联解式(4.12)及式(4.13)，可求出受力最大的螺栓工作剪力为

$$F_{max}=\frac{Tr_{max}}{\sum\limits_{i=1}^{z}r_i^2} \tag{4.14}$$

若 $r_1=r_2=\cdots=r_z=r_{max}$，如凸缘联轴器的螺栓组连接，采用圆环布置形式，由式(4.13)则有

$$F_{max}=\frac{T}{zr}$$

上式适用于与螺栓组对称中心 O 等力臂的任何螺栓组连接。在机械设计中，对受转矩的螺栓组连接，宜优先选用铰制孔用螺栓。

4. 受翻转力矩作用的螺栓组连接

图 4.25 所示为另一种底板螺栓连接。在翻转力矩 M 的作用下，底板有绕 $O—O$ 轴翻转的趋势，左侧螺栓不均匀受拉，右侧螺栓不均匀放松。因此，各螺栓作用在底板上的轴向反力 F 对轴 $O—O$ 的力矩与翻转力矩 M 相平衡。则由工作条件有

$$M=2\sum_{i=1}^{\frac{z}{2}}F_iL_i \tag{4.15}$$

由变形协调条件有

$$\frac{F_{max}}{L_{max}}=\frac{F_1}{L_1}=\frac{F_2}{L_2}=\cdots=\frac{F_i}{L_i} \tag{4.16}$$

联立求解式(4.15)和式(4.16)便可求得受力最大的螺栓的轴向载荷 F_{max} 为

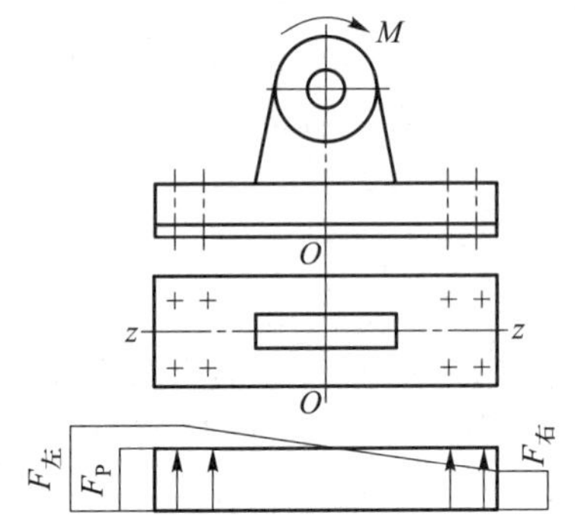

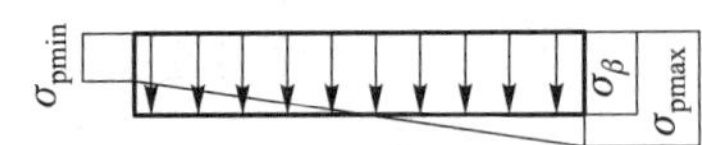

图 4.25 受翻转力矩的螺栓组连接

$$F_{max}=\frac{ML_{max}}{2\sum_{i=1}^{z/2}L_i^2} \tag{4.17}$$

在翻转力矩 M 的作用下，为了保证轴线 $O-O$ 左半边接合面不致出现缝隙，应满足左端边缘处最小挤压应力 σ_{pmin} 大于或等于零，即

$$\sigma_{pmin}=\frac{zF_P}{A}-\frac{M}{W_I}\geqslant 0 \tag{4.18}$$

在翻转力矩 M 的作用下，为了保证轴线右半边接合面不致被压溃，则应限制该处的最大挤压应力 σ_{pmax}，即

$$\sigma_{pmax}=\frac{zF_P}{A}+\frac{M}{W_I}\leqslant[\sigma_p] \tag{4.19}$$

式中：A——接合面的面积，mm^2；

W_I——接合面的抗弯截面模量，mm^3；

$[\sigma_p]$——连接接合面的许用挤压应力，MPa，见表 4.6。

以上四种螺栓组连接是承载的基本类型，除此之外，还有许多受载情况是上述四种基本类型的不同组合。

4.5 螺栓连接的强度计算

单个螺栓所受的载荷不外乎是轴向载荷或是横向载荷。对于受拉螺栓，其失效形式主要是螺纹部分的塑性变形和螺杆的疲劳断裂。对于受剪螺栓，其失效形式主要是剪断、接触表面压溃和发生螺纹牙滑扣现象。

单个螺栓连接强度计算的目的是求出螺栓危险截面的直径。在一般情况下，取螺纹的小径 d_1，再根据 d_1 按标准选出螺纹的公称直径。

4.5.1 受轴向载荷的螺栓强度计算

1. 松螺栓连接

松螺栓连接由于在工作前不预紧，所以螺栓不受预紧力的作用，只是在工作时才受工作载荷，图 4.26 所示为起重吊钩松螺栓连接。设螺栓所受的最大工作载荷为 F，则螺栓危险截面的拉伸强度条件为

$$\sigma=\frac{F}{\frac{\pi d_1^2}{4}}\leqslant[\sigma] \tag{4.20}$$

或

$$d_1\geqslant\sqrt{\frac{4F}{\pi[\sigma]}} \tag{4.21}$$

式中：d_1——螺纹小径，mm；

F——最大工作载荷，N；

$[\sigma]$——松连接螺栓的许用拉应力，MPa，见表 4.8。

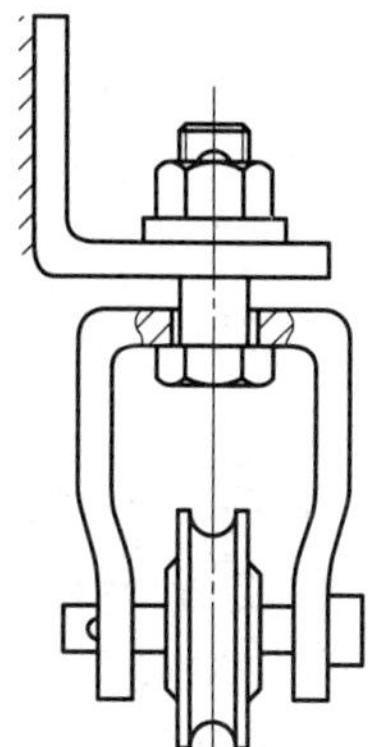

图 4.26 起重吊钩松螺栓连接

2. 紧螺栓连接

1）只受预紧力的紧螺栓连接

这种连接的螺栓，在工作前需要预紧，螺栓同时受到预紧力 F_P 和螺纹副中的摩擦阻力矩 T_1。由于螺母或螺钉头环形端面的摩擦阻力矩不传递至螺栓杆，单个螺栓连接的强度计算与螺母或螺钉头环形端面的摩擦阻力矩 T_2 无关。在预紧力 F_P 的作用下，螺栓受到的拉应力为

$$\sigma'=\frac{F_P}{\dfrac{\pi d_1^2}{4}}$$

由于螺纹副中的摩擦阻力矩 T_1 的作用，螺栓受到的扭转切应力 τ 为

$$\tau=\frac{F_P\dfrac{d_2}{2}\tan(\lambda+\varphi_v)}{\dfrac{\pi}{16}d_1^3}$$

对于 M10～M68 普通螺纹的钢制螺栓，近似取 $\tau\approx0.5\sigma'$。由于螺栓是塑性材料，受拉伸和扭转复合应力，根据第四强度理论有

$$\sigma=\sqrt{(\sigma')^2+3\tau^2}=\sqrt{(\sigma')^2+3(0.5\sigma')^2}\approx1.3\sigma'$$

上式说明，在紧连接的情况下，只需将拉应力 σ'增大至 1.3 倍，即可将拧紧螺母时螺栓所受到的扭转切应力 τ 转化为纯拉伸的问题来进行计算。螺栓危险截面的拉伸强度条件为

$$\sigma=\frac{1.3F_P}{\dfrac{\pi d_1^2}{4}}\leqslant[\sigma] \tag{4.22}$$

或

$$d_1\geqslant\sqrt{\frac{5.2F_P}{\pi[\sigma]}} \tag{4.23}$$

式中：d_1——螺纹小径，mm；

F_P——预紧力，N；

$[\sigma]$——紧螺栓连接的许用拉应力，MPa，见表 4.8。

2）受预紧力和工作载荷的紧螺栓连接

这种连接的特点是先拧紧螺栓，工作时再承受工作载荷，图 4.22 所示的气缸盖螺栓组连接的螺栓就是其中的典型例子。现取其中的一个螺栓来进行分析。图 4.27 所示为螺栓和被连接件的受力与变形关系。

图 4.27a 表示螺母与被连接件刚接触，但尚未拧紧的情况。这时，螺栓与被连接件既不受力也不变形。

图 4.27b 表示螺母已拧紧，但尚未承受工作载荷的情况。这时，被连接件在预紧力 F_P 的作用下产生压缩变形量 λ_m，螺栓在被连接件反力 F_P 的作用下，伸长变形量为 λ_b。

图 4.27c 表示已承受工作载荷的情况。当承受工作载荷 F 后，螺栓的伸长量又增加 $\Delta\lambda$，于是总伸长量为 $\lambda_b+\Delta\lambda$，这时螺栓所受的拉力由 F_P 增至 F_q。与此同时，原来被压缩的被连接件因螺栓的伸长而被放松，其压缩量也随之减少。根据变形协调条件，被连接件压缩变形的减少量应

等于螺栓拉伸变形的伸长量 $\Delta\lambda$，因而总压缩量 $\lambda'_m=\lambda_m-\Delta\lambda$。而被连接件的压缩力由 F_P 减至 F'_P，F'_P 称为残余预紧力，这时的残余预紧力仍需保证垫圈的密封作用。

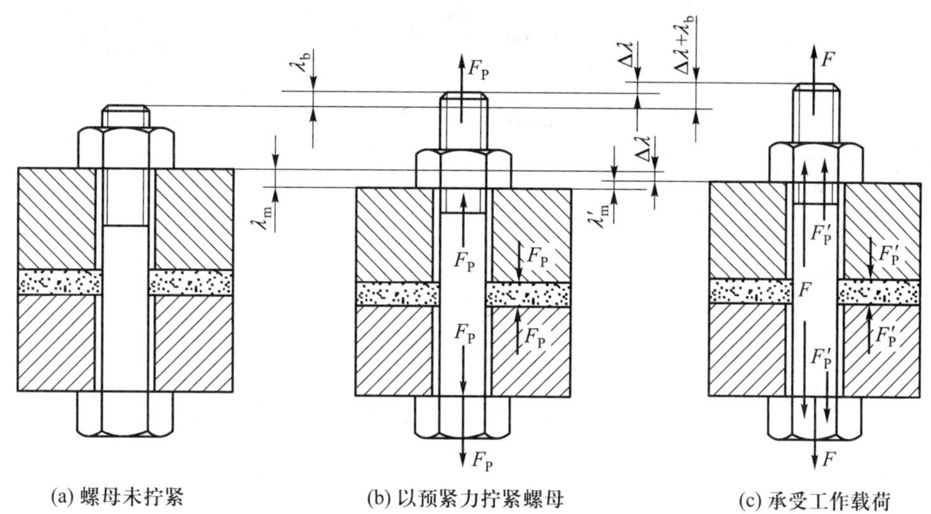

图 4.27 单个螺栓和被连接件的受力与变形

为了更清楚地说明连接的受力和变形关系，可参看图 4.28。

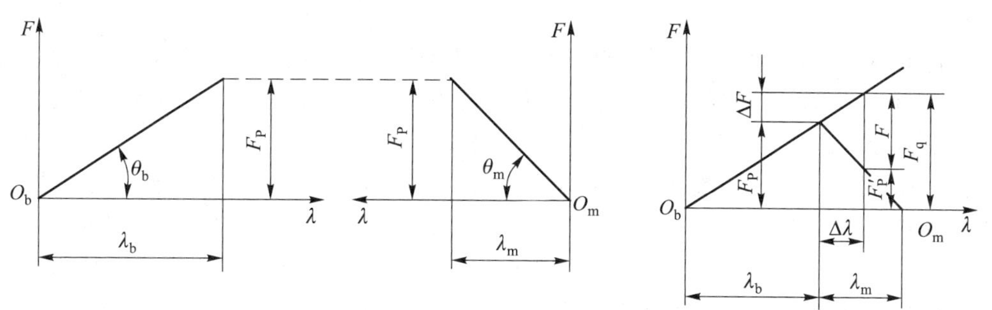

图 4.28 螺栓和被连接件的受力与变形关系

图 4.28 中，纵坐标代表力，横坐标代表变形。螺栓的伸长变形量由坐标原点 O_b 向右量起，被连接件的压缩变形量由坐标原点 O_m 向左量起，图 4.28a 和图 4.28b 分别表示螺栓和被连接件的受力和变形关系。因为正常工作时，螺栓和被连接件的材料都在弹性变形范围内，两者的受力和变形的关系符合拉（压）胡克定律，因而力与变形是线性关系，但由于零件的刚度不同，其图形的斜率也不相同。为了便于分析，可将图 4.28a 和图 4.28b 合并成图 4.28c。

设螺栓承受的工作载荷为 F，则螺栓的总伸长量为 $\lambda_b+\Delta\lambda$，相应所受的总载荷为 F_q；被连接件的总压缩量为 $\lambda_m-\Delta\lambda$，相应的残余预紧力为 F'_P。由图 4.28c 可见，螺栓所受的总载荷为

$$F_q=F+F'_P \tag{4.24}$$

或

$$F_q=F_P+\Delta F \tag{4.25}$$

由式(4.24)可见单个螺栓所受的总载荷 F_q 并不等于预紧力 F_P 和工作载荷 F 之和，而只是预

紧力 F_P 和工作载荷的一部分 ΔF 之和，而另一部分工作载荷 $F-\Delta F$ 用于放松被连接件。由图 4.28 可见

$$\tan\theta_b = \frac{F_P}{\lambda_b} = C_b$$

$$\tan\theta_m = \frac{F_P}{\lambda_m} = C_m$$

式中：C_b——螺栓的刚度；

C_m——被连接件的刚度。

由图 4.28c 的几何关系可得

$$\frac{\Delta F}{F-\Delta F} = \frac{\Delta\lambda\tan\theta_b}{\Delta\lambda\tan\theta_m} = \frac{C_b}{C_m}$$

$$\Delta F = \frac{C_b}{C_b+C_m}F \tag{4.26}$$

将式(4.26)代入式(4.25)得

$$F_q = F_P + \frac{C_b}{C_b+C_m}F \tag{4.27}$$

式中的$\frac{C_b}{C_b+C_m}$称为螺栓的相对刚度，其大小与螺栓和被连接件的结构尺寸、材料、垫片及工作载荷的作用位置等因素有关。如被连接件的刚度愈大、螺栓的刚度愈小，则 ΔF 的值愈小，因而 F_q 值愈小，这样有利于提高螺栓连接的承载能力，密封常采用金属垫圈就是这个原因。反之，如 C_m 愈小、C_b 愈大，则 ΔF 愈大，因而 F_q 值愈大，这样将降低螺栓连接的承载能力。对于钢制螺栓和被连接件，在一般计算时可选用表 4.2 中数据。下列数据可供设计时选择残余预紧力的参考：当工作载荷为静载时，$F'_P=(0.2\sim0.6)F$；变载时，$F'_P=(0.6\sim1.0)F$；对压力容器等有严格密封要求的连接，$F'_P=(1.5\sim1.8)F$。对比式(4.21)的推导和简化过程，由于螺纹副中存在摩擦阻力矩 T_1 的作用，F_P 值也应增大 1.3 倍，又考虑到在紧连接时常需要进行补充拧紧，为安全起见，同时将 ΔF 增大至 1.3 倍，因此螺栓危险截面的拉伸强度条件为

$$\sigma = \frac{1.3F_q}{\frac{\pi}{4}d_1^2} \leqslant [\sigma] \tag{4.28a}$$

或

$$d_1 \geqslant \sqrt{\frac{5.2F_q}{\pi[\sigma]}} \tag{4.28b}$$

表 4.2 螺栓的相对刚度

垫片种类	$C_b/(C_b+C_m)$
金属垫片或无垫片	0.2~0.3
皮革垫片	0.7
铜皮包石棉垫片	0.8
橡胶垫片	0.9

上述条件适用于静载荷也适用于变载荷，区别在于许用应力的选择。对于变载荷螺栓，也可用下述方法作较为精确的计算。

如图 4.22 所示，当活塞式压缩机在进气过程中，气缸盖上的单个螺栓所受的工作载荷为零，而在压缩终点螺栓所受的工作载荷为 F。可见，其工作载荷在 0~F 的范围内变化，这样单个螺栓的总载荷将在 $F_P \sim F_q$ 的范围内变化，影响变载荷下疲劳强度的主要因素是应力幅的大小，其拉力变幅为

$$\frac{F_q - F_P}{2} = \frac{\dfrac{C_b}{C_b + C_m}F}{2}$$

所以，螺纹部分的强度条件为

$$\sigma_a = \frac{\dfrac{C_b}{C_b + C_m}F}{2} \Bigg/ \frac{\pi d_1^2}{4} = \frac{C_b}{C_b + C_m} \frac{2F}{\pi d_1^2} \leqslant [\sigma_a] \tag{4.29}$$

式中：$[\sigma_a]$——许用应力幅，MPa，见表 4.8。

4.5.2 受横向载荷的螺栓强度计算

当螺栓组受横向载荷作用，采用普通螺栓连接（图 4.23a）时，这种连接属紧螺栓连接，主要靠预紧力 F_P 所产生的摩擦力来平衡横向载荷，预紧力 F_P 由式（4.9）确定；当螺栓组受转矩作用，采用普通螺栓连接（图 4.24a）时，F_P 由式（4.11）确定。因而，螺栓危险截面的拉伸强度条件可用式（4.22），即

$$\sigma = \frac{1.3F_P}{\dfrac{\pi d_1^2}{4}} \leqslant [\sigma]$$

当螺栓所需的预紧力很大时，必须使螺栓连接的结构尺寸增大，因此当连接要求结构紧凑时，可采用图 4.29 所示的减载销、减载键或减载套筒来承受横向载荷（螺栓只起连接作用），从而达到减小预紧力的目的。

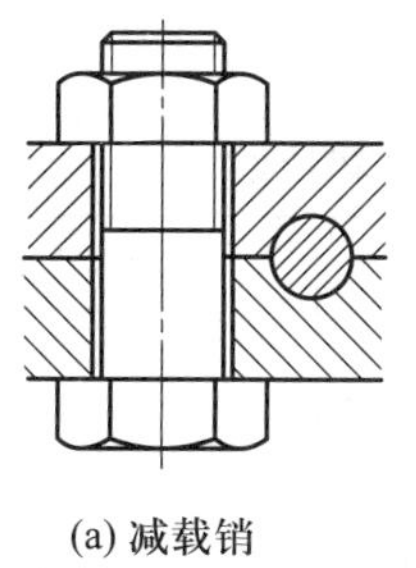
(a) 减载销

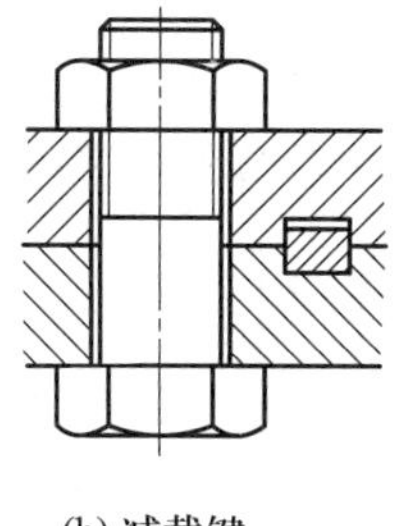
(b) 减载键

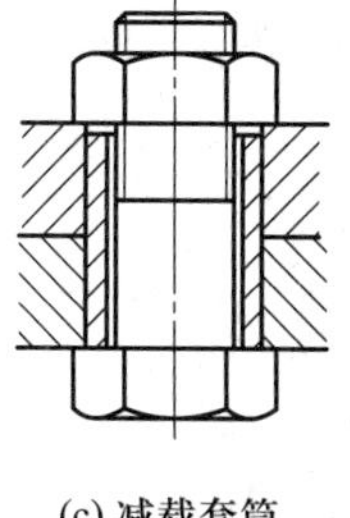
(c) 减载套筒

图 4.29 受横向载荷作用的螺栓连接的减载装置

图 4.23b 所示为受横向载荷的铰制孔用螺栓连接，这种连接是选用铰制孔用螺栓来承受横向载荷 F。工作时，螺杆在被连接件接合面处受剪切，并与被连接件孔壁处相挤压。因此，连接的主要失效形式为螺杆被剪断、螺杆或孔壁被压溃。受剪切的铰制孔用螺栓连接通常都是拧紧的，但预紧力较小，从理论上讲，只要螺栓不产生轴向移动或不脱落，即能正常工作。

设每个螺栓所受的横向载荷为 F，则抗剪切的强度条件为

$$\tau=\frac{F}{\frac{\pi}{4}d_0^2}\leqslant[\tau] \tag{4.30a}$$

或

$$d_0\geqslant\sqrt{\frac{4F}{\pi[\tau]}} \tag{4.30b}$$

式中：d_0——螺杆受剪截面直径，mm；

$[\tau]$——螺栓材料的许用切应力，MPa，见表4.8。

对于薄壁连接件，还应进行挤压强度校核。常假设挤压应力分布为均匀的，这时受挤压面积按螺栓直径的投影 $d_0L_{\min}$ 计算，则挤压强度条件为

$$\sigma_p=\frac{F}{d_0L_{\min}}\leqslant[\sigma_p] \tag{4.31}$$

式中：σ_p、$[\sigma_p]$——螺栓或孔壁材料的挤压应力和许用挤压应力，MPa；两连接件材料不同时，取两者$[\sigma_p]$的小值，参见表4.6和表4.8；

$L_{\min}$——螺杆与孔壁挤压面的最小高度，mm。

4.6 螺纹连接件常用材料及力学性能

螺栓常用材料为低碳钢或中碳钢，如Q235、10、35、45钢等。对于受变载荷、冲击和振动的重要连接则采用合金钢，如20Cr、40Cr、30CrMnSi等。

国家标准GB/T 3098.1—2010和GB/T 3098.2—2015中规定螺纹连接件按材料的力学性能分级。表4.3为螺栓、螺钉和螺柱的性能等级，表4.4为螺母的性能等级，表4.5为螺纹连接件常用材料的力学性能，表4.6为连接接合面材料的许用应力。盲目选择高强度级别的材料，并不能取得较好的效果，因为这种材料不但较昂贵，而且它的有效应力集中系数也较高；由优质中碳钢或合金钢制作的螺栓需进行调质处理，经处理后的强度将提高75%左右；对于经常拆卸的螺栓，为了获得较高的硬度，需经氰化处理，应使螺母材料的强度级别低于螺栓材料的强度级别，以避免螺纹副的咬死，同时更换螺母也较经济。

表4.3 螺栓、螺钉和螺柱的性能等级(GB/T 3098.1—2010)

性能等级(标记)	4.6	4.8	5.6	5.8	6.8	8.8	9.8	10.9	12.9
公称抗拉强度 σ_B/MPa	400	400	500	500	600	800	900	1 000	1 200
屈服强度 σ_S (或 $\sigma_{P0.2}$)/MPa	240	320	300	400	480	640	720	900	108
最低硬度/HBW	114	124	147	152	181	245	286	316	380
材料及热处理	碳钢或添加元素的碳钢，也可用易切钢制造					碳钢或添加元素的碳钢(如硼或锰或铬)、合金钢，淬火并回火			合金钢、添加元素的碳钢(如硼或锰或铬)，淬火并回火

注：性能等级数字中小数点前数字为$\sigma_{Smin}/100$，点后数字为$10\times(\sigma_{Smin}/\sigma_{Bmin})$。

表 4.4 螺母的性能等级(GB/T 3098.2—2015)

性能等级(标记)	5	6	8	9	10	12
螺母最小保证应力 σ_{min}/MPa	500	600	800	900	1 040	1 150
相配螺栓的最高性能等级	5.8	6.8	8.8	9.8	10.9	12.9

注:1. 均指粗牙螺纹螺母。

2. 性能等级为 10/12 的硬度最大值为 38HRC,其余性能等级的硬度最大值为 30HRC。

表 4.5 螺纹连接件常用材料的力学性能

钢号	抗拉强度 σ_{Bmin}/MPa	屈服强度 σ_{Smin}/MPa
10	335	210
Q215	335~410	215
Q235	375~460	235
35	530	315
45	600	355
40Cr	980	785

表 4.6 连接接合面材料的许用应力

接合面材料	钢	铸铁	混凝土	水泥浆缝砖砌面	木材
$[\sigma_p]$/MPa	$0.8\sigma_S$	$(0.4\sim0.5)\sigma_B$	2.0~3.0	1.5~2.0	2.0~4.0

注:1. σ_S 为材料的屈服强度(MPa),σ_B 为材料的抗拉强度(MPa)。

2. 接合面材料不同时应按强度较差者选取。

3. 连接承受静载荷时,$[\sigma_p]$应取较大值;承受变载荷时,$[\sigma_p]$应取较小值。

由表 4.7 和表 4.8 可见,螺栓连接的许用应力除与材料有关外,还与其是否拧紧、预紧力是否控制以及受载性质有关。不控制预紧力时,受轴向载荷螺栓的许用应力还与螺纹直径有关。

表 4.7 不控制预紧力的紧螺栓连接的安全系数 S

载荷		静载荷			变载荷		
尺寸		M6~M16	M16~M30	M30~M40	M6~M16	M16~M30	M30~M40
材料	碳素钢	4~3	3~2	2~1.3	10~6.5	6.5	6.5~10
	合金钢	5~4	4~2.5	2.5~2	7.5~5	5	5~7.5

表 4.8　螺栓连接的许用应力

螺栓受力			许用应力/MPa
受拉螺栓（普通螺栓）	松连接		$[\sigma]=\dfrac{\sigma_S}{1.2\sim1.7}$
	紧连接	静载荷	控制预紧力：$[\sigma]=\dfrac{\sigma_S}{S}$，$S=1.2\sim1.5$ 不控制预紧力：S 值见表 4.7
		变载荷	$[\sigma]=\dfrac{\sigma_S}{S}$，$S$ 同上 $[\sigma_a]=\dfrac{\varepsilon\sigma_{-1}}{S_a K_\sigma}$ 控制预紧力：$S_a=1.5\sim2.5$ 不控制预紧力：$S_a=2.5\sim5$
受横向载荷的铰制孔用螺栓	松连接		$[\tau]=\dfrac{\sigma_S}{2.5}$ $[\sigma_p]=8\sim13$
	紧连接	静载荷	$[\tau]=\dfrac{\sigma_S}{2.5}$ $[\sigma_p]=\dfrac{\sigma}{1.25}$，被连接件为钢 $[\sigma_p]=\dfrac{\sigma}{2\sim2.5}$，被连接件为铸铁
		变载荷	$[\tau]=\dfrac{\sigma_S}{3.5\sim5}$ $[\sigma_p]=\dfrac{\sigma}{1.6\sim2}$，被连接件为钢 $[\sigma_p]=\dfrac{\sigma}{2.5\sim3.3}$，被连接件为铸铁

例 4.1　图 4.30 所示为一厚度为 10 mm 的薄钢板，用两个螺栓将其连接在机架上，载荷为 $F_\Sigma=2\ 000$ N。如薄钢板和螺栓的材料相同，$[\sigma]=85$ MPa，$[\tau]=60$ MPa，$[\sigma_p]=60$ MPa，防滑系数 $K_s=1.2$；接合面的摩擦因数 $\mu=0.2$。试计算螺栓直径。

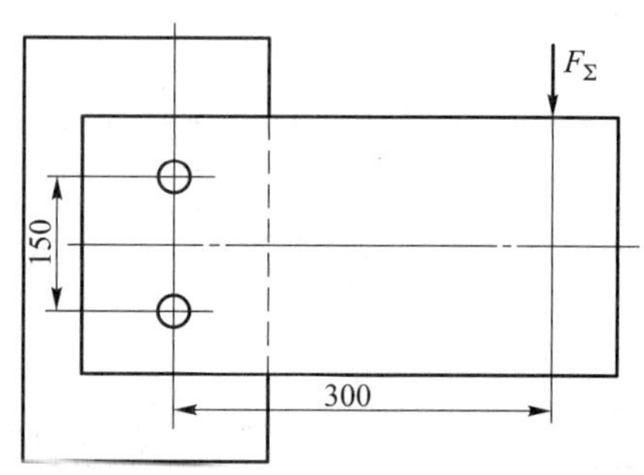

图 4.30　连接在机架上的薄钢板

解　1）选用普通螺栓

此类连接属只受预紧力的紧螺栓连接。

① 根据力的平移定理，将力 F_Σ 向螺栓组的对称中心简化，则平衡力 F_Σ 每个螺栓所需的摩擦力由式(4.9)计算得

$$F_{P1}\mu=\frac{K_s F_\Sigma}{z}=\frac{1.2\times2\ 000}{2}\ \text{N}=1\ 200\ \text{N}$$

② 平衡转矩 $T=2\ 000\times300\ \text{N}\cdot\text{mm}=600\ 000\ \text{N}\cdot\text{mm}$，每个螺栓所需的摩擦力由式(4.11)计算得

$$F_{P2}\mu=\frac{K_sT}{zr}=\frac{1.2\times600\ 000}{2\times75}\ \mathrm{N}=4\ 800\ \mathrm{N}$$

③ 由力的合成原理得

$$F_P\mu=\sqrt{(F_{P1}\mu)^2+(F_{P2}\mu)^2}=\sqrt{1\ 200^2+4\ 800^2}\ \mathrm{N}=4\ 948\ \mathrm{N}$$

故

$$F_P=\frac{4\ 948}{0.2}\ \mathrm{N}=24\ 738\ \mathrm{N}$$

④ 求螺栓小径

由式(4.23)得

$$d_1\geqslant\sqrt{\frac{5.2F_P}{\pi[\sigma]}}=\sqrt{\frac{5.2\times24\ 738}{\pi\times85}}\ \mathrm{mm}=21.95\ \mathrm{mm}$$

⑤ 查手册,选定螺栓公称直径 $d=24$ mm。

2) 选用铰制孔用螺栓

此类连接属受横向载荷的螺栓连接。

① 根据力的平移定理,将力 F_Σ 向螺栓组对称中心简化,则每个螺栓承受的横向载荷由式(4.10)得

$$F_1=\frac{F_\Sigma}{z}=\frac{2\ 000}{2}\ \mathrm{N}=1\ 000\ \mathrm{N}$$

② 每个螺栓承受转矩 T 所受的力由式(4.14)得

$$F_2=\frac{T}{zr}=\frac{2\ 000\times300}{2\times75}\ \mathrm{N}=4\ 000\ \mathrm{N}$$

③ 由力的合成原理得

$$F=\sqrt{F_1^2+F_2^2}=\sqrt{1\ 000^2+4\ 000^2}\ \mathrm{N}=4\ 123\ \mathrm{N}$$

④ 求螺栓杆直径,由式(4.30b)得

$$d_0\geqslant\sqrt{\frac{4F}{\pi[\tau]}}=\sqrt{\frac{4\times4\ 123}{\pi\times50}}\ \mathrm{mm}=10.25\ \mathrm{mm}$$

⑤ 查手册,选定 $d_0=11$ mm,铰制孔用螺栓的公称直径 $d=10$ mm。

⑥ 校核薄钢板挤压应力,由式(4.31)得

$$\sigma_p=\frac{F}{d_0L_{\min}}=\frac{4\ 123}{11\times10}\ \mathrm{MPa}=37.48\ \mathrm{MPa}<[\sigma_p]$$

例 4.2 图 4.31 所示为一铸铁吊架,用两个螺栓紧固在混凝土梁上。吊架承受静载荷 $F_N=6\ 000$ N,$L=350$ mm,作用位置及吊架底面尺寸如图所示。试设计此螺栓连接。

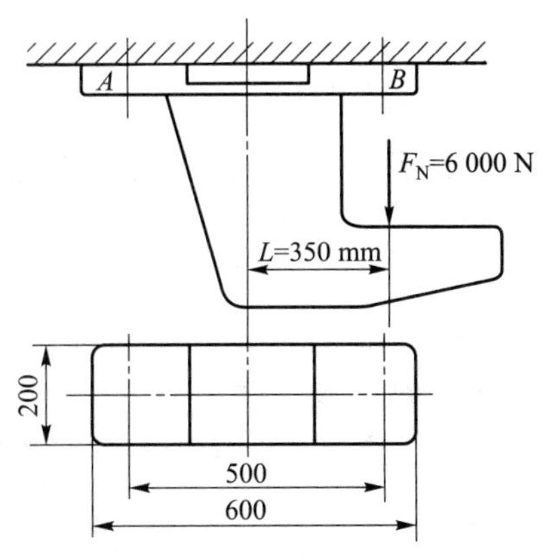

图 4.31 吊架的紧固

解 螺栓可能的失效形式:螺栓被拉断,底板在 A 点处将混凝土压溃,底板在 B 点处产生缝隙。

1) 求螺栓的工作载荷

螺栓的工作载荷 F 由轴向载荷 F_N 和翻转力矩 F_NL 所引起,即

$$F=\frac{F_N}{2}+\frac{F_N L}{2\times250}=\left(\frac{6\ 000}{2}+\frac{6\ 000\times350}{2\times250}\right)\text{ N}=7\ 200\text{ N}$$

2）求螺栓预紧力 F_P

螺栓的预紧力 F_P 应保证底板在 B 点不产生缝隙，由式（4.18）考虑轴向载荷 F_N 的作用，即

$$\sigma_{F_P}-\sigma_{F_N}-\sigma_{F_N L}=\frac{2F_P}{A}-\frac{F_N}{A}-\frac{F_N L}{W_1}\geqslant0$$

$$\frac{2F_P}{200\times600}-\frac{6\ 000}{200\times600}-\frac{6\ 000\times350}{\frac{200\times600^2}{6}}\geqslant0$$

得出预紧力 $F_P\geqslant13\ 500$ N（忽略底板接合面凹陷处影响）。

由表4.2，取$\frac{C_b}{C_b+C_m}=0.3$，由式（4.27）得螺栓所受的总载荷 F_q 为

$$F_q=F_P+\frac{C_b}{C_b+C_m}F=13\ 500\text{ N}+0.3\times7\ 200\text{ N}=15\ 660\text{ N}$$

3）求螺栓小径

选螺栓材料为35钢，假设螺栓规格在M16～M30的范围内，由表4.7取静载下安全系数 $S=2.5$，得$[\sigma]=\frac{\sigma_S}{S}=\frac{320}{2.5}\text{MPa}=128\text{ MPa}$，由式（4.28b）得

$$d_1\geqslant\sqrt{\frac{5.2F_q}{\pi[\sigma]}}=\sqrt{\frac{5.2\times15\ 660}{\pi\times128}}\text{ mm}=14.23\text{ mm}$$

查手册，取M18的螺栓。

4）校核

校核底板 A 点处混凝土是否被压溃，由图4.31可见

$$\sigma_{F_P}+\sigma_{F_N L}-\sigma_{F_N}\leqslant[\sigma_P]$$

$$\frac{2\times13\ 500}{200\times600}\text{ MPa}+\frac{6\ 000\times350}{\frac{200\times600^2}{6}}\text{MPa}-\frac{6\ 000}{200\times600}\text{MPa}=0.35\text{ MPa}$$

对于混凝土，由表4.6取$[\sigma_p]=2.5$ MPa，说明混凝土面抗压溃强度足够。

4.7　提高螺栓连接强度的措施

影响螺栓连接强度的因素很多，其中影响最大的为应力幅、螺纹牙载荷分配、应力集中、附加弯曲应力和制造工艺等几方面。因此，提高螺栓连接强度也应从这几方面着手，现分析如下。

1. 减小应力幅

对于受变载荷的螺栓，当最大应力不变时，应力幅 σ_a 愈小愈接近于静载荷，螺栓也就愈不易疲劳损坏。

在螺栓的工作载荷 F 不变的情况下，减小螺栓的刚度 C_b 或增大被连接件的刚度 C_m，都可使

螺栓相对刚度$\frac{C_b}{C_b+C_m}$的值减小，即使应力幅 σ_a 减小。如图 4.32 所示，可以减小螺栓刚度 C_b 来减小应力幅。$\tan\theta_{b1}$ 为原有螺栓刚度 C_{b1}，$\tan\theta_{b2}$ 为减小后的刚度 C_{b2}，在工作载荷 F 和残余预紧力 F'_P 不变的情况下，减小 C_b 可达到减小应力幅的目的，即 $\sigma_{a2}<\sigma_{a1}$；同理，可以增大被连接件的刚度 C_m 来减小应力幅。

减小螺杆直径 d_0 可以减小螺栓的刚度，如螺杆的最小直径可取 $d_0=0.8d$，或制成中空的螺杆，孔的最大直径可取 $d_3=0.7d$，如图 4.33 所示。也可以在螺母下面装上弹性元件，其效果与柔性螺栓相似，如图 4.34 所示。为了增大被连接件的刚度，除应从结构与尺寸上考虑外，还可采用刚度较大的垫圈，如图 4.35 所示，以增加螺栓连接的疲劳极限。

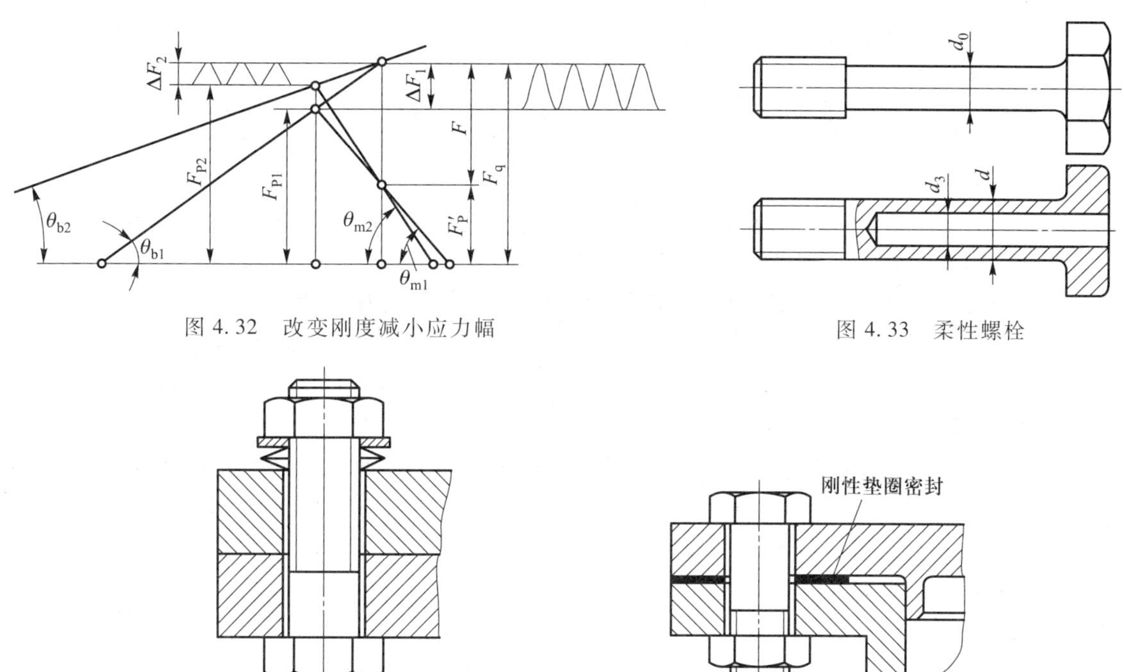

图 4.32　改变刚度减小应力幅

图 4.33　柔性螺栓

图 4.34　加弹性元件的螺栓连接

图 4.35　刚性垫圈密封

2. 改善螺纹牙的载荷分配

螺纹连接中，力主要是通过螺纹牙来传递的。由于螺栓和螺母的刚度及变形性质不同，即使是螺栓和螺母制造和安装都很精确，传力时，旋合各圈螺纹牙的受力情况也是不均匀的，如图 4.36 所示。可将螺纹牙看作是悬臂梁，当连接受载时，螺栓受拉而伸长，外螺纹的螺距随之增大，而螺母受压，内螺纹的螺距减小，螺纹螺距的变化差在旋合的第一圈处为最大。

实验表明，第一圈螺纹承受的载荷约为施加于螺栓全部载荷的 1/3，而第 10 圈螺纹只承受不到全部载荷的 1/100。因此，采用螺纹圈数过多的加厚螺母，并不能提高螺栓连接的强度。

为了使螺纹牙受力比较均匀，可采用下列措施：将螺母也制成受拉伸的结构，如图 4.37 所示的悬置螺母，这种螺母的配合部分全部受拉，其变形性质与螺栓相同，从而可减小螺距的变化差；如图 4.38 所示的内斜螺母，它是将下端受力大的几圈螺纹制成 10°～15°斜角，从而达到螺栓螺纹牙的受力点从上到下依次远离中心线而使刚度随之减小的目的；由于螺栓的螺距因螺杆受拉伸而增大，螺母的螺距因螺杆受压缩而减小，因此也可以采用螺栓的螺距小于螺母的螺距，以补偿螺栓伸长量的方法，使载荷趋于均匀。

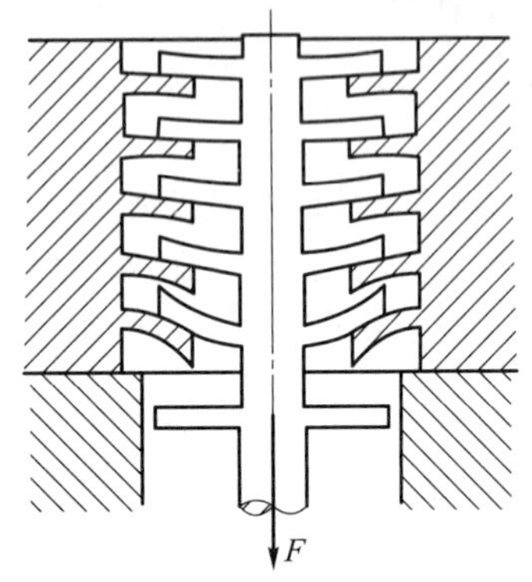

图 4.36 旋合螺纹变形示意图

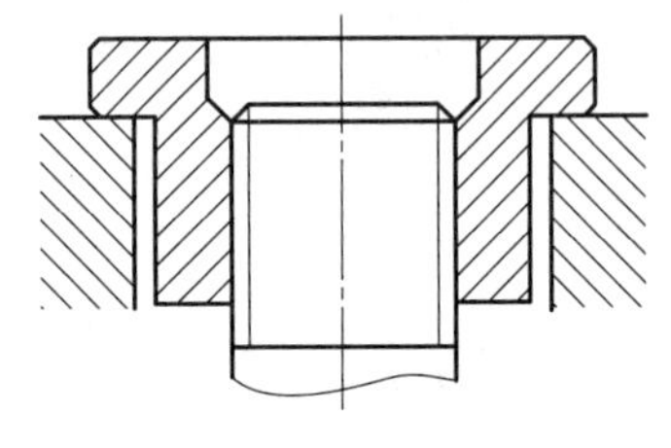

图 4.37 悬置螺母

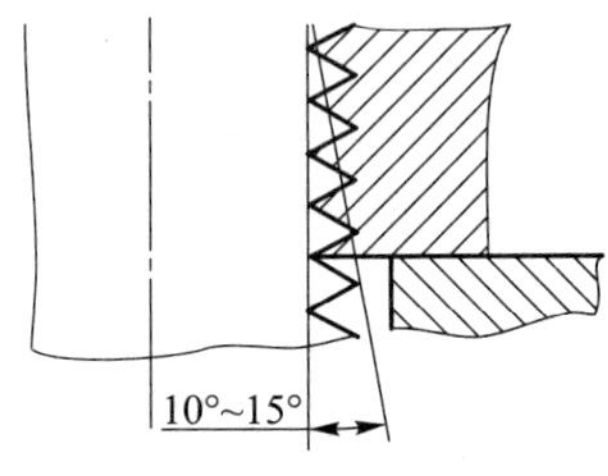

图 4.38 内斜螺母

3. 减小应力集中

由于横截面面积发生变化，在螺线尾部、螺纹牙根以及螺栓头与螺杆的过渡处，都会产生应力集中，这些截面是产生断裂的危险部位。

可以在螺线尾部留有退刀槽，使应力流线弯曲较为平缓，应力集中明显减小；还可以使螺杆直径等于螺纹的小径，即螺线尾部无应力集中，这种类型的螺尾特别适合于螺栓连接的重要场合。

普通螺纹基本牙型的牙根部分是平的，可将平牙根改为圆角半径 $r=0.1p$ 的半圆牙根，螺栓的疲劳强度可提高 20%~40%。

六角头螺栓的螺栓头和螺杆过渡处的圆角半径 $r\approx(0.04\sim0.05)d$，如将圆角半径加大到 $r\approx0.2d$，如图 4.39a 所示，可提高螺栓的疲劳强度。对于关键性的螺栓，过渡处可用两个不同的圆角半径组成，如图 4.39b 所示。

4. 避免附加弯曲应力

由于制造、装配和设计不当，易使螺栓产生附加弯曲应力，如图 4.40 所示的钩头螺栓连接。由于螺栓受偏心载荷，使螺栓除受拉伸外还受弯曲。偏心载荷引起的弯曲应力 σ_b 为

$$\sigma_b=\frac{F_R e}{W_1}=\frac{F_R e}{\dfrac{\pi d_1^3}{32}}=\frac{F_R}{\dfrac{\pi d_1^2}{4}}\ \frac{8e}{d_1}=\sigma\ \frac{8e}{d_1}$$

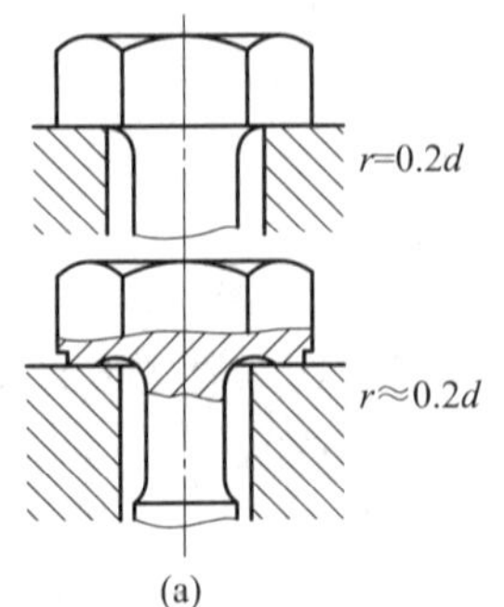

图 4.39 螺栓头下部的圆角

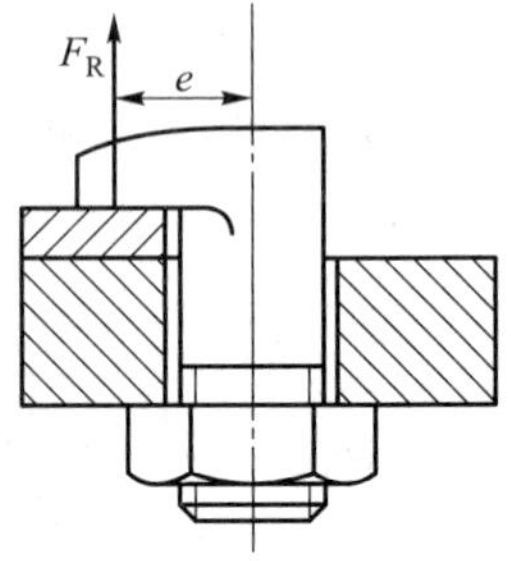

图 4.40 钩头螺栓连接

当 $e=2d_1$ 时,由上式可见,弯曲应力 σ_b 为拉应力 σ 的 16 倍。因此,应尽量避免使用钩头螺栓。另外,由于螺母或螺栓头部支承面不平或偏斜,也易引起附加弯曲应力,因此常将被连接件制成凸台、沉头座或采用球面垫圈等,如图 4.41 所示。

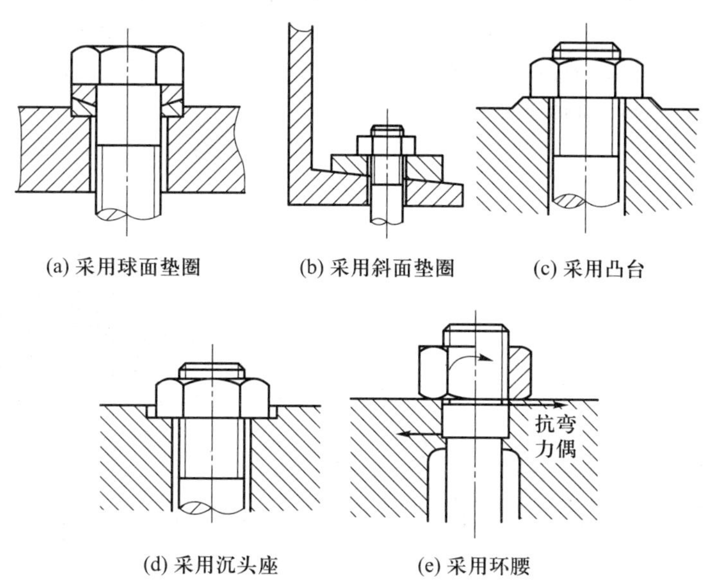

图 4.41　减小附加应力的几种方法

5. 采用合理的制造工艺方法

重要螺栓的毛坯都是锻造的,如高压容器的主螺栓等,冷镦凹穴螺栓可直接镦出六角头,既省料、省工,又使金属流线走向有利于强度的提高。

螺栓的螺纹部分采用滚压的工艺方法时,由于材料的纤维未被切断,可显著提高螺栓的疲劳强度。螺纹切削或磨削后再滚压其根部,可提高螺栓的疲劳强度达 2~3 倍。

习　题

4.1　试举出常用螺纹的类型及其适用场合,并说明理由。

4.2　试举出螺纹连接的主要类型及其适用场合。

4.3　受横向载荷的普通螺栓连接有何缺点?试举例说明消除缺点的方法。

4.4　受横向载荷铰制孔用螺栓连接有何优、缺点?如何进行设计计算?

4.5　简述受轴向载荷的紧螺栓连接的预紧力 F_P 与残余预紧力 F_P' 的含义。螺栓的总载荷 F_q 不等于预紧力 F_P 和工作载荷 F 之和,理由为何?

4.6　简述承受轴向变载荷的紧螺栓连接中螺栓直径的设计计算方法。

4.7　在变载荷作用下,一般采用何种措施可提高螺栓的疲劳强度?

4.8　采用增加螺母螺纹圈数的方法不能提高连接的强度,为什么?采用何种结构形式可以改善螺纹牙间轴向载荷的分布?

4.9　简述降低螺栓刚度和增加被连接件刚度的方法。

4.10　图 4.42 所示为一紧线装置。已知工作时所受载荷 $F=50$ kN,载荷稳定,螺栓材料的许用应力 $[\sigma]=80$ MPa。试设计该螺栓的直径。

4.11　图 4.30 所示为一薄钢板，用两个 M10 的普通螺栓连接在机架上。已知薄钢板受力 $F_{\Sigma}=600$ N，受力点与螺孔中心线的距离为 400 mm，两螺栓的中心距为 60 mm，薄钢板与机架间的摩擦因数 $\mu=0.15$，防滑系数 $K_s=1.2$，螺栓小径 $d_1=8.376$ mm，螺栓材料的许用应力 $[\sigma]=108$ MPa。试校核该螺栓组是否安全。

4.12　图 4.43 所示为一凸缘联轴器，用 6 个 M10 的铰制孔用螺栓连接，结构尺寸如图所示。两半联轴器材料为 HT200，其许用挤压应力 $[\sigma_p]_1=100$ MPa，螺栓材料的许用切应力 $[\tau]=92$ MPa，许用挤压应力 $[\sigma_p]_2=300$ MPa，许用拉伸应力 $[\sigma]=120$ MPa。

(1) 试计算该螺栓组连接允许传递的最大转矩 T_{max}。

(2) 若传递的最大转矩 T_{max} 不变，改用普通螺栓连接，试计算螺栓小径 d_1 的计算值（设两半联轴器间的摩擦因数 $\mu=0.16$，防滑系数 $K_s=1.2$）。

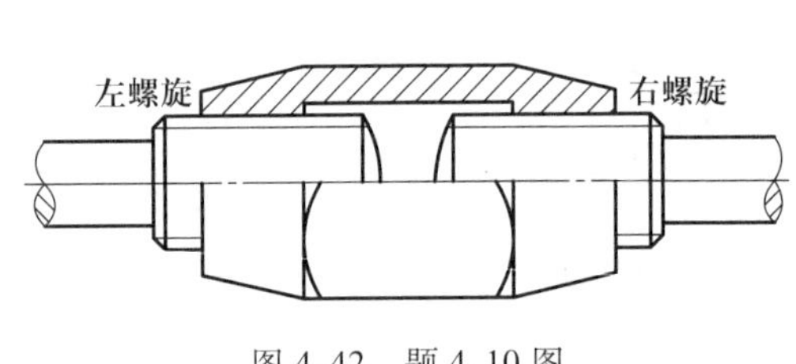

图 4.42　题 4.10 图

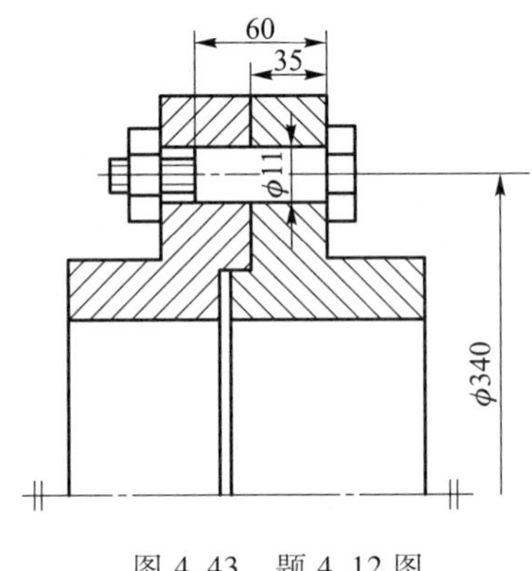

图 4.43　题 4.12 图

4.13　有一压力容器，设计压力 $p=4$ MPa，内径 $D_1=1\ 000$ mm，容器体与盖用 44 个螺栓连接。已知螺栓材料的许用应力为 $[\sigma]=300$ MPa，残余预紧力 $F'_P=1.2F$，试设计螺栓直径。

4.14　图 4.44 所示为用两块边板和一块承重板焊成的龙门起重机的导轨支架。每块边板用 4 个螺栓与立柱连接，支架承受的最大载荷为 20 kN，螺栓材料自选。试计算：

(1) 采用普通螺栓连接的螺栓公称直径 d；

(2) 采用铰制孔用螺栓连接（按受剪计算）的螺栓公称直径 d。

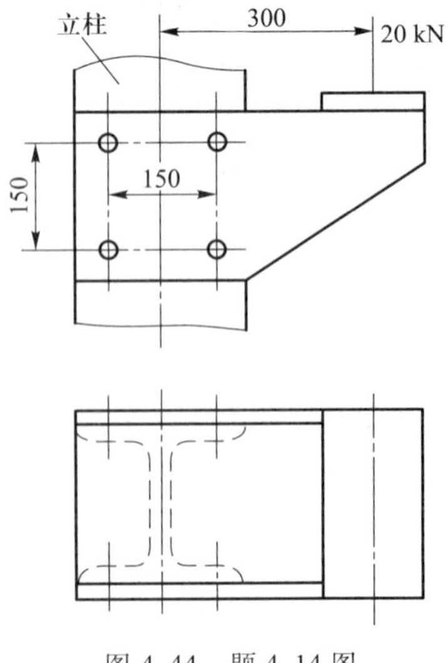

图 4.44　题 4.14 图

4.15　一牵曳钩用两个 M10(d_1 = 8.376 mm)的普通螺栓固定于机体上,如图 4.45 所示。已知接合面间摩擦因数 μ = 0.15,防滑系数 K_s = 1.2,螺栓材料强度级别为 6.6 级,屈服强度 σ_S = 360 MPa,许用安全系数[S] = 3。试计算该螺栓组连接允许的最大牵引力 F_{Rmax}。

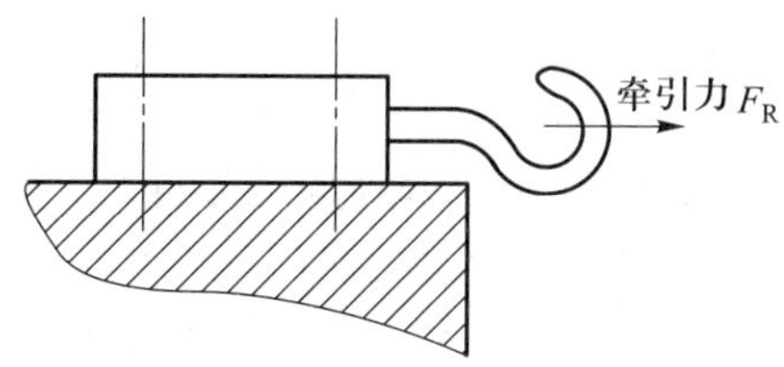

图 4.45　题 4.15 图

4.16　有一提升装置如图 4.46 所示。卷筒用 6 个 M8(d_1 = 6.647 mm)的普通螺栓固连在蜗轮上,已知卷筒直径 D = 150mm,螺栓均布于直径 D_0 = 180 mm 的圆周上,接合面间摩擦因数 μ = 0.15,防滑系数 K_s = 1.2,螺栓材料的许用拉伸应力[σ] = 120 MPa。

(1) 试求该螺栓组连接允许的最大提升载荷 W_{max}。

(2) 若已知 W_{max} = 6 000 N,其他条件相同,试确定螺栓直径。

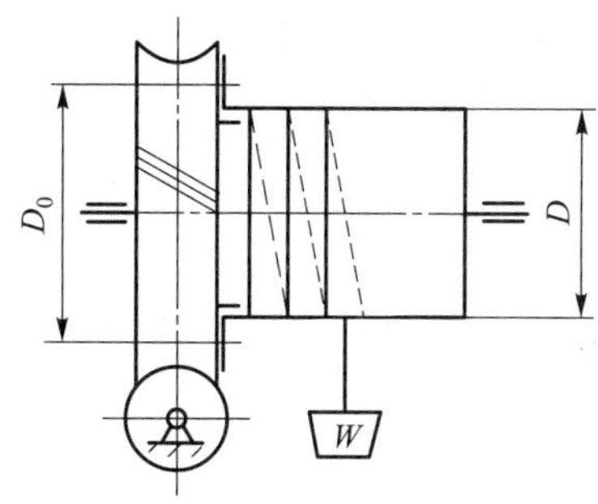

图 4.46　题 4.16 图

4.17　已知条件:两被连接件是铸件,厚度各约为 15 mm 和 20 mm;采用 M12 普通螺栓;采用弹簧垫圈防松。试画出普通螺栓连接结构图,比例为 1∶1。

4.18　已知条件:两被连接件是厚度约为 20 mm 的钢板;采用 M10 铰制孔用螺栓。试画出铰制孔用螺栓连接结构图,比例为 1∶1。

第 5 章　联轴器与离合器

联轴器与离合器是用来连接两轴(或轴与其他回转零件)使之共同回转并传递转矩的装置。联轴器与离合器的主要区别在于:用联轴器连接的两轴,只有在机器停车后通过拆卸才能分离;用离合器连接的两轴,除少数(如牙嵌式离合器)要求机器减速或停车后才能接合或分离外,大部分在机器工作过程中能随时使它们分离或接合。

5.1　联轴器的分类和应用

在机器中,对于由联轴器所连接的两轴,由于制造、安装等误差,加上承载后支承的弹性变形及温度变化的影响,往往不能保证严格对中而引起相对位置的变化,如图 5.1 所示。这就要求所设计或选用的联轴器有一定的适应能力,否则就会在轴、联轴器和轴承上引起附加载荷,使机器运行时出现剧烈的振动,工作情况严重恶化。

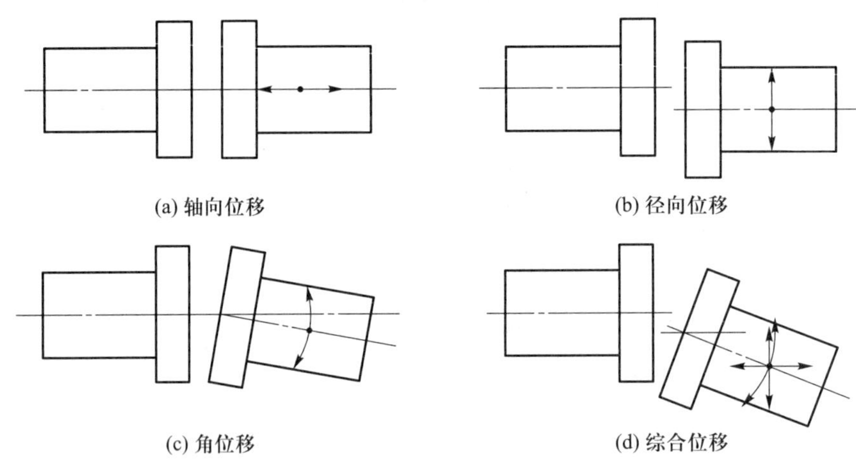

图 5.1　联轴器所连两轴的偏移形式

联轴器的种类很多,根据内部是否含弹性元件可分为刚性联轴器和挠性联轴器两大类。刚性联轴器根据结构特点又可分为固定式与可移式两种,可移式刚性联轴器对两轴间的偏移量具有一定的补偿能力。挠性联轴器因具有弹性元件,故可缓和冲击和振动,并补偿两轴间的偏移。下面介绍几种常用的有代表性的联轴器。

5.2　刚性联轴器

5.2.1　固定式刚性联轴器

这种联轴器要求被连接的两轴在安装时严格对中,并且在工作时两轴不发生相对位移。下面是几种常用的类型：

（1）套筒联轴器 如图 5.2 所示，使用时通过键或销把套筒与两轴连接起来，以传递转矩。套筒一般用 35 或 45 钢制造，尺寸较大时可用灰铸铁 HT200 制造。

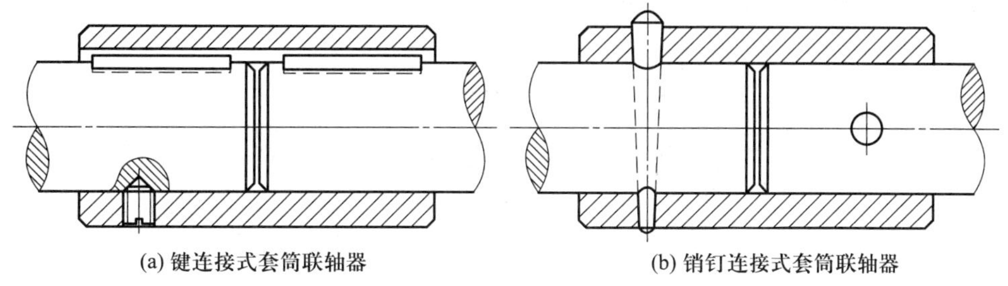
(a) 键连接式套筒联轴器 (b) 销钉连接式套筒联轴器

图 5.2 套筒联轴器

套筒联轴器的结构简单，径向尺寸小，容易制造，但拆卸较困难。此种联轴器常用于两轴直径较小，同轴度要求较高，工作平稳的场合。

（2）凸缘联轴器 如图 5.3 所示，凸缘联轴器是由两个带有凸缘的半联轴器用螺栓连接而成，两半联轴器与轴分别用键相连。半联轴器的材料通常为 35、40、45、ZG270-500、ZG310-570，或用灰铸铁 HT250 制造。钢制半联轴器外缘的极限速度不得超过 70 m/s，铸铁半联轴器外缘的极限速度不得超过 35 m/s。

凸缘联轴器有Ⅰ型和Ⅱ型两种结构形式。Ⅰ型（图 5.3a）是利用两半联轴器的凸肩与凹槽的相互配合而对中。Ⅱ型（图 5.3b）是利用铰制孔用螺栓连接来实现两轴同心。Ⅰ型对中精度高，但装拆时轴必须做轴向移动；Ⅱ型则无此缺点，但对中不易准确。

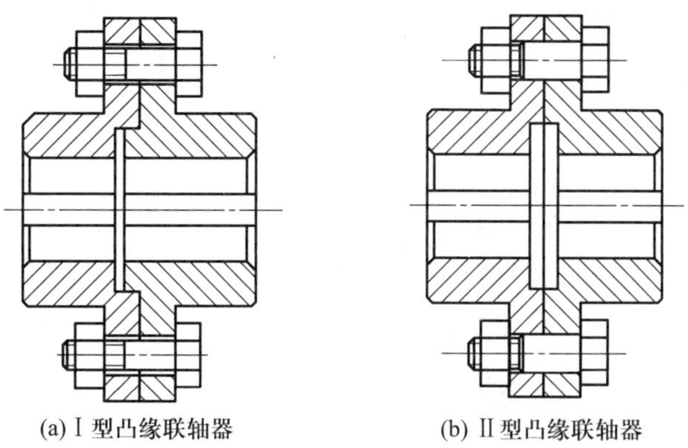
(a) Ⅰ型凸缘联轴器 (b) Ⅱ型凸缘联轴器

图 5.3 凸缘联轴器

凸缘联轴器结构简单，刚性好，对中性好，维护方便，可传递较大的转矩。这种联轴器广泛用于载荷平稳，转速较低，两轴能很好对中的场合。

5.2.2 可移动式刚性联轴器

这类联轴器因具有可移性，故可补偿两轴间一定限度内的位移。常用的类型有以下几种：

（1）十字滑块联轴器 如图 5.4 所示，十字滑块联轴器由两个端面开有凹槽的半联轴器 1、

3和一个两端面都有凸榫的中间滑块2所组成。中间滑块的两凸榫相互垂直，并分别与两半联轴器的凹槽相嵌合，其间隙配合通常采用H5/d11或H9/d9，凸榫的中线通过圆盘中心。两半联轴器分别装在主动轴和从动轴上，在安装和运转时，如果两轴线有相对径向位移，则滑块可在凹槽内滑动，从而使两轴的相对位移得到补偿。

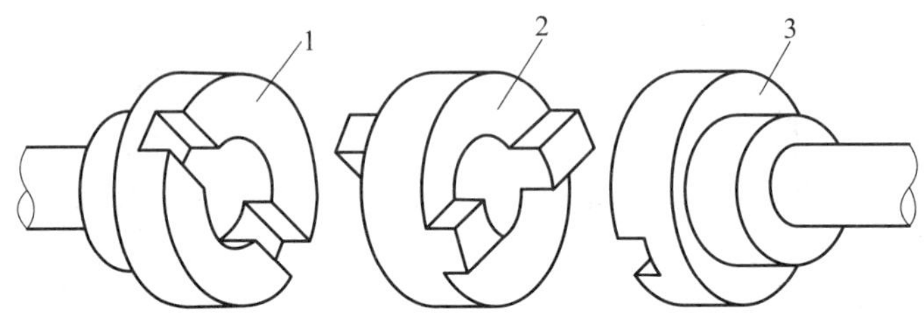

图5.4　十字滑块联轴器

这种联轴器一般可用45钢制造，工作表面经热处理，以提高其硬度（46~50HRC）。工作时应从中间滑块的油孔中注油进行润滑，以减少磨损。

使用十字滑块联轴器时，两轴线间的径向偏移允许量$[y]\leqslant 0.04d$（d为轴径），允许偏移角$[\alpha]\leqslant 30'$，轴的转速不宜超过300 r/min。

十字滑块联轴器径向尺寸小，结构简单，但不耐冲击，易磨损，适用于轴的刚性大、转速低、两轴同轴度误差较大的场合。

（2）齿轮联轴器　如图5.5所示，齿轮联轴器由两个具有外齿的半联轴器和两个具有内齿的外壳组成，两外壳用螺栓连成一体。两半联轴器分别装在主动轴和从动轴上。工作时，外壳与半联轴器靠啮合的轮齿传递转矩。由于外齿的齿顶做成椭球面，且与内齿啮合时有适当的顶隙与侧隙，故能补偿两轴的相对轴向、径向、偏角或综合位移（图5.6）。当齿轮联轴器的轴径为18~560 mm时，允许的径向位移$[y]\leqslant 0.4\sim 6.3$ mm，允许的偏移角$[\alpha]\leqslant 30'$。

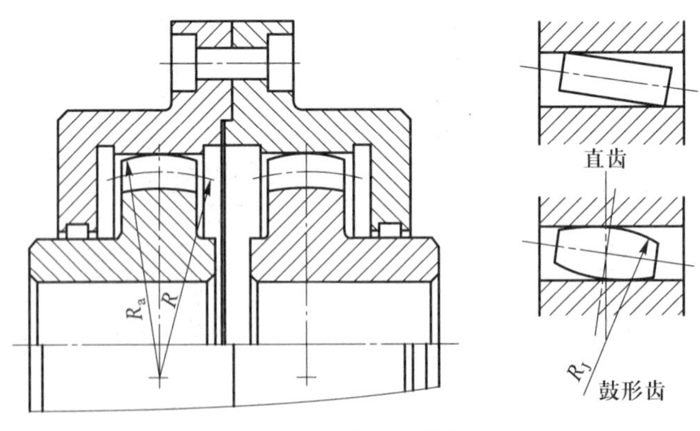

图5.5　齿轮联轴器

齿轮联轴器一般用45钢或铸钢ZG310-570制造。齿面硬度为40HRC（外齿圈）和35HRC（内齿圈）；当齿轮分度圆圆周速度$v<5$ m/s时，齿面硬度可取≤260HBW（外齿圈）和≤250HBW（内齿圈）。轮齿的齿廓曲线采用20°压力角的渐开线，齿数一般为30~80。这类联轴器能传递较大的转矩，并允许两轴有较大的相对偏移量，安装精度要求不高，但结构较复杂，成本较高，广泛应用于重型机械和起重设备中。

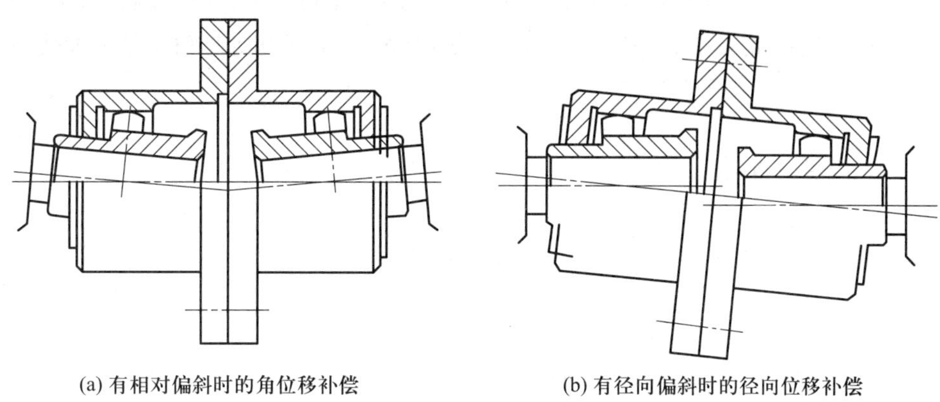
(a) 有相对偏斜时的角位移补偿
(b) 有径向偏斜时的径向位移补偿

图 5.6 齿轮联轴器补偿两轴的偏移

(3) 万向联轴器 图 5.7 所示为万向联轴器的结构简图。它一般由两个分别固结在主、从动轴上的叉形接头 1、2 和一个十字形零件(十字头)3 用销铰接而成。因此,允许被连接两轴的轴线夹角 α 很大,可达 40°~45°。但如两轴线不重合,当主动轴的角速度 ω_1 保持不变时,从动轴的角速度 ω_2 将在 $\left[\omega_1\cos\alpha, \dfrac{\omega_1}{\cos\alpha}\right]$ 的范围内做周期性的变化,从而引起附加动载荷。两轴夹角 α 愈大,则由此而产生的附加动载荷也愈大,因此在机器中很少使用单个万向联轴器,而常用双万向联轴器,并使中间轴的两个叉子位于同一平面内,使主、从动轴与中间轴轴线间的夹角 α 相等,这样就可使主、从动轴角速度相等。联轴器除销用 20 钢外,其余多用合金钢。

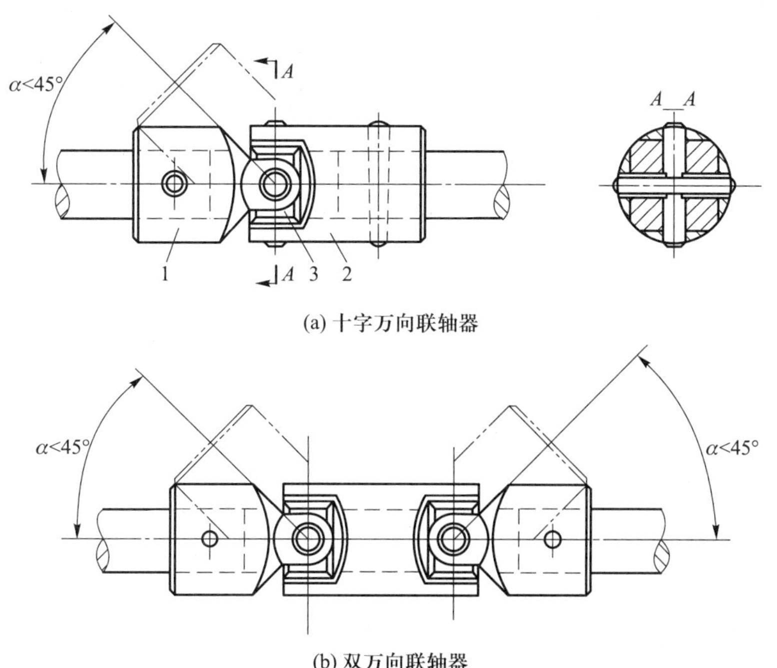

(a) 十字万向联轴器

(b) 双万向联轴器

图 5.7 万向联轴器的结构简图

万向联轴器结构紧凑,维护方便,适用于相交两轴间的连接或工作时两轴相对偏移角较大的场合,广泛应用于汽车、拖拉机、机床等机器的传动系统中。小型万向联轴器已标准化,选用时可查阅有关手册。

5.3 弹性联轴器

弹性联轴器内装有金属或非金属弹性元件。非金属弹性元件材料有橡胶、塑料等,这些材料重量轻,价格低,有良好的弹性滞后性能,缓冲及减振能力强。金属材料制成的弹性元件(如各种弹簧)尺寸小,强度高,使用寿命长。

金属弹性元件联轴器根据结构不同有定刚度和变刚度两种。非金属弹性元件联轴器都是变刚度的,这种联轴器的刚度随转矩的增大而增大,故缓冲性好,特别适用于工作载荷变化较大的场合。采用变刚度弹性联轴器,还可缩小机器共振的高峰区域,减少共振破坏的可能性,因此这种联轴器的应用日益广泛。下面介绍几种常用的弹性联轴器。

5.3.1 弹性套柱销联轴器

如图 5.8 所示,这种联轴器的构造和刚性凸缘联轴器相似,只是用套有弹性套的柱销代替了螺栓连接。常采用耐油橡胶作为弹性套。此种联轴器径向偏移允许量 $[y] \leqslant 0.3 \sim 0.6$ mm,角偏移允许量 $[\alpha] \leqslant 1°$。在安装时应有轴向间隙 c,以便使两轴有少量的轴向位移。

半联轴器的材料常用 HT200,有时也采用 35 钢或 ZG270-500;柱销材料多用 45 钢,并经正火处理。必要时可按下式验算弹性套与孔壁间的比压 p 和柱销的弯曲应力 σ_b,即

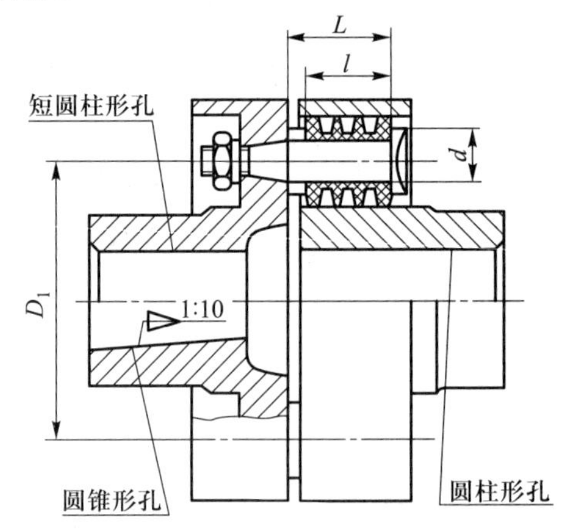

图 5.8 弹性套柱销联轴器

$$p=\frac{2K_A T}{ZD_1 dl} \leqslant [p] \tag{5.1}$$

$$\sigma_b=\frac{M}{W_1} \approx \frac{\frac{2K_A T}{ZD_1}\frac{l}{2}}{\frac{\pi d^3}{32}}=\frac{10K_A Tl}{ZD_1 d^3} \leqslant [\sigma_b] \tag{5.2}$$

式中:Z——柱销个数;

T——工作转矩,N·mm;

D_1——柱销中心所在圆的直径,mm;

d——柱销直径,mm;

l——柱销上弹性套的长度,mm;

K_A——工作情况系数,见表 5.1;

$[p]$——橡胶套的许用比压,可取 $[p]=2$ MPa;

$[\sigma_b]$——柱销的许用弯曲应力,$[\sigma_b] \approx 0.25[\sigma_S]$,$[\sigma_S]$ 为柱销材料的屈服强度。

表 5.1 联轴器的工作情况系数 K_A

工作机		动力机			
工作情况	实例	发电机、汽轮机	四缸以上内燃机	双缸内燃机	单缸内燃机
转矩变化很小	发电机、小型通风机	1.3	1.5	1.8	2.2
转矩变化小	透平压缩机、运输机	1.5	1.7	2.0	2.4
转矩变化中等	冲床、搅拌机、往复压缩机	1.7	1.9	2.2	2.6
转矩变化中等,有冲击	拖拉机、织布机	1.9	2.1	2.4	2.8
转矩变化较大,有冲击	挖掘机、起重机	2.3	2.5	2.8	3.2
转矩变化较大,有强烈冲击	轧钢机、压延机	3.1	3.3	3.6	4.0

弹性套柱销联轴器具有一般联轴器的优点,而且容易制造,装拆方便,成本较低;其缺点是弹性套容易磨损,寿命低,外部尺寸较大。这种联轴器适用于连接载荷平稳,需正反转或起动频繁的传递中、小转矩的轴。

5.3.2 弹性柱销联轴器

图 5.9 所示为一种弹性柱销联轴器。其结构与弹性套柱销联轴器相似,只是用弹性柱销代替弹性套和金属销。为了防止柱销脱落,在柱销两端配置挡圈。挡圈用螺钉固定在半联轴器的外侧面。柱销可用酚醛布棒、尼龙等制造。

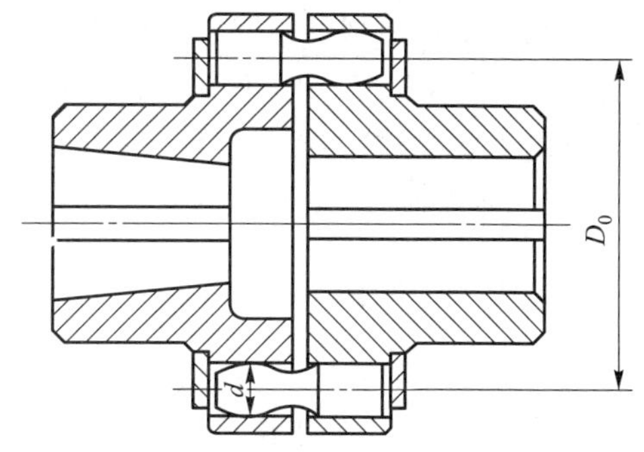

图 5.9 弹性柱销联轴器

这种联轴器结构简单,耐磨性好,具有一定的缓冲和吸振能力。适用于轴向窜动量较大,起动频繁,经常正反转的传动。如使用尼龙柱销时,因尼龙对温度变化较敏感,故联轴器的温度限制在-20~70℃的范围内。这种联轴器允许的轴向偏移量$[y]\leqslant 0.1\sim 0.25$ mm,允许的角偏移$[\alpha]\leqslant 30'$。必要时可验算柱销的比压和剪切强度,即

$$p=\frac{\dfrac{2K_AT}{ZD_0}}{\dfrac{dl}{2}}=\frac{4K_AT}{ZD_0dl}\leqslant[p] \tag{5.3}$$

$$\tau=\frac{\dfrac{2K_AT}{ZD_0}}{\dfrac{\pi}{4}d^2}=\frac{2.5K_AT}{Zd^2D_0}\leqslant[\tau] \tag{5.4}$$

式中:d、l——柱销的直径和长度,mm;

$[p]$——柱销的许用比压,对尼龙可取$[p]=8\sim16$ MPa;

$[\tau]$——柱销的许用切应力,对尼龙可取$[\tau]\leqslant 11$ MPa。

其他符号的意义及单位同前。

例 5.1 为某车间运输机用电动机选择联轴器。已知电动机功率 $P=13$ kW,转速 $n=970$ r/min,电动机伸出端的直径 $d=42$ mm。试选择与电动机轴连接的半联轴器以满足直径要求。

解 1)选择类型

为了缓和冲击和吸收振动,选择弹性套柱销联轴器。

2)载荷计算

公称转矩 $$T=9\ 550\frac{P}{n}=9\ 550\times\frac{13}{970}\ \text{N}\cdot\text{m}=128\ \text{N}\cdot\text{m}$$

由表 5.1 查得 $K_A=1.5$。

由式(5.1)得计算转矩

$$T_c=K_AT=1.5\times128\ \text{N}\cdot\text{m}=192\ \text{N}\cdot\text{m}$$

3)型号选择

从机械零件设计手册中查得 LT6 弹性套柱销联轴器的公称转矩为 250 N·m,许用转速为3 800 r/min,轴孔直径为 32~42 mm,故适用。

5.4 常用离合器的类型及应用

根据工作原理的不同,操纵式离合器主要分为啮合式和摩擦式两大类,分别利用接合元件牙齿的啮合(啮合式)和工作表面之间的摩擦(摩擦式)来传递转矩,如图 5.10 所示。对操纵式离合器的主要要求是:接合平稳,分离彻底,工作可靠;易于操作,调节、维修方便;尺寸小,重量轻;散热好,耐磨损,成本低。下面介绍一些常用操纵式离合器的结构形式及强度校核方法。

5.4.1 牙嵌式离合器

牙嵌式离合器是一种常用的啮合式离合器,如图 5.10 所示。它由两个端面上有牙的半离合器组成,其中左边的半离合器固定在主动轴上,右边的半离合器用导向键(或花键)与从动轴连接,并可由操纵机构使其做轴向移动。为了使两半离合器能准确对中,在主动轴端的半离合器上固定一个对中环,从动轴可在对中环内转动。

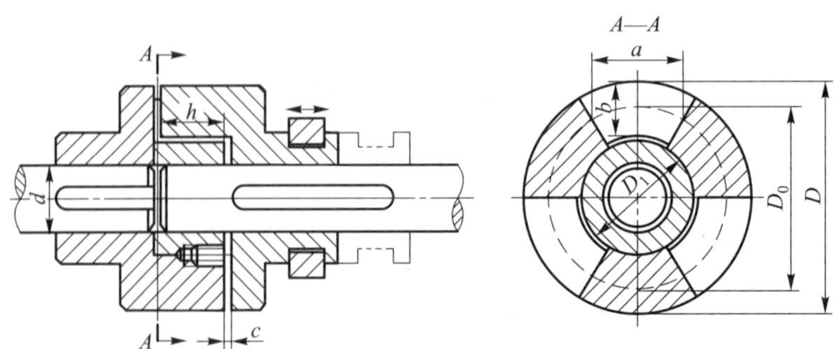

图 5.10 牙嵌式离合器

牙嵌式离合器沿圆柱面上的展开齿形,常用的有三角形、梯形、锯齿形、锥形等。三角形齿的牙数多,易于离合,但齿尖强度差,多用于传递小转矩;梯形和锯齿形齿强度较高,离合也较容易,能自动补偿牙的磨损和间隙,减少冲击,多用于传递大转矩,但锯齿形齿只能单向工作;矩形齿强度高,易于离合,可传递较大的转矩,但加工困难。

牙嵌式离合器结构简单,外廓尺寸小,接合后两半联轴器没有相对滑动。但由于刚性啮合,有冲击,因此这类离合器只宜在两轴转速差较小的情况下接合(一般转速不宜超过 100~150 r/min),否则会影响齿的寿命。

牙嵌式离合器材料常用低碳钢表面渗碳,表面淬火硬度 56~62HRC;也可用中碳钢,表面淬火硬度 48~54HRC;不重要和静止状态接合的离合器也可用灰铸铁 HT200。

牙嵌式离合器的主要结构尺寸可参阅有关手册。必要时,应按下式校核牙面上的比压 p 及牙根的弯曲应力 σ_b,即

$$p=\frac{2K_A T}{ZD_0 ah}\leqslant[p] \tag{5.5}$$

$$\sigma_b=\frac{K_A Th}{ZD_0 W}\leqslant[\sigma_b] \tag{5.6}$$

式中:T——工作转矩,N·mm;

K_A——工作情况系数,见表 5.2;

Z——牙数;

W——牙根部的抗弯截面模量,mm^3;$W=\frac{a^2 b}{6}$,其中 a、b 见图 5.10;

h——牙的高度(图 5.10),mm;

D_0——牙齿所在圆环的平均直径(图 5.10),mm;

$[p]$——许用比压(对于淬火钢,$[p]\leqslant 90\sim120$ MPa,适用于静止状态下接合;$[p]\leqslant 50\sim70$ MPa,适用于低速状态下接合;$[p]\leqslant 35\sim45$ MPa,适用于较高速状态下接合);

$[\sigma_b]$——许用弯曲应力$\left([\sigma_b]=\frac{\sigma_S}{1.5}\right.$,适用于静止状态下接合;$\left.[\sigma_b]=\frac{\sigma_S}{3\sim4}\right.$,适用于运转时接合$\Big)$。

表 5.2 离合器的工作情况系数(储备系数)K_A

机械类型	K_A	机械类型	K_A
金属切削机床	1.3~1.6	起重、运输机械	1.2~1.5
曲柄压力机械	1.1~1.3	轻纺机械	1.2~2.0
汽车、车辆	1.2~3.0	农业机械	2.0~3.5
拖拉机	1.5~3.5	挖掘机械	1.2~2.5
船舶	1.3~2.3	矿山、冶金机械	1.8~3.2
活塞泵、通风机	1.3~1.7	钻探机械	2.0~4.0

注:干式摩擦离合器取较大值,湿式摩擦离合器取较小值。

5.4.2　圆盘摩擦离合器

在摩擦式离合器中,应用最多的是圆盘摩擦离合器,它是依靠接触面之间的摩擦力使主、从动轴接合和传递转矩。圆盘摩擦离合器有单盘式和多盘式两种,其中以多盘式摩擦离合器应用较多。下面介绍有关这种离合器的结构、特点与计算。

如图5.11所示,多盘式摩擦离合器有内、外两组摩擦盘,外摩擦盘组通过花键与外鼓轮2相连,而外鼓轮则与主动轴1用键连接;内摩擦盘组也通过花键与套筒4相连,而套筒则与从动轴3用键连接;滑环7在操纵机构的控制下可沿轴向移动。当滑环向左移动时,曲柄压杆8通过压板9将所有内、外摩擦盘紧压在调节螺母10上,离合器即处于接合状态;向右移动滑环,就可将摩擦盘松脱而使离合器分离。调节螺母10可调节摩擦盘之间的压紧力。

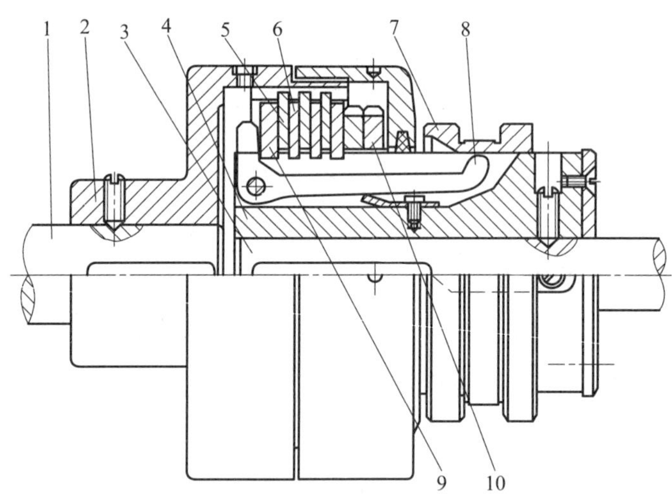

1—主动轴; 2—外鼓轮; 3—从动轴; 4—套筒; 5—外摩擦盘; 6—内摩擦盘;
7—滑环; 8—曲柄压杆; 9—压板; 10—调节螺母

图5.11　多盘式摩擦离合器

多盘式摩擦离合器的主要尺寸可参阅有关标准或手册。设计时应先选定摩擦盘材料,按结构要求确定摩擦盘直径,根据所传递的转矩 T 计算所需的轴向压紧力 F_Q,摩擦盘总数 Z,并校核摩擦面间的比压 p。即

$$F_Q=\frac{K_A T}{R_f m} \tag{5.7}$$

$$p=\frac{K_A T}{2\pi R_f^2 b\mu m}\leqslant[p] \tag{5.8}$$

式中:K_A——工作情况系数,见表5.2;

T——工作转矩,N·mm;

μ——摩擦因数,见表5.3;

m——摩擦面数,$m=Z-1$(Z 为摩擦盘总数);

$[p]$——许用压强,MPa,见表5.3;

R_f——摩擦半径，mm，可取 $R_f=\frac{1}{3}\frac{D_1^3-D_2^3}{D_1^2-D_2^2}\approx\frac{D_1+D_2}{4}$；

D_1、D_2——摩擦盘接合面的外径及内径；通常可取 $D_1=(1.5\sim2)D_2$，$D_2=(1.5\sim2)d$（湿式，d 为轴径），$D_2=(2\sim3)d$（干式）；

b——摩擦盘宽度，mm，$b=\frac{D_1-D_2}{2}$。

把以上各数代入式(5.8)可得

$$m\geqslant\frac{16K_AT}{\pi\mu(D_1+D_2)^2(D_1-D_2)[p]} \tag{5.9}$$

设主动摩擦盘数目为 Z_1，从动摩擦盘数目为 Z_2，则

$$Z_1=\frac{m}{2},\quad Z_2=\frac{m}{2}+1 \tag{5.10}$$

表 5.3 摩擦副的摩擦因数、许用压强和许用温度

摩擦副		摩擦因数		许用压强[p]/MPa		许用温度/℃	
摩擦材料	对偶材料	干式	湿式	干式	湿式	干式	湿式
淬火钢	淬火钢	0.15~0.2	0.05~0.1	0.2~0.4	0.6~1.0	<260	<120
铸钢	铸钢	0.15~0.25	0.06~0.12	0.2~0.4	0.6~1.0	<300	<120
铸钢	铜	0.15~0.2	0.05~0.1	0.2~0.4	0.6~1.0	<260	<120
青铜	青铜、钢	0.15~0.2	0.06~0.12	0.2~0.4	0.6~1.0	<150	<120
铜基粉末冶金	铸铁、钢	0.25~0.35	0.08~0.1	1~2	1.5~2.5	<560	<120
铁基粉末冶金	铸铁、钢	0.3~0.4	0.1~0.12	1.5~2.5	2~3	<680	<120
石棉基摩擦材料	铸铁、钢	0.25~0.35	0.08~0.12	0.2~0.3	0.4~0.6	<260	<120
夹布胶木	铸铁、钢	—	0.1~0.12	—	0.4~0.6	<150	<120

设计时，要注意控制摩擦面数 m。对湿式（浸入油中）离合器，$m=5\sim15$；对干式离合器，$m=1\sim6$，并限制 $Z<25\sim30$。因摩擦盘数过多，各摩擦面间的压力分布将趋于不均匀，而且会影响分离动作的灵活性。如计算出来的 m 值大于上述控制值，可采取增大摩擦盘直径或改变摩擦盘材料等措施以降低 m 值。

摩擦盘的厚度一般可取 2.5~3.5 mm（干式）或 1.5~2.5 mm（湿式）。各摩擦盘分离时的最小间隙可取 0.4~1 mm（干式）或 0.2~0.3 mm（湿式）。摩擦式离合器的操纵有机械、气动、液压和电磁等方法。

摩擦式离合器与牙嵌式离合器相比，其主要优点有：两轴在任何转速差的情况下，都可以离合；能控制离合器的接合过程，调节从动轴的加速时间和所传递的最大转矩，因此能减少接合时的冲击和振动，使接合平稳；过载时，摩擦面间将发生打滑，以保护其他重要零件免遭损坏。其缺

点是外廓尺寸较大,在离合过程中会产生滑动摩擦,引起摩擦盘的磨损和发热。一般对钢制摩擦盘应限制其表面最高温度不超过 300~400 ℃,整个离合器的平均温度不大于 100~200 ℃。

5.5　特殊功用的联轴器及离合器

5.5.1　安全联轴器及安全离合器

安全联轴器及安全离合器的作用是:当所传递的转矩超过允许值时,连接元件将发生折断、脱开或打滑,使连接自动松脱,以保护机器中的重要零件不受损坏。下面介绍两种常用的类型。

1. 剪切销安全联轴器

图 5.12a、b 所示分别为单剪和双剪剪切销安全联轴器。当传递的转矩超过允许值时,钢制销即被剪断,使两轴连接松脱。

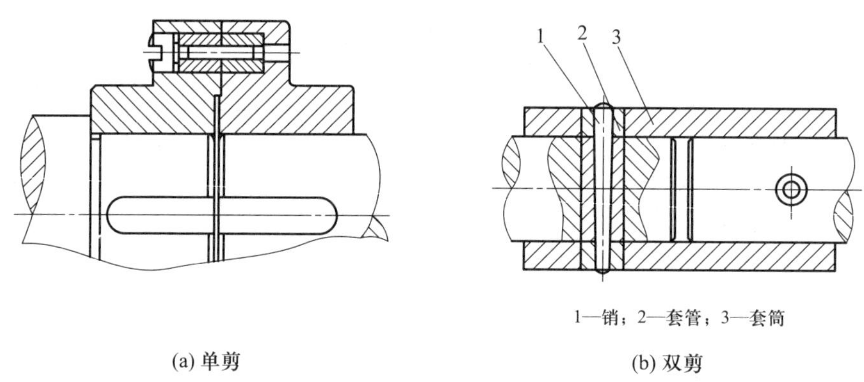

(a) 单剪　　(b) 双剪

图 5.12　剪切销安全离合器

在单剪切销安全联轴器中,销的直径可按剪切强度计算,即

$$d=\sqrt{\frac{8KT}{\pi D_m Z[\tau]}} \tag{5.11}$$

式中:T——工作转矩,N · m;

D_m——销轴心所在圆的直径,mm;

Z——销的数目;

$[\tau]$——销的许用切应力,MPa,$[\tau]=(0.7\sim0.8)\sigma_B$,$\sigma_B$ 为销材料的抗拉强度;

K——过载限制系数,即极限转矩与公称转矩之比,在初步计算时,K 值可参考表 5.4 选取。

表 5.4　过载限制系数 K

机器名称	载荷		K
	起动	工作	
离心式和转子式泵和压缩机、车床、磨床、钻床、发电机、带式运输机	达到额定载荷的 110%	接近静载荷	1.1

续表

机器名称	载荷		K
	起动	工作	
轻型传动装置，铣床、带有飞轮的活塞泵和压缩机、平板运输机	达到额定载荷的 150%	有微小变化	1.6
刨床、插床、精纺机、粗纺机、织布机、纺纱机、螺旋输送机与刮斗式提升机	达到额定载荷的 200%	变化较大	2.1
起重机、挖掘机、碾碎机、球磨机、剪断机、排锯机、碎矿机、搅拌机	达到额定载荷的 300%	极不均匀载荷或冲击载荷	3.2

销的材料采用 45 钢淬火或高碳工具钢，准备剪断处应预先切槽。这种联轴器结构简单，成本低，但工作精度不高，销剪断后必须停车才能更换。常用于很少过载的机器中。

2. 滚珠安全离合器

当所传递的转矩超过允许值时，滚珠安全离合器即可自动分离。图 5.13 所示是这种离合器最常用的一种结构形式。主动齿轮 1 活套在轴上，外套筒 3 用花键与从动盘 2 连接，同时又用键与轴相连。在主动齿轮和从动盘的端面内，均沿半径为 R 的圆周上制有数量相等的滚珠承窝（一般为 4~8 个），承窝中装入滚珠（图 5.13b）。在正常工作时，由于弹簧 4 的推力使主动齿轮与从动盘端面的滚珠相互交错压紧，主动齿轮传来的工作转矩通过滚珠、从动盘、外套筒传给从动轴。当转矩超过允许值时，弹簧被过大的轴向分力压缩，使从动盘向右移动，被交错压紧的滚珠因松动而互相滑过，此时主动齿轮空转，离合器脱开。当转矩正常时，离合器重新接合并传递转矩。弹簧推力的大小可用调节螺母 5 来调节。这种联轴器由于滚珠表面会受到严重的冲击与磨损，故通常只用于传递小转矩。

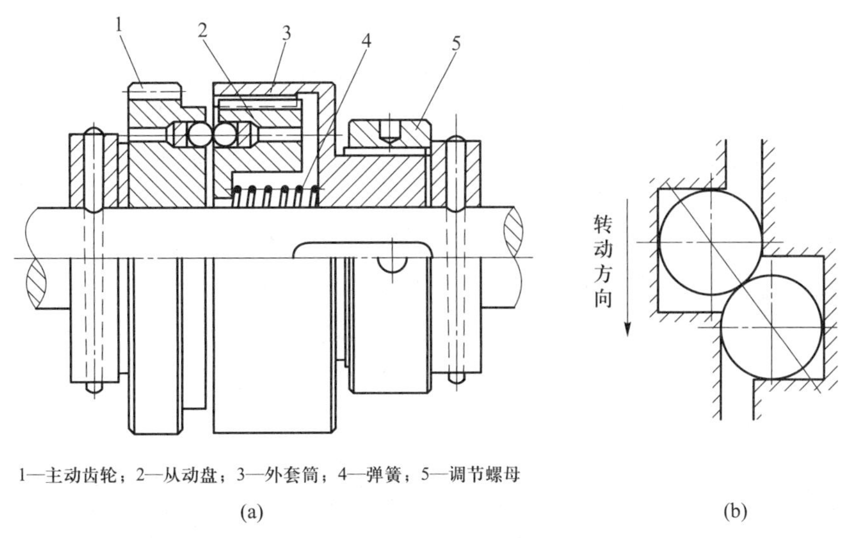

图 5.13 滚珠安全离合器

5.5.2 自动离合器

自动离合器的种类很多,离心式自动离合器是其中一种。它是通过转速的变化,利用离心力的作用达到自动离合的。图5.14是离心式自动离合器的结构示意图。

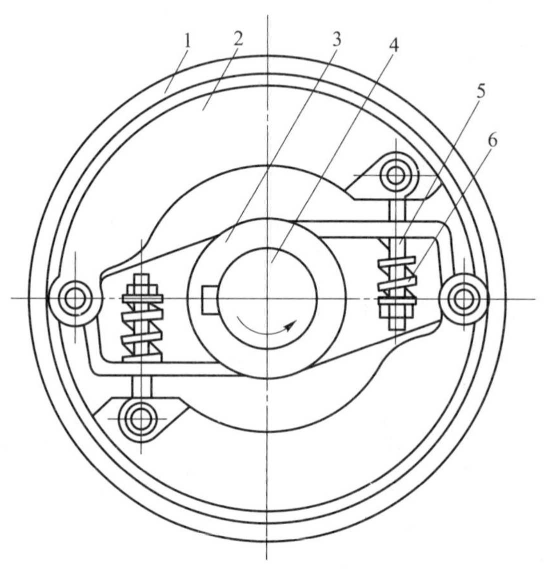

1—鼓轮; 2—瓦块; 3—转架; 4—主动轴; 5—导杆; 6—弹簧

图5.14 离心式自动离合器

当主动轴4达到一定的转速时,瓦块2的离心力 F_c 大于弹簧6的拉力 F_s,瓦块自动向外移动,把从动轴上半离合器的内表面压紧,带动从动轴转动。

5.5.3 定向离合器

定向离合器只能按一个方向传递转矩,反向时则自动分离。图5.15所示是一种滚柱式定向离合器。星轮1和外圈2均可作为主动件,如以星轮为主动件并按顺时针方向旋转时,滚柱4受摩擦力的作用被楔紧在槽内,从而带动外圈一起转动,离合器处于接合状态。当星轮反转时,滚柱将滚到槽的宽敞部分,不再楔紧在槽内,离合器处于分离状态。如外圈从另一传动系统中得到与星轮转向相同但转速较大的运动,则滚柱将滚到槽的宽敞部分,离合器处于分离状态。此时星轮和外圈互不相干,各以自己的转速转动。由于这种离合器的接合和分离与星轮和外圈之间的转速差有关,因此也称超越离合器。

滚柱式定向离合器工作时无噪声,宜用于高速传动;缺点是精度要求较高,不易调整和维修。这种离合器多用于汽车、拖拉机和机床等设备中。

5.5.4 磁粉电磁离合器

图5.16所示为磁粉电磁离合器的原理图。金属鼓轮1为从动件,环形励磁线圈3嵌在与主动轴相连的电磁铁4上,金属鼓轮与电磁铁之间留有1.5~2 mm间隙,间隙内填充适量磁导率高

的铁和石墨粉末(干式)或羟基化铁粉末加油(湿式)。通电时(通常为直流电),电磁粉末即在磁场作用下被吸收而聚集,从而将主、从动件联系起来,离合器处于接合状态;断电时,松散的铁粉不阻碍主、从动件之间的相对运动,离合器分离。

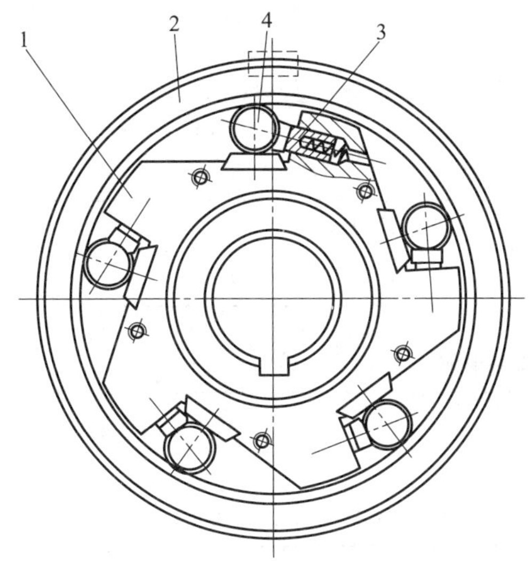

1—星轮; 2—外圈; 3—弹簧顶杆; 4—滚柱

图 5.15 滚柱式定向离合器

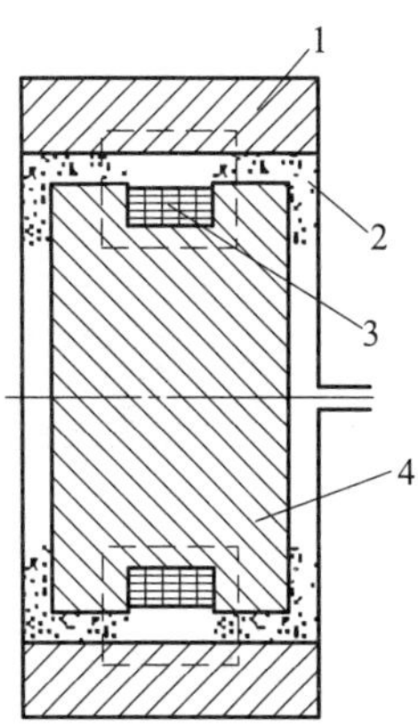

1—金属鼓轮; 2—铁和石墨粉末; 3—励磁线圈; 4—电磁铁

图 5.16 磁粉电磁离合器

这种离合器接合平稳,使用寿命长,可以远距离操纵。在过载滑动时,温度会升高,当磁粉温度升高到一定数值时,磁性消失,离合器分离,起到过载保护的作用。这种离合器的缺点是尺寸和重量较大。

5.6 联轴器与离合器的选择

联轴器和离合器选用时,应根据工作情况、安装条件、载荷性质和使用寿命等综合考虑。对联轴器和离合器的一般要求是,工作可靠、结构紧凑、调整容易、拆装方便。此外,对于高速回转的联轴器或离合器,则在要求径向尺寸小、重量轻时应经过平衡检验。

选择时可根据传动的工作条件和使用要求选定合适的类型,并按轴的直径、计算转矩和转速选定具体尺寸,使轴的直径、计算转矩和转速在允许范围内,必要时对其易损零件做强度校核。也可根据工作要求,参照相关标准,自行设计联轴器和离合器的结构和尺寸。

在选择和计算联轴器或牙嵌式离合器时,通常用工作转矩 T 乘工作情况系数 K_A 来考虑机器起动时的惯性力矩和使用中可能出现的过载现象。即计算转矩为

$$T_c = K_A T \leqslant T_n \tag{5.12}$$

式中:K_A——工作情况系数(联轴器参考表 5.1 选取,牙嵌式离合器参考表 5.2 选取);

T——理论转矩,N · m;

T_c——计算转矩,N · m;

T_n——联轴器的公称转矩(离合器的额定转矩),N · m。

对于摩擦式离合器

$$T_c=\frac{K_A T}{K_m K_v}\leqslant T_n \tag{5.13}$$

式中：K_A——离合器工作情况系数，参考表5.2选取；

K_m——离合器接合频率系数，参考表5.5选取；

K_v——离合器滑动速度系数，参考表5.6选取。

表5.5 离合器接合频率系数 K_m

离合器每小时接合次数	≤100	120	180	240	300	350
K_m	1.00	0.96	0.84	0.72	0.60	0.50

表5.6 离合器滑动速度系数 K_v

摩擦面平均圆周速度 $v_m/(m\cdot s^{-1})$	1.0	1.5	2.0	2.5	3	4	5	6	8	10	13	15
K_v	1.35	1.19	1.08	1.00	0.94	0.86	0.80	0.75	0.68	0.63	0.59	0.55

正确选择联轴器和离合器需考虑的因素很多，如连接件本身的结构、几何尺寸、特性参数、传动系统的动力特性、载荷情况、安装维修、使用寿命和价格等，下面就选择联轴器应考虑的因素进行介绍。

5.6.1 联轴器的选择

1. 联轴器的传递载荷

一般来说，传递载荷大，则选用刚性联轴器、无弹性元件或有金属弹性元件的挠性联轴器；传递载荷变化范围大，使连接轴发生扭转振动，引起轴系冲击振动，则可选用缓冲、减振性能好的簧片联轴器，也可选择具有变刚度特性的联轴器；超载时会引起安全事故，则应选用安全联轴器；对于传递轻载荷的连接轴，常选用非金属弹性元件挠性联轴器。

2. 联轴器的转速

联轴器的转速越高，外缘离心力越大，导致磨损增加、润滑恶化、材料失效。因此，每种联轴器都对其最高转速或外缘线速度进行了限制。高速下，通常选用平衡精度较高的联轴器，如齿式联轴器、膜片联轴器。在变速下工作时，由于速度突变会引起惯性冲击和振动，应选用对这种冲击和振动有较好适应能力的联轴器，如金属或非金属弹性元件的挠性联轴器。

3. 连接两轴的相对位移

由于制造和安装误差、材料磨损、工作时的受载变形和热变形等原因，联轴器所连接的两轴会产生相对位移。相对位移较小，可选用刚性联轴器；相对位移较大，可选用无弹性元件挠性联轴器或有弹性元件挠性联轴器。无弹性元件挠性联轴器补偿能力强，但有滑动摩擦，易引起磨损、发热，需进行润滑；有弹性元件挠性联轴器补偿能力差，但可以缓冲和吸振，多数不需润滑。对于不在同一轴线的两轴，可选用万向联轴器。

4. 联轴器的传动精度

对于精密传动和伺服传动,往往要求两轴转动必须同步,包括瞬间和起动时均需同步。由于挠性联轴器零件之间存在间隙或因弹性元件扭转刚度低,不能满足同步的要求,不能选用。因此,对于传动精度要求高的传动装置应选用刚性联轴器。

5. 联轴器的加工、安装及使用、维护

在满足性能要求的前提下,应选用制造工艺性较好、安装方便、使用维护简单的联轴器。对于安装空间较小,不便移动的场合,应尽量选用装拆时沿径向移动的联轴器。对于长期连续工作的轴系,应选用经久耐用、无须维护的联轴器,如膜片联轴器。对于立式传动的机械,为便于装拆,宜选用夹壳联轴器等。

6. 联轴器的工作环境

选用联轴器时还应考虑环境对它的影响,如温度、腐蚀性介质等。高温对橡胶、塑料弹性元件影响较大,易引起老化,不同类型的橡胶和塑料使用的温度也不同,应选用与温度相适应的橡胶或塑料作为弹性元件。对于在腐蚀性介质环境中工作的联轴器,应选用耐蚀性材料制成的联轴器。

5.6.2 离合器的选择

1. 离合器接合元件

应根据离合器使用的工况条件选择接合元件,可按下面几种情况考虑。

(1) 刚性嵌合式接合元件　适用于低速、停止转动下离合和不频繁离合。刚性嵌合式元件具有传递转矩大、转速完全同步、不产生摩擦热、外形尺寸小等特点。但因刚性大,在有转速差的情况下,接合瞬间主、从动轴上将有较大冲击,引起振动和噪声。因此,这种接合元件限于静止或相对转速差较小、空载或轻载下接合的传动系统。

(2) 摩擦式接合元件　用于系统要求缓冲,通过离合器吸收峰值力矩,允许主、从动接合元件间存在一定滑差的情况,接合时较为柔性,冲击小。但滑动会产生摩擦热,引起能量损耗。

(3) 长期打滑的工况　应选用电磁和液体传递能量的离合器,如磁粉电磁离合器。

2. 离合器的操纵方式

(1) 人力操纵　依靠人力的各种机械操纵离合器。手操纵力不大(<400 N),动作行程一般≤250 mm;脚踏板操纵时操纵力一般为 100~200 N,动作行程一般为 100~150 mm。人力操纵反应慢,接合频率较低,主要用于中、小功率的机械设备上。

(2) 气压操纵　气压操纵具有比较大的操纵力(0.4~0.8 MPa),离、合迅速,操纵频率较高,而且无污染,适用于各种容量和远距离操纵的离合器,特别是各种大型离合器。

(3) 液压操纵　液压操纵能产生很大的操纵力(0.7~3.5 MPa),而且有良好的润滑和散热条件,适用于有润滑装置和不泄漏的机械设备、操纵体积小而传递转矩大的离合器,但接合速度较气压操纵慢。

(4) 电磁操纵　电磁操纵比较方便,接合迅速,可以并入控制电路系统实行自动控制,且易实现远距离控制,特别适合于各种操纵频率高的中小型以及微型离合器。

3. 离合器的工作环境

开式结构可用于宽敞、无污染的环境,封闭式结构能适应有粉尘和存在污染的场合。对于有防爆要求的环境,不宜采用普通的电磁离合器。此外,不希望有噪声的环境最好选用有消声装置的一般气压离合器。选用具有橡胶元件的离合器,则应考虑环境温度和有害介质的影响。

4. 离合器的转矩容量

当考虑原动机的起动特性时,对于用三相笼型异步电动机的系统,可以允许有较大的超载范围,可选用较大容量的离合器,以便加载接合时能迅速驱动,不致出现长时间打滑,造成发热。对于内燃机驱动,为了避免起动时原动机转速过分下降,应采用工作容量储备较小的离合器。

习 题

5.1 联轴器和离合器的功用有何异同点?

5.2 刚性联轴器与弹性联轴器的区别是什么?各适用于什么工作条件?

5.3 固定式联轴器和可移式联轴器的区别是什么?各适用于什么工作条件?

5.4 刚性凸缘联轴器和弹性套柱销联轴器各有何特点?适用于什么工作条件?

5.5 牙嵌式离合器和多盘式摩擦离合器的工作原理与特点各是什么?各用于什么场合?

5.6 已知电动机功率 $P=17$ kW,$n=1\ 460$ r/min,电动机外伸轴径为 $d=42$ mm;用弹性套柱销联轴器与运输机械减速器相连接,减速器输入轴径 $d=45$ mm。试选用联轴器的型号、主要尺寸及进行必要的强度校核。

5.7 一机床换向机构中采用多盘式摩擦离合器(图 5.11),已知主动盘为 8 片,从动盘为 9 片,摩擦盘转速 $n=700$ r/min,材料为淬火钢对淬火钢。试验算此离合器是否适用,并计算所需的轴向压紧力。

第3篇　常用传动设计

传动分为机械传动、流体传动和电力传动三大类。机械传动是利用机件直接实现传动，其中齿轮传动和链传动属于啮合传动，摩擦轮传动和带传动属于摩擦传动。流体传动是以液体或气体为工作介质的传动，又可分为依靠液体静压力作用的液压传动、依靠液体动力作用的液力传动、依靠气体压力作用的气压传动。电力传动是利用电动机将电能转变为机械能，以驱动机器工作部分的传动。

机械传动能适应各种动力和运动的要求，应用极广。液压传动的尺寸小，动态性能较好，但传动距离较短。气压传动大多用于小功率传动和恶劣环境中。液压和气压传动还易于输出直线往复运动。液力传动具有特殊的输入和输出特性，能使动力机与机器的工作部分良好匹配。电力传动的功率范围大，容易实现自动控制和遥控，能远距离传递动力。

机械传动的基本参数是传动比。传动又可分为定传动比传动和变传动比传动两类。变传动比传动又分有级变速和无级变速两类，前者具有若干固定的传动比（见变速器），后者的传动比可在一定范围内连续变化。

选择机械传动的类型时，首先应当满足机器工作部分的要求，并使动力机在较佳工况下运转。小功率传动应选用简单的装置，以降低成本；大功率传动则应优先考虑传动效率、节能和降低运转费用。当工作部分要求调速时，如能与动力机的调速性能相适应，可采用定传动比传动；动力机的调速如不能满足工艺和经济性要求，则应采用变传动比传动。工作部分需要连续调速时，一般应尽量采用有级变速传动；无级变速传动常用来组成控制系统，对某些对象或过程进行控制，这时应根据控制系统的要求来选择传动。

在定传动比传动能满足性能要求的前提下，一般应选用结构简单的机械传动。有级变速传动常采用齿轮变速装置，小功率传动可采用带或链的塔轮装置。无级变速传动有各种传动形式，其中机械无级变速器结构简单、维修方便，但寿命较短，常用于小功率传动；液力无级变速器传动精确，但造价甚高。选择传动装置时还应考虑起动、制动、反向、过载、空挡和空载等方面的要求。

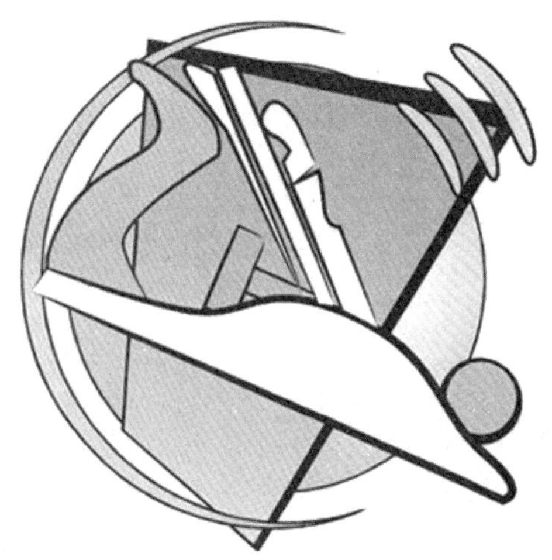

第 6 章　带传动

6.1　带传动的类型、特点及应用

带传动是两个或多个带轮之间用带作为挠性拉曳零件的间接传动，工作时借助带与带轮之间的摩擦（或啮合）来传递运动或动力，如图 6.1 所示。

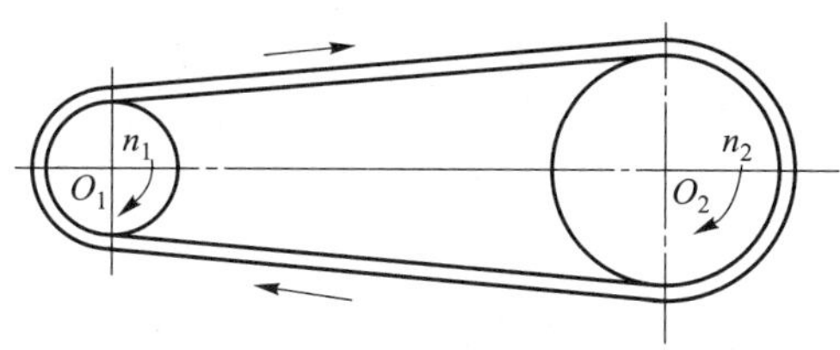

图 6.1　带传动

6.1.1　带传动的类型

根据带的工作原理分为摩擦型带传动和啮合型带传动。摩擦型带传动根据带的截面形状不同，可分为平带、V 带、多楔带和圆形带传动等，如图 6.2 所示。啮合型带传动可分为同步带传动和齿孔带传动，如图 6.3 所示。

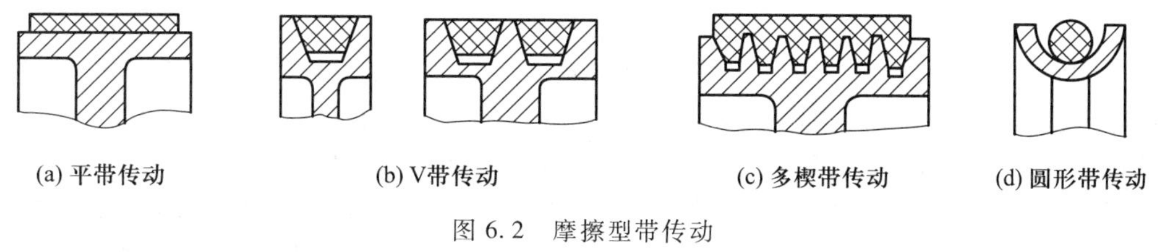

(a) 平带传动　(b) V 带传动　(c) 多楔带传动　(d) 圆形带传动

图 6.2　摩擦型带传动

(a) 同步带传动　(b) 齿孔带传动

图 6.3　啮合型带传动

6.1.2 带传动形式

不同的带传动有不同的传动形式。常用的带传动形式见表6.1。

表6.1 带传动形式

传动形式	开口传动（平行传动）	交叉传动	半交叉传动	张紧轮传动（双面传动）
		（中心距 $a>20$ 倍带宽）		
传动简图				
传动比	$i\leqslant5$（平带）	$i\leqslant6$	$i\leqslant3$	$i\leqslant10$
	$i\leqslant7$（V带）	—	—	
带速 v/(m/s)	$v\leqslant20\sim50$	$v\leqslant15$	$v\leqslant15$	$v\leqslant25\sim50$
相对拉曳能力（相对于开口传动）	1	0.75~0.85	0.7~0.8	>1
应用场合	所有带传动类型均适用，要求两轴平行，回转方向相同	适用于平带传动，两轴平行，回转方向相反；由于交叉处带的摩擦和扭转，带的使用寿命短	适用于平带传动，两轴交错，不能逆转	两轴平行，回转方向相同，不能逆转；用于短中心距、大传动比的传动，目的为增大小带轮的包角

6.1.3 带传动的特点

带传动是有中间挠性件的传动，具有如下传动特点：① 能缓和载荷冲击；② 运行平稳，噪声小；③ 制造和安装精度不像啮合传动那样严格；④ 过载时会引起带在带轮上打滑，可防止其他零件的损坏；⑤ 可增加带长以适应中心距较大的工作场合（可达15 m）。

由于摩擦型带传动工作时借助零件之间的摩擦来传递运动和动力，所以存在以下缺点：① 有弹性滑动和打滑，使效率降低，不能保持准确的传动比；② 传递同样大小的圆周力时，轮廓尺寸和轴上的压力都比啮合传动大；③ 由于摩擦作用伴随磨损，带的寿命较短。

6.1.4 带传动的应用范围

带传动应用范围很广，见表6.1。带的工作速度一般为5~25 m/s，使用高速环形胶带时可达60 m/s，使用锦纶片复合平带时可达80 m/s。胶帆布平带的传递功率小于500 kW，普通V带的传递功率小于700 kW。

6.2 V带与V带轮的设计

V带分为普通V带、窄V带、宽V带、大楔角V带等，其中普通V带应用最广。本章主要介绍普通 V 带传动及带轮的设计。其他的 V 带传动可查阅有关资料。

6.2.1　普通 V 带的构造与标准

1. 构造

普通 V 带分为帘布结构和线绳结构两种，如图 6.4 所示。帘布结构与线绳结构的区别在于抗拉体，帘布结构的抗拉体由胶帘布制成，便于制造；线绳结构的抗拉体由胶线绳制成，柔韧性好，抗弯强度高，寿命长。

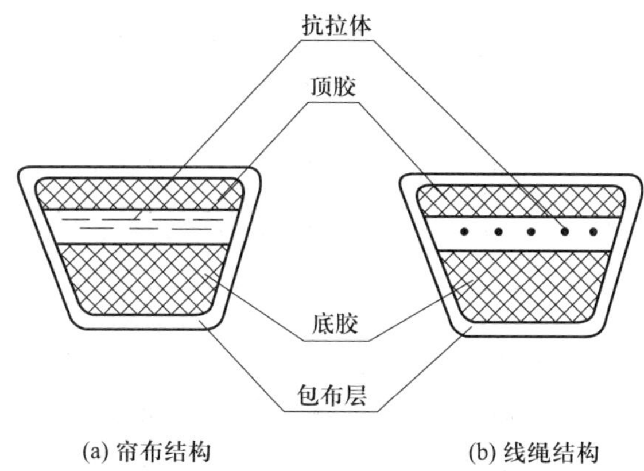

图 6.4　普通 V 带的构造

V 带由抗拉体、顶胶、底胶、包布层四部分组成。

(1) 抗拉体　抗拉体是承受载荷的主体，材料一般为化学纤维织物。

(2) 顶胶　顶胶由弹性橡胶材料制成，V 带弯曲时伸长。

(3) 底胶　底胶由弹性橡胶材料制成，V 带弯曲时缩短。

(4) 包布层　包布层由胶帆布制成。

2. 型号

普通 V 带有 Y、Z、A、B、C、D、E 七种型号，最常用的是 A 型和 B 型。V 带的截面尺寸和长度均已标准化，各型号 V 带的截面尺寸见表 6.2，V 带的基准长度见表 6.3。

表 6.2　普通 V 带截面尺寸

型号	Y	Z	A	B	C	D	E
顶宽 b/mm	6	10	13	17	22	32	38
节宽 b_p/mm	5.3	8.5	11	14	19	27	32
高度 h/mm	4	6	8	11	14	19	25
单位长度质量 q/(kg/m)	0.02	0.06	0.10	0.17	0.30	0.62	0.90
θ	40°						

表6.3 V带的基准长度 mm

截面型号						
Y	Z	A	B	C	D	E
200	406	630	930	1 565	2 740	4 660
224	475	700	1 000	1 760	3 100	5 040
250	530	790	1 100	1 950	3 330	5 420
280	625	890	1 210	2 195	3 730	6 100
315	700	990	1 370	2 420	4 080	6 850
355	780	1 100	1 560	2 715	4 620	7 650
400	920	1 250	1 760	2 880	5 400	9 150
450	1 080	1 430	1 950	3 080	6 100	12 230
500	1 330	1 550	2 180	3 520	6 840	13 750
	1 420	1 640	2 300	4 060	7 620	15 280
	1 540	1 750	2 500	4 600	9 140	16 800
		1 940	2 700	5 380	10 700	
		2 050	2 870	6 100	12 200	
		2 200	3 200	6 815	13 700	
		2 300	3 600	7 600	15 200	
		2 480	4 060	9 100		
		2 700	4 430	10 700		
			4 820			
			5 370			
			6 070			

6.2.2 V带带轮

带轮由轮缘、轮毂、轮辐或腹板三部分组成。轮缘用于安装传动带,轮毂用于安装轴,轮辐或腹板用于连接轮缘与轮毂。

普通V带带轮轮槽结构及尺寸见表6.4。带轮轮槽的工作表面要保证适当的表面粗糙度,以免把带很快磨坏。

带轮的基准直径见表6.5。

表 6.4　普通 V 带带轮轮槽结构及尺寸

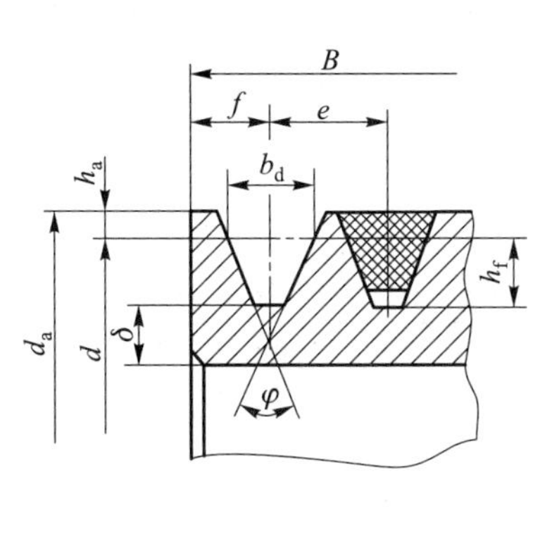

槽型截面尺寸			型号						
			Y	Z	A	B	C	D	E
槽顶高 h_{amin}			1.6	2.0	2.75	3.5	4.8	8.1	9.6
槽根高 h_{fmin}			4.7	7.0	8.7	10.8	14.3	19.9	23.4
槽间距 e			8±0.3	12±0.3	15±0.3	19±0.4	25.5±0.5	37±0.6	44.5±0.7
槽边宽 f_{min}			6	7	9	11.5	16	23	28
基准宽度 b_d			5.3	8.5	11	14	19	27	32
轮缘厚度 δ_{min}			5	5.5	6	7.5	10	12	15
轮宽 B			$B=(z-1)e+2f$，z 为轮槽数						
外径 d_a			$d_a=d+2h_a$						
轮槽角 φ	32°	基准直径 d	≤60						
	34°			≤80	≤118	≤190	≤315		
	36°		>60					≤475	≤600
	38°			>80	>118	>190	>315	>475	>600
φ 的极限偏差			±0.5°						

表 6.5　普通 V 带带轮基准直径系列　mm

型号	Y	Z	A	B	C	D	E
带轮直径系列	20*	50*	75*	125*	200*	355*	500*
	22.4	56	80	132	212	375	530
	25	63	85	140	224	400	560
	28	71	90	150	236	425	600
	31.5	75	95	160	250	450	630
	35.5	80	100	170	265	475	670
	40	90	106	180	280	500	710
	45	100	112	200	300	560	800
	50	112	118	224	315	600	900
	56	125	125	250	335	630	1 000
	63	132	132	280	355	710	1 120
	71	140	140	315	400	750	1 250
	80	150	150	355	450	800	1 400

续表

型号	Y	Z	A	B	C	D	E
带轮直径系列	90	160	160	400	500	900	1 500
	100	180	180	450	560	1 000	1 600
	112	200	200	500	600	1 060	1 800
	125	224	224	560	630	1 120	2 000
		250	250	600	710	1 250	2 240
		280	280	630	750	1 400	2 500
		315	315	710	800	1 500	
		355	355	750	900	1 600	
		400	400	800	1 000	1 800	
		500	450	900	1 120	2 000	
		630	500	1 000	1 250		
			560	1 120	1 400		
			630		1 600		
			710		2 000		
			800				

注:带 * 号的为每种 V 带截型的最小直径。

带轮的结构如图 6.5 所示,V 带轮按结构不同可分为实心式、腹板式、孔板式和轮辐式。

带轮基准直径较小[$d \leqslant (2.5\sim3)d_s$,$d_s$ 为轴径]时,常用实心式结构;当 $d \leqslant 300$ mm 时,可采用腹板式结构;当 $d_r - d_h \geqslant 100$ mm 时,为方便和减轻带轮质量可在腹板上开孔,称为孔板式;当 $d > 300$ mm 时,一般采用轮辐式结构。

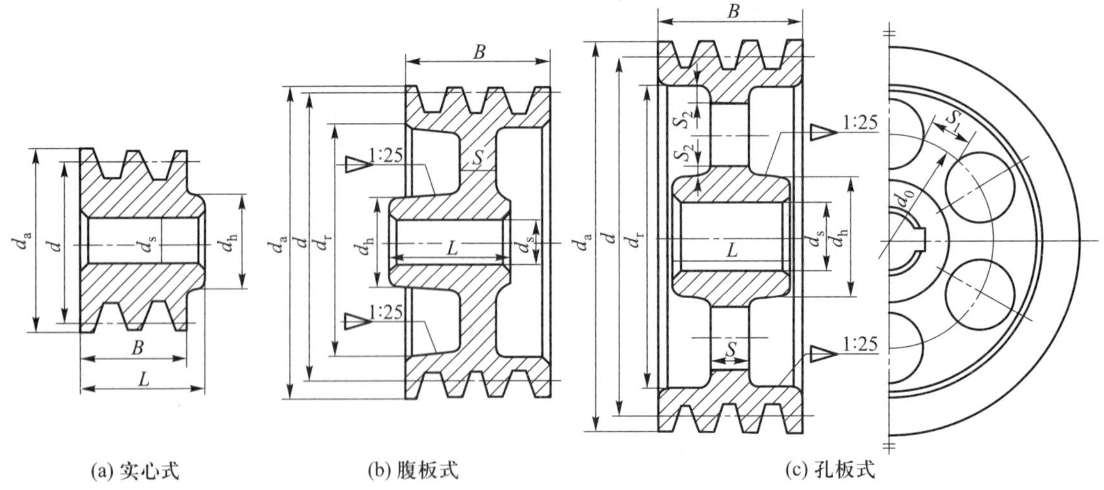

(a) 实心式　　(b) 腹板式　　(c) 孔板式

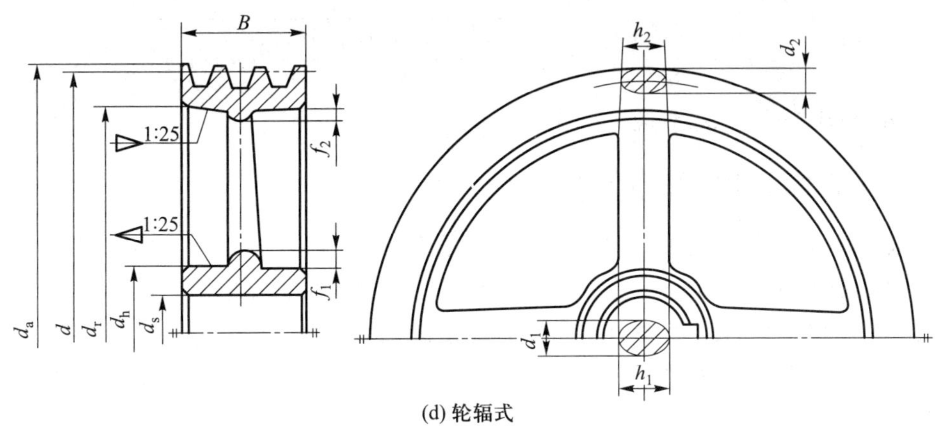

(d) 轮辐式

图 6.5 V 带轮结构

图 6.5 中，$d_h=(1.8\sim2)d_s$，$d_r=d_a-2(h_a+h_f+\delta)$，$h_1=290[P/(nz_a)]^{1/3}$，$h_2=0.8h_1$，$d_0=(d_h+h_r)/2$，$S=(0.2\sim0.3)B$，$L=(1.5\sim2)d_s$，$S_1\geqslant1.5S$，$S_2\geqslant0.5S$，$a_1=0.4h_1$，$a_2=0.8a_1$，$f_1=f_2=0.2h_1$。其中：$h_a$、$h_f$、$\delta$ 见表 6.4；P 为传递的功率，单位为 kW；n 为转速，单位为 r/min；z_a 为辐条数。

带速 $v\leqslant30$ m/s 时，带轮的材料常用 HT200 或 HT150；高速时宜使用钢制带轮，速度可达 45 m/s；小功率时可用铸铝或塑料制造。

6.3 V 带传动的工作情况分析

6.3.1 V 带传动的几何计算

V 带传动的基本参数有以下四个：

（1）基准长度 L_d　基准长度是指节线长度。当 V 带弯曲时，顶胶伸长，底胶缩短，中间存在一个长度不变的过渡层称为中性层，中性层的周长称为节线长度。

（2）基准直径 d　轮槽的基准宽度（b_d）处的带轮直径称为基准直径。当带安装在带轮上时，该直径位置即是带的中性层。

（3）中心距 a　两带轮中心的距离。

（4）包角 α　带与带轮接触弧对应的中心角。

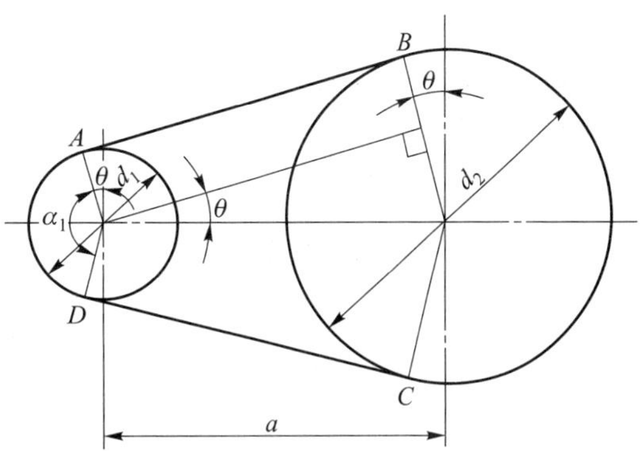

图 6.6 开口 V 带传动的几何关系

开口 V 带的几何关系如图 6.6 所示，对应的基本参数之间的关系如下：

$$\alpha_{1,2}=180°\mp2\theta\approx180°\mp\frac{d_2-d_1}{a}\times57.3° \tag{6.1}$$

$$L_d\approx2a+\frac{\pi}{2}(d_1+d_2)+\frac{(d_2-d_1)^2}{4a} \tag{6.2}$$

$$a=\frac{2L_d-\pi(d_1+d_2)}{8}+\frac{1}{4}\sqrt{\frac{(2L_d-\pi(d_1+d_2))^2}{4}-2(d_2-d_1)^2} \tag{6.3}$$

式(6.1)中,α_1 对应“-”号,α_2 对应“+”号。

6.3.2 V带传动中的受力分析

带传动过程中带呈环形,并以一定的初拉力(也称张紧力)F_0 套在一对带轮上,使带和带轮之间相互压紧,如图 6.7a 所示。显然,不工作时,带两边的拉力相等,均为 F_0。工作时(图 6.7b),由于带与带轮之间具有一定的正压力,带与带轮之间产生摩擦力 F_μ,进入主动轮一边的带被进一步拉紧,称为紧边,拉力由 F_0 加大到 F_1;进入从动轮一边的带则相应被放松,称为松边,拉力由 F_0 减小到 F_2。

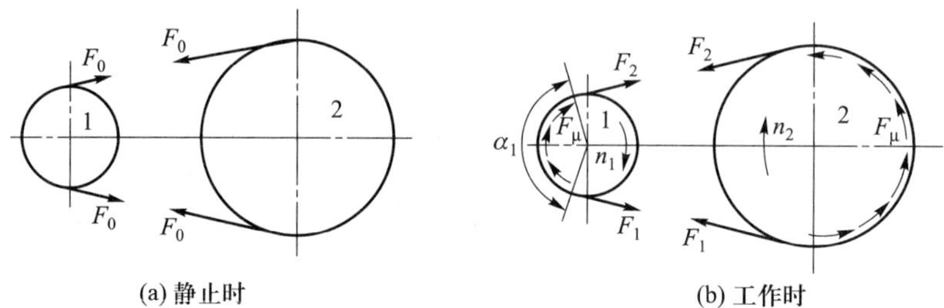

图 6.7 V带传动的受力分析

紧边和松边拉力之差即为带所能传递的有效拉力 F,它等于沿带轮的接触弧上摩擦力的总和 F_μ,即

$$F=F_\mu=F_1-F_2 \tag{6.4}$$

在一定条件下,摩擦力有一极限值 $F_{\mu\lim}$,如果工作阻力超过极限值,带就在轮面上打滑,不能正常工作。

假设带材料服从胡克定律,并认为带工作时紧边增加的长度与松边减小的长度相等,由此得紧边增加的拉力等于松边减小的拉力,即

$$F_1-F_0=F_0-F_2 \tag{6.5}$$

联合式(6.4)、式(6.5)可得

$$F_1=F_0+\frac{F}{2}$$

$$F_2=F_0-\frac{F}{2} \tag{6.6}$$

有效拉力与带速和名义传动功率之间的关系为

$$F=\frac{1\ 000P}{v} \tag{6.7}$$

式中:v——带速,m/s;

P——名义传动功率,kW。

摩擦力的极限值决定于带材料、张紧程度、包角大小等因素。当其他条件相同时,张紧力 F_0 和包角 α_1(两轮包角中较小的一个)愈大,摩擦力的极限值也愈大。带传动必须适当地控制张紧力和维持不要过小的包角,包角的要求限制了带传动的中心距和最大传动比。

根据弹性欧拉公式,带在即将打滑、但还没打滑时,紧边拉力与松边拉力的关系为:

$$\frac{F_1}{F_2}=e^{\mu\alpha} \tag{6.8}$$

式中:e——自然对数的底,e≈2.718。

若 $\alpha=180°=\pi$,则平带传动的 $F_1/F_2\approx2.6$(取 $\mu\approx0.3$),V带传动的 $F_1/F_2\approx5$(取 $\mu\approx0.51$)。联立式(6.4)和式(6.8)得紧边拉力 F_1 和松边拉力 F_2 为

$$F_1=\frac{Fe^{\mu\alpha}}{e^{\mu\alpha}-1}$$

$$F_2=\frac{F}{e^{\mu\alpha}-1} \tag{6.9}$$

联立式(6.6)及式(6.9)得带所能传递的最大有效拉力 F_{max} 为

$$F_{max}=2F_0\frac{e^{\mu\alpha}-1}{e^{\mu\alpha}+1} \tag{6.10}$$

由此可见,带传动最大有效拉力与初拉力、包角以及摩擦因数有关,且与初拉力 F_0 成正比。但若 F_0 过大,将缩短带的工作寿命。

事实上当带速 $v>10$ m/s 时,离心力的作用不可忽略。

当 $d\alpha$ 很小时 $\sin\frac{d\alpha}{2}\approx\frac{d\alpha}{2}$,则带的离心拉力

$$F_c=qv^2 \tag{6.11}$$

离心拉力作用于整根带的每一截面上。

如果综合考虑离心力的影响,则式(6.8)改写为

$$\frac{F_1-qv^2}{F_2-qv^2}=e^{\mu\alpha} \tag{6.12}$$

6.3.3 带的应力分析

带工作时是运转的,带运转到不同位置时应力是不同的。带在运转过程中大致分为紧边、松边、小带轮包角范围和大带轮包角范围四个部分,各部分的应力是不同的。

1. 由紧边和松边的拉力产生的拉应力

紧边拉应力

$$\sigma_1=\frac{F_1}{A} \tag{6.13}$$

松边拉应力

$$\sigma_2=\frac{F_2}{A} \tag{6.14}$$

式中:A——带的横截面积,mm^2。

2. 由离心拉力产生的拉应力

$$\sigma_c = \frac{F_c}{A} = \frac{qv^2}{A} \tag{6.15}$$

3. 弯曲应力

带绕过带轮时将产生弯曲应力，弯曲应力只产生在带绕过带轮的部分，假设带是弹性体，由材料力学求得弯曲应力。

绕过小带轮处的弯曲应力

$$\sigma_{b1} = 2E\frac{y}{d_1} \tag{6.16}$$

绕过大带轮处的弯曲应力

$$\sigma_{b2} = 2E\frac{y}{d_2} \tag{6.17}$$

式中：E——带的弹性模量，MPa；

d——带轮基准直径，mm；

y——由带的中性层到最外层的距离，平带 $y=h/2$（h 为带厚），V 带 $y=h_a$（见表 6.4），mm。

两个带轮直径不同时，带在小带轮上的弯曲应力大。

图 6.8 所示为带的应力分布情况。图中小带轮为主动轮，最大应力发生在紧边进入小带轮处（图 6.8 中 b 点）。

$$\sigma_{max} = \sigma_1 + \sigma_c + \sigma_{b1} = \frac{1}{A}\frac{Fe^{\mu\alpha}}{e^{\mu\alpha}-1} + \sigma_c + \sigma_{b1} \tag{6.18}$$

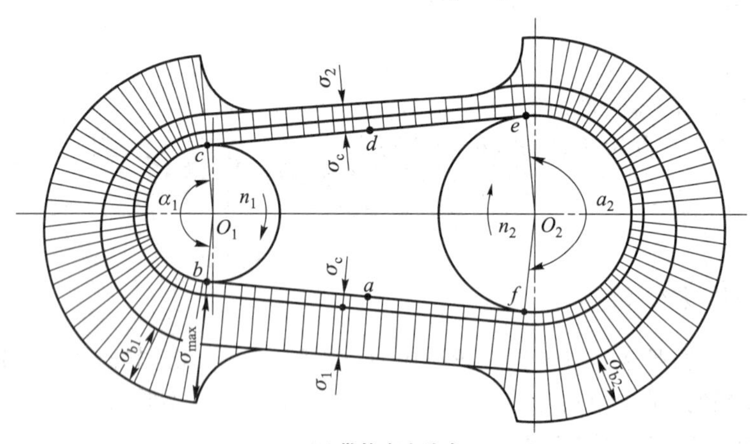

(a) 带的应力分布

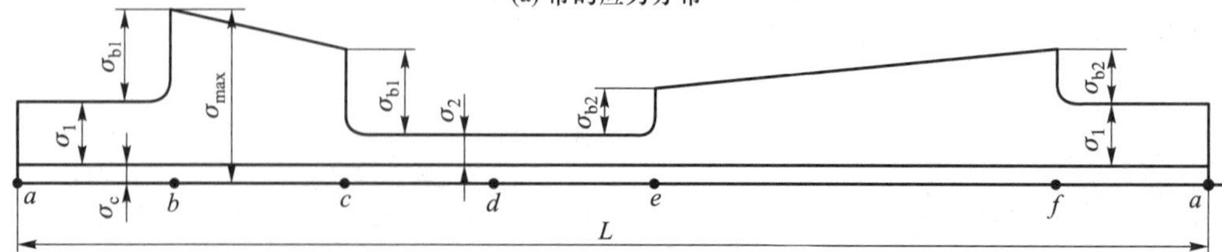

(b) 带的应力分布展开图

图 6.8　带的应力分布

6.3.4 弹性滑动、打滑和滑动率

1. 带的弹性滑动和打滑

由于带是弹性体,受力不同时伸长量也不同,使带在传动过程中发生弹性滑动现象。如图6.9所示,带自 a 点绕上主动轮,此时带上该点的速度和带轮表面的速度是相等的。但当它沿 ab 弧继续前进时,带的拉力由 F_1 降到 F_2,所以带的拉伸弹性变形量也要相应减小,即带在逐渐缩短,带的速度落后于带轮,因此两者之间必然发生相对滑动。在从动轮上也会发生同样的现象,但情况恰好相反,当带绕上从动轮时,带和带轮具有同一速度,但当带沿前进方向继续传动时,却不是缩短而是伸长,使带的速度领先于带轮。这种由于带的两边拉力不等而使带在带轮上产生滑动的现象称为带的弹性滑动。

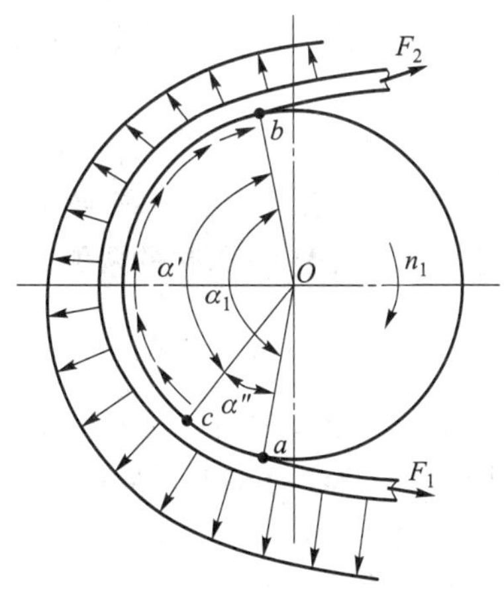

图 6.9 带的弹性滑动

由于带的弹性滑动,使从动轮的圆周速度低于主动轮的圆周速度,降低了传动效率,引起带的磨损,缩短了带的使用寿命。

带传动中由于摩擦力的作用使带的两边发生不同程度的拉伸变形,这是摩擦型带传动所必需的,因此弹性滑动也是不可避免的。当然选用弹性模量大的带材料可以适当地降低弹性滑动。

通常弹性滑动并不是发生在全部接触弧上。接触弧可分为有相对滑动弧(滑动弧)和无相对滑动弧(静弧)两部分,两段弧对应的中心角分别称为滑动角(α')和静角(α'')。实践证明,静弧总是发生在带进入小带轮的这一边上,带不传递载荷时,滑动角为零,随着载荷的增加,滑动角逐渐加大而静角逐渐减小,当滑动角增大到包角时,达到极限状态,此时带传动的有效拉力达到最大值,带就开始打滑。打滑将造成带的磨损,并使带运动处于不稳定状态。对于开式传动,带在大轮上的包角总是大于在小轮上的包角,所以打滑总是在小带轮上先开始。

弹性滑动和打滑不能混淆,打滑是由于过载所引起的带在带轮上的全面滑动。打滑可以避免,弹性滑动不可避免。

2. 滑动率

由以上所述可得出结论:从动轮的圆周速度低于主动轮,其相对降低率称为滑动率。

$$\varepsilon=\frac{v_1-v_2}{v_1}=1-\frac{n_2d_2}{n_1d_1} \tag{6.19}$$

传动比

$$i=\frac{n_1}{n_2}=\frac{d_2}{d_1(1-\varepsilon)} \tag{6.20}$$

从动轮转速

$$n_2=(1-\varepsilon)n_1\frac{d_1}{d_2} \tag{6.21}$$

带传动的滑动率 ε 一般为1%~2%,在一般计算中可以忽略不计,则

$$i=\frac{n_1}{n_2}\approx\frac{d_2}{d_1} \tag{6.22}$$

6.3.5 提高带传动工作能力的措施

1. 增大摩擦因数

摩擦因数的大小与带和带轮的材料、带的速度和滑动率有关，采用摩擦因数较大的材料可以提高带的工作能力。一般情况下，铸铁带轮采用胶帆布带时，$\mu=0.3$，采用皮革带时，$\mu=0.35$。此外，利用楔形增压原理，即采用 V 带传动，其当量摩擦因数 μ_v 比平带传动高约 70%，即 $\mu_v=1.7\mu$。

如图 6.10 所示，平带工作时，带的内侧面是工作面，接触面的摩擦力 $F_\mu=\mu F_N=\mu F_Q$，F_Q 是带的压紧力。而对于 V 带，带的两侧面是工作面，所以 $F_\mu=2\mu F_N=\mu F_Q/\sin\dfrac{\varphi}{2}=\mu_v F_Q$，$\mu_v=\mu/\sin\dfrac{\varphi}{2}$。$\mu_v$ 为 V 带传动的当量摩擦因数。若取 $\mu=0.3$，$\varphi=32°\sim38°$，则 $\mu_v=0.532\sim0.492$，可取 $\mu_v=0.51$。

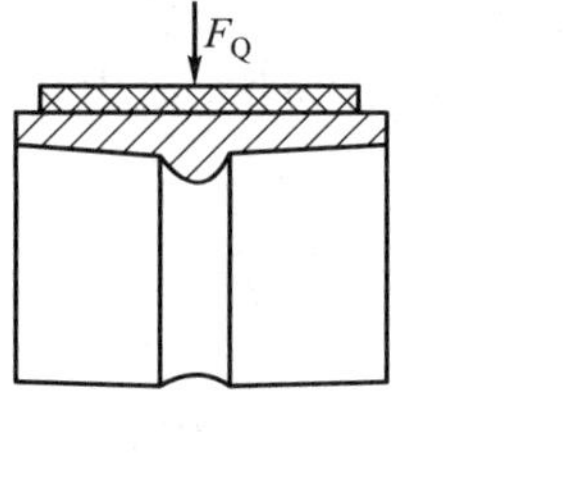

(a) 平带传动

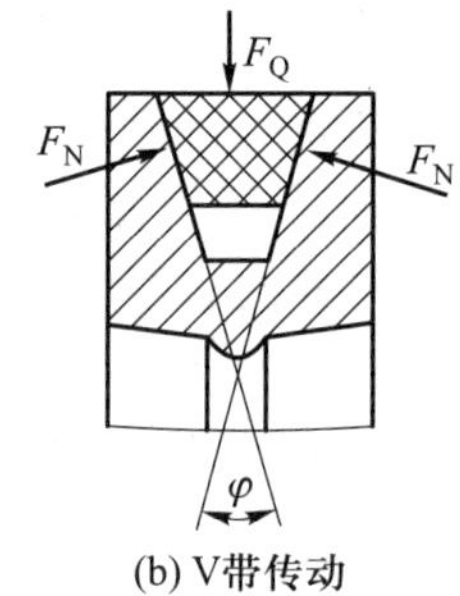

(b) V带传动

图 6.10　平带和 V 带的比较

由此可见，V 带传动与平带传动相比，在同样的张紧力下能产生较大的摩擦力，在一定程度上可以补偿由于包角和张紧力减小所产生的不利影响。因此，V 带传动适用于中心距较小和传动比较大（包角减小）的情况，在垂直或倾斜的传动中都能很好地工作；V 带没有接头，运行较平稳。V 带传动的缺点是，V 带的使用寿命较平带短，带轮价格较贵，传动效率较平带传动要低一些。

2. 增大包角

增大包角可以增大有效拉力，提高带传动的工作能力。减小传动比、增大中心距、采用张紧装置都能增大包角。当带传动水平方向布置时，通常将紧边布置在下面，松边布置在上面，也可在一定程度上增大包角。

3. 尽量使带传动在最佳速度下工作

当带速很大时，$F_1-qv^2=0$，说明紧边拉力全部用来承担离心力，带传递的功率 $P=0$。但带速过小，传递的功率又太小［式(6.7)］，所以应使带传动尽量在最佳速度下工作。一般带速控制在 5～25 m/s，最好在 15 m/s 左右。

4. 采用新型带传动

如大楔角 V 带、多楔带、同步带等传动。

5. 采用高强度带材料

如采用钢丝绳、涤纶等合成纤维作为带的承载层。

6.4 V 带传动的设计计算

6.4.1 V 带传动的失效形式和设计准则

1. 失效形式

由带传动的应力分析可知，带每绕过带轮一次，应力就由小变大、又由大变小地循环一次。

带绕过带轮的数目越多,转速越高,带越短,应力变化也越频繁。因此,带传动的失效形式为打滑和带的疲劳破坏。

2. 设计准则

带传动的设计准则为在不打滑的前提下,带具有一定的疲劳强度和寿命。为此,带的最大应力 σ_{max} 应满足下列要求:$\sigma_{max}=\sigma_1+\sigma_c+\sigma_{b1}\leqslant[\sigma]$,$[\sigma]$为根据疲劳寿命决定的带的许用应力。由此得带的传动功率为

$$P_0=\frac{Fv}{1\ 000}=\frac{([\sigma]-\sigma_c-\sigma_{b1})\left(1-\dfrac{1}{e^{\mu\alpha}}\right)Av}{1\ 000} \tag{6.23}$$

式中:P_0——单根带所能传递的功率,kW。

6.4.2 V 带传动设计步骤及相关参数的选择

设计 V 带传动时,通常应已知传动用途、工作条件、带轮转速(或传动比)及外轮廓尺寸要求等,设计的主要内容有 V 带的型号、长度、根数、中心距,带轮的基准直径、材料、结构以及作用在轴上的压力等。

V 带传动设计计算的一般步骤如下。

1. 确定计算功率 P_c

根据传递的名义功率,考虑载荷的性质和每天运行的时间等因素来确定计算功率。

$$P_c=K_AP \tag{6.24}$$

式中:P——名义传动功率,kW;

K_A——工作情况系数,见表 6.6。

表 6.6 工作情况系数 K_A

工作载荷性质	动力机(一天工作小时数/h)					
	Ⅰ类			Ⅱ类		
	≤10	10~16	>16	≤10	10~16	>16
工作平稳	1	1.1	1.2	1.1	1.2	1.3
载荷变动小	1.1	1.2	1.3	1.2	1.3	1.4
载荷变动大	1.2	1.3	1.4	1.4	1.5	1.6
冲击载荷	1.3	1.4	1.5	1.5	1.6	1.8

注:Ⅰ类——直流电动机、Y 系列三相异步电动机、汽轮机、水轮机。

Ⅱ类——交流同步电动机、交流异步滑环电动机、内燃机、蒸汽机。

2. 选择带的型号

带的型号可根据计算功率 P_c 和小带轮的转速 n_1 选取,普通 V 带的选取可参见图 6.11。

在两种型号相邻的区域,若选用截面较小的型号,则带根数较多,传动尺寸相同时可获得较小的 h/d,带的使用寿命较长。但根数也有一定的要求,根数过多,每根之间存在载荷分配不均匀的问题,一般根数应控制在 12 根以下。当 V 带根数过多时,可以选择大一号的 V 带,这时带轮尺寸、传动中心距都有所增加,带的根数则可以减少。

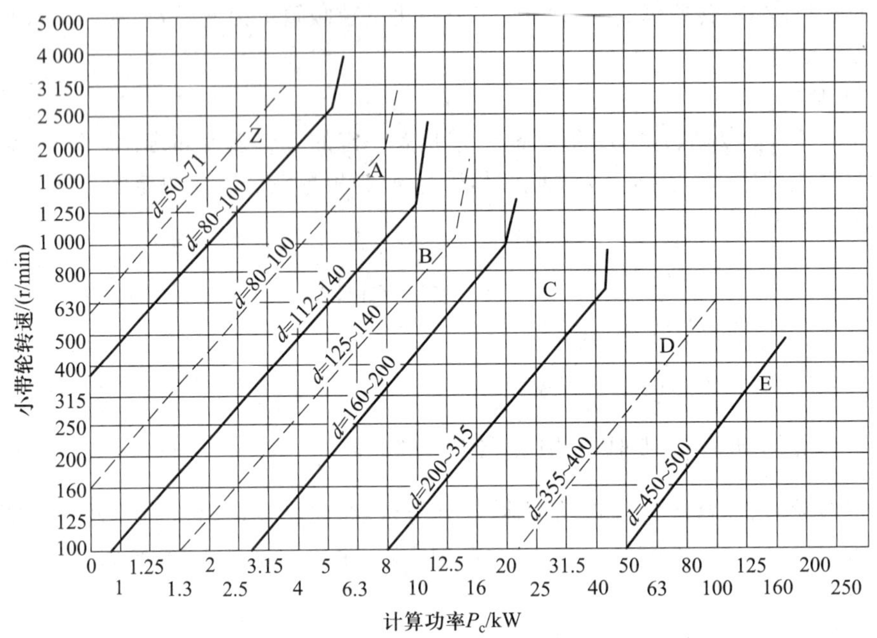

图 6.11 普通 V 带型号的选择

3. 确定带轮的直径 d_1、d_2

带轮越小,弯曲应力越大。弯曲应力是引起带疲劳破坏的重要原因。V 带带轮的最小直径与型号有关,见表 6.5。从动带轮的基准直径 d_2 由式(6.22)计算,并按表 6.5 加以适当圆整。

4. 计算中心距 a 和基准长度 L_d

带传动的中心距既不宜过大,也不宜过小。若中心距过大,载荷变化时易引起带的颤动;中心距愈小,则带的长度愈短,在一定速度下单位时间内带的应力变化次数愈多,会加速带的疲劳破坏;当传动比 i 较大时,中心距小将导致包角 α_1 过小。

对于普通 V 带传动,中心距一般可按下式选取:

$$0.7(d_1+d_2)\leqslant a\leqslant 2(d_1+d_2) \tag{6.25}$$

式中:d_1、d_2——小、大带轮的基准直径,mm。

初选中心距 a_0 后,可根据式(6.2)算得带长 L_{d0},再由表 6.3 选定相近的基准长度 L_d。实际中心距需要根据选定的 L_d 再由式(6.3)决定。

考虑到安装调整和补偿张紧力(如胶带松弛后的张紧)的需要,中心距的变动范围为 $(a-0.015L_d)\sim(a+0.03L_d)$,并尽量将中心距设计成可调节的。

5. 包角 α_1、传动比 i

V 带传动的包角 α_1 一般不小于 120°,个别情况下可小到 70°。传动比 i 通常不大于 7,个别情况下可大到 10。

6. 初拉力 F_0

初拉力是保证带传动正常工作的重要因素。初拉力过小,摩擦力小,带传动的承载能力小,容易发生打滑;初拉力过大,则带寿命低,轴和轴承受力大。

对于 V 带传动,既能保证传动功率又不出现打滑时,单根传动带最适合的初拉力 F_0 可由下

式计算

$$F_0 = 500\frac{P_c}{vz}\left(\frac{2.5}{k_\alpha}-1\right)+qv^2 \tag{6.26}$$

式中：z——带的根数；

k_α——包角系数，见表 6.7。

表 6.7 包角系数 k_α

包角 $\alpha_1/(°)$	180	175	170	165	160	155	150	145	140	135	130	125	120	110	100	90
k_α	1	0.99	0.98	0.96	0.95	0.93	0.92	0.91	0.89	0.88	0.86	0.84	0.82	0.78	0.74	0.69

初拉力 F_0 也可用图 6.12 所示的方法确定：在 V 带与两轮切点的跨度中心，施加一规定的垂直于带边的力（力的大小可参照有关机械设计手册），使带在跨距方向每 100 mm 所产生的挠度 $y=1.6$ mm（即挠角为 1.8°），此时的初拉力即可符合要求。

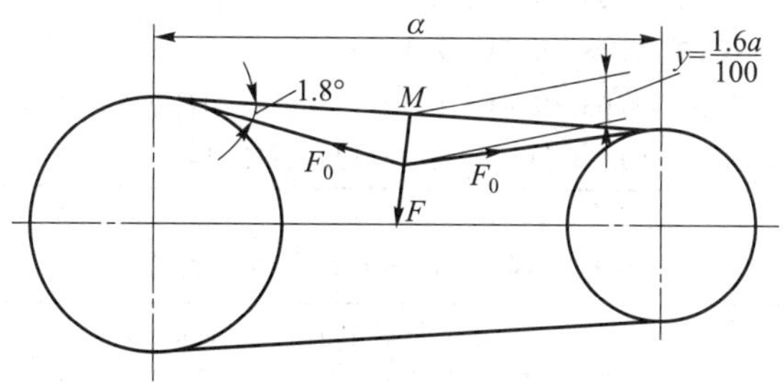

图 6.12 初拉力的控制

7. 带的根数

在特定条件下（$\alpha_1=\alpha_2=180°$、特定长度、载荷平稳、普通 V 带），应用式（6.23）求得的单根 V 带所能传递的功率以 P_0 表示。表 6.8 列出了部分常用单根普通 V 带所能传递的功率 P_0（详细数据可查有关机械设计手册）。V 带根数可由下式计算

$$z=\frac{P_c}{(P_0+\Delta P_0)k_\alpha k_L}\leqslant 10 \tag{6.27}$$

式中：ΔP_0——$i\neq1$ 时传动功率的增量，kW，单根普通 V 带的 ΔP_0 见表 6.9；

k_L——长度系数，见表 6.10。

带的根数如果不符合要求，则重新选择带的型号进行计算。

表 6.8 单根普通 V 带所能传递的功率 P_0（$\alpha_1=\alpha_2=180°$，特定长度，载荷平稳） kW

带型	小带轮直径 d_1/mm	小带轮转速 n_1/(r/min)														
		200	400	730	800	980	1 200	1 460	1 600	2 000	2 400	2 800	3 200	3 600	4 000	5 000
A	75	0.16	0.27	0.42	0.45	0.52	0.60	0.68	0.73	0.84	0.92	1.00	1.04	1.08	1.09	1.02
	90	0.22	0.39	0.63	0.68	0.79	0.93	1.07	1.15	1.34	1.50	1.64	1.75	1.83	1.87	1.82
	100	0.26	0.47	0.77	0.83	0.97	1.14	1.32	1.42	1.66	1.87	2.05	2.19	2.28	2.34	2.25

续表

带型	小带轮直径 d_1/mm	小带轮转速 n_1/(r/min)														
		200	400	730	800	980	1 200	1 460	1 600	2 000	2 400	2 800	3 200	3 600	4 000	5 000
A	112	0.31	0.56	0.93	1.00	1.18	1.39	1.62	1.74	2.04	2.30	2.51	2.68	2.78	2.83	2.64
	125	0.37	0.67	1.11	1.19	1.40	1.66	1.93	2.07	2.44	2.74	2.98	3.16	3.26	3.28	2.91
	140	0.43	0.78	1.31	1.41	1.66	1.96	2.29	2.45	2.87	3.22	3.48	3.65	3.72	3.67	2.99
B	125	0.48	0.84	1.34	1.44	1.67	1.93	2.20	2.33	2.64	2.85	2.96	2.94	2.80	2.51	1.09
	140	0.59	1.05	1.69	1.82	2.13	2.47	2.83	3.00	3.42	3.70	3.85	3.83	3.63	3.24	1.29
	160	0.74	1.32	2.16	2.32	2.72	3.17	3.64	3.86	4.40	4.75	4.89	4.80	4.46	3.82	0.81
	180	0.88	1.59	2.61	2.81	3.30	3.85	4.41	4.68	5.30	5.67	5.76	5.52	4.92	3.92	—
	200	1.02	1.85	3.06	3.30	3.86	4.50	5.15	5.46	6.13	6.47	6.43	5.95	—	—	—
	224	1.19	2.17	3.59	3.86	4.50	5.26	5.99	6.33	7.02	7.25	6.95	6.05	—	—	—
C	200	1.39	2.41	3.80	4.07	4.66	5.29	5.86	6.07	6.34	6.02	5.01	3.23	—	—	—
	224	1.70	2.99	4.78	5.12	5.89	6.71	7.47	7.75	8.06	7.57	6.08	3.57	—	—	—
	250	2.03	3.62	5.82	6.23	7.18	8.21	9.06	9.38	9.62	8.75	6.56	2.93	—	—	—
	280	2.42	4.32	6.99	7.52	8.65	9.81	10.74	11.06	11.04	9.50	6.13	—	—	—	—
	315	2.86	5.14	8.34	8.92	10.23	11.53	12.48	12.72	12.14	9.43	4.16	—	—	—	—

表 6.9 单根普通 V 带 $i \neq 1$ 时传动功率增量 ΔP_0 kW

带型	传动比 i	小带轮转速 n_1/(r/min)														
		200	400	730	800	980	1 200	1 460	1 600	2 000	2 400	2 800	3 200	3 600	4 000	5 000
A	1.00~1.01	0.00	0.00	0.00	0.00	0.00	0.00	0.00	0.00	0.00	0.00	0.00	0.00	0.00	0.00	0.00
	1.02~1.04	0.00	0.01	0.01	0.01	0.01	0.02	0.02	0.02	0.03	0.03	0.04	0.04	0.05	0.05	0.07
	1.05~1.08	0.01	0.01	0.02	0.02	0.03	0.03	0.04	0.04	0.06	0.07	0.08	0.09	0.10	0.11	0.14
	1.09~1.12	0.01	0.02	0.03	0.03	0.04	0.05	0.06	0.06	0.08	0.10	0.11	0.13	0.15	0.16	0.20
	1.13~1.18	0.01	0.02	0.04	0.04	0.05	0.07	0.08	0.09	0.11	0.13	0.15	0.17	0.19	0.22	0.27
	1.19~1.24	0.01	0.03	0.05	0.05	0.06	0.08	0.09	0.11	0.13	0.16	0.19	0.22	0.24	0.27	0.34
	1.25~1.34	0.02	0.03	0.06	0.06	0.07	0.10	0.11	0.13	0.16	0.19	0.23	0.26	0.29	0.32	0.40
	1.35~1.51	0.02	0.04	0.07	0.08	0.08	0.11	0.13	0.15	0.19	0.23	0.26	0.30	0.34	0.38	0.47
	1.52~1.99	0.02	0.04	0.08	0.09	0.10	0.13	0.15	0.17	0.22	0.26	0.30	0.34	0.39	0.43	0.54
	≥2.0	0.03	0.05	0.09	0.10	0.11	0.15	0.17	0.19	0.24	0.29	0.34	0.39	0.44	0.48	0.60
B	1.00~1.01	0.00	0.00	0.00	0.00	0.00	0.00	0.00	0.00	0.00	0.00	0.00	0.00	0.00	0.00	0.00
	1.02~1.04	0.01	0.01	0.02	0.03	0.03	0.04	0.05	0.06	0.07	0.08	0.10	0.11	0.13	0.14	0.18
	1.05~1.08	0.01	0.03	0.05	0.06	0.07	0.08	0.10	0.11	0.14	0.17	0.20	0.23	0.25	0.28	0.36
	1.09~1.12	0.02	0.04	0.07	0.08	0.10	0.13	0.15	0.17	0.21	0.25	0.29	0.34	0.38	0.42	0.53
	1.13~1.18	0.03	0.06	0.10	0.11	0.13	0.17	0.20	0.23	0.28	0.34	0.39	0.45	0.51	0.56	0.71
	1.19~1.24	0.04	0.07	0.12	0.14	0.17	0.21	0.25	0.28	0.35	0.42	0.49	0.56	0.63	0.70	0.89
	1.25~1.34	0.04	0.08	0.15	0.17	0.20	0.25	0.31	0.34	0.42	0.51	0.59	0.68	0.76	0.84	1.07
	1.35~1.51	0.05	0.10	0.17	0.20	0.23	0.30	0.36	0.39	0.49	0.59	0.69	0.79	0.89	0.99	1.24
	1.52~1.99	0.06	0.11	0.20	0.23	0.26	0.34	0.40	0.45	0.56	0.68	0.79	0.90	1.01	1.13	1.42
	≥2.0	0.06	0.13	0.22	0.25	0.30	0.38	0.46	0.51	0.63	0.76	0.89	1.01	1.14	1.27	1.60

续表

带型	传动比 i	小带轮转速 n_1/(r/min)														
		200	400	730	800	980	1 200	1 460	1 600	2 000	2 400	2 800	3 200	3 600	4 000	5 000
C	1.00~1.01	0.00	0.00	0.00	0.00	0.00	0.00	0.00	0.00	0.00	0.00	0.00	0.00	—	—	—
	1.02~1.04	0.02	0.04	0.07	0.08	0.09	0.12	0.14	0.16	0.20	0.23	0.27	0.31			
	1.05~1.08	0.04	0.08	0.14	0.16	0.19	0.24	0.28	0.31	0.39	0.47	0.55	0.61			
	1.09~1.12	0.06	0.12	0.21	0.23	0.27	0.35	0.42	0.47	0.59	0.70	0.82	0.91			
	1.13~1.18	0.08	0.16	0.27	0.31	0.37	0.47	0.58	0.63	0.78	0.94	1.10	1.22			
	1.19~1.24	0.10	0.20	0.34	0.39	0.47	0.59	0.71	0.78	0.98	1.18	1.37	1.53			
	1.25~1.34	0.12	0.23	0.41	0.47	0.56	0.70	0.85	0.94	1.17	1.41	1.64	1.83			
	1.35~1.51	0.14	0.27	0.48	0.55	0.65	0.82	0.99	1.10	1.37	1.65	1.92	2.14			
	1.52~1.99	0.16	0.31	0.55	0.63	0.74	0.94	1.14	1.25	1.57	1.88	2.19	2.44			
	≥2.0	0.18	0.35	0.62	0.71	0.83	1.06	1.27	1.41	1.76	2.12	2.47	2.75			

表 6.10 普通 V 带长度系数 k_L

基准带长 L_d/mm	k_L						
	Y	Z	A	B	C	D	E
200	0.81						
224	0.82						
250	0.84						
280	0.87						
315	0.89						
355	0.92						
400	0.96	0.87					
450	1.00	0.89					
500	1.02	0.91					
560		0.94					
630		0.96	0.81				
710		0.99	0.82				
800		1.00	0.85				
900		1.03	0.87	0.81			
1 000		1.06	0.89	0.84			
1 120		1.08	0.91	0.86			
1 250		1.11	0.93	0.88			
1 400		1.14	0.96	0.90			
1 600		1.16	0.99	0.93	0.84		
1 800		1.18	1.01	0.95	0.85		
2 000			1.03	0.98	0.88		
2 240			1.06	1.00	0.91		

续表

基准带长 L_d/mm	k_L						
	Y	Z	A	B	C	D	E
2 500			1.09	1.03	0.93		
2 800			1.11	1.05	0.95	0.83	
3 150			1.13	1.07	0.97	0.86	
3 550			1.17	1.10	0.98	0.89	
4 000			1.19	1.13	1.02	0.91	
4 500				1.15	1.04	0.93	0.90
5 000				1.18	1.07	0.96	0.92
5 600					1.09	0.98	0.95
6 300					1.12	1.00	0.97
7 100					1.15	1.03	1.00
8 000					1.18	1.06	1.02
9 000					1.21	1.08	1.05
10 000					1.23	1.11	1.07
11 200						1.14	1.10
12 500						1.17	1.12
14 000						1.20	1.15
16 000						1.22	1.18

8. 作用在轴上的载荷

为了设计带轮和带轮轴，需先知道带传动作用在轴上的载荷 F_Q，可以近似地（误差不大）由下式确定（计算简图如图 6.13 所示）：

$$F_Q = 2zF_0\sin\frac{\alpha_1}{2} \tag{6.28}$$

带初装时初拉力要比合适的初拉力大很多，所以常将载荷 F_Q 加大 50%；自动张紧的情况下载荷 F_Q 可以不加大。

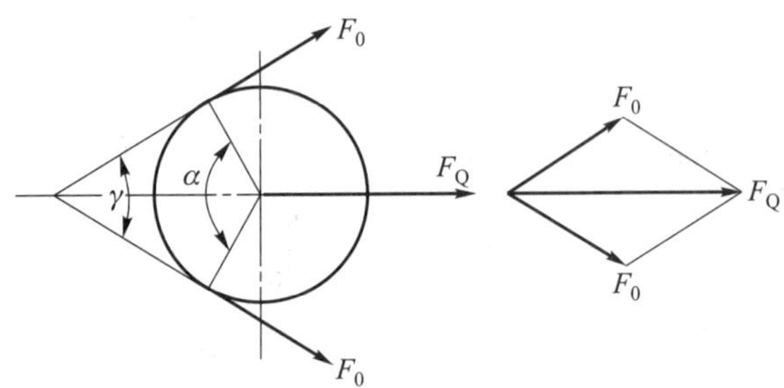

图 6.13　作用在带轮轴上载荷的计算简图

为使带拉力不作用在轴上以减小轴的挠度和提高轴的旋转精度，可以利用卸载结构卸载，如图 6.14 所示。图 6.14a 中，带轮与输入轴直接连接，载荷直接作用于轴。图 6.14b 中，载荷通过滚动轴承作用于套筒，套筒具有较大的抗弯截面系数，作用在套筒上的弯曲应力为静应力，带轮的转矩通过花键传到轴上，轴只承受由转矩产生的扭转切应力作用，结构整体的承载能力得到提高。

9. 带轮的结构设计

例 6.1　设计一带式运输机中的高速级普通 V 带传动。已知该传动由 Y 系列三相异步电动机驱动，输出功率 $P=5.5$ kW，满载转速 $n_1=1\ 440$ r/min，从动轮转速 $n_2=550$ r/min，单班制工作，传动水平布置。

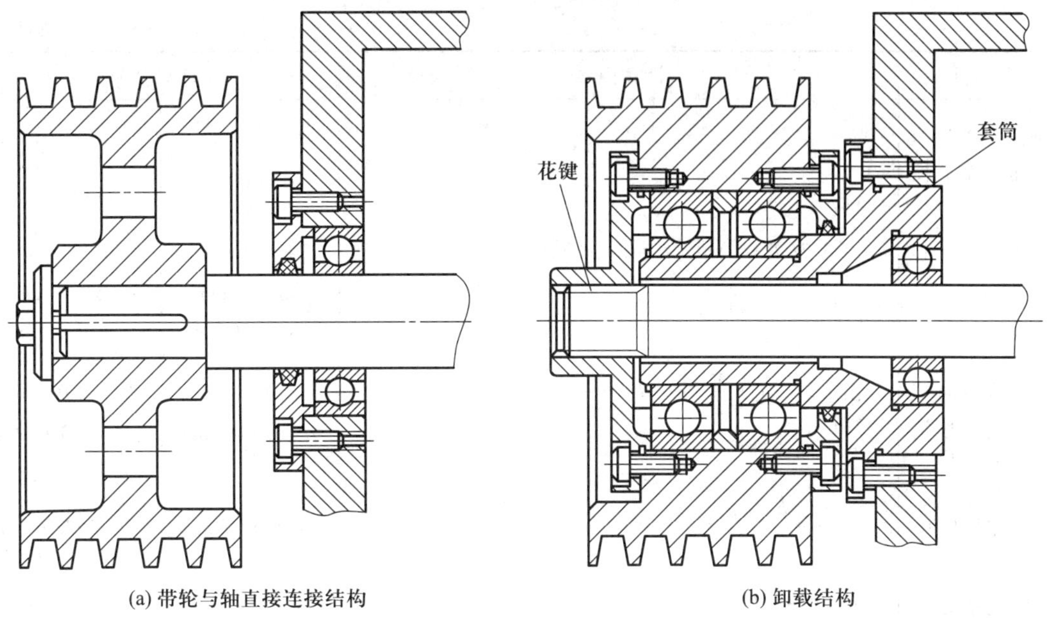

(a) 带轮与轴直接连接结构　　(b) 卸载结构

图 6.14　带轮轴端结构比较

解

计算项目	计算内容	计算结果	
1. 确定计算功率 P_c	带式运输机载荷变动小,由表 6.6 查得工作情况系数 $K_A=1.1$, $P_c=K_AP=1.1\times5.5$ kW = 6.05 kW	$K_A=1.1$ $P_c=6.05$ kW	
2. 选取 V 带型号	根据 P_c、n_1,由图 6.11 及表 6.5 选择带的型号及小带轮的直径;可以选择 A 型 V 带,$d_1=112$ mm,也可选择 B 型 V 带,$d_1=140$ mm,为便于比较,两种带同时进行计算	A 型或 B 型	
3. 确定带轮直径		A 型	B 型
(1) 小带轮直径	由选定的型号及表 6.5 选取 d_1	$d_1=112$ mm	$d_1=140$ mm
(2) 验算带速 v	$v=\dfrac{\pi d_1n_1}{60\times1\ 000}$	$v=8.44$ m/s 满足要求	$v=10.55$ m/s 满足要求
(3) 确定从动轮的直径 d_2	$d_2=\dfrac{n_1}{n_2}d_1$,按表 6.5 取标准值	计算 $d_2=293.24$ mm 取 $d_2=280$ mm	计算 $d_2=366.55$ mm 取 $d_2=355$ mm
(4) 计算实际传动比 i	当忽略滑动率时,$i=\dfrac{d_2}{d_1}$ 理论传动比:$i_0=n_1/n_2=2.62$	$i=2.5$	$i=2.54$
(5) 验算传动比相对误差	传动比相对误差:$\left\|\dfrac{i_0-i}{i_0}\right\|$	4.6%<5%,合格	3.1%<5%,合格

续表

计算项目	计算内容	计算结果	
4. 确定中心距 a 和带的基准长度 L_d			
(1) 初定中心距 a_0	由 $0.7(d_1+d_2)\leqslant a\leqslant 2(d_1+d_2)$ 初定 a_0	$274.4\ \text{mm}\leqslant a_0\leqslant 784\ \text{mm}$ 取 $a_0=500$ mm	$346.5\ \text{mm}\leqslant a_0\leqslant 990\ \text{mm}$ 取 $a_0=600$ mm
(2) 计算带的计算基准长度 L_{d0}	由 $L_{d0}\approx 2a_0+\frac{\pi}{2}(d_1+d_2)+\frac{(d_2-d_1)^2}{4a_0}$ 初算 L_{d0}，再由表 6.3 取标准值 L_d	$L_{d0}=1\ 630$ mm $L_d=1\ 600$ mm	$L_{d0}=2\ 095$ mm $L_d=2\ 000$ mm
(3) 计算实际中心距 a	$a\approx a_0+\frac{L_d-L_{d0}}{2}$	$a=485$ mm	$a=552.5$ mm
(4) 确定中心距的调整范围	$a_{max}=a+0.03L_d$ $a_{min}=a-0.015L_d$	$a_{max}=533$ mm $a_{min}=461$ mm	$a_{max}=612.5$ mm $a_{min}=522.5$ mm
5. 验算包角 α_1	$\alpha_1=180°-\frac{d_2-d_1}{a}\times 57.3°$	$\alpha_1=160°>120°$ 合格	$\alpha_1=158°>120°$ 合格
6. 确定 V 带根数 z			
(1) 确定额定功率 P_0	由 d_1 及 n_1 查表 6.8，并用线性插值法求得 P_0	$P_0=1.60$ kW	$P_0=2.80$ kW
(2) 确定各修正系数	根据传动比 i，由表 6.9 查得功率增量 ΔP_0 由包角 α_1 查表 6.7 得包角系数 k_α 由带的基准长度 L_d 查表 6.10 得长度系数 k_L	$\Delta P_0=0.17$ kW $k_\alpha=0.95$ $k_L=0.99$	$\Delta P_0=0.46$ kW $k_\alpha\approx 0.95$ $k_L=0.98$
(3) 确定带的根数 z	带的根数 $z\geqslant\frac{P_c}{(P_0+\Delta P_0)k_\alpha k_L}$	$z\geqslant 3.63$ 取 $z=4$	$z\geqslant 1.99$ 取 $z=2$
7. 确定单根 V 带初拉力 F_0	由表 6.2 查得 q $F_0=500\frac{P_c}{vz}\left(\frac{2.5}{k_\alpha}-1\right)+qv^2$	$q=0.10$ kg/m $F_0=153$ N	$q=0.17$ kg/m $F_0=253$ N
8. 计算压轴力 F_Q	$F_Q=2zF_0\sin\frac{\alpha_1}{2}$	$F_Q=1\ 205$ N	$F_Q=995$ N
9. 带轮的结构设计	A 型带的小带轮及 B 型带的两带轮结构图略	A 型带大带轮如图 6.15 所示	—

设计结果讨论：采用 A 型 V 带，总体结构较紧凑，但带的根数较多，传力均匀性不如 B 型 V 带，另外前者对轴的压力稍大。

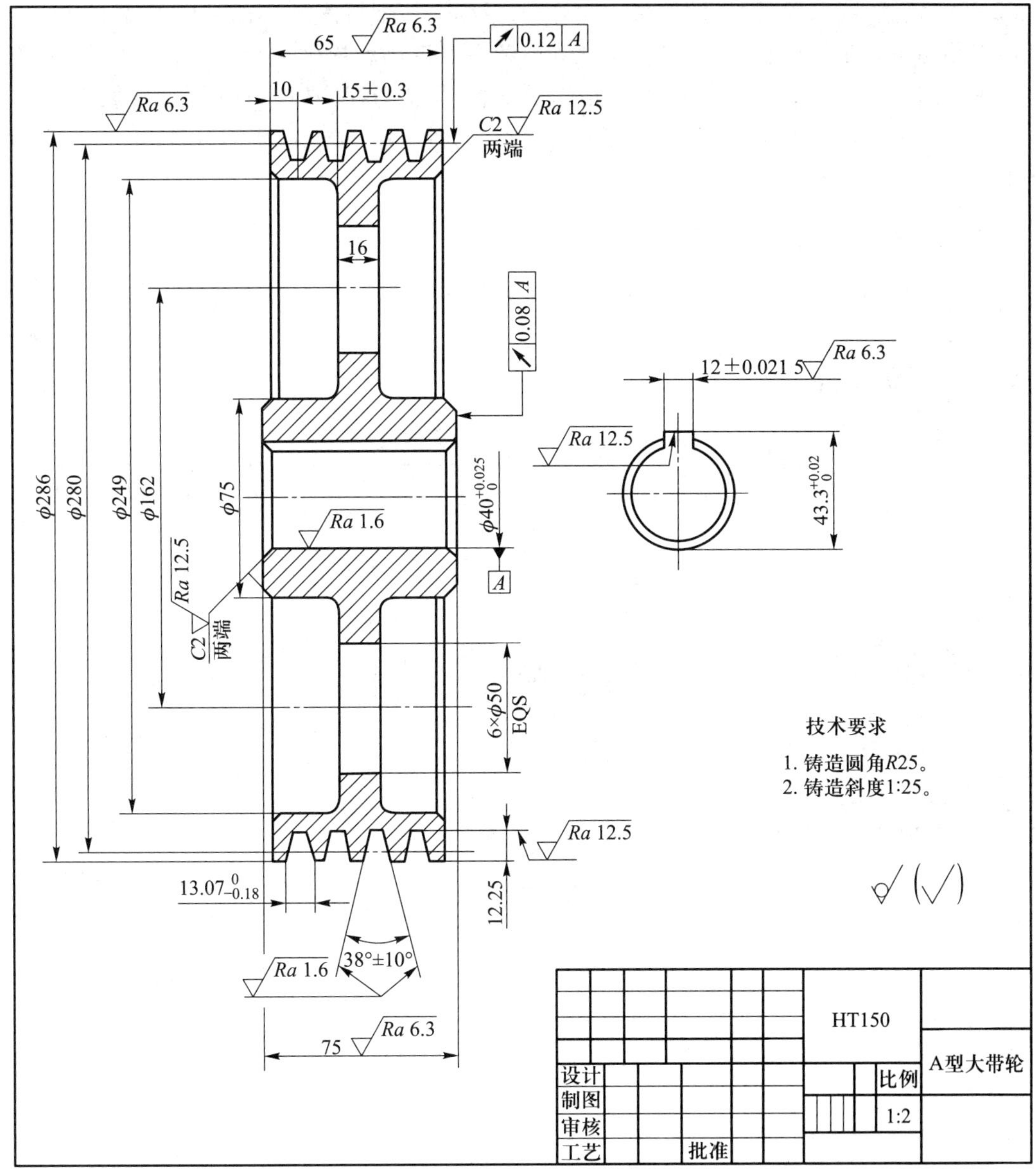

图 6.15　A 型带大带轮结构图

6.5　V 带传动的维护与张紧

6.5.1　V 带传动的安装与维护

V 带传动的安装与维护应注意以下几点：

（1）安装 V 带时应先缩小中心距，将带套在带轮上后再慢慢调大中心距，使 V 带达到规定的初拉力。

（2）两带轮轴线必须平行，两轮轮槽要对齐，否则会使带扭曲，加剧传动带的磨损。

（3）使用中要定期检查带的状况，发现其中某一根带过度松弛或疲劳时，应全部更换新带，不能新旧并用。如果一些旧带尚可使用，应选长度相同、新旧程度相近的旧带组合使用。

（4）为保障人员安全，带传动装置应加保护罩；应防止带与酸、碱或油接触；要注意带传动的工作温度，不应超过 80 ℃。

6.5.2　带传动的张紧

由于传动带的材料不是完全的弹性体，因而带在工作一段时间后会发生塑性伸长而松弛，使张紧力降低。因此，带传动需要有重新张紧的装置，以保持正常工作。张紧装置分定期张紧和自动张紧两类，见表 6.11。

表 6.11　带传动的张紧装置

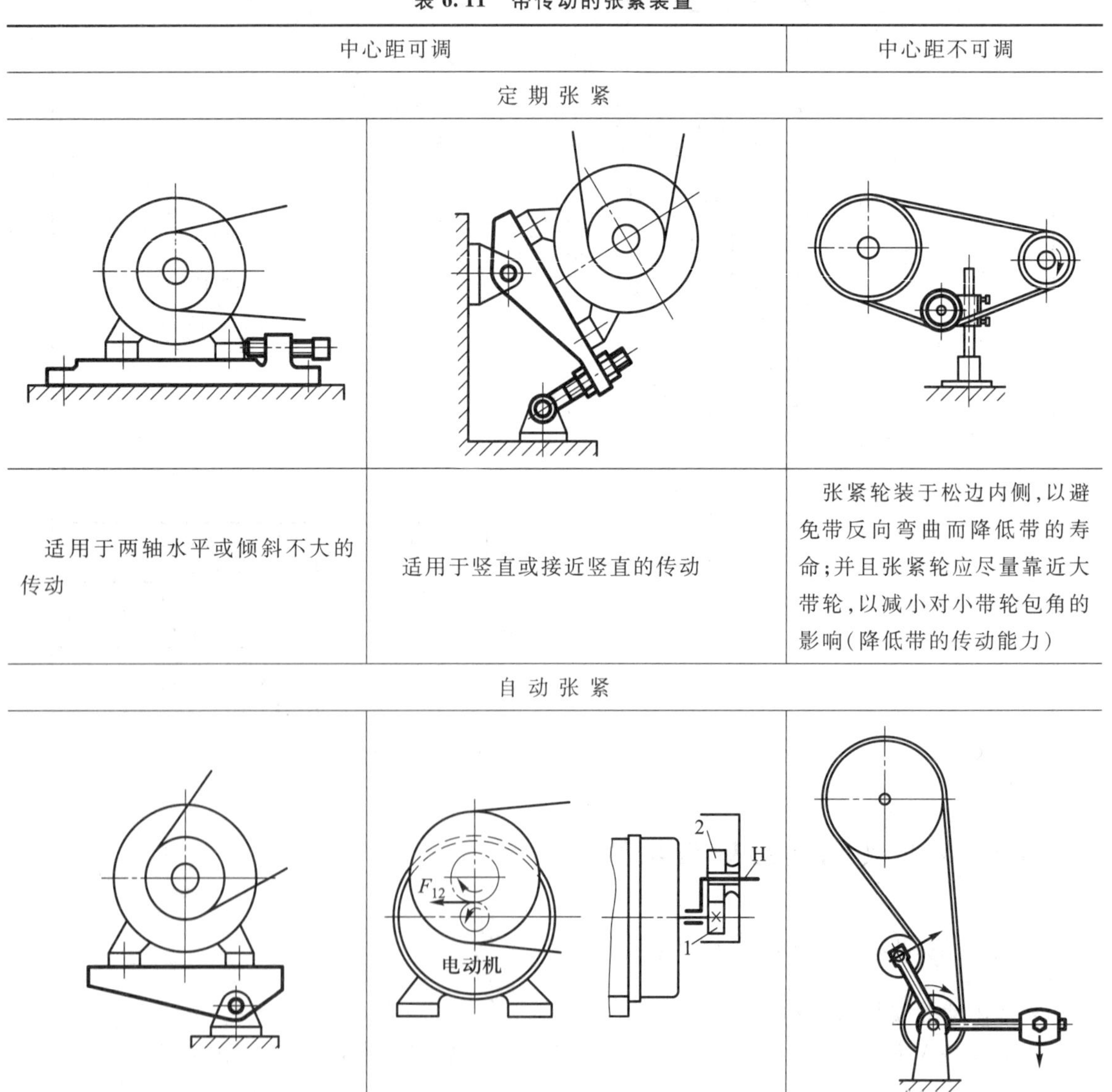

中心距可调		中心距不可调
定期张紧		
适用于两轴水平或倾斜不大的传动	适用于竖直或接近竖直的传动	张紧轮装于松边内侧，以避免带反向弯曲而降低带的寿命；并且张紧轮应尽量靠近大带轮，以减小对小带轮包角的影响（降低带的传动能力）
自动张紧		

续表

中心距可调		中心距不可调
	自动张紧	
适用于中、小功率传动	张紧力大小随传动功率成正比变化（带轮与齿轮 2 为一体，套在系杆 H 上，可绕电动机轴上齿轮 1 摆动，当传递功率增大时，F_{t2} 增大，张紧力加大）	张紧轮装于松边外侧靠近小带轮，以增大小带轮上的包角，但会使带承受双向弯曲，降低带的使用寿命

6.6　其他带传动简介

6.6.1　平带传动

平带的材料一般为胶帆布，具有强度高、价格低的特点，应用最多，其尺寸、宽度系列及带轮的最小直径见表 6.12。此外还有用麻、丝或锦纶等材料编织而成的编织带；承载层为涤纶绳，表面覆以耐磨耐油胶布或聚氨酯的高速胶带；承载层为锦纶片的强力锦纶带等。

表 6.12　胶帆布平带规格

	胶帆布层数 z	带厚 δ[①]/mm	宽度范围 b/mm	带轮最小直径 d_{min}/mm	
				推荐	许用
	3	3.6	16～20	160	112
	4	4.8	20～315	224	160
	5	6	63～315	280	200
	6	7.2	63～500	315	224
	7	8.4	200～500	355	280
	8	9.6		400	315
	9	10.8		450	355
	10	12		500	400
	11	13.2	355～500	560	450
	12	14.4		630	500
宽度系列 b/mm					
16　20　25　32　40　50　63　71　80　90　100　112　125 140　160　180　200　224　250　280　315　355　400　450　500					

① 带厚为参考尺寸，由胶帆布层数 z 决定。

胶帆布平带通常整卷出售，使用时根据所需长度截取，并将其端部连接起来（采用硫化接头或机械接头）。高速带为无接头的环形平带。

用聚氨酯材料制成的带具有耐油性强、不产生粉末、外表透明美观等优点，但使用温度不得高于 80℃，尽量避免与热蒸汽、酸、碱等接触。

平带带轮轮缘尺寸及带轮直径系列见表 6.13。为防止掉带，通常大带轮轮缘表面制成具有中心凸度，凸度 h 大小见表 6.14。轮毂和轮辐的结构类似于 V 带带轮。

胶帆布平带传动有关的设计计算公式见表 6.15。

表 6.13 平带带轮轮缘尺寸及带轮直径系列

	带宽 b/mm		轮缘宽 B/mm	
	基本尺寸	偏差	基本尺寸	偏差
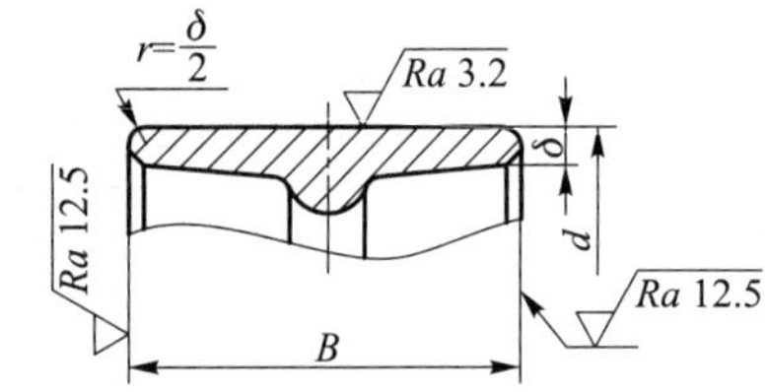	16 20 25 32 40 50 63	±2	20 25 32 40 50 63 71	±1
	71 80 90 100 112 125	±3	80 90 100 112 125 140	±1.5
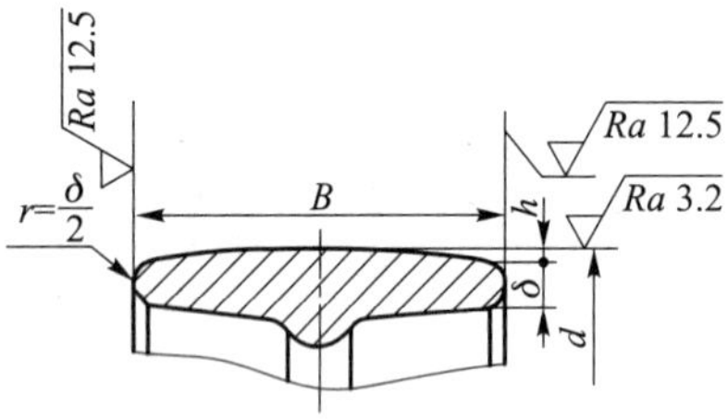	140 160 180 200 224 250	±4	160 180 200 224 250 280	±2
	280 315 355 400 450 500 560	±5	315 355 400 450 500 560 630	±3
轮缘厚度	$\delta=0.005d+3$			

表 6.14 平带带轮轮缘的中心凸度 h 及带轮基准直径系列

带轮直径系列/mm	带轮直径范围/mm	中心凸度 h_{min}/mm
50 56 63 71	20～112	0.3
80 90 100 112	125～140	0.4
125 140 160 180	160～180	0.5
200 224 250 280	200～224	0.6
315 355 400 450	250～355	0.8
500 560 630 710	400～500	1.0
	560～710	1.2

表 6.15 胶帆布平带传动设计计算公式

计算项目	设计公式
带轮直径/mm	$d_1=(1\ 100\sim1\ 350)\sqrt[3]{\dfrac{P_c}{n_1}}$（按表 6.14 取标准值） 或 $d_1=\dfrac{60\times1\ 000v}{\pi n_1}$（最合适的带速 $v=10\sim20$ m/s） $d_2=id_1(1-\varepsilon)$（按表 6.14 取标准值）
中心距/mm	$1.5(d_1+d_2)\leqslant a\leqslant5(d_1+d_2)$，通常取 $a=(1.5\sim2)(d_1+d_2)$
带长/mm	L 见式(6.2)（粘接接头需加接头长度 200～400 mm）
包角/(°)	α_1 见式(6.1)，$\alpha_1\geqslant150°$
带厚/mm	$\delta\leqslant(1/40\sim1/30)d_1$（按表 6.12 取值）
带截面面积/mm²	$A=P_c/(k_\alpha P_0)$ （k_α 见表 6.7，P_0 见表 6.16）
带宽/mm	$b=A/\delta$ （按表 6.12 取标准值）
轴上载荷/N	$F_Q=2\sigma_0A\sin\dfrac{\alpha_1}{2}$ （取 $\sigma_0=1.8$ MPa）

表 6.16 胶帆布带单位截面积传递的基本额定功率 P_0

（$\alpha_1=180°$，载荷平稳，$\sigma_0=1.8$ MPa） kW/mm²

d_1/δ	带速 v/(m/s)										
	5	6	8	10	12	14	16	18	20	22	24
30	0.011	0.013	0.017	0.021	0.025	0.029	0.032	0.035	0.037	0.040	0.041
35	0.011	0.013	0.017	0.022	0.025	0.029	0.032	0.036	0.038	0.040	0.041
40	0.011	0.013	0.018	0.022	0.026	0.029	0.033	0.036	0.039	0.041	0.043
50	0.012	0.014	0.018	0.023	0.026	0.030	0.034	0.037	0.040	0.042	0.044
75	0.012	0.014	0.019	0.023	0.027	0.031	0.035	0.038	0.041	0.043	0.045
100	0.012	0.014	0.019	0.024	0.028	0.032	0.036	0.039	0.041	0.044	0.046

6.6.2 同步带传动

同步带的工作面有齿，带轮的轮缘表面制有相应的齿槽。同步带传动是由同步带与两个或多个同步带轮组成的啮合传动，其同步运动和（或）动力是通过带齿与轮齿相啮合进行传递的。

同步带通常以钢丝绳或玻璃纤维绳为承载层，氯丁橡胶或聚氨酯为基体。这种带薄而轻，故可用于较高速度。传动时的线速度可达 50 m/s，传动比可达 10，效率可达 98%，所以同步带的应用日益广泛。其主要缺点是制造和安装精度要求较高，中心距要求较严格。

在规定张紧力下，带的纵截面上相邻两齿对称中心线的直线距离称为节距，以 P_b 表示，如图 6.16 所示。节距是同步带传动的主要参数。当同步带垂直于其底边弯曲时，在带中保持原长度不变的任意一条周线，称为节线，节线长为公称长度，以 L_p 表示。

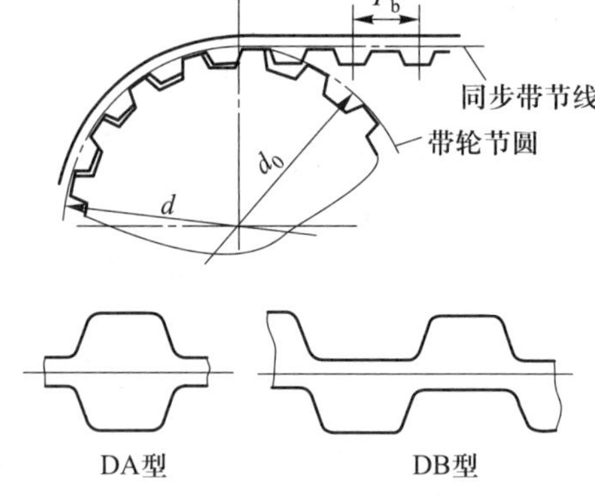

图 6.16 同步带传动

仅一面有齿的同步带称为单面同步带，双面都有齿的称为双面同步带。双面带又分对称齿双面同步带（DA 型）和交错齿双面同步带（DB 型）（图 6.16）。同步带型号分为最轻型 MXL、超轻型 XXL、特轻型 XL、轻型 L、重型 H、特重型 XH、超重型 XXH 七种（GB/T 11362—2021）。

同步带带轮的齿形有梯形齿、圆弧齿及渐开线齿，可用展成法加工而成。

同步带传动的设计计算公式见表 6.17。

表 6.17 同步带传动设计计算公式

计算项目	设计公式
计算功率/kW	$P_d = K_0 P$ （K_0 见表 6.18）
选择带型和节距	根据计算功率和小带轮转速由图 6.17 和表 6.19 选取
齿数	$Z_1 \geqslant Z_{min}$（Z_{min} 见表 6.19），$Z_2 = iZ_1$
带轮节圆直径/mm	$d_1 = \dfrac{Z_1 P_b}{\pi}$，$d_2 = \dfrac{Z_2 P_b}{\pi}$
带速/(m/s)	$v = \dfrac{\pi d_1 n_1}{60\times1\ 000} < v_{max}$ MXL、XXL、XL：$v_{max} = 40 \sim 50$； L、H：$v_{max} = 35 \sim 40$； XH、XXH：$v_{max} = 25 \sim 30$
初定中心距/mm	$0.7(d_1+d_2) \leqslant a \leqslant 2(d_1+d_2)$，或由结构决定
带长及其齿数	L 见式(6.2)，按表 6.20 选取标准节线长度 L_p 及其齿数 Z
实际中心距	由标准节线长度 L_p 及式(6.3)计算中心距 a
小带轮啮合齿数	$Z_m = \dfrac{Z_1}{2} - \dfrac{P_b Z_1}{2\pi^2 a}(Z_2 - Z_1)$ （圆整成整数）

续表

<table>
<tr><th>计算项目</th><th>设计公式</th></tr>
<tr><td>基本额定功率/kW</td><td>$$P_0=\frac{(T_a-mv^2)v}{1\ 000}$$
P_0——同步带基准宽度 b_{so} 所能传递的功率,kW;
T_a——基准宽度 b_{so} 同步带的许用工作张力,N,见表 6.19;
m——基准宽度 b_{so} 的同步带单位长度的质量,kg/m,见表 6.19</td></tr>
<tr><td>带宽</td><td>$$b_s=b_{so}\sqrt[1.14]{\frac{P_c}{K_Z P_0}}$$ (按表 6.21 取标准值,一般 $b_{so}<d_1$)
K_Z——啮合齿数系数,根据小带轮啮合齿数 Z_m 选取;$Z_m\geqslant 6$ 时,K_Z 取 1;
$Z_m<6$ 时,$K_Z=1-0.2\times(6-Z_m)$</td></tr>
<tr><td>轴上载荷/N</td><td>$$F_Q=\frac{1\ 000P_c}{v}$$</td></tr>
</table>

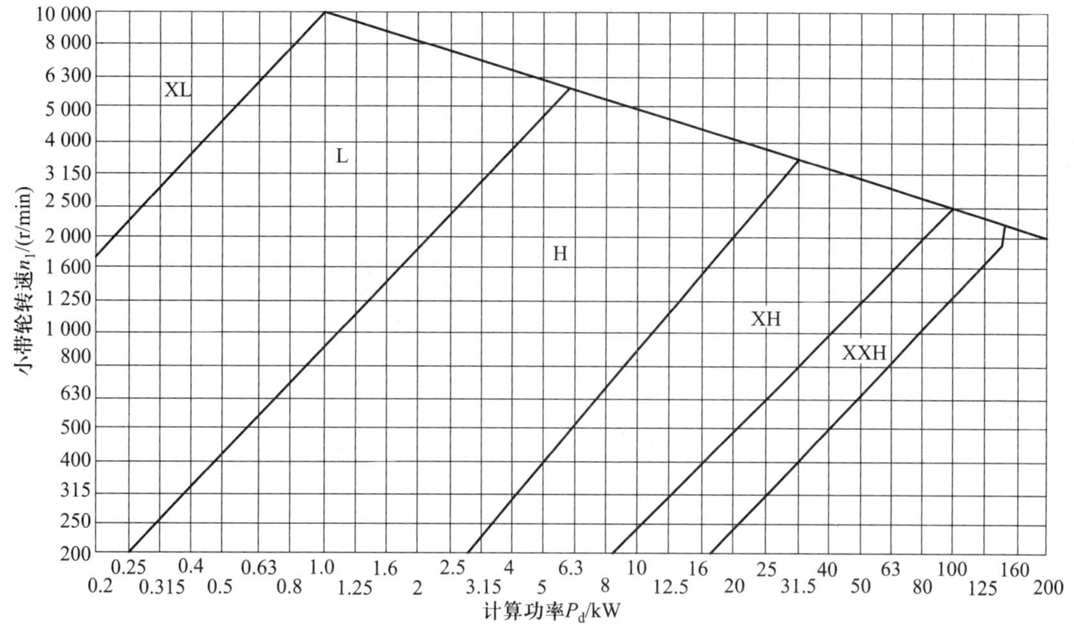

图 6.17 同步带型号的选择

表 6.18 同步带传动的工作情况系数 K_0

载荷变化情况	瞬时峰值载荷/额定工作载荷	每天工作小时数/h		
		≤10	10~16	>16
平稳		1.20	1.40	1.50
小	≈150%	1.40	1.60	1.70
较大	≥150%~250%	1.60	1.70	1.85
很大	≥250%~400%	1.70	1.85	2.00

表 6.19　同步带节距 P_b、基准宽度 b_{so}、许用工作张力 T_a、单位长度质量 m 及小带轮最少许用齿数 Z_{min}

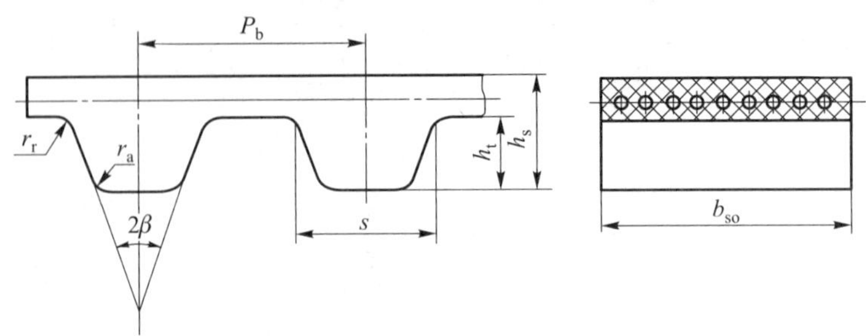

项目	型号						
	MXL	XXL	XL	L	H	XH	XXH
节距 P_b/mm	2.032	3.175	5.080	9.525	12.700	22.225	31.750
基准宽度 b_{so}/mm	6.4	6.4	9.5	25.4	76.2	101.6	127.0
许用工作张力 T_a/N	27	31	50.17	244.46	2 100.85	4 048.90	6 398.03
单位长度质量 m/(kg/m)	0.007	0.010	0.022	0.095	0.448	1.484	2.473
n_1/(r/min)	小带轮最少许用齿数 Z_{min}						
≤900	10	10	10	12	14	22	22
>900~1 200	12	12	10	12	16	24	24
>1 200~1 800	14	14	12	14	18	26	26
>1 800~3 600	16	16	12	16	20	30	—
>3 600~4 800	18	18	15	18	22	—	—

表 6.20　同步带节线长度系列

带长代号	节线长度 L_p/mm	节线长上的齿数 Z						
		MXL	XXL	XL	L	H	XH	XXH
60	152.40	75	48	30				
70	177.80	—	56	35				
80	203.20	100	64	40				
100	254.00	125	80	50				
120	304.80	—	96	60				
130	330.20	—	104	65				
140	355.60	175	112	70				
150	381.00	—	120	75	40			
160	406.40	200	128	80	—			
170	431.80	—	—	85	—			

续表

带长代号	节线长度 L_p/mm	节线长上的齿数 Z						
		MXL	XXL	XL	L	H	XH	XXH
180	457.20	225	144	90	—			
190	482.60	—	—	95	—			
200	508.00	250	160	100	—			
220	558.80	—	176	110	—			
240	609.60			120	64	48		
260	660.40			130	—	—		
300	762.00				80	60		
420	1 066.80				112	84		
540	1 371.60				144	108		
600	1 524.00				160	120		
700	1 778.00					140	80	56
800	2 032.00					160	—	64
900	2 286.00					180	—	72
1000	2 540.00					200	—	80

表 6.21 同步带宽度系列

<table>
<tr><th>代号</th><th>宽度 b_s/mm</th><th colspan="7">型号</th></tr>
<tr><td>012</td><td>3.0</td><td rowspan="3">MXL</td><td rowspan="3">XXL</td><td rowspan="2">—</td><td rowspan="5">—</td><td rowspan="6">—</td><td rowspan="9">—</td><td rowspan="9">—</td></tr>
<tr><td>019</td><td>4.8</td></tr>
<tr><td>025</td><td>6.4</td><td rowspan="3">XL</td></tr>
<tr><td>031</td><td>7.9</td><td rowspan="10">—</td><td rowspan="10">—</td></tr>
<tr><td>037</td><td>9.5</td></tr>
<tr><td>050</td><td>12.7</td><td rowspan="8">—</td><td rowspan="3">L</td></tr>
<tr><td>075</td><td>19.1</td><td rowspan="5">H</td></tr>
<tr><td>100</td><td>25.4</td></tr>
<tr><td>150</td><td>38.1</td><td rowspan="5">—</td></tr>
<tr><td>200</td><td>50.8</td><td rowspan="3">XH</td><td rowspan="4">XXH</td></tr>
<tr><td>300</td><td>76.2</td></tr>
<tr><td>400</td><td>101.6</td><td rowspan="2"></td></tr>
<tr><td>500</td><td>127.0</td><td>—</td></tr>
</table>

6.6.3 多楔带传动

多楔带如图 6.18 所示，它是平带和 V 带的组合结构，其楔形部分嵌入带轮上的楔形槽内，靠楔面摩擦工作。多楔带是无接头的，摩擦力和横向刚度较大，兼有平带和 V 带的优点，故适用于传递功率较大且要求结构紧凑的场合，也适用于载荷变动较大或有冲击载荷的传动。因其长度完全一致，故运转稳定性较好，振动较小，也不会从带轮上脱落。

6.6.4 高速带传动

带速 $v>30\ \mathrm{m/s}$，高速轴转速 $n_1=10\ 000\sim50\ 000\ \mathrm{r/min}$ 的带传动属于高速带传动。这种传动要求运转平稳，传动可靠，并有一定的使用寿命。高速带传动要求采用质量轻、薄而均匀、挠曲性好的环形平带，如特制的编织带（丝、麻、锦纶等）、薄型锦纶片复合平带等。

高速带轮要求质量轻、结构均匀对称、运转时空气阻力小。带轮各面均应进行精加工，并进行动平衡试验。高速带轮通常采用钢或铝合金制造。

为防止掉带，大、小轮缘都应加工出凸度，可制成鼓形面或双锥面。在轮缘表面常开环形槽，以防止在带与轮缘表面间形成空气层而降低摩擦因数，影响正常传动，如图 6.19 所示。

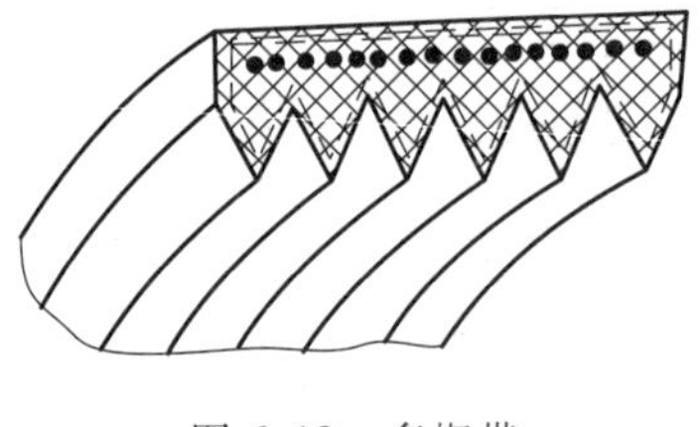

图 6.18 多楔带

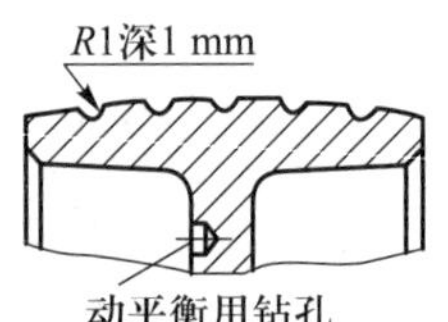

图 6.19 高速带轮轮缘

习 题

6.1 V 带带轮的基准直径指的是哪个直径？V 带传动的最小带轮直径由什么条件限制？小带轮包角范围如何确定？为什么？

6.2 在相同的条件下，为什么 V 带比平带的传动能力强？

6.3 图 6.20 所示为 V 带带轮轮槽与带的三种安装情况，其中哪种情况是正确的？哪种情况是错误的？分别说明理由。

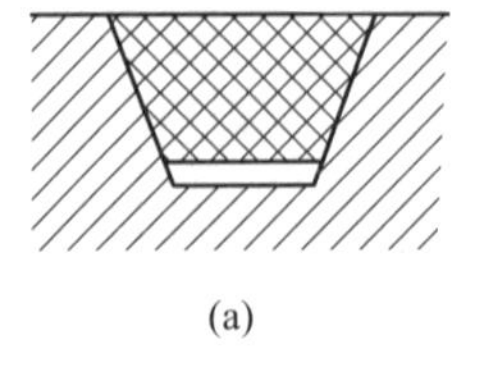

(a)

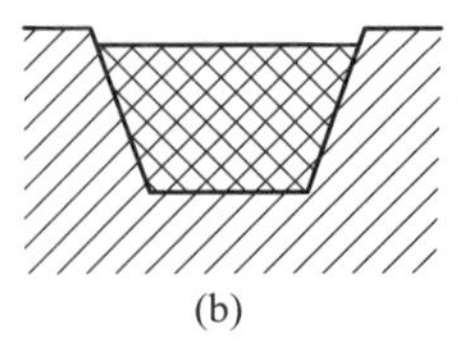

(b)

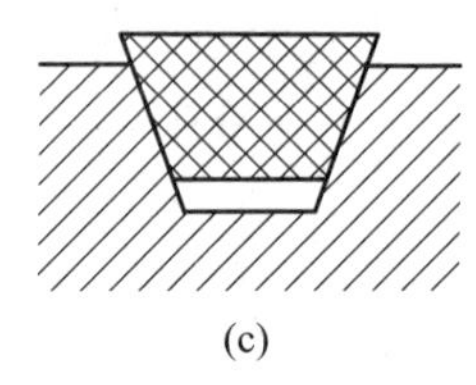

(c)

图 6.20 题 6.3 图

6.4 在设计带传动时，能否认为带速与带的传递功率成正比？为什么？

6.5 带传动与齿轮传动及链传动比较有哪些优、缺点？

6.6 什么是有效拉力？什么是张紧力？它们之间有什么关系？如何理解紧边和松边的拉力差即为带传动的有效拉力？

6.7　带传动为什么要限制其最小中心距和最大传动比？通常推荐带速为 15～25 m/s，若带速超出此范围会有什么影响？

6.8　带传动的打滑经常在什么情况下发生？打滑多发生在大带轮上还是在小带轮上？刚开始打滑时，紧边拉力和松边拉力有什么关系？空载时，带的紧边拉力与松边拉力的比值 F_1/F_2 是多少？

6.9　带工作时，截面上产生哪几种应力？这些应力对带传动的工作能力有什么影响？最大应力在什么位置？

6.10　什么是滑动率？滑动率如何计算？为什么说弹性滑动是带传动的固有特性？由于弹性滑动的影响，带传动的速度将如何变化？

6.11　为了避免带打滑，将带轮上与带接触的表面加工得粗糙些以增大摩擦，这样是否可行？为什么？

6.12　写出挠性带的欧拉公式，并说明公式中各符号的含义。

6.13　带传动为什么要张紧？常用的张紧方法有哪几种？若用张紧轮则应装在什么地方？有何利弊？

6.14　带传动中主动轮转速 $n_1=955$ r/min，$d_1=d_2=200$ mm，B 型普通 V 带，带长 1.4 m（长度系数 $k_L=0.9$），单班、平稳工作。问传递功率为 7 kW 时需几根胶带？

6.15　已知带传动的功率 $P=7.5$ kW，主动轮直径 $d_1=100$ mm，转速 $n_1=1\ 200$ r/min，紧边拉力 F_1 是松边拉力 F_2 的两倍，试求紧边拉力 F_1、松边拉力 F_2、有效拉力 F 及初拉力 F_0。

6.16　已知带传动的功率 $P=5$ kW，小带轮直径 $d_1=140$ mm，转速 $n_1=1\ 440$ r/min，大带轮直径 $d_2=400$ mm，V 带传动的滑动率 $\varepsilon=2\%$，求从动轮实际转速 n_2'、空载时从动轮转速 n_2、有效拉力 F。

6.17　带传动的小带轮直径 $d_1=100$ mm，大带轮直径 $d_2=400$ mm，若主动小带轮转速 $n_1=600$ r/min，V 带传动的滑动率 $\varepsilon=2\%$，求从动大带轮的转速 n_2。

6.18　带传动传递的功率 $P=5$ kW，主动轮转速 $n_1=350$ r/min，主动轮直径 $d_1=450$ mm，传动的中心距 $a=1\ 500$ mm，从动轮直径 $d_2=650$ mm，V 带与带轮间当量摩擦因数 $\mu_v=0.5$。求带速、小带轮包角 α_1、带长及紧边拉力 F_1。

6.19　带传动的主动轮转速 $n_1=1\ 450$ r/min，主动轮直径 $d_1=140$ mm，从动轮直径 $d_2=400$ mm，传动的中心距 $a\approx1\ 000$ mm，传递功率 $P=10$ kW，取工作情况系数 $K_A=1.2$。试选普通 V 带型号并求 V 带的根数 z。

6.20　测得一普通 V 带传动的数据如下：$n_1=1\ 460$ r/min，$a=400$ mm，小带轮直径 $d_1=140$ mm，大带轮直径 $d_2=400$ mm，B 型带共 3 根，传动水平布置，张紧力按标准规定，采用电动机传动，一班制工作，工作平稳。试求允许传递的最大功率。

6.21　图 6.21 所示为搅拌机采用的普通 V 带传动，主动轮转速 $n_1=1\ 430$ r/min，主动轮直径 $d_1=100$ mm，从动轮转速 $n_2=572$ r/min（搅拌转速），传动中心距 $a\approx500$ mm，采用普通 V 带，型号为 A 型，根数 $Z=2$，工作情况系数 $K_A=1.1$。试求允许传递的最大功率和轴上压力。

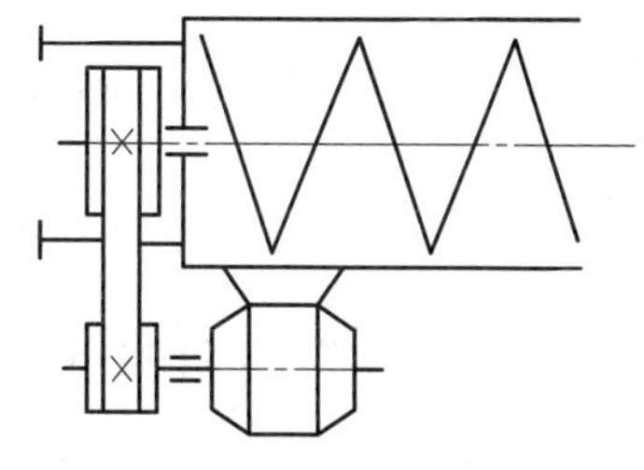

图 6.21　题 6.21 图

6.22　分析：某带传动装置主动轴扭矩 T，两轮直径 d_1、d_2 分别为 100 mm 与 150 mm，运转中发生了严重打滑现象，之后带轮直径改为 $d_1=150$ mm、$d_2=225$ mm，带长相应增加，传动正常，试问其原因何在？（要点提示：从有效拉力 F、摩擦力的极限 $F_{\mu\lim}$ 与哪些因素有关，关系程度如何等方面进行分析。）

第 7 章　链传动

7.1　链传动的类型、特点及应用

链传动是在两个或两个以上链轮之间用链作为挠性拉曳元件的一种啮合传动。如图 7.1 所示，链传动由主动链轮 1、从动链轮 2 和绕在链轮上并与链轮啮合的链条 3 组成。

7.1.1　链传动的类型

按照用途不同，链可分为传动链、起重链和曳引链三大类。传动链用于一般机械中传递运动和动力，通常工作速度 $v \leq 15$ m/s。起重链主要用于起重机械中提起重物，其工作速度 $v \leq 0.25$ m/s；曳引链主要用于运输机械中移动重物，其工作速度 $v \leq 4$ m/s。

传动链有齿形链和滚子链两种。齿形链是利用特定齿形的链片和链轮相啮合来实现传动，如图 7.2 所示。齿形链传动平稳，噪声很小，故又称无声链传动。齿形链允许的工作速度可达 40 m/s，但制造成本高，重量大，故多用于高速或运动精度要求较高的场合。本章重点讨论应用最广泛的套筒滚子链传动。

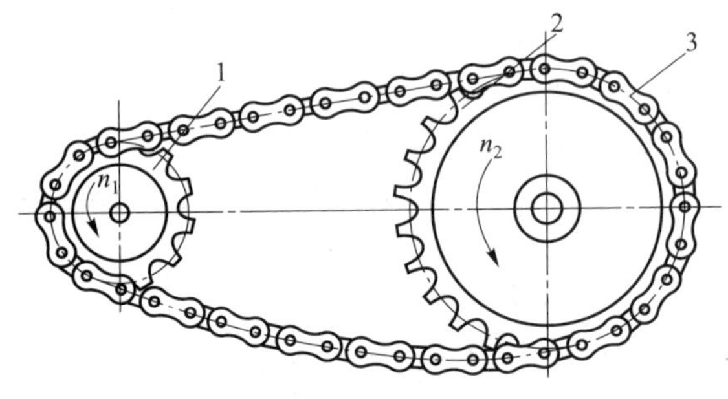

图 7.1　链传动示意图

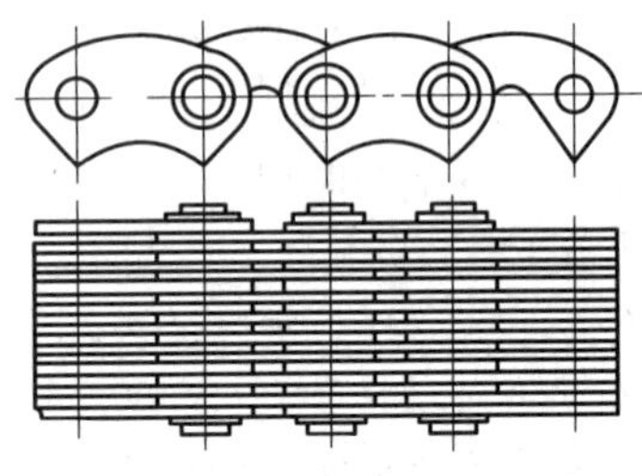

图 7.2　齿形链

7.1.2　链传动的特点

链传动的主要优点：与带传动相比，链传动无弹性滑动和打滑现象，因而能保持平均传动比不变；张紧力小，作用在轴上的压力较小；传动效率高，可达 98%；能在温度较高、湿度较大的条件下，以及粉尘较多的不良环境中工作。与齿轮传动相比，链传动可用于中心距较大的场合，且对制造精度要求较低。

链传动的主要缺点：只能用于平行轴之间的传动；不能保持恒定的瞬时传动比；运动平稳性差，工作时有噪声；不宜在载荷变化很大和急速反向传动中使用。

7.1.3 传动链的应用

链传动在传递功率、速度、传动比、中心距等方面都有很广的应用。目前,最大传递功率达到 5 000 kW,最高速度达到 40 m/s,最大传动比达到 15,最大中心距达到 8 m。由于经济性及其他原因,通常链传动传递的功率 $P\leqslant 100$ kW,速度 $v\leqslant 15$ m/s,传动比 $i\leqslant 8$,中心距 $a\leqslant 5\sim 6$ m。

链传动广泛应用于农业机械、矿山机械、轻纺机械、石油机械、机床、摩托车等各种机械的传动中。

7.2 滚子链和链轮

7.2.1 滚子链

滚子链由内链板 1、外链板 2、销轴 3、套筒 4 和滚子 5 组成,如图 7.3 所示。内链板和套筒、外链板和销轴用过盈配合固定,构成内链节和外链节。销轴和套筒之间为间隙配合,构成铰链,将若干内、外链节依次铰接形成链条。滚子松套在套筒上可自由转动,工作时,滚子沿链轮齿廓滚动,减轻了链条与轮齿的磨损。内、外链板制成 8 字形,以减轻链的质量和运动时的惯性力,并保证链板各剖面的强度大致相等。

链条的各零件由碳素钢或合金钢制成,并经热处理,以提高其强度和耐磨性。

链在拉直的情况下,相邻两滚子中心之间的距离称为节距,用 p 表示,节距是链的基本参数。节距 p 越大,链的各部分尺寸和质量也越大,所能传递的功率也越大。

滚子链可制成单排、双排(图 7.4)或多排。排数愈多,愈难使各排受力均匀,故排数一般不超过三排或四排。当载荷较大时,可选用双排滚子链或三排滚子链。

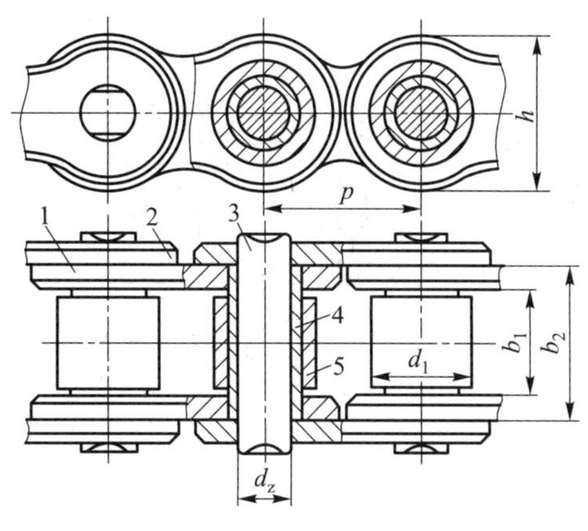

图 7.3 滚子链示意图

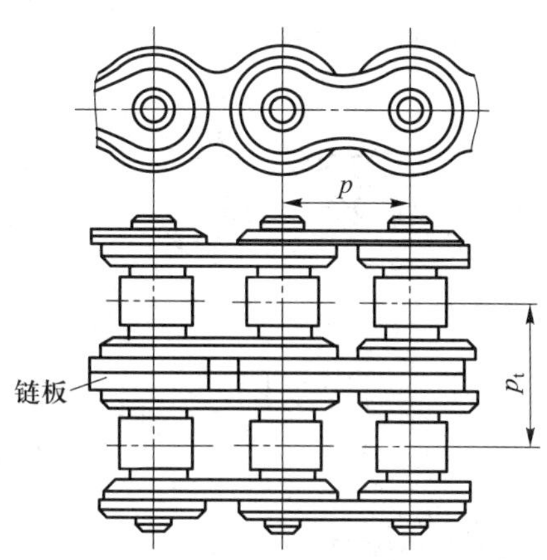

图 7.4 双排滚子链

滚子链已标准化,GB/T 1243—2006 中规定滚子链分为 A、B、C 系列,其中 A 系列较为常用,其主要参数如表 7.1 所示。

表7.1 A系列滚子链的基本参数和尺寸(GB/T 1243—2006)

链号	节距 p/mm	排距 p_t/mm	滚子直径 d_1/mm	内节内宽 b_1/mm	销轴直径 d_2/mm	内链板高度 h_2/mm	单排链极限拉伸载荷 F_Q/kN	单排链每米质量 q/(kg/m)
08A	12.70	14.38	7.92	7.85	3.98	12.07	13.8	0.60
10A	15.875	18.11	10.16	9.40	5.09	15.09	21.8	1.00
12A	19.05	22.78	11.91	12.57	5.96	18.08	31.1	1.50
16A	25.40	29.29	15.88	15.75	7.94	24.13	55.6	2.60
20A	31.75	35.76	19.05	18.90	9.54	30.18	86.7	3.80
24A	38.10	45.44	22.23	25.22	11.11	36.20	124.6	5.60
28A	44.45	48.87	25.40	25.22	12.71	42.24	169.0	7.50
32A	50.80	58.55	28.58	31.55	14.29	48.26	222.4	10.10
40A	63.50	71.55	39.68	37.85	19.85	60.33	347.0	16.10
48A	76.20	87.83	47.63	47.35	23.81	72.39	500.4	22.60

注:1. 表中链号和相应的国际标准号一致,链号乘以25.4/16 mm即为节距值;链号中的后缀A表示A系列。

2. 使用过渡链节时,其极限拉伸载荷按表列数值的80%计算。

滚子链的标记为:链号-排数-整链链节数 标准号

例如:10A-1-86 GB/T 1243—2006 表示A系列滚子链,节距为15.875 mm,单排,链节数为86,制造标准GB/T 1243—2006。

链条的长度用链节数表示,一般选用偶数链节。链节数为偶数时采用连接链节,其形状与链节相同,仅连接连板与销轴为间隙配合,用开口销或弹簧卡片等止锁件将销轴与连接连板固定,如图7.5a、b所示。当链节数为奇数时,需采用过渡链节如图7.5c所示。由于过渡链节的链板受附加弯矩的作用,一般应避免采用,但在重载、冲击、反向等繁重条件下工作时,采用全部由过渡链节构成的链,柔性较好,能减轻冲击和振动。

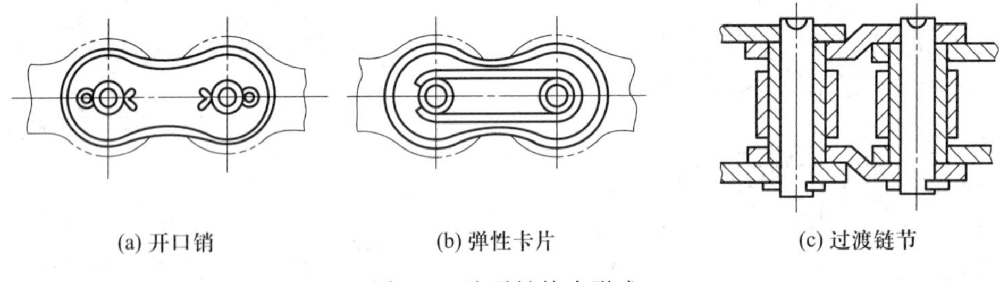

图7.5 滚子链接头形式

7.2.2 滚子链链轮

1. 链轮的基本参数及主要尺寸

链轮的基本参数为,链轮的齿数z、配用链条的节距p、滚子外径d_1及排距p_t。链轮主要尺寸(图7.6)的计算公式为

$$
\left.\begin{aligned}
&\text{分度圆直径 } d && d=p/\sin\frac{180^\circ}{z}\\
&\text{齿顶圆直径 } d_a && d_{a\max}=d+1.25p-d_1\\
& && d_{a\min}=d+\left(1-\frac{1.6}{z}\right)p-d_1\\
&\text{如选用三圆弧一直线齿形,则} && d_a=p\left(0.54+\cot\frac{180^\circ}{z}\right)\\
&\text{齿根圆直径 } d_f && d_f=d-d_1\\
&\text{齿侧凸缘(或排间槽)直径 } d_g && d_g\leqslant p\cot\frac{180^\circ}{z}-1.04h_2-0.76
\end{aligned}\right\}\qquad(7.1)
$$

式中:h_2——内链板高度,见表 7.1。

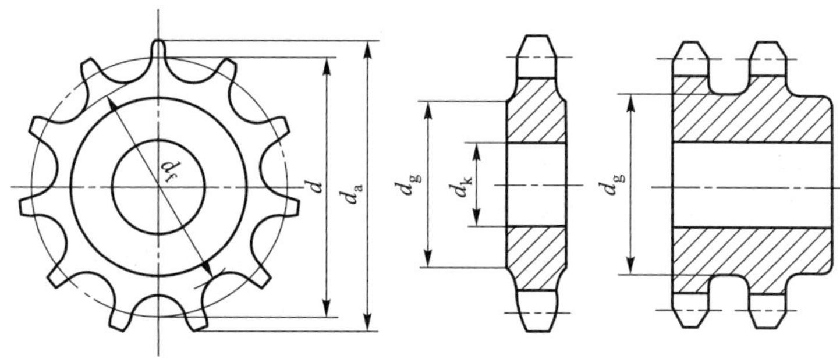

图 7.6　滚子链链轮

2. 链轮的齿形

链轮的齿形应能保证链节平稳而自由地进入和退出啮合,在啮合时应保证良好的接触,且形状简单便于加工。国家标准只规定了滚子链链轮齿槽的齿面圆弧半径 r_e、齿沟圆弧半径 r_i 和齿沟角 α(图 7.7a)的最大和最小值,实际齿槽形状在最大和最小范围内均可使用。这样处理使链

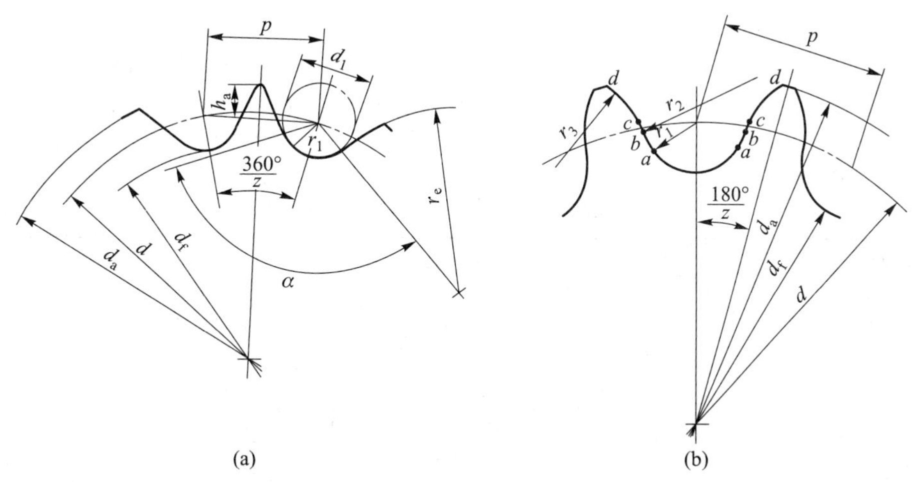

图 7.7　滚子链链轮端面齿形

轮齿形设计有较大的灵活性。常用的齿廓为三圆弧一直线齿形,它由 $\widehat{aa}$、$\widehat{ab}$、$\widehat{cd}$ 和 $\overline{bc}$ 组成,为齿廓的工作段(图7.7b)。链轮的轴向齿形两侧呈圆弧状(图7.8),以便于链节进入和退出啮合。

齿形采用标准刀具加工时,在链轮工作图上可不绘制端面齿形,只需在图上注明按GB/T 1243—2006制造即可。但为了车削毛坯,需将轴向齿形画出。轴向齿形的具体尺寸见有关设计手册。

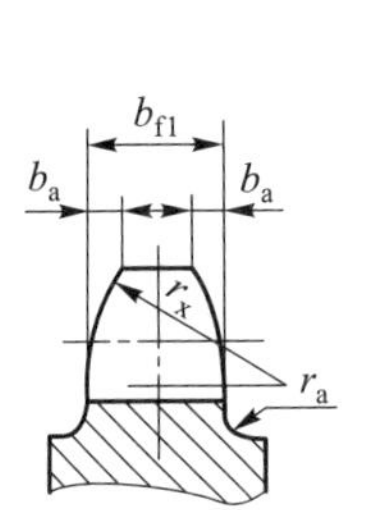

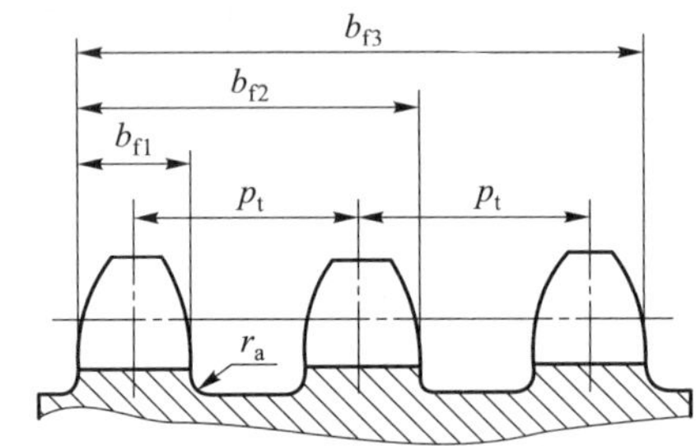

图7.8　滚子链链轮轴向齿形

3. 链轮的结构和材料

链轮的结构如图7.9所示。直径小的链轮可制成实心式(图7.9a),中等直径的链轮可制成辐板式(图7.9b),大直径(d>200 mm)的链轮可设计成组合式,可将齿圈焊接在轮毂上(图7.9d)或采用螺栓连接(图7.9c),若轮齿因磨损而失效,可更换齿圈。

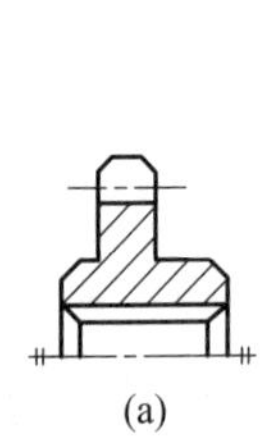
(a)

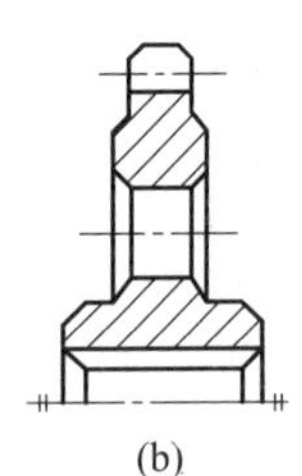
(b)

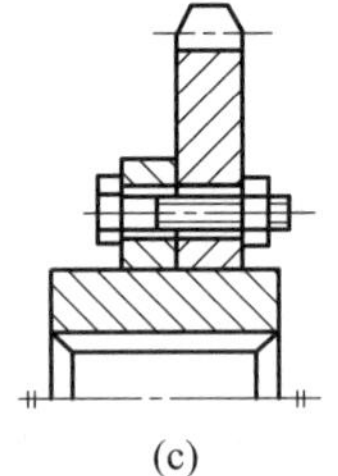
(c)

(d)

图7.9　链轮的结构

链轮材料应能满足强度和耐磨性的要求。链轮多经过热处理。由于小链轮轮齿的啮合次数比大链轮多,磨损、冲击较严重,所以小链轮的材料应较大链轮好,齿面硬度较高。链轮材料的选用可参考表7.2。

表7.2　链轮材料及热处理

材料	热处理	齿面硬度	应用范围
15、20	渗碳淬火、回火	50~60 HRC	z≤25有冲击载荷的链轮
35	正火	160~200 HBW	正常工作条件下齿数较多(z>25)的链轮
45、50、45Mn、ZG310-570	淬火、回火	40~50 HRC	无剧烈冲击振动和要求耐磨的链轮

续表

材料	热处理	齿面硬度	应用范围
15Cr、20Cr	渗碳淬火、回火	55~60 HRC	有动载荷及传递功率较大的重要链轮
40Cr、35SiMn、35CrMo	淬火、回火	40~50 HRC	使用优质链条的重要链轮
Q235A、Q275	焊接后退火	140 HBW	中等速度、传递中等功率的较大链轮
灰铸铁（不低于 HT150）	淬火、回火	260~280 HBW	$z>50$ 的从动链轮
夹布胶木			$P<6$ kW，速度较高，要求传动平稳和噪声小的链轮

7.3　链传动的工作情况分析

7.3.1　链传动的运动分析

链传动的运动情况和绕在多边形轮子上的带很相似，如图 7.10 所示。多边形边长相当于链节距 p，边数相当于链轮的齿数 z。链轮每转过一周，链条转过的长度为 zp，当两链轮的转速分别为 n_1 和 n_2 时，链条的平均速度（单位为 m/s）为

$$v=\frac{z_1pn_1}{60\times1\ 000}=\frac{z_2pn_2}{60\times1\ 000} \tag{7.2}$$

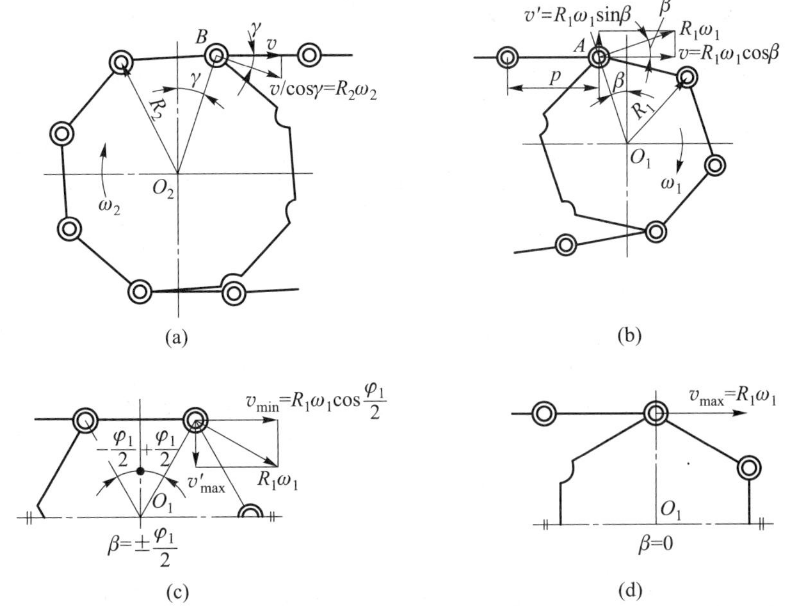

图 7.10　链传动的运动图

由上式得链传动的平均传动比为

$$i_{12}=\frac{n_1}{n_2}=\frac{z_2}{z_1} \tag{7.3}$$

以上两式求出的链速和传动比都是平均值。实际上由于多边形效应,即使主动轮的角速度 ω_1 为常数,瞬时链速和瞬时传动比却是变化的。

为了便于分析,设链的紧边(主动边)在传动时总处于水平位置(图 7.10b)。主动轮以角速度 ω_1 回转,当链节进入主动轮,相啮合的滚子中心 A 的圆周速度为 $R_1\omega_1$,将其分解为沿链条前进方向的水平分速度 v(即链速)和垂直方向的分速度 v',则

$$v=R_1\omega_1\cos\beta \tag{7.4}$$

$$v'=R_1\omega_1\sin\beta \tag{7.5}$$

式中:β——A 点的相位角,即纵坐标与 A 点和轮心连线的夹角。

在主动轮上,每个链节对应的中心角为 $\varphi_1=360°/z_1$,当链节依次进入啮合时,β 在$[-\varphi_1/2,\varphi_1/2]$范围内变动,从而引起链速 v 相应作周期性变化。当 $\beta=\pm\varphi_1/2$ 时,链速最小,$v_{min}=R_1\omega_1\cos(\varphi_1/2)$(图 7.10c);当 $\beta=0°$时,链速最大,$v_{max}=R_1\omega_1$(图 7.10d)。由此可知,从第一个链节进入啮合到第二个链节进入啮合,其链速 v 作着由小到大、又由大到小的变化,每转过一个链节重复上述变化一次(图 7.11)。齿数越少,φ_1 越大,链速的变化就越大。链条在垂直方向的速度 v'也做周期性变化,使链条上下抖动。

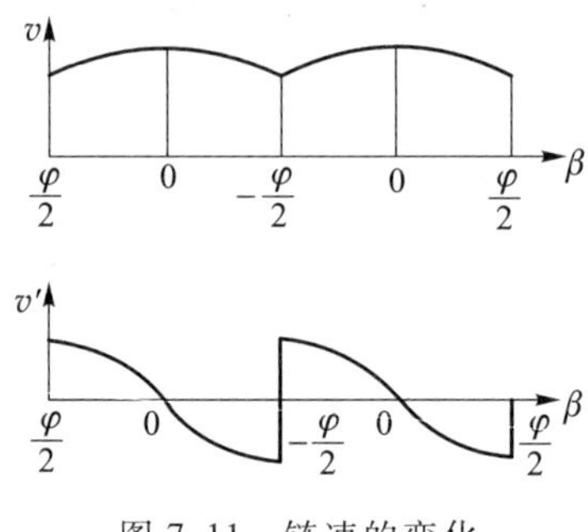

图 7.11 链速的变化

从动轮上,滚子中心 B 的圆周速度为 $R_2\omega_2$,其水平速度 $v=R_2\omega_2\cos\gamma$(图 7.10a,γ 为 B 点的相位角),由于链速 v 不断变化,γ 角也在$\left[-\frac{\varphi_2}{2},\frac{\varphi_2}{2}\right]$($\varphi_2=\frac{360°}{z_2}$)内不断变化,所以 $\omega_2=\frac{v}{R_2\cos\gamma}=\frac{R_1\omega_1\cos\beta}{R_2\cos\gamma}$是变化的。同时,瞬时传动比 $i=\frac{\omega_1}{\omega_2}=\frac{R_2\cos\gamma}{R_1\cos\beta}$也是变化的。只有当 $z_1=z_2$,且紧边的长度为链节距的整数倍时,才能使瞬时传动比为恒定值。

7.3.2 链传动的动载荷

链传动在工作时引起动载荷的主要原因有以下几点:

(1) 由于链速和从动轮角速度作周期性变化,产生了加速度,从而引起动载荷。加速度越大,动载荷越大。已知链的加速度

$$a=\frac{\mathrm{d}v}{\mathrm{d}t}=-R_1\omega_1^2\sin\beta$$

当 $\beta=\pm\varphi_1/2$ 时,$a_{max}=\pm R_1\omega_1^2\sin\frac{\varphi_1}{2}=\pm R_1\omega_1^2\sin\frac{180°}{z}=\pm\frac{\omega_1^2 p}{2}$。

从上述关系可以说明,链速越大,链节距越大,链轮齿数越少,动载荷也越大。为减小动载

荷,链速一定时,链传动应尽量选取较多的齿数和较小的节距。

(2) 链条垂直方向的分速度 v' 也作周期性变化,使链产生横向振动。这也是产生动载荷的重要原因之一。

(3) 在链条链节与链轮轮齿啮合的瞬间(图 7.12),由于具有相对速度,造成啮合冲击并产生动载荷。

(4) 链、链轮的制造、安装误差也会引起动载荷。由于链条松弛,在起动、制动、反转、载荷突变等情况下产生惯性冲击,引起较大的动载荷。

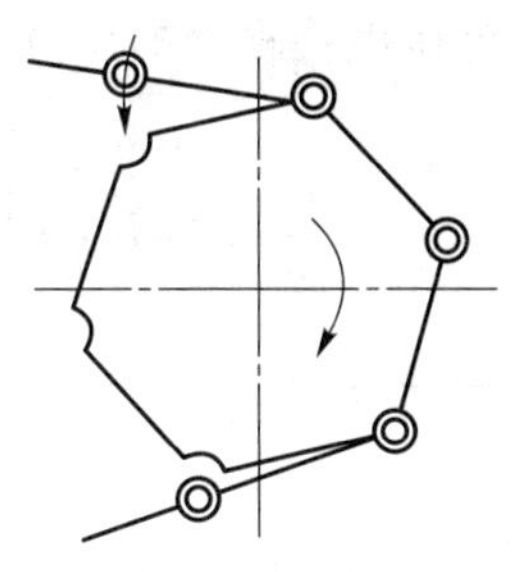

图 7.12　链节和链轮啮合时的冲击

7.3.3　链传动的受力分析

安装链传动时,只需不大的张紧力,主要是使链的松边垂度不致过大,否则会产生显著振动、跳齿和脱链。若不考虑传动中的动载荷,链在传动中的主要作用力有以下几种。

1. 工作拉力 F

$$F=\frac{1\ 000P}{v} \tag{7.6}$$

式中:P——传递功率,kW;

v——速度,m/s。

2. 离心拉力 F_c

$$F_c=qv^2 \tag{7.7}$$

式中:q——链的单位长度质量,kg/m。

链速 $v>7$ m/s 时,离心力不可忽略。

3. 垂度拉力 F_f

与链传动的布置方式及链在工作时允许的垂度有关。若允许垂度过小,则必须以很大的 F_f 拉紧,从而增加链的磨损和轴承载荷;允许垂度过大,则又会使链和链轮的啮合情况变坏。垂度拉力可利用求悬索拉力(图 7.13)的方法近似求得

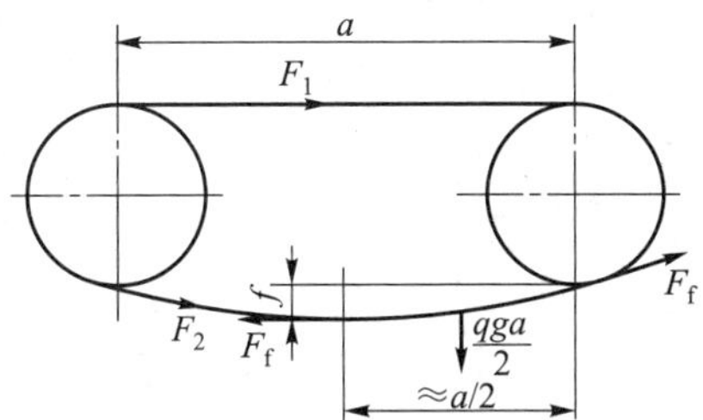

图 7.13　作用在链上的力

$$F_f\approx\frac{1}{f}\ \frac{qga}{2}\ \frac{a}{4}=k_f qga \tag{7.8}$$

式中:a——链传动的中心距,mm;

g——重力加速度,mm/s^2;

k_f——下垂量 $f=0.02a$ 时的垂度系数。垂直布置时,$k_f=1$;水平布置时,$k_f=6$;对于倾斜角(两轮中心连线和水平线的夹角)小于 40°的传动,$k_f=4$;大于 40°的传动,$k_f=2$。

4. 紧边拉力 F_1 和松边拉力 F_2

$$\left.\begin{aligned}F_1&=F+F_c+F_f\\F_2&=F_c+F_f\end{aligned}\right\} \tag{7.9}$$

5. 链作用在轴上的压力 F_Q

$$F_Q=(1.2\sim1.3)K_AF \tag{7.10}$$

式中：K_A——工作情况系数（见表 7.3）。

表 7.3　工作情况系数 K_A

载荷种类	工作机	原动机	
		电动机或汽轮机	内燃机
载荷平稳	液体搅拌机、离心泵、离心式鼓风机、纺织机械、轻型运输机、链式运输机、发电机	1.0	1.1
中等冲击	一般机床、压气机、木工机械、食品机械、印染纺织机械、一般造纸机械、大型鼓风机	1.4	1.5
较大冲击	锻压机械、矿山机械、工程机械、石油钻井机械、振动机械、橡胶搅拌机	1.8	1.9

7.4　滚子链传动的设计计算

7.4.1　链传动的失效形式

由于链条的强度比链轮的强度低，故一般链传动的失效主要是链条失效，其失效形式主要有以下几种：

(1) 链条铰链磨损　链条铰链的销轴与套筒之间承受较大的压力且又有相对滑动，故在承压面上将产生磨损。磨损使链条节距增加，容易产生跳齿和脱链。开式传动、环境条件恶劣或润滑密封不良时极易引起铰链磨损，从而急剧降低链条的使用寿命。

(2) 链板疲劳破坏　链传动紧边和松边拉力不等，链条工作时拉力在不断地发生变化，经一定的循环后链板发生疲劳断裂。正常润滑条件下，疲劳强度是限定链传动承载能力的主要因素。

(3) 冲击疲劳破断　链传动在起动、制动、反转或反复多次的冲击载荷作用下，滚子、销轴、套筒发生疲劳断裂。这种失效形式多发生于中、高速闭式链传动中。

(4) 链条铰链的胶合　润滑不当或链速过高时，销轴和套筒的工作表面易发生胶合。胶合限制了链传动的极限转速。

(5) 链条的静力拉断　在低速（$v<0.6$ m/s）重载或突然过载时，载荷超过链条的静强度，链条将被拉断。

7.4.2　滚子链的额定功率曲线

链传动的工作能力受到链条各种失效形式的限制。在一定使用寿命和良好的润滑条件下，由链传动多种失效形式所限定的额定功率曲线如图 7.14 所示。润滑不良、工作环境恶劣时，链传动所能传递的功率比润滑良好的链传动要低得多。

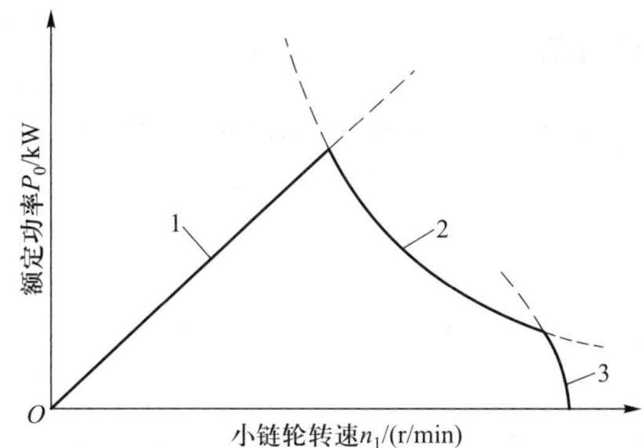

1—链板疲劳强度限定；2—滚子、套筒冲击疲劳强度限定；3—销轴、套筒胶合限定

图 7.14　额定功率曲线

为避免出现上述各种失效形式，图 7.15 给出了 A 系列滚子链的额定功率曲线。它是在特定条件下制订的，即 $z_1=19$，$L_p=100$（L_p 为链条节数），单列链水平布置，载荷平稳，工作环境正常，采用推荐的润滑方式润滑，工作寿命为 15 000 h，链条因磨损而引起的链节距地相对伸长量不超过 3%。

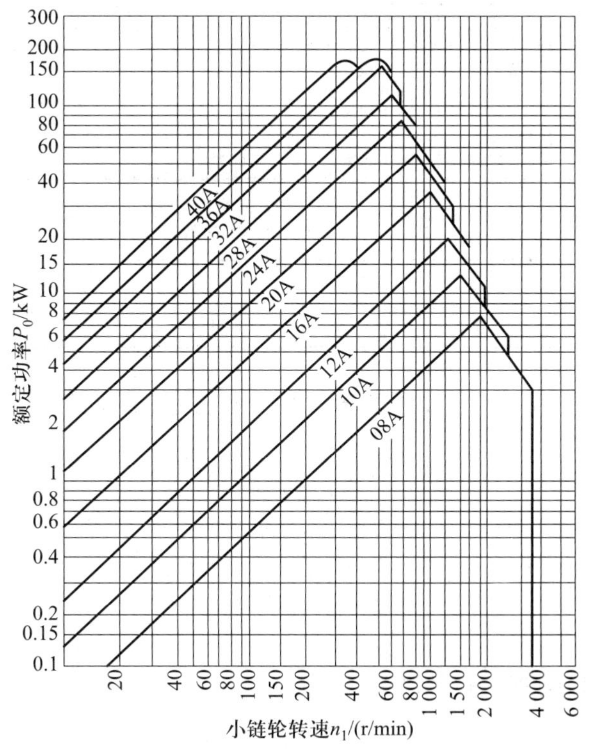

图 7.15　滚子链传动额定功率曲线（A 系列）

当链传动不能按推荐的方式润滑时，图中规定的功率 P_0 应降低，可根据不同的链速取值：$v\leqslant1.5$ m/s 时，取$(0.3\sim0.6)P_0$；1.5 m/s$<v<7$ m/s 时，取$(0.15\sim0.3)P_0$；$v>7$ m/s 且润滑不良时，传动不可靠，不宜采用。

当要求实际工作寿命低于 15 000 h 时可按有限寿命设计，此时允许传递的功率高些。

7.4.3 链传动的设计计算

链传动的实际工作条件与上述特定条件不同时，应对 P_0 加以修正。实际条件下链传动的计算功率 P_c 为

$$P_c=\frac{K_A P}{k_z k_p}\leqslant P_0 \tag{7.11}$$

式中：P_0——额定功率，kW；

P——名义功率，kW；

k_z——小链轮齿数系数，见表 7.4，当工作点落在图 7.15 中曲线顶点左侧时，取表中 k_z 值，当工作点落在曲线顶点右侧时，取表中 k_z' 值；

k_p——多排链排数系数，见表 7.5。

表 7.4 小链轮的齿数系数

z_1	9	11	13	15	17	19	21
k_z	0.446	0.554	0.664	0.775	0.887	1.00	1.11
k_z'	0.326	0.441	0.566	0.701	0.846	1.00	1.16
z_1	23	25	27	29	31	33	35
k_z	1.23	1.34	1.46	1.58	1.70	1.82	1.93
k_z'	1.33	1.51	1.69	1.89	2.08	2.29	2.50

表 7.5 多排链排数系数 k_p

排数	1	2	3	4	5	6
k_p	1.0	1.7	2.5	3.3	4.0	4.6

当 $v\leqslant 0.6$ m/s 时，链传动的主要失效形式是链条的过载拉断，设计时必须验算静力强度的安全系数

$$S=\frac{z_p F_Q}{1\,000 K_A F_1}\geqslant 4\sim 8 \tag{7.12}$$

式中：F_Q——单排链的极限拉伸载荷，kN，见表 7.1；

z_p——链排数。

7.4.4 链传动主要参数的选择

1. 链轮的齿数 z_1、z_2

链轮的齿数不宜过少或过多。齿数过少会出现以下问题：① 增加传动的不均匀性和动载荷；② 增加链节间的相对转角，从而增大功率消耗；③ 增加铰链承压面间的压强（因齿数少，链轮直径小，链的工作拉力将增加），从而加速铰链磨损等。齿数过多将缩短链的使用寿命。

从增加传动均匀性和减少动载荷考虑，小链轮齿数宜适当多些。在动力传动中建议按链速由表 7.6 选取 z_1。

表 7.6　滚子链传动的主动轮齿数 z_1

链速 v/(m/s)	0.6 ~ 3	3 ~ 8	> 8
z_1	≥ 15~17	≥ 21	≥ 23~25

从限制大链轮齿数和减少传动尺寸考虑,传动比大的链传动建议选取较少的链轮齿数。链速极低时最少可取到 9。

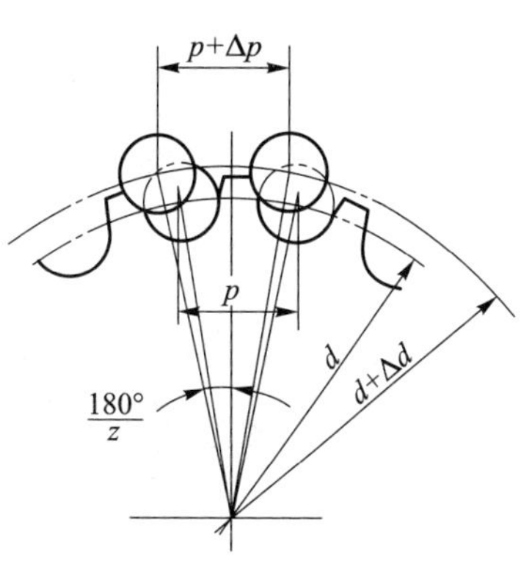

图 7.16　链节伸长对啮合的影响

大轮齿数 $z_2=iz_1$,z_2 不宜过多。因为链节磨损后,套筒和滚子都被磨薄而且中心偏移,这时,链与轮齿实际啮合的节距由 p 增至 $p+\Delta p$,链节势必沿着轮齿齿廓向外移,因而分度圆直径由 d 增至 $d+\Delta d$,如图 7.16 所示。节距增量 Δp 与分度圆直径增量 Δd 的关系可由式(7.1)得出,$\Delta d=\Delta p/\sin\dfrac{180°}{z}$,由此可知 Δp 一定时,齿数越多,分度圆直径增量 Δd 就越大,链节越向外移,因而越容易发生跳齿和脱链现象,链的使用寿命也越短。所以,大链轮齿数不宜过多,一般 $z_{2\max}<120$。

在选取链轮齿数时,应考虑使链条磨损均匀。由于链节数多为偶数,所以链轮齿数最好选质数或不能整除链节数。

2. 传动比 i

一般情况下,链传动的传动比 $i\leqslant 8$,推荐 $i=2.0\sim3.5$,低速、载荷平稳、外廓尺寸不受限制时 i 可达 10(个别情况可达 15)。若传动比过大,链条在小链轮上的包角减小,啮合的轮齿数减少,轮齿的磨损加快,容易出现跳齿,破坏正常啮合。通常包角不小于 120°,传动比在 3 左右。

3. 链速 v

链速越大,链传动的动载荷越大,所以链速最好不超过 15 m/s。如果链和链轮的制造质量很高,链节距较小,链轮齿数较多,安装精度很高,采用合金钢制造链,则链速允许达到 20~30 m/s。

链轮的最佳转速和极限转速可参考图 7.15。图中接近最大功率的转速为最佳转速,功率曲线右侧竖线为极限转速。

4. 链节距 p

链节距越大,链和链轮齿的各部分尺寸也越大,链的承载能力也越大,但传动的速度不均匀性、动载荷、噪声等都将增强。因此设计时,在承载能力足够的条件下,应尽可能选取较小节距的单排链,高速重载时,可选用小节距的多排链。一般载荷大、中心距小、传动比大时选小节距的多排链,速度不太高、中心距大、传动比小时选大节距的单排链。

若已知传动功率 P,由式(7.11)得计算功率 P_c,根据 P_c 和小链轮转速 n_1,由图 7.15 选取链的型号,确定链节距。反之,由小链轮转速 n_1 和链节距 p 可确定链能传递的功率。

5. 中心距 a 和链长

中心距的大小对传动性能有重要影响。中心距小,链条节数少,链在小链轮上的包角小,啮合的轮齿少,每个轮齿所受的载荷大;而且在链速一定时,单位时间内同一链节的屈伸次数增多,加快了链的疲劳和磨损。中心距大,链条节数多,则链的弹性好,抗振能力强,磨损慢,链的使用寿命长。但当中心距过大时，会使链条松边垂度过大，发生颤动，使传动不平稳。一般中心距取 $a=(30\sim50)p$，最大中心距 $a_{max}=80p$。

链的长度用链条节数 L_p 表示。按带长度的计算公式计算链长度，以 $d_1=z_1p/\pi$ 和 $d_2=z_2p/\pi$ 代入，得链条节数的计算公式：

$$L_p=\frac{z_1+z_2}{2}+2\frac{a}{p}+\left(\frac{z_2-z_1}{2\pi}\right)^2\frac{p}{a} \tag{7.13}$$

计算得到的链条节数必须取整数，最好为偶数。

根据圆整后的链条节数用下式计算实际中心距，即

$$a=\frac{p}{4}\left[\left(L_p-\frac{z_2+z_1}{2}\right)+\sqrt{\left(L_p-\frac{z_2+z_1}{2}\right)^2-8\left(\frac{z_2-z_1}{2\pi}\right)^2}\right] \tag{7.14}$$

为使链条松边具有合适的垂度，以利链与链轮顺利啮合，安装时应使实际中心距比计算出的中心距小 Δa，$\Delta a=(0.002\sim0.004)a$。对于中心距可调的链传动，$\Delta a$ 取大值；对于中心距不可调和没有张紧装置的链传动，Δa 取应小值。

7.5 链传动的布置和润滑

7.5.1 链传动的合理布置

合理布置链传动的原则：两链轮的回转平面应在同一铅垂面内，否则易引起脱链和不正常磨损；两轮轴线应在同一水平面（水平布置）；应是链条紧边在上松边在下，以免松边垂度过大使链与轮齿相干涉或紧、松边相碰；倾斜布置时，两轮中心线与水平面夹角 φ 应尽量小于45°；应尽量避免垂直布置，以免与下方链轮啮合不良或脱离啮合。链传动的布置见表7.7。

表7.7 链传动的布置

传动参数	正确布置	不正确布置	说明
$i=2\sim3$ $a=(30\sim50)p$	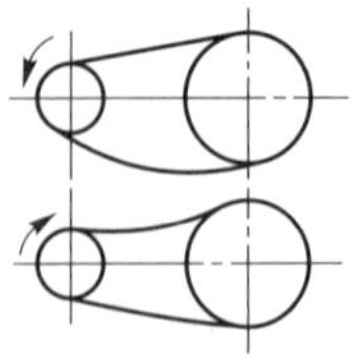		传动比和中心距中等大小；两轮轴线应在同一水平面，紧边在上较好
$i>2$ $a<30p$	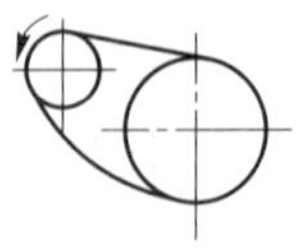	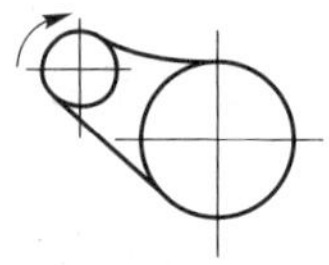	中心距较小；两轮轴线不在同一水平面，松边应在下面，否则松边下垂量增大后，链条易与链轮卡死
$i<1.5$ $a>60p$	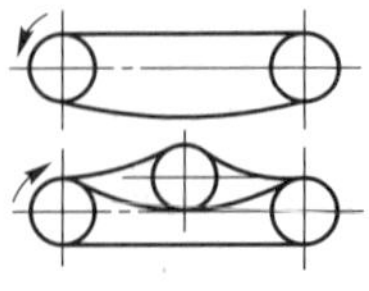	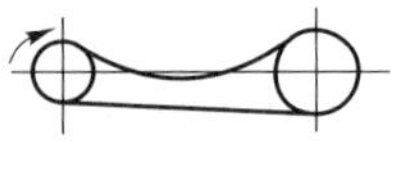	传动比小，中心距较大；两轮轴线在同一水平面，松边应在下面，否则经长时间使用，下垂量增大后松边会与紧边相碰，需经常调整中心距

续表

传动参数	正确布置	不正确布置	说明
i、a 为任意值			两轴线不在同一铅垂面内，经使用，链节距加大，链下垂量增大后会减少下链轮的有效啮合齿数，降低传动能力。为此应采取以下措施：① 中心距可调；② 张紧装置；③ 上、下两轮偏置，使两轮轴线不在同一铅垂面内

7.5.2　链传动的张紧

链传动工作时合适的松边垂度一般为 $f=(0.01\sim0.02)a$，a 为传动中心距。若垂度过大，将引起啮合不良或振动，所以必须张紧。最常见的张紧方法是移动链轮以增大两轮的中心距。当中心距不可调整时，可采用的方法是设置张紧轮或在链轮磨损后拆去 1~2 个链节，如图 7.17 所示。张紧轮应装在靠近主动链轮的松边上。不论是带齿的还是不带齿的张紧轮，其分度圆直径最好与小链轮的分度圆直径相近。张紧装置有自动张紧（图 7.17a、b）和定期调整（图 7.17d）两种，此外还可用压板（图 7.17c）或托板张紧（图 7.17e）。特别是中心距大的链传动，用托板控制垂度更为合理。

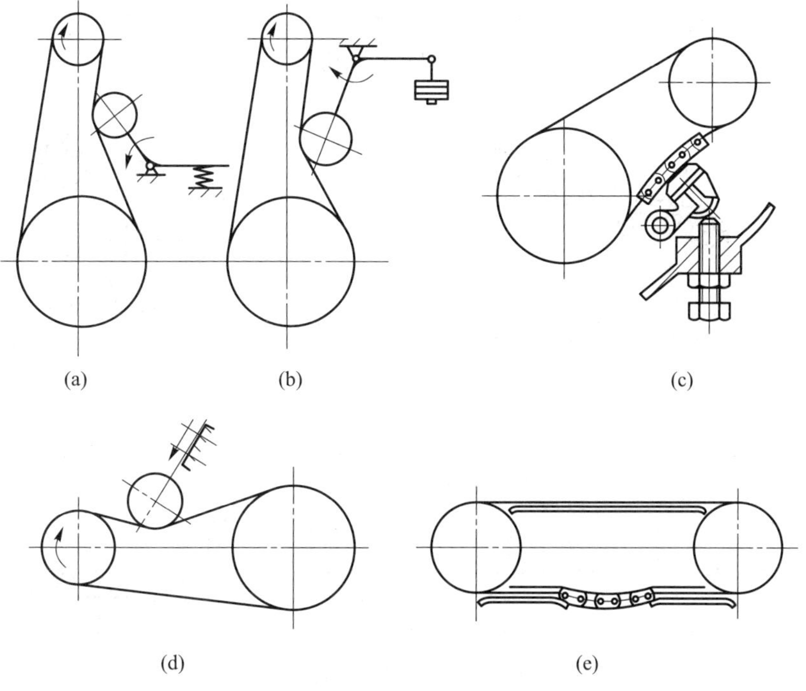

图 7.17　链传动的张紧

7.5.3 链传动的润滑

链传动的润滑十分重要，良好的润滑有利于缓和冲击、减小摩擦和降低磨损，可提高链传动的工作能力，延长使用寿命。链传动的润滑方式可根据图 7.18 选取。具体的润滑装置如图 7.19 所示。

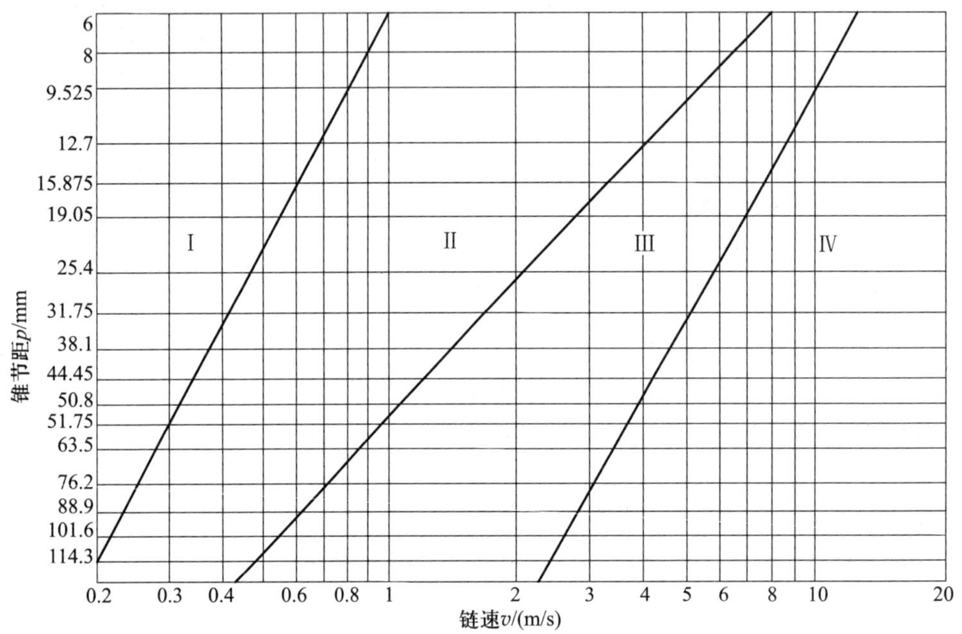

Ⅰ—人工定期润滑；Ⅱ—滴油润滑；Ⅲ—油浴或飞溅润滑；Ⅳ—压力喷油润滑

图 7.18 推荐使用的润滑方式

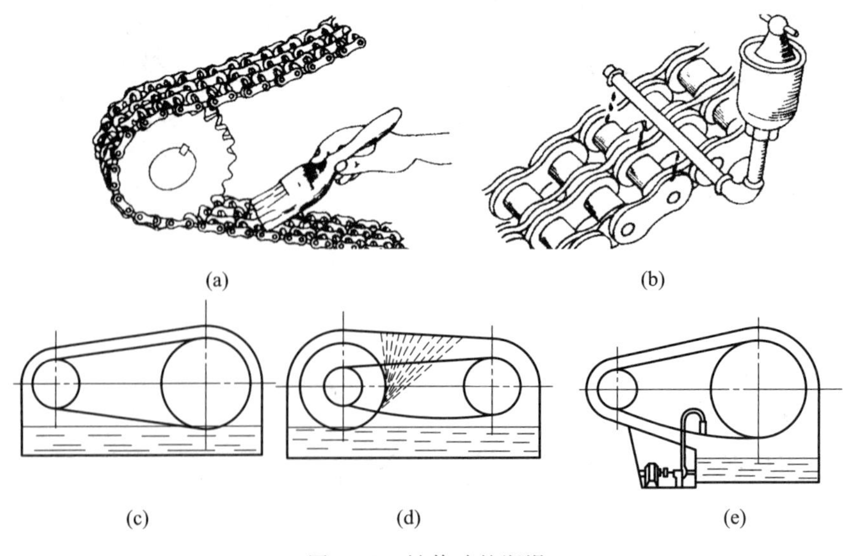

图 7.19 链传动的润滑

润滑时，应设法将油注入链活动关节间的缝隙中，并均匀分布于链宽上。润滑油应加于松边上，因松边链节处于松弛状态，润滑油容易渗入。

链传动使用的润滑油的运动黏度在运转温度下约为 20～40 mm^2/s。只有转速很慢又无法供油的地方，才可以用油脂代替。

采用喷镀塑料的套筒或粉末冶金的含油套筒，由于自润滑作用，可以不另加润滑油。

例 7.1　设计一链式运输机的链传动。已知：传递功率 $P=15$ kW，电动机转速 $n_1=970$ r/min，传动比 $i=3$，载荷平稳，链传动水平布置。

解　1）确定链轮的齿数 z_1、z_2

设定 $v=3\sim8$ m/s，查表 7.6，取小链轮齿数 $z_1=21$，大链轮齿数 $z_2=iz_1=3\times21=63$。

2）确定链条节数 L_p

初定中心距 a_0，取 $a_0=40p$。

则链条节数 L_p

$$L_p=\frac{2a_0}{p}+\frac{z_2+z_1}{2}+\frac{p}{a_0}\left(\frac{z_2-z_1}{2\pi}\right)^2=\frac{2\times40p}{p}+\frac{63+21}{2}+\frac{p}{40p}\left(\frac{63-21}{2\times3.14}\right)^2=123.12$$

取 $L_p=124$ 节。

3）选择链型号和链节距 p

查表 7.3 得 $K_A=1$，查表 7.4 得 $k_z=1.11$（估计工作点落在图 7.15 中曲线顶点左侧），查表 7.5 得 $k_p=1$，则计算功率为

$$P_c\geqslant\frac{K_AP}{k_zk_p}=\frac{1\times15}{1.11\times1}\text{ kW}=13.51\text{ kW}$$

根据 P_c 和 n_1 查图 7.15 可选 12A 滚子链。查表 7.1 链节距 $p=19.05$ mm。

4）确定实际中心距 a

$$a=\frac{p}{4}\left[\left(L_p-\frac{z_2+z_1}{2}\right)+\sqrt{\left(L_p-\frac{z_2+z_1}{2}\right)^2-8\left(\frac{z_2-z_1}{2\pi}\right)^2}\right]$$

$$=\frac{19.05}{4}\times\left[\left(124-\frac{63+21}{2}\right)+\sqrt{\left(124-\frac{63+21}{2}\right)^2-8\left(\frac{63-21}{2\times3.14}\right)^2}\right]\text{ mm}$$

$$=770.52\text{ mm}$$

取实际中心距 $a=770$ mm。

5）计算链速确定润滑方式

$$v=\frac{n_1z_1p}{60\times1\,000}=\frac{970\times21\times19.05}{60\times1\,000}\text{ m/s}=6.47\text{ m/s}$$

符合原设定，由图 7.18 可知应采用油浴或飞溅润滑。

6）计算轴压力 F_Q

$$F_Q=(1.2\sim1.3)F$$

$$F=\frac{1\,000P}{v}=\frac{1\,000\times15}{6.47}\text{ N}=2\,318.39\text{ N}$$

取 $F_Q=1.25F_t=1.25\times2\,318.39\text{ N}=2\,897.99\text{ N}$。

7）链轮主要尺寸和链轮工作图（略）

习 题

7.1 与带传动及齿轮传动相比较，链传动有哪些优、缺点？

7.2 影响链传动速度均匀性的主要因素是什么？为什么一般情况下，链传动的瞬时传动比不是恒定的？在什么条件下是恒定的？

7.3 链传动产生动载荷的主要原因是什么？如何减小动载荷？

7.4 链传动的主要失效形式及设计准则是什么？

7.5 链传动节距的大小对传递载荷及运动的均匀性方面有何影响？应怎样选择节距？

7.6 链轮齿数对链传动的运动有何影响？应怎样选择齿数？

7.7 一链式运输机驱动装置采用套筒滚子链传动，链节距 $p=25.4$ mm，主动链轮齿数 $z_1=17$，从动链轮齿数 $z_2=69$，主动链轮转速 $n_1=960$ r/min。试求：(1) 链条的平均速度 v；(2) 链条的最大速度 v_{max} 和最小速度 v_{min}；(3) 平均传动比 i。

7.8 已知一链传动设备，小链轮的分度圆直径 $d_1=77.16$ mm，转速 $n_1=300$ r/min，传递的功率 $P=1$ kW，求作用在链轮轴上的压力。

7.9 一套筒滚子链传动，已知：链节距 $p=15.875$ mm，小链轮齿数 $z_1=18$，大链轮齿数 $z_2=60$，中心距 $a=730$ mm，小链轮转速 $n_1=730$ r/min，载荷平稳。试计算：(1) 链节数；(2) 链所能传动的最大功率；(3) 链的工作拉力。

7.10 试设计一链式输送机中的链传动。已知：传递功率 $P=10$ kW，链轮转速 $n_1=960$ r/min，$n_2=320$ r/min，载荷平稳，中心距 $a\leqslant 650$ mm（可以调节）。

7.11 链传动的布置形式如图 7.20 所示。小链轮为主动轮，中心距 $a=(30\sim50)p$，小链轮在图 a、b 所示布置中应向哪个方向回转才合理？两轮轴线布置在同一铅垂面内（图 c）有什么缺点，应采取什么措施？

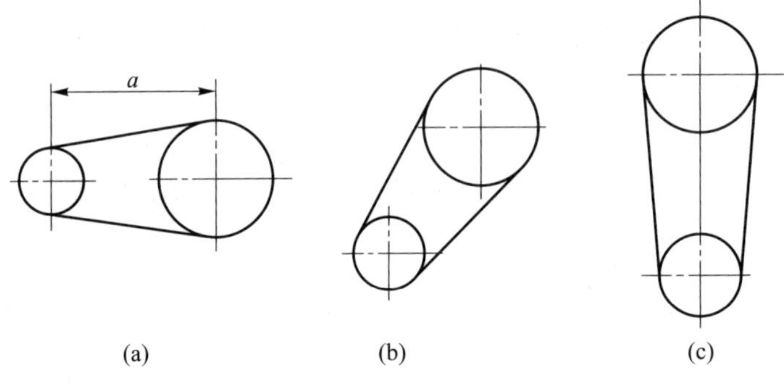

图 7.20 题 7.11 图

第 8 章　齿轮传动

齿轮传动是现代机械中应用最广的一种传动形式，形式很多。本章主要介绍最常用的渐开线齿轮传动。

齿轮传动的主要优点是：① 瞬时传动比恒定，工作平稳，传动准确可靠，可传递空间两轴之间的运动和动力；② 适用的功率和速度范围广，功率从接近于零的微小值到数万千瓦，圆周速度从很小到 300 m/s；③ 传动效率高，$\eta=0.96\sim0.98$，在常用的机械传动中，齿轮传动的效率最高；④ 工作可靠，使用寿命长；⑤ 外廓尺寸小，结构紧凑。

齿轮传动的主要缺点是制造和安装精度要求较高，需专门设备制造，因此成本较高，且不宜用于远距离两轴之间的传动。

按工作条件的不同，齿轮传动可分成开式齿轮传动、半开式齿轮传动以及闭式齿轮传动。

开式齿轮传动常用在农业机械、建筑机械以及简易的机械设备中，没有防尘罩或机壳，齿轮完全暴露在外边，不仅外界杂物极易侵入，而且润滑不良，工作条件不好，轮齿容易磨损，故只宜用于低速传动。

半开式齿轮传动装有简单的防护罩，有时还把大齿轮部分地浸入油池中，工作条件虽有改善，但仍不能做到防止外界杂物侵入，润滑条件也不算最好。开式或半开式齿轮传动往往用于低速、不很重要或尺寸过大不易封闭严密的场合。

闭式齿轮传动（齿轮箱），如汽车、机床、航空发动机等所用的齿轮传动，都是装在经过精确加工且封闭严密的箱体内，与开式或半开式的齿轮传动相比，润滑及防护等条件最好，各轴的安装精度及系统的刚度比较高，能保证较好的啮合精度，多用于重要的场合。

齿轮传动按齿面硬度，可分为软齿面（轮齿工作面的硬度≤350 HBW 或 38 HRC）齿轮传动和硬齿面（轮齿工作面的硬度>350 HBW 或 38 HRC）齿轮传动两种。当啮合传动的一对齿轮中至少有一个为软齿面齿轮时，则称为软齿面齿轮传动；两齿轮均为硬齿面齿轮时，则称为硬齿面齿轮传动。软齿面齿轮传动常用于对精度要求不太高的中低速齿轮传动，硬齿面齿轮传动常用于要求承载能力强、结构紧凑的齿轮传动。

齿轮传动应满足的基本要求是：① 瞬时传动比不变，冲击、振动和噪声小，能保证较好的传动平稳性和较高的运动精度；② 在尺寸小、重量轻的前提下，轮齿的强度高、耐磨性好，承载能力大，能达到预期的工作寿命。

8.1　齿轮传动的失效形式及设计准则

由于工作条件、齿轮材料、齿面硬度等情况不同，齿轮传动会出现不同的失效形式，失效形式是齿轮传动设计的依据。

8.1.1　齿轮传动的失效形式

齿轮传动是靠齿与齿的啮合进行工作的，轮齿是齿轮直接参与工作的部分，所以齿轮的失效主要发生在轮齿上。齿轮的失效可分为齿体损伤失效（如轮齿折断）和齿面损伤失效（如点蚀、胶合、磨损、塑性变形）两大类。至于齿轮的其他部分（如齿圈、轮辐、轮毂等），除了对齿轮的质量大小需加严格限制外，通常只需按经验设计，所定的尺寸对强度及刚度均较富裕，实践中也极少失效。

1. 轮齿折断

轮齿折断是指齿轮的一个或多个轮齿的整体或局部断裂（图 8.1），是轮齿最危险的失效形式。轮齿折断有多种形式，在正常情况下，主要是齿根弯曲疲劳折断。齿轮工作时，轮齿相当于悬臂梁，作用在轮齿上的载荷使齿根部分产生的弯曲应力最大，同时齿根过渡部分的尺寸和形状的突变及加工刀痕等引起应力集中，当轮齿重复受载后，齿根处将会产生疲劳裂纹，并逐步扩展，最终导致轮齿的疲劳折断。此外，在轮齿受到突然过载、冲击载荷或轮齿因严重磨损而减薄以后，也会因静强度不足而发生过载折断。

对直齿圆柱齿轮，疲劳裂纹一般从齿根沿齿向扩展，发生全齿折断。斜齿圆柱齿轮（简称斜齿轮）和人字齿轮，由于轮齿工作面上的接触线为一斜线，轮齿受载后，疲劳裂纹往往从齿根向齿顶扩展，发生局部折断。若齿轮制造或安装精度不高或轴的弯曲变形过大，使轮齿局部受载过大，即使是直齿圆柱齿轮（简称直齿轮），也会发生局部折断。

为了提高齿轮的抗折断能力，可采取下列措施：① 用增加齿根过渡圆角半径及消除加工刀痕的方法来减小齿根应力集中；② 增大轴及支承的刚性，使轮齿接触线上受载较为均匀；③ 采用合适的热处理方法使齿心材料具有足够的韧性；④ 采用喷丸、滚压等工艺措施，对齿根表层进行强化处理。

在设计中，应对齿轮进行抗弯曲疲劳强度和抗弯静强度的计算。

2. 齿面疲劳点蚀

在润滑良好的闭式齿轮传动中，由于齿面啮合点处的接触应力是脉动循环应力，且应力值很大，在此循环变化的接触应力、齿面摩擦力及润滑剂的反复作用下，齿轮工作一定时间后首先在节线附近的根部齿面产生细微的疲劳裂纹，在压力作用下，封闭在裂纹中的润滑油产生楔挤作用而使裂纹逐渐扩展，导致齿面金属剥落，形成图 8.2 所示的麻点状凹坑，这种疲劳磨损现象称为齿面疲劳点蚀。点蚀出现后，齿面不再是完整的渐开线曲面，从而影响轮齿的正常啮合，产生冲击和噪声，进而凹坑扩展到整个齿面导致传动失效。点蚀常发生在润滑良好、齿面硬度≤350 HBW 的闭式传动中。润滑油是接触疲劳磨损的媒介，实践证明：润滑油黏度愈低，愈易渗入裂纹，点蚀扩展愈快。

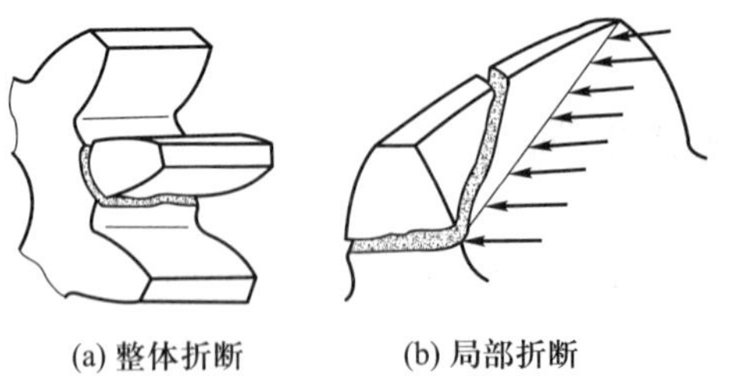

图 8.1　轮齿折断

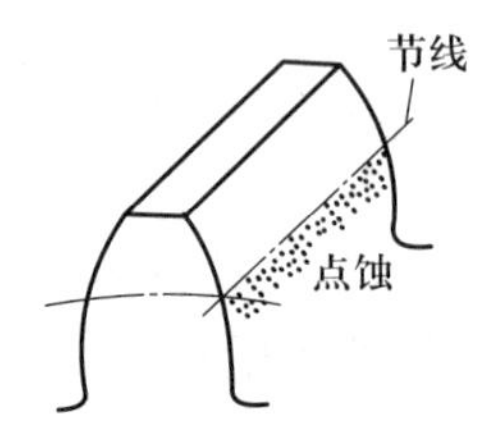

图 8.2　齿面疲劳点蚀

实践表明，点蚀通常首先出现在靠近节线的齿根面上，然后再向其他部位扩展，这是因为齿面节线附近相对滑动速度小,难以形成润滑油膜,摩擦力较大。特别是直齿轮传动,在节线附近通常只有一对轮齿啮合,轮齿所受接触应力最大,所以节线附近最易产生点蚀现象。对于软齿面的新齿轮,由于轮齿初期工作时表面接触不好,在个别凸起处有很大的接触应力,会出现少量点蚀,但随着齿面的跑合,点蚀不再发展,甚至会消失,这种点蚀称为收敛性点蚀。对于硬齿面齿轮,不会出现收敛性点蚀,一旦出现点蚀就会继续发展,这种点蚀称为扩展性点蚀。

在开式齿轮传动中,由于轮齿表面磨损较快,点蚀未形成之前已被磨掉,因而一般看不到点蚀破坏。

防止或减轻点蚀的主要措施有:① 提高齿面硬度和降低表面粗糙度值;② 在许可范围内采用大的变位系数和,以增大综合曲率半径;③ 采用黏度较高的润滑油;④ 减小动载荷。

3. 齿面磨损

齿轮啮合传动时,两渐开线齿廓之间存在相对滑动,在载荷作用下,齿面间的灰尘、硬屑粒会引起齿面磨损(图 8.3)。严重的磨损将使齿面渐开线齿形失真,齿侧间隙增大,从而产生振动和噪声,最后导致轮齿因强度不足而折断。它是开式齿轮传动的主要失效形式之一,对于开式传动,应特别注意环境清洁,减少磨粒侵入。改用闭式齿轮传动是避免齿面磨粒磨损最有效的办法。

对于闭式传动,减轻或防止磨粒磨损的主要措施有:① 提高齿面硬度并选择合理的齿面硬度匹配;② 降低表面粗糙度值;③ 注意润滑油的清洁和定期更换。

4. 齿面胶合

润滑良好的啮合齿面间保持一层润滑油膜,在高速重载传动中,常因啮合区温度升高或因齿面的压力很大而导致润滑油膜破裂,使齿面金属直接接触。在高温高压作用下,相接触的金属材料熔黏在一起,由于两齿面间存在相对滑动,导致较软齿面上的金属被撕下,从而在齿面上形成与滑动方向一致的沟槽状伤痕,如图 8.4 所示,这种现象称为齿面胶合。传动时齿面瞬时温度愈高、相对滑动速度愈大的地方,愈易发生胶合。在低速重载齿轮传动中,因齿面的压力很大,润滑油膜不易形成,也可能产生胶合破坏,此时齿面的瞬时温度并无明显增高,故称为冷胶合。齿面胶合是比较严重的黏着磨损,会引起振动和噪声,导致传动失效。

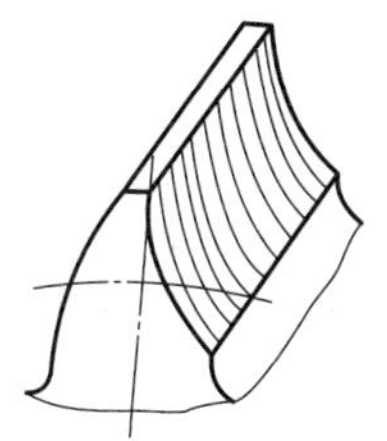

图 8.3　齿面过度磨损

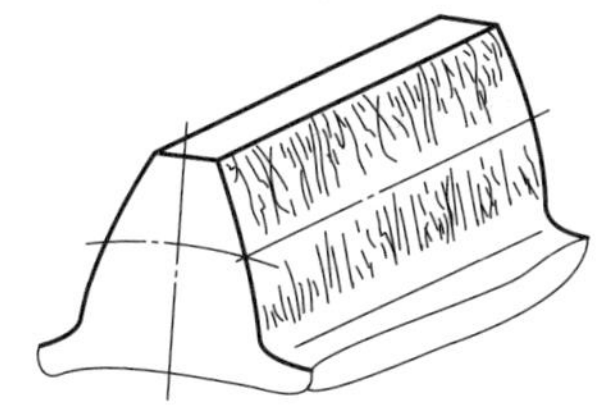

图 8.4　齿面胶合

防止或减轻齿面胶合的主要措施有:① 采用角度变位齿轮传动($x_{\Sigma}=x_1+x_2>0$)、减小模数及降低齿高以减小滑动速度;② 在润滑油中加入极压添加剂;③ 选用抗胶合性能好的齿轮副材料;④ 材料相同时,使大、小齿轮保持适当硬度差;⑤ 提高齿面硬度和降低表面粗糙度值。

5. 齿面塑性变形

当齿轮材料较软而载荷及摩擦力较大时,啮合轮齿的相互滚压与滑动将引起齿轮材料的塑性流动,塑性流动方向和齿面上所受的摩擦力方向一致。齿轮工作时,主动轮齿面受到的摩擦力方向背离节圆,从动轮齿面受到的摩擦力方向指向节圆,所以主动轮轮齿节线相对滑动速度为零处被碾出沟槽,而从动轮轮齿节线处被挤出脊棱(图8.5),使齿廓失去正确的齿形,瞬时传动比发生变化,引起附加动载荷。这种失效形式多发生在低速、重载和起动频繁的传动中。

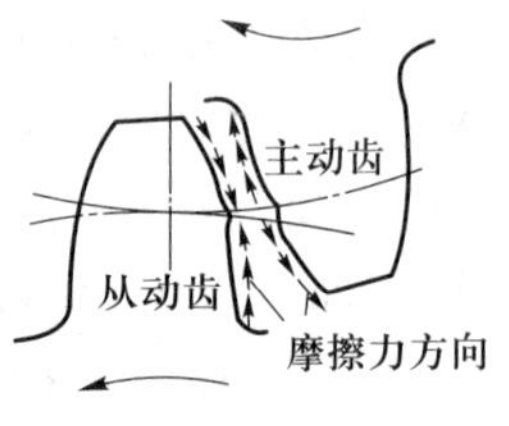

图8.5 齿面塑性变形

提高轮齿齿面硬度、减小接触应力、改善润滑情况及采用高黏度或加有极压添加剂的润滑油等,均有助于减缓或防止轮齿产生塑性变形。

8.1.2 齿轮传动设计准则

设计齿轮传动时,应根据实际工况条件分析主要失效形式,确定相应的设计准则,再进行设计计算。目前对于轮齿的齿面磨损、塑性变形尚未建立起实用、完整的设计计算方法和数据,所以设计一般的齿轮传动时,通常只按保证齿根弯曲疲劳强度和保证齿面接触疲劳强度两准则进行计算。对于高速、大功率的齿轮传动,还应按保证齿面抗胶合能力的准则进行计算。当有短时过载时,还应进行静强度计算。

对于软齿面(硬度≤350 HBW)的闭式齿轮传动,润滑条件良好,齿面点蚀将是主要的失效形式。设计时通常按齿面接触疲劳强度设计,再按齿根弯曲疲劳强度校核。

对于硬齿面(硬度>350 HBW)的闭式齿轮传动,抗点蚀能力较强,轮齿折断失效的可能性大。设计时通常按齿根弯曲疲劳强度设计,再按齿面接触疲劳强度校核。

对于开式、半开式齿轮传动,其主要失效形式是齿面磨粒磨损及弯曲疲劳折断,通常按齿根弯曲疲劳强度进行设计计算,用增大模数10%~20%的办法来考虑磨损的影响。

8.2 齿轮常用材料及其选择

为了使轮齿具有一定的抗失效能力,在选择齿轮材料时,应使齿面具有足够的硬度和耐磨性以抵抗齿面磨损、点蚀、胶合及塑性变形;在循环载荷和冲击载荷作用下,应有足够的弯曲强度,以抵抗齿根折断。因此,对齿轮选材的基本要求是齿面要硬、齿心要韧,同时还应考虑加工和热处理的工艺性以及经济性的要求。

8.2.1 齿轮常用材料

制造齿轮的材料以锻钢(包括轧制钢材)为主,其次是铸钢、铸铁,还有有色金属和非金属材料等。

1. 钢

钢材的韧性好,耐冲击,强度高,还可通过适当的热处理或化学处理改善其力学性能及提高齿面的硬度,进而提高齿轮的接触强度和耐磨性,故钢材是最理想的齿轮材料。

1) 锻钢

锻钢的力学性能比铸钢好。毛坯经锻造加工后,可以改善材料性能,使其内部形成有利的纤维方向,有利于轮齿强度的提高。除尺寸过大或者结构形状复杂只宜铸造的齿轮外,一般都用锻钢制造齿轮,常用的是碳的质量分数为0.15%~0.6%的碳钢或合金钢。按热处理方法和齿面硬度的不同,制造齿轮的锻钢可分为以下两类:

（1）软齿面（硬度≤350 HBW）齿轮用锻钢　对于强度、速度及精度要求都不高的齿轮，常采用软齿面齿轮。常用材料有45、35、50钢及40Cr、35SiMn等合金钢。齿轮毛坯经过正火或调质处理后切齿，切制后即为成品，其精度一般为8级，精切时可达7级，制造简便、经济，生产效率高。此类齿轮传动中，考虑到小齿轮齿根较薄，且受载次数较多，弯曲强度较低，为使大、小齿轮使用寿命比较接近，一般应使小齿轮齿面硬度比大齿轮高30~50 HBW。

（2）硬齿面（硬度>350 HBW）齿轮用锻钢　对于高速、重载及精密机器所用的主要齿轮传动，要求齿轮材料性能优良，轮齿具有高强度，齿面具有高硬度（如58~65 HRC）及高精度。常用材料有45、40Cr、40CrNi，20Cr、20CrMnTi、20MnB、20CrMnMo等。通常此类齿轮毛坯是经过正火或调质处理后切齿，再做表面硬化处理，最后进行磨齿等精加工，精度可达5级或4级。常用热处理方法有表面淬火、渗碳、氮化、软氮化及氰化等，具体加工方法及热处理方法视材料而定。这类齿轮精度高，价格较贵。

根据合金钢所含金属的成分及性能，可分别获得较高的韧性、耐冲击性、耐磨性及抗胶合的性能，也可通过热处理或化学处理改善材料的力学性能及提高齿面的硬度。对于高速、重载，又要求尺寸小、质量轻的航空用齿轮，常用性能优良的合金钢（如20CrMnTi，20Cr2Ni4A等）来制造。

2）铸钢

铸钢的耐磨性及强度均较好，但切齿前须经退火、正火及调质处理。当齿轮直径 $d_a \geq 400$ mm，结构复杂，锻造有困难时，可采用铸钢齿轮。常用材料有ZG310-570、ZG340-640等。

2. 铸铁

灰铸铁性质较脆，抗胶合及抗点蚀能力强，具有良好的减摩性、加工工艺性和较低的价格，但抗冲击及耐磨性差。灰铸铁齿轮常用于工作平稳、速度较低、功率不大或齿轮尺寸较大、形状复杂的开式齿轮传动中。常用灰铸铁牌号有HT200、HT250、HT300、HT350。

球墨铸铁的耐冲击等力学性能比灰铸铁高很多，具有良好的韧性和塑性。在冲击力不大的情况下，可代替钢制齿轮。但由于生产工艺比较复杂，目前使用尚不普遍。

3. 有色金属和非金属材料

有色金属（如铜合金、铝合金）常用于制造有特殊要求的齿轮传动。

对高速轻载及精度不高的齿轮传动，为了降低噪声，常用非金属材料（如夹布胶木、尼龙等）做小齿轮，由于非金属材料的导热性差，与其啮合的配对大齿轮仍采用钢或铸铁制造，以利于散热。为使大齿轮具有足够的抗磨损及抗点蚀的能力，齿面的硬度应为250~350 HBW。

常用的齿轮材料及其力学性能列于表8.1。

表8.1　常用齿轮材料及其力学特性

材料牌号	热处理方法	抗拉强度 σ_B/MPa	屈服强度 σ_S/MPa	硬度/HBW	
				齿心硬度/HBW	齿面硬度/HRC
HT250	人工时效	250		170~241	
HT300	人工时效	300		187~255	
HT350	人工时效	350		197~269	
QT500-7	正火	500	320	170~230	

续表

材料牌号	热处理方法	抗拉强度 σ_B/MPa	屈服强度 σ_S/MPa	硬度/HBW	
				齿心硬度/HBW	齿面硬度/HRC
QT600-3	正火	600	370	190~270	
ZG310-570	正火	570	310	163~197	
ZG340-640	正火	640	340	179~207	
	调质	700	380	241~269	
45	正火	580	290	162~217	
	调质	650	360	217~255	
	调质后表面淬火			217~255	40~50
40Cr	调质	700	500	241~286	
	调质后表面淬火			241~286	48~55
35SiMn	调质	750	450	207~286	
	调质后表面淬火			207~286	45~50
30CrMnSi	调质	1 100	900	310~360	
20Cr	渗碳后淬火	650	400	>178	58~62
20CrMnTi		1 100	850	240~300	58~62
12Cr2Ni4		1 100	850	302~338	58~62
20Cr2Ni4		1 200	1 100	305~405	58~62
35CrAlA	调质后氮化(氮化层厚 $\delta \geqslant 0.3 \sim 0.5$ mm)	950	750	255~321	>850 HV
38CrMoAlA		1 000	850		
夹布塑胶		100		25~35	

注:40Cr 钢可用 40MnB 或 40MnVB 钢代替;20CrMnTi 钢可用 20CrMn2B 或 20MnVB 钢代替。

8.2.2 齿轮传动的许用应力

齿轮的许用应力是根据试验齿轮在特定的试验条件下获得的接触疲劳强度和弯曲疲劳强度的极限应力而确定的,当实际工作条件与特定的试验条件不同时,应对试验数据进行修正。研究表明,对一般的齿轮传动,影响齿轮疲劳强度极限的主要因素是应力循环系数 N,而绝对尺寸、齿面粗糙度、圆周速度及润滑等对实际应用中的齿轮的疲劳极限影响不大,可不予考虑。因此,修正后的许用应力分别为

许用接触疲劳强度应力为
$$[\sigma_H] = \frac{K_{HN}\sigma_{Hlim}}{S_H} \tag{8.1}$$

许用弯曲疲劳强度应力为
$$[\sigma_F] = \frac{K_{FN}\sigma_{Flim}}{S_F} \tag{8.2}$$

式中：σ_{Hlim}、σ_{Flim}——试验齿轮的接触疲劳强度极限和弯曲疲劳强度极限，MPa；

S_{H}、S_{F}——齿面接触和齿根弯曲疲劳强度安全系数；

$K_{\mathrm{H}N}$、$K_{\mathrm{F}N}$——考虑应力循环次数影响的齿面接触疲劳和齿根弯曲疲劳寿命系数。

试验齿轮的接触和弯曲疲劳强度极限 σ_{Hlim}、σ_{Flim} 分别由图 8.6 和图 8.7 查取。两图是用 $m=3\sim5$ mm、$\alpha=20^{\circ}$、$b=10\sim50$ mm、$v=10$ m/s、Ra 约为 0.8 μm 的直齿圆柱齿轮副作为试件，轮齿受脉动循环应力，按失效概率 1%，经持久疲劳试验确定的。图中给出了代表材料质量和热处理要求等级的 ME、MQ、ML 三种取值线：ME 为齿轮材料品质和热处理质量很高时的疲劳强度极限取值线，MQ 为齿轮材料品质和热处理质量达到中等要求时的疲劳强度极限取值线，ML 为齿轮材料品质和热处理质量达到最低要求时的疲劳强度极限取值线。一般按 MQ 取值线选择 σ_{Hlim}、σ_{Flim}。若齿面硬度超出图中荐用的范围，可大体按外插法查取相应的极限应力值。图 8.7 所示的 σ_{Flim} 为齿轮单侧工作时测得的，即脉动循环应力的极限应力。对于长期双侧工作的齿轮传动，因齿根弯曲应力为对称循环变应力，应将图中数据乘以 0.7。

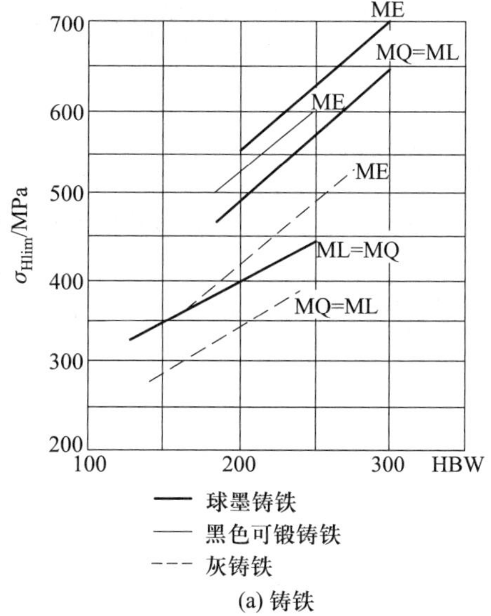

(a) 铸铁

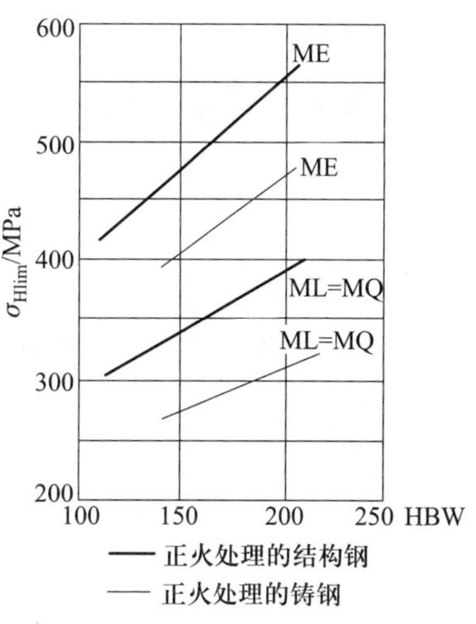

(b) 正火处理的结构钢和铸钢

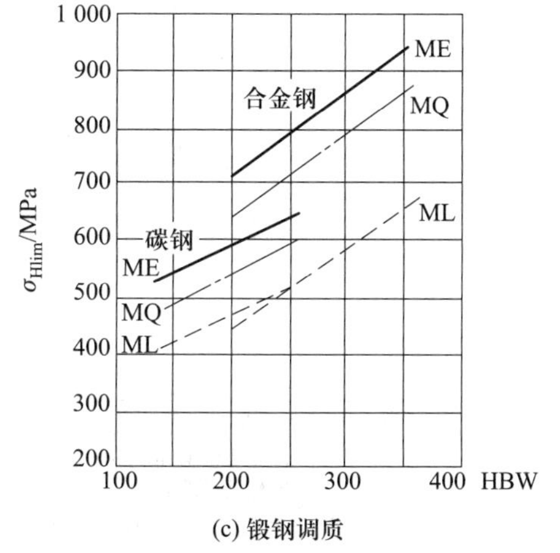

(c) 锻钢调质

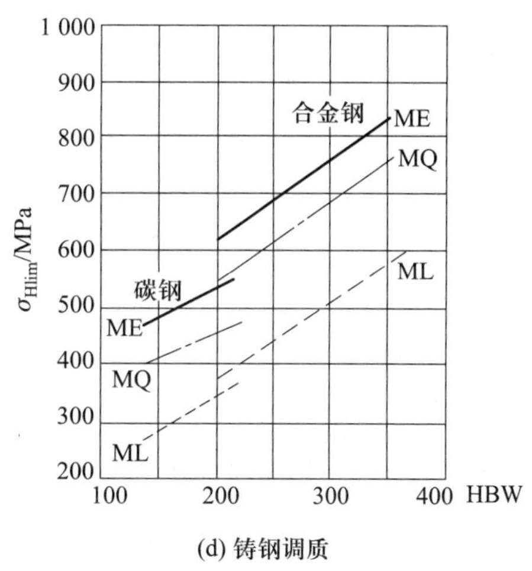

(d) 铸钢调质

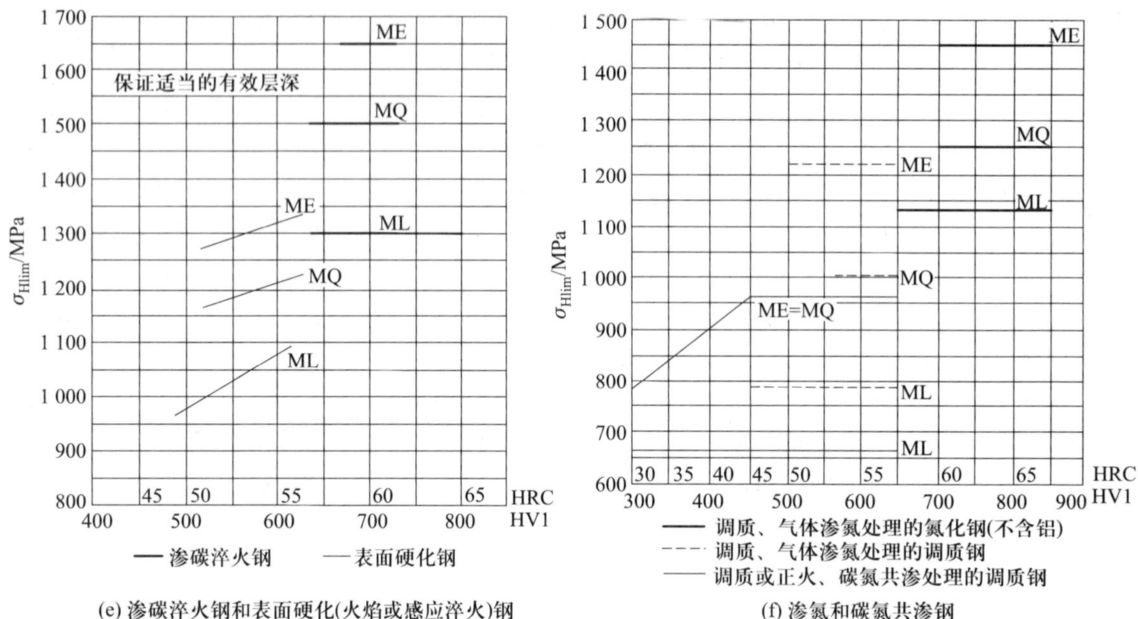

图 8.6 试验齿轮的接触疲劳强度极限

对接触疲劳强度计算,由于点蚀破坏发生后引起噪声、振动增大,并不立即造成危险的后果,故可取 $S_H=1$。因轮齿发生折断将会引起严重的事故,因此在进行齿根弯曲疲劳强度计算时取 $S_F=1.25\sim1.5$。

K_{HN}、K_{FN} 可以根据所选材料种类及工作循环次数分别在图 8.8、图 8.9 中查找。工作循环次数 N 是指给定工作寿命内的应力循环次数,可按下式计算:

$$N=60njL_h$$

式中:n——齿轮的转速,r/min;

j——齿轮每转一圈时,同一齿面啮合的次数;

L_h——齿轮的工作寿命,h。

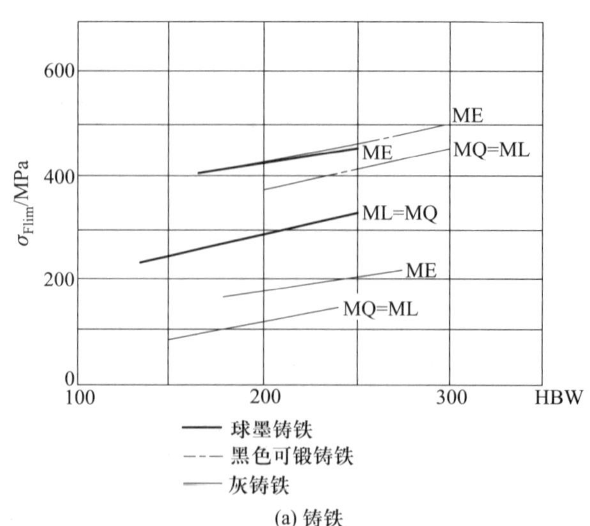

(a) 铸铁

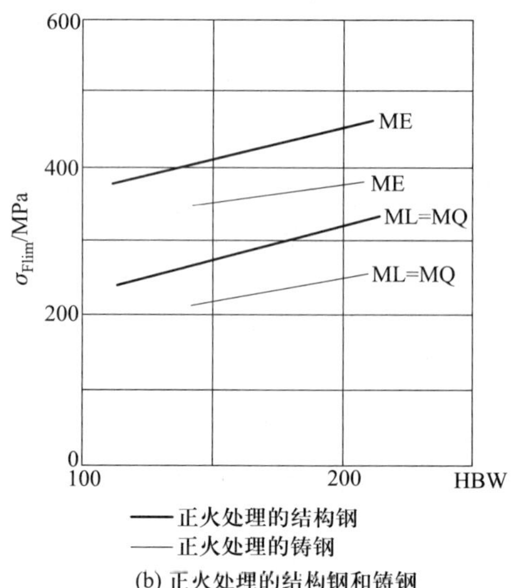

(b) 正火处理的结构钢和铸钢

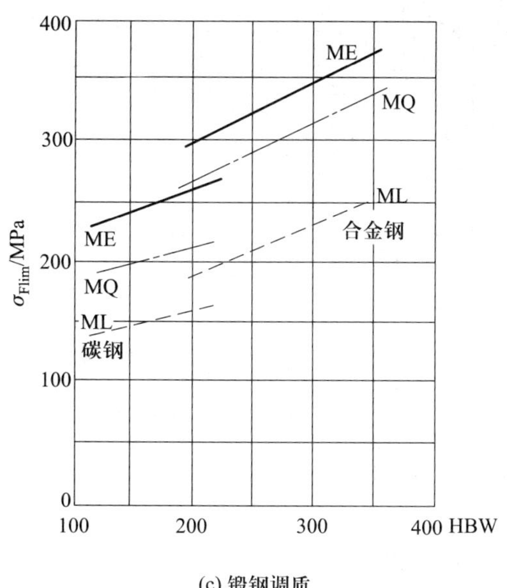

(c) 锻钢调质

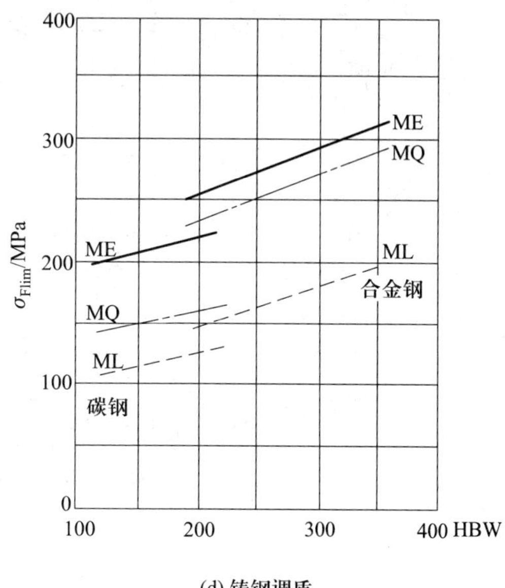

(d) 铸钢调质

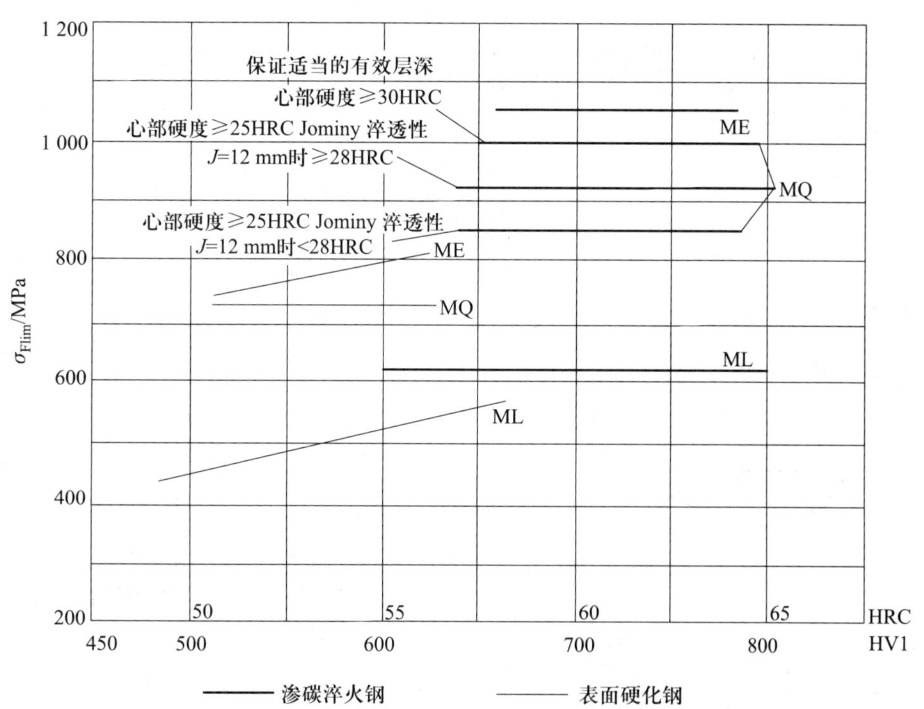

(e) 渗碳淬火钢和表面硬化(火焰或感应淬火)钢

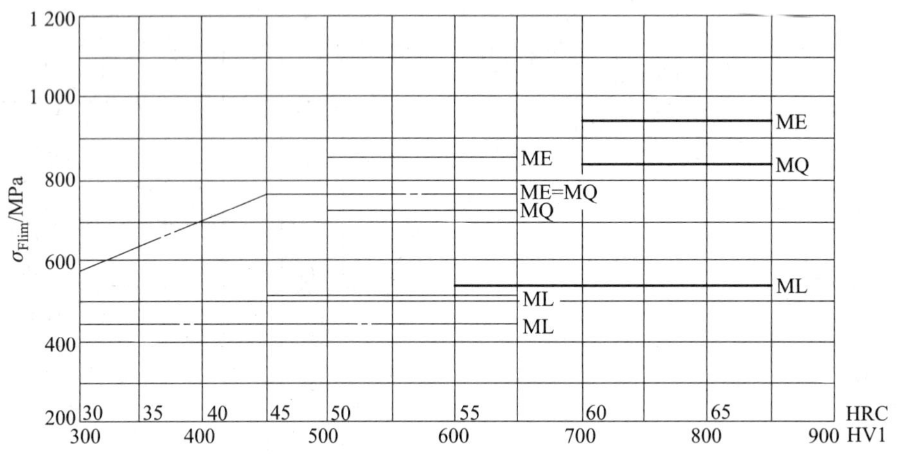

(f) 渗氮和碳氮共渗钢

图 8.7　试验齿轮的弯曲疲劳强度极限

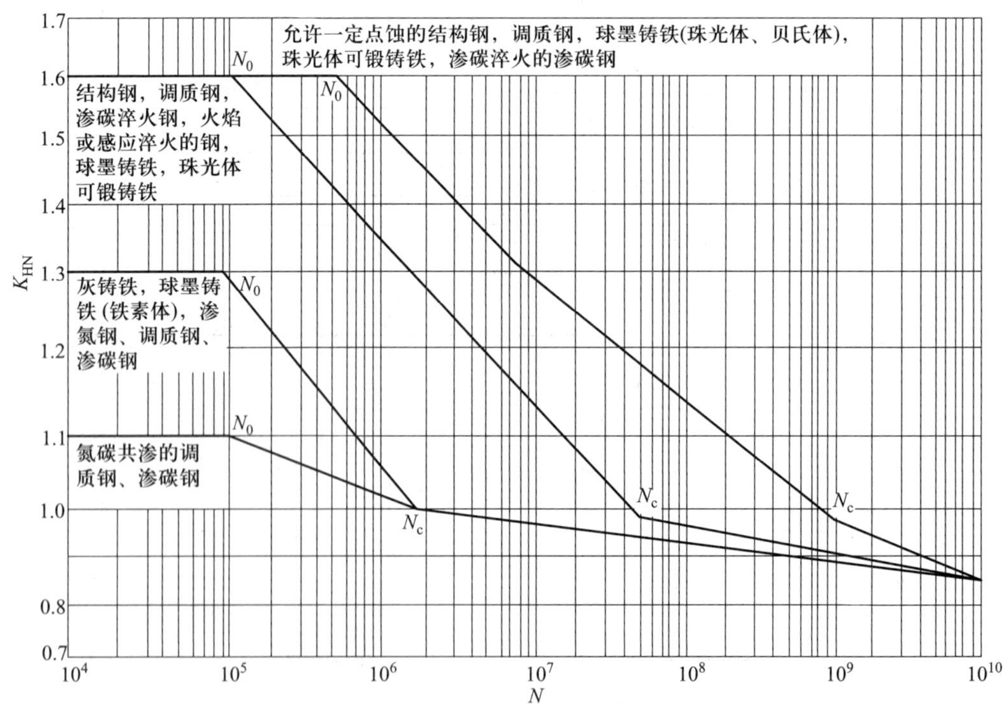

图 8.8　接触疲劳寿命系数 K_{HN}

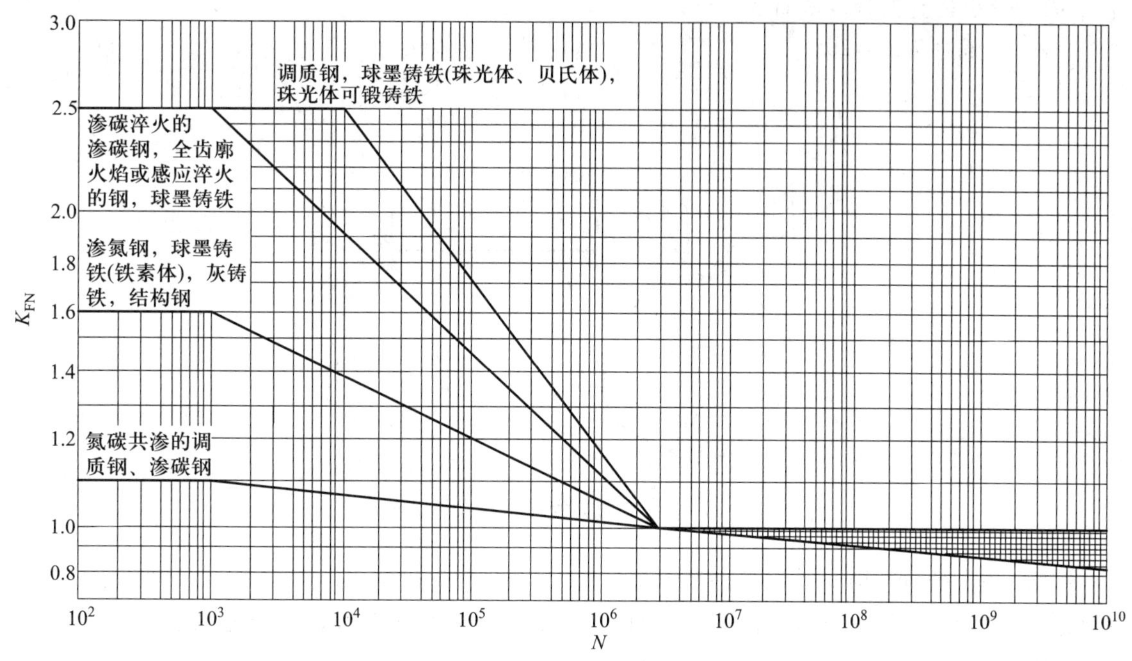

图 8.9 弯曲疲劳寿命系数 K_{FN}

夹布塑料的弯曲疲劳许用应力$[\sigma_F]=50$ MPa,接触疲劳许用应力$[\sigma_H]=110$ MPa。

8.3 直齿圆柱齿轮传动的受力分析和计算载荷

8.3.1 轮齿的受力分析

在理想情况下,齿轮工作时作用于轮齿上的力是沿接触线均匀分布的,为了计算方便,通常按齿轮分度圆柱面(非标准直齿圆柱齿轮传动时,应按节圆柱面)上的受力进行计算,并以作用在齿宽中点的一个集中力代表轮齿上全部的作用力,同时忽略摩擦力的影响。

如图 8.10 所示,沿啮合线作用在齿面上的法向载荷 F_n 垂直于齿面,将法向载荷 F_n 在节点 P 处分解为两个相互垂直的分力,即圆周力 F_t 与径向力 F_r(单位均为 N),得:

$$\left.\begin{aligned} F_t&=\frac{2T_1}{d_1}\\ F_r&=F_t\tan\alpha\\ F_n&=\frac{F_t}{\cos\alpha}\end{aligned}\right\}\tag{8.3}$$

式中:T_1——小齿轮传递的转矩,N · mm,$T_1=9.55\times10^6\times\dfrac{P_1}{n_1}$[$P_1$ 为小齿轮传递的功率(kW),n_1 为小齿轮的转速(r/min)];

d_1——小齿轮的分度圆直径，mm；

α——压力角，$\alpha=20°$。

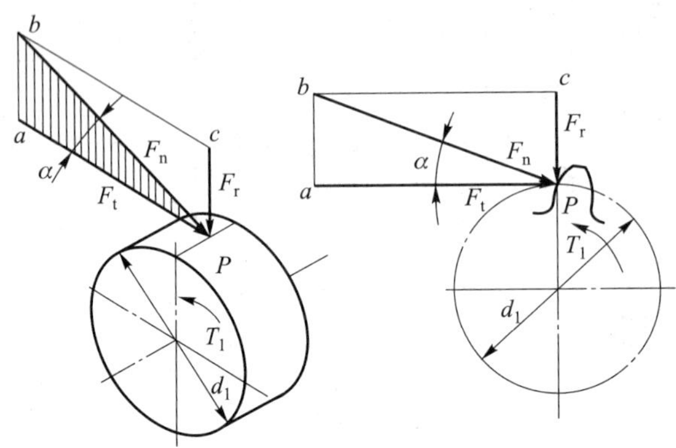

图 8.10 直齿圆柱齿轮轮齿受力分析

作用于主、从动齿轮上的各对力大小相等、方向相反，即 $F_{t1}=-F_{t2}$、$F_{r1}=-F_{r2}$。主动轮所受的圆周力是工作阻力，其方向与主动轮转向相反；从动轮所受的圆周力是驱动力，其方向与从动轮转向相同。径向力分别指向各轮中心（外啮合）。

8.3.2 轮齿的计算载荷

为了便于分析计算，通常取沿齿面接触线单位长度上所受的载荷进行计算。沿齿面接触线单位长度上的平均载荷 p（单位为 N/mm）为

$$p=\frac{F_n}{L}$$

式中：F_n——作用于齿面接触线上的法向载荷，N；

L——沿齿面的接触线长度，mm。

按名义功率或转矩计算得到的法向载荷 F_n 为名义载荷。因受原动机和工作机的性能及齿轮制造与安装误差、齿轮及其支承件变形等因素的影响，实际传动中作用于齿轮上的载荷要比名义载荷大。因此，计算齿轮传动强度时引入载荷系数 K 对名义载荷进行修正，即

$$p_{ca}=Kp=\frac{KF_n}{L} \tag{8.4}$$

式中：p_{ca}——计算载荷，N/mm；

载荷系数 K 包括使用系数 K_A、动载系数 K_v、齿间载荷分配系数 K_α 及齿向载荷分布系数 K_β，即

$$K=K_AK_vK_\alpha K_\beta \tag{8.5}$$

1. 使用系数 K_A

使用系数 K_A 是考虑原动机和工作机的运动特性等外部因素引起的附加动载荷的影响系数，K_A 值可从表 8.2 中选取。

表 8.2　使用系数 K_A

工作机及其工作特性		原动机			
		电动机、匀速转动的汽轮机	蒸汽机、燃气轮机、液压装置	多缸内燃机	单缸内燃机
均匀平稳	发电机、均匀传送的带式输送机或板式输送机、螺旋输送机、轻型升降机、包装机、机床进给机构、通风机、均匀密度材料搅拌机等	1.00	1.10	1.25	1.50
轻微冲击	不均匀传送的带式输送机或板式输送机、机床的主传动机构、重型升降机、工业与矿用风机、重型离心机、变密度材料搅拌机等	1.25	1.35	1.50	1.75
中等冲击	橡胶挤压机、做间断工作的橡胶和塑料搅拌机、轻型球磨机、木工机械、钢坯初轧机、提升装置、单缸活塞泵等	1.50	1.60	1.75	2.00
严重冲击	挖掘机、重型球磨机、橡胶揉合机、破碎机、重型给水泵、旋转式钻探装置、压砖机、带材冷轧机、压坯机等	1.75	1.85	2.00	2.25 或更大

注：1. 表中所列 K_A 值仅适用于减速传动，若为增速传动，K_A 值约为表中值的 1.1 倍。
2. 当外部机械与齿轮装置间有挠性连接时，K_A 值可适当减少。

2. 动载系数 K_v

动载系数 K_v 是考虑齿轮副自身啮合误差引起的内部附加动载荷的影响系数。

齿轮加工和载荷引起的轮齿变形产生的基节误差、齿形误差、齿轮安装误差等，将导致啮合齿轮基圆齿距不相等及节点位置的改变，使瞬时传动比发生变化，即使主动轮转速稳定不变，从动轮也会产生角加速度，引起动载荷和冲击。对于直齿轮传动，轮齿在啮合过程中，不论是由双对齿啮合过渡到单对齿啮合，或是由单对齿啮合过渡到双对齿啮合的过程，由于啮合齿对的刚度变化，也要引起动载荷。

动载系数 K_v 值应通过实测或计算得到。对于一般齿轮传动，动载系数 K_v 可根据齿轮制造精度及圆周速度参考图 8.11 选用。若为直齿锥齿轮传动，应按图中低一级的精度线及锥齿轮平均分度圆处的圆周速度 v_m 查取 K_v 值。

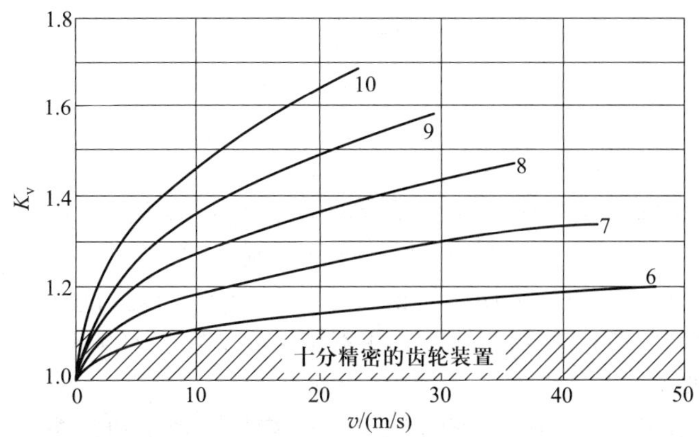

图 8.11　动载系数 K_v

齿轮的制造精度及圆周速度是影响动载系数 K_v 的主要因素。提高制造精度，减小齿轮直径以降低圆周速度，增加轮齿及支承件的刚度，对齿轮进行修形（即对齿顶的一小部分齿廓曲线进行适量修削）等，都能减小内部附加动载荷。

3. 齿间载荷分配系数 K_α

齿轮传动的重合度总大于1，说明在一对轮齿的一次啮合过程中，部分时间内是两对以上轮齿同时承载，所以理想状态下应该由各啮合齿对均等承载。但是实际上因制造误差和轮齿受力变形以及受齿轮啮合刚度、基圆齿距误差、修缘量、跑合量等多方面因素的影响，总载荷在各齿对间的分配并不均匀，受力较大的齿对受力大于平均受力。为考虑总载荷在各齿对间分配不均等所造成的个别齿对的受力增大对齿轮强度的影响，引入齿间载荷分配系数 K_α 加以修正。实际选择 K_α 时，考虑到本书介绍的齿轮传动计算方法只适用于一般精度及低精度的齿轮传动，其中直齿圆柱齿轮传动假设为单齿对啮合，故取 $K_\alpha=1$，斜齿圆柱齿轮传动取 $K_\alpha=1\sim1.4$。齿轮制造精度低、齿面硬度高时取大值，反之取小值。

4. 齿向载荷分布系数 K_β

制造引起的齿向误差、齿轮及轴的弯曲和扭转变形、轴承及支座的变形、装配的误差等，将导致同一条接触线上各接触点间接触应力的分布不均匀。如齿轮在两轴承间作不对称配置时，受载后，轴产生弯曲变形，轴上的齿轮也就随之偏斜，导致作用在齿面上的载荷沿接触线分布不均匀（图8.12a）。为此在计算轮齿强度时，引入齿向载荷分布系数 K_β 来修正齿面载荷分布不均对轮齿强度的影响。

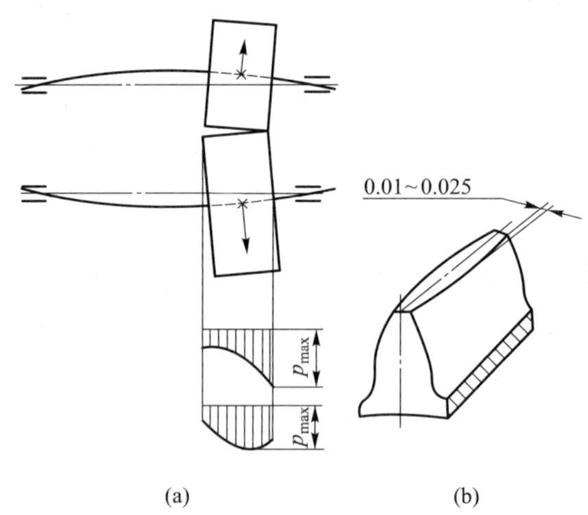

图8.12 载荷沿齿向的分布及修形

为了改善载荷沿接触线分布不均，可以采取的措施有：提高齿轮的制造和安装精度（如降低齿向误差、两轴平行度误差等）；增大轴、轴承及支座的刚度，合理布置齿轮在轴上的位置；适当限制轮齿的宽度等。此外，也可将齿侧沿齿宽方向进行修形或将轮齿做成鼓形（图8.12b），当轴产生弯曲变形而导致齿轮偏斜时，鼓形齿齿面上载荷分布的状态如图8.12a所示，显然可以避免载荷偏于轮齿一端，改善了载荷分布。

齿向载荷分布系数 K_β 值可通过实测确定或按国家标准规定的方法计算，对一般的工业用齿轮，可根据齿轮在轴上的支承情况、齿宽系数 ϕ_d 和齿面硬度，从图8.13中查取。

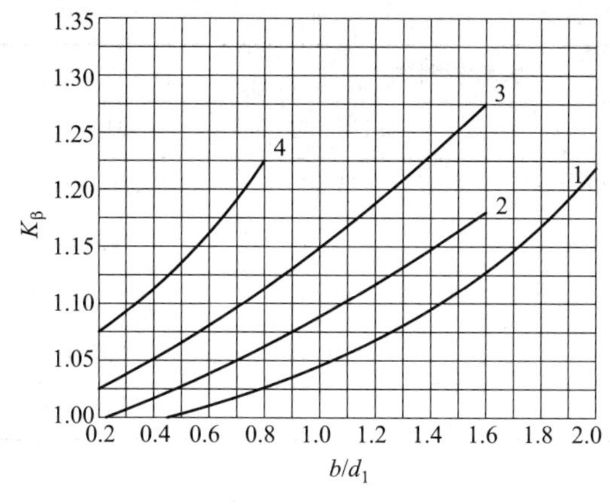

(a) 两齿轮都是软齿面或其中之一是软齿面

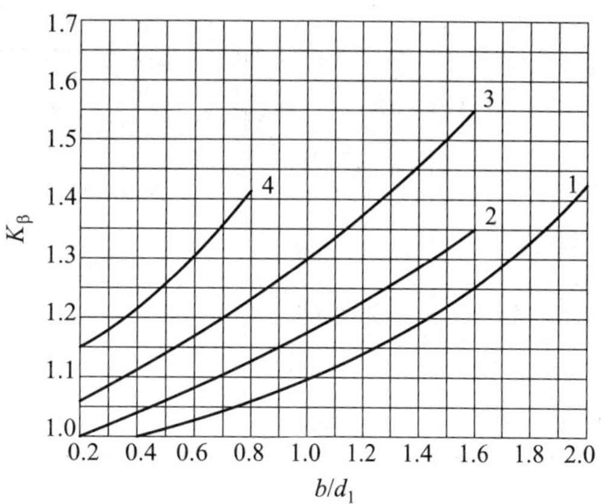

(b) 两齿轮都是硬齿面

1—齿轮在两轴承间对称布置；2—齿轮在两轴承间非对称布置，轴刚度较大；
3—齿轮在两轴承间非对称布置，轴刚度较小；4—齿轮悬臂布置

图 8.13 齿向载荷分布系数 K_β

8.4 直齿圆柱齿轮传动强度计算

为避免齿轮传动的失效，必须对齿轮进行相应的强度计算。由齿轮传动设计准则可知，齿轮传动强度计算有齿面接触强度计算和齿根弯曲强度计算两种。

8.4.1 齿面接触疲劳强度计算

齿面接触疲劳强度计算是为了防止齿间发生疲劳点蚀的一种计算方法，它的实质是使齿面节线处所产生的最大接触应力小于齿轮的许用接触应力。一对轮齿在任一点啮合，ρ_1、ρ_2 分别为两轮齿齿廓接触点的曲率半径。从啮合表面受力状态看，这相当于以 ρ_1、ρ_2 为半径的两圆柱体相接触，接触区内产生的最大接触应力可根据 2.4 节介绍的赫兹公式[式(2.40)]进行计算，则齿面接触强度条件为

$$\sigma_H=\sqrt{\frac{F_{ca}\left(\dfrac{1}{\rho_1}\pm\dfrac{1}{\rho_2}\right)}{\pi\left[\left(\dfrac{1-\mu_1^2}{E_1}\right)+\left(\dfrac{1-\mu_2^2}{E_2}\right)\right]L}}\leqslant[\sigma_H] \tag{8.6}$$

式中 $F_{ca}=KF_n$，为计算载荷，接触线单位长度上的计算载荷 p_{ca} 由式(8.4)确定。
令

$$Z_E=\sqrt{\frac{1}{\pi\left(\dfrac{1-\mu_1^2}{E_1}+\dfrac{1-\mu_2^2}{E_2}\right)}}$$

式中：Z_E——材料系数，$\sqrt{\text{MPa}}$，其值查表 8.3。

表 8.3 材料系数 Z_E $\sqrt{MPa}$

小齿轮材料		大齿轮材料			
		钢	铸钢	球墨铸铁	灰铸铁
	E/MPa	206 000	202 000	173 000	126 000
钢	206 000	189.8	188.9	181.4	165.4
铸钢	202 000	—	188.0	180.5	161.4
球墨铸铁	173 000	—	—	173.9	156.6
灰铸铁	126 000	—	—	—	146.0

令

$$\frac{1}{\rho_{\Sigma}}=\frac{1}{\rho_1}\pm\frac{1}{\rho_2} \tag{8.7}$$

式中：ρ_{Σ}——啮合齿面上啮合点的综合曲率半径，mm。

则式(8.6)可写为

$$\sigma_H=\sqrt{\frac{p_{ca}}{\rho_{\Sigma}}}\cdot Z_E\leqslant[\sigma_H] \tag{8.8}$$

由机械原理课程得知，渐开线齿廓上各点的曲率($1/\rho$)并不相同，沿工作齿廓各点所受的载荷也不一样。计算齿面的接触强度时，应考虑不同啮合位置所受的载荷及综合曲率($1/\rho_{\Sigma}$)的不同。对于端面重合度 $\varepsilon_\alpha\leqslant2$ 的直齿轮传动(图 8.14)，小齿轮单对齿啮合的最低点(图中 C 点)的接触应力最大。但按单对齿啮合的最低点计算接触应力比较麻烦，并且当小齿轮齿数 $z_1\geqslant20$ 时，按单对齿啮合最低点计算所得的接触应力与按节点处计算所得的接触应力极为相近。为计算方便，通常以节点作为齿面接触强度的计算点。

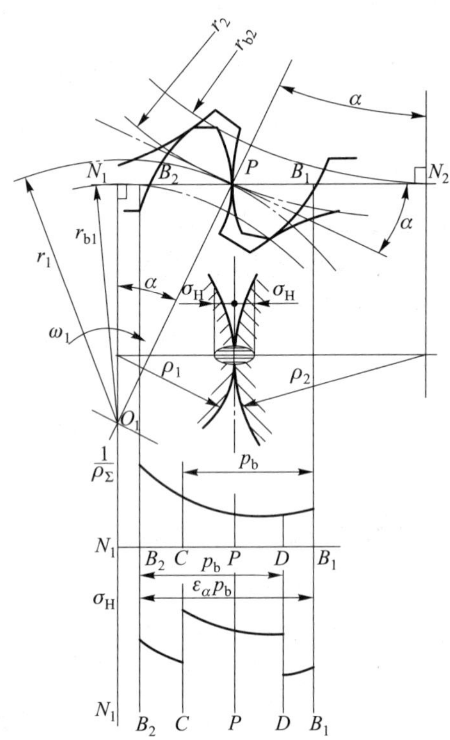

图 8.14 齿面上的接触应力

对标准直齿圆柱齿轮传动，节点处两渐开线齿廓的曲率半径分别为

$$\left.\begin{aligned}\rho_1&=\frac{d_1\sin\alpha}{2}\\ \rho_2&=\frac{d_2\sin\alpha}{2}\end{aligned}\right\} \tag{8.9}$$

式中：d_1、d_2——小齿轮和大齿轮的分度圆直径，mm；

α——分度圆压力角。

将式(8.9)代入式(8.7)，并以齿数比 $u=z_2/z_1=d_2/d_1$ 代入，整理后可得节点处啮合时的综合曲率为

$$\frac{1}{\rho_{\Sigma}}=\frac{2}{d_1\sin\alpha}\;\frac{u\pm1}{u} \tag{8.10}$$

将式(8.3)、式(8.10)代入式(8.8)，及 $L=b$，并以 $F_n=F_t/\cos\alpha$、$F_t=2T_1/d_1$ 代入，经推导整理后得

$$\sigma_H = Z_H Z_E \sqrt{\frac{KF_t}{bd_1}\frac{u\pm1}{u}} = Z_H Z_E \sqrt{\frac{2KT_1}{bd_1^2}\frac{u\pm1}{u}} \leqslant [\sigma_H] \tag{8.11}$$

式中：Z_H——节点区域系数，$Z_H=\sqrt{\frac{2}{\sin\alpha\cos\alpha}}$，用来考虑节点处齿廓形状对接触应力的影响，$\alpha=20°$时，$Z_H=2.5$；

±——"+"用于外啮合齿轮传动，"−"用于内啮合齿轮传动；

b——大齿轮宽度，mm。

因此，标准直齿圆柱齿轮的齿面接触疲劳强度的校核公式为

$$\sigma_H = 2.5Z_E \sqrt{\frac{2KT_1}{bd_1^2}\frac{u\pm1}{u}} \leqslant [\sigma_H] \tag{8.12}$$

设齿宽系数 $\phi_d=b/d_1$，将 $b=\phi_d d_1$ 代入式(8.12)，得齿面接触疲劳强度条件的设计公式为

$$d_1 \geqslant 2.32\sqrt[3]{\frac{KT_1}{\phi_d}\cdot\frac{u\pm1}{u}\left(\frac{Z_E}{[\sigma_H]}\right)^2} \tag{8.13}$$

在齿面接触疲劳强度计算中，配对齿轮的接触应力是相等的。但两齿轮的许用接触应力$[\sigma_H]_1$和$[\sigma_H]_2$分别与各自的材料、热处理方法及应力循环次数有关，一般不相等。因此，在使用设计公式[式(8.13)]或校核公式[式(8.12)]时，应取$[\sigma_H]_1$和$[\sigma_H]_2$两者中的较小者代入计算。

8.4.2　齿根弯曲疲劳强度计算

轮齿受载时，齿根所受的弯矩最大，因此齿根处的弯曲疲劳强度最弱。可以将轮齿看作宽度为 b 的悬臂梁，可用 30°切线法确定齿根危险截面，即作与轮齿对称线成 30°角并与齿根过渡圆弧相切的两条切线，过两切点并平行于齿轮轴线的截面即为轮齿的危险截面。

因直齿轮传动的重合度系数 $1<\varepsilon_\alpha<2$，当一对轮齿为齿根与齿顶啮合时，必定处于双对齿啮合状态，此时齿顶受载轮齿所受弯矩的力臂虽然最大，但受力并不是最大，因此弯矩并不是最大。根据分析，齿根产生最大弯矩的载荷作用点应为单对齿啮合区的最高点，即 D 点(参见图 8.14)。但按该点计算齿根弯曲疲劳强度比较复杂，只用于高精度齿轮传动(6 级精度以上)的弯曲强度计算。对于制造精度较低(如 7、8、9 级精度)的齿轮传动，为了简化计算，通常假设全部载荷作用于齿顶并仅由一对齿承担。

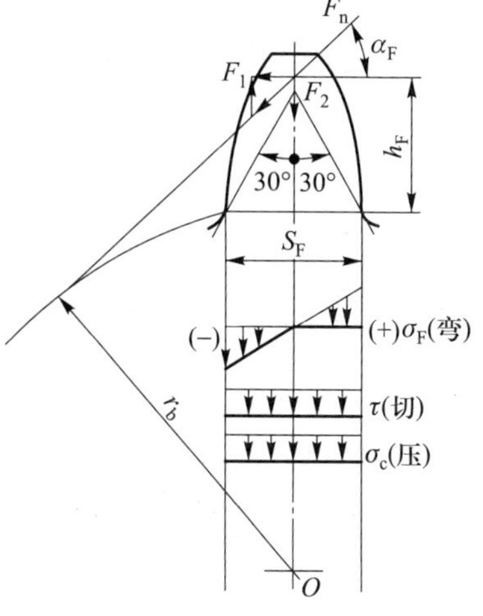

图 8.15　齿根应力图

如图 8.15 所示，作用于齿顶的法向力 F_n，可分解为相互垂直的两个分力：切向分力 $F_n\cos\alpha_F$，使齿根产生弯曲应力和切应力；径向分力 $F_n\sin\alpha_F$，使齿根产生压应力。疲劳裂纹往往从齿根受拉一侧开始，其中切应力和压应力所起的作用很小，所以弯曲疲劳强度计算时一般只考虑弯曲应力，对切应力、压应力以及齿根过渡曲线的应力集中效应的影响，用应力校正系数 Y_{Sa} 予以修正，其值查表 8.4。因此，对于较低精度的直齿轮传动，齿根危险截面的弯曲应力为

$$\sigma_F = \frac{M}{W}Y_{Sa} = \frac{F_n\cos\alpha_F\cdot h_F}{bS_F^2/6}Y_{Sa} = \frac{2KT_1}{bd_1m}\cdot\frac{6(h_F/m)\cos\alpha_F}{(S_F/m)^2\cos\alpha}Y_{Sa} \tag{8.14}$$

式中：h_F——弯曲力臂，mm；

S_F——危险截面厚度，mm；

α_F——载荷作用角，(°)。

令

$$Y_{Fa}=\frac{6(h_F/m)\cos\alpha_F}{(S_F/m)^2\cos\alpha}$$

Y_{Fa} 为载荷作用于齿顶时的齿形系数，用以考虑齿廓形状对齿根弯曲应力 σ_F 的影响，是一个量纲为一的系数。凡影响齿廓形状的参数（如 z、x、α 等）都影响 Y_{Fa}（图 8.16），而与模数无关。Y_{Fa} 值可由表 8.4 查取。Y_{Fa} 小的齿轮抗弯曲强度高。

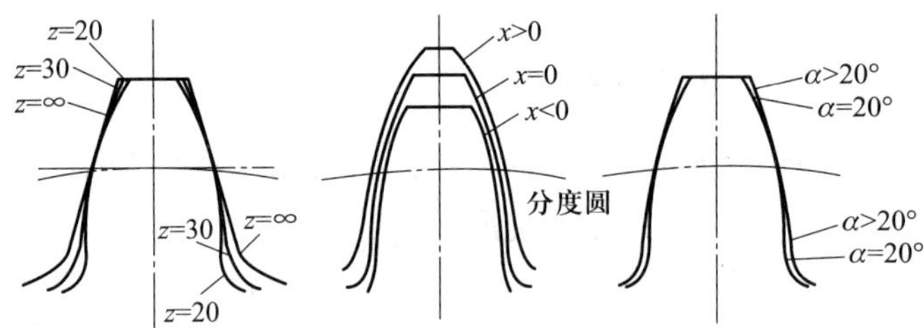

图 8.16 影响 Y_{Fa} 的因素

表 8.4 齿形系数 Y_{Fa} 及应力校正系数 Y_{Sa}

$z(z_v)$	17	18	19	20	21	22	23	24	25	26	27	28	29
Y_{Fa}	2.97	2.91	2.85	2.80	2.76	2.72	2.69	2.65	2.62	2.60	2.57	2.55	2.53
Y_{Sa}	1.52	1.53	1.54	1.55	1.56	1.57	1.575	1.58	1.59	1.595	1.60	1.61	1.62
$z(z_v)$	30	35	40	45	50	60	70	80	90	100	150	200	∞
Y_{Fa}	2.52	2.45	2.40	2.35	2.32	2.28	2.24	2.22	2.20	2.18	2.14	2.12	2.06
Y_{Sa}	1.625	1.65	1.67	1.68	1.70	1.73	1.75	1.77	1.78	1.79	1.83	1.865	1.97

令齿宽系数 $\phi_d=b/d_1$，将 ϕ_d、Y_{Fa} 代入式（8.14），则齿根危险截面的弯曲强度条件为

$$\sigma_F=\frac{2KT_1}{bd_1m}Y_{Fa}Y_{Sa}=\frac{2KT_1}{\phi_d z_1^2 m^3}Y_{Fa}Y_{Sa}\leqslant[\sigma_F] \tag{8.15}$$

由此可得齿根弯曲疲劳强度的设计公式为

$$m\geqslant\sqrt[3]{\frac{2KT_1}{\phi_d z_1^2}\frac{Y_{Fa}Y_{Sa}}{[\sigma_F]}} \tag{8.16}$$

在齿根弯曲疲劳强度计算中，由于 $z_1\neq z_2$，配对齿轮的齿形系数 Y_{Fa}、应力校正系数 Y_{Sa} 均不相等，所以 $\sigma_{F1}\neq\sigma_{F2}$，许用弯曲应力 $[\sigma_F]_1$ 和 $[\sigma_F]_2$ 也可能不相同，设计时取 $\frac{Y_{Fa1}Y_{Sa1}}{[\sigma_F]_1}$ 与 $\frac{Y_{Fa2}Y_{Sa2}}{[\sigma_F]_2}$ 中的大值代入公式计算。求得 m 后应圆整为标准模数。

当用设计公式计算 d_1（或 m）时，K（K_v、K_α、K_β）未知，可初选 $K_t=1.2\sim1.4$，代入公式计算，得到 d_{1t}（或 m_t），再查出 K_v、K_α、K_β，计算出 K，然后按下式校正 d_{1t}（或 m_t）：

$$d_1=d_{1t}\sqrt[3]{K/K_t} \tag{8.17}$$

$$m=m_t\sqrt[3]{K/K_t} \tag{8.18}$$

8.4.3 齿轮传动主要参数和传动精度的选择

在齿轮传动设计中，齿轮传动主要参数和齿轮精度等级选择如何，将直接影响齿轮传动的外廓尺寸及传动质量。

1. 齿轮传动设计参数的选择

（1）齿数比 u　为了避免齿轮传动的尺寸过大，齿数比 u 不宜过大，一般取 $u \leqslant 5 \sim 7$。当要求传动比大时，可以采用两级或多级齿轮传动。

（2）压力角 α 的选择　由机械原理可知，随着压力角 α 增大，轮齿的齿厚及节点处的齿廓曲率半径随之增加，可提高齿轮传动的弯曲疲劳强度及接触疲劳强度。我国对一般用途的齿轮传动规定的标准压力角为 $\alpha=20°$；航空用齿轮传动，压力角可取 25°。但增大压力角并不一定都对传动有利。对重合度接近 2 的高速齿轮传动，推荐采用齿顶高系数为 1～1.2，压力角为 16°～18°的齿轮，这样做可增加轮齿的柔性，降低噪声和动载荷。

（3）模数 m 和小齿轮齿数 z_1　模数 m 直接影响齿根弯曲强度，而对齿面接触强度没有直接影响。用于传递动力的齿轮，一般应使 $m>1.5 \sim 2$ mm，以防止过载时轮齿突然折断。

对于闭式软齿面齿轮传动，按齿面接触强度确定小齿轮直径 d_1 后，在满足齿根弯曲疲劳强度的前提下，宜选取较小的模数和较多的齿数。这样可以提高重合度，提高传动的平稳性，降低齿高，减轻齿轮重量，并减小金属切削量，对于高速齿轮传动还可以减少齿面相对滑动，提高抗胶合能力。通常取 $z_1=20 \sim 40$。

对于闭式硬齿面和开式齿轮传动，模数不宜太小，在满足接触疲劳强度的前提下，为避免传动尺寸过大，z_1 应取较小值，一般取 $z_1=17 \sim 20$。

在满足传动要求的前提下应尽量使 z_1、z_2 互为质数，以防止轮齿失效集中发生在几个齿上。至少不要成整数比，以使所有轮齿磨损均匀并有利于减小振动。齿数圆整或调整后，齿数比 u 可能与要求的有出入，一般允差不超过±（3%～5%）。

（4）齿宽系数 ϕ_d　由齿轮的强度计算公式可知，齿宽系数大，可使中心距及直径 d 减小，承载能力提高；但是齿宽越大，载荷沿齿宽分布不均的现象越严重。因此，齿宽系数应取得适当。对于一般用途的圆柱齿轮，齿宽系数的推荐值见表 8.5。

表 8.5　圆柱齿轮的齿宽系数 ϕ_d

布置状况	两支承相对小齿轮 对称布置	两支承相对小齿轮 不对称布置	小齿轮 悬臂布置
ϕ_d	0.9～1.4(1.2～1.9)	0.7～1.15(1.1～1.65)	0.4～0.6

注：1. 大、小齿轮皆为硬齿面时，ϕ_d 取偏下限的数值；若皆为软齿面或仅大齿轮为软齿面时，ϕ_d 取偏上限的数值。

2. 括号内的数值用于人字齿轮，此时 b 为人字齿轮的总宽度。

3. 金属切削机床中的齿轮传动，若传递的功率不大时，ϕ_d 最小可取 0.2。

4. 非金属齿轮可取 $\phi_d \approx 0.5 \sim 1.2$。

直齿圆柱齿轮取较小值，斜齿圆柱齿轮取较大值；载荷平稳、支承刚度大时取较大值，否则取较小值。对于多级齿轮传动，由于转矩从低速级向高速级逐渐递增，为使各级传动尺寸趋于协调，一般低速级的齿宽系数适当取大些。

根据 d_1 和 ϕ_d 可计算 $b=\phi_d d_1$，计算结果应加以圆整，作为大齿轮的齿宽 b_2，小齿轮齿宽取

$b_1=b_2+(5\sim10)$ mm,以补偿加工及装配误差。

(5) 中心距 a 中心距 a 按承载能力求得后,如不为整数,应尽可能调整齿数使中心距为整数,最好尾数为 0 或 5。a 不得小于按齿面接触承载能力计算出的中心距值,否则齿面接触承载能力可能不足。

2. 齿轮精度的选择

国家标准 GB/T 10095.1—2008 对圆柱齿轮副规定了 13 个精度等级,其中 0 级的精度最高,12 级的精度最低,常用的是 6~9 级精度。

按照误差的特性及它们对传动性能的主要影响,国家标准将齿轮的各项公差分成三个组,分别反映传动的准确性、平稳性和载荷分布的均匀性。

各类机器所用齿轮传动的精度等级范围列于表 8.6 中,按载荷及速度推荐的齿轮传动精度等级如图 8.17 所示,供设计时参考。

表 8.6 各类机器所用齿轮传动的精度等级范围

机器名称	精度等级	机器名称	精度等级
汽轮机	3~6	拖拉机	6~8
金属切削机床	3~8	通用减速器	6~8
航空发动机	4~8	锻压机床	6~9
轻型汽车	5~8	起重机	7~10

注:主传动齿轮或重要的齿轮传动,偏上限选择;辅助传动齿轮或一般齿轮传动,居中或偏下限选择。

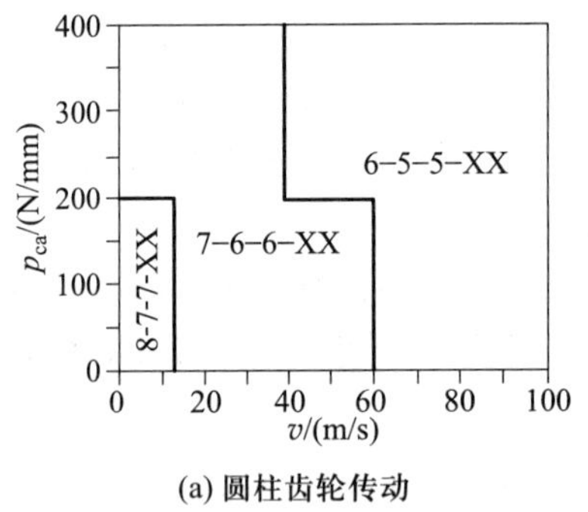

(a) 圆柱齿轮传动

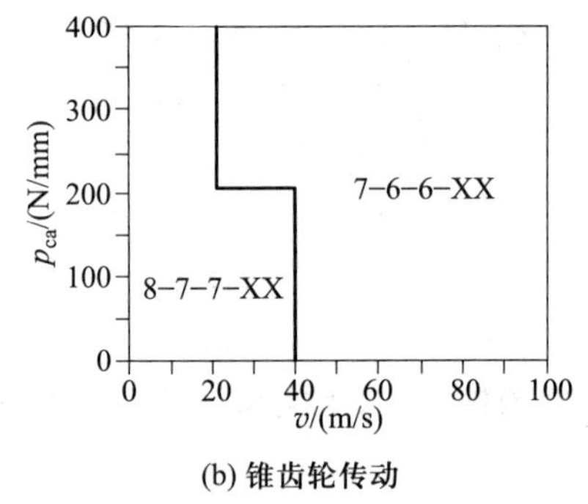

(b) 锥齿轮传动

图 8.17 齿轮传动的精度选择

例 8.1 试设计螺旋输送机的两级直齿圆柱齿轮减速器中的高速级齿轮传动。已知输入功率 $P=7.5$ kW,小齿轮转速 $n_1=960$ r/min,齿数比 $u=3.2$,电动机驱动,工作寿命 10 年,每年工作 300 天,两班制,工作平稳,齿轮转向不变。

解

设计项目	计算依据及内容	设计结果
一、选择齿轮材料、热处理、精度等级、齿数及齿宽系数	考虑此减速器的功率一般,故大、小齿轮都选用 45 钢,调质处理软齿面	小齿轮的材料为 45 钢,调质处理,齿面硬度 260 HBW;大齿轮用 45 钢,调质处理,齿面硬度 220 HBW

续表

设计项目	计算依据及内容	设计结果
	因载荷平稳，齿轮速度不高，故初选 7 级精度 软齿面闭式齿轮传动，传动平稳性，齿数宜取多些，选小齿轮齿数 $z_1=25$，大齿轮齿数 $z_2=uz_1=3.2\times25=80$ 按软齿面齿轮，非对称安装，查表 8.5，取齿宽系数 $\phi_d=1.0$	7 级精度 $z_1=25, z_2=80$ $\phi_d=1.0$
二、按齿面接触疲劳强度设计	由设计公式[式(8.13)]进行试算，即 $d_{1t}\geqslant 2.32\sqrt[3]{\frac{KT_1}{\phi_d}\cdot\frac{u\pm1}{u}\left(\frac{Z_E}{[\sigma_H]}\right)^2}$	
1. 确定公式中各参数		
(1) 初选载荷系数 K_t	试选 $K_t=1.5$	$K_t=1.5$
(2) 小齿轮传递的转矩	$T_1=9.55\times10^6\frac{P}{n_1}=9.55\times10^6\times\frac{7.5}{960}$ N · mm $=7.461\times10^4$ N · mm	$T_1=7.461\times10^4$ N · mm
(3) 材料系数 Z_E	由表 8.3 查得 $Z_E=189.8\sqrt{\text{MPa}}$	$Z_E=189.8\sqrt{\text{MPa}}$
(4) 大、小齿轮的接触疲劳强度极限 $\sigma_{\text{Hlim 1}}$、σ_{Hlim2}	由图 8.6 按齿面硬度查得 $\sigma_{\text{Hlim 1}}=600$ MPa，$\sigma_{\text{Hlim 2}}=560$ MPa	$\sigma_{\text{Hlim 1}}=600$ MPa $\sigma_{\text{Hlim 2}}=560$ MPa
(5) 应力循环次数	$N_1=60n_1jL_h=60\times960\times1\times10\times300\times16=2.765\times10^9$ $N_2=N_1/u=2.765\times10^9/3.2=8.640\times10^8$	$N_1=2.765\times10^9$ $N_2=8.640\times10^8$
(6) 接触疲劳寿命系数 K_{HN1}、K_{HN2}	由图 8.8 查得 $K_{HN1}=0.90$，$K_{HN2}=0.99$	$K_{HN1}=0.90$ $K_{HN2}=0.99$
(7) 确定许用接触疲劳应力	取安全系数 $S_H=1$ $[\sigma_H]_1=\frac{K_{HN1}\sigma_{\text{Hlim1}}}{S_H}=0.90\times600$ MPa $=540$ MPa $[\sigma_H]_2=\frac{K_{HN2}\sigma_{\text{Hlim2}}}{S_H}=0.95\times560$ MPa $=554.4$ MPa	$S_H=1$ $[\sigma_H]_1=540$ MPa $[\sigma_H]_2=554.4$ MPa
2. 计算		
(1) 试算小齿轮分度圆直径 d_{1t}	代入$[\sigma_H]$中较小的值 $d_{1t}\geqslant2.32\sqrt[3]{\frac{1.5\times7.461\times10^4}{1.0}\times\frac{3.2+1}{3.2}\times\left(\frac{189.8}{540}\right)^2}$ mm $=60.97$ mm	$d_{1t}=60.97$ mm
(2) 计算圆周速度 v	$v=\frac{\pi d_{1t}n_1}{60\times1\ 000}=\frac{\pi\times60.97\times960}{60\times1\ 000}$ m/s $=3.06$ m/s	$v=3.06$ m/s
(3) 计算齿宽 b	$b=\phi_d d_{1t}=1.0\times60.97$ mm $=60.97$ mm	$b=60.97$ mm

续表

设计项目	计算依据及内容	设计结果
(4) 计算载荷系数 K	由表8.2查得使用系数 $K_A=1$；根据 $v=3.06$ m/s，7级精度，由图8.11查得动载系数 $K_v=1.11$；直齿轮，取齿间载荷分配系数 $K_\alpha=1$；由图8.13查得 $K_\beta=1.18$ 故载荷系数 $K=K_AK_vK_\alpha K_\beta=1\times1.11\times1\times1.18=1.3098$	$K_A=1, K_v=1.11$ $K_\alpha=1, K_{H\beta}=1.18$ $K=1.3098$
(5) 校正分度圆直径	按实际的载荷系数校正分度圆直径，得 $d_1=d_{1t}\sqrt[3]{K/K_t}=60.97\times\sqrt[3]{1.3098/1.5}$ mm $=58.28$ mm	
(6) 计算模数 m	$m=\dfrac{d_1}{z_1}=\dfrac{58.28}{25}$ mm $=2.33$ mm，按标准取模数 $m=2.5$ mm	$m=2.5$ mm
3. 计算齿轮传动的几何尺寸		
(1) 两轮分度圆直径	$d_1=mz_1=2.5\times25$ mm $=62.5$ mm $d_2=mz_2=2.5\times80$ mm $=200$ mm	$d_1=62.5$ mm $d_2=200$ mm
(2) 中心距	$a=\dfrac{m(z_1+z_2)}{2}=\dfrac{2.5\times(25+80)}{2}$ mm $=131.25$ mm	$a=131.25$ mm
(3) 齿宽	$b=\phi_d d_1=1.0\times62.5$ mm $=62.5$ mm $b_1=b+(5\sim10)$ mm	取 $b_2=65$ mm $b_1=70$ mm
(4) 齿高	$h=2.25m=2.25\times2.5$ mm $=5.625$ mm	$h=5.625$ mm
三、校核齿根弯曲疲劳强度	弯曲强度的校核公式为 $\sigma_F=\dfrac{2KT_1}{\phi_d z_1^2 m^3}Y_{Fa}Y_{Sa}\leqslant[\sigma_F]$	
1. 确定公式中的各参数值		
(1) 大、小齿轮的弯曲疲劳强度极限 $\sigma_{Flim\,1}$、$\sigma_{Flim\,2}$	由图8.7查取 $\sigma_{Flim1}=240$ MPa，$\sigma_{Flim2}=220$ MPa	$\sigma_{Flim\,1}=240$ MPa $\sigma_{Flim\,2}=220$ MPa
(2) 弯曲疲劳寿命系数 K_{FN1}、K_{FN2}	由图8.9查取 $K_{FN1}=0.88$，$K_{FN2}=0.90$	$K_{FN1}=0.88$ $K_{FN2}=0.90$
(3) 确定许用弯曲疲劳应力	取弯曲疲劳安全系数 $S_F=1.4$，得 $[\sigma_F]_1=\dfrac{K_{FN1}\sigma_{Flim\,1}}{S_F}=\dfrac{0.88\times240}{1.4}$ MPa $=150.86$ MPa $[\sigma_F]_2=\dfrac{K_{FN2}\sigma_{Flim2}}{S_F}=\dfrac{0.90\times220}{1.4}$ MPa $=141.43$ MPa	$S_F=1.4$ $[\sigma_F]_1=150.86$ MPa $[\sigma_F]_2=141.43$ MPa
(4) 查取齿形系数和应力校正系数	查表8.4	$Y_{Fa1}=2.62, Y_{Fa2}=2.22$ $Y_{Sa1}=1.59, Y_{Sa2}=1.77$

续表

设计项目	计算依据及内容	设计结果
(5) 计算大、小齿轮的 $\frac{Y_{Fa}Y_{Sa}}{[\sigma_F]}$ 并加以比较	$\frac{Y_{Fa1}Y_{Sa1}}{[\sigma_F]_1}=\frac{2.62\times1.59}{150.86}=0.0276$ $\frac{Y_{Fa2}Y_{Sa2}}{[\sigma_F]_2}=\frac{2.22\times1.77}{141.43}=0.0278$	大齿轮的数值大，应按大齿轮校核齿轮弯曲疲劳强度
2. 校核计算	$\sigma_{F2}=\frac{2\times1.3098\times7.461\times10^4}{1.0\times25^2\times2.5^3}\times2.22\times1.77\ \text{MPa}$ $=78.64\ \text{MPa}\leqslant[\sigma_F]_2$	$\sigma_{F2}=78.64\ \text{MPa}\leqslant[\sigma_F]_2$ 弯曲疲劳强度足够
四、齿轮结构设计及绘制齿轮零件图(略)		

8.5 斜齿圆柱齿轮传动强度计算

8.5.1 轮齿的受力分析

标准斜齿圆柱齿轮传动中齿轮的受力模型如图 8.18 所示。与直齿圆柱齿轮受力分析一样，可忽略齿面间的摩擦力，并用作用于齿宽中点的法向力 F_n 代替作用于齿面上的分布力。法向力 F_n 可分解为三个相互垂直的分力，即圆周力 F_t、径向力 F_r 及轴向力 F_a，得

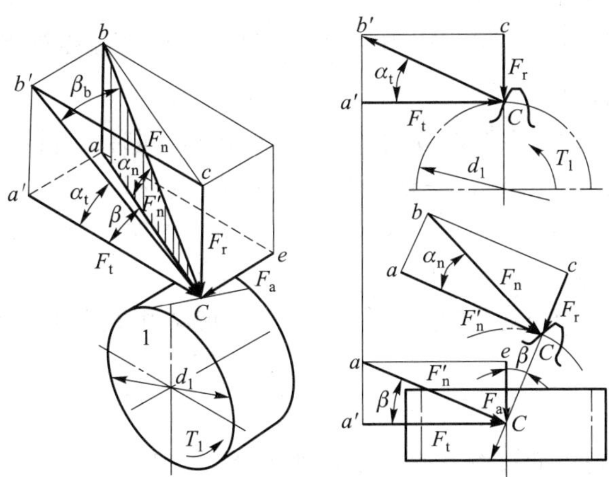

图 8.18 斜齿圆柱齿轮轮齿受力分析

$$\left.\begin{aligned}F_t&=\frac{2T_1}{d_1}\\F_r&=\frac{F_t\tan\alpha_n}{\cos\beta}\\F_a&=F_t\tan\beta\\F_n&=\frac{F_t}{\cos\alpha_n\cos\beta}=\frac{F_t}{\cos\alpha_t\cos\beta_b}=\frac{2T_1}{d_1\cos\alpha_t\cos\beta_b}\end{aligned}\right\}\tag{8.19}$$

式中：α_n——法面分度圆压力角，标准齿轮 $\alpha_n=20°$；

α_t——端面分度圆压力角；

β——分度圆螺旋角；

β_b——基圆螺旋角。

作用于主、从动轮上的各对力大小相等、方向相反，即 $F_{t1}=-F_{t2}$、$F_{r1}=-F_{r2}$、$F_{a1}=-F_{a2}$。圆周力 F_t 和径向力 F_r 方向的判断与直齿轮相同。轴向力 F_a 的方向取决于齿轮的回转方向和螺旋方向，通常用“主动轮左、右手法则”来判断：主动轮左旋时用左手，右旋时用右手，四指顺着齿轮转动方向握拳，则拇指展开伸直的方向即为主动轮轮齿所受轴向力 F_{a1} 的方向。从动轮轮齿所受轴向力方向与主动轮的相反。

由式（8.19）可知，轴向力 F_a 随螺旋角的增大而增大。当 F_a 过大时，给轴承设计带来困难，因此斜齿圆柱齿轮传动的螺旋角 β 不宜选得过大，通常 $\beta=8°\sim20°$。在人字齿轮和双斜齿轮传动中，按力学分析同一个齿轮上的两个齿向的轴向分力大小相等、方向相反，轴向分力的合力为零，因而人字齿轮和双斜齿轮的螺旋角可取较大值，$\beta=27°\sim45°$。

8.5.2　齿面接触疲劳强度计算

斜齿圆柱齿轮传动的强度计算是按轮齿的法面进行分析的，其基本原理与直齿圆柱齿轮传动相似，但是计算时有以下几点不同：

（1）斜齿圆柱齿轮的法向齿廓为渐开线，节点处的曲率半径应在法面内计算，这使节点区域系数 Z_H 的计算公式发生变化。

（2）由于斜齿圆柱齿轮的接触线是倾斜的，有利于提高接触疲劳强度，故引进螺旋角系数 $Z_\beta=\sqrt{\cos\beta}$ 以考虑其影响。

（3）斜齿圆柱齿轮传动的重合度较大（一般可大于 2），同时啮合的齿对数较多，因此引入重合度系数 Z_ε 以考虑重合度的影响。一般可取 $Z_\varepsilon=0.75\sim0.88$，齿数多时取小值，反之取大值。并应考虑齿间载荷分配不均的影响，一般取齿间载荷分配系数 $K_\alpha=1\sim1.4$，齿轮制造精度低、硬齿面时取大值，精度高、软齿面时取小值。

考虑以上不同点，由式（8.12），可导出斜齿圆柱齿轮传动齿面接触疲劳强度条件的校核公式：

$$\sigma_H=Z_HZ_EZ_\varepsilon Z_\beta\sqrt{\frac{2KT_1}{bd_1^2}\frac{u\pm1}{u}}\leqslant[\sigma_H] \tag{8.20}$$

取 $b=\phi_d d_1$ 代入上式，可得齿面接触疲劳强度条件的设计公式。

$$d_1\geqslant\sqrt[3]{\frac{2KT_1}{\phi_d}\frac{u\pm1}{u}\left(\frac{Z_HZ_EZ_\varepsilon Z_\beta}{[\sigma_H]}\right)^2} \tag{8.21}$$

式中：Z_H 为节点区域系数，$Z_H=\sqrt{\dfrac{2\cos\beta_b}{\cos\alpha_t\sin\alpha_t}}$，设计时其值可根据螺旋角 β 由图 8.19 查取；有关单位和其余系数的意义及取值方法与直齿圆柱齿轮相同。

对于斜齿圆柱齿轮传动，因齿面上的接触线是倾斜的，斜齿轮传动齿面的接触疲劳强度应同时取决于大、小齿轮。实际工作中斜齿轮传动的许用接触应力约可取为 $[\sigma_H]=([\sigma_H]_1+[\sigma_H]_2)/2$，当 $[\sigma_H]>1.23[\sigma_H]_2$，则取 $[\sigma_H]=1.23[\sigma_H]_2$。$[\sigma_H]_2$ 为较软齿面的许用接触应力。

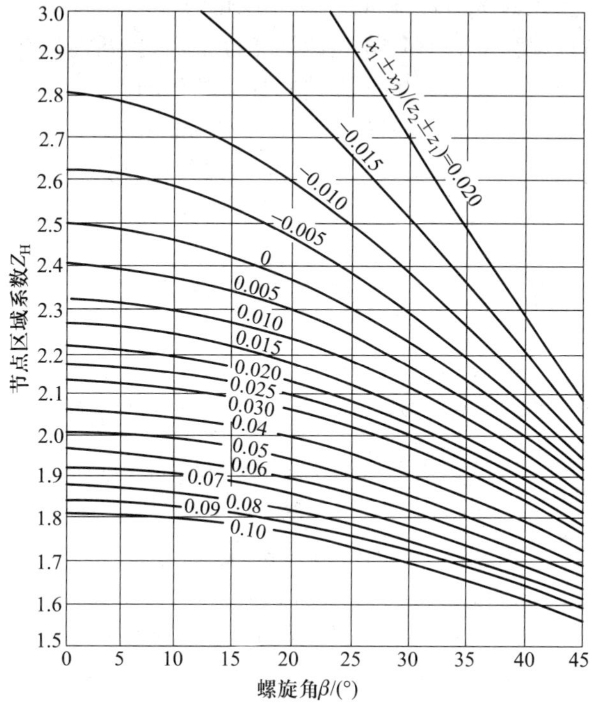

图 8.19 节点区域系数 $Z_H(\alpha=20°)$

8.5.3 齿根弯曲疲劳强度计算

由于斜齿圆柱齿轮的接触线是倾斜的，所以轮齿往往是局部折断。而且，啮合过程中其接触线和危险截面的位置都在不断变化，其齿根应力很难精确计算，因此近似将其视为按轮齿法面展开的当量直齿圆柱齿轮传动，利用式(8.15)进行计算。考虑到斜齿圆柱齿轮倾斜的接触线对提高弯曲强度有利，引入螺旋角系数 Y_β 对式(8.15)的齿根应力进行修正，并以法向模数 m_n 代替 m，可得斜齿圆柱齿轮的弯曲疲劳强度条件的校核表达式：

$$\sigma_F=\frac{2KT_1}{bdm_n}Y_{Fa}Y_{Sa}Y_\varepsilon Y_\beta\leqslant[\sigma_F] \tag{8.22}$$

式中：Y_β——螺旋角系数，$Y_\beta=0.85\sim0.92$，β 角大时取小值，反之取大值；

Y_{Fa}、Y_{Sa}——齿形系数和应力校正系数，按当量齿数 $z_v=z/\cos^3\beta$，从表 8.4 查得；

Y_ε——重合度系数，一般可取 $Y_\varepsilon=0.63\sim0.87$，端面重合度大时取小值，反之取大值。

式(8.22)中有关单位和其余系数的意义及取值方法与直齿圆柱齿轮相同。

将 $b=\phi_d d_1$、$d_1=m_n z_1/\cos\beta$ 代入式(8.22)，可得弯曲疲劳强度条件的设计表达式：

$$m_n\geqslant\sqrt[3]{\frac{2KT_1\cos^2\beta Y_\varepsilon Y_\beta}{\phi_d z_1^2}\frac{Y_{Fa}Y_{Sa}}{[\sigma_F]}} \tag{8.23}$$

因大、小齿轮的 σ_F 和$[\sigma_F]$可能各不相同，故应分别进行验算。

用式(8.23)计算时，应取$\frac{Y_{Fa1}Y_{Sa1}}{[\sigma_F]_1}$与$\frac{Y_{Fa2}Y_{Sa2}}{[\sigma_F]_2}$两者中的大值代入。

因 $z_v>z$，故斜齿圆柱齿轮的 Y_{Fa}、Y_{Sa} 比直齿圆柱齿轮的小，K_v 也小，还增加了一个小于1的螺旋角系数 Y_β，由式(8.15)和式(8.22)可知，在相同条件下，斜齿圆柱齿轮传动的齿根弯曲应力比直齿圆柱齿轮传动的小，其弯曲疲劳强度比直齿圆柱齿轮传动大。

例 8.2 试设计螺旋输送机的两级斜齿圆柱齿轮减速器中的高速级齿轮传动。已知输入功率 $P=7.5$ kW，小齿轮转速 $n_1=960$ r/min，齿数比 $u=3.2$，由电动机驱动，工作寿命10年，设每年工作300天，两班制，工作平稳，齿轮转向不变，要求结构紧凑。

解

设计项目	计算依据及内容	设计结果
一、选择齿轮材料、热处理、精度等级、齿数、齿宽系数，并初选螺旋角 β	考虑此减速器要求结构紧凑，故大、小齿轮都选用硬齿面，材料均为40Cr钢，调质处理后表面淬火	大、小齿轮的材料均为40Cr钢，调质处理后表面淬火，齿面硬度为48~55 HRC
	因载荷平稳，齿轮速度不高，故初选7级精度 硬齿面闭式齿轮传动，考虑传动平稳性，齿数宜取多些，选小齿轮齿数 $z_1=25$，大齿轮齿数 $z_2=uz_1=3.2\times25=80$ 初选螺旋角 $\beta=13°$ 按硬齿面齿轮、非对称安装，查表8.5选取齿宽系数 $\phi_d=0.8$	7级精度 $z_1=25$，$z_2=80$ $\beta=13°$ $\phi_d=0.8$
二、按齿根弯曲疲劳强度设计	由设计公式[式(8.23)]进行试算，即 $m_{nt}\geqslant\sqrt[3]{\dfrac{2KT_1\cos^2\beta Y_\varepsilon Y_\beta}{\phi_d z_1^2}\dfrac{Y_{Fa}Y_{Sa}}{[\sigma_F]}}$	
1. 确定公式内的各参数值		
(1) 初选载荷系数 K_t	试选 $K_t=1.5$	$K_t=1.5$
(2) 小齿轮传递的转矩	同例8.1	$T_1=7.461\times10^4$ N·mm
(3) 大、小齿轮的弯曲疲劳强度极限 $\sigma_{Flim\,1}$、$\sigma_{Flim\,2}$	由图8.7查得 $\sigma_{Flim\,1}=\sigma_{Flim\,2}=730$ MPa	$\sigma_{Flim\,1}=\sigma_{Flim\,2}=730$ MPa
(4) 应力循环次数	同例8.1	$N_1=2.765\times10^9$ $N_2=8.640\times10^8$
(5) 弯曲疲劳寿命系数 K_{FN1}、K_{FN2}	同例8.1	$K_{FN1}=0.88$ $K_{FN2}=0.90$
(6) 计算许用弯曲应力	选取弯曲疲劳安全系数 S_F，得 $[\sigma_F]_1=\dfrac{K_{FN1}\sigma_{Flim1}}{S_F}=\dfrac{0.88\times730}{1.4}$ MPa $[\sigma_F]_2=\dfrac{K_{FN2}\sigma_{Flim2}}{S_F}=\dfrac{0.90\times730}{1.4}$ MPa	$[\sigma_F]_1=458.86$ MPa $[\sigma_F]_2=469.29$ MPa

续表

设计项目	计算依据及内容	设计结果
(7) 查取齿形系数和应力校正系数	根据当量齿数 $z_{v1}=\dfrac{z_1}{\cos^3\beta}=\dfrac{25}{\cos^3 13^\circ}=27.03$ $z_{v2}=\dfrac{z_2}{\cos^3\beta}=\dfrac{80}{\cos^3 13^\circ}=86.48$	
(8) 计算大、小齿轮的 $\dfrac{Y_{Fa}Y_{Sa}}{[\sigma_F]}$ 并加以比较	由表 8.4 查取齿形系数和应力校正系数 $\dfrac{Y_{Fa1}Y_{Sa1}}{[\sigma_F]_1}=\dfrac{2.57\times1.60}{458.86}=0.008\ 96$ $\dfrac{Y_{Fa2}Y_{Sa2}}{[\sigma_F]_2}=\dfrac{2.21\times1.78}{469.29}=0.008\ 38$	$Y_{Fa1}=2.57, Y_{Fa2}=2.21$ $Y_{Sa1}=1.60, Y_{Sa2}=1.78$ $\dfrac{Y_{Fa1}Y_{Sa1}}{[\sigma_F]_1}>\dfrac{Y_{Fa2}Y_{Sa2}}{[\sigma_F]_2}$ 按小齿轮弯曲疲劳强度进行设计
(9) 取重合度系数 Y_ε，螺旋角系数 Y_β	取 $Y_\varepsilon=0.7, Y_\beta=0.86$	$Y_\varepsilon=0.7, Y_\beta=0.86$
2. 设计计算		
(1) 试算齿轮模数 m_{nt}	$m_{nt}\geqslant\sqrt[3]{\dfrac{2\times1.5\times74\ 610\times\cos^2 13^\circ\times0.7\times0.86}{0.8\times25^2}\times\dfrac{2.57\times1.60}{458.86}}\ \text{mm}$ $=1.319\ \text{mm}$	$m_{nt}\geqslant1.319\ \text{mm}$
(2) 计算圆周速度 v	$v=\dfrac{\pi m_{nt}z_1n_1}{60\times1\ 000\cos\beta}=\dfrac{\pi\times1.319\times25\times960}{60\times1\ 000\cos 13^\circ}\ \text{m/s}=1.701\ \text{m/s}$	$v=1.701\ \text{m/s}$
(3) 计算载荷系数	由表 8.2 查得使用系数 $K_A=1$ 根据 $v=1.701$ m/s、7 级精度，由图 8.10 查得动载系数 $K_v=1.08$ 斜齿轮，取齿间载荷分配系数 $K_\alpha=1.2$ 由图 8.13 查得 $K_\beta=1.11$ 故载荷系数 $K=K_AK_vK_\alpha K_\beta=1\times1.08\times1.2\times1.11=1.439$	$K_A=1$ $K_v=1.08$ $K_\alpha=1.2$ $K_\beta=1.11$ $K=1.439$
(4) 按实际的载荷系数校正所得的齿轮模数	$m_n=m_{nt}\sqrt[3]{K/K_t}=1.319\times\sqrt[3]{1.439/1.5}\ \text{mm}=1.301\ \text{mm}$ 取标准模数 m_n	$m_n=2\ \text{mm}$
3. 计算齿轮传动的几何尺寸		
(1) 中心距	$a=\dfrac{m_n}{2\cos\beta}(z_1+z_2)=\dfrac{2}{2\cos 13^\circ}\times(25+80)\ \text{mm}$ $=107.76\ \text{mm}$ 圆整为 $a=108$ mm	$a=108\ \text{mm}$

续表

设计项目	计算依据及内容	设计结果
(2) 螺旋角	$\beta=\arccos\dfrac{m_n(z_1+z_2)}{2a}=\arccos\dfrac{2\times(25+80)}{2\times108}$ $=13.54°=13°32'10''$	$\beta=13.54°=13°32'10''$
(3) 两轮分度圆直径	$d_1=\dfrac{m_n z_1}{\cos\beta}=\dfrac{2\times25}{\cos13°32'10''}$ mm $=51.429$ mm $d_2=\dfrac{m_n z_2}{\cos\beta}=\dfrac{2\times80}{\cos13°32'10''}$ mm $=164.571$ mm	$d_1=51.429$ mm $d_2=164.571$ mm
(4) 齿宽	$b=\phi_d d_1=0.8\times51.43$ mm $=41.144$ mm $b_1=b+(5\sim10)$ mm	取 $b_2=45$ mm, $b_1=50$ mm
三、校核齿面接触疲劳强度	由式(8.20) $\sigma_H=Z_H Z_E Z_\varepsilon Z_\beta\sqrt{\dfrac{2KT_1}{bd_1^2}\dfrac{u\pm1}{u}}\leqslant[\sigma_H]$	
1. 确定公式内各参数值		
(1) 大、小齿轮的接触疲劳强度极限	按齿面硬度由图8.6查得大、小齿轮的接触疲劳强度极限 σ_{Hlim1}、σ_{Hlim2}	$\sigma_{Hlim1}=\sigma_{Hlim2}=1\ 170$ MPa
(2) 接触疲劳寿命系数 K_{HN1}、K_{HN2}	由图8.8查得 $K_{HN1}=0.89$, $K_{HN2}=0.92$	$K_{HN1}=0.89$ $K_{HN2}=0.92$
(3) 计算许用接触应力	取定安全系数 $S_H=1$ $[\sigma_H]_1=\dfrac{K_{HN1}\sigma_{Hlim1}}{S_H}=0.89\times1\ 170$ MPa $[\sigma_H]_2=\dfrac{K_{HN2}\sigma_{Hlim2}}{S_H}=0.92\times1\ 170$ MPa $[\sigma_H]=\dfrac{[\sigma_H]_1+[\sigma_H]_2}{2}=\dfrac{1\ 041.3+1\ 076.4}{2}$ MPa	$[\sigma_H]_1=1\ 041.3$ MPa $[\sigma_H]_2=1\ 076.4$ MPa $[\sigma_H]=1\ 058.85$ MPa
(4) 节点区域系数 Z_H、重合度系数 Z_ε、螺旋角系数 Z_β	由图8.19查得节点区域系数 $Z_H=2.44$ 重合度系数 $Z_\varepsilon=0.8$ 螺旋角系数 $Z_\beta=\sqrt{\cos\beta}=\sqrt{\cos13°32'10''}=0.986$	$Z_H=2.44$ $Z_\varepsilon=0.8$ $Z_\beta=0.986$
(5) 材料系数 Z_E	由表8.3查得材料系数 $Z_E=189.8\sqrt{\text{MPa}}$	$Z_E=189.8\sqrt{\text{MPa}}$
2. 校核计算	$\sigma_H=Z_H Z_E Z_\varepsilon Z_\beta\sqrt{\dfrac{2KT_1}{bd_1^2}\dfrac{u\pm1}{u}}$ $=2.44\times189.8\times0.8\times0.986\sqrt{\dfrac{2\times1.607\times74\ 610}{45\times51.429^2}\times\dfrac{3.2+1}{3.2}}$ MPa $=594.03$ MPa $\leqslant[\sigma_H]$	$\sigma_H=594.03$ MPa $\leqslant[\sigma_H]$ 齿面接触疲劳强度满足要求
四、齿轮结构设计及绘制齿轮零件图	以大齿轮为例,因齿轮齿顶圆直径大于160 mm,而又小于500 mm,故选用腹板式结构为宜;其他尺寸如图8.20荐用的结构尺寸设计,并绘制大齿轮零件图	图8.20为大齿轮零件图

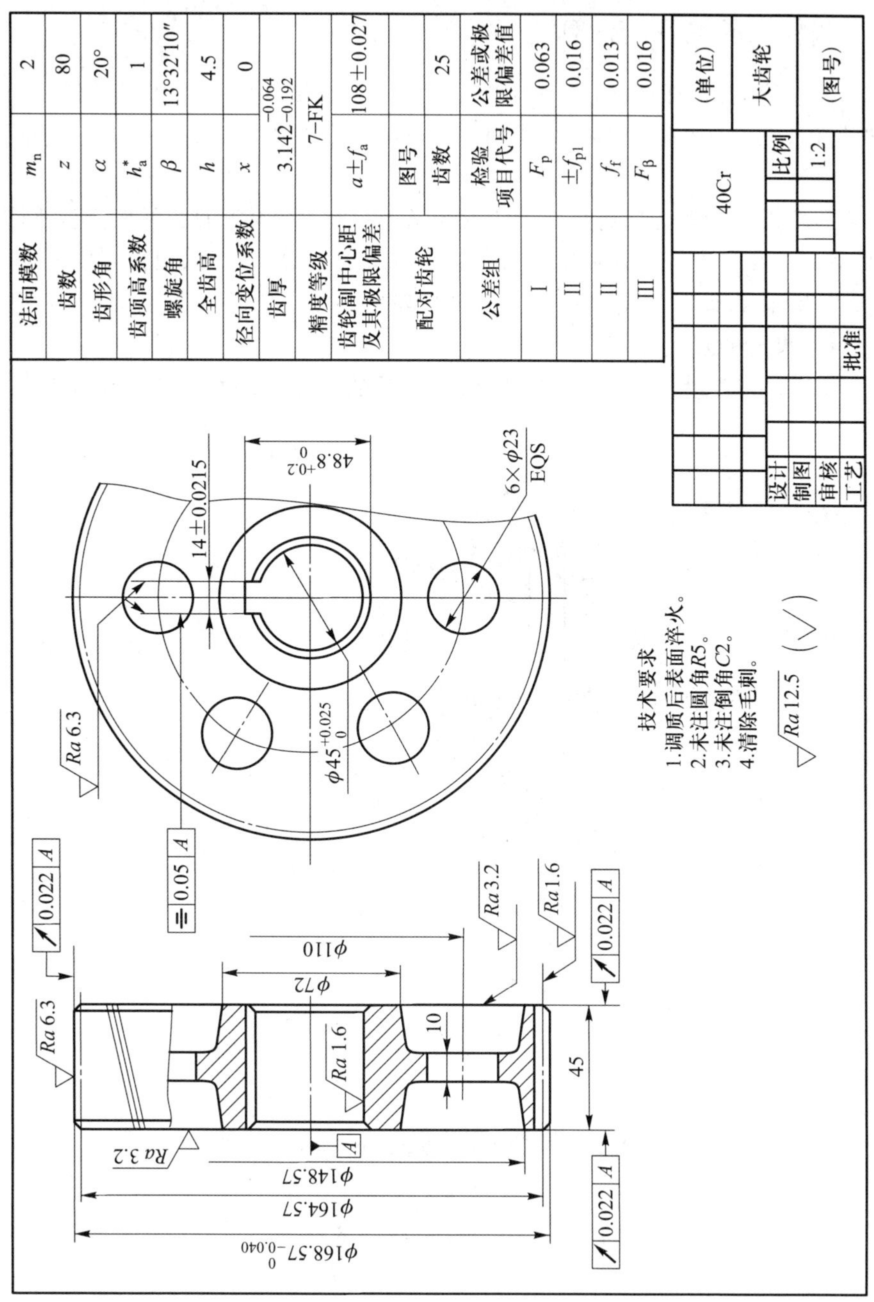
法向模数 m_n 2
齿数 z 80
齿形角 α 20°
齿顶高系数 h_a^* 1
螺旋角 β 13°32′10″
全齿高 h 4.5
径向变位系数 x 0
齿厚 $3.142_{-0.192}^{-0.064}$
精度等级 7-FK
齿轮副中心距及其极限偏差 $a \pm f_a$ 108±0.027
配对齿轮 图号
齿数 25
公差组 检验项目代号 公差或极限偏差值
I F_p 0.063
II $\pm f_{pt}$ 0.016
II f_f 0.013
III F_β 0.016
40Cr
比例 1:2
(单位)
大齿轮
(图号)
设计
制图
审核
工艺
批准
技术要求
1.调质后表面淬火。
2.未注圆角R5。
3.未注倒角C2。
4.清除毛刺。
Ra 12.5 (√)
14±0.0215
$48.8^{+0.2}_{0}$
$6\times\phi23$ EQS
$\phi45^{+0.025}_{0}$
Ra 6.3
0.05 A
0.022 A
Ra 6.3
Ra 3.2
Ra 1.6
Ra 1.6
Ra 3.2
$\phi110$
$\phi72$
10
45
A
$\phi148.57$
$\phi164.57$
$\phi168.57^{0}_{-0.040}$

图 8.20 大齿轮零件图

8.6　直齿锥齿轮传动强度计算

8.6.1　直齿锥齿轮的几何计算

锥齿轮传动传递的是相交两轴的运动和动力。两锥齿轮轴线间夹角可以是任意角，称为轴交角，其值可根据传动需要确定，一般多采用90°。本节只讨论轴交角 $\Sigma=90°$ 的标准直齿锥齿轮传动的强度计算问题。

直齿锥齿轮的轮齿沿齿宽方向各处截面大小不等，受力后不同截面的弹性变形不同，引起载荷分布不均，受力分析和强度计算都非常复杂。强度计算时为简化计算，以齿宽中点处当量齿轮（称为强度当量齿轮）作为计算依据。将强度当量齿轮的参数代入直齿圆柱齿轮的强度计算公式，即可得到直齿锥齿轮的强度计算公式。

直齿锥齿轮以大端参数为标准，如图8.21所示。经推导可得强度当量齿轮的几何尺寸关系如下：

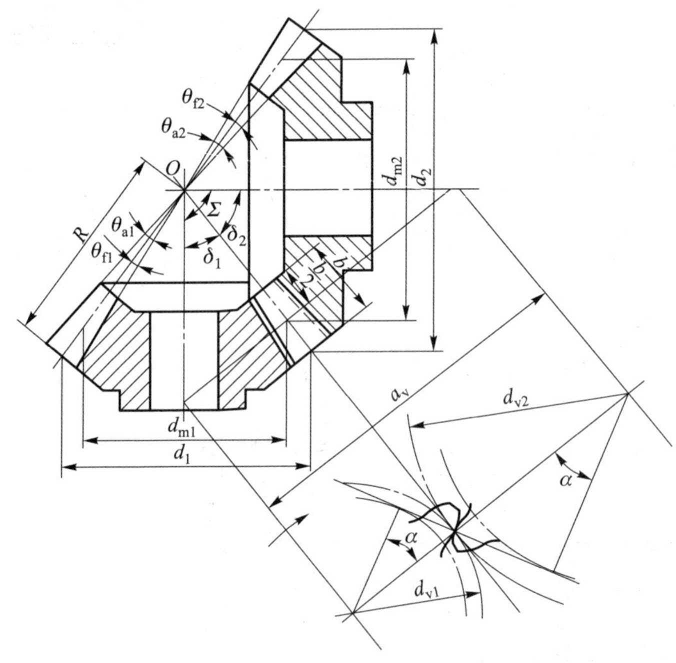

图8.21　直齿锥齿轮传动的几何参数

齿数比
$$u=\frac{z_2}{z_1}=\frac{d_2}{d_1}=\cot\ \delta_1=\tan\ \delta_2$$

锥距
$$R=\sqrt{\left(\frac{d_1}{2}\right)^2+\left(\frac{d_2}{2}\right)^2}=d_1\frac{\sqrt{u^2+1}}{2}$$

齿宽系数
$\phi_R=\frac{b}{R}$，常取 $\phi_R=0.25\sim0.35$，常用 $\phi_R=1/3$。

齿宽中点直径 $d_m = d(1-0.5\phi_R)$

齿宽中点模数 $m_m = (1-0.5\phi_R)m$

当量齿轮分度圆直径 $d_v = \dfrac{d_m}{\cos\delta}$

当量齿数 $z_v = \dfrac{z}{\cos\delta}$

当量齿数比 $u_v = \dfrac{z_{v2}}{z_{v1}} = u^2$

8.6.2 受力分析和计算载荷

1. 受力分析

忽略齿面摩擦力，并假设法向力 F_n 集中作用在齿宽中点处分度圆上，如图 8.22 所示，可将其分解为相互垂直的三个分力：圆周力 F_t、径向力 F_r 及轴向力 F_a，各力的大小分别为

$$\left.\begin{aligned} F_{t1} &= \frac{2T_1}{d_{m1}} = \frac{2T_1}{d_1(1-0.5\phi_R)} \\ F_{r1} &= F_{t1}\tan\alpha\cos\delta_1 \\ F_{a1} &= F_{t1}\tan\alpha\sin\delta_1 \\ F_{n1} &= \frac{F_{t1}}{\cos\alpha} \end{aligned}\right\} \tag{8.24}$$

作用于主、从动轮上的各对力大小相等、方向相反，即 $F_{t1}=-F_{t2}$、$F_{r1}=-F_{a2}$、$F_{a1}=-F_{r2}$。主动轮所受的圆周力是工作阻力，其方向与主动轮转向相反；从动轮所受的圆周力是驱动力，其方向与从动轮转向相同；径向力分别指向各轮中心（外啮合）；轴向力分别由各轮的小端指向大端。

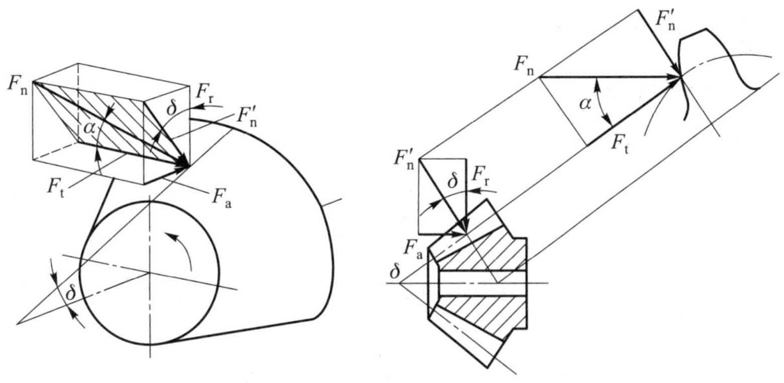

图 8.22 直齿锥齿轮轮齿受力分析

2. 计算载荷系数

$$K = K_A K_v K_\beta \tag{8.25}$$

式中：K_A——使用系数，按表 8.2 查取；

K_v——动载系数，按图 8.11 中低一级的精度线及齿宽中点的圆周速度 v_m 查取；

K_β——齿向载荷分布系数，$K_\beta=1.1\sim1.3$。

8.6.3 齿面接触疲劳强度计算

将强度当量齿轮的参数代入直齿圆柱齿轮的齿面接触疲劳强度计算公式[式(8.11)]，得直齿锥齿轮的接触疲劳强度的校核公式：

$$\sigma_H=Z_HZ_E\sqrt{\frac{2KT_{v1}}{bd_{v1}^2}\cdot\frac{u_v\pm1}{u_v}}\leqslant[\sigma_H] \tag{8.26}$$

其中

$$T_{v1}=F_{t1}\frac{d_{v1}}{2}=F_{t1}\frac{d_{m1}}{2\cos\delta_1}=\frac{T_1}{\cos\delta_1}=T_1\frac{\sqrt{u^2+1}}{u}$$

$$b=\phi_RR=\phi_R\frac{d_1}{2\sin\delta_1}=\frac{\phi_Rd_1\sqrt{u^2+1}}{2}$$

代入式(8.26)，经整理后可得

$$\sigma_H=Z_HZ_E\sqrt{\frac{4KT_1}{\phi_R(1-0.5\phi_R)^2d_1^3u}}\leqslant[\sigma_H]$$

对 $\alpha=20°$的直齿锥齿轮，$Z_H=2.5$，则上式为

$$\sigma_H=5Z_E\sqrt{\frac{KT_1}{\phi_R(1-0.5\phi_R)^2d_1^3u}}\leqslant[\sigma_H] \tag{8.27}$$

齿面接触疲劳强度条件的设计公式为

$$d_1\geqslant2.92\sqrt[3]{\left(\frac{Z_E}{[\sigma]_H}\right)^2\frac{KT_1}{\phi_R(1-0.5\phi_R)^2u}} \tag{8.28}$$

式中各参数的意义和单位同前。

8.6.4 齿根弯曲疲劳强度计算

将强度当量齿轮的参数代入直齿圆柱齿轮齿根弯曲疲劳强度计算公式[式(8.15)]，得锥齿轮弯曲疲劳强度的校核公式：

$$\sigma_F=\frac{2KT_{v1}Y_{Fa}Y_{Sa}}{bd_{v1}m_m}\leqslant[\sigma_F]$$

将 $T_{v1}=T_1\frac{\sqrt{u^2+1}}{u}$、$d_{v1}=d_{m1}/\cos\delta_1$、$m_m=(1-0.5\phi_R)m$ 代入上式，经整理后可得

$$\sigma_F=\frac{4KT_1Y_{Fa}Y_{Sa}}{\phi_R(1-0.5\phi_R)^2m^3z_1^2\sqrt{u^2+1}}\leqslant[\sigma_F] \tag{8.29}$$

齿根弯曲疲劳强度条件的设计公式为

$$m\geqslant\sqrt[3]{\frac{4KT_1}{\phi_R(1-0.5\phi_R)^2z_1^2\sqrt{u^2+1}}\cdot\frac{Y_{Fa}Y_{Sa}}{[\sigma_F]}} \tag{8.30}$$

式中 Y_{Fa}、Y_{Sa} 按当量齿数 z_v 查表8.4，其他各参数的意义和单位同前。

8.7 变位齿轮传动强度计算概述

变位齿轮传动的受力分析和强度计算的原理与标准齿轮传动一样，强度计算的公式仍可使用标准齿轮传动的相应公式，仅仅在一些参数上应考虑由于齿轮变位带来的一些变化。

1. 齿面接触疲劳强度

在变位齿轮传动中，分别以 x_2、x_1 代表大、小齿轮的变位系数，x_Σ 代表配对齿轮的变位系数和，即 $x_\Sigma=x_1+x_2$。对于 $x_\Sigma=0$ 的高度变位齿轮传动，轮齿的接触强度未变，故高度变位齿轮传动的接触强度计算仍沿用标准齿轮传动的公式。对于 $x_\Sigma\neq0$ 的角度变位齿轮传动，其轮齿接触强度的变化由区域系数 Z_H 来体现，对于 $x_\Sigma>0$ 的角度变位齿轮传动，其区域系数 Z_H 减小，因而提高了轮齿的接触强度，故传递动力的齿轮传动均采用正传动。Z_H 的具体数值由图 8.19 查取。

2. 齿根弯曲疲劳强度

变位修正后轮齿的齿形有所变化，齿形系数 Y_{Fa} 及应力校正系数 Y_{Sa} 也随之改变，在一定的齿数范围内（如 80 齿以内），正变位齿轮的齿厚增加（即 Y_{Fa} 减小），尽管齿根圆角半径有所减小（即 Y_{Sa} 有所增大），但 Y_{Fa} 与 Y_{Sa} 的乘积仍然减小，故对齿轮采取正变位可以提高其弯曲强度。变位齿轮的齿形系数 Y_{Fa} 和应力校正系数 Y_{Sa} 的具体数值可查阅有关资料。

为了提高外啮合齿轮传动的弯曲强度和接触强度，增强耐磨性和抗胶合能力，设计时应选用机械设计手册推荐的变位系数。

8.8 齿轮的结构设计

通过齿轮传动的强度计算，可以确定齿轮的主要参数，如齿数、模数、齿宽、螺旋角、分度圆直径等，齿轮结构设计主要是确定齿轮的轮缘、轮毂及腹板（轮辐）等的结构形式和尺寸。结构设计通常要综合考虑齿轮的几何尺寸、毛坯、材料、使用要求、工艺性及经济性等因素，确定适合的结构形式，再按设计手册推荐使用的经验数据确定结构尺寸。

1. 齿轮轴

对于直径很小的钢制齿轮，当圆柱齿轮的齿根圆到键槽底面的距离 $e\leq2m_t$（m_t 为端面模数）（图 8.23a），或当锥齿轮按小端尺寸计算而得到的 $e\leq1.6m_t$（图 8.23b）时，应将齿轮与轴做成一

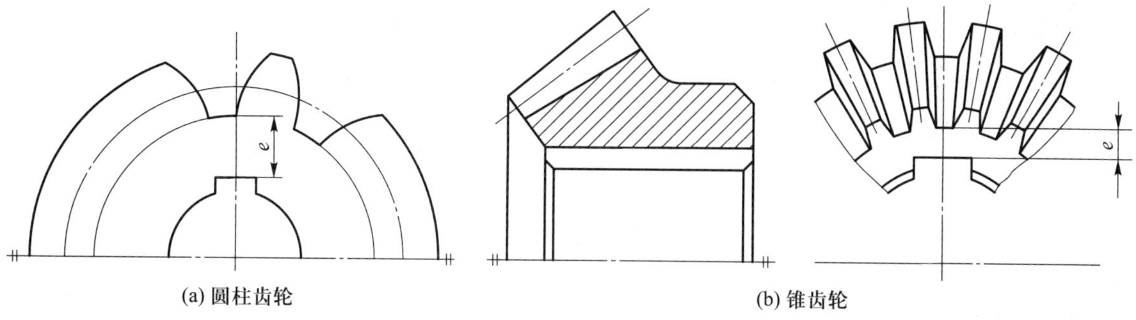

(a) 圆柱齿轮　　(b) 锥齿轮

图 8.23　齿轮结构尺寸 e

体，形成齿轮轴，如图8.24所示。齿轮轴的结构可保证轮毂键槽有足够的强度。若 e 值超过上述尺寸大小时，齿轮与轴以分开制造为宜。

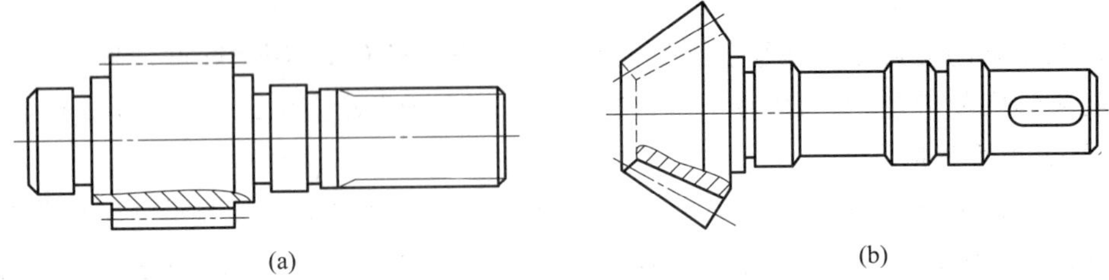

图 8.24　齿轮轴

2. 实心齿轮

当齿顶圆直径 $d_a \leqslant 160$ mm 时，可采用图8.25所示的实心结构，适用于高速传动且要求低噪声的情况。实心齿轮和齿轮轴都可以用热轧型材或锻造毛坯加工。

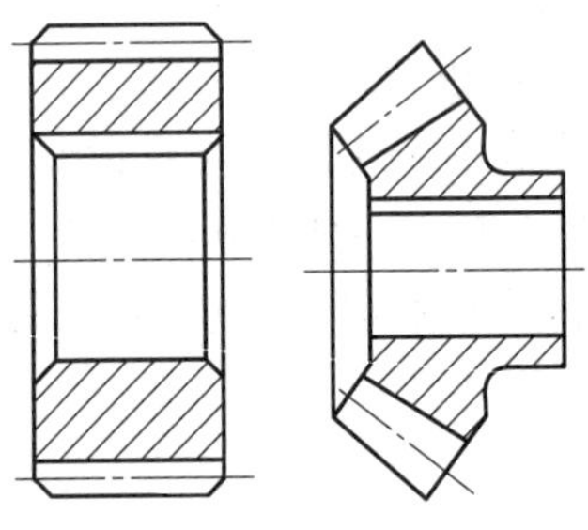

图 8.25　实心齿轮

3. 腹板式齿轮

当齿顶圆直径 $d_a \leqslant 500$ mm 时，可采用腹板式结构（图8.26），以减轻重量、节约材料，腹板上开孔的数目按结构尺寸的大小及需要而定。

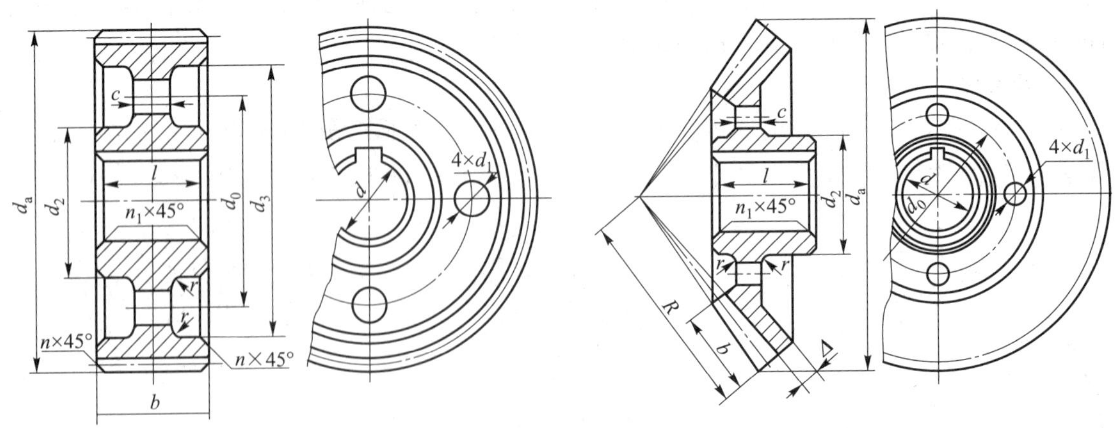

图 8.26　腹板式结构的齿轮（$d_a \leqslant 500$ mm）

4. 轮辐式齿轮

当齿顶圆直径 400 mm<d_a<1 000 mm 时，可采用轮辐式结构。受锻造设备的限制，轮辐式齿

轮多为铸造齿轮。轮辐剖面形状可以采用椭圆形(轻载)、十字形(中载)及工字形(重载)等。图 8.27 所示为轮辐截面为十字形的轮辐式齿轮。

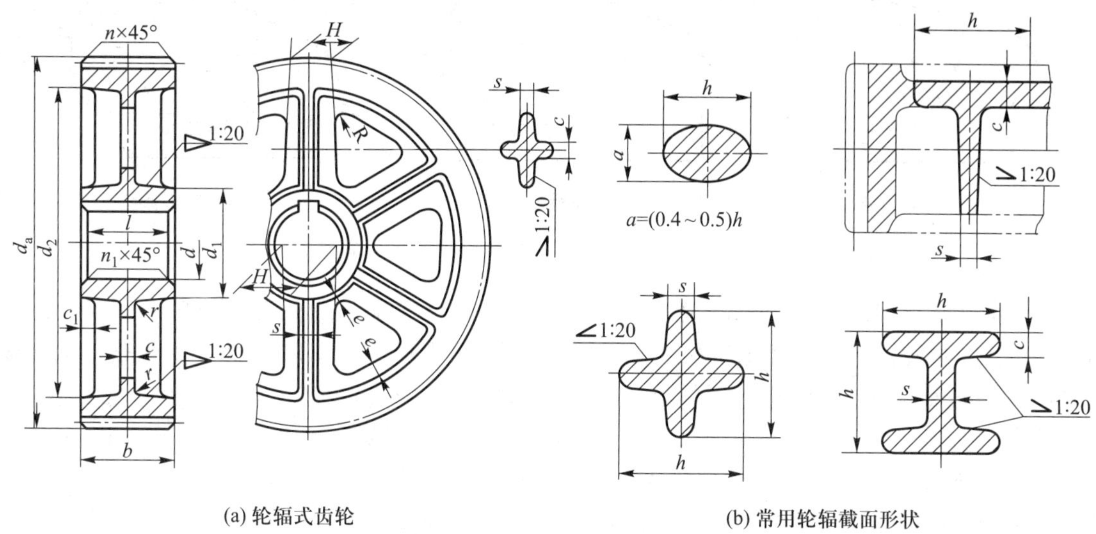

图 8.27 轮辐式齿轮(400 mm<d_a<1 000 mm)及常用轮辐截面形状

5. 组装齿圈式结构

对于尺寸较大的圆柱齿轮,可做成如图 8.28 所示的组装齿圈式结构。采用组装齿圈式结构可以节约贵重金属和解决工艺问题。齿圈用钢制成,轮芯用铸铁或铸钢,再将齿圈和轮芯用过盈配合或螺栓连接装配在一起。

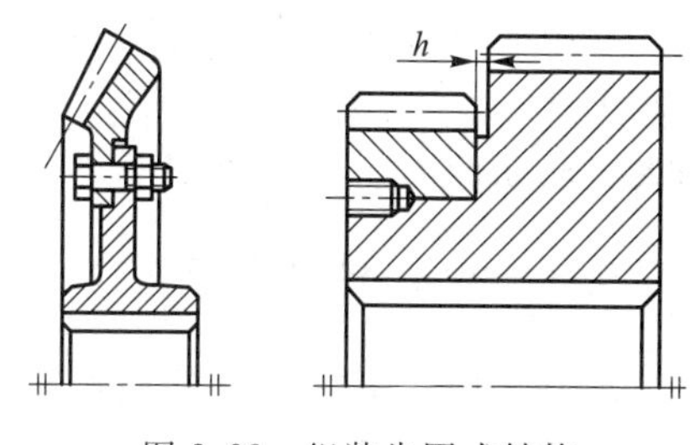

图 8.28 组装齿圈式结构

8.9 齿轮传动的润滑

齿轮传动由于啮合面间存在相对滑动,承受载荷后必然会产生摩擦和磨损,造成动力消耗,降低传动效率。润滑是减少摩擦磨损最有效的手段,在轮齿啮合面间加注润滑剂,可以避免金属直接接触,减少摩擦损失,还可以散热及防锈蚀,改善工作条件,有利于保证齿轮传动的预期工作寿命。所以,设计齿轮传动时应考虑润滑问题。

8.9.1 齿轮传动的润滑方式

一般闭式齿轮传动的润滑方式根据齿轮的圆周速度 v 的大小而定。

当 $v\leqslant 12$ m/s 时多采用油池润滑(图 8.29),大齿轮浸入油池一定深度,齿轮运转时就把润滑油带到啮合区,同时也甩到箱壁上,借以散热。齿轮浸入油中的深度可视齿轮的圆周速度大小而定,对于圆柱齿轮通常不宜超过一个齿高,但一般亦不应小于 10 mm;对于锥齿轮最好浸入全齿宽,至少应浸入齿宽的一半。

对于闭式多级齿轮传动,如果高速级和低速级大齿轮直径相差较大,则可以采用惰轮蘸油润滑(图8.29b)或将箱体剖分面倾斜(图8.29c)。

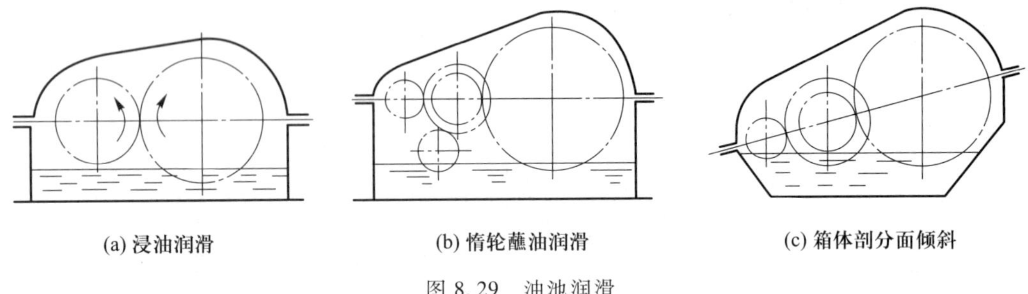

(a) 浸油润滑　(b) 惰轮蘸油润滑　(c) 箱体剖分面倾斜

图8.29　油池润滑

当$v \geq 12$ m/s时,齿轮速度高,离心力大,齿轮上的油大多被甩掉而达不到啮合区;同时,搅油过于激烈,使油温升高,降低其润滑性能,并会搅起箱底沉淀的杂质,加速齿轮的磨损。此时最好采用循环喷油润滑(图8.30),用油泵将一定压力的润滑油直接喷到啮合区。当$v \leq 25$ m/s时,喷油嘴位于啮合点(啮入边或啮出边均可);当$v>25$ m/s时,喷油嘴位于啮出边,以便借润滑油及时冷却刚啮合过的轮齿,同时也对轮齿进行润滑。喷油润滑也常用于齿轮速度不很高但工作较繁重、散热条件不好的重要闭式齿轮传动中。一般用油泵将润滑油直接喷到啮合区。

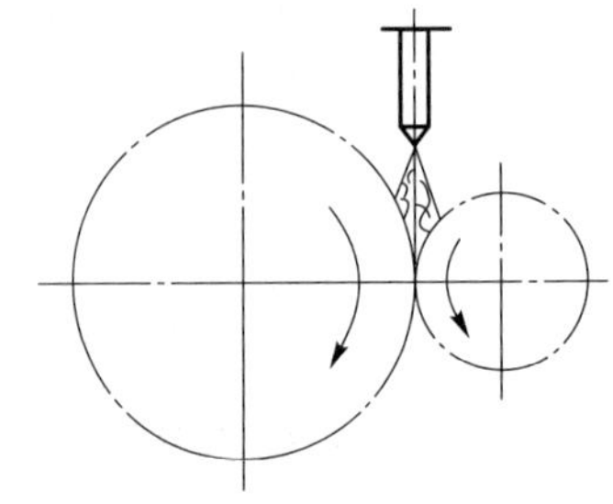

图8.30　喷油润滑

对于开式及半开式齿轮传动,或速度较低的闭式齿轮传动,通常用人工周期性加油润滑,所用润滑剂为润滑油或润滑脂。

8.9.2　润滑剂的选择

开式齿轮传动主要采用润滑脂润滑。闭式齿轮传动一般用润滑油润滑。黏度是润滑油最重要的性能指标,也是选用润滑油的主要依据。黏度高,可减轻齿面的磨损,亦可提高齿面抗疲劳点蚀和抗胶合的能力;但黏度过高,动力损耗大,温升高,油易氧化。润滑油的黏度通常根据齿轮的承载情况和圆周速度按表8.7来选取,然后根据所用润滑油或润滑脂的牌号按表8.8选取润滑剂。

表8.7　齿轮传动润滑油黏度荐用值

齿轮材料	抗拉强度 σ_B /MPa	圆周速度 v/(m/s)						
		<0.5	0.5~1	1~2.5	2.5~5	5~12.5	12.5~25	>25
		运动黏度 ν/(mm^2/s)(40℃)						
塑料、铸铁、青铜	—	350	220	150	100	80	55	—
钢	450~1 000	500	350	220	150	100	80	55
	1 000~1 250	500	500	350	220	150	100	80
渗碳或表面淬火的钢	1 250~1 580	900	500	500	350	220	150	100

注:1. 多级齿轮传动,采用各级传动圆周速度的平均值来选取润滑油黏度。

2. 对于σ_B>800 MPa的镍铬钢制齿轮(不渗碳),润滑油黏度应取高一挡的数值。

表 8.8 齿轮传动常用润滑剂

<table>
<tr><th colspan="2">名称</th><th>粘度等级</th><th>运动黏度 ν
($\times10^{-6}m^2/s$) (40℃)</th><th>应用</th></tr>
<tr><td colspan="2" rowspan="3">L-AN
全损耗系统用油
(GB/T 443—1989)</td><td>46</td><td>41.4~50.6</td><td rowspan="3">适用于对润滑油无特殊要求的锭子、轴承、齿轮和其他低负荷机械等部件的润滑</td></tr>
<tr><td>68</td><td>61.2~74.8</td></tr>
<tr><td>100</td><td>90.0~110.0</td></tr>
<tr><td rowspan="11">工业闭式齿轮油(GB 5903—2011)</td><td rowspan="5">L-CKC</td><td>68</td><td>61.2~74.8</td><td rowspan="5">适用于工业设备齿轮的润滑</td></tr>
<tr><td>100</td><td>90~110</td></tr>
<tr><td>150</td><td>135~165</td></tr>
<tr><td>220</td><td>198~242</td></tr>
<tr><td>320</td><td>288~352</td></tr>
<tr><td rowspan="6">L-CKD</td><td>68</td><td>61.2~74.8</td><td rowspan="6">适用于煤炭、水泥和冶金等工业部门的大型闭式齿轮传动装置的润滑</td></tr>
<tr><td>100</td><td>90~110</td></tr>
<tr><td>150</td><td>135~165</td></tr>
<tr><td>220</td><td>198~242</td></tr>
<tr><td>320</td><td>288~352</td></tr>
<tr><td>460</td><td>414~506</td></tr>
<tr><td colspan="2" rowspan="3">普通开式齿轮油
(SH/T 0363—1992)</td><td>68</td><td>60~75(100 ℃)</td><td rowspan="3">主要适用于开式齿轮、链条和钢丝绳的润滑</td></tr>
<tr><td>100</td><td>90~110(100 ℃)</td></tr>
<tr><td>150</td><td>135~165(100 ℃)</td></tr>
<tr><td colspan="2" rowspan="6">硫-磷型极压
工业齿轮油</td><td>120</td><td>110~130(50 ℃)</td><td rowspan="6">适用于经常处于边界润滑的重载、高冲击的直、斜齿轮和蜗轮装置,轧钢机齿轮装置</td></tr>
<tr><td>150</td><td>130~170(50 ℃)</td></tr>
<tr><td>200</td><td>180~220(50 ℃)</td></tr>
<tr><td>250</td><td>230~270(50 ℃)</td></tr>
<tr><td>300</td><td>280~320(50 ℃)</td></tr>
<tr><td>350</td><td>330~370(50 ℃)</td></tr>
<tr><td colspan="2" rowspan="2">钙钠基润滑脂
(SH/T 0368—1992)</td><td>2 号
(质量指标)</td><td rowspan="2"></td><td rowspan="2">适用于 80~100 ℃,在有水分或较潮湿的环境中工作的齿轮传动,但不适于低温的工作情况</td></tr>
<tr><td>3 号
(质量指标)</td></tr>
<tr><td colspan="2">石墨钙基润滑脂
(SH/T 0369—1992)</td><td></td><td></td><td>适用于起重机底盘的齿轮传动、开式齿轮传动、需耐潮湿处的齿轮传动</td></tr>
</table>

8.10 其他齿轮传动简介

8.10.1 曲线齿锥齿轮传动

直齿锥齿轮较难达到高制造精度,振动和噪声大,一般用于线速度较低的场合,速度高时可采用曲线齿锥齿轮传动。曲线齿锥齿轮传动又称螺旋锥齿轮传动,由于轮齿倾斜,重合度增大,比直齿锥齿轮传动承载能力高,传动效率高,传动平稳,动载荷和噪声小,因而得到日益广泛的应用。

曲线齿锥齿轮传动有弧齿和摆线齿两种类型。轮齿的齿面与分度圆锥的交线为齿线。弧齿锥齿轮的齿线为圆弧,而摆线齿锥齿轮的齿线为长幅外摆线,当滚圆沿基圆纯滚动时,滚圆上一点的轨迹即为长幅外摆线,如图 8.31 所示。

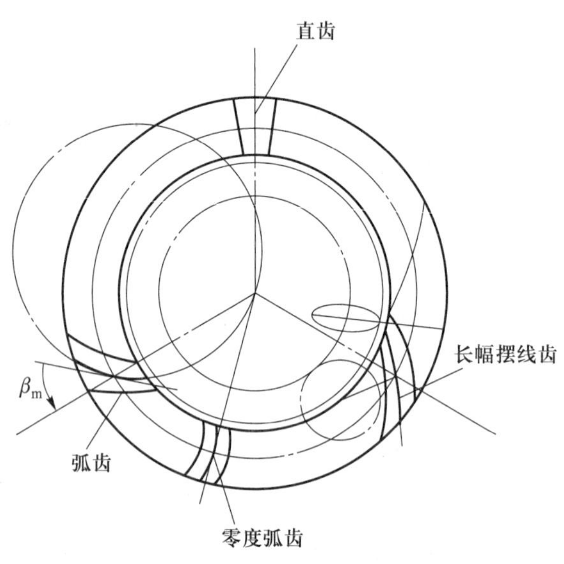

图 8.31 曲线齿锥齿轮

在曲线齿锥齿轮上,齿线任意点的切线与通过该点的分锥母线之间所夹的锐角称为该点的螺旋角。通常取齿线在齿宽中点处的螺旋角 β_m 为名义螺旋角,称为中点螺旋角,简称螺旋角。弧齿锥齿轮的压力角 α 取为 20°,β_m 常取为 35°或 0°。当 $\beta_m=0°$时,称为零度弧齿锥齿轮,其传动平稳性和生产率比直齿锥齿轮高,轴向力的方向不随转矩方向的改变而改变,常用于替代直齿锥齿轮传动。

弧齿锥齿轮可在格里森铣齿机上加工,生产效率高,为获得较高精度可进行磨齿。磨齿后可用于高速传动,圆周速度可达 40~100 m/s。接触区的位置和大小可以控制和调整,还允许不大的安装误差,所以常用于高速、重载及要求噪声小的场合。

摆线齿锥齿轮可在奥列康机床上加工,加工时机床调整方便,计算简单,生产率比弧齿锥齿轮高,但尚未实现磨齿加工。

8.10.2　圆弧齿圆柱齿轮传动

渐开线齿轮传动虽然具有易于加工及中心距可分性等优点，但由于综合曲率半径 ρ_Σ 不能增大很多，载荷沿齿宽分布不均匀以及啮合损失较大等原因，使齿轮承载能力的提高受到一定的限制。为了克服渐开线齿轮的缺点，满足高速、重载和结构紧凑等要求，人们研究和发展了圆弧齿轮传动。

单圆弧齿轮传动的小齿轮常为凸轮，大齿轮为凹轮，如图 8.32a 所示。凸轮的工作齿廓在节圆以外，齿廓圆心在节圆上；凹轮的工作齿廓在节圆以内，齿廓圆心在节圆之外，即凹齿的齿廓半径略大于凸齿的齿廓半径。大、小齿轮在各自的节圆以外部分都做成凸圆弧齿廓，在节圆以内的部分都做成凹圆弧齿廓，称为双圆弧齿轮传动。一对齿廓啮合时在端面上是点接触，端面重合度等于零。要保证连续恒定的传动比，圆弧齿轮必须是斜齿，所以圆弧齿轮传动是一种平行轴斜齿轮传动。

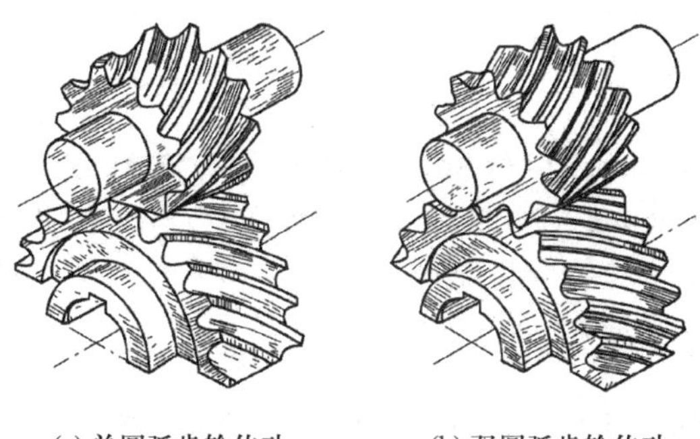

(a) 单圆弧齿轮传动　　(b) 双圆弧齿轮传动

图 8.32　圆弧齿轮传动

圆弧齿轮传动与渐开线齿轮传动相比，有下列特点：

（1）圆弧齿轮传动中啮合齿轮的综合曲率半径 ρ_Σ 较大，齿轮具有较高的接触强度。由实验得知，对于软齿面（≤350 HBW）、低速和中速的圆弧齿轮传动，按接触强度而定的承载能力至少为渐开线直齿圆柱齿轮传动的 1.75 倍，有时甚至能到 2～2.5 倍。其齿根弯曲强度高，耐磨性也强。

（2）圆弧齿轮传动具有良好的磨合性能。经磨合之后，圆弧齿轮传动相啮合的齿面能紧密贴合，实际啮合面积较大。而且在啮合过程中主要是滚动摩擦，啮合点以相当高的速度沿啮合线移动，能在轮齿间形成较厚的润滑油膜，这不仅有助于提高齿面的接触强度及耐磨性，而且啮合摩擦损失也大为减小，传动效率较高。

（3）圆弧齿轮传动没有根切现象，故齿数可少到 6～8 个，但应视小齿轮轴的强度及刚度而定。

（4）圆弧齿轮齿面各点上的相对滑动速度相等，因此齿面磨损小而且均匀，具有良好的跑合性能，正常磨损后齿面粗糙度值会增大，改善了齿轮传动的质量。

（5）圆弧齿轮传动的中心距及切齿深度的偏差对齿轮沿齿高的正常接触影响很大，它将降低齿轮应有的承载能力，因而这种传动对中心距及切齿深度的精度要求较高。

由于圆弧齿轮传动的以上特点，在冶金、矿山、化工、起重、运输等机械中得到了广泛的应用。

习 题

8.1 齿轮传动常见的失效形式有哪些？产生的原因是什么？如何提高齿轮抗失效能力？

8.2 一般使用的闭式硬齿面、闭式软齿面和开式齿轮传动的设计计算准则是什么？

8.3 齿轮强度计算为什么要引入载荷系数 K？K 由哪几部分组成？影响因素有哪些？

8.4 一对圆柱齿轮传动，大齿轮和小齿轮的接触应力是否相等？如大、小齿轮的材料及热处理情况相同，则其许用接触应力是否相等？

8.5 在设计软齿面齿轮传动时，为什么常使小齿轮的齿面硬度比大齿轮齿面硬度大 30～50 HBW？为什么小齿轮比大齿轮宽？

8.6 现有 A、B 两对闭式软齿面直齿圆柱齿轮传动，A 齿轮对参数为，模数 $m=2$ mm，齿数 $z_1=40$，$z_2=90$；B 齿轮对参数为，模数 $m=4$ mm，齿数 $z_1=20$，$z_2=45$。两对齿轮的精度、材质配对、工作情况及其他参数均相同。试比较这两对齿轮传动的齿面接触疲劳强度、齿根弯曲疲劳强度、工作平稳性及制造成本。

8.7 试述齿轮传动设计参数的选择原则。一般参数的闭式齿轮传动和开式齿轮传动在选择模数、齿数等方面有何区别？

8.8 齿形系数与模数有关吗？影响齿形系数的因素有哪些？

8.9 直齿锥齿轮的强度计算有何特点？其强度当量齿轮是如何定义的？强度当量齿轮的设计参数如何确定？

8.10 在两级圆柱齿轮传动中，如其中有一级为斜齿圆柱齿轮传动，它一般是安排在高速级还是低速级？为什么？在布置锥齿轮-圆柱齿轮减速器的方案时，锥齿轮传动是布置在高速级还是低速级？为什么？

8.11 齿轮传动的常用润滑方式有哪些？润滑方式的选择主要取决于什么因素？

8.12 齿轮的结构形式应主要根据哪些因素来决定？常见的齿轮结构形式有哪几种？它们分别适用于何种场合？

8.13 有一直齿圆柱齿轮减速器，已知 $z_1=32$，$z_2=108$，中心距 $a=210$ mm，齿宽 $b=70$ mm，大、小齿轮的材料均为 45 钢，小齿轮调质，硬度为 250 HBW，齿轮精度为 8 级，输入转速 $n_1=1\ 460$ r/min；电动机驱动，载荷平稳，要求齿轮工作寿命不小于 10 000 h。试求该齿轮传动能传递的最大功率。

8.14 设计铣床中的一对直齿圆柱齿轮传动。已知功率 $P_1=7.5$ kW，小齿轮主动，转速 $n_1=1\ 450$ r/min，齿数 $z_1=26$，$z_2=54$，双向传动；两班制，工作寿命为 5 年，每年 300 个工作日；小齿轮对轴承非对称布置，轴的刚性较大，工作中受轻微冲击，7 级精度。

8.15 设计一由电动机驱动的闭式单级斜齿圆柱齿轮传动。已知主动轮功率 $P=55$ kW，主动轮转速 $n_1=720$ r/min，传动比 $i=3.2$；大、小齿轮做对称布置，单向转动，中等载荷冲击；两班制，每年 300 个工作日，预期寿命 15 年。

8.16 两级展开式斜齿圆柱齿轮减速器如图 8.33 所示。已知主动轮 1 为左旋，转向如图所示，为使中间轴上两齿轮所受轴向力互相抵消一部分，试在图中标出各齿轮的螺旋线方向，并在各齿轮分离体的啮合点处标出齿轮的轴向力 F_a、径向力 F_r 和圆周力 F_t 的方向。

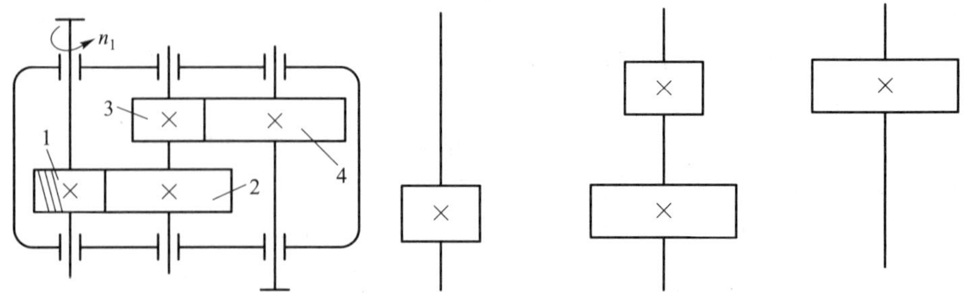

图 8.33 题 8.16 图

8.17　图 8.34 所示为一圆锥-圆柱齿轮减速器，功率由 Ⅰ 轴输入，Ⅲ 轴输出，不计摩擦损失。已知直齿锥齿轮传动，$z_1=20$，$z_2=50$，$m=5$ mm，齿宽 $b=40$ mm；斜齿圆柱齿轮传动 $z_3=23$，$z_4=92$，$m_n=6$ mm。试求 Ⅱ 轴上轴承所受轴向力为零时斜齿轮的螺旋角 β，并作出齿轮各啮合点处作用力的方向（用三个分力表示）。

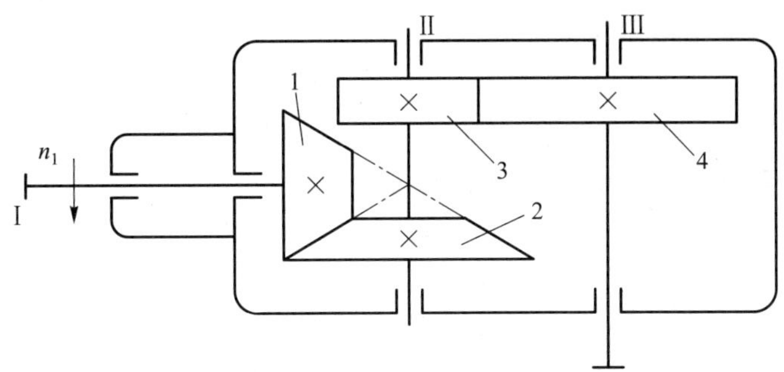

图 8.34　题 8.17 图

8.18　设计由电动机驱动的闭式锥齿轮传动。已知功率 $P_1=5$ kW，转速 $n_1=960$ r/min，传动比为 2.5；小齿轮悬臂布置，载荷平稳，要求齿轮工作寿命不小于 10 000 h。

第 9 章　蜗杆传动

9.1　蜗杆传动的材料和失效形式

蜗杆传动是在空间交错的两轴间传递运动和动力的一种传动机构(图 9.1),两轴线交错的夹角可为任意值,常用的为 90°。这种传动具有结构紧凑、传动比大、传动平稳以及在一定的条件下有自锁性等优点,应用广泛;其不足之处是传动效率低、常需耗用有色金属等。蜗杆传动通常用于减速装置,但也有个别机器用作增速装置。随着机器功率的不断提高,近年来陆续出现了多种新型的蜗杆传动,效率低的缺点正在逐步改善。

9.1.1　蜗杆传动的材料

1. 齿面相对滑动速度 v_s

蜗杆传动中蜗杆的螺旋面和蜗轮齿面之间有较大的相对滑动,滑动速度 v_s 沿蜗杆螺旋线的切线方向。如图 9.2 所示,作速度三角形得:

$$v_s=\sqrt{v_1^2+v_2^2}=\frac{v_1}{\cos\gamma}=\frac{\pi d_1 n_1}{60\times 1\ 000\cos\gamma} \tag{9.1}$$

式中:v_s——滑动速度,m/s;

v_1——蜗杆的圆周速度,m/s;

v_2——蜗轮的圆周速度,m/s;

γ——普通圆柱蜗杆分度圆上的导程角;

n_1——蜗杆转速,r/min;

d_1——普通圆柱蜗杆分度圆上的直径。

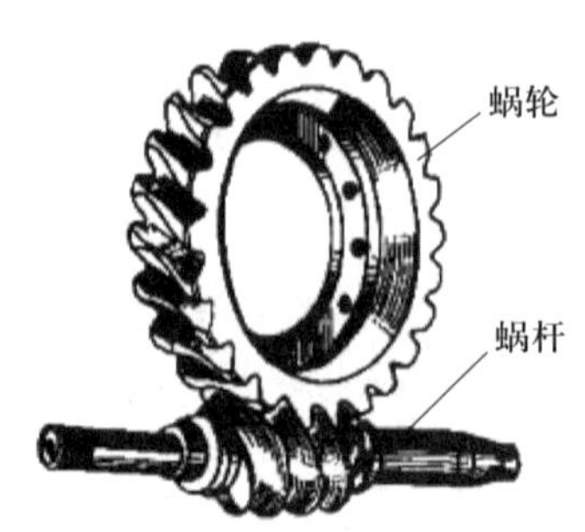

图 9.1　圆柱蜗杆传动

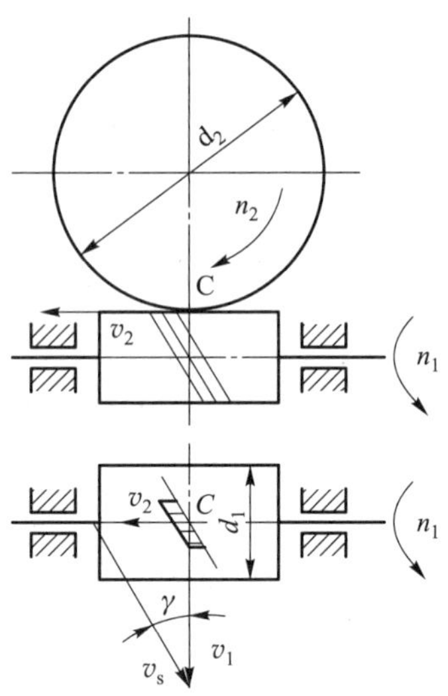

图 9.2　蜗杆传动滑动速度

相对滑动速度的大小对齿面的润滑情况、齿面失效形式及传动效率有很大影响。相对滑动速度愈大,齿面间愈容易形成油膜,则齿面间摩擦因数愈小,当量摩擦角也愈小;但另一方面,由于啮合处的相对滑动,加剧了接触面的磨损,因而应选用恰当的蜗轮、蜗杆的配对材料,并注意蜗杆传动的润滑条件。

2. 蜗杆传动的材料

考虑到蜗杆传动难以保证高的接触精度,相对滑动速度较大及蜗杆变形等原因,选择蜗杆和蜗轮材料组合时,不但要求有足够的强度,而且要有良好的减摩、耐磨和抗胶合的能力。故蜗杆、蜗轮不能都用硬材料制造,其中之一(通常为蜗轮)应该用减摩性良好的软材料来制造。

蜗轮材料通常是指蜗轮齿冠部分的材料。主要有以下几种:

(1) 铸造锡青铜(ZCuSn10Pb1,ZCuSn5Pb5Zn5)　此类材料抗胶合、减摩及耐磨性能最好,但价格较高,常用于滑动速度 $v_s \geq 12 \sim 25$ m/s 的重要和连续传动场合。

(2) 铸造铝青铜(ZCuAl10Fe3,ZCuAl10Fe3Mn2)　此类材料具有足够的强度、硬度和抗点蚀能力,并耐冲击,价格便宜,但抗胶合及耐磨性能不如锡青铜,一般多用于重载、低滑动速度($v_s \leq$ 6 m/s)的传动。

(3) 铸造铝黄铜(ZCuZn25Al6Fe3Mn3)　此类材料有较好的抗点蚀性能,但耐磨性差,适用于低滑动速度场合。

(4) 灰铸铁(HT200、HT300)和球墨铸铁(如 QT700-2)　这两类材料适用于 $v_s \leq 2$ m/s 的工况,前者表面经硫化处理有利于减轻磨损,常用于轻载不重要的传动;后者若与淬火蜗杆配对,可用于不常工作的低速重载场合。

为了消除内应力,防止变形,一般应对蜗轮进行时效处理。直径较大的蜗轮常用铸铁。

蜗杆材料常采用碳钢和合金钢。蜗轮直径很大时,可以用青铜蜗杆,蜗轮则用铸铁。按热处理不同,分有硬面蜗杆和调质蜗杆。首先应考虑选用硬面蜗杆。在要求持久性好的动力传动中,可选用渗碳钢淬火,也可选用中碳钢表面或整体淬火以得到必要的硬度,制造时必须磨削。如高速重载且载荷变化较大的条件下,常用 15CrMn、20Cr、20CrMnTi、20CrNi 等,经渗碳后,表面淬火使硬度达 56~62 HRC,再经磨削;高速重载且载荷稳定或中速中载的条件下常用 45、40Cr、40CrNi、42SiMn 等,表面经高频淬火使硬度达 45~55 HRC,再磨削。对于不重要的传动及低速中载蜗杆及受短时冲击载荷的蜗杆可采用调质处理的 45、40 等碳钢,硬度为 210~300 HBW。

实践表明,较理想的蜗杆副材料是青铜蜗轮齿圈匹配淬硬磨削的钢制蜗杆。

9.1.2　蜗杆传动的失效形式和设计准则

在蜗杆传动中,由于蜗杆材料的强度要高于蜗轮轮齿材料的强度,而且蜗杆轮齿是连续的螺旋,螺旋结构的强度总是高于蜗轮轮齿强度,所以失效常发生在蜗轮轮齿上。由于蜗杆传动中的相对速度较大,效率低,发热量大,所以蜗杆传动的主要失效形式是蜗轮齿面胶合、疲劳点蚀及磨损,尤其是重载、高转速且润滑不良时,胶合将是蜗杆传动的主要失效形式。

对胶合和磨损的计算目前还缺乏成熟的方法,通常是仿照设计圆柱齿轮的方法进行齿面接触疲劳强度和齿根弯曲疲劳强度的计算,但在选取许用应力时,应适当考虑胶合和磨损等因素的影响。

对于闭式蜗杆传动,主要失效形式是齿面胶合或点蚀。通常先按齿面接触疲劳强度设计,再按齿根弯曲疲劳强度进行校核。由于闭式蜗杆传动的散热较为困难,因此还应做热平衡计算,以防止胶合的发生。

对于开式蜗杆传动,主要失效形式是齿面磨损和轮齿折断。通常只需按齿根弯曲疲劳强度进行设计计算,考虑磨料磨损严重,将计算所得模数加大 10%~15%。

对于蜗杆只做刚度校核。

9.2 蜗杆传动的受力分析和强度计算

9.2.1 蜗杆传动的受力分析

蜗杆传动的受力分析与斜齿圆柱齿轮的受力分析相似,通常不考虑摩擦力的影响。如图 9.3 所示,齿面上的法向力 F_n 是垂直指向节点 P 的正压力,可分解为三个相互垂直的分力:圆周力 F_t、径向力 F_r 和轴向力 F_a。在蜗轮、蜗杆间,F_{t1} 与 F_{a2}、F_{r1} 与 F_{r2} 和 F_{a1} 与 F_{t2} 三对力大小相等、方向相反。

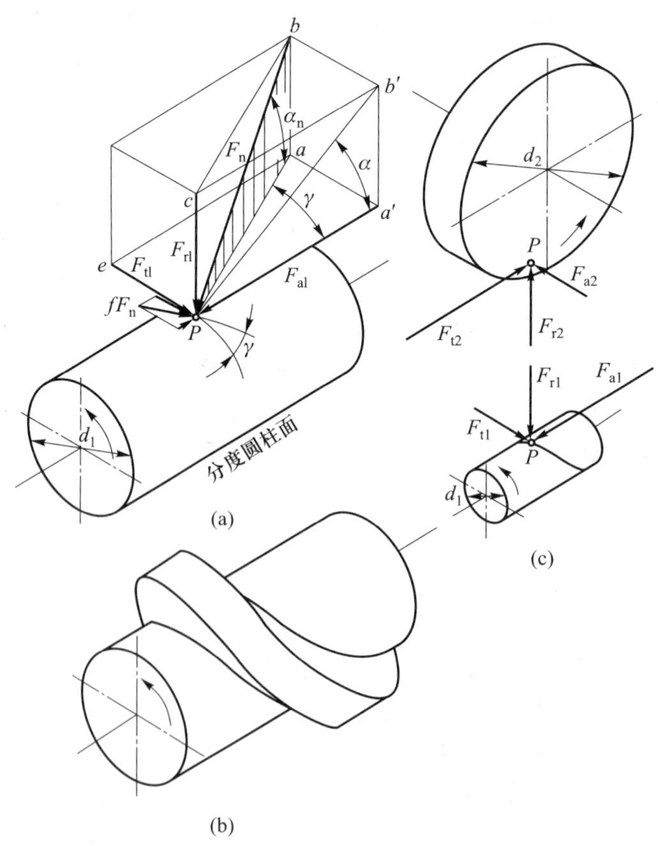

图 9.3 蜗杆传动的受力分析

在进行蜗杆传动的受力分析时，首先判别蜗杆的螺旋方向是右旋还是左旋，其次按左、右手法则确定作用于蜗杆上的轴向力 F_{a1} 的方向。图 9.3 所示为右旋蜗杆，则用右手握住蜗杆，四指所指方向为蜗杆转向，拇指所指方向为轴向力 F_{a1} 的方向；圆周力 F_{t1} 与主动蜗杆转向相反；径向力 F_{r1} 指向蜗杆中心。F_{a1} 的反作用力 F_{t2} 是驱使蜗轮转动的力，所以通过蜗杆、蜗轮的受力分析也可判断蜗轮上的圆周力 F_{t2} 的方向和蜗轮的转动方向。

各力的大小可按下式计算：

$$\left.\begin{aligned} &F_{t1}=F_{a2}=\frac{2T_1}{d_1} \\ &F_{a1}=F_{t2}=\frac{2T_2}{d_2} \\ &F_{r1}=F_{r2}=F_{t2}\tan\alpha \\ &T_2=T_1 i\eta \\ &F_n=\frac{F_{t2}}{\cos\alpha_n\cos\gamma}=\frac{2T_2}{d_2\cos\alpha_n\cos\gamma} \end{aligned}\right\} \tag{9.2}$$

式中：T_1、T_2——作用于蜗杆和蜗轮上的转矩，N · m；

η——蜗杆传动的总效率；

d_1、d_2——蜗杆和蜗轮的节圆直径，mm。

在设计之初，为了近似地求出蜗轮轴上的扭矩 T_2，蜗杆传动的总效率 η 常按表 9.1 估取，也可按经验公式 $\eta=(100\sim3.5\sqrt{i})/100$ 估算。

表 9.1 估算效率值

蜗杆头数 z_1	1(自锁)	1(非自锁)	2	4	6
传动效率 η	0.4	0.65~0.75	0.75~0.82	0.87~0.92	0.95

9.2.2 蜗轮齿面接触疲劳强度计算

与齿轮传动相似，蜗轮齿面接触疲劳强度计算的原始公式仍来源于赫兹公式，按主平面内斜齿轮与齿条啮合进行强度计算，即

$$\sigma_H=Z_E\sqrt{\frac{KF_n}{L\rho_\Sigma}}\leqslant[\sigma_H] \tag{9.3}$$

式中：F_n——法向载荷，N；

L——接触线长度（注意蜗杆、蜗轮接触线是倾斜的，并计入重合度）；

ρ_Σ——综合曲率半径；

K——载荷系数，用于考虑工作情况、载荷集中和动载荷的影响，见表 9.2；

Z_E——材料系数，$\sqrt{\text{MPa}}$，见表 9.3。

表 9.2 载荷系数 K

原动机	工作机的载荷特性		
	均匀、轻微冲击	中等冲击	严重冲击
电动机	0.8~1.95	0.9~2.34	1.0~2.75
多缸内燃机	0.9~2.34	1.0~2.75	1.25~3.12
单缸内燃机	1.0~2.75	1.25~3.12	1.5~3.51

注:1. 小值用于每日间断工作,大值用于长期连续工作;

2. 载荷变化大、速度高、蜗杆刚度大时取大值。

表 9.3 材料系数 Z_E $\sqrt{MPa}$

蜗杆材料	蜗轮材料			
	铸造锡青铜	铸造铝青铜	灰铸铁	球墨铸铁
钢	155.0	156.0	162.0	181.4
球墨铸铁	—	—	156.6	173.9

将以上公式中的法向载荷 F_n 换算成蜗轮分度圆直径 d_2 与蜗轮转矩 T_2 的关系式,再将 d_2、L、ρ_Σ 等换算成中心距的函数后,即得蜗轮齿面接触疲劳强度的验算公式

$$\sigma_H = 3.25Z_E\sqrt{\frac{KT_2}{d_1 d_2^2}} = 3.25Z_E\sqrt{\frac{KT_2}{m^2 d_1 z_2^2}} \leqslant [\sigma_H] \tag{9.4}$$

由此可推出其设计公式

$$m^2 d_1 \geqslant KT_2\left(\frac{3.25Z_E}{z_2[\sigma_H]}\right)^2 \tag{9.5}$$

式中:$[\sigma_H]$——蜗轮齿面许用接触应力,MPa。

当蜗轮材料为铸造锡青铜(σ_B<300 MPa)时,其主要失效形式为疲劳点蚀,$[\sigma_H]$与应力循环次数 N 有关。

$$[\sigma_H] = K_{HN}[\sigma_{OH}] \tag{9.6}$$

式中:$[\sigma_{OH}]$——蜗轮材料的基本许用接触应力,MPa,见表 9.4;

K_{HN}——接触强度寿命系数,$K_{HN} = \sqrt[8]{\frac{10^7}{N}}$[$N$ 为应力循环次数,$N = 60jn_2L_h$,j 为每转一圈每个轮齿啮合次数,n_2 为蜗轮转速(r/min),L_h 为工作寿命(h);当 $N>2.5\times10^8$ 时应取 $N=2.5\times10^8$,当 $N<2.6\times10^5$ 时应取 $N=2.6\times10^5$]。

当蜗轮材料为铸铁或高强度青铜($\sigma_B \geqslant 300$ MPa)时,蜗杆传动的承载能力主要取决于齿面胶合强度。但因目前尚无完善的胶合强度计算公式,故采用的接触强度计算是一种条件性计算,在查取蜗轮齿面的许用接触应力时,要考虑相对滑动速度的大小。由于胶合不属于疲劳失效,$[\sigma_H]$的值与应力循环次数 N 无关,其值可直接从表 9.5 中查出。

表 9.4 锡青铜蜗轮的基本许用接触应力$[\sigma_{0H}]$ MPa

蜗轮材料	铸造方法	适用的滑动速度 $v_s/(m/s)$	蜗杆齿面硬度	
			≤350 HBW	>45 HRC
ZCuSn10Pb1	砂　型	≤12	180	200
	金属型	≤25	200	220
ZCuSn6Zn6Pb3	砂　型	≤10	110	125
	金属型	≤12	135	150

表 9.5 铸造铝青铜及铸铁蜗轮的许用接触应力$[\sigma_H]$ MPa

蜗轮材料	蜗杆材料	滑动速度 $v_s/(m/s)$						
		0.5	1	2	3	4	6	8
ZCuAl10Fe3	淬火钢	250	230	210	180	160	120	90
HT150 HT200	渗碳钢	130	115	90	—	—	—	—
HT150	调质钢	110	90	70	—	—	—	—

注:蜗杆未经淬火时,需将表中许用应力值降低 20%。

9.2.3 蜗轮齿根弯曲疲劳强度计算

对于闭式蜗杆传动,轮齿弯曲折断的情况较少出现,通常仅在蜗轮齿数较多(z_2>80~100)时才进行轮齿弯曲疲劳强度计算。对于开式传动,则按蜗轮轮齿的弯曲疲劳强度进行设计。

由于蜗轮轮齿的齿形比较复杂,要精确计算轮齿的弯曲应力比较困难,通常近似地将蜗轮看作斜齿轮,按圆柱齿轮弯曲强度公式来计算,经推导得齿根弯曲强度的校核公式为

$$\sigma_F=\frac{1.7KT_2}{d_1d_2m}Y_{F2}Y_\beta\leqslant[\sigma_F] \tag{9.7}$$

由此可推出其设计公式为

$$m^2d_1\geqslant\frac{1.7KT_2}{z_2[\sigma_F]}Y_{F2}Y_\beta \tag{9.8}$$

式中:Y_{F2}——蜗轮的齿形系数,该系数综合考虑了齿形、磨损及重合度的影响,其值按当量齿数 $z_v=\frac{z}{\cos^3\gamma}$查表 9.6;

Y_β——螺旋角影响系数,$Y_\beta=1-\frac{\gamma}{140^\circ}$;

$[\sigma_F]$——蜗轮材料的许用弯曲应力,MPa。

$$[\sigma_F]=K_{FN}[\sigma_{0F}] \tag{9.9}$$

式中:$[\sigma_{0F}]$——蜗轮材料的基本许用弯曲应力,MPa,见表 9.7;

K_{FN}——寿命系数，$K_{FN}=\sqrt[9]{\frac{10^6}{N}}$，其中应力循环次数 $N=60\ n_2L_h$，计算方法同前。

表 9.6 蜗轮的齿形系数 $Y_{F2}(\alpha=20°,h_a^*=1)$

γ	z													
	26	28	30	32	35	37	40	45	56	60	80	100	150	300
4°	2.60	2.55	2.52	2.49	2.45	2.42	2.39	2.35	2.32	2.27	2.22	2.18	2.14	2.09
7°	2.56	2.51	2.48	2.44	2.40	2.38	2.35	2.31	2.28	2.23	2.17	2.14	2.09	2.05
11°	2.47	2.42	2.39	2.35	2.31	2.29	2.26	2.22	2.19	2.14	2.08	2.05	2.00	1.96
16°	2.30	2.26	2.22	2.19	2.15	2.13	2.10	2.06	2.02	1.98	1.92	1.88	1.84	1.79
20°	2.14	2.09	2.06	2.02	1.98	1.96	1.93	1.89	1.86	1.81	1.75	1.72	1.67	1.63
23°	1.99	1.95	1.91	1.88	1.84	1.82	1.79	1.75	1.72	1.67	1.61	1.58	1.53	1.49
26°	1.84	1.80	1.76	1.73	1.69	1.67	1.64	1.60	1.57	1.52	1.46	1.43	1.38	1.34
27°	1.79	1.75	1.71	1.68	1.64	1.62	1.59	1.55	1.52	1.47	1.41	1.38	1.33	1.29

表 9.7 蜗轮材料的基本许用弯曲应力 $[\sigma_{0F}]$ $(N=10^6)$ MPa

材料	铸造方法	σ_B/MPa	σ_S/MPa	蜗杆硬度≤45HRC		蜗杆硬度>45HRC	
				单向受载	双向受载	单向受载	双向受载
ZCuSn10Pb1	砂模、 金属模	200 250	140 150	51 58	32 40	64 73	40 50
ZCuSn5Pb5Zn5	砂模、 金属模	180 200	90 90	37 39	29 32	46 49	36 40
ZCuAl10Fe3	金属模	500	200	90	80	113	100
HT150	砂模	150	—	38	24	48	30
HT200	砂模	200	—	48	30	60	38

9.2.4 蜗杆的刚度校核

蜗杆受力后如产生过大的变形，就会造成轮齿上的载荷集中，影响蜗杆与蜗轮的正确啮合，所以蜗杆还须进行刚度校核。校核蜗杆的刚度时，通常把蜗杆螺旋部分看作以蜗杆齿根圆直径为直径的轴段，主要校核蜗杆的弯曲刚度，其最大挠度 y(单位为 mm)按下式作近似计算，并得其刚度条件为，蜗杆最大挠度

$$y=\frac{\sqrt{F_{t1}^2+F_{r1}^2}}{48EI}L'^3\leqslant[y]$$

式中：E——蜗杆材料的拉、压弹性模量，MPa；

I——蜗杆危险截面的惯性矩，mm^4；$I=\dfrac{\pi d_{f1}^4}{64}$，$d_{f1}$ 为蜗杆齿根圆直径，mm；

L'——蜗杆两端支承间跨距，mm，视具体结构而定，设计时取 $L'\approx 0.9d_2$；

$[y]$——许用挠度，mm，$[y]=\dfrac{d_1}{1\ 000}$。

其他符号意义同前。

9.2.5 普通圆柱蜗杆传动的精度等级及其选择

GB/T 10089—2018 对蜗杆、蜗轮和蜗杆传动规定了 12 个精度等级，1 级精度最高，依次降低。与齿轮公差相仿，蜗杆、蜗轮和蜗杆传动的公差也分成三个公差组。

普通圆柱蜗杆传动的精度一般以 6~9 级应用得最多。6 级精度的传动用于中等精度机床（插齿机、滚齿机）的分度机构、发动机调节系统的传动机构以及仪器读数装置的精密传动机构，它允许的蜗轮圆周速度 $v_2>5$ m/s。7 级精度常用于运输和一般工业中的中等速度（$v_2<7.5$ m/s）的动力传动。8 级精度常用于每昼夜只有短时工作的次要的低速（$v_2\leqslant 3$ m/s）传动。9 级精度常用于低速、低精度的简易机构中。

9.3 蜗杆传动的效率、润滑和热平衡计算

9.3.1 蜗杆传动的效率

闭式蜗杆传动工作时，功率的损耗有三部分，即轮齿啮合摩擦损耗、油池中零件搅油时的溅油损耗及轴承摩擦损耗。所以，闭式蜗杆传动的总效率为

$$\eta=\eta_1\eta_2\eta_3 \tag{9.10}$$

式中：η_1——考虑轮齿啮合摩擦损耗的效率；

η_2——考虑轴承摩擦损耗的效率；

η_3——考虑溅油损耗的效率。

通常取 $\eta_2\eta_3=0.95\sim0.97$，蜗杆传动的总效率主要取决于计入啮合摩擦损耗时的效率 η_1，当蜗杆主动时，η_1 可近似按螺旋副的效率计算，即

$$\eta_1=\frac{\tan\gamma}{\tan(\gamma+\rho_v)} \tag{9.11}$$

式中：ρ_v——当量摩擦角，$\rho_v=\arctan\mu_v$，μ_v 为当量摩擦因数，其值见表 9.8。

由式（9.11）可知，η_1 随 ρ_v 的减小而增大，而 ρ_v 与蜗杆、蜗轮的材料、表面质量，润滑油的种类、啮合角以及齿面相对滑动速度 v_s 有关，并随 v_s 的增大而减小。在一定范围内，η_1 随 γ 增大而增大，故动力传动常用多头蜗杆以增大 γ，但 γ 过大时，蜗杆制造困难，效率提高很少，故通常取 $\gamma<30°$。

表 9.8　当量摩擦因数 μ_v 和当量摩擦角 ρ_v

蜗轮材料	锡青铜				铝青铜		灰铸铁			
蜗杆齿面硬度	≥45 HRC		<45 HRC		≥45 HRC		≥45 HRC		<45 HRC	
滑动速度 v_s/(m/s)	μ_v	ρ_v	μ_v	ρ_v	μ_v	ρ_v	μ_v	ρ_v	μ_v	ρ_v
0.01	0.110	6°17′	0.120	6°51′	0.180	10°12′	0.018	10°12′	0.190	10°45′
0.05	0.090	5°09′	0.100	5°43′	0.140	7°58′	0.140	7°58′	0.160	9°05′
0.10	0.080	4°34′	0.090	5°09′	0.130	7°24′	0.130	7°24′	0.140	7°58′
0.25	0.065	3°43′	0.075	4°17′	0.100	5°43′	0.100	5°43′	0.120	6°51′
0.50	0.055	3°09′	0.065	3°43′	0.090	5°09′	0.090	5°09′	0.100	5°43′
1.00	0.045	2°35′	0.055	3°09′	0.070	4°00′	0.070	4°00′	0.090	5°09′
1.50	0.040	2°17′	0.050	2°52′	0.065	3°43′	0.065	3°43′	0.080	4°34′
2.00	0.035	2°00′	0.045	2°35′	0.055	3°09′	0.055	3°09′	0.070	4°00′
2.50	0.030	1°43′	0.040	2°17′	0.050	2°52′				
3.00	0.028	1°36′	0.035	2°00′	0.045	2°35′				
4.00	0.024	1°22′	0.031	1°47′	0.040	2°17′				
5.00	0.022	1°16′	0.029	1°40′	0.035	2°00′				
8.00	0.018	1°02′	0.026	1°29′	0.030	1°43′				
10.0	0.016	0°55′	0.024	1°22′						
15.0	0.014	0°48′	0.020	1°09′						
24.0	0.013	0°45′								

注：对于硬度≥45 HRC 的蜗杆，ρ_v 值系指 Ra<0.32~1.25 μm，经跑合并充分润滑的情况。

在初步计算时，蜗杆的传动效率可近似取下列数值：

闭式传动：z_1	1	2	4	6
η	0.7~0.75	0.75~0.82	0.82~0.92	0.86~0.95

开式传动：z_1 = 1、2；η = 0.60~0.70。

9.3.2　蜗杆传动的润滑

润滑对蜗杆传动特别重要，因为润滑不良时，蜗杆传动的效率将显著降低，并会导致剧烈的磨损和胶合。蜗杆传动通常要求润滑油具有较高的黏度和黏度指数、良好的油性，且含有抗压和减摩、耐磨性好的添加剂。对于一般蜗杆传动，可采用极压齿轮油；对于大功率重要蜗杆传动，应采用专用蜗轮蜗杆油。青铜蜗轮不允许采用活性大的油性添加剂，以免被腐蚀。蜗杆减速器每运转 2 000~4 000 h 应更换新油，更换润滑油应注意：不同厂家、不同牌号的油不要混用。

闭式蜗杆传动的润滑油黏度和润滑方法可参考表 9.9 选择。开式传动则采用黏度较高的齿轮油或润滑脂进行润滑。闭式蜗杆传动用油池润滑，v_s≤5 m/s 时常采用蜗杆下置式，浸油深度约为一个齿高，但油面不得超过蜗杆轴承的最低滚动体中心，如图 9.4a、b 所示；v_s>5 m/s 时常用上置式（图 9.4c），油面允许达到蜗轮半径 1/3 处。

表 9.9 蜗杆传动的润滑油黏度及润滑方法

<table>
<tr><td>滑动速度 v_s/(m/s)</td><td><1</td><td><2.5</td><td><5</td><td>>5~10</td><td>>10~15</td><td>>15~25</td><td>>25</td></tr>
<tr><td>工作条件</td><td>重载</td><td>重载</td><td>中载</td><td>—</td><td>—</td><td>—</td><td>—</td></tr>
<tr><td>运动黏度 $\nu_{40\ ℃}$/(mm^2/s)</td><td>1 000</td><td>680</td><td>320</td><td>220</td><td>150</td><td>100</td><td>68</td></tr>
<tr><td rowspan="2">润滑方法</td><td rowspan="2" colspan="3">浸油</td><td rowspan="2">浸油
或喷油</td><td colspan="3">喷油润滑,油压/MPa</td></tr>
<tr><td>0.07</td><td>0.2</td><td>0.3</td></tr>
</table>

9.3.3 蜗杆传动的热平衡计算

由于蜗杆传动的效率较低,工作时将产生大量的热。若产生的热量不能及时散逸,将使油温升高,油黏度下降,油膜破坏,磨损加剧,甚至产生胶合破坏。因此,对连续工作的蜗杆传动应进行热平衡计算。

在单位时间内,蜗杆传动由于摩擦损耗产生的热量 Q_1(单位为 W)为

$$Q_1=1\ 000P_1(1-\eta) \tag{9.12}$$

式中:P_1——蜗杆传动的输入功率,kW;

η——蜗杆传动的效率。

自然冷却时,单位时间内经箱体外壁散逸到周围空气中的热量 Q_2(单位为 W)为

$$Q_2=K_SA(t_i-t_o) \tag{9.13}$$

式中:K_S——散热系数,可取 $K_S=8\sim17$ W/(m^2·℃),通风良好时取大值;

A——散热面积,m^2;

t_i——箱体内的油温,一般取许用油温 $[t_i]=60\sim70$ ℃,最高不超过 80 ℃;

t_o——周围空气的温度,通常取 $t_o=20$ ℃。

按热平衡条件 $Q_1=Q_2$,可得工作条件下的油温 t_i 为

$$t_i=\frac{1\ 000(1-\eta)P_1}{K_SA}+t_o\leqslant[t_i] \tag{9.14}$$

或在既定条件下,保持正常工作温度所需要的散热面积为

$$A=\frac{1\ 000(1-\eta)P_1}{K_S(t_i-t_o)} \tag{9.15}$$

若工作温度超过许用温度或有效的散热面积不足时,则必须采取措施,以提高散热能力。可采用的措施如下:

(1) 在箱体壳外铸出散热片,增加散热面积 A。

(2) 在蜗杆轴上装风扇(图 9.4a),提高散热系数[此时 $K_S\approx20\sim28$ W/(m^2·℃)],加速空气的流通。

(3) 加冷却装置。在箱体油池内装蛇形冷却管(图 9.4b)。

(4) 用循环油冷却(图 9.4c)。

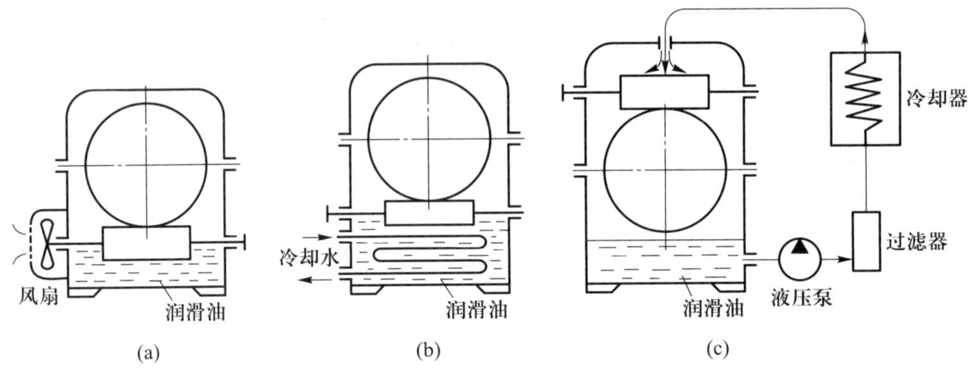

图 9.4 蜗杆传动的散热方法

9.4 圆柱蜗杆、蜗轮的结构设计

设计蜗杆传动时，一般先根据传动的功用和传动比要求选择蜗杆头数 z_1 和蜗轮齿数 z_2，然后再根据强度条件由表 9.11 计算模数 m 和蜗杆分度圆直径 d_1。上述主要参数确定后，按表 9.12 计算蜗杆、蜗轮的几何尺寸。

9.4.1 蜗杆传动的基本参数

1. 蜗杆头数 z_1、蜗轮齿数 z_2 和传动比 i

蜗杆头数 z_1 即为蜗杆螺旋线的数目。蜗杆的头数一般取 $z_1=1\sim6$。当传动比大于 40 或要求自锁时，取 $z_1=1$；当传动功率较大时，为提高传动效率取较大值，但蜗杆头数过多，加工精度难于保证。

蜗轮的齿数一般取 $z_2=27\sim80$。z_2 过少将产生根切；z_2 过大，蜗轮直径增大，与之相应的蜗杆长度增加，刚度减小。

蜗杆传动的传动比 i 等于蜗杆与蜗轮的转速之比。当蜗杆回转一周时，蜗轮被蜗杆推动，转过 z_1 个齿（或 z_1/z_2 周），因此传动比为

$$i=\frac{n_1}{n_2}=\frac{z_2}{z_1} \tag{9.16}$$

式中：n_1、n_2——蜗杆和蜗轮的转速，r/min。

在蜗杆传动设计中，传动比的公称值按下列数值选取：5、7.5、10、12.5、15、20、25、30、40、50、60、70、80。其中 10、20、40、80 为基本传动比，应优先选用。z_1、z_2 可根据传动比 i 按表 9.10 选取。

表 9.10 z_1 和 z_2 的推荐值

i	7~8	9~13	14~24	25~27	28~40	>40
z_1	4	3~4	2~3	2~3	1~2	1
z_2	28~32	27~52	28~72	50~81	28~80	>40

2. 模数 m 和压力角 α

由于蜗杆传动在主平面内相当于渐开线齿轮与齿条的啮合，而主平面是蜗杆的轴向平面，又

是蜗轮的端面(图 9.5)。与齿轮传动相同,为保证轮齿的正确啮合,蜗杆的轴向模数 m_{a1} 应等于蜗轮的端面模数 m_{t2},蜗杆的轴向压力角 α_{x1} 应等于蜗轮的端面压力角 α_{t2},蜗杆分度圆导程角 γ 应等于蜗轮分度圆螺旋角 β,且两者旋向相同。即

$$m_{x1}=m_{t2}=m$$

$$\alpha_{x1}=\alpha_{t2}=\alpha$$

$$\gamma=\beta$$

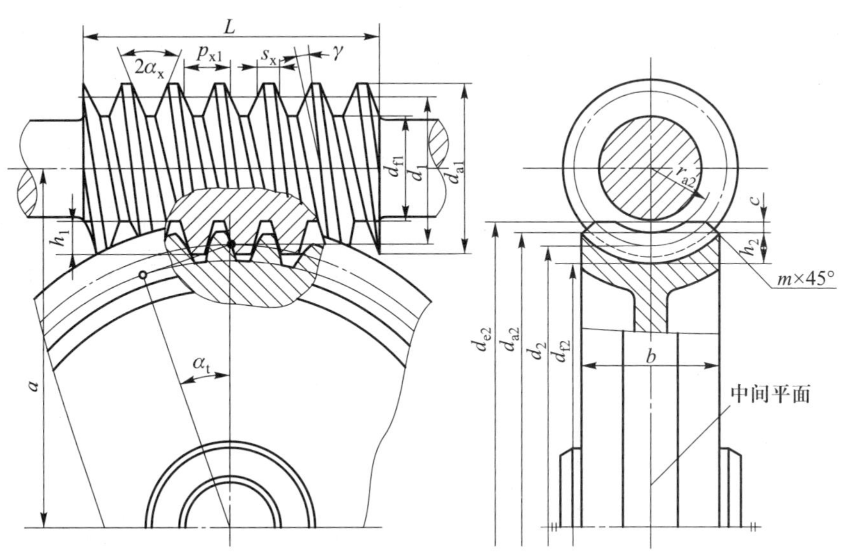

图 9.5 阿基米德蜗杆传动的几何尺寸

3. 蜗杆的分度圆直径 d_1 和导程角 γ

如图 9.6 所示,将蜗杆分度圆柱展开,其螺旋线与端平面的夹角 γ 称为蜗杆的导程角。可得

$$\tan\gamma=\frac{z_1 p_{x1}}{\pi d_1}=\frac{z_1 m}{d_1} \tag{9.17}$$

式中:p_{x1}——蜗杆轴向齿距,mm;

d_1——蜗杆分度圆直径,mm。

蜗杆的螺旋线与螺纹类似,也分左旋和右旋,一般多为右旋。对动力传动为提高效率应采用较大的 γ 值,即采用多头蜗杆;对要求具有自锁性能的传动,应采用 $\gamma<3°30'$ 的蜗杆传动,此时蜗杆的头数为 1。由式(9.17)得

$$d_1=m\frac{z_1}{\tan\gamma}=mq \tag{9.18}$$

式中:q——蜗杆的直径系数,$q=\frac{z_1}{\tan\gamma}$。

当 m 一定时,q 值增大,则蜗杆直径 d_1 增大,蜗杆的刚度提高。小模数蜗杆一般有较大的 q 值,以使蜗杆有足够的刚度。

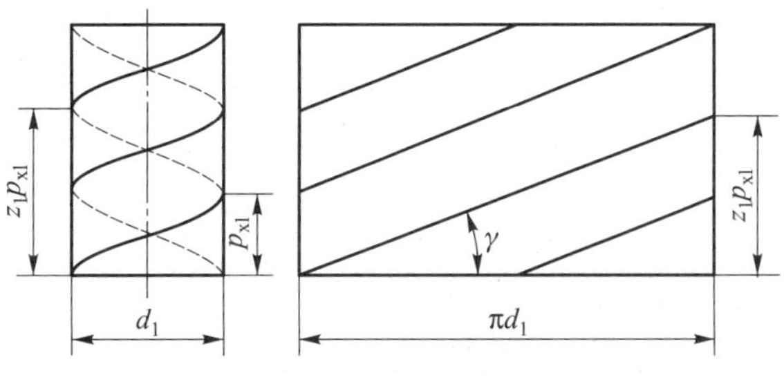

图 9.6 分度圆柱展开图

蜗杆与蜗轮正确啮合，加工蜗轮的滚刀直径和齿形参数必须与相应的蜗杆相同，为限制蜗轮滚刀的数量，d_1 亦标准化。d_1 与 m 有一定的匹配，见表 9.11。

表 9.11　蜗杆基本参数配置表（$\Sigma=90°$）（摘自 GB/T 10085—2018）

模数 m /mm	分度圆直径 d_1/mm	蜗杆头数 z_1	直径系数 q	m^2d_1 /mm^3	模数 m /mm	分度圆直径 d_1/mm	蜗杆头数 z_1	直径系数 q	m^2d_1 /mm^3
1	**18**	1	18.000	18	6.3	(80)	1,2,4	12.698	3 175
1.25	20	1	16.000	31		**112**	1	17.798	4 445
	22.4	1	17.920	35	8	(63)	1,2,4	7.875	4 032
1.6	20	1,2,4	12.500	51		80	1,2,4,6	10.000	5 120
	28	1	17.500	72		(100)	1,2,4	12.500	6 400
2	18	1,2,4	9.000	72		**140**	1	17.500	8 960
	22.4	1,2,4,6	11.200	90	10	71	1,2,4	7.100	7 100
	(28)	1,2,4	14.000	112		90	1,2,4,6	9.000	9 000
	35.5	1	17.750	142		(112)	1	11.200	11 200
2.5	(22.4)	1,2,4	8.960	140		**160**	1	16.000	16 000
	28	1,2,4,6	11.200	175	12.5	(90)	1,2,4	7.200	14 062
	(35.5)	1,2,4	14.200	222		112	1,2,4	8.960	17 500
	45	1	18.000	281		(140)	1,2,4	11.200	21 875
3.15	(28)	1,2,4	8.889	278		**200**	1	16.000	31 250
	35.5	1,2,4,6	11.270	352	16	(112)	1,2,4	7.000	28 672
	(45)	1,2,4	14.286	447		140	1,2,4	8.750	35 840
	56	1	17.778	556		(180)	1,2,4	11.250	46 080
4	(31.5)	1,2,4	7.875	504		**250**	1	15.625	64 000
	40	1,2,4,6	10.000	640	20	(140)	1,2,4	7.000	56 000
	(50)	1,2,4	12.500	800		160	1,2,4	8.000	64 000
	71	1	17.750	1 136		(224)	1,2,4	11.200	89 600
5	(40)	1,2,4	8.000	1 000		**315**	1	15.750	126 000
	50	1,2,4,6	10.000	1 250	25	(180)	1,2,4	7.200	112 500
	(63)	1,2,4	12.600	1 575		200	1,2,4	8.000	125 000
	90	1	18.000	2 250		(280)	1,2,4	11.200	175 000
6.3	(50)	1,2,4	7.936	1 984		**400**	1	16.000	250 000
	63	1,2,4,6	10.000	2 500					

注：括号内分度圆直径值尽可能不用；黑体的为 $\gamma<3°30'$ 的自锁蜗杆。

4. 中心距 a

蜗杆传动中,当蜗杆节圆与蜗轮分度圆重合时称为标准传动,其中心距为

$$a=\frac{1}{2}(d_1+d_2) \tag{9.19}$$

规定标准中心距为 40、50、63、80、100、125、160、(180)、200、(225)、250、(280)、315、(355)、400、(450)、500。在蜗杆传动设计时,中心距应按上述标准圆整。

9.4.2 蜗杆传动的几何尺寸计算

标准普通圆柱蜗杆传动的主要几何尺寸计算公式见表 9.12。

表 9.12 标准普通圆柱蜗杆传动几何尺寸计算公式

名称	计算公式	
	蜗杆	蜗轮
齿顶高	$h_{a1}=h_{a2}=m$	
齿根高	$h_{f1}=h_{f2}=1.2\ m$	
分度圆直径	$d_1=mq$	$d_2=mz_2$
齿顶圆直径	$d_{a1}=m(q+2)$	$d_{a2}=m(z_2+2)$
齿根圆直径	$d_{f1}=m(q-2.4)$	$d_{f2}=m(z_2-2.4)$
顶隙	$c=0.2\ m$	
蜗杆轴向齿距 蜗轮端面齿距	$p_{x1}=p_{t2}=\pi m$	
蜗杆分度圆柱的导程角	$\gamma=\arctan(z_1/q)$	
蜗轮分度圆上轮齿的螺旋角		$\beta=\gamma$
中心距	$a=m(q+z_2)/2$	
蜗杆螺纹部分长度	$z_1=1、2, b_1\geqslant(11+0.06z_2)m$ $z_1=4, b_1\geqslant(12.5+0.09z_2)m$	
蜗轮咽喉母圆半径		$r_{g2}=a-d_{a2}/2$
蜗轮最大外圆直径		$z_1=1, d_{e2}\leqslant d_{a2}+2m$ $z_1=2, d_{e2}\leqslant d_{a2}+1.5m$ $z_1=4, d_{e2}\leqslant d_{a2}+m$
蜗轮轮缘宽度		$z_1=1、2, b_2\leqslant 0.75d_{a1}$ $z_1=4, b_2\leqslant 0.67d_{a1}$
蜗轮齿宽角		$\theta=2\arcsin(b_2/d_1)$ 一般动力传动 $\theta=70°\sim90°$ 高速动力传动 $\theta=90°\sim130°$ 分度传动 $\theta=45°\sim60°$

9.4.3 蜗杆、蜗轮的结构

蜗杆通常与轴做成一体（只有 $d_f/d \geq 1.7$ 时，蜗杆才采用齿圈套装在轴上的形式），除螺旋部分的结构尺寸取决于蜗杆的几何尺寸外，其余的结构尺寸可参考轴的结构尺寸而定。图 9.7a 所示为铣制蜗杆，在轴上直接铣出螺旋部分，刚性较好。图 9.7b 所示为车制蜗杆，车制蜗杆需有退刀槽，$d = d_f - (2 \sim 4)$ mm，刚性稍差。

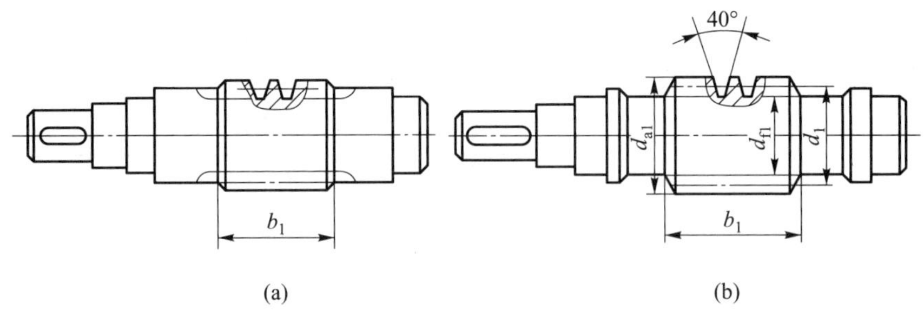

图 9.7 蜗杆的结构形式

蜗轮结构分为整体式和组合式两类。图 9.8a 所示为整体式结构，多用于铸铁蜗轮及直径小于 100 mm 的青铜蜗轮。为了节省有色金属，对于尺寸较大的青铜蜗轮一般制成组合式结构，图 9.8b、c、d 均为组合式结构。其中，图 9.8b 所示为齿圈式蜗轮，轮芯用铸铁或铸钢制造，齿圈用青铜材料，为防止齿圈和轮芯因发热而松动，两者采用过盈配合（H7/s6 或 H7/r6），并沿配合面安装 4~6 个紧定螺钉，以增强连接的可靠性，该结构用于中等尺寸且工作温度变化较小的场合。图 9.8c 所示为螺栓式蜗轮，齿圈和轮芯用普通螺栓或铰制孔用螺栓连接，这种结构装拆方便，常用于尺寸较大或易磨损的蜗轮。图 9.8d 所示为镶铸式蜗轮，将青铜轮缘铸在铸铁轮芯上然后切齿，适用于中等尺寸批量生产的蜗轮。

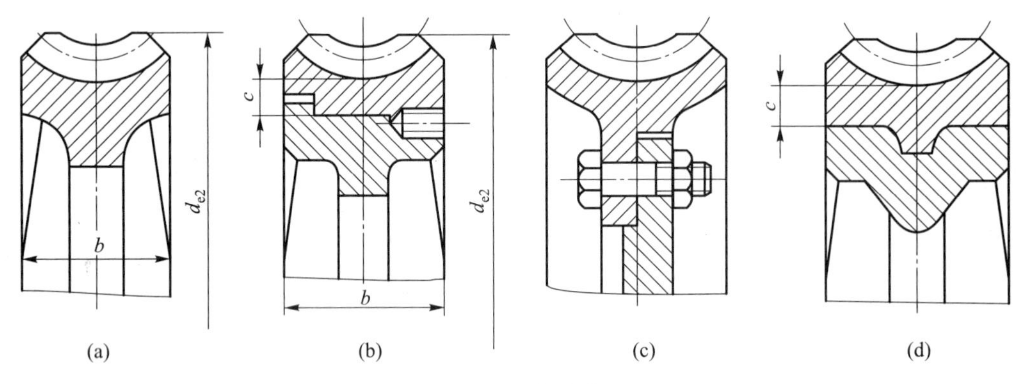

图 9.8 蜗轮结构

例 9.1 设计用于带式运输机的一级闭式蜗杆传动。蜗杆轴输入功率 $P_1 = 4$ kW，转速 $n = 960$ r/min，传动比 $i = 20$；连续单向运转，载荷平稳，一班制，预期寿命 10 年。

解

设计项目	计算依据及内容	设计结果
1. 选择材料确定许用应力 (1) 选择材料 (2) 确定许用应力	蜗杆:45 钢表面淬火,45~50 HRC 蜗轮:ZCuSn10Pb1,砂型铸造(初估 $v_s=4$ m/s) $[\sigma_{OH}]=200$ MPa(表 9.4) $n_2=\frac{n_1}{i}=\frac{960}{20}$ r/min $=48$ r/min $L_h=8\times300\times10$ h $=24\ 000$ h $N=60\times n_2\times L_h=60\times48\times24\ 000=6.9\times10^7$ $K_{HN}=\sqrt[8]{\frac{10^7}{N}}=\sqrt[8]{\frac{10^7}{6.9\times10^7}}\approx0.79$ $[\sigma_H]=K_{HN}[\sigma_{OH}]\approx200\times0.79$ MPa $=158$ MPa	蜗杆 45 钢表面淬火, 45~50 HRC 蜗轮 ZCuSn10Pb1, 砂型铸造, $Z_E=155.0\sqrt{\text{MPa}}$ $[\sigma_H]=158$ MPa
2. 确定 z_1、z_2	$z_1=2$(表 9.10)　　$z_2=iz_1=20\times2=40$	$z_1=2, z_2=40$
3. 计算蜗轮转矩 T_2	$T_2=9.55\times10^6\times\left(P_1\frac{\eta}{n_2}\right)$ $=9.55\times10^6\times\left(4\times\frac{0.8}{48}\right)$ N·mm $=6.37\times10^5$ N·mm (取 $\eta=0.8$)	$T_2=6.37\times10^5$ N·mm
4. 按齿面接触疲劳强度计算	$K=1.1$(工作载荷稳定速度较低) $m^2d_1\geqslant KT_2\left(\frac{3.25Z_E}{z_2[\sigma_H]}\right)^2$ $=1.1\times6.37\times10^5\times\left(\frac{3.25\times155}{40\times158}\right)^2$ mm³ $=4\ 452$ mm³ 由表 9.11 取 $m^2d_1=5\ 120$ mm³ 得: $m=8$ mm, $q=10$, $d_1=80$ mm $d_2=mz_2=8\times40$ mm $=320$ mm $\gamma=\arctan\left(\frac{z_1m}{d_1}\right)=\arctan\left(2\times\frac{8}{80}\right)=11.31°$	$m=8$ mm, $q=10$, $d_1=80$ mm, $d_2=320$ mm $\gamma=11.31°$
5. 校核齿根弯曲疲劳强度	(略)	
6. 验算传动效率 η	$v_1=\frac{\pi d_1n_1}{60\times1\ 000}=\frac{3.14\times80\times960}{60\times1\ 000}$ m/s ≈4.02 m/s $v_s=\frac{v_1}{\cos\gamma}=\frac{4.02}{\cos11.31°}$ m/s ≈4.1 m/s 查表 9.8 得 $\rho_v=1.36°$ $\eta=(0.95\sim0.97)\frac{\tan\gamma}{\tan(\gamma+\rho_v)}$ $=(0.95\sim0.97)\frac{\tan11.31°}{\tan(11.31°+1.36°)}$ $=0.85\sim0.86$	$\eta=0.85\sim0.86$, 与初估值 $\eta=0.8$ 相近

续表

设计项目		计算依据及内容	设计结果
7. 几何尺寸计算(表 9.12)	蜗　杆	$d_1=80$ mm	$d_1=80$ mm
		$d_{a1}=m(q+2)=8\times(10+2)$ mm $=96$ mm	$d_{a1}=96$ mm
		$d_{f1}=m(q-2.4)=8\times(10-2.4)$ mm $=60.8$ mm	$d_{f1}=60.8$ mm
		$p_{x1}=\pi m=3.14\times8$ mm $=25.12$ mm	$p_{x1}=25.12$ mm
		$L\geqslant(11+0.06z_2)m=(11+0.06\times40)\times8$ mm ≈107 mm	$L\geqslant107$ mm
	蜗　轮	$d_2=mz_2=8\times40$ mm $=320$ mm	$d_2=320$ mm
		$d_{a2}=m(z_2+2)=8\times(40+2)$ mm $=336$ mm	$d_{a2}=336$ mm
		$d_{f2}=m(z_2-2.4)=8\times(40-2.4)$ mm $=300.8$ mm	$d_{a2}=300.8$ mm
		$d_{e2}=d_{a2}+1.5m=336+1.5\times8$ mm $=348$ mm	$d_{e2}=348$ mm
		$b\leqslant0.75d_{a1}=0.75\times96$ mm $=72$ mm	$b\leqslant72$ mm
	中心距	$a=\dfrac{m(q+z_2)}{2}=\dfrac{8\times(10+40)}{2}$ mm $=200$ mm	$a=200$ mm
8. 热平衡计算		取 $t_o=20$ ℃、$t_i=65$ ℃、$K_s=14$ W/(m^2·℃) $A=\dfrac{1\ 000(1-\eta)P_1}{K_s(t_i-t_o)}=\dfrac{1\ 000\times(1-0.85)\times4}{14\times(65-20)}$ m$^2\approx0.95$ m^2	所需散热面积 $A\approx0.95$m^2
9. 结构设计绘制工作图		(略)	

习　　题

9.1　与齿轮传动相比,蜗杆传动的失效形式有何特点? 选择蜗杆和蜗轮材料组合时,较理想的蜗杆副材料是什么?

9.2　蜗杆传动的设计计算中有哪些主要参数? 如何选择这些参数? 为何规定蜗杆分度圆直径 d_1 为标准值?

9.3　蜗杆传动的啮合效率与哪些因素有关? 对于动力用蜗杆传动,为提高其效率常采用什么措施?

9.4　为什么对连续工作的闭式蜗杆传动要进行热平衡计算? 若蜗杆传动的温度过高,应采取哪些措施?

9.5　标出图 9.9 中未注明的蜗杆或蜗轮的旋向及转向(蜗杆为主动件),并绘出蜗杆和蜗轮啮合点作用力的方向。

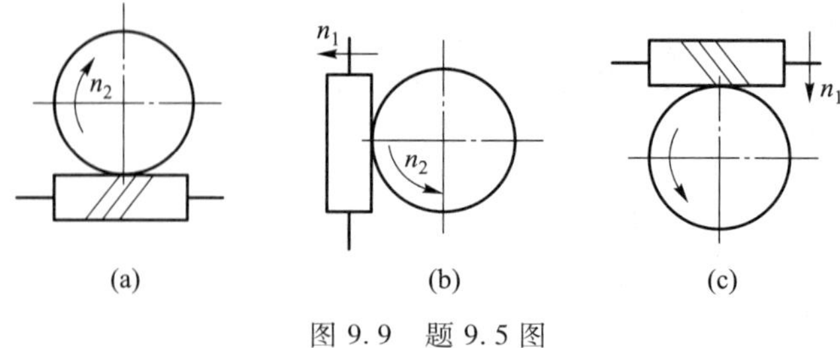

图 9.9　题 9.5 图

9.6　在图 9.10 所示的传动系统中,1 为蜗杆,2 为蜗轮,3 和 4 为斜齿圆柱齿轮,5 和 6 为直齿锥齿轮。若蜗杆主动,要求输出齿轮 6 的回转方向如图所示。试确定:(1) 若要使Ⅱ、Ⅲ轴上所受轴向力互相抵消一部分,蜗杆、蜗轮及斜齿轮 3 和 4 的螺旋线方向，Ⅰ、Ⅱ、Ⅲ轴的回转方向（在图中标示）；（2）Ⅱ、Ⅲ轴上各轮啮合点处受力方向（F_t、F_r、F_a，在图中画出）。

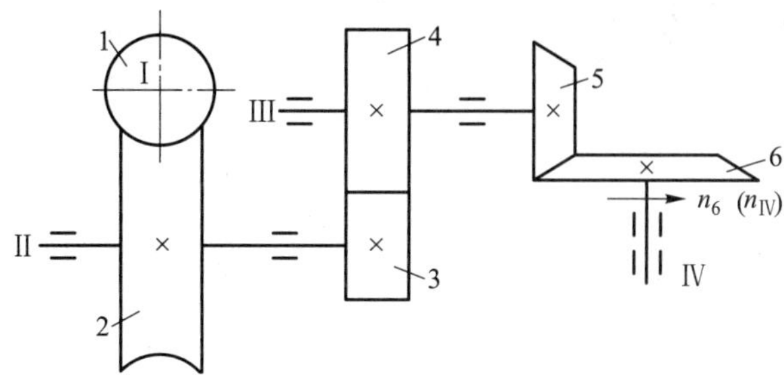

图 9.10　题 9.6 图

9.7　图 9.11 所示为一手动起重装置，已知手柄半径 L = 200 mm，卷筒直径 D_0 = 200 mm；蜗杆传动的模数 m = 5 mm，q = 12，z_1 = 1，z_2 = 50，摩擦因数 μ_v = 0.14；手柄上作用的力为 200 N。如强度无问题，求：（1）图中 n_2 转向为重物举升方向，问蜗杆及蜗轮的螺旋线方向；（2）能提升的重量 Q 是多少？（3）提升后松开手柄时重物能否自行下降？（4）求出作用在蜗轮上三个分力的大小，并标出各力方向。

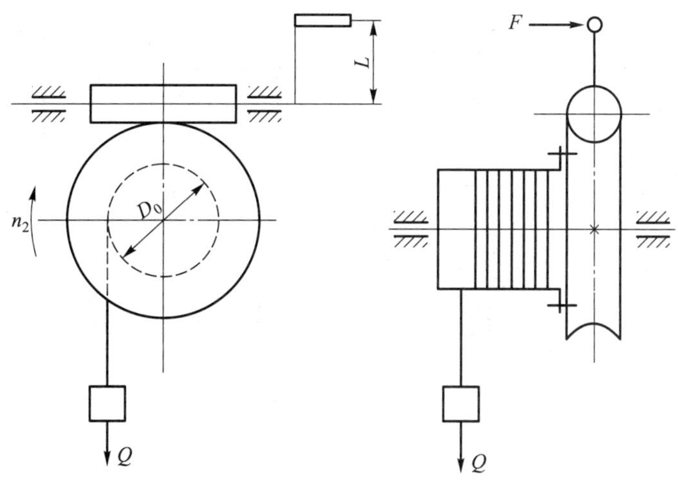

图 9.11　题 9.7 图

9.8　设计一个由电动机驱动的单级圆柱蜗杆减速器。电动机功率为 7 kW，转速为 1 440 r/min，蜗轮轴转速为 80 r/min；载荷平稳，单向传动；蜗轮材料选 10-1 锡青铜，砂型铸造，蜗杆选用 40Cr，表面淬火。

第 10 章　其他传动

10.1　螺旋传动

10.1.1　螺旋传动的类型、特点及应用

螺旋传动是利用螺杆和螺母组成的螺旋副来实现传动要求。主要用于将回转运动变为直线运动或将直线运动变为回转运动,同时传递运动或动力。

如图 10.1 所示,螺旋传动的运动转变方式如下:① 螺母固定,螺杆又转又移(应用较多);② 螺杆转,螺母移;③ 螺杆固定,螺母又转又移(应用较少);④ 螺母转,螺杆移。

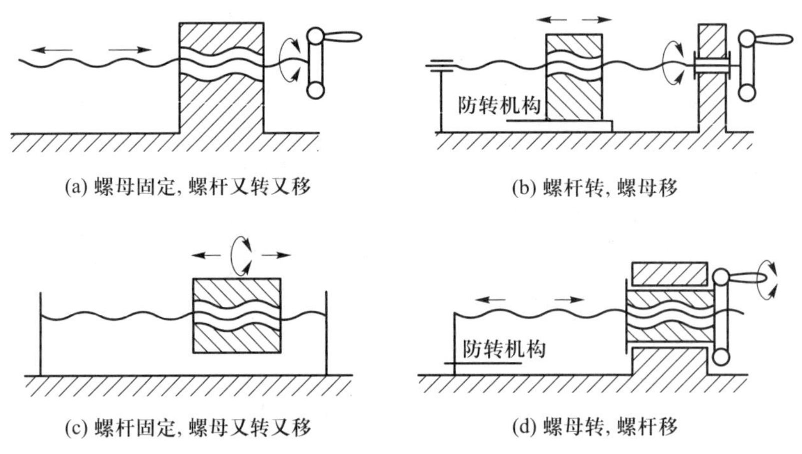

图 10.1　螺旋传动的运动转变方式

按其用途不同,螺旋传动可分为以下几种类型:

(1) 传力螺旋　以传递动力为主,要求以较小的转矩产生较大的轴向推力,用以克服工件阻力,如举重器、千斤顶、加压螺旋。其特点:低速、间歇工作,传递轴向力大,通常需有自锁性。

(2) 传导螺旋　以传递运动为主,如机床进给机构的螺旋丝杠等。其特点:速度高,连续工作,精度高。

(3) 调整螺旋　用以调整、固定零件的相对位置,如机床、仪器及测试装置中的微调螺旋。特点:受力较小且不经常转动。

按摩擦副的性质不同,螺旋传动可分为滑动螺旋、滚动螺旋和静压螺旋。

滑动螺旋的优点是传动比大,承载能力高,加工方便,传动平稳,工作可靠,易于自锁。缺点是磨损快,寿命短,低速时有爬行现象(滑移),摩擦损耗大,传动效率低(30%~40%),传动精度低。

滚动螺旋传动(图10.2)的摩擦性质为滚动摩擦。滚动螺旋传动是在具有圆弧形螺旋槽的螺杆和螺母之间连续装填若干滚动体(多用钢球),当传动工作时,滚动体沿螺纹滚道滚动并形成循环。循环方式有内循环、外循环两种。滚动螺旋传动的优点:传动效率高(可达90%),起动力矩小,传动灵活平稳,低速不爬行,同步性好,定位精度高,正、逆运动效率相同,可实现逆传动;缺点:不自锁,需附加自锁装置,抗振性差,结构复杂,制造工艺要求高,成本较高。

静压螺旋实际上是采用静压流体润滑的滑动螺旋,摩擦性质为液体摩擦,靠外部液压系统提供压力油,压力油进入螺杆与螺母螺纹间的油缸,促使螺杆、螺母、螺纹牙间产生压力油膜而分隔开。特点:摩擦因数小,效率高,工作稳定,无爬行现象,定位精度高,磨损小,寿命长。但螺母结构复杂(需密封),需要稳压供油系统,成本较高。静压螺旋适用于精密机床中的进给和分度机构。

10.1.2 滑动螺旋的结构与材料

1. 滑动螺旋的结构

螺旋传动的结构主要是指螺杆、螺母的固定和支承的结构形式。螺旋传动的工作刚度与精度等和支承结构有直接关系。当螺杆短而粗且垂直布置时,如起重及加压装置的传力螺旋,可以利用螺母本身作为支承,如图10.3所示;当螺杆细长且水平布置时,如机床的传导螺旋(丝杠)等,应在螺杆两端或中间附加支承,以提高螺杆的工作刚度。螺杆的支承结构和轴的支承结构基本相同。此外,对于轴向尺寸较大的螺杆,应采用对接的组合结构代替整体结构,以减少制造工艺上的困难。

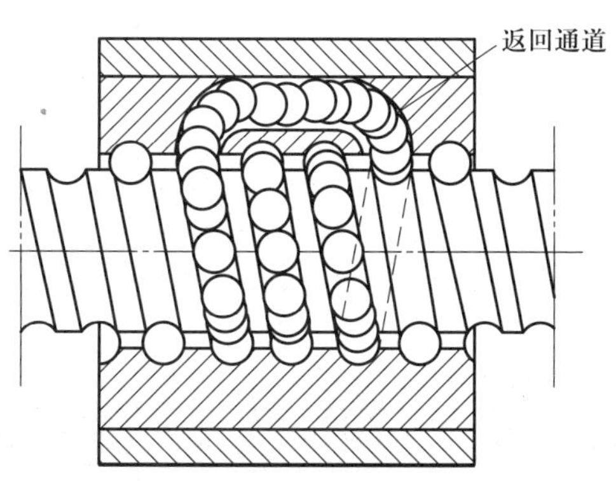

图10.2 滚动螺旋传动

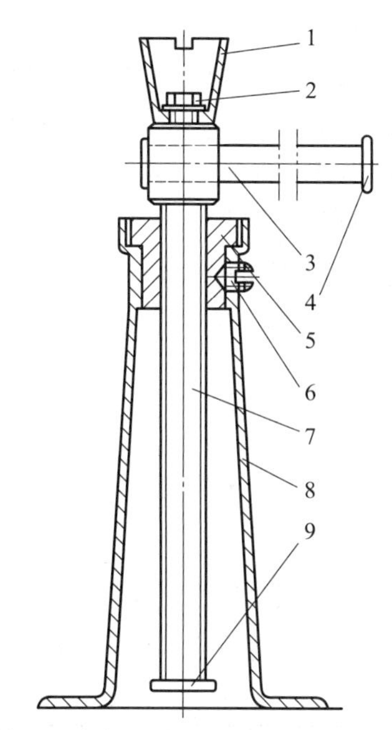

1—托杯; 2—螺钉; 3—手柄; 4—挡环; 5—螺母; 6—紧定螺钉; 7—螺杆; 8—底座; 9—挡环

图10.3 螺旋起重装置

螺母结构有整体螺母、组合螺母和剖分螺母等形式。整体螺母结构简单，但由磨损产生的轴向间隙不能补偿，只适合精度较低的螺旋。对于经常双向传动的传导螺旋，为了消除轴向间隙和补偿螺纹磨损，避免反向传动时空行程，一般采用组合螺母或剖分螺母。

滑动螺旋采用的螺纹类型有矩形、梯形、锯齿形，其中梯形、锯齿形应用较多。

2. 滑动螺旋的材料

螺杆材料要有足够的强度和耐磨性以及良好的加工性。不经热处理的螺杆一般可用Q235、Q275、45、50钢；重要的经热处理的螺杆可用65Mn、40Cr、40WMn或20CrMnTi钢；精密传动螺杆可用9Mn2V、CrWMn、38CrMoAl钢。螺母材料除要有足够的强度外，还要求在与螺杆材料配合时摩擦因数小和耐磨。常用的材料是铸造锡青铜ZCuSn10Pb1、ZCuSn5Pb5Zn5，重载低速时用高强度铸造铝青铜ZCuAl10Fe3或铸造黄铜ZCuZn25Al6Fe3Mn3，重载时可用35钢或球墨铸铁，低速轻载时也可用耐磨铸铁。尺寸大的螺母可用钢或铸铁做外套，内部浇注青铜；高速螺母可浇注锡锑或铅锑轴承合金（即巴氏合金）。

10.1.3 螺旋传动的设计

滑动螺旋传动的设计计算准则是：滑动螺旋工作时，主要承受转矩及轴向拉力（或压力）的作用，同时在螺杆和螺母的旋合螺纹间有较大的相对滑动。其失效形式主要是螺纹磨损。因此，滑动螺旋的基本尺寸（即螺杆直径与螺母高度）通常是根据耐磨性条件确定的。对于受力较大的传力螺旋，还应校核螺杆危险截面以及螺母螺纹牙的强度，以防止发生塑性变形或断裂；对于要求自锁的螺杆应校核其自锁性；对于精密的传导螺旋应校核螺杆的刚度（螺杆的直径应根据刚度条件确定），以免受力后由于螺距的变化引起传动精度降低；对于长径比很大的受压螺杆，应校核其稳定性，以防止螺杆受压后失稳；对于高速的长螺杆还应校核其临界转速，以防止产生过度的横向振动等。在设计时，应根据螺旋传动的类型、工作条件及其失效形式等，选择不同的设计准则，而不必逐项进行校核。下面主要介绍耐磨性计算和几项常用的校核计算方法。

1. 螺旋传动自锁性验算

螺纹副自锁条件可表示为

$$\lambda \leqslant \varphi_{v} = \arctan \mu_{v} = \arctan \frac{\mu}{\cos \beta} \tag{10.1}$$

式中：λ——螺纹升角；

φ_{v}——螺纹副的当量摩擦角；

μ_{v}——螺纹副的当量摩擦因数；

μ——螺纹副的摩擦因数；

β——螺纹牙形的牙侧角。

螺旋传动螺纹副的摩擦因数见表10.1。

表10.1 螺纹副的摩擦因数（定期润滑）

螺纹副材料	钢对青铜	钢对耐磨铸铁	钢对灰铸铁	钢对钢	淬火钢对青铜
摩擦因数μ	0.08~0.10	0.1~0.12	0.12~0.15	0.11~0.17	0.06~0.08

2. 滑动螺旋的耐磨性计算

一般螺母材料强度低于螺杆,故磨损多发生在螺母上,把螺纹牙展直后相当于一根悬臂梁(图 10.4)。耐磨性的计算在于限制螺纹副的压强。设轴向力为 F,相旋合螺纹圈数 $z=\dfrac{H}{P}$,此处 H 是螺母旋合长度,P 为螺距,则验算计算式为

$$p=\frac{F}{A}=\frac{F}{\pi d_2 hz}=\frac{FP}{\pi d_2 hH}\leqslant[p] \tag{10.2}$$

式中:h——螺纹工作高度,mm,梯形和矩形螺纹 $h=0.5P$,锯齿形螺纹 $h=0.75P$;

$[p]$——许用压强,MPa,见表 10.2。

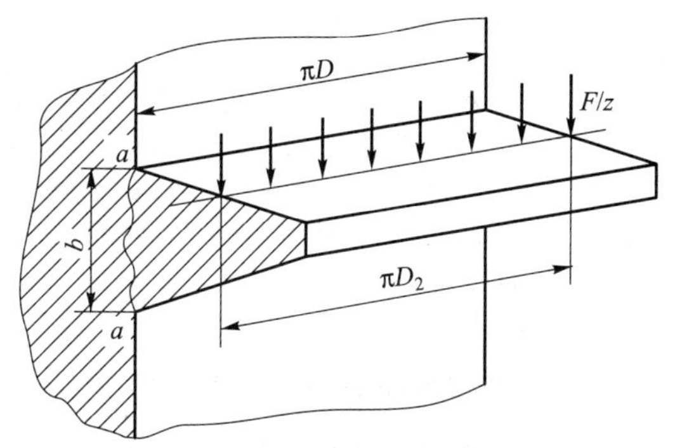

图 10.4 螺母螺纹面的受力

表 10.2 滑动螺旋传动的许用压强[p]

螺纹副材料	滑动速度 v/(m/min)	许用压强 $[p]$/MPa	螺纹副材料	滑动速度 v/(m/min)	许用压强 $[p]$/MPa
钢对青铜	低速	18~25	钢对灰铸铁	<2.4	13~18
	<3.0	11~18		6~12	4~7
	6~12	7~10	淬火钢对青铜	6~12	10~13
	>15	1~2	钢对钢	低速	7.5~13
钢对耐磨铸铁	6~12	6~8			

为了设计方便,可引用系数 $\phi=\dfrac{H}{d_2}$以消去 H 得

$$d_2\geqslant\sqrt{\frac{FP}{\pi h\phi[p]}} \tag{10.3}$$

对于矩形和梯形螺纹,$h=0.5P$,则

$$d_2\geqslant 0.8\sqrt{\frac{F}{\phi[p]}} \tag{10.4}$$

对于 30°锯齿形螺纹,$h=0.75P$,则

$$d_2 \geqslant 0.65\sqrt{\frac{F}{\phi[p]}} \tag{10.5}$$

当螺母为整体式，磨损后间隙不能调整时，取 $\phi=1.2\sim2.5$；螺母为剖分式，间隙能够调整，或螺母兼作支承而受力较大时，可取 $\phi=2.5\sim3.5$；传动精度较高，要求寿命较长时，允许取 $\phi=4$。

由于旋合时各圈螺纹牙受力不均，z 不宜大于 10。

3. 滑动螺旋的强度计算

1）螺纹牙强度计算

螺纹牙的剪切和弯曲破坏多发生在螺母。螺纹牙的剪切和弯曲强度条件分别为

$$\tau=\frac{F}{\pi Dbz}\leqslant[\tau] \tag{10.6}$$

$$\sigma_b=\frac{6Fl}{\pi Db^2z}\leqslant[\sigma_b] \tag{10.7}$$

式中： D——螺母螺纹大径，mm；

b——螺纹牙底宽度，梯形螺纹 $b=0.65P$，矩形螺纹 $b=0.5P$，锯齿形螺纹 $b=0.74P$；

l——弯曲力臂，mm，$l=\dfrac{D-D_2}{2}$；

$[\tau]$、$[\sigma_b]$——螺纹牙的许用切应力和弯曲应力，MPa，见表 10.3。

表 10.3 螺纹副材料的许用应力

螺纹副材料		许用压强/MPa		
		$[\sigma]$/MPa	$[\sigma_b]$/MPa	$[\tau]$/MPa
螺杆	钢	$\sigma_S/(3\sim5)$		
螺母	青铜		40～60	30～40
	铸铁		45～55	40
	钢		$(0.1\sim1.2)[\sigma]$	$0.6[\sigma]$

2）螺杆强度计算

螺杆受压力（或拉力）F 和转矩 T，根据第四强度理论，其强度条件为

$$\sigma_{ca}=\sqrt{\left(\frac{4F}{\pi d_1^2}\right)^2+3\left(\frac{T}{W_T}\right)^2}\leqslant[\sigma] \tag{10.8}$$

式中：F——螺杆所受轴向压力（或拉力），N；

W_T——抗扭截面模量，mm^3，对于圆形截面，$W_T=\dfrac{\pi d_1^3}{16}\approx0.2d_1^3$；

T——螺杆所受转矩，N·mm，$T=F\tan(\lambda+\varphi_v)\dfrac{d_2}{2}$；

$[\sigma]$——螺杆材料的许用应力，MPa，见表 10.3。

4. 螺杆的刚度计算

对于传递精确运动的滑动丝杠副，在其工作中只允许有很小的螺距误差。由于丝杠在轴向

力和扭矩的作用下产生变形，从而引起螺距变化，并影响滑动丝杠副的传动刚度。为了使滑动丝杠的变形很小或把螺距的变化限制在允许的范围内，则必须要求丝杠具有足够的刚度。因此，在设计传递精确运动的滑动丝杠副时，应进行丝杠的刚度计算。滑动丝杠受力变形后所引起的螺距误差，一般由如下两部分组成：

(1) 丝杠在轴向载荷 F 作用下，所产生的螺距变形量为 δ_F，其计算公式为

$$\delta_F=\frac{4FP}{\pi E d_1^2} \tag{10.9}$$

式中：F——丝杠承受的轴向力，N；

P——丝杠螺纹的螺距，mm；

E——丝杠的弹性模量，MPa；

d_1——丝杠的小径，mm。

(2) 转矩 T 作用下，每个螺距产生的变形 δ_T

$$\delta_T=\frac{16TP^2}{\pi^2 G d_1^4} \tag{10.10}$$

式中：T——转矩，N·mm；

P——丝杠螺纹的螺距，mm；

G——丝杠的剪切弹性模量，MPa；

d_1——丝杠的小径，mm。

每个螺纹螺距总变形

$$\delta=\delta_F+\delta_T \tag{10.11}$$

单位长度变形量

$$[\Delta]=\frac{\delta}{P} \tag{10.12}$$

5. 受压螺杆的稳定性计算

当螺杆较细长且受轴向压力时，可能产生侧向的弯曲而失去稳定性。所以，螺杆受压时承受的轴向压力应小于其临界载荷。其稳定性验算式为

$$\frac{F_{cr}}{F}\geqslant 2.5\sim 4 \tag{10.13}$$

式中：F_{cr}——螺杆的稳定临界载荷，详细计算可根据螺杆的柔度 λ 值确定，一般可以按照如下欧拉公式粗略计算

$$F_{cr}=\frac{\pi^2 EI}{(\beta l)^2}$$

式中：E——螺杆材料的弹性模量，MPa；

I——螺杆危险截面的轴惯性矩，$I=\pi d_1^4/64$；

β——长度系数，与两端支座形式有关（两端铰支，或一端固定、一端移动时为 1；一端固定、一端自由，或一端铰支、一端移动时为 2；一端固定、一端铰支时为 0.7；两端固定时为 0.5）；

l——螺杆最大工作长度，mm。

例 10.1 图 10.5 为一车床进给螺旋传动简图，螺杆两支承间距离 $L=2\ 700$ mm，所受轴向载荷 $F=7\ 500$ N；螺杆采用 Tr44×12-8e 梯形螺纹，材料 45 钢调质，硬度 230~250 HBW；螺母采用剖分式，材料 ZCuAl10Fe3。试确定螺母的高度并校核该螺旋传动。

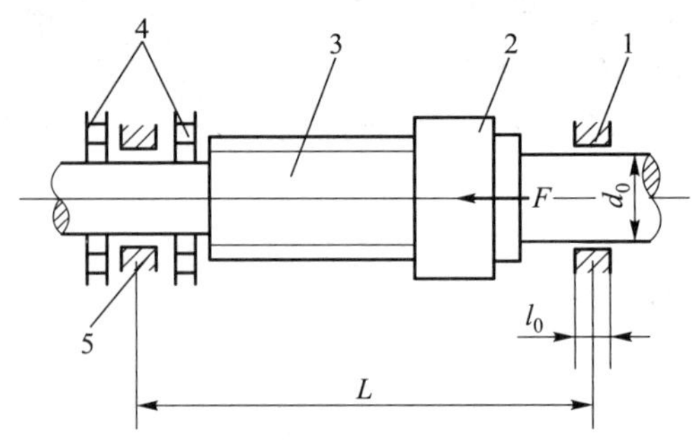

1、5—滑动轴承；2—螺母；3—螺杆；4—推力球轴承

图 10.5 车床进给螺旋传动简图

解 对该车床进给装置的要求是，保证各零件有足够的强度、耐磨性和稳定性。

1）螺母耐磨性校验

由《机械设计手册》查出 Tr44×12-8e 梯形螺纹的参数为：$d=44$ mm，$d_1=31$ mm，$d_2=38$ mm，$P=12$ mm。

由耐磨性计算式

$$p=\frac{FP}{\pi d_2 hH}\leqslant[p]$$

因梯形螺纹 $h=0.5P$，$b=0.65P$，$H=\phi d_2$，对剖分式螺母取 $\phi=2.5$，则得

$$b=0.65\times12\ \text{mm}=7.8\ \text{mm}。$$

螺母高度 $H=2.5\times38\ \text{mm}=95\ \text{mm}$

螺母的圈数 $z=H/P=95/12=7.9$，合理。

将参数代入耐磨性公式得

$$p=\frac{7\ 500\times12}{\pi\times38\times0.5\times12\times95}\ \text{MPa}=1.32\ \text{MPa}$$

查表 10.2 得 $[p]=7\sim10$ MPa，满足要求。

2）验算自锁能力

螺旋升角 $$\lambda=\arctan\frac{P}{\pi d_2}=\arctan\frac{12}{\pi\times38}=5.74^\circ$$

当量摩擦角 $$\varphi_v=\arctan\frac{\mu}{\cos\beta}=\arctan\frac{0.08}{\cos15^\circ}=4.74^\circ$$

$\lambda>\varphi_v$，不自锁，符合车床进给装置要求。

3）验算螺杆强度

强度条件 $$\sigma_{ca}=\sqrt{\left(\frac{4F}{\pi d_1^2}\right)^2+3\left(\frac{T}{W_T}\right)^2}\leqslant[\sigma]$$

螺杆所受轴向压力 F 和转矩 T 作用。

转矩 $$T=F\tan(\lambda+\varphi_v)\frac{d_2}{2}=7\ 500\times\frac{38}{2}\tan(5.74^\circ+4.74^\circ)\ \text{N}\cdot\text{mm}=26\ 360\ \text{N}\cdot\text{mm}$$

$$\sigma_{ca}=\sqrt{\left(\frac{4\times7\ 500}{\pi31^2}\right)^2+3\left(\frac{26\ 360}{0.2\times31^2}\right)^2}\ \text{MPa}=12.55\ \text{MPa}$$

螺杆 45 钢，调质，由表 4.5 查得屈服强度 $\sigma_S=355$ MPa，由表 10.3 计算螺杆的许用应力：

$$[\sigma]=\frac{\sigma_S}{3\sim5}=\frac{355}{3\sim5}\ \text{MPa}=118\sim71\ \text{MPa}$$

满足强度条件。

4）螺母的螺纹强度校核

螺纹牙剪切强度 $\tau=\dfrac{F}{\pi Dbz}=\dfrac{7\ 500}{44\pi\times7.8\times7.9}\ \text{MPa}=0.88\ \text{MPa}$

螺纹牙弯曲强度 $\sigma_b=\dfrac{6Fl}{\pi Db^2z}=\dfrac{3\times7\ 500\times(44-38)}{44\pi\times7.8^2\times7.9}\ \text{MPa}=2.03\ \text{MPa}$

查表 10.3 得$[\tau]=30\sim40\ \text{MPa}$，$[\sigma]=40\sim60\ \text{MPa}$，满足要求。

5）螺杆的刚度

载荷 F 产生的螺距变形 $\delta_F=\dfrac{4FP}{\pi Ed_1^2}=\dfrac{4\times7\ 500\times12}{\pi2.1\times10^5\times31^2}\ \text{mm}=0.568\times10^{-3}\ \text{mm}$

转矩 T 产生的螺距变形 $\delta_T=\dfrac{16TP^2}{\pi^2Gd_1^4}=\dfrac{16\times26\ 360\times12^2}{\pi^2 8.3\times10^5\times31^4}\ \text{mm}=8\times10^{-5}\ \text{mm}$

每个螺距总变形 $\delta=\delta_F+\delta_T=(0.568\times10^{-3}+0.08\times10^{-3})\ \text{mm}=0.65\times10^{-3}\ \text{mm}$

单位长度变形量 $[\Delta]=\dfrac{\delta}{P}=\dfrac{0.65\times10^{-3}}{12}\ \text{mm}=5.4\times10^{-5}\ \text{mm}$

机床一般传动的许用单位长度变形量$[\Delta]=(5\sim6)\times10^{-5}\ \text{mm}$，变形量在适用范围内。

6）螺杆稳定性校核

螺杆为一端固定、一端铰支，取长度系数 $\beta=0.7$；工作长度取 $l=2\ 300\ \text{mm}$。

临界载荷 $F_{cr}=\dfrac{\pi^2EI}{(\beta l)^2}=\dfrac{\pi^2 2.1\times10^5\pi31^4}{(0.7\times2\ 300)^2\times64}\ \text{N}=36\ 284\ \text{N}$

安全系数 $S_c=F_{cr}/F=36\ 284/7\ 500=4.8>2.5\sim4$

稳定性合格，因此该螺旋传动满足要求。

10.2 摩擦轮传动

10.2.1 摩擦轮传动的特点、类型及应用

1. 摩擦轮传动的工作原理

图 10.6 所示是最简单的摩擦轮传动，它是由两个相互压紧的圆柱摩擦轮组成，依靠两摩擦轮接触面间的切向摩擦力传递运动和动力。当传动正常工作时，主动轮 1 可借助摩擦力的作用带动从动轮 2 回转，并使传动基本上保持固定的传动比。设 F_N 为两轮接触面间的法向压力，μ 为轮面材料的摩擦因数（其值与材料、表面状态及工作情况有关），则传动在接触面间的最大摩擦力为 μF_N，此摩擦力应大于或等于带动从动轮所需的工作圆周力 F，即

$$\mu F_N\geqslant F$$

如果 $\mu F_N<F$，那么主动轮就带不动从动轮回转，而将在从动轮的轮面上打滑。

由于摩擦轮传动是在摩擦力的作用下工作的，所以两轮应保持足够的压紧力。

2. 摩擦轮传动的类型和结构

1）圆柱平摩擦轮传动

如图 10.7 所示，圆柱平摩擦轮传动分为外切和内切两种类型。此种结构形式简单，制造容易，但所需压紧力较大，宜用于小功率传动的场合。

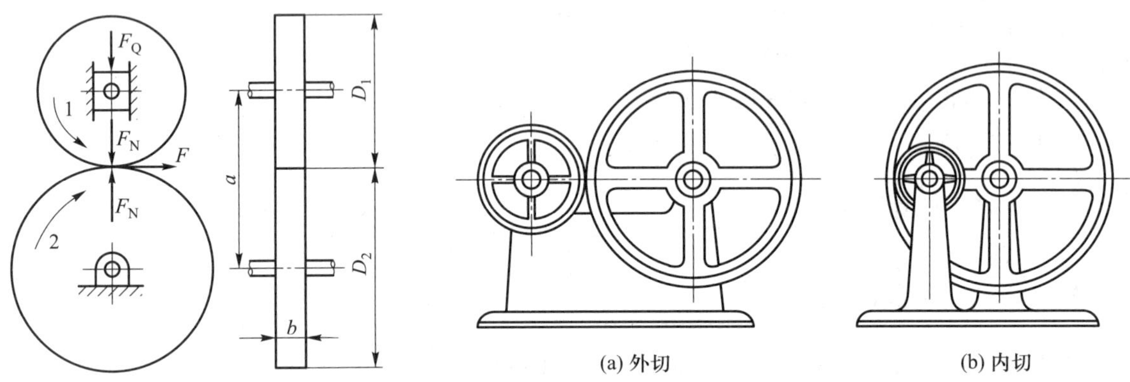

图 10.6　摩擦轮传动

图 10.7　圆柱平摩擦轮传动

2）圆柱槽摩擦轮传动

图 10.8 所示为圆柱槽摩擦轮传动。其特点是带有 2β 角度的槽，侧面接触，因此在同样压紧力的条件下，可以增大切向摩擦力，提高传动功率。但易发热与磨损，传动效率较低，并且对加工和安装要求较高。该传动适用于绞车驱动装置等机械中。

3）圆锥摩擦轮传动

图 10.9 所示为圆锥摩擦轮传动，可传递两相交轴之间的运动，两轮锥面相切。

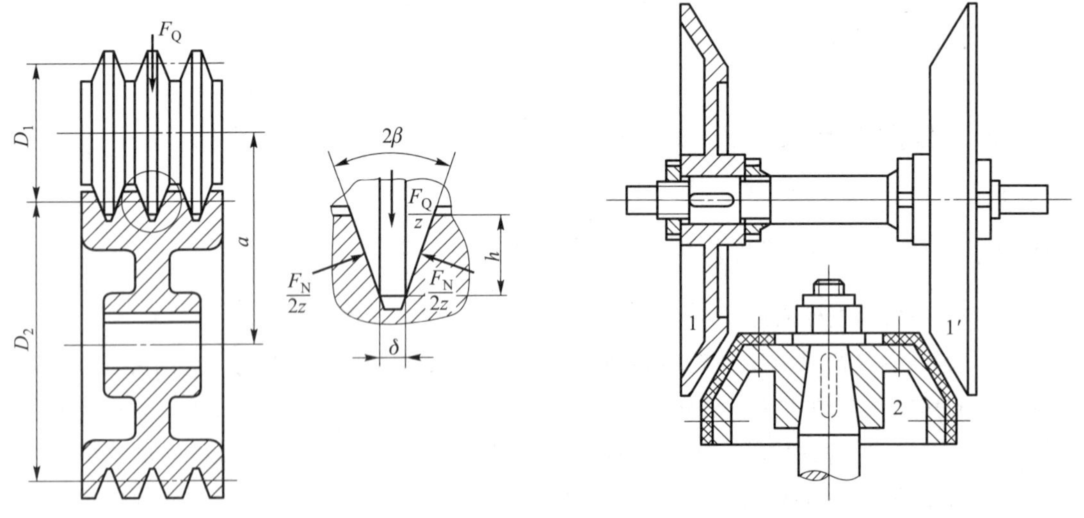

图 10.8　圆柱槽摩擦轮传动

图 10.9　圆锥摩擦轮传动

垂直相交轴圆锥摩擦轮传动在实际使用中通常采用双从动轮对称布置的结构形式，以改善受力状况。这种形式的摩擦轮传动结构简单，易于制造，但安装要求较高，常用于摩擦压力机中。

4）滚轮圆盘式摩擦传动

图 10.10 所示为滚轮圆盘式摩擦传动，用于传递两垂直相交轴间的运动。此种结构形式需要压紧力较大，易发热和磨损。如果将滚轮制成鼓形，可减小相对滑动。如果沿轴 1 方向移动滚轮，可实现正反向无级变速。此机构常用于摩擦压力机中。

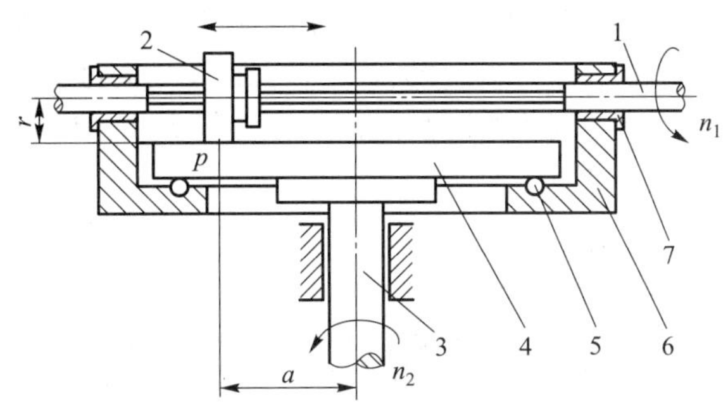

1—主动轴；2—滚轮；3—从动轴；4—盘形摩擦轮；5—滚珠；6—托盘；7—轴套

图 10.10 滚轮圆盘式摩擦传动

5）滚轮圆锥式摩擦传动

图 10.11 所示为滚轮圆锥式摩擦传动，滚轮 2 绕轴 1 转动，并可在轴 1 的花键上移动。该机构兼有圆柱和圆锥摩擦轮传动的特点，可用于无级变速传动中。

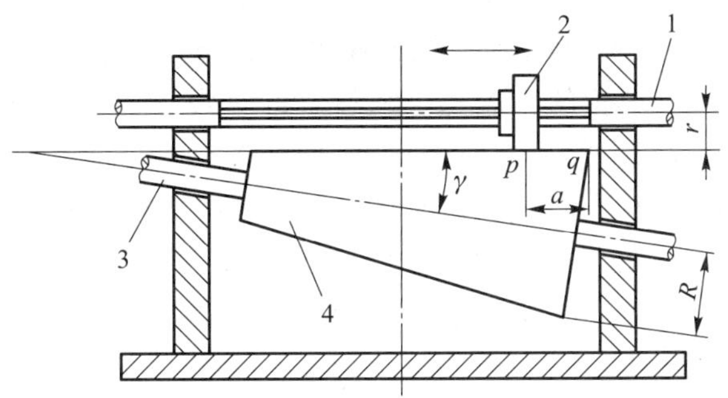

1—主动轴；2—滚轮；3—从动轴；4—圆锥形摩擦轮

图 10.11 滚轮圆锥式摩擦传动

图 10.7～图 10.9 所示的摩擦轮传动的传动比基本是固定的。而图 10.10 和图 10.11 所示的摩擦轮传动的传动比是可调的。若主动轮以一定的转速回转，而从动轮的转速可随两轮接触位置的不同而变化。这种从动轮转速可以调节、传动比可作相应改变的摩擦轮传动通常称为摩擦无级变速器。由于无级变速器中的从动轮转速可以在不停车的情况下调节至最佳工作速度，所以有利于提高产品质量和工作效率。

3. 摩擦轮传动的特点

与其他形式传动相比，摩擦轮传动具有下列优点：① 由于摩擦轮轮面没有轮齿，所以结构简单，易于制造；② 工作时不会发生类似齿轮节距误差所引起的周期性冲击，因而运转平稳，噪声很小；③ 过载时发生打滑，故能防止机器中重要零件的损坏；④ 能无级地改变传动比（通常称为无级调速）等。

主要缺点：① 存在弹性滑动，不能保持准确的传动比，传动精度低；② 不宜传递很大的功率，当传递同样大的功率时，轮廓尺寸和作用在轴与轴承上的载荷都比齿轮传动大，结构不紧凑；③ 效率较低；④ 干摩擦时磨损快、寿命低；⑤ 必须采用压紧装置等。

4. 摩擦轮传动的应用

摩擦轮传动在传递功率、传动比和调速幅度（在传动比可调的传动中，从动轴的最大转速与最小转速之比称为调速幅度）、速度、轴间距离等方面都有着很大的适用范围。传递功率可自 2 kW 到 300 kW，但一般不超过 20 kW。传动比一般可到 7（最大可到 10），有卸载轴时可到 15，在手动仪器中传动比可高达 25。调速幅度在直接接触的传动中一般为 3~4，在有中间机件的传动中一般可达到 8~12。圆周速度可由很低到 25m/s。

10.2.2 摩擦轮传动中的滑动

摩擦轮传动工作时，在两个摩擦轮的接触面间可能产生下列性质不同的滑动：弹性滑动和打滑、几何滑动。

1. 弹性滑动和打滑

如图 10.12 所示，两摩擦轮受压后，在接触处因材料的弹性变形而被压出一小平面（以下称为接触区）。当摩擦轮传动时，主动轮 1 依靠与从动轮 2 之间的接触摩擦传递运动和动力，主动轮所受的摩擦力与其速度方向相反，从动轮所受的摩擦力与其速度方向相同。由于接触区内摩擦力的作用，造成主动轮的表层在进入接触区时受到压缩，而在离开接触区时受到拉伸，相反，从动轮的表层在进入接触区时要受到拉伸，而在离开接触区时要受到压缩。因而，两摩擦轮的表层都要产生不同程度的切向弹性变形，造成从动轮上指定点落后于主动轮上对应点的位置，由此引起两摩擦轮间的相对滑动。这种由于材料弹性变形而产生的滑动称为弹性滑动。弹性滑动使得从动轮的速度落后于主动轮的速度，出现摩擦轮的磨损和工作表面温度升高等情况。它是摩擦传动的固有现象，是不可避免的。

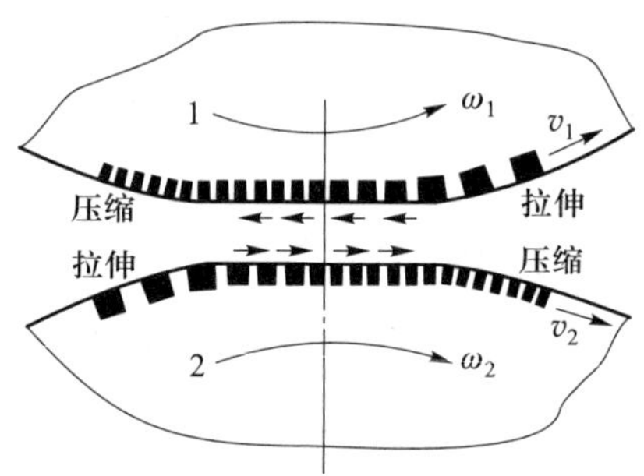

图 10.12 摩擦轮传动中的弹性滑动

当传动正常工作时，在接触区所产生的全部微摩擦力之和等于从动轮上的圆周力 F。当圆周力增大并大于最大的摩擦力 μF_N 时，全部接触表面将发生显著的相对滑动，这种现象称为打滑。刚要打滑时的载荷是传动的极限载荷。经常发生打滑会使摩擦轮轮面产生严重磨损，迅速降低传动的寿命。摩擦轮传动在正常工作时不应发生打滑现象，但在惯性阻力较大的机器中，在起动和剧烈改变速度的情况下，短暂的打滑不能避免。

在具有弹性滑动的情况下，两轮表面的速度并不相等，而是从动轮速度总是落后于主动轮速度。设 v 为从动轮在没有弹性滑动时的圆周速度（亦即主动轮的圆周速度），v' 为从动轮在有弹性滑动时的圆周速度，那么，滑动率（速度损失率）

$$\varepsilon=\frac{v-v'}{v}\times 100\% \tag{10.14}$$

不同摩擦轮材料在传动正常工作时的 ε 值约为 0.2%（钢-钢）、1%（钢-夹布胶木）、3%（钢-橡胶）。

弹性滑动在使摩擦轮传动产生速度损失的同时，还导致功率损失。摩擦轮材料的弹性模量愈低，这两项损失均将愈大。弹性滑动可通过用高弹性模量材料制造轮面的方法予以减轻，但不能完全根除。

2. 几何滑动

由传动的几何关系所引起的滑动称为几何滑动。以槽摩擦轮传动为例，在不打滑的情况下，两轮沿接触长度上各点的速度如图 10.13 所示，其中两轮只有 C 点的表面速度相等，其他各点都有不同程度的速度差，因而都有相对滑动产生。不发生相对滑动的 C 点称为节点，通过节点的摩擦轮直径称为节圆直径。节点位置随着传递转矩的大小而改变，节圆直径也相应改变，所以有几何滑动的摩擦轮传动的传动比不为常数。在实际计算时，常取接触处的平均直径作为节圆直径，如果接触长度不太大，将不致引起显著的计算误差。

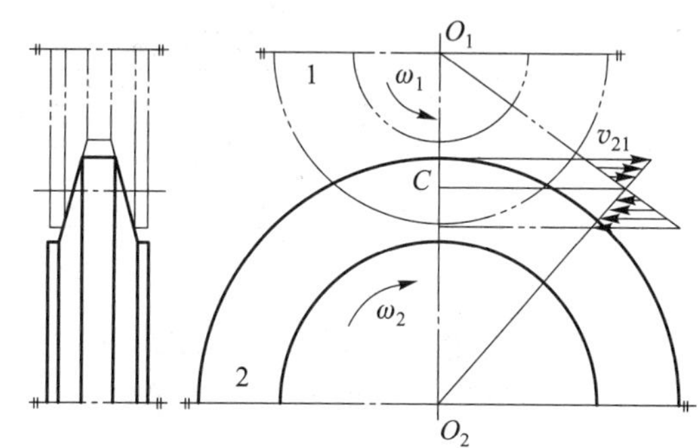

图 10.13　摩擦轮传动中的几何滑动

几何滑动并不是在所有摩擦轮传动中都存在，例如在圆柱平摩擦轮传动和锥顶交于一点的圆锥摩擦传动中就都没有几何滑动。

几何滑动不仅影响传动比的准确性，而且会加速磨损、降低效率和使传动发热。从图 10.13 中看到，接触点距 C 点愈远，速度差愈大。因此在设计有几何滑动的传动时，应尽量降低接触长度以减小相对滑动。故槽摩擦轮的接触槽高 h 通常被限制为 $h \leqslant 0.04D_1$，其中 D_1 为小摩擦轮的平均直径。

10.2.3　摩擦轮材料

根据摩擦轮传动的工作特点，对摩擦轮材料提出了下列要求：① 弹性模量要大，以减小弹性滑动和功率损失；② 摩擦因数要高，以提供更大的摩擦力，提高传动能力，而且在传递同样大圆周力的情况下可减小两轮间的压紧力；③ 表面接触强度要高，耐磨性能要好，以延长工作寿命；④ 对温度、湿度敏感度小。目前还没有能满足上述全部要求的材料，因此在选择材料时要根据具体情况，首先满足对传动所提出的主要要求。

当要求结构紧凑、传动功率大、运转速度高时，最好选用淬火钢-淬火钢相配的轮面材料。如淬硬到 60 HRC 以上的滚动轴承钢（GCr6、GCr9、GCr9SiMn、GCr15、GCr15SiMn 等），渗碳淬硬到 60 HRC 以上的镍铬钼类渗碳钢（15CrMn、20CrMn、22CrMnMo 等，渗碳深 1.2 mm），淬硬到 55 HRC 以上的合金钢、工具钢和弹簧钢（42SiMn、40CrMoV、T10A、CrW5、60SiCrA、40Cr 等）。使用这些材料时，为使接触良好和减小磨损，要求传动有较高的制造精度和安装精度以及较低的表面粗糙度（Ra = 0.8～1.6 μm）；为了提高寿命，通常都在油中工作，但这时摩擦因数较低，需要较大的压紧力。

当摩擦轮尺寸较大、转速较低时，可以采用铸铁-铸铁（或钢）相配的轮面材料。这种材料配合通常在开式传动和干摩擦下工作。为了提高传动的工作能力，铸铁表面可用急冷或表面淬火的方法进行硬化处理。

当要求较高的摩擦因数和较小的噪声时，可以采用铸铁（或钢）-夹布胶木、皮革、压制石棉、纤维或橡胶等相配的轮面材料。这些材料因有较高的摩擦因数，故传递同样大的圆周力时所需的压紧力较小，同时对制造精度和表面粗糙度的要求也较低。但由于这些非金属材料的弹性模量和强度均较金属材料低，所以传动效率较低，结构尺寸也较大。为避免过大的接触变形，通常都用皮革或橡胶等较软材料覆盖轮面，轮芯仍用金属制造。使用非金属材料的摩擦轮传动都在干摩擦下工作。用木材、皮革等材料制成的摩擦轮结构如图 10.14 所示。

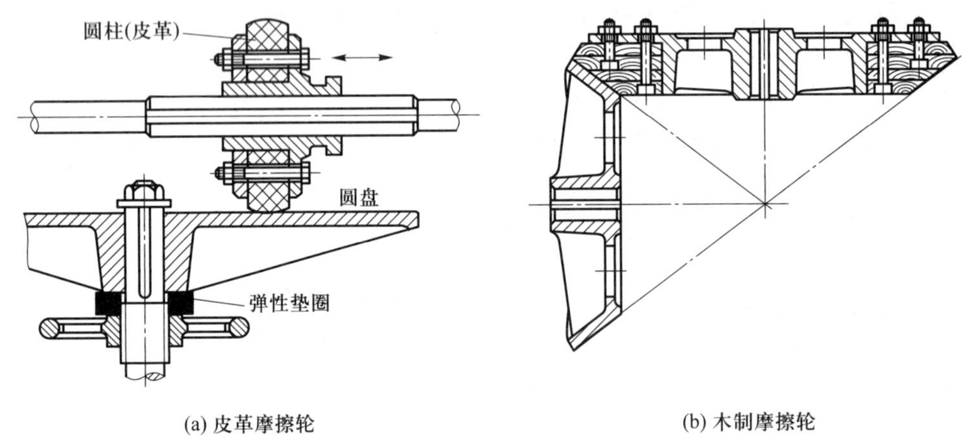

(a) 皮革摩擦轮　　(b) 木制摩擦轮

图 10.14　非金属摩擦轮

不论采用何种材料组合，通常将轮面较软的摩擦轮用作主动轮，以免在从动轮面上产生凹坑，影响传动质量。

用于摩擦轮传动的各种材料组合的摩擦因数、有关工作性能参数及适用场合见表 10.4。

表 10.4　摩擦轮传动的各种材料组合的摩擦因数、工作性能参数和适用场合

工作条件	摩擦轮材料	摩擦因数 μ	许用接触应力 $[\sigma_H]$/MPa	单位接触长度的许用载荷 $[w]$/(N/mm)	适用场合
在油中	淬火钢-淬火钢	0.05~0.06	(25~30)HRC	—	传动空间较小，转速较高，功率较大，工作频繁
	淬火钢-铸铁	0.06~0.07	$1.5\sigma_{Bb}$	—	
	铸铁-铸铁	0.06~0.07	$1.5\sigma_{Bb}$	—	
无润滑	钢-钢	0.15~0.18	(1.2~1.5)HBW	—	
	铸铁-铸铁或钢	0.15~0.18	—	105~135	传动空间较大，转速、功率一般，开式传动
	钢或铸铁-夹布胶木	0.20~0.25	—	40~80	传动功率较小，转速较低，间歇工作
	钢或铸铁-纤维	0.15~0.20	—	35~40	
	钢或铸铁-皮革	0.25~0.35	—	15~25	
	钢或铸铁-木材	0.40~0.50	—	2.5~5	
	钢或铸铁-橡胶	0.45~0.60	—	10~30	

注：1. 表中数值适用于线接触情况，对于点接触可提高 1.5 倍。

2. σ_{Bb} 为铸铁的弯曲强度极限，MPa。

10.2.4 摩擦轮传动计算

摩擦轮传动的计算步骤是：首先选定传动形式和摩擦轮材料，然后通过强度计算确定摩擦轮的主要尺寸，最后进行合理的结构设计。

摩擦轮传动的失效形式如下：

（1）打滑　防止打滑就要保证两摩擦轮之间有足够的压紧力，采用高摩擦因数的配对材料。

（2）表面点蚀　进行表面接触疲劳强度计算，从而确定摩擦轮的直径。

（3）表面磨损　按单位接触长度上的许用载荷进行计算。

1. 圆柱摩擦轮传动的计算

1）传动比

设 D_1、D_2 分别为主动轮和从动轮的直径（图 10.6 和图 10.15，对圆柱槽摩擦轮传动是指平均直径），n_1、n_2 分别为主动轮和从动轮的实际转速，根据式（10.14）可求得摩擦轮传动的实际传动比

$$i=\frac{n_1}{n_2}=\frac{D_2}{(1-\varepsilon)D_1} \tag{10.15}$$

2）压紧力计算

为防止打滑，两摩擦轮之间必须有足够的法向压力 F_N。压力 F_N 是由对摩擦轮所施加的外力 F_Q 产生的，力 F_Q 称为压紧力。

设 μ 为轮面材料的摩擦因数，则传动在接触面间的最大摩擦力为 μF_N，此摩擦力应大于或等于带动从动轮所需的工作圆周力 F，即 $\mu F_N \geqslant F$。

考虑载荷的不稳定性和保证传动的工作可靠性，引入载荷系数 K，$\mu F_N=KF$。由此得出所需的法向压力

$$F_N=\frac{KF}{\mu}=\frac{K}{\mu}\cdot\frac{1\ 000P_1}{\dfrac{\pi D_2 n_2}{60\times1\ 000}}=19\times10^6\frac{KP_1}{\mu D_2 n_2} \tag{10.16}$$

式中：P_1——传动功率，kW；

D_2——从动轮直径，mm；

n_2——从动轮转速，r/min；

μ——摩擦因数，见表 10.4；

K——载荷系数；对于功率传动，$K=1.25\sim1.5$，间歇工作，载荷不大的取小值，载荷较大的取大值，连续工作 10 h 以上的再加大 30%～50%；对于仪器传动，$K=2\sim3$。

由此可以求得圆柱平摩擦轮传动（图 10.7）的压紧力 F_Q 为

$$F_Q=F_N=\frac{KF}{\mu} \tag{10.17}$$

圆柱槽摩擦轮传动（图 10.8）的压紧力 F_Q 为

$$F_Q=F_N\sin\beta=\frac{KF}{\mu}\sin\beta \tag{10.18}$$

圆柱平摩擦轮传动所需的压紧力数倍于圆周力 F（若取 $K=1.25$ 和 $\mu=0.20$，则 $F_Q\approx6F$），这

就限制了圆柱平摩擦轮传动所传递的功率,使其不宜过大。如采用摩擦因数大的轮面材料,则压紧力可以小些。

而在相同工作条件下,槽摩擦轮传动(如取槽半角 $\beta=15°$)所需的压紧力仅为圆柱平摩擦轮传动的四分之一。β 如再取小些,压紧力还可以降低,但当 $\beta<\arctan\mu$ 时,两轮在卸去压紧力后仍将互相楔紧,需借外力才能使两轮分离。因此,β 不能过小,通常取 $\beta=12°\sim18°$。由于槽摩擦轮有较大的几何滑动,所以只宜用在低速的传动中。

3) 表面接触强度计算

当两轮面均为金属材料且在油中工作时,传动的主要失效形式将是表面疲劳磨损,应按接触应力公式进行表面疲劳强度计算。

进行表面疲劳强度计算时可引用赫兹公式。

(1) 圆柱平摩擦轮传动

两轮的综合曲率半径

$$\rho=\frac{\rho_1\rho_2}{\rho_1\pm\rho_2}=\frac{D_1D_2}{2(D_2\pm D_1)}=\frac{D_2}{2(i\pm1)}$$

将上式和式(10.16)的 F_N 代入赫兹公式,取 $b=\psi a$,并换入 $D_2=\frac{2ai}{i\pm1}$,得圆柱平摩擦轮传动中心距 a(单位:mm)为

$$a=(i\pm1)\sqrt[3]{E\frac{KP_1}{\psi\mu n_2}\left(\frac{1\ 290}{i[\sigma_H]}\right)^2} \tag{10.19}$$

式中:ψ——轮宽系数,通常取 $\psi=0.2\sim0.4$,轴的刚度大取大值,反之取小值;

E——综合弹性模量,MPa;

$[\sigma_H]$——许用接触应力,见表 10.4。

其他符号意义和单位均同前,式中正号用于外接触,负号用于内接触。

在设计时,常先选定摩擦轮材料和假设轮宽系数 ψ,然后再利用式(10.19)求出所需的中心距 a,进而可以算出两摩擦轮的直径 D_1、D_2 和轮面宽度 b 等尺寸。可能时,中心距宜选大些,因为它有利于提高传动的接触强度和减小压紧力。

(2) 圆柱槽摩擦轮传动

由于槽的侧面是两轮的接触工作面,因此应该按图 10.15 所示的两个半径为 ρ_1 和 ρ_2 的当量接触圆柱进行表面接触强度计算。这时,两轮的综合曲率半径

$$\rho=\frac{\rho_1\rho_2}{\rho_1\pm\rho_2}=\frac{D_2}{2(i\pm1)\sin\beta}$$

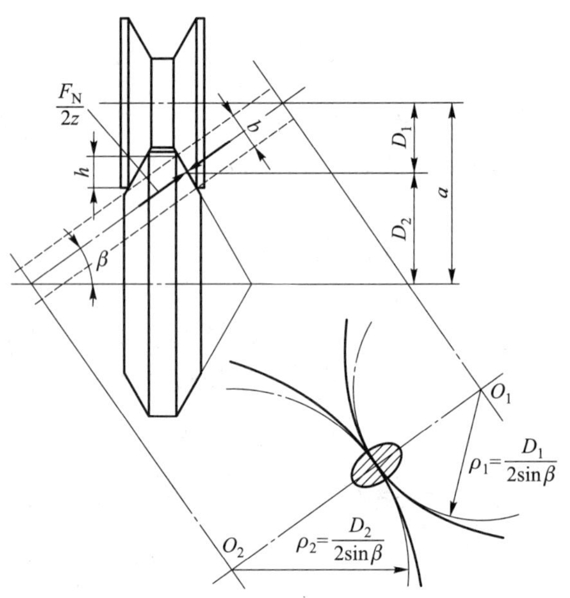

图 10.15 圆柱槽摩擦轮传动的当量接触圆柱

设 z 为槽摩擦轮的槽数,取槽高 $h=0.04D_1$ 和

$\beta=15°$，则整个槽摩擦轮的接触宽度

$$b=2z\frac{h}{\cos\beta}=2z\frac{0.04D_1}{\cos 15°}=2z\frac{0.08a}{(i\pm1)\cos15°}$$

将上两式和式(10.16)的 F_N 代入赫兹公式，并换入 $D_2=\frac{2ai}{i\pm1}$，经整理后，得圆柱槽摩擦轮传动中心距 a 为

$$a=(i\pm1)\sqrt[3]{E\frac{KP_1}{z\mu n_2}\left(\frac{1\ 615}{i[\sigma_H]}\right)^2(i\pm1)} \tag{10.20}$$

增加槽数可以减小中心距，但槽数愈多愈难于使各槽均匀分担载荷，因此一般取槽数 $z\leqslant 5\sim8$。为了减轻几何损失，建议取 $h\leqslant0.04D_1$；为了便于松开，建议取 $\beta\leqslant12°\sim18°$。槽底宽度可取 3(钢)~5(铸铁)mm。

在油中工作的金属摩擦轮传动，当处于非稳定载荷状态下工作时，应将式(10.19)和式(10.20)中的$[\sigma_H]$用$K_N[\sigma_H]$代替，K_N 为寿命系数。

4) 条件性计算

在无润滑的工作情况下工作的传动，无论是金属-金属摩擦副或金属-非金属摩擦副，其主要失效形式将是表面磨粒磨损。目前只能根据单位接触长度的许用载荷进行条件性计算。

设$[w]$为单位接触长度的许用载荷，见表 10.4，则传动所需的接触宽度

$$b=\frac{F_N}{[w]}$$

圆柱平摩擦轮传动的中心距 a 为

$$a=3\ 090\sqrt{\frac{KP_1}{\psi\mu n_2}\frac{i\pm1}{i[w]}} \tag{10.21}$$

圆柱槽摩擦轮传动的中心距 a 为

$$a=7\ 590(i\pm1)\sqrt{\frac{KP_1}{z\mu n_2}\frac{1}{i[w]}} \tag{10.22}$$

2. 圆锥摩擦轮传动的计算

1) 传动比

在圆锥摩擦轮传动中，主动轴与从动轴间的夹角为 $\delta_1+\delta_2$，一般情况下 $\delta_1+\delta_2=90°$(图 10.12 所示为两轴相垂直的圆锥摩擦轮传动)。故传动比

$$i=\frac{n_1}{n_2}=\frac{D_2}{(1-\varepsilon)D_1}=\frac{\sin\delta_2}{\sin\delta_1(1-\varepsilon)} \tag{10.23}$$

式中：D_1、D_2——主动轮和从动轮的平均直径；

δ_1、δ_2——主动、从动摩擦轮的半锥顶角。

2) 压紧力

圆锥摩擦轮传动在接触面间的法向压力 F_N 亦可由式(10.16)求得，因此施加于大、小轮的压紧力 F_Q 为

$$F_{Q1}=F_N\sin\delta_1=\frac{KF}{\mu}\sin\delta_1$$
$$F_{Q2}=F_N\sin\delta_2=\frac{KF}{\mu}\sin\delta_2 \tag{10.24}$$

由于 $\delta_1<\delta_2$，所以 $F_{Q1}<F_{Q2}$，因此最好将小轮作成可动的，即由小轮向大轮施加压力，操作时省力。

3）表面接触强度计算

由于圆锥摩擦轮传动的接触线位于截圆锥的母线上，因此它应按图 10.16 中所示的两个当量接触圆柱进行表面接触强度计算。与圆柱摩擦轮传动相同，可得圆锥摩擦轮传动（$\delta_1+\delta_2=90°$ 时）的圆锥母线长度

$$L=118\sqrt{i^2+1}\sqrt[3]{E\frac{KP_1}{\psi_L\mu n_2}\left[\frac{1}{i[\sigma_H](1-0.5\psi_L)}\right]^2} \tag{10.25}$$

式中：ψ_L——轮宽系数，通常取 $\psi_L=0.2\sim0.25$。

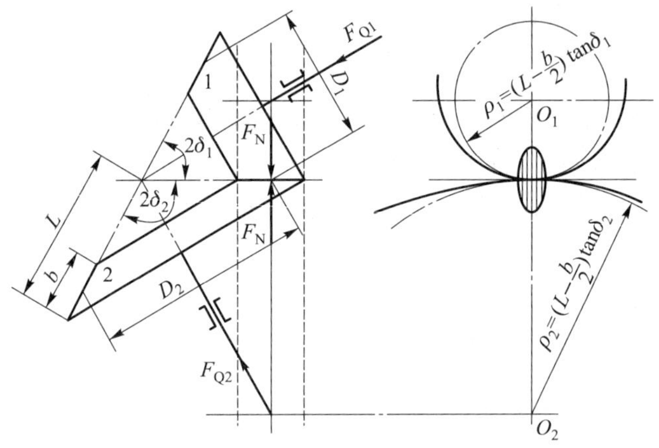

图 10.16 圆锥摩擦轮传动的当量接触圆柱

4）条件性计算

当 $\delta_1+\delta_2=90°$时，母线长度

$$L=3\ 125\sqrt{\frac{KP_1}{\psi_L\mu n_2}\frac{\sqrt{i^2+1}}{i[w](1-0.5\psi_L)}} \tag{10.26}$$

10.2.5 摩擦轮传动的压紧装置

压紧装置是用来压紧摩擦传动工作表面的。压紧装置有恒压加压装置和自动加压装置两类。

恒压加压装置的压紧力一般为弹簧力、离心力、重力或液压力。其压力大小不随载荷变化而变化，而按所传递的最大扭矩确定；传动效率低，寿命短，但结构简单；适用于载荷比较稳定且功率又不很大的传动。

自动加压装置的压紧力可随所传递扭矩成正比变化，可减少滑动，提高传动效率和寿命。自动加压装置有端面凸轮式、钢球（柱）V 形槽式、螺旋式、摆动齿轮式、液压和气压等多种形式。

对于载荷不稳定而功率又比较大的传动,最好采用自动加压装置。

下面介绍几种压紧装置:

(1) 利用重量压紧　如图 10.17a 所示,常用于回转圆筒,由圆筒的重量与两侧的托轮相压紧。托轮起着支承作用,其中之一与减速器和电动机相连,起着驱动轮的作用。

图 10.18 所示为一利用电动机及其底座的重量自动压紧的摩擦轮传动。电动机 3 和底板可绕轴心 4 回转。当不传递转矩时,主动轮 1 靠电动机和底板的重量对轴心 4 所产生的力矩而压在从动轮 2 上。当传递转矩时,在接触处所产生的摩擦力 μF_N 将使两轮进一步压紧,并且随着转矩的增加,压紧力也将自动增大(可以从对轴心 4 列出的力矩平衡方程式得到证明)。弹簧 5 是用来调节起动时的压力的。从图中可看出,主动轮必须按顺时针方向回转,反转时就不能工作。

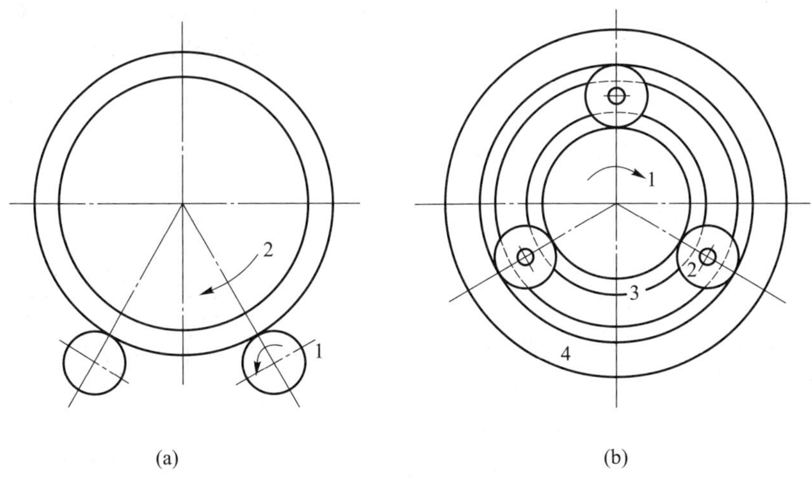

图 10.17　压紧装置

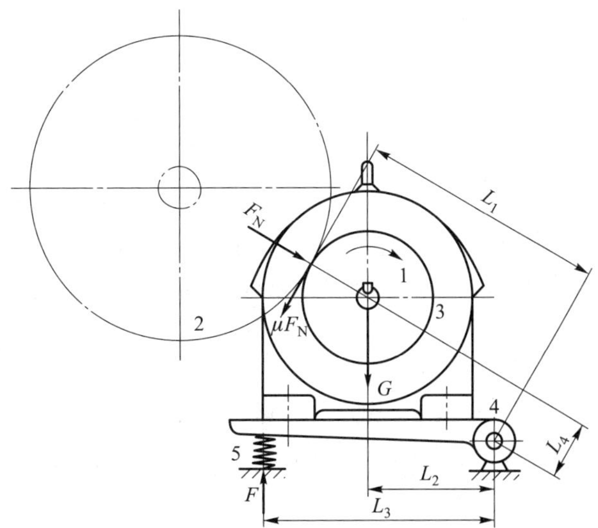

图 10.18　随载荷而变的自动压紧装置

（2）利用弹簧压紧　图10.14a所示是由弹簧垫圈压紧的圆柱-圆盘摩擦无级变速器，压紧力的大小由手轮调节。

（3）利用过盈压紧　图10.17b所示为一行星式结构，1为主动摩擦轮，带动行星轮2和行星架3旋转，由行星架与输出轴相连接，行星轮与主动轮之间的压紧力是由于外环4采用过盈的办法套在行星轮之外，压紧力的大小取决于过盈量的大小。行星式结构适用于同轴线传动。

10.3　无级变速器

为了获得最合适的工作速度，机器通常应能在一定范围内任意调整其转速，这就需要采用无级变速器。随着工程技术的不断发展，无级变速器的应用越来越广泛。目前，实现无级变速的方式有很多，有机械式、电气式和液压式。多数机械无级变速器都是利用摩擦传动的原理。本节简要介绍摩擦无级变速器。

10.3.1　摩擦无级变速原理

图10.19所示为圆柱滚子-平板式无级变速器。当主动摩擦轮1以恒定的转速 n_1 回转时，因轮1紧紧压在从动摩擦轮2上，因而靠摩擦力的作用带动从动摩擦轮2以转速 n_2 回转。假定在节点 p 处无滑动，即在节点 p 处，两轮的圆周速度相等，故其传动比 $i=n_1/n_2=r_2/r_1$。如果主动摩擦轮1沿着 O_1-O_1 轴改变位置，也就改变了从动摩擦轮2的工作半径 r_2，从而也就改变了从摩擦动轮的转速 n_2。因为主动摩擦轮1可以在主动轴 O_1-O_1 上连续任意移动，故可以在一定范围内无级地改变 n_2 的值，实现无级变速。

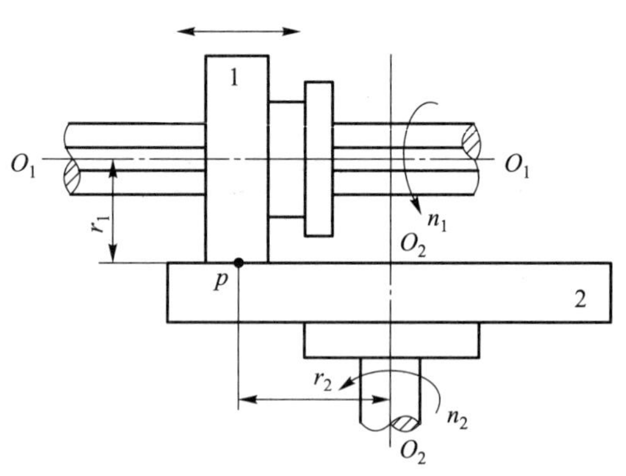

图10.19　圆柱滚子-平板式无级变速器

10.3.2　特点及应用

靠摩擦传递的无级变速器具有结构简单、维修方便、传动平稳、噪声低、有过载保护作用等优点；有些无级变速器在较大的变速范围内具有传递恒定功率的特性，这是电气和液压无级变速器所不能达到的。摩擦无级变速的缺点是不能保证精确的传动比，承受过载及冲击能力差，轴及轴承上的载荷较大等。

无级变速传动主要用于下列场合：

（1）为适应工艺参数多变或连续变化的要求，运转中需经常连续地改变速度，如卷绕机等；

（2）探求最佳工作速度，如试验机、自动线的试调等；

（3）几台机器协调运转；

（4）缓冲起动。

10.3.3 常见摩擦无级变速器的形式

根据有无中间机件，摩擦无级变速器可分为直接接触的和间接接触两大类。根据各类变速器中的摩擦面形状，又有圆盘、圆锥、球面、环柱体等数种不同形式。根据两摩擦轮轴线相互位置，可分为互相垂直、互相平行、同轴、任意。摩擦无级变速器的类型很多，下面介绍几种常见的无级变速器。

1. 滚轮平盘式无级变速器

如图 10.20 所示，主动滚轮 1 与从动平盘 2 用弹簧 3 压紧，工作时靠接触处产生的摩擦力传动，传动比 $i=r_2/r_1$。当操纵滚轮 1 做轴向移动，即可改变 r_2，从而实现无级变速。这种无级变速器传递相交轴的运动和动力，可实现升速或降速传动，可以逆转，并且具有结构简单、制造方便等特点；但存在相对滑动较大、磨损严重等缺点，不宜用于传递大功率。

2. 钢球外锥轮式无级变速器

如图 10.21 所示，钢球外锥轮式无级变速器主要由两个锥轮（主动锥轮 1、从动锥轮 2）和一组钢球 3（通常为 6 个）组成。主动锥轮 1、从动锥轮 2 分别装在轴Ⅰ、Ⅱ上，钢球 3 被压紧在两锥轮的工作锥面上，并可绕钢球转轴 4 自由转动。工作时，主动锥轮 1 依靠摩擦力带动钢球 3 绕钢球转轴 4 旋转，钢球同样依靠摩擦力带动从动锥轮 2 转动。轴Ⅰ、Ⅱ的传动比 $i=\frac{r_1}{R_1}\frac{R_2}{r_2}$，由于 $R_1=R_2$，所以 $i=r_1/r_2$。调整钢球转轴 4 的倾斜角度与倾斜方向，即可改变钢球 3 的传动半径 r_1 和 r_2，从而实现无级变速。这种结构用于相同轴线的无级变速传动，可以用作升速或降速传动；主、从动轴位置可调换，实现对称调速。具有结构简单，传动平稳，相对滑动小，结构紧凑等特点，而且具有传递恒定功率的特性；但钢球加工精度要求高。

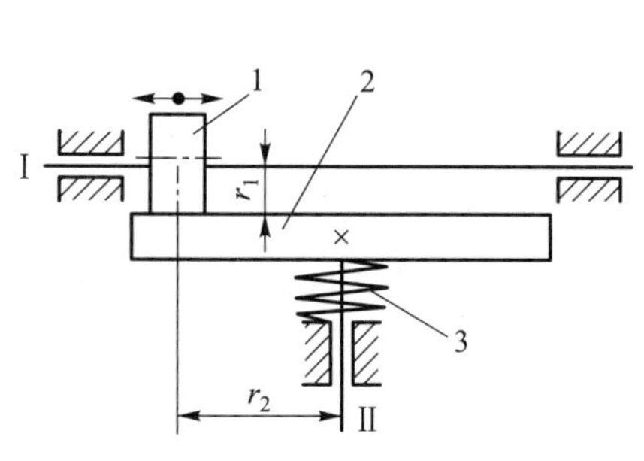

1—主动滚轮；2—从动平盘；3—弹簧

图 10.20 滚轮平盘式无级变速器

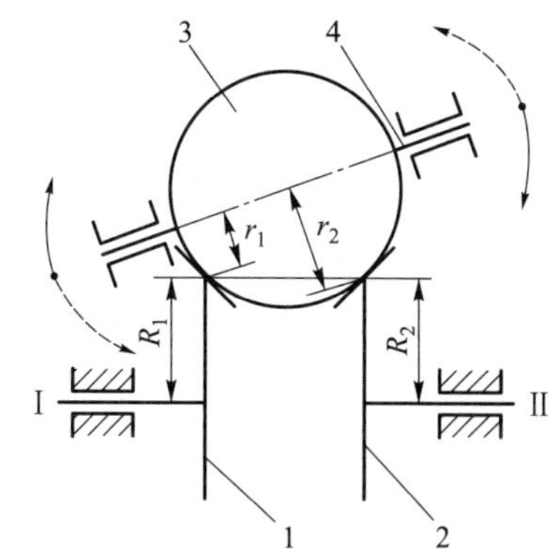

1—主动锥轮；2—从动锥轮；3—钢球；4—钢球转轴

图 10.21 钢球外锥轮式无级变速器

3. 菱锥式无级变速器

如图 10.22 所示，空套在滚锥轴 4 上的菱形滚锥 3（通常为 5 或 6 个）被压紧在主动轮 1、从动轮 2 之间。滚锥轴 4 支承在滚锥轴支架 5 上，其倾斜角是固定的。工作时，主动轮 1 靠摩擦力带动菱形滚锥 3 绕滚锥轴 4 旋转，菱形滚锥又靠摩擦力带动从动轮 2 旋转。轴Ⅰ、Ⅱ间的传动比 $i=\frac{r_1}{R_1}\frac{R_2}{r_2}$，操作滚锥轴支架 5 作水平移动，可改变菱形滚锥的传动半径 r_1 和 r_2，从而实现无级变速。这种结构形式为同轴线传动，可以用作升速和降速传动，具有传递恒定功率的特性。

4. 宽V带式无级变速器

如图10.23所示，在主动轴Ⅰ和从动轴Ⅱ上分别装有锥轮1a、1b和2a、2b，其中锥轮1b和2a分别固定在轴Ⅰ和轴Ⅱ上，锥轮1a和2b可以沿轴Ⅰ、Ⅱ同步移动。宽V带3套在两对锥轮之间，工作时如同V带传动，传动比 $i=r_2/r_1$。通过轴向同步移动锥轮1a和2b，可改变传动半径 r_1 和 r_2，从而实现无级变速。这种结构为平行轴传动，可以用作升速或降速传动；主、从动轮位置可以互换，实现对称调速。宽V带式无级变速器具有传递恒定功率的特性，但结构尺寸较大。

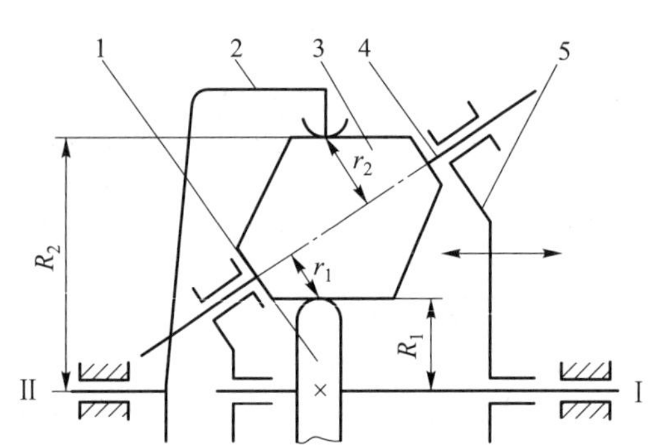

1—主动轮；2—从动轮；3—菱形滚锥；4—滚锥轴；5—滚锥轴支架

图10.22　菱锥式无级变速器

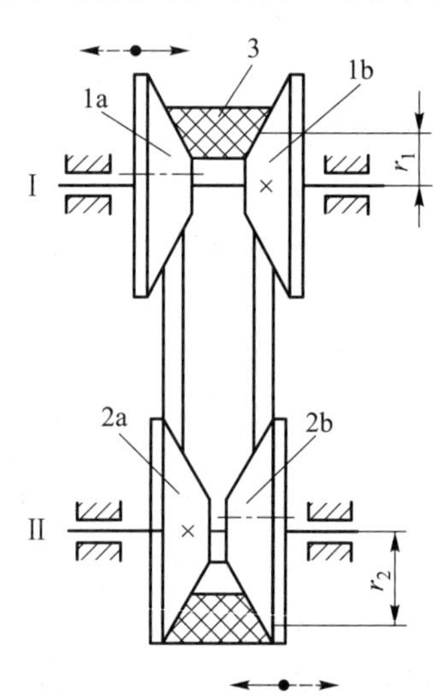

1a、2b—固定锥轮；1a、2b—可移动锥轮；3—宽V带

图10.23　宽V带式无级变速器

习　　题

10.1　对于滑动螺旋传动用的螺纹有什么特殊要求？

10.2　计算螺旋千斤顶的螺杆和螺母的主要尺寸。已知起重力 $F=40$ kN，有效起重高度为200 mm，采用梯形螺纹，材料自选。

10.3　试设计一数控铣床工作进给用滚动螺旋传动。已知平均载荷 $F=3\,800$ N，螺杆工作长度 $l=1.2$ m，平均转速 $n=100$ r/min，使用寿命 $L_h=150\,000$ h；滚道硬度为58~62 HRC，螺杆材料自选。

10.4　阐述摩擦传动的工作原理和应用场合。

10.5　阐述摩擦轮传动的特点。

10.6　何为弹性滑动？何为几何滑动？

10.7　试说明摩擦传动中弹性滑动的现象、发生原因及其影响。

10.8　举例说明机械式无级变速器的种类、变速原理及其特点。

第 4 篇　支承零部件设计

轴是机械设备中的重要零件之一，主要功能是直接支承回转零件，如齿轮、飞轮和带轮等，以实现回转运动并传递动力。轴需要由轴承支承，以承受作用在轴上的载荷，并保持轴的旋转精度。轴承是用来减少轴与支承间的摩擦和磨损，延长其使用寿命的部件。轴承要由机架或机座来支承，以保证轴的正常运转。这些起支承作用的零部件统称为支承零部件。轴及轴上的零部件一般需要彼此连接，它们的性能互相影响，因此常将轴及轴上零部件称为轴系零部件。

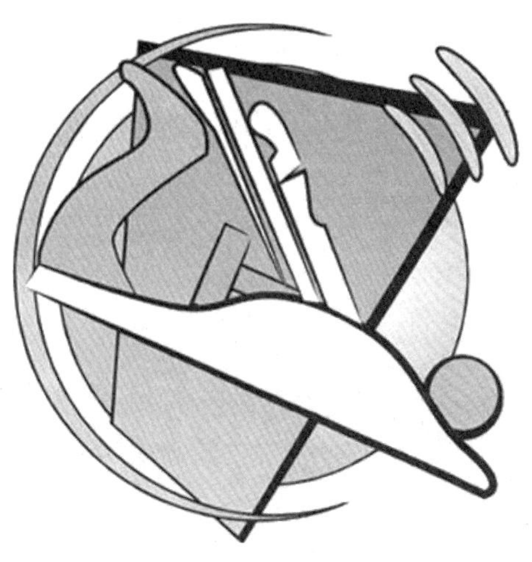

第 11 章　滑动轴承

11.1　机械中的摩擦、磨损和润滑

正压力作用下相互接触的两个物体，在受到切向外力的作用而发生相对运动（或有相对运动趋势时），接触面上就会产生抵抗运动的阻力，这一现象称为摩擦，产生的阻力称为摩擦力。摩擦引起发热、温度升高及能量损失，导致接触表面物质的损失和转移，造成接触表面的磨损。磨损将使零件的表面形状和尺寸遭到破坏，使机械的效率及可靠性降低，直至丧失原有的工作性能，甚至导致零件突然破坏。摩擦导致的磨损是机械设备失效的主要原因。为了控制摩擦、减少磨损、减少能量损失、提高机械效率、降低材料消耗、保证机器工作的可靠性，最有效的手段是在相对运动的接触表面之间加润滑剂，这就是润滑。

11.1.1　摩擦的类型及其基本性质

摩擦分内摩擦和外摩擦两大类。发生在物质内部阻碍分子间相对运动的摩擦称为内摩擦；相互接触的两个物体做相对运动（或有相对运动趋势时），在接触表面上产生的阻碍相对运动的摩擦称为外摩擦。仅有相对运动趋势时的摩擦称为静摩擦，有相对运动时的摩擦称为动摩擦。动摩擦又分滑动摩擦和滚动摩擦，两者的机理与规律完全不同。本章仅讨论滑动摩擦。

根据摩擦面间摩擦状态的不同，即润滑油量及油层厚度大小的不同，滑动摩擦又分为干摩擦、边界摩擦、流体摩擦和混合摩擦，如图 11.1 所示。

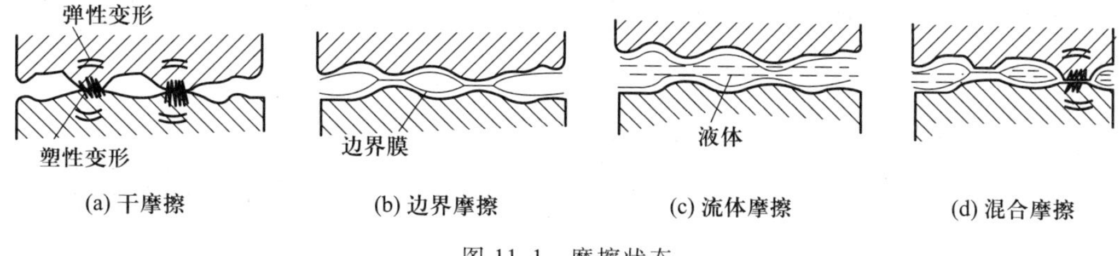

图 11.1　摩擦状态

（1）干摩擦　干摩擦是指两摩擦表面间无任何润滑剂或保护膜而直接接触的纯净表面间的摩擦。真正的干摩擦只有在真空中才能见到，如图 11.1a 所示。在工程实际中没有真正的干摩擦，因为暴露在大气中的任何零件的表面，不仅会因氧气而形成氧化膜，且或多或少会被润滑油所湿润或受到“污染”，这时，其摩擦因数将显著降低。在机械设计中，通常把不出现显著润滑的摩擦，当作干摩擦来处理。干摩擦的摩擦性质取决于配对材料的性质，其摩擦阻力和摩擦功耗最大，磨损最严重，零件使用寿命最短，应尽可能避免。

（2）边界摩擦　两摩擦表面各附有一层极薄的边界膜，两表面仍是凸峰接触的摩擦状态，称为边界摩擦，如图 11.1b 所示。与干摩擦相比，摩擦状态有很大改善，其摩擦和磨损程度取决于边界膜的性质、材料表面力学性能和表面形貌。

（3）流体摩擦 两摩擦表面被流体层（液体或气体）隔开、摩擦性质取决于流体内部分子间的黏性阻力的摩擦，称为流体摩擦，如图 11.1c 所示。此种润滑状态亦称液体润滑，摩擦是在液体内部的分子之间进行，流体摩擦的摩擦阻力最小，理论上没有磨损，零件使用寿命最长，对滑动轴承来说是一种最为理想的摩擦状态。但流体摩擦必须在载荷、速度和流体黏度等合理匹配的情况下才能实现。

（4）混合摩擦 两表面间同时存在干摩擦、边界摩擦和流体摩擦的状态称为混合摩擦，如图 11.1d 所示。

11.1.2 摩擦理论

为了解释摩擦过程中的各种现象，研究摩擦机理，各种摩擦理论不断涌现。

1. 库仑理论

库仑理论是最早研究摩擦机理的理论，被称为古典摩擦理论。该理论认为：摩擦力 F_μ 的大小与正压力（法向载荷）F_n 成正比，与接触面积及相对速度的大小无关，并认为静摩擦力大于动摩擦力。摩擦力公式为

$$F_\mu=\mu F_n \tag{11.1}$$

式中：μ——两相对滑动表面间的摩擦因数；

F_μ——摩擦力；

F_n——法向载荷。

2. 机械摩擦啮合理论

机械摩擦啮合理论认为：两个粗糙表面接触时，接触点相互啮合，摩擦力等于啮合点间切向阻力的总和。

根据该理论，接触表面越粗糙，摩擦力就越大。但工程实际中当表面粗糙度值小到一定程度时，表面越光滑，接触面积越大，摩擦力反而越大。此外，当滑动速度高时，摩擦力还与速度有关。这些都是该理论所不能解释的。

3. 黏着理论

黏着理论认为：在正压力 F_n 作用下，两金属接触表面间只是部分峰顶接触（图 11.2），其真实接触面积 A_r（微凸体相接触所形成的微面积 A_{ri} 的总和，$A_r=\sum_{i=1}^{n}A_{ri}$）才有表观接触面积 A_0（两个金属表面相互覆盖的公称接触面积，$A_0=ab$）的万分之一至百分之一。故单位面积上的压力很容易达到两金属基体中较软者的压缩屈服强度 σ_{Sy}，从而产生塑性变形，致使真实接触面积随正压力的增加而增大，直至真实接触面积足以支承外力为止。由此可得出：

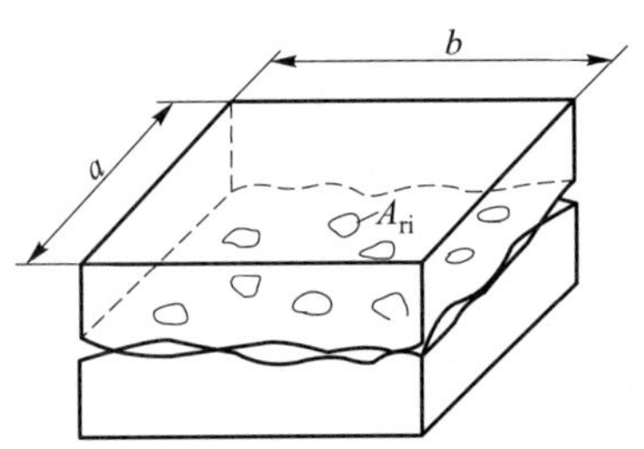

图 11.2 摩擦副接触面积示意图

$$A_r=\frac{F_n}{\sigma_{Sy}} \tag{11.2}$$

就某一个具体的接触点来看，如图 11.3 所示，当接触点受到高压力并产生塑性变形后，膜遭

到破坏,很容易使两基体金属发生黏着现象,形成冷焊结点(图 11.3a)。所以,当发生滑动时,必须先将结点切开。如果从原界面切开,虽然存在摩擦但并不发生磨损(图 11.3b);如果剪切发生在软材料上,就会产生一定的磨损(图 11.3c)。

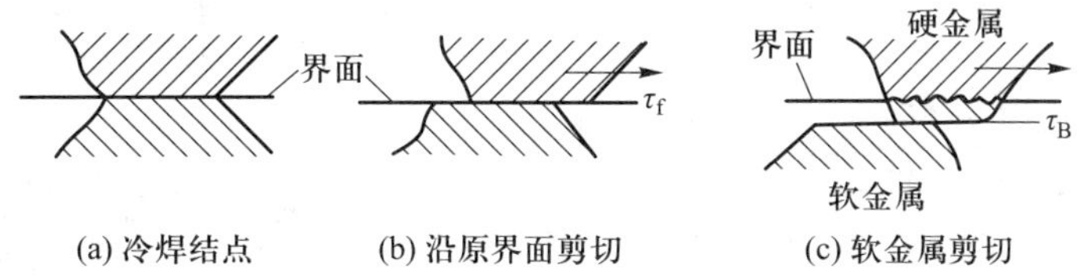

(a) 冷焊结点 (b) 沿原界面剪切 (c) 软金属剪切

图 11.3 冷焊结点及其剪切形式

设 τ_{Bj} 为界面膜的剪切强度极限 τ_f 与两金属基体中较软者的剪切强度极限 τ_B 中的较小值,称 τ_{Bj} 为结点的剪切强度极限。忽略接触面间的犁沟影响,摩擦力 F_μ 可表示为

$$F_\mu \approx A_r \tau_{Bj} \tag{11.3}$$

由式(11.1)、式(11.2)、式(11.3)可推得摩擦因数

$$\mu = \frac{F_\mu}{F_n} = \frac{\tau_{Bj}}{\sigma_{sy}} \tag{11.4}$$

式(11.4)表明:① 摩擦因数与表面接触面积无关;② 在不改变 σ_{sy} 的前提下设法减小 τ_{Bj},可降低摩擦因数值。根据这一理论,工程实际中常在硬金属基体表面涂敷一层极薄的软金属膜,从而减小 τ_{Bj},从而达到减小摩擦因数的目的。

关于摩擦理论还有分子-机械理论、能量理论等,可参考摩擦理论方面的文献。

11.1.3 磨损

1. 磨损过程

使摩擦表面物质在相对运动中不断损失的现象,称为磨损。磨损会改变零件的尺寸和形状,降低零件工作的可靠性,影响机械的工作效率以及机器的使用寿命。因此,机械设计时应考虑如何避免或减缓磨损,以保证机器达到预期的寿命。磨损量可用体积、重量或者厚度来衡量,通常把单位时间内材料的磨损量称为磨损率,用 ε 表示。磨损率是研究磨损的重要参数。耐磨性是指磨损过程中材料抵抗脱落的能力,通常用磨损率的倒数$\frac{1}{\varepsilon}$来表示。

在机械正常运行中,零件的磨损过程可分为磨合磨损、稳定磨损和剧烈磨损三个阶段,如图 11.4 所示。

Ⅰ为跑合磨损阶段。跑合又称磨合,由于机械加工的表面具有一定的不平度,且运转初期摩擦副的实际接触面积较小,单位面积上的实际载荷较大,因此磨损速度较快。经跑合后尖峰高度降低,峰顶半径增大,如图 11.5 所示,实际接触面积增加,磨损速度降低。磨合期应由轻至重缓慢加载,并注意油的清洁,防止杂物进入摩擦面而造成严重磨损和剧烈发热。磨合阶段结束,润滑油应全部更新。

Ⅱ为稳定磨损阶段。零件以平稳缓慢的速度磨损,稳定磨损阶段磨损曲线的斜率近似为一常数,斜率越小,磨损率越小。稳定磨损阶段零件的工作时间即为零件的使用寿命,磨损率越小,零件的使用寿命越长。

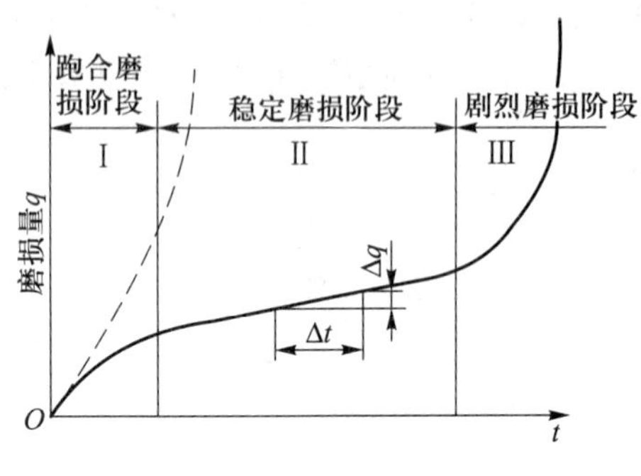

图 11.4　典型磨损过程

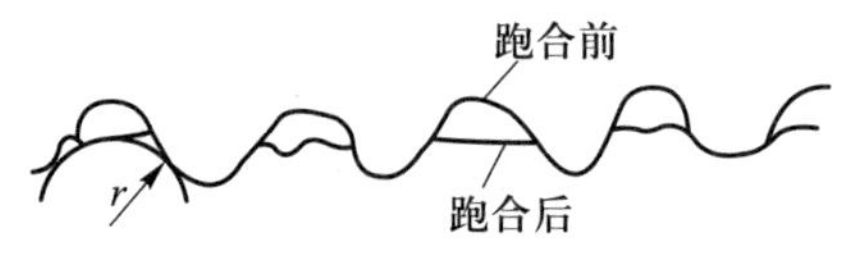

图 11.5　典型磨损过程

Ⅲ为剧烈磨损阶段。剧烈磨损阶段即零件表面的失效阶段。零件工作一定时间后，精度下降，间隙加大，润滑状态恶化，磨损速度急剧增大，从而产生振动、冲击和噪声，致使零件迅速报废。因此，一旦进入该阶段，就必须及时停机维修。

正常情况下零件经过磨合期后即进入稳定磨损阶段，但若初始压力过大、速度过高、润滑不良时，则磨合期很短并立即转入剧烈磨损阶段，如图 11.4 中虚线所示，这种情况必须避免。设计或使用机器时，应力求缩短磨合期，延长稳定磨损期，推迟剧烈磨损期的到来。

2. 磨损的分类

因摩擦表面的表面形貌、接触状态和环境条件的不同，磨损可有不同的分类方法。按照磨损的结果来分，可分为点蚀磨损、胶合磨损、擦伤磨损等；按照破坏的机理来分，可分为黏着磨损、磨粒磨损、接触疲劳磨损、腐蚀磨损等。本节只按后一种分类依次做简要介绍。

1）黏着磨损

在切向力的作用下，摩擦副表面的吸附膜和边界膜遭到破坏，使表面的轮廓峰在相互作用的各点处发生冷焊，由于相对运动，材料便从运动副的一个表面转移到另一个表面，形成黏着磨损。载荷越大，表面温度越高，黏着的现象也越严重。黏着磨损是金属摩擦副之间最普遍的一种磨损形式。滑动轴承中的“抱轴”和高速重载齿轮的“胶合”现象均是严重的黏着磨损。

为了减轻黏着磨损，可采取以下措施：① 合理选择配对材料，同种金属比异种金属易于黏着，脆性材料的抗黏着能力比塑性材料的强；② 对表面进行处理（如表面热处理、电镀、喷涂等）可防止黏着磨损的发生；③ 采用含油性和极压添加剂的润滑剂；④ 控制摩擦表面的压强；⑤ 限制摩擦表面的温度。

2）磨粒磨损

粗糙硬表面把软表面划伤，或者由于进入摩擦面的外界硬颗粒的作用在摩擦过程中使表面材料脱落的现象，称为磨粒磨损。磨粒磨损与摩擦副材料的硬度和磨粒的硬度有关。一般摩擦副中，由于硬表面的粗糙度值大，或由于密封不佳、润滑油过滤不严、装配时清洗不干净等，使硬颗粒进入摩擦面，均能产生磨粒磨损。

为了减轻磨粒磨损，应合理选择摩擦副的材料，提高表面硬度，降低表面粗糙度值以及定期更换润滑油等。

3）接触疲劳磨损

在变接触应力的作用下，如果该应力超过材料相应的接触疲劳极限，就会在摩擦副表面或表面以下一定深度处形成疲劳裂纹；随着裂纹的扩展及相互连接，金属微粒便会从零件工作表面上脱落，导致表面出现麻点状损伤现象，即形成接触疲劳磨损或称疲劳点蚀。这种磨损是齿轮传动、滚动轴承、凸轮的主要磨损形式。

为了减轻接触疲劳磨损，提高零件表面的疲劳寿命，可采取：① 合理选择零件接触面的表面粗糙度，一般情况下表面粗糙度值越小，零件的疲劳寿命越长；② 合理选择润滑油黏度，黏度低的油容易渗入裂纹，加速裂纹扩展；黏度高的润滑油有利于接触应力均匀分布，提高抗接触疲劳磨损的能力；在润滑油中加入极压添加剂或固体润滑剂，能提高接触表面的抗疲劳性能；③ 合理选择零件接触面的硬度。

4）腐蚀磨损

摩擦过程中，金属与周围介质（如空气中的酸、润滑油等）发生化学或电化学反应而引起的表面损失，称为腐蚀磨损。腐蚀磨损可分为氧化磨损、特殊介质腐蚀磨损、气蚀磨损等。以氧化磨损最为常见，这是因为除金、铂等少数金属外，大多数金属均能与大气中的氧很快形成一层氧化膜。脆性氧化膜磨损快，如氧化铁膜；韧性氧化膜则不易磨损，如氧化铝膜。在高温、潮湿环境中，氧化磨损会更严重。

为了减轻腐蚀磨损，可采取：① 选择抗腐蚀能力强的材料；② 限制工作表面的温度；③ 选择合适的润滑油种类及使用添加剂（如抗氧化剂、抗腐蚀剂）。

除了上述四种基本磨损类型外，还有一些磨损现象可视为是基本磨损类型的派生或复合，如侵蚀磨损、微动磨损等。实际上，大多数的磨损都以复合形式出现，即以上几种磨损相伴存在。

11.1.4 润滑

1. 润滑状态

前文所述的边界摩擦、流体摩擦和混合摩擦，都必须在一定的润滑条件下才能实现，摩擦状态与润滑状态有着对应关系。所以，润滑状态也就有边界润滑、流体润滑和混合润滑三种。

1）边界润滑

两摩擦表面间存在一层极薄的起润滑作用的膜，有的只有一两层分子厚，称为边界膜，具有这种状态的润滑称为边界润滑。边界润滑的性能主要取决于边界膜的性质和表面形貌，而油的黏度大小并不起作用。边界膜虽不能防止两表面上的所有微凸体直接接触，但摩擦因数和磨损比干摩擦状态都有很大程度的降低。

边界膜是靠油与金属表面的吸附作用和油中某些元素（S、P）与表面材料产生化学反应而形成的。按边界膜形成机理，边界膜可分为吸附膜和化学反应膜。吸附膜又分为物理吸附膜和化学吸附膜两种。化学反应膜的强度高，熔点高，剪切强度低，可在十分苛刻的条件下保护金属表面不发生黏附。

润滑剂中脂肪酸的极性分子靠分子吸引力牢固地吸附在金属表面，形成的吸附膜称为物理吸附膜；润滑剂中分子受化学作用贴附在金属表面上形成的吸附膜称为化学吸附膜。吸附膜的吸附强度随温度的升高而下降，当温度达到临界值时，吸附膜发生软化和脱吸现象，从而使润滑作用降低，磨损率和摩擦因数迅速增大，摩擦副发生严重黏着现象甚至咬死。由于摩擦热与其单位面积上的摩擦功耗 μpv 成正比（μ 为摩擦因数，p 为压强，v 为相对速度），因此限制 pv 值是控制摩擦表面温升的主要措施。

化学反应膜是在润滑剂中含有以原子形式存在的硫、氯、磷，与金属表面发生化学反应而生成的吸附膜。这种反应膜具有较低的运动阻力和较高的熔点，比吸附膜更稳定，因此适用于重载、高速及高温条件下的摩擦副。

合理选择摩擦副材料和润滑剂、降低表面粗糙度值、在润滑剂中加入适量的油性添加剂和极压添加剂等，都能提高边界膜的强度。

2）流体润滑

当摩擦副始终被一层具有一定压力和一定厚度的流体膜完全隔开，相互运动的阻力只是流体内部的摩擦力时，这种润滑状态称为流体润滑。形成流体膜的介质既可以是液体，也可以是气体。液体润滑应用非常广泛，气体润滑只适用于高速轻载的场合。

实现流体润滑的必要条件是：在两相对运动的表面之间建立具有足够厚度的承载流体膜。根据流体膜形成的原理，通常将流体润滑分为流体动压润滑和流体静压润滑。流体动压润滑是利用摩擦面间的相对运动形成承载流体膜的润滑，流体静压润滑是从外部将一定压力的流体强制压入摩擦面间形成承载流体膜的润滑。此外，当两个曲面体作相对滚动或滚-滑运动（即机械中各种高副接触运动）时，在一定条件下也能在接触处产生承载油膜，形成流体润滑。这样的流体润滑称为弹性流体动力润滑，简称弹流润滑。

流体润滑没有磨损，零件使用寿命长，是理想的润滑状态。

3）混合润滑

当摩擦副两表面间的油膜厚度较薄时，局部表面的轮廓峰可能穿破润滑油膜，使其局部处于边界润滑状态，而其他区域仍处于油膜润滑状态，这种介于边界润滑和液体润滑之间的润滑状态称为混合润滑。混合润滑状态的两摩擦表面之间同时存在边界膜和较厚的油膜，摩擦因数也介于两者之间，由于避免不了微凸体的直接接触，因此仍有磨损存在。它是机械工程摩擦副中常见的一种润滑状态。

边界润滑和混合润滑统称为不完全液体润滑。它能有效地降低摩擦阻力，减轻磨损，提高承载能力，延长零件使用寿命。机械设计中以摩擦副维持在不完全液体润滑状态为最低要求。

在有润滑的条件下，摩擦表面间究竟属于何种润滑状态，要看两表面的粗糙度和油膜厚度大小而定。对具有一定表面粗糙度的表面，改变某些影响油膜厚度的参数，如载荷、速度和油的黏度，将出现不同的状态，即边界润滑、混合润滑和液体润滑之间的相互转化。

研究表明，当改变某些参数（如压强 p、两接触面间相对滑动速度 v、流体黏度 η 等）时，边界润滑、混合润滑和流体润滑状态可以相互转化。图 11.6 所示为通过实验得到的摩擦特性曲线。从图中可以看出，在有润滑的条件下，对具有一定表面粗糙度的表面，随着润滑特性系数 $\eta v/p$ 的增大，摩擦表面间的润滑状态由边界润滑经混合润滑过渡到流体动力润滑，摩擦因数 μ 以及相应的间隙也随之改变。实际上，摩擦状态与最小油膜厚度和表面粗糙度有着密切的关系。通常根据膜厚比 λ（$\lambda=h_{\min}/\sqrt{R_{q_1}^2+R_{q_2}^2}$，其中 R_{q_1}、

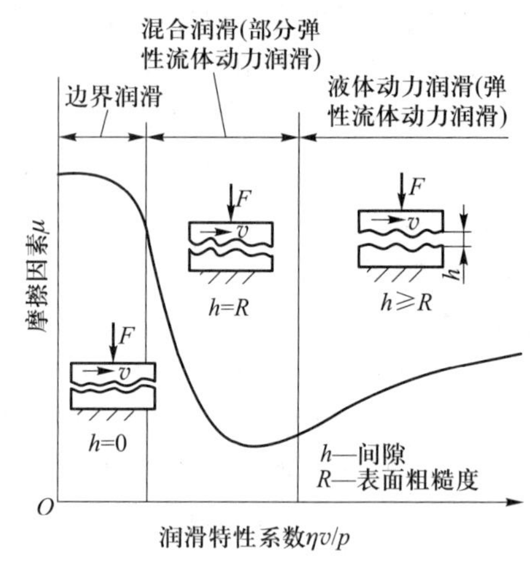

图 11.6 摩擦特性曲线

R_{q_2}分别为两接触表面轮廓的均方根偏差）的大小来大致估计润滑状态：$\lambda \leqslant 1$时，呈边界润滑状态；$1<\lambda<3$时，呈混合润滑状态或部分弹性流体动力润滑状态；$\lambda \geqslant 3$时呈流体动力润滑状态或完全弹性流体动力润滑状态。此外，膜厚比λ还直接关系到轴承的相对寿命。

2. 润滑剂

1）润滑剂的作用

在机械的摩擦副中加润滑剂的主要作用是：① 减小摩擦因数，提高机械效率；② 减轻磨损，延长机械使用寿命；③ 液体润滑剂能带走摩擦所产生的热量，降低工作表面的温度；④ 循环润滑能起到排污作用；⑤ 能防锈、密封。

2）润滑剂的种类

润滑剂有液体、半固体、固体及气体四种基本类型。

（1）液体润滑剂　液体润滑剂（即润滑油）主要有矿物油、化学合成油、动植物油。矿物油是石油产品，因具有来源充足、成本低廉、适用范围广、稳定性好、黏度品种多、挥发性低、耐蚀性强等特点，应用最广。

（2）半固体润滑剂　半固体润滑剂（即润滑脂）是在润滑油中加入稠化剂（如钙、锂、钠的金属皂），而制成的膏状混合物，俗称黄油或干油。根据调制润滑脂所用的皂基不同，润滑脂主要有以下几类。

① 钙基润滑脂。这种润滑脂具有良好的抗水性，但耐热能力差，工作温度为55~65 ℃。

② 钠基润滑脂。这种润滑脂有较高的耐热性，工作温度可达120 ℃，但抗水性差。由于它能与少量水乳化，从而保护金属免遭腐蚀，比钙基润滑脂有更好的防锈能力。

③ 锂基润滑脂。这种润滑脂能抗水、耐高温（工作温度不宜高于145 ℃），而且有较好的化学稳定性，是一种多用途的润滑脂。

④ 铝基润滑脂。这种润滑脂具有良好的抗水性，对金属表面有高的吸附能力，故可起到很好的防锈作用。

润滑脂的应用范围虽然没有润滑油广，但因密封装置简单，无须经常换油、加油，故常用于不易加油、重载、低速等场合。

（3）固体润滑剂　固体润滑剂的材料有无机化合物、有机化合物及金属等。无机化合物有石墨、二硫化钼、二硫化钨、硼砂、一氮化硼及硫酸银等。石墨和二硫化钼都是惰性物质，热稳定性好。有机化合物有聚合物、金属皂、动物蜡、油脂等。属于聚合物的有聚四氟乙烯、聚氯氟乙烯、尼龙等。金属有铅、金、银、锡、铟等。

固体润滑剂通常是以固体粉末、薄膜或复合材料等形式代替润滑油、润滑脂，以达到润滑的目的。

固体润滑剂通常用在高温、高压、极低温、真空、强辐射、不允许污染以及无法供油等场合，但其减摩、抗磨效果不如润滑油和润滑脂。

（4）气体润滑剂　空气、氢气、氦气、水蒸气以及液态金属蒸气等都可作为气体润滑剂。最常用的气体润滑剂为空气，它对环境没有污染。气体润滑剂由于黏度很低，所以摩擦阻力极小，温升很低，故特别适用于高速场合。由于气体的黏度随温度变化很小，所以能在低温（-200℃）或高温（2 000 ℃）环境中应用。但气体润滑剂的气膜厚度和承载能力都较小。

3）润滑剂的主要性能指标

（1）黏度　润滑油的黏度是指润滑油抵抗变形的能力，表示液体内部产生相对运动时内摩擦阻力的大小。黏度越大，内摩擦阻力越大，流动性越差。它是润滑油最重要的物理性能指标之一，常用的表示方法有3种。

① 动力黏度　如图11.7所示，在两个平行平板间充满具有一定黏度的润滑油，如果平板A以速度v移动，另一平板B静止不动，那么黏性流体流动模型可看成是许多极薄的流体层之间的相对滑动。由于油分子的吸附作用，紧贴A板的油层将以同样的速度（$u=v$）随A板移动，而紧贴B板的油层则静止不动（$u=0$），其他各油层的流速沿y方向逐次减小，并按线性变化，其速度的变化率$\partial u/\partial y$称为速度梯度。

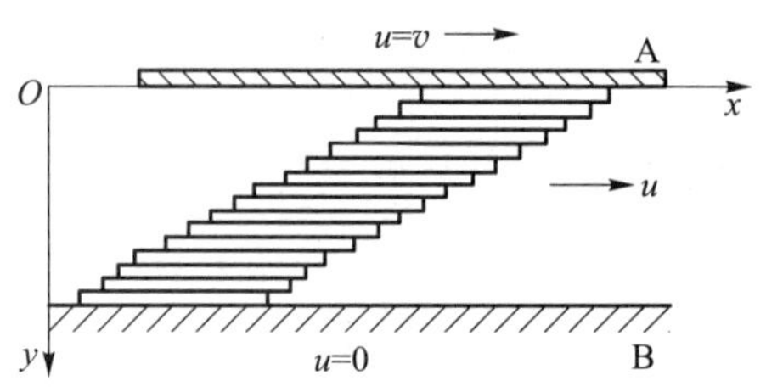

图11.7　平行平板间液体的层流流动

相邻油层之间由于速度差将产生相对位移，因而油层之间存在着抵抗位移的切应力τ，流体中任意点处的切应力均与该处流体的速度梯度成正比，即

$$\tau=-\eta\frac{\partial u}{\partial y} \tag{11.5}$$

式中：η——比例常数，即流体的动力黏度，“-”表示u随y增大而减小。

式（11.5）通常被称为流体层流流动的内摩擦定律，又称为牛顿黏性定律。

国际单位制（SI）中动力黏度η的单位是Pa·s，绝对单位制（CGS制）中动力黏度的单位是dyn·s/cm^2，记为P（泊）。

② 运动黏度　流体的黏度是可以用各种不同的仪器（黏度计）测量的，通常不是直接测量流体的动力黏度，而是测得动力黏度η与同温度下该液体密度ρ的比值，并称这个比值为运动黏度ν，即

$$\nu=\frac{\eta}{\rho} \tag{11.6}$$

式中：η的单位为N·s/m^2；ρ的单位为kg/m^3，矿物油的密度$\rho=850\sim900$ kg/m^3；ν的单位为m^2/s。

在绝对单位制中，运动黏度ν的单位是cm^2/s［也记为St（斯）］或mm^2/s［也记为cSt（厘斯）］。GB/T 3141—1994规定，采用40 ℃时的运动黏度中心值作为润滑油的ISO黏度等级，共有20个。ISO黏度等级数值越大，黏度越高，即油越稠。例如，全损耗系统用油L-AN15在40℃时的运动黏度中心值为15 mm^2/s。常用全损耗系统用油在40℃时相应的运动黏度值见表11.1。

③ 条件黏度（相对黏度）　石油产品中普遍采用条件黏度。它是利用某种规格的黏度计，在一定条件下，通过测定润滑油流过该黏度计的时间来进行计量的黏度。我国常用恩氏度（°E）作为条件黏度η_E的单位，1°E等于200 ml待测油在规定温度下流过恩氏黏度计的时间与同体积蒸馏水在20 ℃时流过该黏度计的时间之比。由条件黏度η_E可换算为运动黏度ν，换算方法请查阅有关设计手册。

表 11.1 全损耗系统用油 L-AN 在 40℃ 时相应的运动黏度值 mm^2/s

ISO 黏度等级	黏度中心值	黏度范围
3	3.2	2.88~3.52
5	4.6	4.14~5.06
7	6.8	6.12~7.48
10	10	9.00~11.0
15	15	13.5~16.5
22	22	19.8~24.2
32	32	28.8~35.2
46	46	41.4~50.6
68	68	61.2~74.8
100	100	90.0~110
150	150	135~165
220	220	198~242
320	320	288~352
460	460	414~506
680	680	612~748
1000	1 000	900~1 100

黏度随温度变化是润滑油的一个十分重要的特性。温度越高，润滑油黏度越低，常用黏度指数来衡量润滑油黏度随温度变化的程度。

润滑油的黏度越高，其对温度的变化就越敏感。图 11.8 所示为几种常用润滑油的黏-温曲线。黏度指数越大、黏度随温度变化越小的润滑油，其性能越好，品质越高。

压力对流体的影响有两个方面：一是流体的密度随压力的增高而增大，不过当压力小于 100 MPa 时，这种影响非常小，可不予考虑；二是对流体黏度的影响，在一般的润滑条件（压力不超过 20 MPa）下，也可以不予考虑，但在高压下（如弹性流体动力润滑中），这种影响就变得十分重要，需要加以考虑。

润滑油黏度的大小不仅直接影响摩擦副的运动阻力，还对润滑油膜的形成及承载能力有决定作用。这是流体润滑中一个极为重要的因素。

（2）润滑性（油性） 润滑性是指润滑油中极性分子与金属表面吸附形成边界油膜，以减少摩擦和磨损的性能。润滑性越好，油膜与金属表面的吸附能力越强。在低速、重载或润滑不充分的场合，润滑性具有重要的作用。

（3）极压性 极压性是指润滑油中加入含硫、氯、磷的有机极性化合物，油中极性分子在金属表面生成抗磨、耐高压的化学反应边界膜的性能。在重载、高速、高温情况下，它可改善边界润滑性能。

（4）闪点 润滑油在标准仪器内加热所蒸发的油气，遇到火焰能发出闪光时的最低温度，称为润滑油的闪点。它是衡量油的易燃性的指标。润滑油的闪点范围为 120~340 ℃。选择润滑油时，通常应使油的闪点比工作温度高 20~30 ℃。

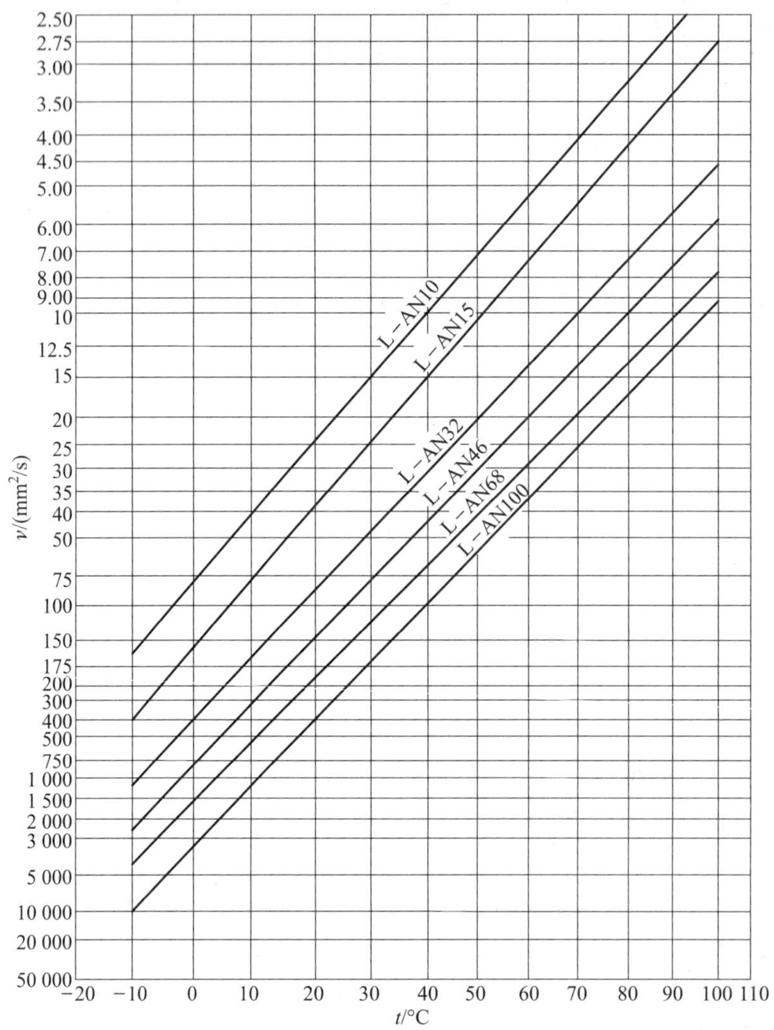

图 11.8　常用润滑油的黏-温曲线

（5）凝点　润滑油冷却到完全失去流动性时的温度称为润滑油的凝点。它是衡量润滑油低温性能的重要指标，直接影响机器在低温下的起动性能和磨损情况。通常工作环境的最低温度应比润滑油的凝点高 5~7 ℃。

（6）锥入度　润滑脂在外力作用下抵抗变形的能力称为锥入度，也称针入度，是润滑脂的一项重要指标。它等于一个重量为 1.5 N 的标准锥体，在 25℃恒温下，自润滑脂表面经 5 s 刺入的深度（以 0.1 mm 为单位），标志着润滑脂内阻力的大小和流动性的强弱。锥入度越小，表明润滑脂越稠，越不易从摩擦表面被挤出，承载能力越强，密封性越好；但摩擦阻力也越大，且不易充填较小的摩擦间隙。润滑脂的牌号是根据锥入度的等级编制的，按锥入度自大到小分 0~9 号，共 10 个牌号。号数越大，锥入度越小，润滑脂越稠。常用润滑脂的牌号是 0~4 号。

（7）滴点　在规定的加热条件下，润滑脂从标准测量杯的孔口滴下第一滴液态油时的温度，称为润滑脂的滴点，它决定了润滑脂的工作温度。选用润滑脂时，应使工作温度比其滴点低 20 ℃。

4）添加剂的种类及作用

为了改善润滑油和润滑脂的性能，或适应某些特殊的需要，常在普通润滑油和润滑脂中加入一定的添加剂。使用添加剂是改善润滑性能的重要手段。

添加剂的种类很多，有极压添加剂、油性添加剂、黏度指数改进剂、抗蚀添加剂、消泡添加剂、降凝剂、增黏剂、防锈剂、分散净化剂、抗氧化剂等。这些添加剂大多是化学衍生物，本身往往不能单独作润滑材料，但加入后对润滑剂的某些性能会起很大作用。

润滑剂中的各种添加剂与油或金属发生不同的物理、化学反应以提高润滑性能。添加剂的作用主要有：

（1）提高润滑剂的油性、极压性和在极端工作条件下更有效的润滑能力。

（2）减缓润滑剂的老化变质，延长其使用寿命。

（3）改善润滑剂的物理性能，如降低凝点、消除泡沫、提高黏度、改进其黏-温特性等。

例如，在重载摩擦副中常用极压添加剂，它能在高温下分解出活性元素与金属表面发生化学反应，生成一种低剪强度的金属化合物薄膜，在高温高压下能防止摩擦面直接接触，以增强抗黏着能力。

5）润滑剂的选择

在选择润滑剂之前，首先要考虑摩擦副的工作条件、润滑部位及润滑方式等因素，这样才能使所选润滑剂符合工作要求。

润滑剂选择的主要依据如下：

（1）工作载荷　当摩擦副的负载较大时，重点要保证润滑剂的承载能力。在液体润滑状态下，润滑油黏度愈高承载能力愈大；在边界润滑状态下，应选择油性好或极压性能好的润滑油；在承受冲击载荷或者往复运动中的摩擦副，由于不易形成液体油膜，可选用润滑脂或固体润滑剂。

（2）运动速度　低速运动副应选择黏度较大的润滑剂，以利于维持油膜；高速运动副应选用低黏度润滑剂，以降低因润滑油分子摩擦引起的功率损耗和摩擦热。

（3）工作温度　工作温度取决于环境温度和工作时的温度变化。低温环境应选用黏度小、凝点低的润滑剂；高温环境应选用黏度大、闪点高的润滑剂；当工作温度变化较大时，要选择黏-温性能好、黏度指数高的润滑剂。

（4）特殊环境　对于在多尘条件下工作的摩擦副，应注意润滑油、润滑脂的清洁和密封。采用润滑脂可起到较好的密封作用，且密封装置比较简单。如果是在水、潮湿环境中工作，润滑脂容易变质，要加强密封，并采用抗水的钙基、锂基、铝基润滑脂，润滑油中则应加入抗锈、抗乳化添加剂。如果是在易燃危险场合，则应选用高闪点、高抗燃性油或合成油。如果是在具有酸、碱等化学介质的腐蚀环境中，则必须选用耐蚀性能好、不易分解的润滑油、润滑脂或采用固体润滑剂。

（5）润滑方式　如果用人工间歇加润滑油，则应选用黏度较大的润滑油，以免流失。如果用滴油或循环压力供油，则应选用低黏度润滑油，以提高润滑油的流动性。

（6）润滑部位　对于垂直润滑面、开式齿轮、链条、钢丝绳等零件，由于润滑油易流失，应选用附着性好、黏度高的润滑油，或采用润滑脂或固体润滑剂。当润滑间隙小时，宜选用低黏度的润滑油；间隙大时，应采用高黏度的润滑油。

11.2 滑动轴承概述

轴承是用于支承轴及轴上回转零件的部件。套在轴承上的那段轴称为轴颈。根据轴承中摩擦性质的不同,可以把轴承分为滑动轴承和滚动轴承两大类。本章讲述滑动轴承。

11.2.1 滑动轴承的类型

滑动轴承的类型较多,按其承受载荷方向的不同,滑动轴承可分为径向轴承(承受径向载荷)和推力轴承(承受轴向载荷)。根据其滑动表面间润滑状态的不同,滑动轴承可分为液体润滑轴承、不完全液体润滑轴承和无润滑轴承。根据承载油膜形成机理的不同,液体润滑轴承又分为液体动压润滑轴承和液体静压润滑轴承。

11.2.2 滑动轴承的特点和应用

与滚动轴承相比,滑动轴承的优点是:寿命长,适用于高速;油膜能缓冲吸振,耐冲击,承载能力大;回转精度高,运转平稳无噪声;结构简单,装拆方便,成本低廉。

滑动轴承的缺点是:不完全液体润滑轴承摩擦损失大,磨损严重;液体动压润滑轴承的摩擦损失虽与滚动轴承差不多,但当起动、停车、转速和载荷经常变化时,难以保持液体润滑,且设计、制造、润滑和维护要求较高。

目前在许多不宜或不便采用滚动轴承的地方,还离不开滑动轴承,如工作转速特别高、冲击与振动特别大、径向空间尺寸受到限制或必须剖分安装(如曲轴的轴承)以及需要在水或腐蚀性介质条件下工作的轴承。因此,滑动轴承在轧钢机、汽轮机、铁路机车、高速离心机、高速精密机床、雷达、卫星通信地面站、天文望远镜以及多种仪表中有着较为广泛的应用。

11.2.3 滑动轴承的设计内容

滑动轴承的设计主要包括下列内容:① 轴承的形式和结构;② 轴瓦的结构和材料选择;③ 轴承的结构参数;④ 润滑剂的选择和供应;⑤ 轴承的工作能力及热平衡计算。

11.3 滑动轴承的结构形式

11.3.1 径向滑动轴承的典型结构

径向滑动轴承的典型结构有整体式和对开式两种。

1. 整体式径向滑动轴承

整体式径向滑动轴承如图 11.9 所示,轴承孔中装有套筒式轴瓦,主要由整体式轴承座与整体轴套组成,轴承座常为铸铁制成,轴套常用减摩材料制成。轴承座顶部设有安装油杯的螺纹孔及输送润滑油的油孔。轴承座可用螺栓与机座连接,也可在机器的箱壁上直接加工出轴承座孔,这样结构更为简单。整体式径向滑动轴承结构简单、易于制造、成本低廉,但是在装拆时轴或轴承需要沿轴向移动,才能使轴从轴承端部装入或拆下,因而装拆不便。此外,在轴套工作表面磨损后,轴套与轴颈之间的间隙(轴承间隙)会过大且无法调整。所以,这种轴承多用于低速、轻载、间歇性工作,且具有相应装拆条件的简单机器中,如手动机械。

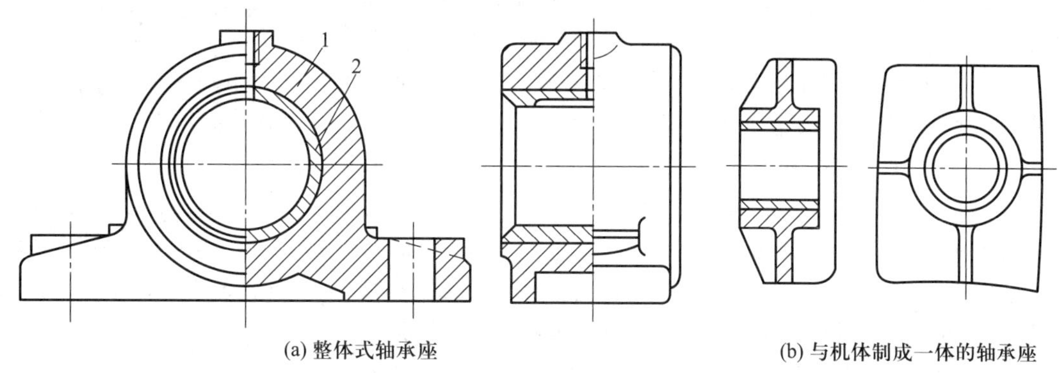

(a) 整体式轴承座　　(b) 与机体制成一体的轴承座

1—轴承座; 2—轴套

图 11.9　整体式径向滑动轴承

2. 对开式径向滑动轴承

对开式径向滑动轴承(图 11.10)由轴承座、轴承盖、对开式轴瓦、座盖连接螺柱等组成。轴承座、轴承盖有时可与机器的机座、箱体做成一体。轴承座与轴承盖的剖分面常做成阶梯形定形止口,以便定位和防止工作时发生横向窜动。由于径向载荷的作用方向不同,轴承的剖分面可制成水平的和 45°斜面的两种,选用时应注意使径向载荷的方向与轴承剖分面相垂直或近于垂直,一般应保证径向载荷的方向与轴承剖分面中心线的夹角不超过 35°。轴承座、轴承盖的剖分面间放有垫片,轴承磨损后,可通过调整垫片厚度和修刮轴瓦内表面的方法来调整轴承间隙,从而延长轴瓦的使用寿命。轴承座、轴承盖的材料一般为铸铁,重载、冲击、振动时可用铸钢。由于装拆方便、易于调整轴承间隙,所以对开式径向滑动轴承的应用很广泛。

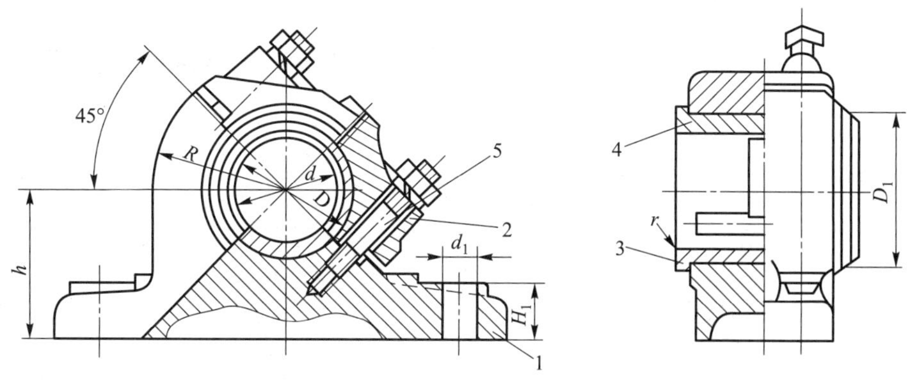

1—轴承座; 2—轴承盖; 3—下轴瓦; 4—上轴瓦; 5—座盖连接螺柱

图 11.10　对开式径向滑动轴承

11.3.2　推力滑动轴承的典型结构

普通推力滑动轴承由轴承座和止推轴颈组成。按照轴颈轴线位置的不同,普通推力滑动轴承可分为立式(图 11.11)和卧式两类。在立式推力滑动轴承中,为便于对中、防止偏载,止推轴瓦底部制成球面形状,并用销定位,防止其随轴颈转动。按照轴颈结构的不同,普通推力滑动轴承又可分为空心式、单环式和多环式等几种形式,其结构尺寸见表 11.2。通常不用实心轴颈,因为其端面上的压力分布很不均匀,靠近中心处压力过高,对润滑极为不利。空心式轴颈接触面上的压力分布较均匀,润滑条件较实心式有所改善。单环式推力轴承利用轴颈的环形端面止推,而且可以利用纵向油槽输入润滑油,结构简单,润滑方便,广泛用于低速、轻载的场合。多环式推力轴承不仅能承受较大的轴向载荷,还可承受双向轴向载荷。

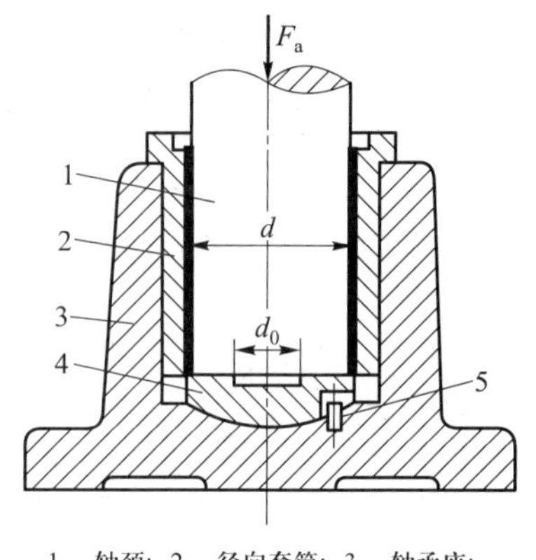

1—轴颈; 2—径向套筒; 3—轴承座;
4—止推轴瓦; 5—销

图 11.11　立式推力滑动轴承

表 11.2　推力滑动轴承的主要结构形式及尺寸

空心式	单环式		多环式
d_2 由轴的结构设计确定 $d_1=(0.4\sim0.6)d_2$ 若结构上无限制,应取 $d_1=0.5d_2$	d_1、d_2 由轴的结构设计确定	d 由结构设计确定 $d_2=(1.2\sim1.6)d$ $d_1=1.1d$ $h=(0.12\sim0.15)d$ $h_0=(2\sim3)h$	

11.4　滑动轴承的材料

11.4.1　滑动轴承的失效形式

1. 磨粒磨损

进入轴承间隙的硬颗粒(如灰尘、砂粒等),有的嵌入轴承表面,有的游离于间隙中并随轴一起转动,它们都会对轴颈和轴承表面起研磨作用。在起动、停车或轴颈与轴承发生边缘接触时,它们都将加剧轴承磨损,导致几何形状改变,轴承间隙加大,使轴承的承载性能恶化。

2. 刮伤

进入轴承间隙中的硬颗粒在轴承上划出线状伤痕,从而导致滑动轴承失效。

3. 胶合(又称烧瓦)

当轴承温升过高、载荷过大、油膜破裂或在润滑油供应不足的条件下,轴颈和轴承的表面直接接触,在局部的高温、高压下,表面金属材料将发生黏附,随即又被撕裂迁移,从而造成轴承损坏。胶合有时会导致轴承的相对运动中止。

4. 疲劳剥落

在载荷反复作用下,轴承表面出现与滑动方向垂直的疲劳裂纹,当裂纹向轴承衬与衬背接合面扩展后,将造成轴承衬材料的剥落。

以上列举了滑动轴承常见的几种失效形式,其中主要的失效形式是磨损和胶合。由于工作条件不同,滑动轴承还可能出现气蚀、流体侵蚀和微动磨损等失效形式。

11.4.2 对轴承材料的要求

轴瓦和轴承衬的材料统称为轴承材料。针对上述滑动轴承常见的失效形式,轴承材料性能应着重满足以下几个方面的要求:

(1) 良好的减摩性、耐磨性、磨合性和摩擦相容性。减摩性是指材料具有低的摩擦阻力的性质。耐磨性是指材料抵抗磨损的性能(通常以磨损率表示)。磨合性是指轴承材料在短期轻载的磨合过程中形成相互吻合的表面粗糙度、减小摩擦和磨损的性能。摩擦相容性是指防止轴承材料与轴颈材料发生黏附或防止轴承和轴颈烧伤的性能。

(2) 良好的顺应性和嵌入性。顺应性是指材料通过表层弹性变形,来补偿轴承滑动表面初始配合不良的能力。嵌入性是指轴承材料容许外来硬质颗粒嵌入,而避免轴颈表面刮伤或减轻磨粒磨损的性能。一般硬度低、弹性模量低、塑性好的材料具有良好的摩擦顺应性,其嵌入性也较好。

(3) 足够的强度,包括抗压、抗冲击和抗疲劳强度。

(4) 良好的导热性、工艺性,热膨胀系数小。

(5) 价格低廉,便于供应。

应该指出,没有一种材料能够全面具备上述性能要求,因而必须针对轴承的具体工作情况,仔细进行分析,合理选择材料。

11.4.3 轴承材料

常用轴承材料分金属材料、多孔质金属材料和非金属材料三大类。

1. 金属材料

1) 轴承合金(又称巴氏合金或白合金)

轴承合金是由锡(Sn)、铅(Pb)、锑(Sb)、铜(Cu)等组成的合金,它以锡或铅作为基体,在软基体上悬浮锑锡及铜锡的硬晶粒而组成。轴承合金可分为锡基轴承合金和铅基轴承合金两类。软基体具有较大的塑性,硬晶粒具有抗磨作用。轴承合金具有优异的减摩性、摩擦顺应性、嵌入性和磨合性，且耐腐蚀、摩擦相容性也很好，不易与轴颈发生胶合。但其强度、硬度较低，价格昂贵，通常只用作轴承减摩层材料，与具有足够强度的轴承衬背一起使用可得到良好的综合性能。锡基轴承合金主要用于高、中速和重载条件下工作的滑动轴承。铅基轴承合金较脆，不能承受很大的冲击载荷，常用于中速、中载条件下工作的滑动轴承，常作为锡基轴承合金的代用品。

2）铜合金

铜合金是铜与锡、铅、锌或铝的合金，是传统的轴承材料。铜合金可分为青铜和黄铜两类，铜合金具有较高的强度、较好的减摩性和耐磨性。由于青铜的减摩性和耐磨性比黄铜好，故青铜是最常用的轴承材料。

青铜又可分为锡青铜、铅青铜和铝青铜等几种。其中锡青铜的减摩性和耐磨性最好，应用较广。但锡青铜的硬度比轴承合金高，磨合性及嵌入性差，适用于重载及中速场合工作的滑动轴承。铅青铜的抗黏附能力强，适用于高速、重载的滑动轴承。铝青铜的强度及硬度较高，抗黏附能力较差，适用于低速、重载的滑动轴承。

黄铜的减摩性较青铜差，但具有良好的铸造性能及可加工性，并且价格较低，可用作低速、中载下工作的滑动轴承，是青铜的代用品。

3）铝基轴承合金

与轴承合金、铜合金相比，铝基轴承合金具有较高的抗压强度与疲劳强度，导热性、润滑性及耐磨性均较好，寿命长，工艺性好。可采用铸造、冲压或轧制等方法制造，适于批量生产，在较大的速度范围及载荷范围均可采用；可制成单金属轴套、轴瓦，也可制成双金属轴瓦（以铝基轴承合金为轴承衬，以钢作衬背）。由于耐磨性好，承载能力高，成本低，已成功地用于多种内燃机轴承上。

4）铸铁

灰铸铁、耐磨灰铸铁、球墨铸铁都可以用作轴承材料。这类材料中的片状或球状石墨在材料表面上覆盖后，可以形成一层起润滑作用的石墨层，故具有一定的减摩性和耐磨性。此外，石墨能吸附碳氢化合物，有助于提高边界润滑性能，故采用灰铸铁作为轴承材料时应加润滑油。由于灰铸铁较脆、磨合性差，故只适用于轻载、低速和不受冲击载荷的滑动轴承。

常用金属轴承材料及性能见表11.3。

表11.3 常用金属轴承材料及性能

材料名称	材料牌号	许用值[1]			最高工作温度/℃	硬度[2]/HBW	性能比较[3]				备注
		$[p]$/MPa	$[v]$/(m/s)	$[pv]$/(MPa·m/s)			抗胶合性	摩擦顺应性，嵌入性	耐蚀性	抗疲劳性	
锡基轴承合金	ZSnSb12Pb10Cu4、ZSnSb11Cu6、ZSnSb8Cu4、ZSnSb4Cu4	平稳载荷			150	20~30 (150)	1	1	1	5	用于高速、重载条件下工作的重要的轴承；变载下易疲劳，价格高
		25(40)	80	20(100)							
		冲击载荷									
		20	60	15							

续表

<table>
<tr><th rowspan="2">材料名称</th><th rowspan="2">材料牌号</th><th colspan="3">许用值①</th><th rowspan="2">最高工作温度/℃</th><th rowspan="2">硬度②/HBW</th><th colspan="4">性能比较③</th><th rowspan="2">备注</th></tr>
<tr><th>[p]/MPa</th><th>[v]/(m/s)</th><th>[pv]/(MPa·m/s)</th><th>抗胶合性</th><th>摩擦顺应性，嵌入性</th><th>耐蚀性</th><th>抗疲劳性</th></tr>
<tr><td>铅基轴承合金</td><td>ZPbSb16Sn16Cu2、
ZPbSb15Sn5Cu3Cd2、
ZPbSb15Sn10</td><td>12
5
20</td><td>12
8
15</td><td>10(50)
5
15</td><td>150</td><td>15～30
(150)</td><td>5</td><td>3</td><td>1</td><td>1</td><td>用于中速、中载轴承，不宜受显著冲击；可作为锡基轴承合金的替代品</td></tr>
<tr><td>铸造铜合金</td><td>ZCuSn10Pb1、
ZCuPb5Sn5Zn5</td><td>15
8</td><td>10
3</td><td>15(25)
15</td><td>280</td><td>50～100
(200)</td><td>5</td><td>3</td><td>1</td><td>1</td><td>用于中速、中载轴承</td></tr>
<tr><td rowspan="5">铸造铜合金</td><td rowspan="4">ZCuPb10Sn10、
ZCuPb30</td><td colspan="3">平稳载荷</td><td rowspan="4">280</td><td rowspan="4">40～
280
(300)</td><td rowspan="4">3</td><td rowspan="4">4</td><td rowspan="4">4</td><td rowspan="4">2</td><td rowspan="4">用于高速、重载轴承，能承受变载和冲击载荷</td></tr>
<tr><td>25</td><td>12</td><td>30(90)</td></tr>
<tr><td colspan="3">冲击载荷</td></tr>
<tr><td>15</td><td>8</td><td>60</td></tr>
<tr><td>ZCuAl10Fe5Ni5</td><td>15(30)</td><td>4(10)</td><td>12(60)</td><td>280</td><td>100～120
(200)</td><td>5</td><td>5</td><td>5</td><td>2</td><td>最宜用于润滑充分的低速、重载轴承</td></tr>
<tr><td>黄铜</td><td>ZCuZn38Mn2Pb2、
ZCuZn16Si4</td><td>10
12</td><td>1
2</td><td>10
10</td><td>200</td><td>80～150
(200)</td><td>3</td><td>5</td><td>1</td><td>1</td><td>用于低速、中载轴承，耐腐蚀、耐热</td></tr>
<tr><td>铝基轴承合金</td><td>20 高锡铝合金、
铝硅合金</td><td>25～
38</td><td>14</td><td>—</td><td>140</td><td>45～
50
(300)</td><td>4</td><td>3</td><td>1</td><td>2</td><td>用于高速、中载的变载荷轴承</td></tr>
</table>

续表

材料名称	材料牌号	许用值①			最高工作温度/℃	硬度②/HBW	性能比较③				备注
		[p]/MPa	[v]/(m/s)	[pv]/(MPa·m/s)			抗胶合性	摩擦顺应性，嵌入性	耐蚀性	抗疲劳性	
三元电镀合金	如铝-硅-镉镀层	14~35	—	—	170	(200~300)	1	2	2	2	在钢背上镀铅锡青铜作中间层，再镀10~30μm三元减摩层；疲劳强度高，顺应性、嵌入性好
银	银-铟镀层	28~35	—	—	180	(300~400)	2	3	1	1	在钢背上镀银，上附薄层铅，再镀铟；常用于飞机发动机、柴油机轴承
铸铁	HT150、HT200、HT250	2~4	0.5~1	1~4	150	160~180 (200~250)	4	5	1	1	用于低速、轻载的不重要轴承，廉价

① 括号内的数值为极限值，其余为一般值（润滑良好）。对液体动压轴承，限制[pv]值没有意义（因其与散热条件等关系很大）。

② 括号外的数值为合金硬度，括号内的数值为轴颈的最小硬度。

③ 性能比较：1—最佳；2—良好；3—较好；4—一般；5—最差。

2. 多孔质金属材料

多孔质金属材料用铜、铁、石墨、锡等粉末经压制、烧结而成，又称粉末冶金材料，具有多孔结构，内部空隙占总体积的15%~35%。使用前先将制成的轴套在热油中浸泡数小时，使孔隙中充满润滑油，工作时由于轴颈转动的抽吸作用以及轴承发热时油的膨胀作用，孔隙中的润滑油便渗入摩擦表面起润滑作用。停止工作时，因毛细作用，润滑油又被吸回到轴承孔隙内，所以在相当长的时间内不添加润滑油，轴承也能正常工作。多孔质金属材料可用作自润滑含油轴承的材料，特别适用于不易加油或密闭结构内。由于其强度低，冲击韧性小，只适用于无冲击的平稳载荷和中、低速条件下的滑动轴承。常用的多孔质金属材料有铁基粉末冶金材料和铜基粉末冶金材料，近来又发展了铝基粉末冶金材料。在材料中加入适量的石墨、二硫化钼、聚四氟乙烯等固体润滑剂,缺油时仍有自润滑效果,可提高轴承工作的安全性。这类材料可用大量生产的方式制成尺寸比较准确的轴套,部分地替代滚动轴承和青铜轴套。

常用多孔质金属轴承材料及性能见表 11.4。

表 11.4 常用多孔质金属轴承材料及性能

粉末冶金	许用值			最高工作温度/℃	特征及用途
	$[p]$/MPa	$[v]$/(m/s)	$[pv]$/(MPa·m/s)		
铁基	69/21	2	1.0	80	具有成本低、含油量较多、耐磨性好、强度高等特点,适用于低速场合,应用很广
铜基	55/14	6	1.8	80	孔隙度大的多用于高速轻载轴承,孔隙度小的多用于摆动或往复运动的轴承;长期运转而不补充润滑剂的应降低$[pv]$值;高温或连续工作的应不断补充润滑剂
铝基	28/14	6	1.8	80	具有重量轻、耐磨、温升小、寿命长的特点,是近期发展的粉末冶金材料

注:$[p]$值中,分子为静载荷下的数值,分母为动载荷下的数值。

3. 非金属材料

用作轴承材料的非金属材料有塑料、硬木、橡胶、碳石墨等,其中塑料用得最多,主要有酚醛树脂、尼龙、聚四氟乙烯等。轴承塑料具有自润滑性能,也可用油润滑或水润滑。轴承塑料可制成塑料轴承,也可镶嵌在金属轴瓦的滑动表面制成自润滑轴承。

塑料轴承材料的优点是:摩擦因数小,可承受冲击载荷,可塑性、跑合性良好,耐磨,耐腐蚀,嵌入性好,有足够的疲劳强度,可用水、油及化学溶液润滑,能减振降噪,低速轻载时可在无润滑条件下工作。因此,塑料轴承材料在许多场合下可以代替金属轴承材料,还能应用于金属轴承材料难以使用的场合。例如,采用油润滑有困难、要求避免油污染的场合,均可考虑采用塑料轴承。此外,在水及其他腐蚀性介质中工作时,塑料轴承比金属轴承的性能更为优越。但塑料轴承材料的导热性和耐热性较差,热膨胀系数较大,吸水后体积膨胀,因而塑料轴承的尺寸稳定性差,使用时应考虑留有足够的配合间隙。塑料轴承材料不宜在高温下工作或在高速下长时间连续运行。

橡胶材料的优点是柔软,有弹性,内阻尼较大,能有效地减小振动、噪声和冲击,橡胶的变形可减轻轴的应力集中,并具有自调位作用。其缺点是导热性差,温度过高时易老化,耐蚀性、耐磨性变差。橡胶常镶在金属衬套内使用,工作时可用水润滑,同时应注意避免与油类或有机溶剂接触。为防止与之配合的钢制轴颈被水润滑剂锈蚀,轴颈上应有铜套或表面镀铬。

碳-石墨具有良好的自润滑性能,高温稳定性好,常用于要求清洁工作的场合。

常用非金属轴承材料及性能见表 11.5。

表 11.5 常用非金属轴承材料及性能

材料	许用值			最高工作温度 T/℃	特性及用途
	[p]/MPa	[v]/(m/s)	[pv]/(MPa·m/s)		
酚醛树脂	39~41	12~13	0.18~0.5	110~120	以织物、石棉等为填料，与酚醛树脂压制而成；抗咬合性好，强度高，抗振性好，能耐水、酸、碱，导热性差，重载时需用水或油充分润滑；易膨胀，轴承间隙宜取大些
尼龙	7~14	3~8	0.11(0.05m/s) 0.09(0.5m/s) <0.09(5m/s)	105~110	是最常用的非金属轴承材料，摩擦因数小，耐磨性好，无噪声；金属轴瓦上覆以尼龙薄层能承受中等载荷，加入石墨、二硫化钼等填料可提高刚性和耐磨性；加入耐热成分可提高工作温度
聚碳酸酯	7	5	0.03(0.05m/s) 0.01(0.5m/s) <0.01(5m/s)	105	聚碳酸酯、醛缩醇、聚酰亚胺均为较新的塑料，物理性能好，易于喷射成形，比较经济；填充石墨的聚酰亚胺最高工作温度可达 280 ℃
醛缩醇	14	3	0.1	100	
聚酰亚胺	—	—	4(0.05m/s)	260	
聚四氟乙烯(PTFE)	3~3.4	0.25~1.3	0.04(0.05m/s) 0.06(0.5m/s) <0.09(5m/s)	250	摩擦因数很小，自润滑性能好，能耐任何化学药品的侵蚀，适用温度范围宽(>250℃时放出少量有害气体)，但成本高，承载能力低；用玻璃纤维、石墨及其他惰性材料为填料，[pv]值可大大提高；用玻璃纤维填充时要避免端头外露，否则容易磨损
加强聚四氟乙烯	16.7	5	0.3	250	
聚四氟乙烯织物	400	0.8	0.9		
填充聚四氟乙烯	17	5	0.5		
碳石墨	4	13	0.5(干) 5.25(润滑)	440	有自润滑性，高温稳定性好，耐化学药品的侵蚀，常用于要求清洁工作的机器中；长期工作时[pv]值应适当降低
橡胶	0.34	5	0.53	65	橡胶能隔振、降低噪声，减小动载荷，补偿误差，但导热性差，需加强冷却；丁二烯-丙烯腈共聚物等合成橡胶能耐油、耐水，一般用水作润滑剂与冷却剂；常用于工作中有水、泥浆的设备中

11.5　轴瓦的结构

轴瓦是滑动轴承的重要零件,它的结构设计是否合理对轴承性能影响较大。为了节省贵重合金材料或者结构上的需要,通常在轴瓦的内表面浇注或轧制一层轴承合金,这层轴承合金称为轴承衬。这样,轴承衬直接和轴颈接触,轴瓦只起支承作用。具有轴承衬的轴瓦不仅节约了贵重的轴承合金,还增强了轴瓦的机械强度。

轴瓦必须有一定的强度和刚度。轴瓦在轴承中应固定可靠,便于输入润滑剂,容易散热,装拆、调整方便。为此,轴瓦在外形结构、定位、油槽开设和配合等方面应采用不同的形式以适应不同的工作要求。

11.5.1　轴瓦的形式和构造

常用的轴瓦有整体式和对开式两类。

整体式轴瓦又称轴套,按材料及制法不同可分为整体轴套(图 11.12)和单层、双层或多层材料的卷制轴套(图 11.13)。

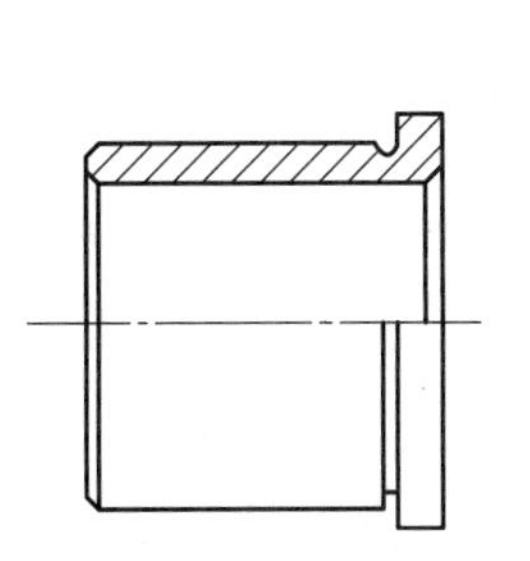

图 11.12　整体轴套

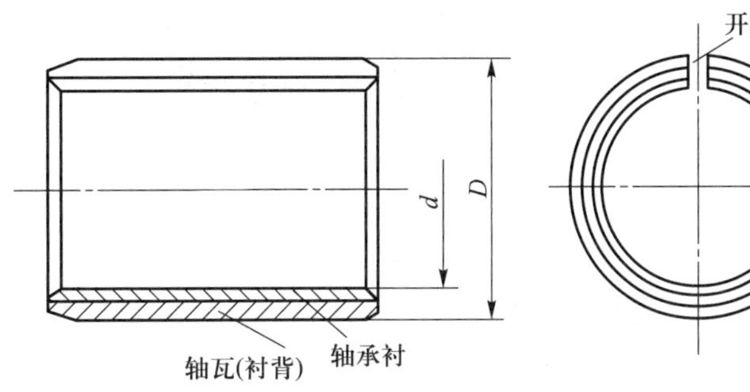

图 11.13　卷制轴套

对开式轴瓦有厚壁轴瓦和薄壁轴瓦两种。厚壁轴瓦用铸造方法制造,如图 11.14 所示,内表面可附有轴承衬,常用离心铸造法将轴承合金浇注在轴瓦的内表面上形成轴承衬。为使轴承合金与轴瓦贴附得更好,常在轴瓦内表面上制出各种形式的沟槽,沟槽的形状如图 11.15 所示。

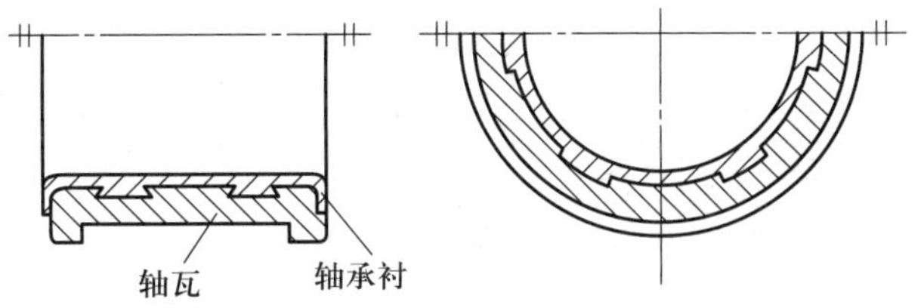

图 11.14　对开式厚壁轴瓦

薄壁轴瓦(图 11.16)能用双金属板连续轧制等新工艺进行大量生产,质量稳定,成本低廉,又被称为薄壁双层轴瓦(双金属轴瓦)。但薄壁轴瓦刚性差,装配时又不再修刮轴瓦内圆表面,轴瓦受力变形后,其形状完全取决于轴承座的形状,因此轴瓦和轴承座均需精密加工。薄壁轴瓦在汽车发动机、柴油机上广泛应用。

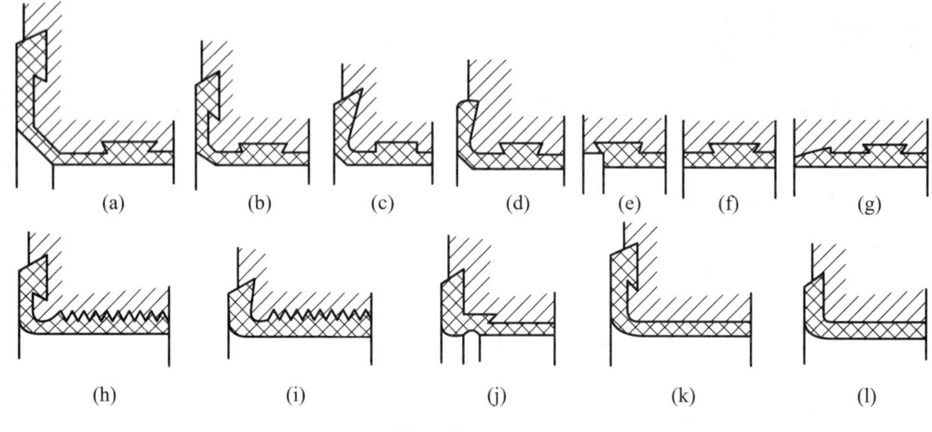

图 11.15 轴瓦内表面上沟槽的形状

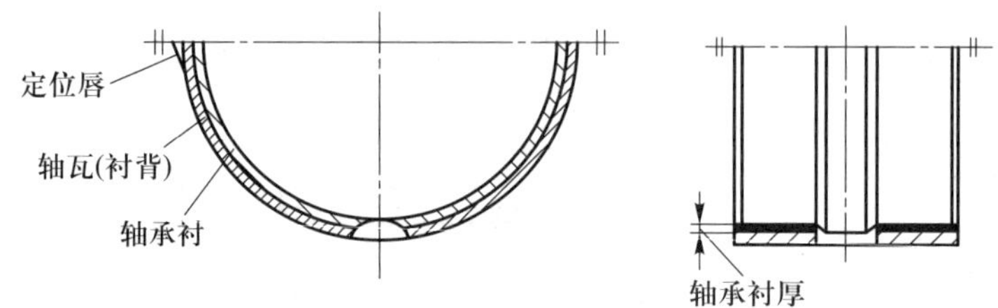

图 11.16 对开式薄壁轴瓦

11.5.2 轴瓦的定位

轴瓦和轴承座不允许有相对移动。为了防止轴瓦沿轴向和周向移动,可在其两端加工凸缘来作轴向定位,也可用紧定螺钉(图 11.17a)或销(图 11.17b)将其固定在轴承座上,或在轴瓦剖分面上冲出定位唇以供定位用(图 11.16)。

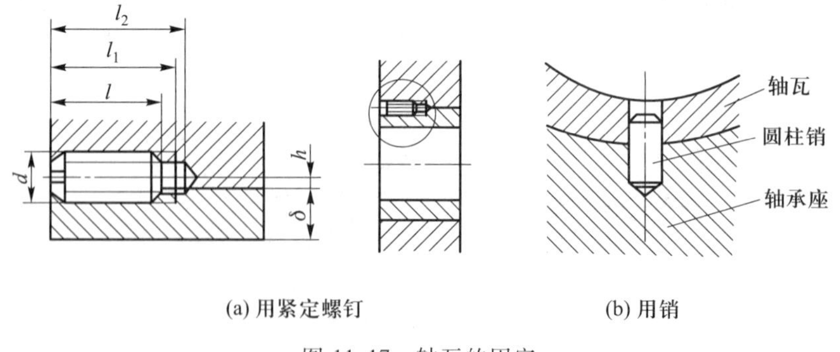

图 11.17 轴瓦的固定

11.5.3 轴瓦与轴承座的配合

为了增强轴瓦的刚度和散热性能,并保证轴瓦与轴承座的同轴度,轴瓦与轴承座应紧密配合、贴合牢靠,一般轴瓦与轴承座孔采用较小过盈量的配合,如 H7/s6、H7/r6 等。

11.5.4 轴瓦的油孔、油槽和油腔

为了向轴承的滑动表面供给润滑油,轴瓦上常开设有油孔、油槽和油腔。油孔用来供油,油槽用来输送和分配润滑油,油腔主要用作沿轴向均匀分布润滑油,并起贮油和稳定供油作用。

开设油孔、油槽和油腔一般应遵循下述原则:

(1) 对于宽径比较小的轴承,只需开设一个油孔。对于宽径比大、可靠性要求较高的轴承,还需开设油槽或油腔。常见的油槽形式如图 11.18 所示。

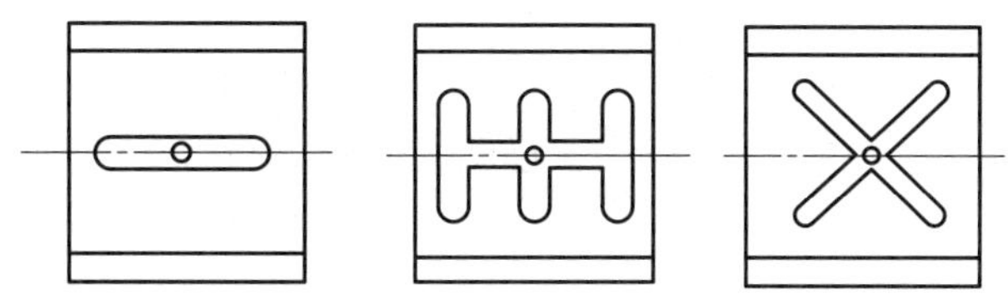

图 11.18 常见的油槽形式

(2) 轴向油槽分为单轴向油槽和双轴向油槽。对于整体式径向轴承,轴颈单向旋转,载荷方向变化不大时,单轴向油槽最好开在最大油膜厚度位置(图 11.19),以保证润滑油从压力最小的地方输入轴承。对于对开式径向轴承,常把轴向油槽开在轴承剖分面处(剖分面与载荷作用线成 90°)。如果轴颈双向旋转,可在轴承剖分面上开设双轴向油槽(图 11.20)。通常轴向油槽应比轴承宽度稍短些,以便在轴瓦两端留出封油面,防止润滑油过多地从两端流失,从而保证润滑效果和承载能力。

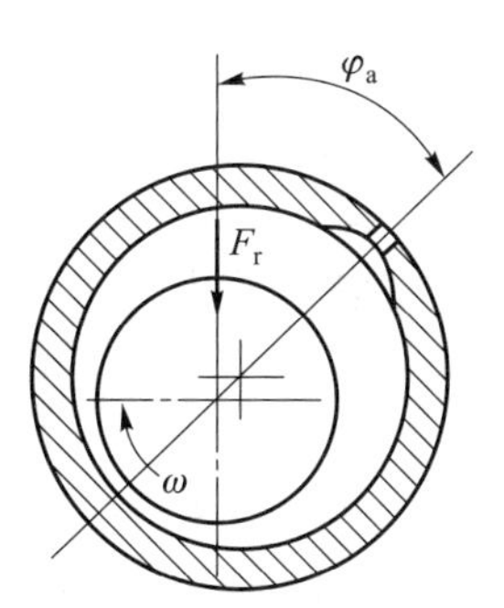

图 11.19 单轴向油槽开在最大油膜厚度位置

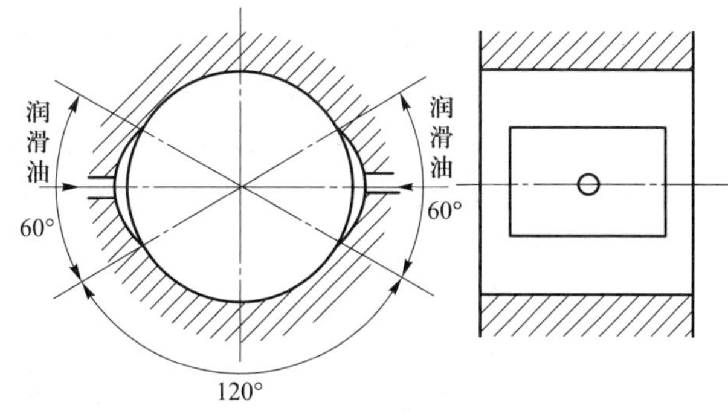

图 11.20 双轴向油槽开在轴承剖分面上

(3) 对于周向油槽,如果轴承水平放置,最好开半周,不要延伸到承载区。如必须开全周时,油槽应开在靠近轴承的端部;如果轴承竖直放置,应开在轴承的上端。

(4) 对于液体动压径向轴承,油槽应开在非承载区内,否则会破坏润滑油膜的连续性,降低轴承的承载能力。如图 11.21 所示,虚线表示无油槽时油膜压力的分布情况,实线表示开设油槽后油膜压力的分布情况。

(5) 油槽的截面形状应避免边缘有锐边及棱角,以便油能顺畅地流入运动副的摩擦表面。

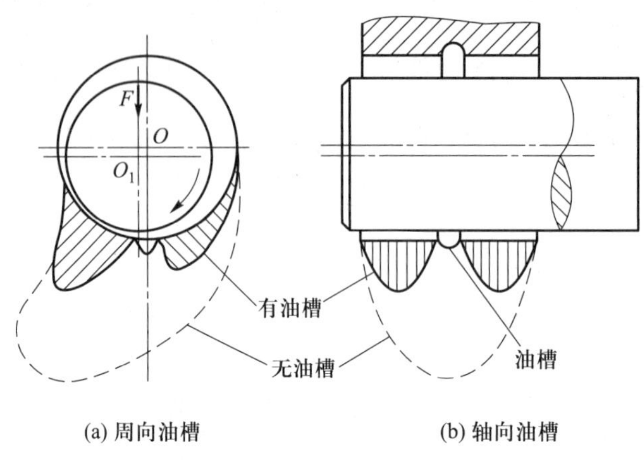

图 11.21 油槽对油膜压力分布的影响

11.6 滑动轴承的润滑

11.6.1 滑动轴承的润滑剂及选择

润滑剂的作用有减小摩擦阻力、减少磨损、冷却和吸振等。

滑动轴承的润滑剂有液体、固体、气体及半固体几类。液体的润滑剂称为润滑油,半固体的润滑剂在常温下呈油膏状,称为润滑脂。

由于滑动轴承种类较多,使用条件和重要程度往往相差很大,因而对润滑剂的要求也各不相同。下面对滑动轴承常用润滑剂的选择方法做简要介绍。

1. 润滑油及其选择

润滑油是滑动轴承中应用最广的润滑剂。液体动压轴承通常采用润滑油作润滑剂。黏度是选择轴承用润滑油的主要依据。选择轴承用润滑油的黏度时,应考虑轴承压力、滑动速度、摩擦表面状况、润滑方式等因素。

选择润滑油的一般原则如下:

(1) 在工作压力大或冲击载荷、变载荷等工作条件下,应选用黏度较高的润滑油。

(2) 相对滑动速度高时,容易形成油膜,为了减小摩擦功耗,应采用黏度较低的润滑油。

(3) 加工粗糙或未经跑合的摩擦表面,应选用黏度较高的润滑油。

(4) 采用循环润滑、油芯润滑或油垫润滑时,应选用黏度较低的润滑油;飞溅润滑应选用高品质、能防止激烈搅拌而乳化的润滑油。

(5) 润滑油黏度随温度的升高而降低。故在较高温度(例如 $t>60$ ℃)下工作时,选用润滑油的黏度应比通常的高一些。

(6) 低温工作的轴承应选用凝点低的润滑油。

液体动压润滑轴承的润滑油黏度可以通过计算和参考同类轴承的使用经验初步确定。不完全液体润滑轴承润滑油的选择可参考表 11.6。液体动压轴承润滑油的选择可参考表 11.1。

表 11.6 滑动轴承润滑油的选择(不完全液体润滑、工作温度 $t<60$ ℃)

轴颈圆周速度 v/(m/s)	平均压力 $p<3$ MPa	轴颈圆周速度 v/(m/s)	平均压力 $p=3\sim7.5$ MPa
<0.1	L-AN68、100、150	<0.1	L-AN150
0.1~0.3	L-AN68、100	0.1~0.3	L-AN100、150
0.3~2.5	L-AN46、68	0.3~0.6	L-AN100
2.5~5.0	L-AN32、46	0.6~1.2	L-AN68、100
5.0~9.0	L-AN15、22、32	1.2~2.0	L-AN68
>9.0	L-AN7、10、15		

注:表中润滑油是以 40℃时的运动黏度为基础的。

2. 润滑脂及其选择

润滑脂能够形成将滑动表面完全分开的一层薄膜。由于润滑脂属于半固体润滑剂,流动性极差,故无冷却效果。脂润滑的滑动轴承承载能力较大,但润滑脂的物理和化学性质不如润滑油稳定,摩擦功耗较大,不宜在温度变化大或高速下使用。润滑脂常用在那些要求不高、难以经常供油,或者低速重载以及作摆动的轴承中。轴颈的圆周速度小于 1 m/s 的滑动轴承可以采用脂润滑。润滑脂的主要性能指标是锥入度和滴点。

选择润滑脂的一般原则如下:

(1) 当工作压力较高和相对滑动速度较低时,选择锥入度小的润滑脂;反之,选择锥入度大的润滑脂。

(2) 所选润滑脂的滴点一般应比轴承的工作温度高 20~30℃,以免工作时润滑脂过多地流失。

(3) 在有水淋或潮湿的环境下,应选择防水性强的钙基或铝基润滑脂;在温度较高处应选用钠基或复合钙基润滑脂。

选择润滑脂牌号时可参考表 11.7。

表 11.7 滑动轴承润滑脂的选择

压力 p/MPa	轴颈圆周速度 v/(m/s)	最高工作温度/℃	选用的牌号
≤1.0	≤1	75	3 号钙基脂
1.0~6.5	0.5~5	55	2 号钙基脂
≥6.5	≤0.5	75	3 号钙基脂
≤6.5	0.5~5	120	2 号钙基脂
>6.5	≤0.5	110	1 号钙钠基脂
1.0~6.5	≤1	-50~100	锂基脂
>6.5	0.5	60	2 号钙基脂

注:1. 在潮湿环境,工作温度为 75~150℃时,应考虑用钙-钠基润滑脂。

2. 在潮湿环境,工作温度在 75℃以下,没有 3 号钙基脂时也可用铝基脂。

3. 工作温度为 110~120℃时,可用锂基脂或钠基脂。

4. 集中润滑时,黏度要小些。

3. 气体、固体润滑剂及其选择

滑动轴承的旋转速度特别高时,可使用气体润滑剂(如空气);滑动轴承的工作温度特高或特低时,可使用固体润滑剂。

MoS_2 用黏结剂调配后涂在轴承摩擦表面上,可以大大提高摩擦副的寿命。在金属表面上涂镀一层钼,然后放在含硫的气氛中加热,可生成 MoS_2 膜。这种膜黏附最为牢固,承载能力很高。在用塑料或多孔质金属制造的轴承材料中渗入 MoS_2 粉末,会在摩擦过程中连续对摩擦表面提供 MoS_2 膜。

聚四氟乙烯片材可冲压成轴瓦,也可以用烧结法或黏结法形成聚四氟乙烯膜黏附在轴瓦内表面上。

石墨可成块镶嵌于摩擦副表面,也可作为填充材料渗于粉末冶金材料中。

软金属薄膜(如铅、金、银等薄膜)主要用于真空及高温的场合。

11.6.2 润滑方法和润滑装置

为了获得良好的润滑,除了正确选择润滑剂,同时要选择合适的润滑方法和润滑装置。

1. 润滑油润滑

根据供油方式的不同,润滑油的润滑方式可分为间断润滑和连续润滑。间断润滑只适用于低速轻载和不重要的轴承,需要可靠润滑的轴承应采用连续润滑。

(1) 人工加油润滑　在轴承上方设置油孔或油杯(图 11.22),用油壶或油枪定期向油孔或油杯供油。其结构最为简单,但不能调节供油量,只能起到间断润滑的作用,若加油不及时,容易造成磨损。

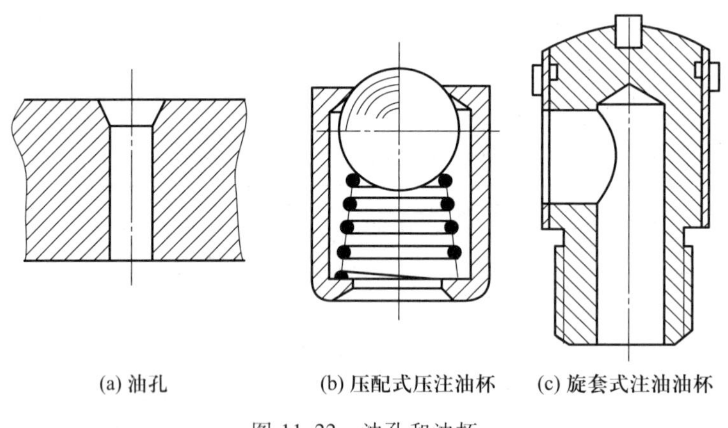

(a) 油孔　(b) 压配式压注油杯　(c) 旋套式注油油杯

图 11.22　油孔和油杯

(2) 滴油润滑　依靠油的自重通过滴油油杯进行供油润滑。图 11.23 所示为针阀式滴油油杯,手柄卧倒时(图 11.23b),针阀受弹簧推压向下而堵住底部阀座油孔。手柄直立时(图 11.23c),针阀被提起打开下端油孔,油杯中润滑油流进轴承,处于供油状态。调节螺母可用来控制油的流量。定期提起针阀也可用作间断润滑。滴油润滑结构简单、使用方便,但供油量不易控制,如油杯中油面的高低及温度的变化、机器的振动等都会影响供油量。

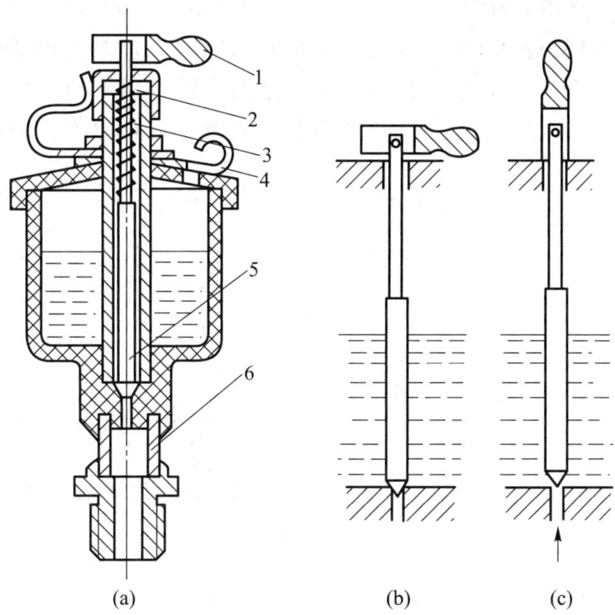

1—手柄；2—调节螺母；3—弹簧；4—油孔遮盖；5—针阀体；6—观察孔

图 11.23　针阀式滴油油杯

（3）油绳润滑　油绳润滑的润滑装置为油绳式油杯（图 11.24）。油绳的一端浸入油中，利用毛细管作用将润滑油引到轴颈表面，结构简单，油绳能起到过滤作用，比较适用于多尘的场合。由于供油量少且不易调节，因而主要应用于轻载轴承，不适用于重载轴承或高速轴承。

（4）油环润滑　如图 11.25 所示，轴颈上套一油环，油环下部浸入油池内，靠轴颈摩擦力带动油环旋转，从而将润滑油带到轴颈表面。这种装置只适用于连续运转的水平轴承的润滑，并且轴的转速应在 50~3 000 r/min 的范围内。

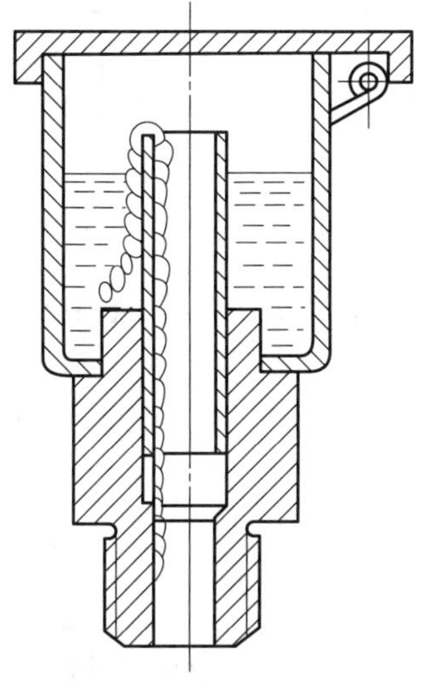

图 11.24　油绳式油杯

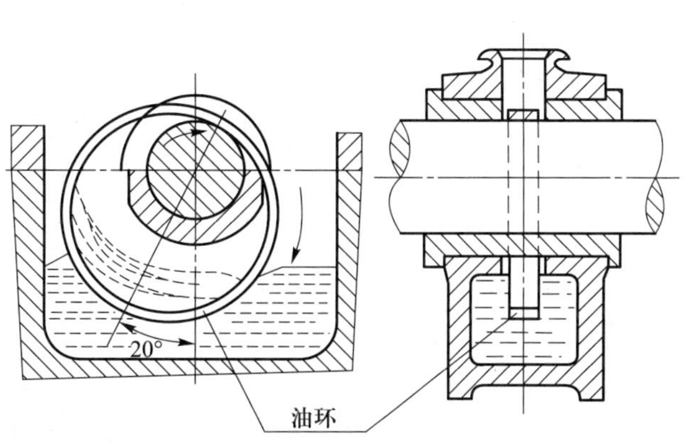

图 11.25　油环润滑

(5) 飞溅润滑 飞溅润滑常用于闭式箱体内的轴承润滑(图 11.26)。它利用浸入油池中的齿轮、曲轴等旋转零件或附装在轴上的甩油盘,将润滑油搅动并使之飞溅到箱壁上,再沿油沟进入轴承。为控制搅油功率损失和避免因油的严重氧化而降低润滑性,浸油零件的圆周速度不宜超过 12~14 m/s(但圆周速度也不宜过低,否则会影响润滑效果),浸油也不宜过深。

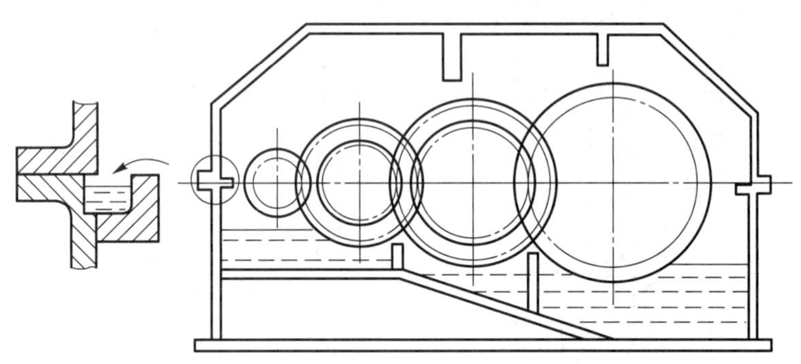

图 11.26 飞溅润滑

(6) 压力循环润滑 压力循环润滑利用油泵供给充足的润滑油来润滑轴承,用过的油又流回油池,经过冷却和过滤后可循环使用。压力循环润滑方式的供油压力和流量都可调节,同时油可带走热量,冷却效果好,工作过程中润滑油的损耗极少,对环境的污染也较小,因而广泛应用于大型、重型、高速、精密和自动化的各种机械设备中。

2. 润滑脂润滑

润滑脂润滑一般为间断供应,常用旋盖式油杯(图 11.27)或黄油枪加脂。定期旋转杯盖,将杯内润滑脂压进轴承,或用黄油枪通过压注油杯(图 11.22b)向轴承补充润滑脂。润滑脂润滑也可以集中供应,适用于多点润滑的场合,供脂可靠,但组成设备比较复杂。

3. 润滑方法的选择

可根据下面的经验公式求出 K 值,依 K 值选择滑动轴承的润滑方法。

$$K=\sqrt{pv^3} \tag{11.7}$$

式中:p——轴承压强,MPa;

v——轴颈的圆周速度,m/s。

图 11.27 旋盖式油杯

K 值大,表明轴承载荷大或温度高,需充分供油,并应选择黏度较高的润滑剂才能保证好的润滑效果。根据 K 值推荐的润滑方式见表 11.8。

表 11.8 滑动轴承润滑方式选择

K	$K\leqslant 2$	$2<K\leqslant 16$	$16<K\leqslant 32$	$K>32$
润滑剂	润滑脂	润滑油		
润滑方式	旋盖式油杯	针阀油杯滴油润滑	飞溅、油环润滑或压力循环润滑	压力循环润滑

11.7 不完全液体油膜滑动轴承的设计计算

11.7.1 不完全液体油膜滑动轴承的失效形式和计算准则

在工程实际中，对工作要求不高、速度较低、载荷不大、难以维护等条件下工作的滑动轴承，通常设计成不完全液体油膜滑动轴承。

不完全液体油膜滑动轴承的工作表面，在工作时可能有局部的金属直接接触，其主要失效形式是轴瓦的过度磨损和胶合。因此，设计时应以维持边界润滑状态、边界膜不破裂为计算准则。但是，引起边界膜破裂的因素十分复杂，目前还没有一个完善的计算方法，通常采用简化的条件性计算。

不完全液体油膜滑动轴承的设计计算主要是进行轴承压强 p、轴承滑动速度 v、轴承压强与滑动速度的乘积 pv 值的验算，使其不超过轴承材料的许用值。限制轴承压强 p，为防止轴承过度磨损；由于轴承在单位投影面积、单位时间内的发热量与 pv 值成正比，所以要限制轴承的 pv 值，以防止轴承工作时摩擦发热量过大，引起温升过高，导致滑动轴承胶合；当轴承压强 p 较小时，即使 p 与 pv 值都在许用范围内，也可能由于滑动速度过高而加速轴承磨损，所以应限制滑动速度 v。

11.7.2 径向滑动轴承的设计计算

设计时，一般已知轴颈直径 d（单位为 mm）、轴的转速 n（单位为 r/min）及轴承径向载荷 F_r（单位为 N）。设计计算步骤如下：

（1）根据轴承使用要求和工作条件，确定轴承的结构形式，选择轴承材料。

（2）选定轴承宽径比 B/d（B 为轴承宽度，d 为轴颈直径），确定轴承宽度。一般取 $B/d\approx 0.7\sim1.3$。

（3）校核轴承的工作能力。

① 校核轴承压强 p

$$p=\frac{F_r}{dB}\leqslant[p] \tag{11.8}$$

式中：B——轴承宽度，mm；

$[p]$——轴承材料的许用压强，MPa，见表 11.3、表 11.4、表 11.5。

对于低速（$v\leqslant 0.1$ m/s）或间歇工作的轴承，当其工作时间不超过停歇时间时，仅需进行轴承压强的验算。

② 校核轴承压强与滑动速度的乘积 pv

$$pv=\frac{F}{dB}\ \frac{\pi dn}{60\times1\ 000}\approx\frac{Fn}{19\ 100\ B}\leqslant[pv] \tag{11.9}$$

式中：v——轴颈圆周速度，即滑动速度，m/s；

$[pv]$——轴承材料的许用 pv 值，MPa · m/s，见表 11.3、表 11.4、表 11.5。

③ 校核滑动速度 v

$$v=\frac{\pi dn}{60\times1\ 000}\leqslant[v] \tag{11.10}$$

式中：$[v]$——轴承材料的许用滑动速度，m/s，见表 11.3、表 11.4、表 11.5。

若 p、pv 和 v 的校核结果超出许用范围，通过加大轴颈直径和轴承宽度，或选用较好的轴承材料，使之满足工作要求。

(4) 选择轴承的配合。为了保证轴承具有一定的旋转精度，必须根据不同的使用要求，合理地选择滑动轴承的配合，具体可参考表 11.9。

表 11.9 滑动轴承的常用配合及应用

精度等级	配合符号	应用举例
2	H7/g6	磨床与车床分度头主轴承
2	H7/f7	铣床、钻床及车床的轴承，汽车发动机曲轴的主轴承及连杆轴承，齿轮减速器及蜗杆减速器轴承
4	H9/f9	电动机、离心泵、风扇及惰齿轮轴的轴承，蒸汽机和内燃机曲轴的主轴承及连杆轴承
2	H7/e8	汽轮发电机轴、内燃机凸轮轴、高速转轴、刀架丝杠、机车多支点轴等的轴承
6	H11/b11 或 H11/d11	农业机械的轴承

11.7.3 推力滑动轴承的设计计算

推力滑动轴承的设计计算方法与径向滑动轴承的设计方法基本相同，在已知轴承的轴向载荷 F_a 和轴的转速 n 后，可按以下步骤进行：

(1) 根据载荷的大小、性质及轴承空间尺寸等条件确定轴承的结构形式，选择轴承材料。

(2) 参照表 11.2 初定止推轴颈的基本尺寸。

(3) 校核轴承的工作能力，推力滑动轴承通常只校核其平均压力 p 及 pv 值。

① 校核轴承平均压力 p

$$p=\frac{F_a}{A}=\frac{F_a}{z\frac{\pi}{4}(d_2^2-d_1^2)}\leqslant[p] \tag{11.11}$$

式中：d_1——轴承孔直径，mm，d_1 可参考表 11.2；

d_2——轴环外径，mm，d_2 可参考表 11.2；

F_a——轴承所受轴向载荷，N；

z——止推轴环数；

$[p]$——轴瓦材料的许用压力，MPa，见表 11.10（对于多环推力轴承，考虑到各环受载不均匀，表 11.10 中的数值应降低 50%）。

② 校核轴承的 pv_m 值

$$pv_m=\frac{4F_a}{z\pi(d_2^2-d_1^2)}\cdot\frac{\pi d_m n}{60\times1\ 000}\leqslant[pv] \tag{11.12}$$

式中：v_m——止推轴环或轴颈平均直径处的圆周速度，m/s；

d_m——止推轴环或轴颈的平均直径，mm，$d_m=(d_2+d_1)/2$；

$[pv]$——轴瓦材料 pv 许用值，MPa·m/s，其值见表 11.10（对于多环推力轴承，考虑到各环受力不均，表 11.10 中的数值应降低 50%）。

其余各符号的意义和单位同前。

表 11.10　推力滑动轴承的$[p]$、$[pv]$值

轴材料	轴承材料	$[p]$/MPa	$[pv]$/(MPa·m/s)
未淬火钢	铸铁	2~2.5	1~2.5
	青铜	4~5	
	轴承合金	5~6	
淬火钢	青铜	7.5~8	
	轴承合金	8~9	
	淬火钢	12~15	

例 11.1　试设计一起重机卷筒的滑动轴承。已知轴承受径向载荷 $F_r=100\ 000$ N，轴颈直径 $d=80$ mm，轴的工作转速 $n=15$ r/min。

解　1）选择轴承类型和轴承材料

工作要求不高、速度低，采用不完全油膜滑动轴承。为装拆方便，轴承采用对开式结构。由于轴承载荷大、速度低，由表 11.3 选取铝青铜 ZCuAl10Fe5Ni5 作为轴承材料，其$[p]=15$ MPa，$[pv]=12$ MPa·m/s。

2）选择轴承宽径比

选取 $B/d=1.2$，则 $B=1.2\times80$ mm $=96$ mm，取 $B=100$ mm。

3）验算轴承工作能力

① 验算 p

$$p=\frac{F_r}{dB}=\frac{100\ 000}{80\times100}\text{MPa}=12.5\ \text{MPa}\leqslant[p]$$

② 验算 pv 值

$$pv\approx\frac{F_r n}{19\ 100\ B}=\frac{100\ 000\times15}{19\ 100\times100}\text{MPa}\cdot\text{m/s}=0.785\ \text{MPa}\cdot\text{m/s}<[pv]$$

可知轴承 p、pv 均不超过许用范围。因轴颈工作转速极低，故不必验算 v。由验算结果可知，设计的轴承满足工作能力要求。

4）选择轴承配合和表面粗糙度

参考有关资料，选取轴承与轴颈的配合为 H8/f7，轴瓦滑动表面粗糙度 Ra 值为 3.2 μm，轴颈表面粗糙度 Ra 值为 1.6 μm。

润滑剂、润滑方法和润滑装置选择略。

11.8　液体动力润滑径向滑动轴承的设计计算

液体动压径向滑动轴承工作时，在轴颈与轴承之间形成具有一定厚度，并能承受外载荷的动压油膜，将轴颈与轴承的滑动表面完全隔开，从而实现液体摩擦润滑。因而其摩擦因数和磨损极小，并具有较大的承载范围，常用于高速、中速、重载和回转精度要求较高的场合。

11.8.1　液体动力润滑的基本方程

如图 11.28 所示，板 B 倾斜一定角度从而与板 A 组成一个收敛的楔形空间，板 B 静止不动，板 A 以速度 v 沿 x 轴向左（楔形空间的收敛方向）运动，两板间充满润滑油。为简化分析，做如下假设：① 润滑油为牛顿流体，且作层流流动；② 润滑油黏度不随压力变化；③ 润滑油的惯性力和重力忽略不计；④ 油膜厚度方向（y 方向）上的油压为常数；⑤ 润滑油不可压缩；⑥ 两平板为无限宽，润滑油沿平板宽度方向（z 方向）无流动；⑦ 润滑油与两平板表面吸附牢固。

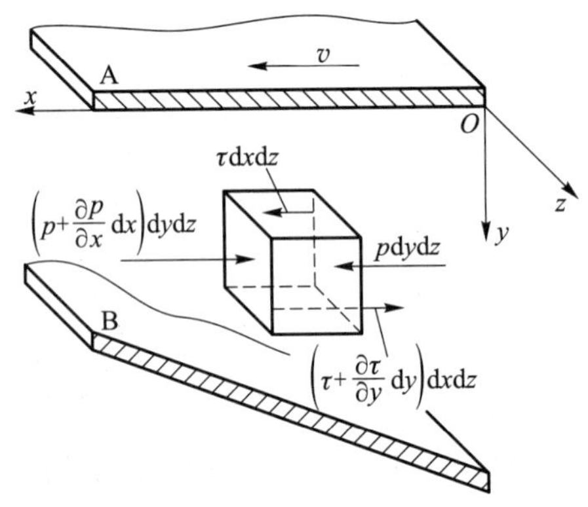

图 11.28　两相对运动平板间油膜的动力分析

由假设可知，两平板间润滑油沿 x 方向的流动为一维流动。

1. 速度分布方程

从作层流流动油膜中，取一微小单元体，如图 11.28 所示，单元体右、左侧面上的压力分别为 p 和 $\left(p+\dfrac{\partial p}{\partial x}\mathrm{d}x\right)$，右、左侧面上的合力分别为 $p\mathrm{d}y\mathrm{d}z$ 和 $\left(p+\dfrac{\partial p}{\partial x}\mathrm{d}x\right)\mathrm{d}y\mathrm{d}z$，单元体上、下侧面上的内摩擦切应力分别为 τ 和 $\left(\tau+\dfrac{\partial \tau}{\partial y}\mathrm{d}y\right)$，上、下侧面上的合力分别为 $\tau\mathrm{d}x\mathrm{d}z$ 和 $\left(\tau+\dfrac{\partial \tau}{\partial y}\mathrm{d}y\right)\mathrm{d}x\mathrm{d}z$。

由平衡条件 $\sum F_x=0$ 可得

$$p\mathrm{d}y\mathrm{d}z+\tau\mathrm{d}x\mathrm{d}z-\left(p+\frac{\partial p}{\partial x}\mathrm{d}x\right)\mathrm{d}y\mathrm{d}z-\left(\tau+\frac{\partial \tau}{\partial y}\mathrm{d}y\right)\mathrm{d}x\mathrm{d}z=0 \tag{11.13}$$

整理后得

$$\frac{\partial p}{\partial x}=-\frac{\partial \tau}{\partial y}$$

将牛顿黏性流体定律 $\tau=-\eta\dfrac{\partial u}{\partial y}$ 代入上式整理得

$$\frac{\partial^2 u}{\partial y^2}=\frac{1}{\eta}\frac{\partial p}{\partial x} \tag{11.14}$$

将式（11.14）对 y 进行两次积分，可得

$$u=\frac{1}{2\eta}\left(\frac{\partial p}{\partial x}\right)y^2+C_1y+C_2 \tag{11.15}$$

由边界条件（当 $y=0$ 时，$u=v$；当 $y=h$（截面 x 处油膜厚度）时，$u=0$）可求得积分常数 C_1、C_2 为

$$C_1=\frac{h}{2\eta}\cdot\frac{\partial p}{\partial x}\cdot\frac{v}{h} \tag{11.16}$$

$$C_2=v \tag{11.17}$$

将式（11.16）、式（11.17）代入式（11.15）后，得两平板间油膜内各油层的速度分布方程

$$u=\frac{v(h-y)}{h}-\frac{y(h-y)}{2\eta}\cdot\frac{\partial p}{\partial x} \tag{11.18}$$

式中：η——润滑油的动力黏度；

$\partial p/\partial x$——油膜内油压沿 x 方向的变化率。

由式（11.18）可知，两平板间各油层的速度 u 由两部分组成：式（11.18）中的前一项的速度呈线性分布，如图 11.29a 中虚、实斜直线所示，这是直接在板 A 的运动下由各油层间的内摩擦力的剪切作用所引起的流动，称为剪切流；式（11.18）中的后一项的速度呈抛物线分布，如图 11.29a 中曲线所示，这是由于油膜中压力沿 x 方向的变化引起流动，即压力流。

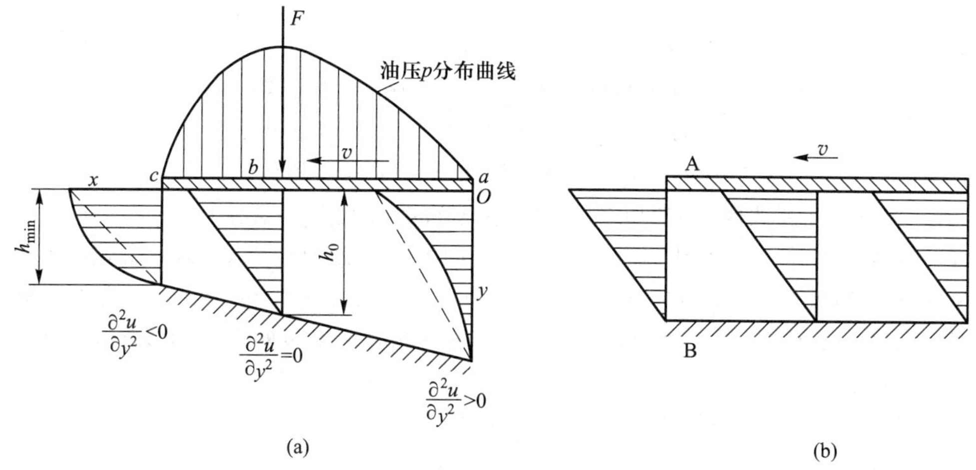

图 11.29　两相对运动平板间油膜的速度分布和压力分布

2. 流量方程

在两平板间 x 处取一截面，该截面油膜厚度为 h，宽为单位宽度（沿 z 向），则单位时间内沿 x 方向流经此截面的润滑油的流量 q 为

$$q=\int_0^h u\mathrm{d}y \tag{11.19}$$

将式（11.18）代入式（11.19），并积分可得

$$q=\frac{vh}{2}-\frac{h^3}{12\eta}\cdot\frac{\partial p}{\partial x} \tag{11.20}$$

式（11.20）就是润滑油的流量方程。

3. 液体动力润滑的基本方程——一维雷诺方程

设油压最大处的油膜厚度为 $h_0\left(h=h_0\text{ 处},\frac{\partial p}{\partial x}=0\right)$，由式（11.18）可知，该截面处的速度为线

性分布,其流量为

$$q=\frac{vh_0}{2} \tag{11.21}$$

由于润滑油不可压缩,连续流动时流经各截面处的流量相等,将式(11.21)代入式(11.20)可得

$$\frac{\partial p}{\partial x}=\frac{6\eta v}{h^3}(h-h_0) \tag{11.22}$$

式(11.22)即为流体动力润滑的基本方程,也称为一维雷诺方程。它描述了两平板间油膜压力沿 x 方向的变化与润滑油黏度 η、相对滑动速度 v 及油膜厚度 h 之间的关系。由式(11.22)可求出油膜压力 p 沿 x 方向的分布规律,如图 11.29a 所示。由此求出油膜压力的合力,便可确定油膜的承载能力。但实际的轴承宽度是有限的,计算中必须考虑润滑油从轴承两端(z 方向)泄漏对油膜承载能力的影响。

11.8.2 油楔承载机理及形成动压油膜的条件

如图 11.29a 所示,在油膜厚度为 h_0 的截面右侧 ab 段,有 $h>h_0$,则由式(11.22)可知$\partial p/\partial x>0$,说明油压 p 沿 x 方向逐渐增大;在该截面左侧 bc 段,有 $h<h_0$,则由式(11.22)可知$\partial p/\partial x<0$,说明油压 p 沿 x 方向逐渐减小;在截面 $h=h_0$ 处,$\partial p/\partial x=0$,说明此处油压有最大值 p_{max}。油楔油压 p 沿 x 方向的分布规律如图 11.29a 所示,油楔内油压均大于入口和出口处的油压,因而能托起板 A,承受板 A 所受的外部载荷。油楔的全部油压之和即为油楔的承载能力。

若将平板 A、B 平行放置(图 11.29b),两平板间各截面处油膜厚度相等,由式(11.22)可知各处$\partial p/\partial x=0$,即油膜压力 p 沿 x 方向无变化,各处油压与右端进口和左端出口处油压相等。这种情况下平板 A 承载后将下沉,直至与板 B 接触,说明此时两平板间不能形成压力油膜,故板 A 不能承受外载荷。

分析式(11.22)可知,形成动压油膜的基本条件为:

(1) 两相对滑动表面间必须形成收敛的楔形间隙;

(2) 两表面间必须具有一定的相对滑动速度,即 $v\neq0$,且其相对运动方向必须使润滑油从大端流入,小端流出;

(3) 润滑油要有一定的黏度,且供油充分。

11.8.3 径向滑动轴承形成流体动力润滑的过程

将移动平板 A、静止平板 B 分别卷成圆筒形,相当于轴颈与轴承。因轴颈直径小于轴承孔直径,两者间存在一定的间隙,静止时轴颈位于轴承孔的最低位置,轴颈与轴承直接接触,如图 11.30a 所示,轴颈与轴承表面间自然形成一弯曲楔形。

当轴颈开始顺时针转动时,在摩擦力的作用下,轴颈沿轴承孔内壁向右滚动并上爬,如图 11.30b 所示。由于轴颈转速不高,进入楔形空间的油量不多,不足以形成动压油膜将轴颈与轴承分开,两者处于不完全油膜润滑状态。

随着轴颈转速的增大,带入楔形空间的油量逐步增多,动压油膜逐渐形成,将轴颈与轴承表面逐渐分开,摩擦力也逐渐减小,轴颈将向左下方移动,如图 11.30c 所示。当转速增人到一定数

值后，足够多的润滑油进入楔形空间，形成能平衡外载荷的动压油膜，轴颈被动压油膜抬起，稳定地在轴承中心偏左的某一位置上转动，如图 11.30d 所示。此时轴颈与轴承间形成流体动力润滑。若外载荷、轴颈转速及润滑油黏度保持不变，轴颈将在这一位置稳定地转动。

在一定的载荷作用下，转速发生变化时，轴颈的工作位置也将发生变化。研究结果表明，轴颈转速越高，轴颈中心将被抬得越高，且接近于轴承孔的中心，如图 11.30d 所示。轴颈中心随转速变化的运动轨迹接近于半圆。

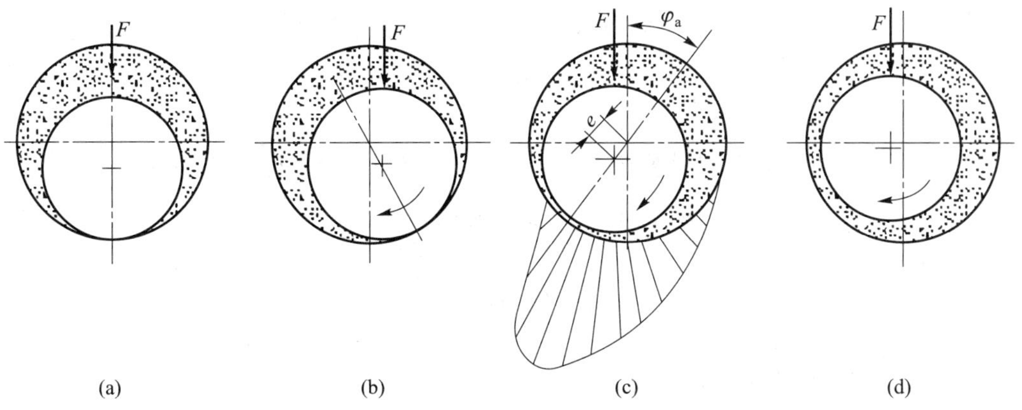

图 11.30 液体动压径向滑动轴承的工作过程

11.8.4 动压径向滑动轴承的几何参数及承载能力

1. 动压径向滑动轴承的几何参数

1）轴承直径间隙 Δ、半径间隙 δ 及相对间隙 ψ

设轴承直径为 D，半径为 R，轴颈直径为 d，半径为 r，则轴承直径间隙 $\Delta=D-d$，半径间隙 $\delta=R-r=\Delta/2$。直径间隙与轴颈直径之比称为相对间隙，用 ψ 表示，即

$$\psi=\frac{\Delta}{d}=\frac{\delta}{r} \tag{11.23}$$

2）偏心距 e 和偏心率 χ

设轴颈稳定运转时的位置如图 11.31 所示。图中轴承孔的中心为 O_1，轴颈的中心为 O。轴颈中心 O 偏离轴承孔中 O_1 的距离 e 称为偏心距。由前述可知，轴承工作转速和载荷变化时偏心距将随之改变，轴颈静止时偏心距最大。偏心距与半径间隙的比值称为偏心率，用 χ 表示，即 $\chi=e/\delta$。设连心线 OO_1 与作用于轴颈中心的径向外载荷 F 间的偏位角为 φ_a，偏心距 e 不同，对应的偏位角 φ_a 也不同。轴颈在轴承中的平衡位置由 e 和 φ_a 决定。

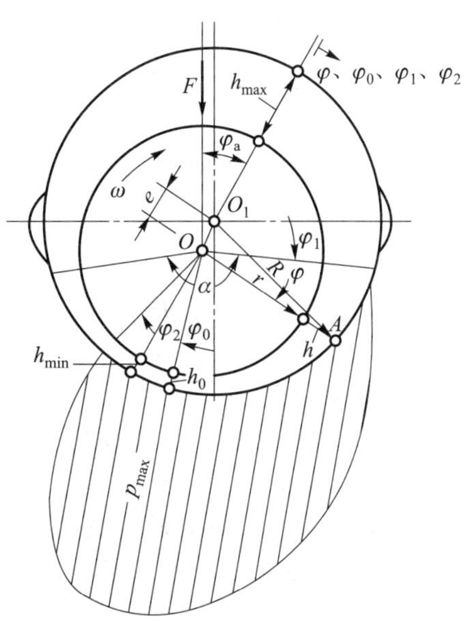

图 11.31 液体动压径向滑动轴承的几何参数和油压分布

3）最小油膜厚度 h_{min}

由图 11.31 可见，轴承中最小油膜厚度 h_{min} 位于 O_1O

连线的延长线上。

$$h_{min}=\delta-e=\delta(1-\chi)=r\psi(1-\chi) \tag{11.24}$$

对于径向滑动轴承,采用极坐标描述比较方便。取轴颈中心 O 为极点,连心线 OO_1 为极轴。对应任意角 φ(包括 φ_0、φ_1、φ_2 均从 OO_1 算起)的油膜厚度 h 的大小可在 $\triangle AOO_1$ 中应用余弦定理求得,即

$$R^2=e^2+(r+h)^2-2e(r+h)\cos\varphi$$

解上式得

$$r+h=e\cos\varphi\pm R\sqrt{1-\left(\frac{e}{R}\right)^2\sin^2\varphi}$$

若略去上式的微量项 $\left(\frac{e}{R}\right)^2\sin^2\varphi$,并取算式正号,则得任意位置的油膜厚度为

$$h=\delta(1+\chi\cos\varphi)=r\psi(1+\chi\cos\varphi) \tag{11.25}$$

在压力最大处油膜厚度 h_0 为

$$h_0=\delta(1+\chi\cos\varphi_0) \tag{11.26}$$

式中:φ_0——最大压力处极角。

2. 动压径向滑动轴承的承载能力

将式(11.22)改写成极坐标表达式,即 $dx=rd\varphi$、$v=r\omega$ 和 h、h_0 代入式(11.22),可得极坐标形式的雷诺方程

$$\frac{dp}{d\varphi}=6\eta\frac{\omega}{\psi^2}\frac{\chi(\cos\varphi-\cos\varphi_0)}{(1+\chi\cos\varphi)^3} \tag{11.27}$$

将式(11.27)从油膜起始角 φ_1 到任意角 φ 进行积分,得到任意位置的压力,即

$$p_\varphi=6\eta\frac{\omega}{\psi^2}\int_{\varphi_1}^{\varphi}\frac{\chi(\cos\varphi-\cos\varphi_0)}{(1+\chi\cos\varphi)^3}d\varphi \tag{11.28}$$

压力 p_φ 在外载荷方向上的分量为

$$p_{\varphi y}=p_\varphi\cos[180°-(\varphi_a+\varphi)]=-p_\varphi\cos(\varphi_a+\varphi) \tag{11.29}$$

将式(11.29)在 φ_1 到 φ_2 的区间内积分,就可以得到轴承单位宽度上的油膜承载力,即

$$\begin{aligned}p_y&=\int_{\varphi_1}^{\varphi_2}p_{\varphi y}rd\varphi=-\int_{\varphi_1}^{\varphi_2}p_\varphi\cos(\varphi_a+\varphi)d\varphi\\&=6\frac{\eta\omega r}{\psi^2}\int_{\varphi_1}^{\varphi_2}\left[\int_{\varphi_1}^{\varphi}\frac{\chi(\cos\varphi-\cos\varphi_0)}{(1+\chi\cos\varphi)^3}d\varphi\right][-\cos(\varphi_a+\varphi)]d\varphi\end{aligned} \tag{11.30}$$

由于式(11.30)是在两平板为无限宽的假设条件下得出的,因而式(11.30)也只适用于轴承为无限宽的情况。但实际轴承的宽度是有限的,工作时润滑油有轴向流动,并从两端泄漏出去,这种现象称为端泄。由于端泄的原因,油膜压力被大大降低,油膜压力沿轴承宽度呈抛物线分布,两端油压为零,并且轴承宽度中点的油膜压力也比无限宽轴承的油膜压力低(图11.32)。

因此,考虑端泄影响之后,在 φ 角和距轴承中线为 z 处的油膜压力的数学表达式为

$$p'_y=p_yC'\left[1-\left(\frac{2z}{B}\right)^2\right] \tag{11.31}$$

式中:C'——考虑因端泄而使轴承油膜压力降低的系数,它是偏心率 χ 和宽径比 B/d 的函数。

因此，对于有限宽轴承，油膜的总承载能力为

$$F=\int_{-\frac{B}{2}}^{+\frac{B}{2}}p_y'\mathrm{d}z$$
$$=6\frac{\eta\omega r}{\psi^2}\int_{-\frac{B}{2}}^{+\frac{B}{2}}\int_{\varphi_1}^{\varphi_2}\left[\int_{\varphi_1}^{\varphi}\frac{\chi(\cos\varphi-\cos\varphi_0)}{(1+\chi\cos\varphi)^3}\mathrm{d}\varphi\right]\left[-\cos(\varphi_a+\varphi)\right]\mathrm{d}\varphi C'\left[1-\left(\frac{2z}{B}\right)^2\right]\mathrm{d}z \tag{11.32}$$

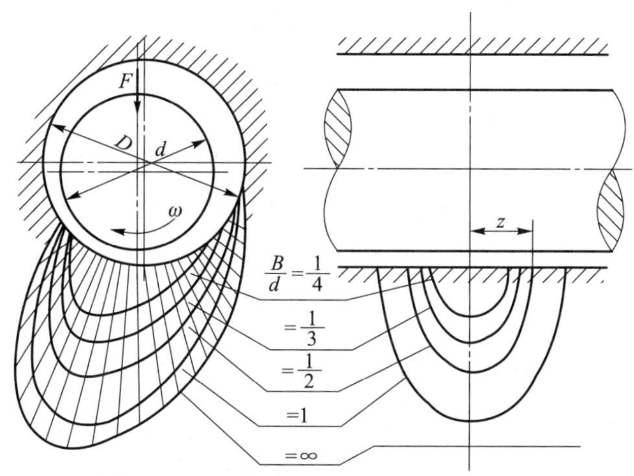

图 11.32 不同宽径比时沿轴承周向和轴向的压力分布

将式(11.32)中积分部分用系数 C_p 表示，C_p 称为承载量系数：

$$C_p=3\int_{-\frac{B}{2}}^{+\frac{B}{2}}\int_{\varphi_1}^{\varphi_2}\left[\int_{\varphi_1}^{\varphi}\frac{\chi(\cos\varphi-\cos\varphi_0)}{(1+\chi\cos\varphi)^3}\mathrm{d}\varphi\right]\left[-\cos(\varphi_a+\varphi)\right]\mathrm{d}\varphi C'\left[1-\left(\frac{2z}{B}\right)^2\right]\mathrm{d}z \tag{11.33}$$

则式(11.32)可写成

$$F=\frac{C_p\eta\omega Bd}{\psi^2} \tag{11.34}$$

由式(11.34)可得

$$C_p=\frac{F\psi^2}{\eta\omega dB}=\frac{F\psi^2}{2\eta vB} \tag{11.35}$$

式中：η——润滑油在轴承平均工作温度下的动力黏度，N·s/m^2；

B——轴承宽度，m；

v——轴颈圆周速度，m/s；

F——轴承外载荷，N；

C_p——承载量系数。

承载量系数 C_p 为量纲为一的量，其数值与轴承包角 α、偏心率 χ 和宽径比 B/d 有关。工程设计时，可从相关数表或线图查取。若轴承在非压力区内供油且包角 $\alpha=180°$，则其承载量系数 C_p 在不同偏心率 χ 和宽径比 B/d 时的数值见表 11.11。

表 11.11 有限宽轴承的承载量系数 C_p(轴承包角 $\alpha=180°$)

B/d	χ						
	0.3	0.4	0.5	0.6	0.65	0.70	0.75
	承载量系数 C_p						
0.3	0.052 2	0.082 6	0.128	0.203	0.259	0.347	0.475
0.4	0.089 3	0.141	0.216	0.339	0.431	0.573	0.776
0.5	0.133	0.209	0.317	0.493	0.622	0.819	1.098
0.6	0.182	0.283	0.427	0.655	0.819	1.070	1.418
0.7	0.234	0.361	0.538	0.816	1.014	1.312	1.720
0.8	0.287	0.439	0.647	0.972	1.199	1.538	1.965
0.9	0.339	0.515	0.754	1.118	1.371	1.745	2.248
1.0	0.391	0.589	0.853	1.253	1.528	1.929	2.469
1.1	0.440	0.658	0.947	1.377	1.669	2.097	2.664
1.2	0.487	0.723	1.033	1.489	1.796	2.247	2.838
1.3	0.529	0.784	1.111	1.590	1.912	2.379	2.990
1.5	0.610	0.891	1.248	1.763	2.099	2.600	3.242
2.0	0.763	1.091	1.483	2.070	2.446	2.981	3.671

B/d	χ						
	0.8	0.85	0.9	0.925	0.95	0.975	0.99
	承载量系数 C_p						
0.3	0.699	1.122	2.074	3.352	5.73	15.15	50.52
0.4	1.079	1.775	3.195	5.055	8.393	21.00	65.26
0.5	1.572	2.428	4.261	6.615	10.706	25.62	75.86
0.6	2.001	3.036	5.214	7.956	12.64	29.17	83.21
0.7	2.399	3.580	6.029	9.072	14.14	31.88	88.90
0.8	2.754	4.053	6.721	9.992	15.37	33.99	92.89
0.9	3.067	4.459	7.294	10.753	16.37	35.66	96.35
1.0	3.372	4.808	7.772	11.38	17.18	37.00	98.95
1.1	3.580	5.106	8.186	11.91	17.86	38.12	101.15
1.2	3.787	5.364	8.533	12.35	18.43	39.04	102.90
1.3	3.968	5.586	8.831	12.73	18.91	39.81	104.42
1.5	4.266	5.947	9.304	13.34	19.68	41.07	106.84
2.0	4.778	6.545	10.091	14.34	20.97	43.11	110.79

11.8.5 保证液体动力润滑的条件——最小油膜厚度 h_{min}

由式(11.24)可知,在其他条件不变时,h_{min} 越小,偏心率χ越大。由表 11.11 可知,偏心率χ越大,承载量系数 C_p 越大,即轴承的承载能力越大。但是,当最小油膜厚度 h_{min} 过小时,有可能使轴颈表面与轴承表面发生直接接触,从而破坏了液体摩擦状态。最小油膜厚度 h_{min} 主要受到轴颈和轴承表面的加工粗糙度、轴的刚性、轴颈和轴承的几何形状误差等因素的限制。因此,为保证轴承工作于液体摩擦状态,必须使最小油膜厚度 h_{min} 不小于许用油膜厚度[h],即

$$h_{min}=r\psi(1-\chi)\geqslant[h] \tag{11.36}$$

$$[h]=S(Rz_1+Rz_2) \tag{11.37}$$

式中:S——安全系数,用来考虑表面几何形状误差和轴颈挠曲变形对许用油膜厚度的影响,常取 $S\geqslant 2$;

Rz_1、Rz_2——轴颈和轴承孔表面微观不平度十点平均高度,μm。

Rz 的大小与加工方法有关。表 11.12 给出了各种加工方法所能得到的表面粗糙度及微观不平度十点平均高度 Rz。对一般的轴承,可取 Rz_1、Rz_2 的值分别为 3.2 μm、6.3 μm 或 1.6 μm、3.2 μm;对重要的轴承,可取为 0.8 μm、1.6 μm 或 0.2 μm、0.4 μm。

表 11.12 加工方法、表面粗糙度 Ra 及微观不平度十点平均高度 Rz

加工方法	精车或精镗、中等磨光、刮(每平方厘米有 1.5~3 个点)		铰、精磨、刮(每平方厘米有 3~5 个点)		钻石刀头镗、镗磨		研磨、抛光、超精加工等		
表面粗糙度 Ra/μm	3.2	1.6	0.8	0.4	0.25	0.1	0.05	0.025	0.012
Rz/μm	10	6.3	3.2	1.6	0.8	0.4	0.2	0.1	0.05

11.8.6 轴承的热平衡计算

轴承在液体摩擦状态下工作时,液体内摩擦所产生的摩擦功将转化为热量。该热量的一部分会使润滑油的温度升高,导致润滑油的黏度减小,降低轴承的承载能力。因此,为了控制润滑油的温升,保证轴承的承载能力,必须进行轴承的热平衡计算,计算润滑油的温升,并限制润滑油的温度在允许的范围内。

摩擦功耗转变的热量一部分被润滑油带走,一部分通过轴承壳体散发出去。轴承运转时达到热平衡状态的条件是:单位时间内轴承摩擦所产生的热量 Q 等于相同时间内流出的润滑油所带走的热量 Q_1 与轴承壳体散出的热量 Q_2 之和,即

$$Q=Q_1+Q_2 \tag{11.38}$$

轴承中的热量是由摩擦功转化而来的。单位时间内轴承中产生的热量

$$Q=\mu Fv \tag{11.39}$$

式中:F——轴承所受径向载荷,N;

v——轴颈圆周速度,m/s;

μ——摩擦因数。

$$\mu=\frac{\pi}{\psi}\cdot\frac{\eta\omega}{p}+0.55\psi\xi$$

式中：ξ——随轴承宽径比而变化的系数，当 $B/d<1$ 时，$\xi=(d/B)^{1.5}$，当 $B/d\geqslant 1$ 时，$\xi=1$；

ω——轴颈的角速度，rad/s；

p——轴承的平均压强，Pa；

η——润滑油的动力黏度，Pa·s。

单位时间内随流出的润滑油带走的热量 Q_1 为

$$Q_1=q\rho c(t_o-t_i) \tag{11.40}$$

式中：q——润滑油的流量，m^3/s，按润滑油流量系数求出；

ρ——润滑油的密度，kg/m^3，矿物油为 850~900 kg/m^3；

c——润滑油的比热容，J/(kg·℃)，矿物油为 1 675~2 090 J/(kg·℃)；

t_i、t_o——润滑油的入口与出口温度，℃，因受冷却设备的限制，一般取入口温度 $t_i=35\sim40$℃。

轴承壳体的金属表面通过热传导和热辐射，把一部分热量散发到周围介质中去。这部分热量与轴承散热表面的面积、空气流动速度等有关，很难精确计算，通常采用近似计算。以 Q_2 代表这部分热量，并以油的出口温度 t_o 代表轴承的温度，油的入口温度 t_i 代表周围介质的温度，则

$$Q_2=\alpha_s\pi Bd(t_o-t_i) \tag{11.41}$$

式中：α_s——轴承的表面传热系数，$W/(m^2\cdot℃)$。

α_s 随轴承结构和散热条件而定，对于轻型轴承或在不易散热的环境中工作的轴承，取 $\alpha_s=50\ W/(m^2\cdot℃)$；中型结构轴承或在一般通风条件下工作的轴承，取 $\alpha_s=80\ W/(m^2\cdot℃)$；良好冷却条件下工作的重型轴承，取 $\alpha_s=140\ W/(m^2\cdot℃)$。

热平衡时，根据式(11.39)~式(11.41)，有

$$\mu Fv=q\rho c(t_o-t_i)+\alpha_s\pi Bd(t_o-t_i)$$

于是得出

$$\Delta t=t_o-t_i=\frac{\left(\dfrac{\mu}{\psi}\right)p}{c\rho\left(\dfrac{q}{\psi vBd}\right)+\dfrac{\pi\alpha_s}{\psi v}} \tag{11.42}$$

式中：Δt——润滑油的温升，通常要求 $\Delta t\leqslant 30$ ℃；

v——轴颈圆周速度，m/s；

$\dfrac{q}{\psi vBd}$——润滑油流量系数，量纲为一，可根据轴承的宽径比 B/d 及偏心率 χ 由图 11.33 查出；

μ——摩擦因数。

用式(11.42)求出的只是平均温度差，实际上轴承上各点的温度是不相同的。润滑油从进入到流出轴承，温度逐渐升高，所以在轴承的不同部位，油的黏度也不相同。研究结果表明，在利用式(11.34)计算轴承的承载能力时，可以采用润滑油平均温度下的黏度。润滑油的平均温度 $t_m=(t_i+t_o)/2$，温升 $\Delta t=t_o-t_i$，所以润滑油的平均温度

$$t_m=t_i+\Delta t/2 \tag{11.43}$$

为了保证轴承的承载能力，通常要求平均温度 t_m 不超过 75 ℃。

设计时，通常先给定平均温度 t_m，按式(11.42)求出的温升 Δt，再来校核润滑油的入口温度

$$t_i = t_m - \Delta t/2 \tag{11.44}$$

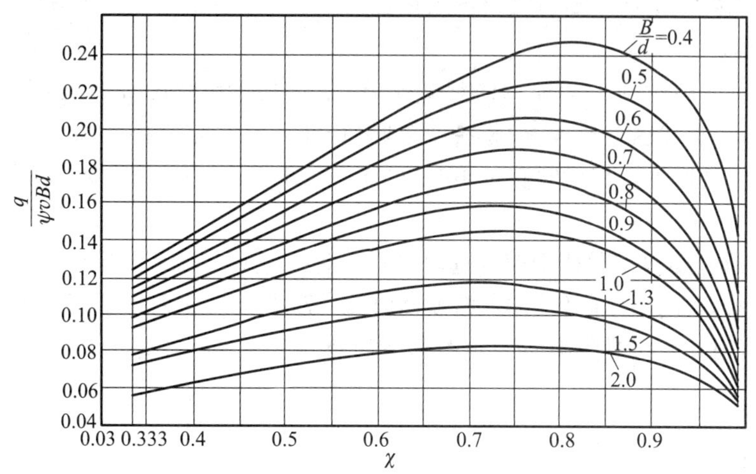

图 11.33 径向轴承($\alpha = 180°$)的润滑油流量系数线图

若计算结果 $t_i = 35 \sim 40$ ℃，则表示轴承满足热平衡条件，能保证轴承的承载能力；若 $t_i < 35 \sim 40$ ℃，则表示轴承不易达到热平衡状态，此时需增大轴承间隙，并适当地降低轴颈和轴瓦的表面粗糙度值，并重新进行热平衡计算；若 $t_i > 35 \sim 40$ ℃，表示轴承易于达到热平衡状态，轴承的承载能力尚未充分发挥，此时可降低平均温度 t_m 或适当地增大轴颈和轴瓦的表面粗糙度值，并重新进行热平衡计算。

11.8.7 滑动轴承设计参数的选择

液体动压滑动轴承的设计参数可分为两类：第一类参数是由滑动轴承的工作条件确定的或者是由设计人员预先设定的，如轴承的平均压强 p、轴的转速 n、润滑油的动力黏度 η、轴承的尺寸等；第二类参数是从属参数，它们是由第一类参数派生的，如最小油膜厚度 h_{min}、轴承的温升 Δt、润滑油流量 q 等。

进行滑动轴承设计时，通常要规定第二类参数的许用值，如许用最小油膜厚度 $[h_{min}]$、许用温升 $[\Delta t]$ 等。滑动轴承的设计计算就是在给定的工作条件下，预选第一类参数，通过校核最小油膜厚度 h_{min}、轴承的温升 Δt，然后对第一类参数进行评定和修改，以满足滑动轴承的工作能力准则要求。

1. 轴承宽径比 B/d

滑动轴承宽径比与滑动轴承的承载能力及温升有关。减小宽径比可增大端泄流量，降低温升，有利于提高运转稳定性，还能减少边缘接触现象，降低摩擦功耗，减小轴向尺寸。但是宽径比减小后，轴承承载能力也随之降低。通常，轴承宽径比 B/d 在 0.3~1.5 的范围内。高速重载轴承的温升较高，且有边缘接触危险，宽径比宜取小值；低速重载轴承为提高轴承整体刚性，宽径比宜取大值；高速轻载轴承如对轴承刚性无过高要求，宽径比可取小值；对支承刚性有较高要求的

机床主轴轴承,宽径比宜取较大值;飞机、汽车发动机中空间尺寸受到限制的轴承,宽径比可取小值。

一般机器中常用的轴承宽径比 B/d 的值:汽轮机、鼓风机 $B/d=0.4\sim1.0$,电动机、发电机、离心泵、齿轮变速装置 $B/d=0.6\sim1.5$,机床、拖拉机 $B/d=0.8\sim1.2$,轧钢机 $B/d=0.6\sim0.9$。

2. 相对间隙 ψ

滑动轴承相对间隙 ψ 对滑动轴承的承载能力、温升及回转精度等有重要影响。一般而言,相对间隙减小,油膜承载区会扩大,油膜厚度会增加,轴承承载能力将提高,回转精度也会提高,但轴承温升也会有所增加。相对间隙过小时,可能会出现 $h_{\min}<[h]$ 的情况,从而破坏了液体摩擦状态。

相对间隙 ψ 值主要根据载荷和速度选取:速度越高,ψ 值应越大;载荷越大,ψ 值应越小。此外,直径大、宽径比小、调心性能好、加工精度高时,ψ 可取小值;反之,ψ 应取大值。

设计时,一般轴承的相对间隙 ψ 值可根据下面经验公式进行计算:

$$\psi=\frac{(n/60)^{4/9}}{10^{31/9}} \tag{11.45}$$

式中:n——轴颈转速,r/min。

一般机器中常用的轴承相对间隙 ψ 值为:汽轮机、发电机 $\psi=0.001\sim0.002$,轧钢机、铁路车辆 $\psi=0.000\,2\sim0.001\,5$,内燃机 $\psi=0.000\,2\sim0.001\,25$,鼓风机、离心泵、齿轮变速装置 $\psi=0.001\sim0.003$,机床 $\psi=0.000\,1\sim0.000\,5$。

3. 润滑油黏度 η

润滑油黏度 η 对滑动轴承的承载能力、功耗和滑动轴承温升等影响较大,是滑动轴承设计中的一个重要参数。选用黏度大的润滑油可提高滑动轴承的承载能力,但同时会减小流量,增大摩擦功耗和轴承温升,应加强冷却。否则,温升过高会使润滑油的黏度减小,又会降低滑动轴承的承载能力。通常,载荷大、速度低的滑动轴承应选用较大黏度的润滑油。

由于轴承工作时油膜各处的温度不同,通常用平均温度来表示,即润滑油黏度是指平均温度下的黏度,所以平均温度的计算是否准确将直接影响轴承承载能力的确定。若平均温度过低,则油的黏度较大,算出的轴承承载能力偏高;反之,算出的承载能力偏低。设计时,可先假定轴承的平均温度(一般取 $t_m=50\sim75$ ℃),初选黏度,进行初步设计计算,再通过热平衡计算来验算轴承入口油温度 t_i 是否在 35~40 ℃之间,如不满足,应重新选择油的黏度值,再作计算。

对于一般的轴承,可根据轴颈转速 n 初估油在 $t=40$ ℃时的动力黏度 η',即

$$\eta'=\frac{(n/60)^{-1/3}}{10^{7/6}} \tag{11.46}$$

再由式(11.6)计算相应的运动黏度 ν',然后参照表 11.1 选定全损耗系统用油的牌号,然后选定平均油温 t_m,查图 11.8 重新确定 t_m 时的运动黏度 ν_{t_m} 和动力黏度 η_{t_m},最后验算油的入口温度 t_i。

例 11.2　设计一机床使用的液体动压润滑径向滑动轴承,载荷垂直向下,工作情况稳定,采用对开式轴承。已知工作载荷 $F=25\,000$ N,轴径 $d=100$ mm,转速 $n=1\,000$ r/min,在水平剖分面单侧供油。

解

设计项目	设计依据及内容	设计结果
1. 确定轴承宽 B	根据推荐的取值范围,选择轴承宽径比 $B/d=1.0$,轴承宽度 $B=(B/d)\times d=1.0\times100\ \text{mm}=100\ \text{mm}$	$B=100\ \text{mm}$
2. 选择轴瓦材料		
(1) 计算轴承压强 p	$p=\dfrac{F}{dB}=\dfrac{25\ 000}{0.1\times0.1}\text{Pa}=2.5\ \text{MPa}$	$p=2.5\ \text{MPa}$
(2) 计算轴颈圆周速度 v	$v=\dfrac{\pi dn}{60\times1\ 000}=\dfrac{\pi\times100\times1\ 000}{60\times1\ 000}\text{m/s}=5.23\ \text{m/s}$	$v=5.23\ \text{m/s}$
(3) 计算 pv 值	$pv=\dfrac{Fn}{19\ 100B}=\dfrac{25\ 000\times1\ 000}{19\ 100\times100}\text{MPa}\cdot\text{m/s}$ $=13.09\ \text{MPa}\cdot\text{m/s}$	$pv=13.09\ \text{MPa}\cdot\text{m/s}$
(4) 选择轴瓦材料	查表 11.3,选择铸造铜合金 ZCuSn10Pb1 为轴瓦材料,其许用值为$[p]=15\ \text{MPa}$,$[v]=10\ \text{m/s}$,$[pv]=15\ \text{MPa}\cdot\text{m/s}$ 满足 $p<[p]$,$v<[v]$,$pv<[pv]$	ZCuSn10P1
3. 选择润滑油并确定黏度		
(1) 初估润滑油动力黏度	由式(11.46), $\eta'=\dfrac{(n/60)^{-1/3}}{10^{7/6}}=\dfrac{(1\ 000/60)^{-1/3}}{10^{7/6}}\text{Pa}\cdot\text{s}=0.026\ 7\ \text{Pa}\cdot\text{s}$	$\eta'=0.026\ 7\ \text{Pa}\cdot\text{s}$
(2) 确定润滑油密度 ρ	取润滑油密度 $\rho=900\ \text{kg/m}^3$	$\rho=900\ \text{kg/m}^3$
(3) 计算运动黏度	由式(11.6),$\nu'=\dfrac{\eta'}{\rho}\times10^6=\dfrac{0.026\ 7}{900}\times10^6\ \text{cSt}=29.67\ \text{mm}^2/\text{s}$	$\nu'=29.67\ \text{mm}^2/\text{s}$
(4) 选择润滑油牌号	查表 11.1,选择全损耗系统用油 L-AN32	
(5) 选定平均油温 t_m	选定平均油温 $t_m=50\ ℃$	$t_m=50\ ℃$
(6) 确定运动黏度 ν	由图 11.8 查得 50℃时 $\nu_{50℃}=20\ \text{mm}^2/\text{s}$	$\nu_{50℃}=20\ \text{mm}^2/\text{s}$
(7) 确定动力黏度 η	$\eta=\rho\nu_{50℃}\times10^{-6}=900\times20\times10^{-6}\ \text{Pa}\cdot\text{s}=0.018\ \text{Pa}\cdot\text{s}$	$\eta=0.018\ \text{Pa}\cdot\text{s}$
4. 验算最小油膜厚度 h_{min}		
(1) 确定相对间隙 ψ	由式(11.45), $\psi=\dfrac{(n/60)^{4/9}}{10^{31/9}}=\dfrac{(1\ 000/60)^{4/9}}{10^{31/9}}=0.001\ 25$	取 $\psi=0.001\ 25$
(2) 计算直径间隙 Δ	$\Delta=\psi d=0.001\ 25\times100\ \text{mm}=0.125\ \text{mm}$	$\Delta=0.125\ \text{mm}$
(3) 计算承载量系数 C_p	$C_p=\dfrac{F\psi^2}{2\eta vB}=\dfrac{25\ 000\times0.001\ 25^2}{2\times0.018\times5.23\times0.1}=2.075$	$C_p=2.075$
(4) 确定轴承偏心率χ	根据 C_p 和 B/d 的值查表 11.11,并采用插值法求得 $\chi=0.713$	$\chi=0.713$
(5) 计算最小油膜厚度 h_{min}	由式(11.24), $h_{min}=r\psi(1-\chi)=\dfrac{100}{2}\times0.001\ 25\times(1-0.713)\text{mm}=17.9\ \mu\text{m}$	$h_{min}=17.9\ \mu\text{m}$

续表

设计项目	设计依据及内容	设计结果
(6) 确定轴颈、轴承孔的表面微观不平度十点平均高度 Rz_1、Rz_2	按加工精度要求，轴颈表面经淬火后精磨，表面粗糙度值为 0.4 μm，轴瓦孔径精镗，表面粗糙度值为 0.8 μm，查表 11.12 得： $Rz_1=1.6\ \mu m, Rz_2=3.2\ \mu m$	$Rz_1=1.6\ \mu m$， $Rz_2=3.2\ \mu m$
(7) 确定许用油膜厚度$[h]$	取安全系数 $S=2$，由式(11.37)， $[h]=S(Rz_1+Rz_2)=2\times(1.6+3.2)\ \mu m=9.6\ \mu m$	$[h]=9.6\ \mu m$
(8) 验算最小油膜厚度 h_{min}	$h_{min}>[h]$，满足轴承工作的可靠性要求	工作安全
5. 验算润滑油入口温度 t_i (1) 确定摩擦因数 μ	$\xi=(d/B)^{1.5}=(100/100)^{1.5}=1$ $\mu=\frac{\pi}{\psi}\frac{\eta\omega}{p}+0.55\psi\xi$ $=\frac{\pi\times0.018\times(\pi\times1\,000/30)}{0.001\,25\times2.5\times10^6}+0.55\times0.001\,25\times1$ $=0.002\,58$	$\xi=1$ $\mu=0.002\,58$
(2) 确定润滑油流量系数	由 $B/d=1.0$、$\chi=0.713$ 查图 11.33，得 $q/(\psi vBd)=0.145$	$q/(\psi vBd)=0.145$
(3) 计算润滑油温升 Δt	按润滑油密度 $\rho=900\ kg/m^3$，取比热容 $c=1\ 800\ J/(kg\cdot ℃)$，表面传热系数 $K_s=80\ W/(m^2\cdot ℃)$ 由式(11.42)，$\Delta t=\frac{\left(\frac{\mu}{\psi}\right)p}{c\rho\left(\frac{q}{\psi vBd}\right)+\frac{\pi\alpha_s}{\psi v}}$ $=\frac{\frac{0.002\,58}{0.001\,25}\times2.5\times10^6}{1\,800\times900\times0.145+\frac{\pi\times80}{0.001\,25\times5.23}}℃$ $=18.87℃$	$\Delta t=18.87\ ℃$
(4) 计算润滑油入口温度 t_i	$t_i=t_m-\Delta t/2=(50-18.87/2)℃=40.57℃$	$t_i=40.57\ ℃$
(5) 验算润滑油入口温度	要求 $t_i=35\sim40℃$，故上述入口温度基本合适	入口温度合适
6. 计算润滑油流量 q	$q=0.171\psi vBd$ $=0.171\times0.001\,25\times5.23\times0.1\times0.1\ m^3/s$ $=1.118\times10^{-5}m^3/s$	$q=1.118\times10^{-5}m^3/s$
7. 选择轴承配合	根据直径间隙 $\Delta=0.25$ mm，按照 GB/T 1801—2009 选配合为 F7/f7，查的轴承孔的尺寸公差为 $\phi100^{+0.071}_{+0.036}$，轴颈公差为 $\phi100^{-0.036}_{-0.071}$	F7/f7 轴承孔 $\phi100^{+0.071}_{+0.036}$ 轴颈 $\phi100^{-0.036}_{-0.071}$

续表

设计项目	设计依据及内容	设计结果
8. 确定最大、最小间隙		
(1) 最大间隙 Δ_{max}	$\Delta_{max}=[0.071-(-0.071)]\text{mm}=0.142\text{ mm}$	$\Delta_{max}=0.142\text{ mm}$
(2) 最小间隙 Δ_{min}	$\Delta_{min}=[0.036-(-0.036)]\text{mm}=0.072\text{ mm}$	$\Delta_{min}=0.072\text{ mm}$
	因 $\Delta=0.125$ mm 在 Δ_{max} 和 Δ_{min} 之间,故所选配合适用	所选配合适用

注:完成以上设计计算后,一般还需分别按最大间隙 Δ_{max}、最小间隙 Δ_{min} 校核轴承的承载能力、最小油膜厚度及润滑油入口温度,如果均在允许范围内,则绘制轴承工作图。否则应重新选择参数,再按以上步骤进行设计及校核计算。本例省略。

11.9　其他轴承简介

11.9.1　液体动压多油楔滑动轴承

前述液体动压径向滑动轴承只能形成一个油楔,在一个油楔上产生液体动压油膜,故称为单油楔轴承。这类轴承在轻载、高速条件下运转时,容易出现失稳现象,即如果轴颈受到某个微小的外力干扰时,轴心容易偏离平衡位置,难以自动返回原来的平衡位置。为了提高滑动轴承的工作稳定性和旋转精度,常把滑动轴承做成多油楔形状,这时轴承承载力等于各油楔承载力的矢量和。多油楔滑动轴承中,轴瓦的内孔制成特殊形状,目的是在工作中产生多个油楔,形成多个动压油膜,借以提高轴承的工作稳定性和旋转精度,这种轴瓦可分成固定的和可倾的两类。

1. 固定瓦多油楔轴承

图 11.34 所示为常见的几种固定瓦多油楔轴承。它们在工作时能形成两个或三个动压油膜,分别称为二油楔和三油楔轴承。和单油楔轴承相比,多油楔轴承提高了旋转精度和稳定性,但其承载能力较低,功耗较大。图 11.34a 和图 11.34c 能用于双向回转,图 11.34b 和图 11.34d 只能用于单向回转。

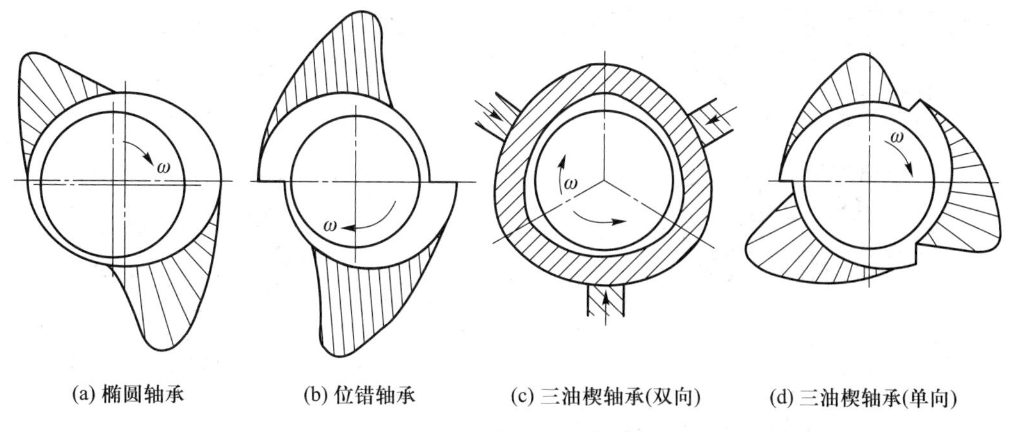

(a) 椭圆轴承　(b) 位错轴承　(c) 三油楔轴承(双向)　(d) 三油楔轴承(单向)

图 11.34　固定瓦多油楔轴承示意图

2. 可倾瓦多油楔轴承

图 11.35 所示为可倾瓦多油楔径向轴承,轴瓦由三块或三块以上(一般为奇数)的扇形块组

成。扇形块以其背面的球形窝支承在调整螺钉尾端的球面上。球窝的中心不在扇形块中部，而是沿圆周偏向轴颈旋转方向的一边。由于扇形块支承在球面上，所以它的倾斜度可以随轴颈位置的不同而自动调整，以适应不同的载荷、转速和轴的弹性变形等情况，保持轴颈与轴瓦间的适当间隙，因而能够建立起可靠的液体摩擦润滑油膜。间隙的大小可用球端螺钉进行调整。

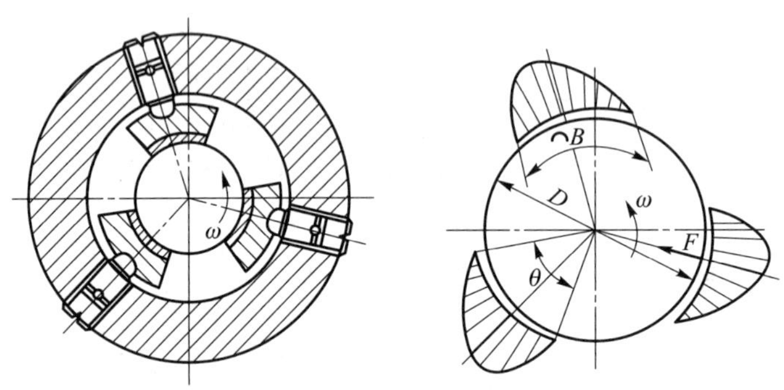

图 11.35 可倾瓦多油楔径向轴承示意图

这类轴承的特点是，即使在空载运转时，轴与各个轴瓦也相对处于某个偏心位置上，即形成几个有承载能力的油楔，而这些油楔中产生的油膜压力有助于轴的稳定运转，具有较好的抗振性能、旋转精度和稳定性，但是制造和调试都比较费事。

11.9.2 液体动压推力轴承

液体动压推力轴承有固定瓦块和可倾瓦块两种。固定瓦块推力轴承（图 11.36）的各瓦块成扇形，瓦块固定且倾斜方向一致，工作时可沿各瓦块形成多个动压油膜。该轴承结构简单，但只允许轴作单向旋转。可倾瓦块推力轴承（图 11.37）的各瓦块支承在圆柱面或球面上，工作时各瓦块可自动调整位置，以适应不同的工作条件，保证运转的稳定性。

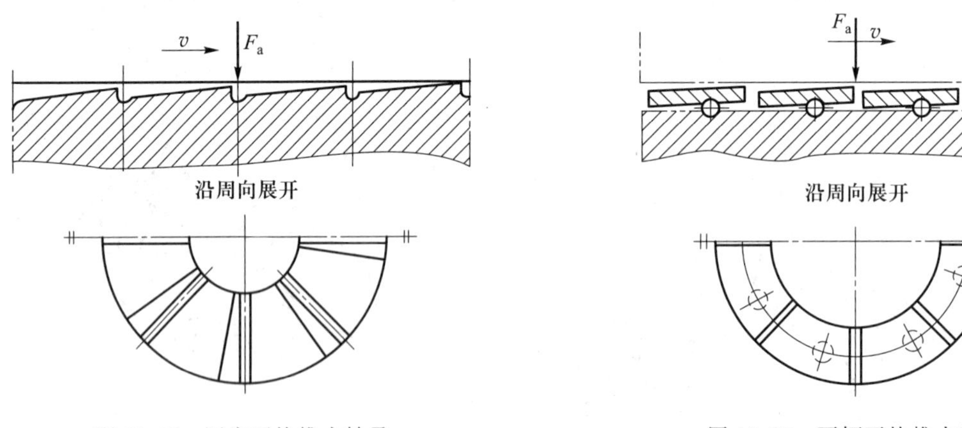

图 11.36 固定瓦块推力轴承

图 11.37 可倾瓦块推力轴承

11.9.3 液体静压径向滑动轴承

液体静压轴承是利用外部供油装置，将高压油送进轴承间隙内，强制形成静压承载油膜，将轴颈与轴承表面完全隔开，实现液体润滑，它是靠液体的静压来平衡外载荷。

图 11.38 为一液体静压径向滑动轴承示意图。轴承有四个完全相同的油腔,分别通过各自的节流器与供油管路相连接。压力为 p_b 的高压油流经节流器降压后流入各油腔,然后一部分经过径向封油面流入回油槽,并沿回油槽流出轴承,另一部分经轴向封油面流出轴承。当无外载荷(且忽略轴的自重)时,四个油腔的油压均相等,使得轴颈与轴承同心。此时,四个油腔的封油面与轴颈间的间隙相等,均为 h_0,因此流经四个油腔的油流量是相等的,在四个节流器中产生的压力降也相同。

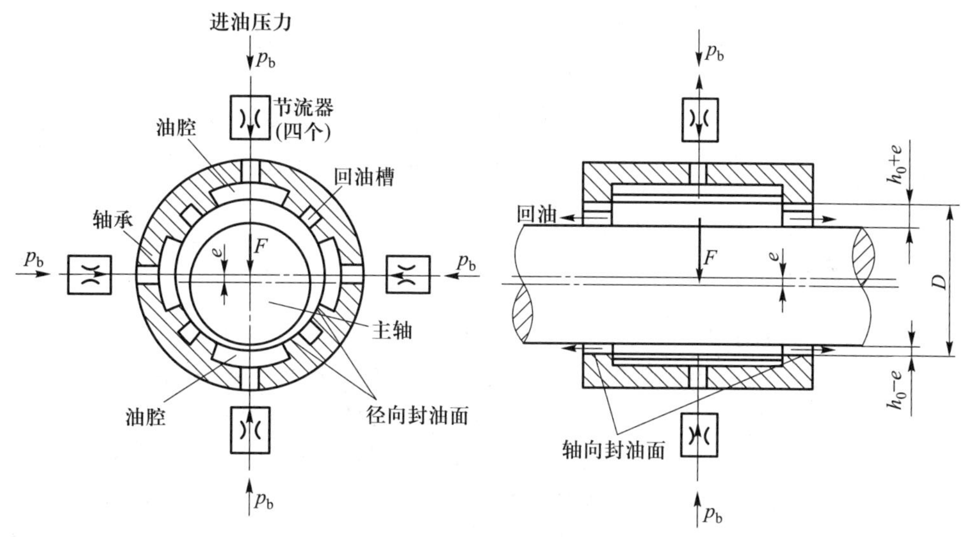

图 11.38　液体静压径向滑动轴承示意图

当有外载荷 F 加在轴颈上时,轴颈就要往下沉,使下部油腔的封油面侧隙减小,油的流量亦随之减小,下部油腔节流器中的压力降也将随之减小,但是油泵的压力保持不变,所以下部油腔压力会随之增高;与此同时,上部油腔封油面侧隙加大,流量加大,节流器中压力降加大,油腔压力减小,上、下两油腔间就形成了压力差。由这个压力差所产生的向上的力与所加在轴颈上的外载荷 F 相平衡,使轴颈保持在图 11.38 所示的位置上,即轴的轴线下移了一定的距离 e。因为没有外加的侧向载荷,故左、右两个油腔中并不产生压力差,左、右间隙就不改变。只要下油腔封油面侧隙(h_0-e)大于两表面最大平面度之和,就能保证轴承处于液体摩擦。

液体静压滑动轴承的主要优点是:① 摩擦因数小,一般为 0.000 1~0.000 4;② 静压油膜的形成受轴颈转速的影响很小,因而能在较广的转速范围内正常工作,尤其在起动、停车的过程中也能实现液体摩擦,轴承磨损小,使用寿命长;③ 油膜刚度大,具有良好的吸振性,工作平稳,旋转精度高;④ 由于轴承承载能力可通过供油压力来调节,所以在低转速下也可满足重载的工作要求。

液体静压滑动轴承的主要缺点是:供油系统比较复杂,重要场合还需要备用设备,因而成本高,管理、维护也比较麻烦,并且要消耗附加功率。

液体静压滑动轴承适用于回转精度要求高、低速重载的场合,如大型天文望远镜的转盘,机床或仪器中的导轨与工作平台,需要经常起动或停车的设备中的主轴。

11.9.4 气体润滑轴承

气体润滑轴承是用气体作润滑剂的滑动轴承。空气最为常用，它既不需要特别制造，用过之后也不需要回收。气体黏度远低于液体黏度，如空气的黏度只有油的黏度的几千分之一，因而气体润滑轴承的摩擦阻力很小，摩擦功耗甚微；气体黏度受温度变化的影响小，而且对机器不会产生污染。所以，在高速（例如转速在每分钟百万转）、高温（600℃以上）、低温以及有放射线存在的场合，气体润滑轴承能够发挥它的特殊功能。如在高速磨头、高速离心分离机、原子反应堆、陀螺仪表、电子计算机记忆装置等尖端技术装备上，由于采用了气体润滑轴承，克服了使用滚动轴承或液体润滑滑动轴承所不能克服的困难。

气体润滑轴承也有气体动压轴承和气体静压轴承两类。气体动压轴承适用于持续高速运转的场合，如磨削小孔径的内圆磨床中；气体静压轴承在低转速下也能正常工作，可用在高温设备、精密机床和仪器中。

11.9.5 无润滑轴承

无润滑轴承是指采用各种自润滑材料制成的轴承，又称自润滑轴承。工作过程中不需加油或加脂。自润滑轴承适用于不易加油、环境恶劣、注油效果难以发挥、频繁起动、处于腐蚀性液体中以及难以形成润滑油膜等场合。自润滑轴承有两类：一类是用自润滑材料，如各种工程塑料（聚合物）、碳-石墨和特种陶瓷等制成的轴承；另一类是由基体材料（轴套、轴瓦）与减摩材料（如 MoS_2、石墨、PbO、Ag、聚四氟乙烯等）组成的复合材料制成的轴承。向基体材料中提供减摩材料的方式有覆膜、烧结、镶嵌等。自润滑轴承一般由专业工厂生产，成本不高，选用方便。

11.9.6 磁力轴承

磁力轴承是靠磁场力支承载荷或悬浮转子的一种轴承。这种轴承近年来发展很快，特别是在高速、低摩阻、高（低）温及真空环境下的应用。磁力轴承与其他支承形式的轴承相比具有独特的优越性，发展前景很好。磁力轴承无须任何润滑剂，没有机械接触，无磨损，故功耗非常小（约为普通滑动轴承的 1/10～1/100）。通过电子控制系统，可控制轴的位置，调节轴承的阻尼和刚度，使转子具有良好的动态稳定性能。

磁力轴承的种类较多，按控制轴承稳定运转的方式可分为无源型磁力轴承和有源型磁力轴承。无源型磁力轴承结构简单，但刚度小，损耗较大。有源型磁力轴承刚度大、响应速度快、功耗小，可实现多个自由度的控制，但需外控回路。

按轴承中的磁能来分，磁力轴承分为永磁型、激励型、激励永磁混合型、超导体型等类型。永磁型磁力轴承（图 11.39）结构简单，无控制系统和调谐电路，功耗小；但刚度小、稳定性差，且采用一般的永磁材料有退磁作用，配合不当还会出现反转，用于大型轴承时装配困难。激励型磁力轴承利用电磁原理产生磁能，配有控制系统或调谐电路，其承载能力和刚度较大，稳定性好，应用广泛。但其体积较大，功耗高。激励永磁混合型磁力轴承兼有前两者的优点，应用广泛。超导体型磁力轴承中的电磁激励线圈为超导体线圈（置于液氮中），可使磁场强度提高十几倍甚至更高，因而承载能力极高。

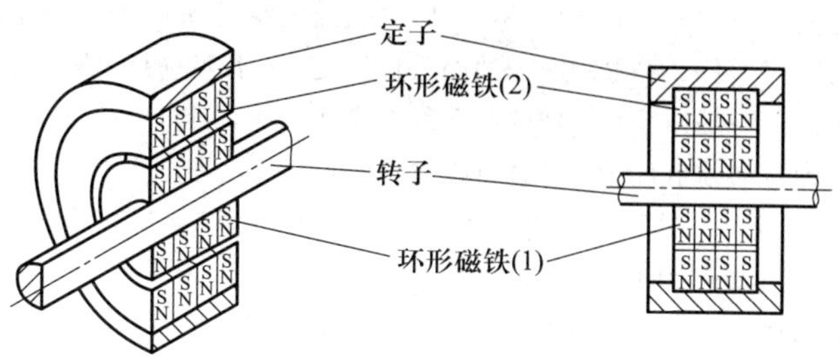

图 11.39　永磁型磁力轴承

按磁力轴承的结构形式来分，磁力轴承又可分为径向磁力轴承、推力磁力轴承和组合磁力轴承。

磁力轴承能在真空、低温、高温、低速以及高速等各种特殊环境下工作。随着磁性材料、电子器件、超导技术、微处理器和大规模集成电路的快速发展，磁力轴承的应用范围逐步扩大，可靠性也不断提高。磁力轴承目前已广泛应用于精密陀螺仪、加速度计、流量计、振动阻尼器、真空泵、精密机床、水轮发电机和气体压缩机等多种设备中，磁悬浮列车则是磁力轴承应用的典型案例。

习　题

11.1　滑动轴承的主要特点是什么？什么场合应采用滑动轴承？

11.2　滑动轴承的摩擦状态有哪几种？各有什么特点？

11.3　简述滑动轴承的分类。什么是不完全油膜滑动轴承？什么是液体摩擦滑动轴承？

11.4　试述滑动轴承的典型结构及特点。

11.5　对滑动轴承材料性能的基本要求是什么？常用的轴承材料有哪几类？

11.6　轴瓦的主要失效形式是什么？

11.7　在滑动轴承上开设油孔和油槽时应注意哪些问题？

11.8　不完全油膜滑动轴承的失效形式和设计准则是什么？

11.9　验算支承蜗轮轴的不完全液体润滑轴承。已知蜗轮轴转速 $n=60$ r/min，轴颈直径 $d=80$ mm，径向载荷 $F_r=7\ 000$ N，轴瓦材料为锡青铜，轴的材料为 45 钢。

11.10　有一不完全油膜径向滑动轴承，轴颈直径 $d=100$ mm，轴承宽度 $B=100$ mm，轴瓦材料为锡青铜 ZCuPb5Sn5Zn5。

（1）验算轴承的工作能力。已知载荷 $F_r=3\ 600$ N，转速 $n=150$ r/min。

（2）计算轴的允许转速 n。已知载荷 $F_r=3\ 600$ N。

（3）计算轴承能承受的最大载荷 F_{max}。已知转速 $n=900$ r/min。

（4）确定轴所允许的最大转速 n_{max}。

11.11　已知一不完全油膜止推滑动轴承，转速较低，止推面为空心结构，外径 $d_2=120$ mm，内径 $d_1=60$ mm，轴承材料为青铜，轴颈经淬火处理。试确定该轴承所能承受的最大轴向载荷 F_a。

11.12　实现流体润滑的方法有哪些？它们的工作原理有何不同？各有何优、缺点？

11.13　试根据一维雷诺方程说明油楔承载机理及建立液体动力润滑的必要条件。

11.14　试述液体动压径向滑动轴承的工作过程。

11.15　解释液体动压径向滑动轴承的直径间隙 Δ、相对间隙 ψ 及偏心率 χ。写出它们与 h_{min} 之间的关系式。

11.16 滑动轴承建立完全液体润滑的条件是什么？许用油膜厚度[h]与哪些因素有关？

11.17 轴承热平衡计算时为什么要限制润滑油的入口温度 t_i？若不满足要求则应采取哪些措施？

11.18 滑动轴承润滑的目的是什么？常用的润滑剂有哪些？

11.19 一液体动压径向滑动轴承，承受径向载荷 $F_r=70\ 000$ N，转速 $n=1\ 500$ r/min，轴颈直径 $d=200$ mm，轴承宽径比 $B/d=0.8$，相对间隙 $\psi=0.001\ 5$，包角 $\alpha=180°$，采用 L-AN32 全损耗系统用油，非压力供油。假设轴承中平均油温 $t_m=50$℃，油的黏度 $\eta=0.018$Pa · s，求最小油膜厚度 h_{min}。

11.20 设计一机床用的液体动压径向滑动轴承。对开式结构，载荷竖直向下，工作情况稳定，工作载荷$F_r=100\ 000$ N，轴颈直径 $d=200$ mm，转速 $n=500$ r/min。

第 12 章　滚动轴承

12.1　概述

滚动轴承是机械设备中应用较广泛的部件之一，用来支承转动零件，从而减少运动副之间的摩擦和磨损。滚动轴承的类型、尺寸、公差等已有国家标准，并由专业厂家生产，价格较便宜。设计者只需要根据具体工作条件正确选择轴承的类型和尺寸，验算轴承的承载能力，进行滚动轴承的组合设计，组合设计包括定位、安装、润滑、密封等结构设计。

1. 滚动轴承的构造

滚动轴承的基本构造如图 12.1 所示，它由内圈 1、外圈 2、滚动体 3 和保持架 4 四个部分组成。内圈、外圈分别与轴颈、轴承座装配。当内、外圈相对转动时，滚动体即在内、外圈的滚道间滚动，内、外圈滚道的作用是限制滚动体的侧向移动。常用的滚动体如图 12.2 所示，有球形滚子、圆柱滚子、滚针、圆锥滚子、球面滚子、非对称球面滚子等几种。

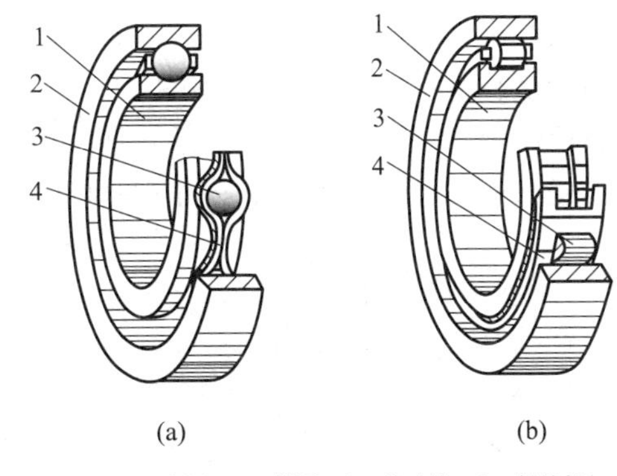

1—内圈；2—外圈；3—滚动体；4—保持架

图 12.1　滚动轴承的基本结构

保持架的主要作用是均匀地隔开滚动体，避免因相邻滚动体直接接触而使滚动体迅速发热及磨损。保持架有冲压的（图 12.1a）和实体的（图 12.1b）两种。

滚动轴承通常是内圈随轴颈旋转，外圈固定，但也可用于外圈旋转而内圈不动，或是内、外圈同时旋转的场合。在某些情况下，还可以没有内圈、外圈或保持架，这时的轴颈或轴承座就要起到内圈或外圈的作用。此外还有一些轴承，除了以上四种基本零件外，还增加有其他特殊零件，如在外圈上加密封盖等。

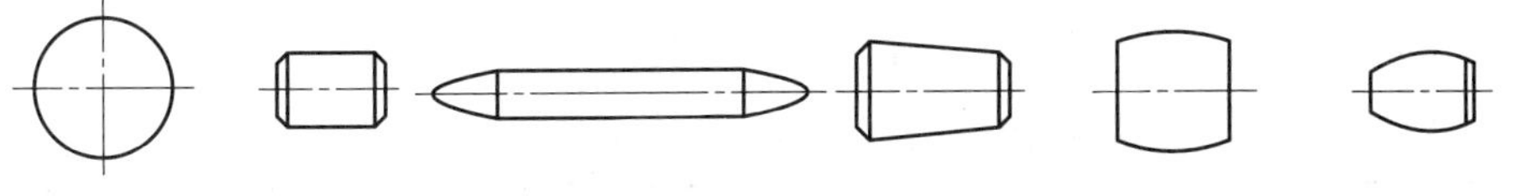

(a) 球形滚子　(b) 圆柱滚子　(c) 滚针　(d) 圆锥滚子　(e) 球面滚子　(f) 非对称球面滚子

图 12.2　常用滚动体类型

2. 滚动轴承的材料

轴承的内圈、外圈和滚动体一般是用轴承钢（GCr15、GCr15SiMn 等）制造的，经热处理后硬度一般不低于 60～65 HRC。冲压保持架一般用低碳钢板冲压制成，它与滚动体间有较大的间隙，工作时噪声较大。实体保持架常用铜合金、铝合金或酚醛树脂等材料制成，有较好的隔离和定心作用。

3. 滚动轴承的优、缺点

与滑动轴承相比，滚动轴承的优点有：① 摩擦阻力小，起动容易，效率高；② 径向游隙较小，可用预紧的方法提高轴承的支承刚度及旋转精度；③ 对同尺寸的轴颈，滚动轴承的宽度较小，可使机器的轴向尺寸紧凑；④ 润滑方法简便；⑤ 互换性好。缺点主要有：① 承受冲击载荷能力较差；② 高速运转时噪声较大；③ 处于长轴或曲轴中间的轴承安装困难，甚至无法安装；④ 比滑动轴承的径向尺寸大；⑤ 寿命一般比滑动轴承低。

12.2　滚动轴承的类型和代号

12.2.1　滚动轴承的类型

滚动轴承可以按不同方法进行分类。按滚动体的形状，滚动轴承可分为球轴承和滚子轴承；按调心性能，可分为调心轴承和非调心轴承；按轴承承受的载荷方向，可分为向心轴承、推力轴承和向心推力轴承。图 12.3 所示为不同承载方向轴承的承载情况示意图。主要承受径向载荷 F_r 的轴承称为向心轴承，只能承受轴向载荷 F_a 的轴承称为推力轴承，能同时承受径向载荷和轴向载荷的轴承称为向心推力轴承。向心推力轴承实际承受的径向载荷 F_r 与轴向载荷 F_a 的合力与半径方向的夹角 β 称为载荷角(图 12.3c)。

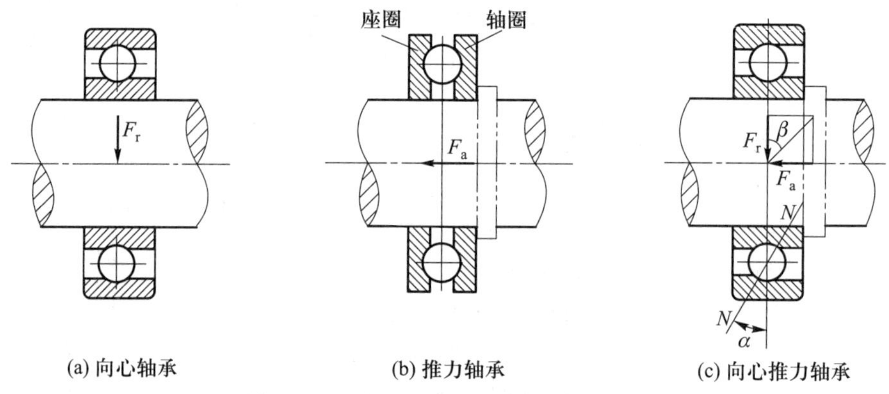

图 12.3　不同承载方向轴承的承载情况

我国常用滚动轴承的基本类型、名称及代号见表 12.1。

表 12.1　常用滚动轴承的类型代号

类型代号	轴承类型	类型代号	轴承类型
0	双列角接触球轴承	7	角接触球轴承
1	调心球轴承	8	推力圆柱滚子球轴承
2	调心滚子轴承和推力调心滚子轴承	N	圆柱滚子轴承，双列或多列用 NN 表示
3	圆锥滚子轴承	U	外球面球轴承
4	双列深沟球轴承	QJ	四点接触球轴承
5	推力球轴承	C	长弧面滚子轴承(圆环轴承)
6	深沟球轴承		

注：无内圈和既无内圈又无外圈的滚针轴承有自己特定的代号。

12.2.2　滚动轴承的性能和特点

表 12.2 给出了常用滚动轴承的类型、代号、结构、特性及适用场合，供选择轴承时参考。

表 12.2　常用滚动轴承的类型、代号、结构、性能特点及适用场合

类型及代号	结构简图	载荷方向	允许偏位角	额定动载荷比①	极限转速比②	轴向载荷能力	性能特点	适用场合及举例
双列角接触球轴承 0			2′~10′	—	高	较大	可同时承受径向和轴向载荷；也可承受纯轴向载荷（双向），承载能力大	适用于刚性大、跨距大的轴（固定支承），常用于蜗杆减速器、离心机等
调心球轴承 1			1.5°~3°	0.6~0.9	中	少量	不能承受纯轴向载荷，能自动调心	适用于多支点传动轴、刚性小的轴以及难以对中的轴
调心滚子轴承 2			1.5°~3°	1.8~4	低	少量	载荷能力最大，但不能承受纯轴向载荷，能自动调心	常用于其他种类轴承不能胜任的重载荷情况，如轧钢机、大功率减速器、破碎机、吊车走轮等
推力调心滚子轴承 2			2°~3°	1.8~4	中	大	与推力轴承相比能承受更大的轴向载荷，且能承受少量径向载荷；极限转速高于 5 类轴承，能自动调心，价格高	适用于重载荷和要求调心性能好的场合，如大型立式水轮机主轴等

续表

类型及代号	结构简图	载荷方向	允许偏位角	额定动载荷比[①]	极限转速比[②]	轴向载荷能力	性能特点	适用场合及举例
圆锥滚子轴承 3 31300(α=28°48′39″) 其他 (α=10°~18°)	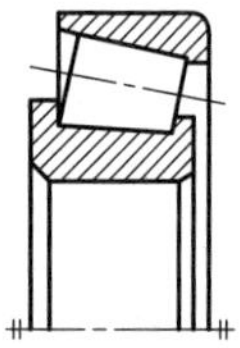		2′	1.1~2.1 1.5~2.5	中	很大	内、外圈可分离,游隙可调,摩擦因数大,常成对使用; 31300型不宜承受纯径向载荷,其他型号不宜承受纯轴向载荷	适用于刚性较大的轴,应用很广,如减速器、车轮轴、轧钢机、起重机、机床主轴等
双列深沟球轴承 4	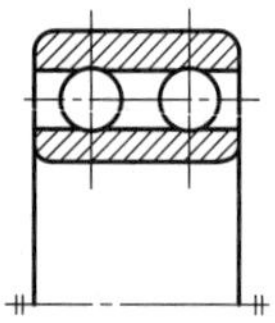		2′~10′	1.5~2	高	少量	当量摩擦因数小,高转速时可用来承受不大的纯轴向载荷	适用于刚性较大的轴,常用于中等功率电动机、减速器、运输机的托辊、滑轮等
推力球轴承 5 双向推力球轴承 5	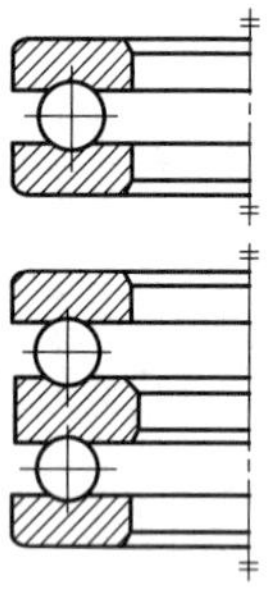		不允许	1	低	大	轴线必须与轴承座底面垂直,不适用于高转速	常用于起重机吊钩、蜗杆轴、锥齿轮轴、机床主轴等
深沟球轴承 6	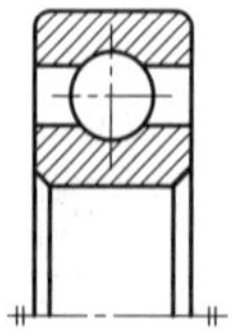		2′~10′	1	高	少量	当量摩擦因数最小,高转速时可用来承受不大的纯轴向载荷	适用于刚性较大的轴,常用于小功率电动机、减速器、运输机的托辊、滑轮等

续表

类型及代号	结构简图	载荷方向	允许偏位角	额定动载荷比[1]	极限转速比[2]	轴向载荷能力	性能特点	适用场合及举例
角接触球轴承 7 7000C ($\alpha=15°$) 7000AC ($\alpha=25°$) 7000B ($\alpha=40°$)			$2'\sim10'$	1～1.4 2～2.3 1～1.2	高	一般 较大 更大	可同时承受径向载荷和轴向载荷，也可承受纯轴向载荷	适用于刚性较大、跨距不大的轴及需在工作中调整游隙的情况，常用于蜗杆减速器、离心机、电钻、穿孔机等
外圈无挡边圆柱滚子轴承 N			$2'\sim4'$	1.5～3	高	0	内、外圈可分离，滚子用内圈凸缘定向，内、外圈允许少量的轴向移动	适用于刚性很大，对中良好的轴，常用于大功率电动机、机床主轴、人字齿轮减速器等
滚针轴承 NA			不允许	—	低	0	径向尺寸最小，径向承载能力很大，摩擦因数较大，旋转精度低	适用于径向载荷很大而径向尺寸受限制的情况，如万向联轴器、活塞销、连杆销等

① 额定动载荷比：指同一尺寸系列各种类型和结构形式的轴承的额定动载荷与深沟球轴承（推力轴承则与推力球轴承）的额定动载荷之比。

② 极限转速比：指同一尺寸系列的 P0 级精度的各种类型和结构形式的轴承脂润滑时的极限转速与深沟球轴承脂润滑时的极限转速之比。各种类型轴承极限转速之间采取下列比例关系：高——深沟球轴承极限转速的 90%～100%；中——深沟球轴承极限转速的 60%～90%；低——深沟球轴承极限转速的 60%以下。

12.2.3　几个重要的结构特性

1. 滚动轴承的游隙

所谓滚动轴承的游隙，是将一个套圈固定，另一个套圈沿径向或者轴向的最大活动量（图 12.4），沿径向的最大活动量称为径向游隙 u_r，沿轴向的最大活动量称为轴向游隙 u_a。一般来说，径向游隙越大，轴向游隙也越大，反之亦然。

轴承标准中将径向游隙分为基本游隙组和辅助游隙组，应优先选用基本游隙组。轴向游隙可由径向游隙按一定的关系换算得到。对于内、外圈可分离的轴承（如圆锥滚子轴承），其游隙须由安装确定。

2. 滚动轴承的公称接触角

滚动体与外圈接触处的法线 $N-N$ 与轴承径向平面(垂直于轴承轴心线的平面)的夹角 α(图12.3c),称为滚动轴承的公称接触角(简称接触角)。α 是轴承的一个重要参数,它的大小反映了轴承承受轴向载荷能力的强弱。接触角越大,轴承承受轴向载荷的能力也越大。根据 α 的不同,滚动轴承可分为径向接触轴承($\alpha=0°$)、角接触向心轴承($0°<\alpha\leqslant45°$)、轴向接触轴承($\alpha=90°$,简称推力轴承)和角接触推力轴承($45°<\alpha<90°$)。

3. 角偏位和偏位角

如图12.5所示,滚动轴承内、外圈中心线间的相对倾斜(不重合)称为角偏位,而轴承内、外圈两中心线间允许的最大倾斜量(指锐角 θ)则称为偏位角。偏位角的大小反映滚动轴承对安装精度的不同要求。偏位角较大的滚动轴承(如1类轴承)其自动调心功能较强,称为调心轴承。

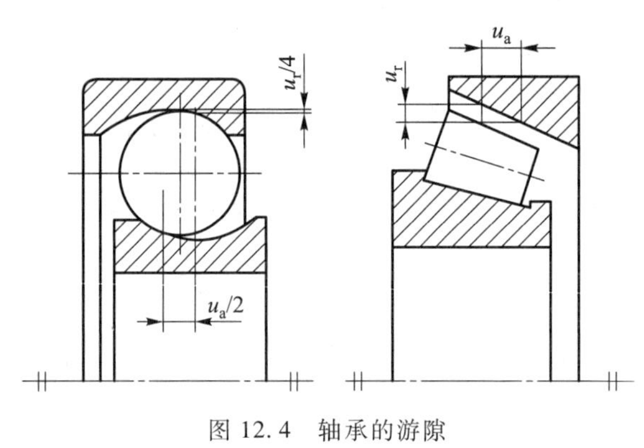

图12.4　轴承的游隙

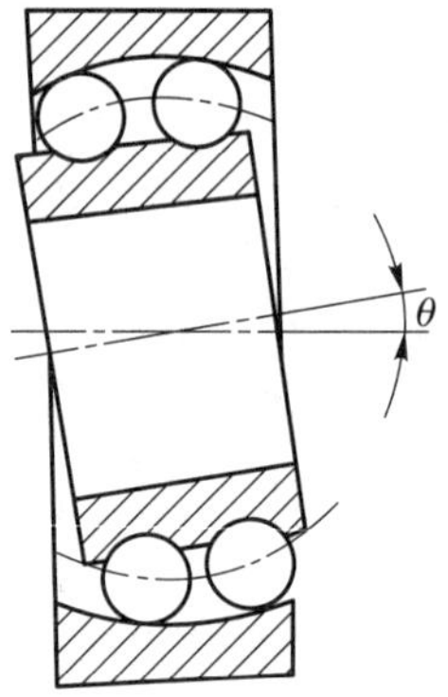

图12.5　角偏位和偏位角

12.2.4　滚动轴承的代号

每种类型的滚动轴承通常有几种不同的结构尺寸和公差等级,以适应不同的工作条件要求。为了统一表征各类滚动轴承,便于组织生产和选用,国家标准 GB/T 272—2017 规定了滚动轴承代号的表示方法。

滚动轴承代号由基本代号、前置代号和后置代号三部分组成,它们用字母和数字等表示。滚动轴承代号的构成见表12.3。

表12.3　滚动轴承代号的构成

前置代号	基本代号					后置代号								
	五	四	三	二	一	1	2	3	4	5	6	7	8	9
轴承分部件代号	类型代号	尺寸系列代号		内径代号		内部结构代号	密封与防尘与外部形状代号	保持架及其材料代号	轴承零件材料代号	公差等级代号	游隙代号	配置代号	振动及噪声代号	其他代号
		宽(高)度系列代号	直径系列代号											

注:基本代号的一至五表示代号自右向左的位置序数,后置代号1~9表示代号自左向右的位置序数。

1. 基本代号

基本代号包括轴承的内径、直径系列、宽度系列和类型，现分述如下：

（1）轴承的内径代号　用基本代号右起第一、二位数字表示。常用内径代号见表 12.4，对内径 $d=20\sim480$ mm 的轴承，内径一般为 5 的倍数，用公称内径除以 5 的商来表示，例如 10 表示 $d=50$ mm，04 表示 $d=20$ mm。对于内径为 10 mm、12 mm、15 mm、17 mm 的轴承，内径代号依次为 00、01、02、03。对于 $d<10$ mm 和 $d\geqslant500$ mm 以及内径尺寸较特殊（如 $d=22$ mm、28 mm、32 mm）的轴承，内径代号用公称内径毫米数直接表示，只是与直径系列代号用"/"分开。

表 12.4　轴承内径代号

内径代号	00	01	02	03	04~96
轴承内径/mm	10	12	15	17	代号数×5

（2）尺寸系列代号　尺寸系列代号包括直径系列代号和宽（高）度系列代号两部分，它们在基本代号中分别用右起第三位、第四位数字表示。直径系列表示结构相同、内径相同的轴承在外径和宽度方面的变化系列。直径系列代号有 7、8、9、0、1、2、3、4 和 5，对应于相同内径轴承的外径尺寸依次递增。部分直径系列之间的尺寸对比如图 12.6 所示。

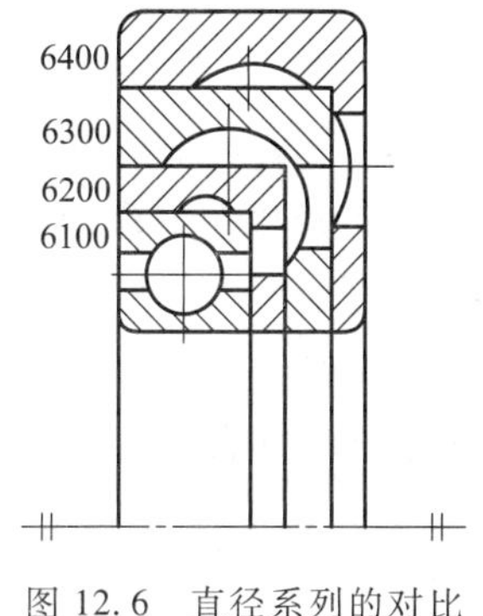

图 12.6　直径系列的对比

轴承的宽（高）度系列表示结构、内径和直径系列都相同的轴承，在宽（高）度方面的变化系列。当宽度系列为 0 系列（正常系列）时，对多数轴承在代号中不标出，但对于调心滚子轴承和圆锥滚子轴承，宽度系列代号 0 应标出。

（3）轴承类型代号　用基本代号右起第五位数字或字母表示，其表示方法见表 12.1。

2. 后置代号

轴承的后置代号是用字母和数字等表示轴承的结构、公差以及材料的特殊要求等。后置代号的内容很多，下面介绍几个常用的后置代号：

（1）内部结构代号　内部结构代号用字母表示，在基本代号之后，表示同一类型轴承内部结构的特殊变化。如接触角为 15°、25°、40°的角接触球轴承分别用 C、AC、B 表示内部结构的不同。

（2）公差等级代号　轴承的公差等级分为 2、4、5、6X、6 和 0 级，共六个级别，依次由高级到低级，其代号分别为/P2、/P4、/P5、/P6X、/P6 和/P0。公差等级中，6X 级仅适用于圆锥滚子轴承；0 级为普通级，在轴承代号中不标出。

（3）轴承径向游隙代号　常用的轴承径向游隙系列分为 1 组、2 组、0 组、3 组、4 组和 5 组，共六个组别，径向游隙依次由小到大。0 组游隙是常用的游隙组别，在轴承代号中不标出，其余的游隙组别在轴承代号中分别用/C1、/C2、/C3、/C4、/C5 表示。

3. 前置代号

轴承的前置代号用于表示轴承的分部件，用字母表示。前置代号及含义见表 12.5。

表 12.5 轴承的前置代号及含义

代号	含义	示例
L	可分离轴承的可分离圈或外圈	LNU207、LN207
R	不带可分离内圈或外圈的组件(滚针轴承仅适用于 NA 型)	RNU207、RNA6904
K	滚子和保持架组件	K81107
WS	推力圆柱滚子轴承轴圈	WS81107
GS	推力圆柱滚子轴承座圈	GS81107

在工程实际应用中,滚动轴承类型很多,相应的轴承代号也比较复杂。以上介绍的代号是轴承代号中最基本、最常用的部分,熟悉这部分代号就可以识别和查选常用的轴承。关于滚动轴承详细代号的表示方法可查阅 GB/T 272—2017。

例 12.1 说明轴承代号 6316、30208/P6X、7210C/P6 的含义。

解 6316:6 表示深沟球轴承;3 为尺寸系列代号,已略去宽度系列代号 0,故 3 仅为直径系列代号;16 表示轴承内径 $d=16\times5\ \text{mm}=80\ \text{mm}$;公差等级为 0 级(省略)。

30208/P6X:3 表示圆锥滚子轴承;02 为尺寸系列,其中 0 为宽度系列代号,2 为直径系列代号;08 表示轴承内径 $d=8\times5\ \text{mm}=40\ \text{mm}$;/P6X 表示公差等级 6X 级。

7210C/P6:7 表示角接触球轴承;2 为尺寸系列表示,已略去宽度系列代号 0,故 2 仅为直径系列代号;10 表示轴承内径 $d=10\times5\ \text{mm}=50\ \text{mm}$;C 表示轴承接触角 $\alpha=15°$;/P6 表示轴承的公差等级为 6 级。

12.3 滚动轴承类型的选择

选择滚动轴承的类型,一般从以下几个方面进行考虑。

1. 载荷的大小、方向和性质

(1) 按载荷的大小、性质选择 在外廓尺寸相同的条件下,滚子轴承的承载能力比球轴承的大,适用于载荷较大或有冲击的场合。球轴承适用于载荷较小、振动和冲击较小的场合。

(2) 按载荷方向选择 当轴承只承受径向载荷时,通常选用径向接触轴承或深沟球轴承;当轴承只承受轴向载荷时,通常选用推力轴承;当轴承承受较大的径向载荷和一定的轴向载荷时,可选用角接触向心轴承;当轴承承受较大轴向载荷和一定径向载荷时,可选用角接触推力轴承,或者将向心轴承和推力轴承进行组合,分别承受径向和轴向载荷。

2. 轴承的转速

通常情况下,工作转速的高低并不影响轴承的类型选择,只有在转速较高时,才会有比较显著的影响。因此,轴承标准中对各种类型、各种规格尺寸的轴承都规定了极限转速 $n_{\lim}$。

根据工作转速选择轴承类型时,可以考虑以下几点:

(1) 球轴承比滚子轴承具有较高的极限转速和旋转精度,故在高速时应优先选用球轴承。

(2) 在内径相同的条件下,外径越小,则滚动体就越小,运转时滚动体加在外圈滚道上的离心惯性力也就越小，适用于在更高的转速下工作。因此，在转速较高时应选用同一直径系列中外径较小的轴承。外径较大的轴承适用于低速重载的场合。若用一个外径较小的轴承而承载能力达不到要求时，可考虑采用宽系列的轴承。

(3) 保持架的材料与结构对轴承转速影响非常大。实体保持架轴承比冲压保持架轴承允许高一些的转速，青铜实体保持架轴承允许更高的转速。

(4) 推力轴承的极限转速较低。当工作转速高时，若轴向载荷不是太大，可以采用角接触球轴承来承受纯轴向力。

(5) 若工作转速略超过轴承样本中规定的极限转速，可以通过如下措施来改善轴承的高速性能：适当提高轴承的公差等级；适当加大轴承的径向游隙；选用循环润滑或油雾润滑，加强对循环油的冷却等。若工作转速超过极限转速较多，应选用特制的高速滚动轴承。

3. 调心性能要求

当轴的中心线与轴承座的中心线不重合且有角度误差，或因轴受力弯曲使得轴承的内、外圈轴线发生偏斜时，应采用有调心能力的调心轴承或带座外球面球轴承。

圆柱滚子轴承和滚针轴承对轴承的偏斜最为敏感，这类轴承在偏斜状态下的承载能力可能低于球轴承。因此，在轴的刚度和轴承座孔的支承刚度较低时，应尽量避免使用圆柱滚子轴承和滚针轴承。

4. 轴承的安装和拆卸

是否便于装拆也是选择轴承类型时应考虑的一个因素。在轴承座为非剖分式而必须沿轴向安装和拆卸轴承部件时，应优先选用内、外圈可分离的轴承（如 N0000、30000 等）。当轴承安装在长轴上时，可以选用内圈孔为圆锥孔（用以安装在紧定衬套上）的轴承（图 12.7），这样便于轴承装拆。

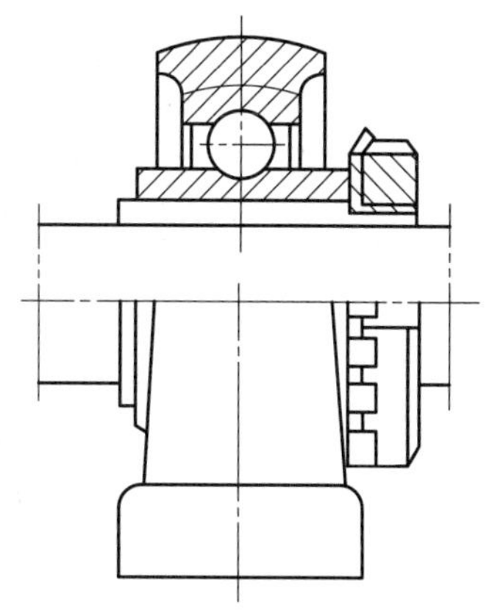

图 12.7　带座外球面球轴承

5. 经济性

一般而言，球轴承比滚子轴承价格便宜；派生型轴承（如带密封圈的轴承等）比其基本型轴承贵；同型号轴承，精度提高一级价格会急剧增加。所以，在满足使用功能的前提下，应尽量选用低精度的轴承。

总之，选择轴承类型时，要全面衡量各方面的要求，拟订多种方案，通过比较选出最佳方案。

12.4 滚动轴承的工作情况

12.4.1 受力分析

1. 轴承工作时轴承元件上的载荷分布

以向心轴承为例。假定内、外圈为刚体，滚动体为弹性体，滚动体与滚道接触变形在弹性变形范围内。在轴承工作的某一时刻，滚动体处于图 12.8 所示的位置时，径向载荷 F_r 通过轴颈作用于内圈，位于上半圈的滚动体不受力（非承载区），而位于下半圈的滚动体将此载荷传到外圈上(承载区)。此时,内圈将下沉一个距离 δ_0,不在 F_r 作用线上的其他各点,虽然亦下沉一个距离 δ_0,但其有效变形量 $\delta_i=\delta_0\cos(i\gamma)$,其中 $i=1,2,\cdots$,即有效变形量 δ_i 在 F_r 作用线两侧呈对称分布,向两侧逐渐减小。在 F_r 作用线下面的滚动体的接触载荷最大,而远离作用线的各滚动体,其接触载荷逐渐减小。

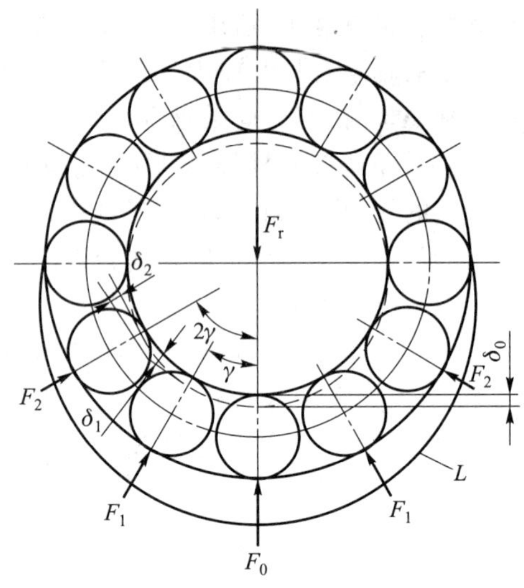

图 12.8 深沟球轴承中径向载荷的分布

根据受力平衡,所有滚动体作用在内圈上的反力 F_i 的矢量和必定与径向载荷 F_r 相平衡,即

$$\sum_{i=1}^{n}\boldsymbol{F}_i+\boldsymbol{F}_r=0 \tag{12.1}$$

式中:n——受载滚动体数目。

应该指出,由于轴承内存在游隙,故由径向载荷 F_r 所产生的承载区的范围实际上小于 180°。也就是说,不是下半部滚动体全部受载。

2. 轴承工作时轴承元件的应力变化

在中心轴向载荷作用下的滚动轴承,可认为载荷由各个滚动体平均承担。在径向载荷作用下的滚动轴承,一般只有半圈滚动体受载,而且各个滚动体的载荷大小也各不相同。

滚动轴承旋转时,由于内、外圈的相对转动,滚动体与套圈的接触位置是时刻变化的。当滚动体进入承载区后,各滚动体所承受载荷将逐渐增大,直到最大值(在 F_r 作用线正下方达到最大值),然后再逐渐减小,其变化趋势如图 12.9a 中虚线所示。

对滚动体上某一点而言,由于滚动体相对于内、外套圈滚动,每自转一周,分别与内、外套圈接触一次,所以它受到的应力按周期性不稳定脉动循环变化,如图 12.9a 中实线所示。

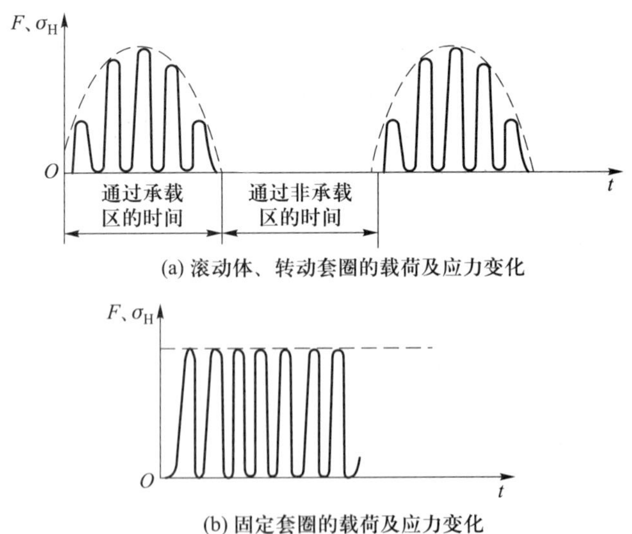

(a) 滚动体、转动套圈的载荷及应力变化

(b) 固定套圈的载荷及应力变化

图 12.9 轴承元件上的载荷及应力变化

对于固定的套圈(图 12.8 中的外圈),各点所受载荷随位置不同而大小不同,对位于承受载荷区内的任一点,当每一个滚动体滚过便受载一次,而所受载荷的最大值是不变的,承受稳定的

脉动循环载荷,如图 12.9b 所示。

对于转动套圈,其受载情况与滚动体类似。就其滚道上某一点而言,处于非承载区时,载荷及应力为零;进入承载区后,每当与滚动体接触一次就受载一次,且在承载区的不同位置,其接触载荷和应力也不相同(如图 12.9a 中实线所示),在 F_r 作用线正下方,载荷和应力达到最大值。

总之,滚动轴承中各承载元件所受载荷和接触应力是周期性变化的。

12.4.2　失效形式和计算准则

1. 失效形式

滚动轴承在运转过程中,如果出现异常发热、振动和噪声,那么轴承元件可能已经失效。这时轴承不能继续正常工作。滚动轴承常见的失效形式有以下几种:

(1) 疲劳点蚀　当轴承在安装、润滑、维护良好的条件下工作时,由于各承载元件承受周期性变应力的作用,各接触表面将会产生局部的材料脱落,这就是疲劳点蚀,它是滚动轴承主要的失效形式。轴承发生疲劳点蚀破坏后,通常在运转时出现比较强烈的振动、噪声和发热现象,轴承的旋转精度将逐渐下降,直至机器丧失正常的工作能力。

(2) 磨粒磨损　当滚动轴承在密封不可靠,或者多灰尘的运转条件下工作时,易发生磨粒磨损。通常在滚动体与套圈之间,特别是滚动体与保持架之间都有滑动摩擦,如果润滑不良发热严重时,会使滚动体回火,甚至产生胶合磨损。转速越高,磨损越严重。

(3) 塑性变形　在过大的静载荷或冲击载荷作用下,轴承承载元件间的接触应力超过了元件材料的屈服极限,接触部位发生塑性变形,形成凹坑,使轴承摩擦阻力增大,旋转精度下降,且出现振动和噪声。

(4) 烧伤　轴承运转时若温升太大,会使润滑失效和金属表层组织发生改变,严重时产生金属黏结,造成轴承卡死。这种现象称为烧伤。

除上述失效形式外,轴承还可能发生其他形式的失效。如装配不当而使轴承卡死、挤碎滚动体和保持架,腐蚀性介质进入轴承引起锈蚀等,这些往往是轴承安装或使用不当造成的。

2. 计算准则

针对滚动轴承的上述失效形式,应对其进行寿命和强度计算,以保证其可靠地工作,计算准则为:

(1) 对于一般转速($n>10$ r/min)的轴承,其主要失效形式为疲劳点蚀,应进行疲劳寿命计算。

(2) 对于极慢转速($n\leqslant 10$ r/min)或低速摆动的轴承,其主要失效形式是表面塑性变形,应进行静强度计算。

(3) 对于高转速的轴承,其主要失效形式为由发热引起的磨损、烧伤,故不仅要进行疲劳寿命计算,还要校验其极限转速。

12.5　滚动轴承的选择计算

12.5.1　滚动轴承寿命的计算

1. 滚动轴承的寿命和基本额定寿命

1) 滚动轴承的寿命

对于具体的滚动轴承而言,滚动轴承的寿命是指在滚动体或套圈表面出现疲劳剥落之前,一个套圈相对于另一个套圈运转的总转数或在一定转速下滚动轴承工作的小时数。大量试验结果表明，一批型号相同的轴承（即轴承的结构、尺寸、材料、热处理及加工方法等都相同），即使在完全相同的条件下工作，它们的工作寿命也是非常离散的。图12.10所示为典型的轴承寿命分布曲线，从图中可以看出，轴承的最长寿命与最短寿命可能相差数十倍甚至上百倍。因此，不能以某一个轴承的寿命代表同型号一批轴承的寿命。试验研究表明，滚动轴承寿命分布服从统计规律，要用数理统计方法处理，以计算在一定损坏概率下的轴承寿命。

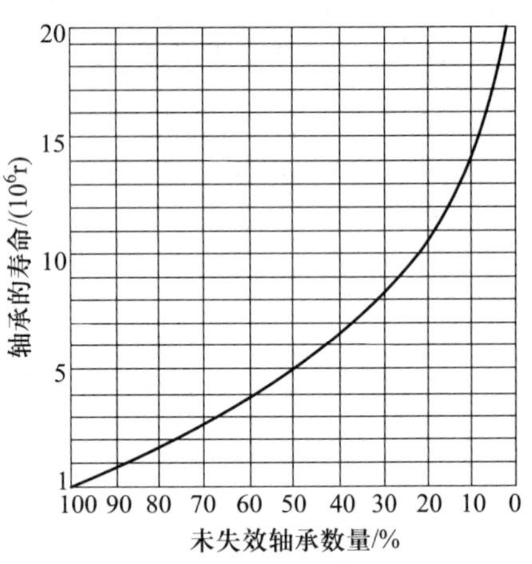

图12.10 滚动轴承的寿命分布曲线

2）滚动轴承的基本额定寿命

基本额定寿命是指同一型号的一批滚动轴承，在同一条件下运转，其中10%的轴承出现疲劳剥落时的运转总转数或工作小时数，以L_{10}（单位为10^6r）或L_{10h}（单位为h）表示。

由于轴承基本额定寿命与轴承损坏概率有关，所以实际上按基本额定寿命计算和选择出的轴承中，可能有10%的轴承发生提前破坏，而90%的轴承在超过基本额定寿命后还能正常工作，有些轴承甚至还能工作一个、两个或三个基本额定寿命期。从统计学角度讲，对于每个轴承来说，它能顺利地在基本额定寿命期内正常工作的概率为90%，或者说在基本额定寿命期到达之前即发生点蚀破坏的概率为10%。在作轴承的寿命计算时，必须先根据机器的类型、使用条件以及对可靠性的要求，确定一个恰当的预期计算寿命L_h'（即设计机器时所要求的轴承寿命，通常可参照机器的大修期限决定）。在表12.6中给出了根据对机器的使用经验推荐的轴承预期计算寿命值，可供参考。

表12.6 推荐的轴承预期计算寿命 L_h'

机器类别	L_h'/h
不经常使用的仪器或设备，如闸门、门窗开闭装置	500
航空发动机	500~2 000
短期或间断使用的机械，中断使用不致引起严重后果，如手动工具、农业机械等	4 000~8 000
间断使用的机械，中断使用后果严重，如发动机辅助设备、流水作业线自动传送装置、升降机、车间吊车、不常使用的机床等	8 000~12 000
每日8 h工作的机械（利用率不高），如一般的齿轮传动、某些固定电动机等	12 000~20 000
每日8 h工作的机械（利用率较高），如金属切削机床、连续使用的起重机、木材加工机械等	20 000~30 000
每日24 h连续工作的机械，如矿山升降机、输送滚道用滚子等	40 000~60 000
24 h连续工作的机械，中断使用后果严重，如纤维生产设备或造纸设备、发电站主电机、矿井水泵、船舶螺旋桨轴等	100 000~200 000

2. 滚动轴承的基本额定动载荷

滚动轴承的寿命与所受载荷的大小有关,工作载荷越大,产生的接触应力也就越大,所以在发生点蚀破坏前所能经受的应力变化次数也就越少,轴承的寿命越短。图 12.11 所示为用深沟球轴承 6207 进行寿命试验,得出的载荷与寿命关系曲线(载荷-寿命曲线)。其他轴承也存在类似的关系曲线。

滚动轴承的基本额定动载荷就是使轴承的基本额定寿命恰好为 1×10^6r 时,轴承所能承受的载荷值,用字母 C 代表。对于向心轴承,这个基本额定动载荷指的是纯径向载荷,称为径向基本额定动载荷,常用 C_r 表示;对于推力轴承,指的是纯轴向载荷,并称为轴向基本额定动载荷,常用 C_a 表示;对于角接触球轴承或圆锥滚子轴承,指的是使套圈间产生纯径向位移的载荷的径向分量。

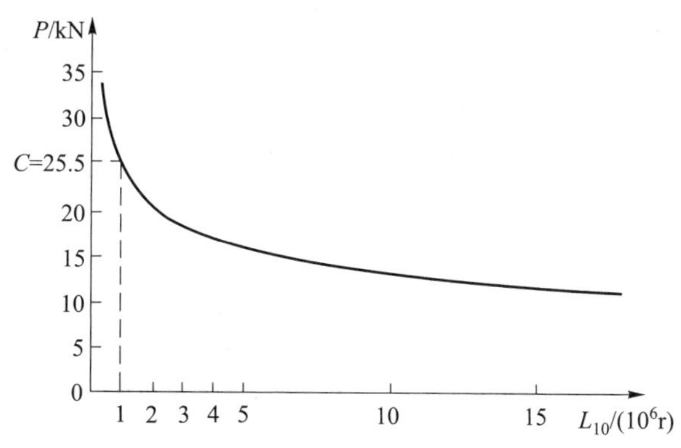

图 12.11 滚动轴承 6207 的载荷-寿命曲线

滚动轴承的基本额定动载荷 C 值的大小与轴承的类型、规格、材料等有关。C 值是在大量试验研究的基础上通过理论分析得出来的,需要时可查轴承样本或设计手册。

3. 滚动轴承的寿命计算

对于具有基本额定动载荷 C 的轴承,当它所受的当量动载荷 P(后文将详细讨论)恰好为 C 时,其基本额定寿命就是 10^6r。但是,当 $P\neq C$ 时,轴承的寿命是多少?假如轴承所受的当量动载荷为 P,且要求轴承达到预期的寿命 L'_h,那么需选用具有多大的基本额定动载荷的轴承?为了解决上述两类问题,需要对滚动轴承进行寿命计算。

根据图 12.11 所示的轴承载荷-寿命曲线,此曲线的函数表示为

$$P^{\varepsilon}L_{10}=\text{常数} \tag{12.2}$$

式中:P——轴承所受的当量动载荷,N;

ε——轴承的寿命指数,球轴承 $\varepsilon=3$,滚子轴承 $\varepsilon=10/3$;

L_{10}——轴承的基本额定寿命,单位为 10^6r。

因 $L_{10}=1\times10^6$r 时,$P=C$,故有 $L_{10}=\left(\dfrac{C}{P}\right)^{\varepsilon}$。同时考虑温度及载荷特性对轴承寿命的影响,可推得

$$L_{10}=\left(\frac{f_tC}{f_PP}\right)^{\varepsilon} \tag{12.3}$$

式中:f_P——载荷系数,查表 12.7。主要考虑附加载荷(如冲击力、不平衡作用力、惯性力以及轴挠曲或轴承座变形产生的附加力等)对轴承寿命的影响,是对当量动载荷 P 进行修正;

f_t——温度系数,查表 12.8。f_t 用于较高温度($t>120$ ℃)工作条件下对轴承样本中给出的基本额定动载荷值进行修正。

表 12.7 载荷系数 f_P

载荷性质	f_P	举例
无冲击或轻微冲击	1.0~1.2	电动机、汽轮机、通风机、水泵等
中等冲击或中等惯性力	1.2~1.8	车辆、动力机械、起重机、造纸机、冶金机械、选矿机、卷扬机、机床等
强大冲击	1.8~3.0	破碎机、轧钢机、钻探机、振动筛等

表 12.8 温度系数 f_t

轴承工作温度/℃	≤120	125	150	175	200	225	250	300	350
温度系数 f_t	1.00	0.95	0.90	0.85	0.80	0.75	0.70	0.6	0.5

实际计算中习惯于用小时数表示寿命。设轴承的转速为 n，有 $10^6L_{10}=60nL_h$，可推得

$$L_h=\frac{16\ 667}{n}\left(\frac{f_tC}{f_PP}\right)^{\varepsilon} \tag{12.4}$$

若给定轴承的预期寿命 L_h'、转速 n 和当量动载荷 P，要确定所求轴承的基本额定动载荷 C，可通过下式求得轴承的计算动载荷 C'，再查手册确定 C，从而确定轴承型号。

$$C'=\frac{f_PP}{f_t}\left(\frac{60nL_h'}{10^6}\right)^{\frac{1}{\varepsilon}} \tag{12.5}$$

4. 滚动轴承的当量动载荷

由前所述，基本额定动载荷分径向基本额定动载荷和轴向基本额定动载荷。当轴承既承受径向载荷，又承受轴向载荷时，为能应用额定动载荷值进行轴承的寿命计算，就必须把实际载荷转换为与基本额定动载荷的载荷条件相一致的当量动载荷 P。当量动载荷是一个假想的载荷，在它的作用下，滚动轴承具有与实际载荷作用时相同的寿命。当量动载荷 P 的计算方法如下：

(1) 对只能承受径向载荷 F_r 的径向接触轴承

$$P=F_r \tag{12.6}$$

(2) 对只能承受轴向载荷 F_a 的推力轴承

$$P=F_a \tag{12.7}$$

(3) 对既能承受径向载荷 F_r，又能承受轴向载荷 F_a 的角接触向心轴承

$$P=P_r=XF_r+YF_a \tag{12.8}$$

(4) 对既能承受径向载荷 F_r，又能承受轴向载荷 F_a 的角接触推力轴承

$$P=P_a=XF_r+YF_a \tag{12.9}$$

式中：X、Y——径向载荷系数和轴向载荷系数。其中式(12.8)中的 X、Y 见表 12.9，式(12.9)中的 X、Y 查有关手册。

表 12.9 中 e 为判别系数，是计算当量动载荷时判别是否计入轴向载荷影响的界限值。当 $F_a/F_r>e$ 时，表示轴向载荷影响较大，计算当量动载荷时，必须考虑 F_a 的作用。当 $F_a/F_r\leqslant e$ 时，表示轴向载荷影响较小，计算当量动载荷时，可以忽略 F_a 的影响。

表 12.9　径向载荷系数 X 和轴向载荷系数 Y

轴承类型		F_a/C_{0r} ①	e	单列轴承				双列轴承			
				$F_a/F_r \leq e$		$F_a/F_r > e$		$F_a/F_r \leq e$		$F_a/F_r > e$	
				X	Y	X	Y	X	Y	X	Y
深沟球轴承		0.014	0.19				2.3				2.3
		0.028	0.22				1.99				1.99
		0.056	0.26				1.71				1.71
		0.084	0.28				1.55				1.55
		0.11	0.30	1	0	0.56	1.45	1	0	0.56	1.45
		0.17	0.34				1.31				1.31
		0.28	0.38				1.15				1.15
		0.42	0.42				1.04				1.04
		0.56	0.44				1				1
角接触球轴承	$\alpha=15°$	0.015	0.38				1.47		1.65		2.39
		0.029	0.40				1.40		1.57		2.28
		0.058	0.43				1.30		1.46		2.11
		0.087	0.46				1.23		1.38		2
		0.12	0.47	1	0	0.44	1.19	1	1.34	0.72	1.93
		0.17	0.50				1.12		1.26		1.82
		0.29	0.55				1.02		1.14		1.66
		0.44	0.56				1.00		1.12		1.63
		0.58	0.56				1.00		1.12		1.63
	$\alpha=25°$	—	0.68	1	0	0.41	0.87	1	0.92	0.67	1.41
	$\alpha=40°$	—	1.14	1	0	0.35	0.57	1	0.55	0.57	0.93
双列角接触轴承（$\alpha=30°$）		—	0.8	—	—	—	—	1	0.78	0.63	1.24
四点接触轴承（$\alpha=35°$）		—	0.95	1	0.66	0.6	1.07	—	—	—	—
圆锥滚子轴承		—	$1.5\tan\alpha$ ②	1	0	0.4	$0.4\cot\alpha$	1	$0.45\cot\alpha$	0.67	$0.67\cot\alpha$
调心球轴承		—	$1.5\tan\alpha$	—	—	—	—	1	$0.42\cot\alpha$	0.65	$0.65\cot\alpha$
推力调心轴承		—	$\frac{1}{0.55}$	—	—	1.2	1	—	—	—	—

① 相对轴向载荷 F_a/C_{0r} 中的 C_{0r} 为轴承的径向基本额定静载荷，由手册查取。界于 F_a/C_{0r} 两值之间的值，相应的 e、Y 值可用线性内插法求得。

② 由接触角 α 确定的各项 e、Y 值，也可根据轴承号从轴承手册中查得。

5. 向心推力轴承(角接触球轴承和圆锥滚子轴承)的轴向载荷计算

1) 轴承的压力中心与派生轴向力

角接触球轴承和圆锥滚子轴承都有一个接触角,当内圈承受径向载荷 F_r 作用时,承载区内各滚动体将受到外圈法向反力 F_{ni} 的作用,滚动体和外圈滚道接触点(线)处公法线与轴中心线的交点,称为轴承的压力中心,如图 12.12 所示。F_{ni} 的径向分量 F_{ri} 都指向轴承的压力中心,它们的合力与 F_r 相平衡;轴向分量 F_{si} 都与轴承的轴线相平行,合力记为 F_S,称为轴承内部的派生轴向力,方向由轴承外圈的宽边一端指向窄边一端,有迫使轴承内圈与外圈脱开的趋势。F_S 要通过轴上的轴向载荷来平衡,其大小可用力学方法由径向载荷 F_r 计算得到。当轴承在 F_r 作用下有半圈滚动体受载时,F_S 的计算公式见表 12.10。

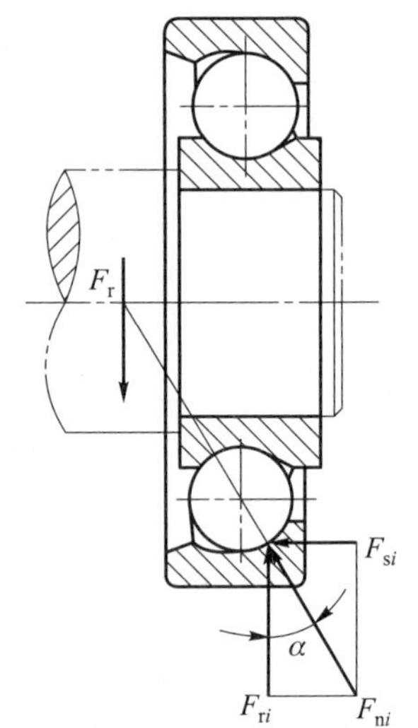

图 12.12　径向载荷产生派生轴向力

2) 轴承的装配形式

由于角接触球轴承和圆锥滚子轴承在受到径向载荷后会产生轴向派生力,所以为了保证轴承的正常工作,这两类轴承一般都是成对使用。图 12.13 中表示了两种不同的安装方式,其中图 12.13a 中两端轴承外圈窄边相对,称为正装(或面对面安装)。它使支反力作用点(又称压力中心)O_1、O_2 靠得较近,支承跨距缩短。图 12.13b 中两端轴承外圈宽边相对,称为反装(或背靠背安装)。这种安装方式使两支反力作用点 O_1、O_2 相互远离,支承跨距增大。精确计算时,支反力作用点 O_1、O_2 距其轴承端面的距离(图 12.13)可从轴承样本或有关标准中查得。一般计算中当跨距较大时,为简化计算可取轴承宽度的中点为支反力作用点,这样计算方便,且误差也不大。

表 12.10　角接触球轴承和圆锥滚子轴承的派生轴向力

轴承类型	角接触球轴承			圆锥滚子轴承
	7000C	7000AC	7000B	
派生轴向力 F_S	eF_r [①]	$0.68F_r$	$1.14F_r$	$F_r/(2Y$[②]$)$

① e 可查表 12.9;

② Y 值是对应表 12.9 中 $F_a/F_r>e$ 时的值。

3) 轴向载荷的计算

在按式(12.8)和式(12.9)计算轴承的当量动载荷 P 时,首先要计算该轴承所承受的径向载荷和轴向载荷。当已知外界作用到轴上的径向力 F_{re} 的大小及作用位置时,根据力的径向平衡条件,很容易计算两个轴承上的径向载荷(F_{r1} 和 F_{r2});但所受的轴向载荷(F_{a1} 和 F_{a2})并不完全由外界的轴向作用力 F_{ae} 产生,而是应该根据整个轴上的轴向力 F_{ae} 以及因径向载荷 F_{r1}、F_{r2} 所产生的派生轴向力 F_{S1} 和 F_{S2} 之间的平衡条件来求出。

下面以图 12.13 所示的轴承为例,来分析两轴承所受的轴向载荷。设图 12.13 中轴与轴承受到的外界载荷分别为 F_{re} 和 F_{ae},分析计算过程如下:

（1）以轴及与其配合的轴承内圈为分离体，作受力简图，判别两端轴承的派生轴向力 F_S 的方向，并给轴承编号：将 F_S 方向与 F_{ae} 方向一致的轴承标为 2，另一端轴承标为 1（图 12.13a、b）。

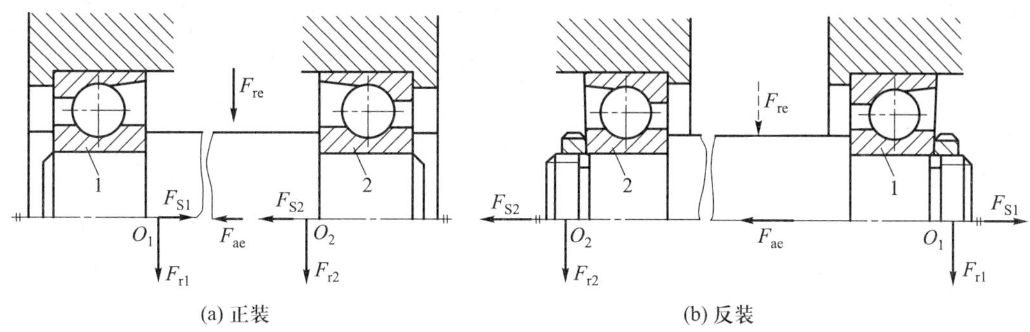

图 12.13　角接触球轴承的安装方式及受力分析

（2）由 F_{re}，根据径向受力平衡可以计算径向载荷 F_{r1} 和 F_{r2}，再由 F_{r1} 和 F_{r2} 根据表 12.11 计算派生轴向力 F_{S1} 和 F_{S2}。

（3）计算轴承的轴向载荷 F_{a1} 和 F_{a2}。

① 若 $F_{ae}+F_{S2} \geqslant F_{S1}$，如图 12.13 所示，轴有向左窜动的趋势，轴承 1 被“压紧”，轴承 2 被“放松”。轴承 1 上轴承座或端盖必然产生阻止分离体向左移动的平衡力 F'_{S1}，即 $F'_{S1}+F_{S1}=F_{S2}+F_{ae}$，由此推得作用在轴承 1 上的轴向力

$$F_{a1}=F_{S1}+F'_{S1}=F_{ae}+F_{S2} \tag{12.10}$$

同时轴承 2 要保证正常工作，它所受的轴向载荷必须等于其派生轴向力，故有

$$F_{a2}=F_{S2} \tag{12.11}$$

② 若 $F_{ae}+F_{S2}<F_{S1}$，如图 12.13 所示，轴有向右窜动的趋势，轴承 1 被“放松”，轴承 2 被“压紧”。同理可推得

$$F_{a2}=F_{S2}+F'_{S2}=F_{S1}-F_{ae} \tag{12.12}$$

$$F_{a1}=F_{S1} \tag{12.13}$$

综上所述，计算角接触球轴承和圆锥滚子轴承轴向载荷的方法如下：

（1）首先根据轴承的受力及结构，作轴系受力简图，计算两个轴承上的径向载荷 F_{r1} 和 F_{r2}，再由 F_{r1} 和 F_{r2} 计算派生轴向力 F_{S1} 和 F_{S2}。

（2）根据外加的轴向力 F_{ae}、派生轴向力 F_{S1} 和 F_{S2} 的方向和大小，判定哪个轴承被“放松”、哪个轴承被“压紧”。

（3）被“放松”轴承的轴向载荷仅为其本身派生的轴向力。

（4）被“压紧”轴承的轴向载荷为除去本身派生的轴向力后其余各轴向力的代数和。

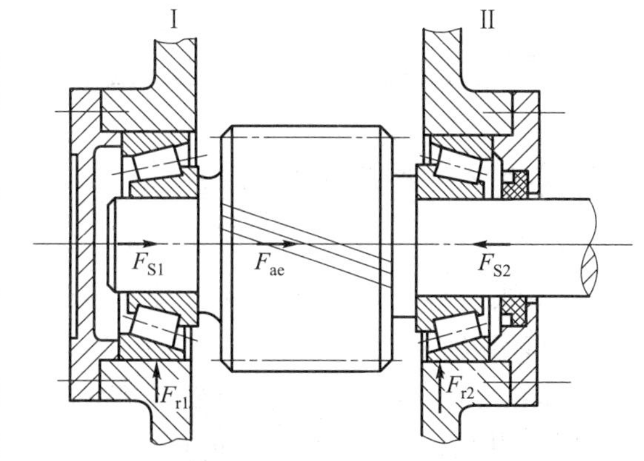

图 12.14　减速器主动轴

例 12.2　某减速器主动轴选用两个圆锥滚子轴承 32210 支承，如图 12.14 所示。已知轴的转速 $n=1\ 440$ r/min，轴上斜齿轮作用于轴的轴向

力 $F_{ae}=750$ N,而轴承的径向载荷分别为 $F_{r1}=5\ 600$ N,$F_{r2}=3\ 000$ N;工作时有中等冲击,采用脂润滑,工作温度正常,预期寿命为 20 000 h。试验算所选轴承是否合适。

解

设计项目	设计内容及依据	设计结果
1. 确定 32210 轴承的主要性能	查机械设计手册:$\alpha=15°38'32''$, $C_r=82.8$ kN, $C_{0r}=108$ kN, $e=0.42$, $Y=1.4$	$\alpha=15°38'32''$, $C_r=82.8$ kN, $C_{0r}=108$ kN, $e=0.42$、$Y=1.4$
2. 计算派生轴向力 F_{S1}、F_{S2}	$F_{S1}=\dfrac{F_{r1}}{2Y}=\dfrac{5\ 600}{2\times1.4}\text{ N}=2\ 000\text{ N}$ $F_{S2}=\dfrac{F_{r2}}{2Y}=\dfrac{3\ 000}{2\times1.4}\text{ N}=1\ 071.4\text{ N}$	$F_{S1}=2\ 000$ N $F_{S2}=1\ 071.4$ N
3. 计算轴向载荷 F_{a1}、F_{a2}	$F_{S1}+F_{ae}=(2\ 000+750)\text{ N}=2\ 750\text{ N}>F_{S2}$ 故轴承Ⅱ被“压紧”,轴承Ⅰ被“放松”,得 $F_{a2}=F_{S1}+F_{ae}=2\ 750$ N $F_{a1}=F_{S1}=2\ 000$ N	$F_{a2}=2\ 750$ N $F_{a1}=2\ 000$ N
4. 确定系数 X_1、X_2、Y_1、Y_2	$\dfrac{F_{a1}}{F_{r1}}=\dfrac{2\ 000}{5\ 600}=0.357\ 1<e$ $\dfrac{F_{a2}}{F_{r2}}=\dfrac{2\ 750}{3\ 000}=0.916\ 7>e$ 查表 12.9 得,$X_1=1$,$Y_1=0$,$X_2=0.4$,$Y_2=1.4$	$X_1=1$,$Y_1=0$,$X_2=0.4$,$Y_2=1.4$
5. 计算当量动载荷 P_1、P_2	$P_1=X_1F_{r1}+Y_1F_{a1}=1\times5\ 600$ N $P_2=X_2F_{r2}+Y_2F_{a2}=(0.4\times3\ 000+1.4\times2\ 750)\text{ N}$ $=5\ 050$ N	$P_1=5\ 600$ N $P_2=5\ 050$ N
6. 计算轴承寿命 L_h	查表 12.7、表 12.8 得,$f_P=1.5$,$f_t=1$,又知 $\varepsilon=10/3$, $L_h=\dfrac{16\ 667}{n}\left(\dfrac{f_tC}{f_PP}\right)^{\varepsilon}=\dfrac{16\ 667}{1\ 440}\times\left(\dfrac{82\ 800}{1.5\times5\ 600}\right)^{\frac{10}{3}}\text{ h}=23\ 768\text{ h}$	$L_h=23\ 768$ h
7. 验算轴承是否合适	$L_h=23\ 768\text{ h}>20\ 000\text{ h}$	所选轴承是合适的

12.5.2 滚动轴承的静强度计算

对于不转动或者极低速转动($n\leqslant10$ r/min)的轴承,接触应力为静应力或应力变化次数很少,主要失效形式为滚动体与内、外圈滚道接触处的过大的塑性变形,不会出现疲劳点蚀,因此需要计算轴承的静强度。GB/T 4662—2012 规定:使受载最大滚动体与滚道接触处产生的接触应力达到一定值时的载荷称为基本额定静载荷,用 C_0 表示。并用 C_{0r} 表示径向基本额定静载荷,用 C_{0a} 表示轴向基本额定静载荷。轴承样本中列出各种型号轴承的 C_0 值,供设计时查用。

滚动轴承的静强度校核公式为

$$C_0 \geqslant S_0 P_0 \tag{12.14}$$

式中：S_0——静强度安全系数，见表 12.11；

P_0——当量静载荷，N。

表 12.11 静强度安全系数 S_0

使用条件		S_0	使用条件	S_0
连续旋转	普通载荷	1～2	高精度旋转	1.5～2.5
	冲击载荷	2～3	振动冲击场合	1.2～2.5
不常旋转或摆动运动	普通载荷	0.5	普通旋转精度场合	1.0～1.2
	冲击及不均匀载荷	1～1.5	允许有变形量的场合	0.3～1.0

需要说明的是，当量静载荷 P_0 是一个假想载荷。在当量静载荷 P_0 作用下，轴承内受载最大滚动体与滚道接触处的塑性变形总量，与实际载荷作用下的塑性变形总量相同。

当轴承上同时作用径向载荷 F_r 和轴向载荷 F_a，应折合成当量静载荷 P_0，即

$$P_0 = X_0 F_r + Y_0 F_a \tag{12.15}$$

式中：X_0、Y_0——静径向载荷系数和静轴向载荷系数，见表 12.12。

若按照式(12.15)计算出 $P_0 < F_r$，则应取 $P_0 = F_r$。

表 12.12 计算当量静载荷的系数 X_0、Y_0

轴承类型		单列轴承		双列轴承	
		X_0	Y_0	X_0	Y_0
深沟球轴承		0.6	0.5	0.6	0.5
角接触球轴承	$\alpha = 15°$	0.5	0.46	1	0.92
	$\alpha = 25°$	0.5	0.38	1	0.76
	$\alpha = 40°$	0.5	0.26	1	0.52
四点接触球轴承	$\alpha = 35°$	0.5	0.29	1	0.58
双列角接触球轴承	$\alpha = 30°$	—	—	1	0.66
调心球轴承		0.5	$0.22\cot\alpha$①	1	$0.44\cot\alpha$
圆锥滚子轴承		0.5	$0.22\cot\alpha$	1	$0.44\cot\alpha$

① 由接触角 α 确定 Y_0 值，也可从轴承手册中直接查得。

12.6 轴承装置的设计

为保证轴承正常工作，除了正确选择轴承的类型和尺寸，还应正确地解决轴承的固定、配合、

调整、装拆、润滑与密封等问题，即正确设计轴承的组合结构。

12.6.1 滚动轴承的轴向固定

滚动轴承的轴向固定包括轴承的内圈与轴颈、外圈与座孔间的轴向定位与紧固。轴承轴向定位与紧固的方法很多，应根据轴承所受载荷的大小、方向、性质，转速的高低，轴承的类型及轴承在轴上的位置等因素，选择合适的轴向定位与紧固方法。单个支点处的轴承，其内圈在轴上和其外圈在轴承座孔内的轴向定位与紧固的方法分别见表 12.13、表 12.14。

表 12.13 轴承内圈轴向定位与紧固的常用方法

名称	图例	说明
轴肩定位	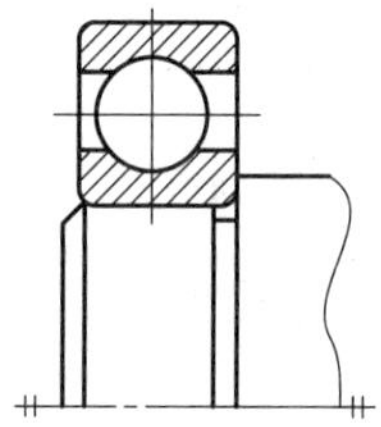	轴承内圈由轴肩实现轴向定位，是最常见的形式
弹性挡圈与轴肩紧固	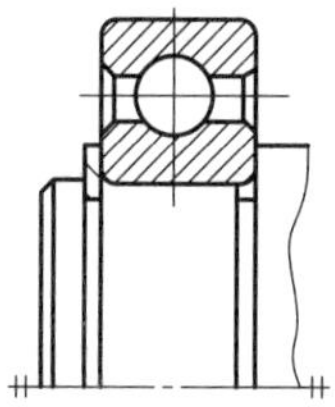	轴承内圈由轴用弹性挡圈与轴肩实现轴向紧固；可承受不大的轴向载荷，结构尺寸小，主要用于深沟球轴承
轴端挡圈与轴肩紧固	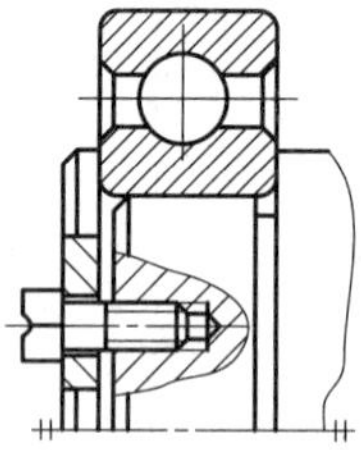	轴承内圈由轴端挡圈与轴肩实现轴向紧固，可在高转速下承受较大的轴向力，多用于轴端切制螺纹有困难的场合
锁紧螺母与轴肩紧固	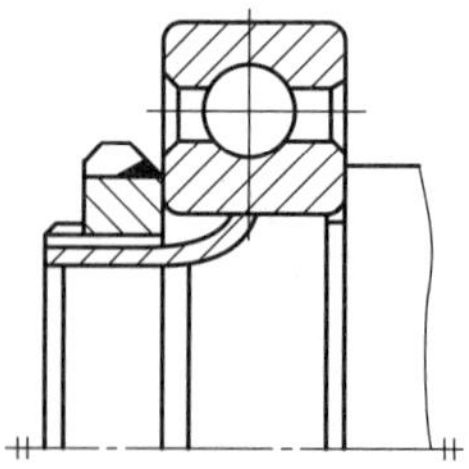	轴承内圈由锁紧螺母与轴肩实现轴向紧固，止动垫圈具有防松作用；安全可靠，适用于高速、重载

续表

名称	图例	说明
紧定锥套紧固	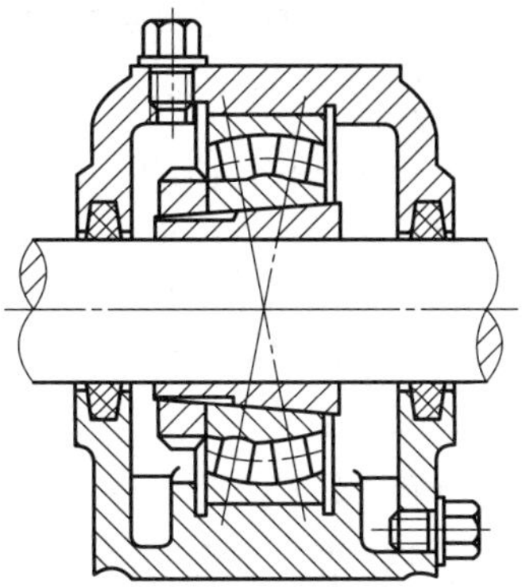	依靠紧定锥套的径向收缩夹紧，实现轴承内圈的轴向紧固；用于轴向力不大、转速不高、内圈为圆锥孔的轴承在光轴上的紧固

表 12.14 轴承外圈轴向定位与紧固的常用方法

名称	图例	说明
弹性挡圈与凸肩紧固	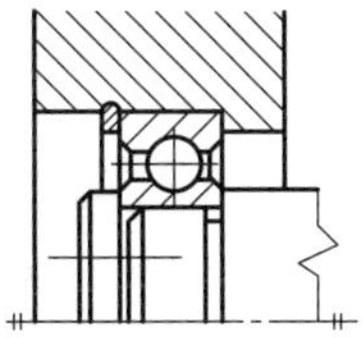	轴承外圈由弹性挡圈与座孔内凸肩实现轴向紧固；结构简单，装拆方便，轴向尺寸小，适用于转速不高、轴向力不大的场合
止动卡环紧固	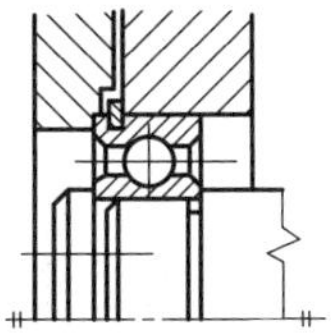	轴承外圈由止动卡环实现轴向紧固，用于带有止动槽的深沟球轴承；适用于轴承座孔内不便设置凸肩且轴承座为剖分式结构的场合
轴承端盖定位与紧固	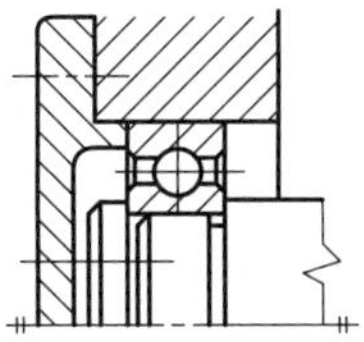	轴承外圈由轴承端盖实现轴向定位与紧固；用于高速及很大轴向力时的各类角接触向心轴承和角接触推力轴承
螺纹环定位与紧固	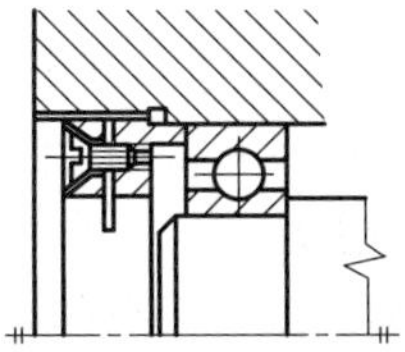	轴承外圈由螺纹环实现轴向定位与紧固；用于转速高、轴向载荷大且不便使用轴承端盖紧固的场合

12.6.2 滚动轴承的组合结构

为了保证轴承能正常工作,除了正确地选择轴承的类型和尺寸,还应正确进行轴承的组合设计,即正确解决轴承的安装、固定、配合、调整、润滑和密封等问题。为了使滚动轴承轴系能正常传递轴向力且不发生窜动,防止轴受热伸长后卡死,在轴上零件定位固定的基础上,必须合理设计轴系支点的轴向固定结构。径向接触轴承和角接触轴承的支承结构有以下三种基本形式。

1. 两端固定的支承

如图 12.15 所示,工作温度变化不大和支持跨距较小(跨距 L<400 mm)的刚性短轴,宜采用两端都单向固定的形式,即利用轴上两端轴承各限制一个方向的轴向移动,从而限制轴的双向移动。轴的热伸长量可由轴承自身的游隙补偿(图 12.15a 下半部分),或者在轴承外圈与轴承盖之间留有间隙(a=0.2~0.4 mm)来补偿,或者通过调节垫片(图 12.15a 上半部分)来改变间隙的大小。角接触球轴承和圆锥滚子轴承还可通过调整螺钉调节轴承间隙(图 12.15b)。

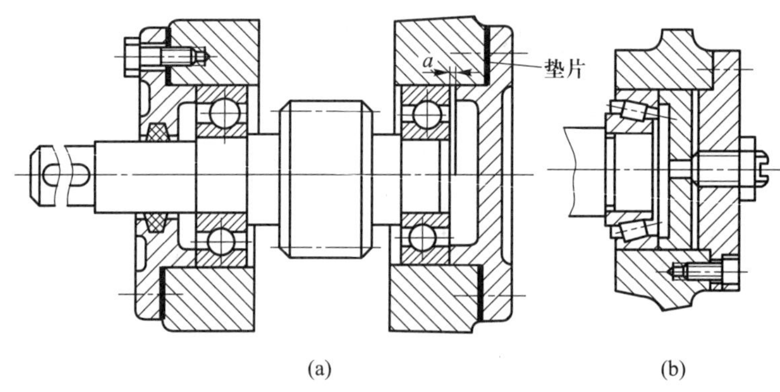

图 12.15 两端固定支承结构

2. 一端固定、一端游动的支承

当轴较长或工作温度较高时,轴的热膨胀伸缩量较大,这时宜采用一端固定、一端游动的组合支承结构。如图 12.16a 所示,固定端由单个轴承(或轴承组)承受双向轴向力,而游动端则保证轴伸缩时能自由移动。对于支承跨距较大(L>350 mm)或工作温度较高(t>70 ℃)的轴,游动端采用圆柱滚子轴承更为合适,如图 12.16b 所示,内、外圈均作双向固定,但相互间可作相对轴向移动。当轴向载荷较大时,固定端可用深沟球轴承,或径向接触轴承与推力轴承的组合结构(图 12.16c)。固定端也可以用两个角接触球轴承(或圆锥滚子轴承)"背靠背"或"面对面"组合在一起的结构,如图 12.16d 所示。

3. 两端游动的支承

要求能左、右双向移动的轴,可采用两端游动的轴系结构。在图 12.17 所示的人字齿轮传动的高速传动轴中,大齿轮轴采用两端固定的支承结构,小齿轮轴采用两端游动的支承结构。为了自动补偿轮齿两侧螺旋角的误差,使轮齿受力均匀,小齿轮轴两端都采用了允许轴系少量轴向移动的圆柱滚子轴承;与其啮合的大齿轮轴则必须两端固定,以使两轴都得到轴向定位,传动顺利进行。

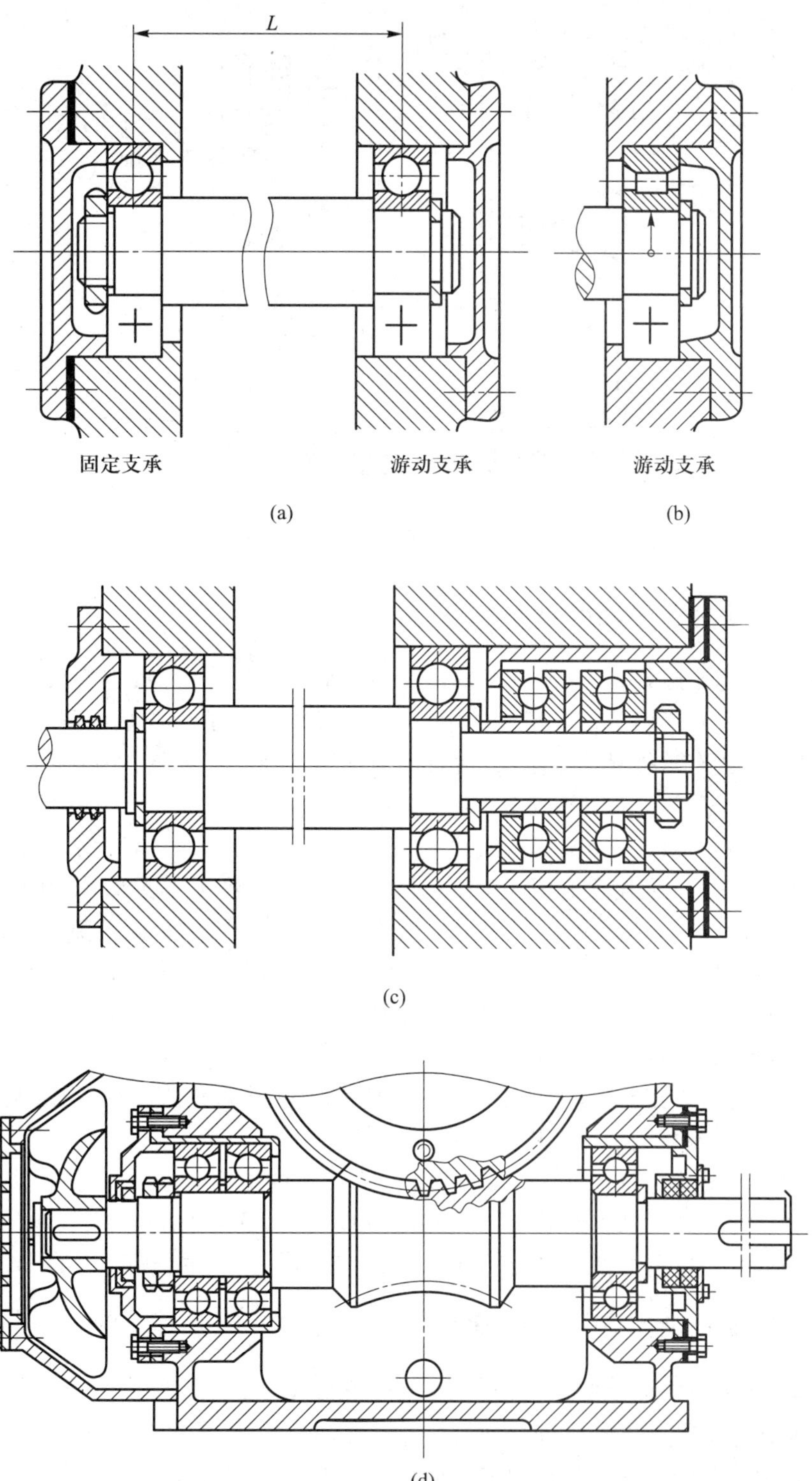

图 12.16　一端固定、一端游动的支承结构

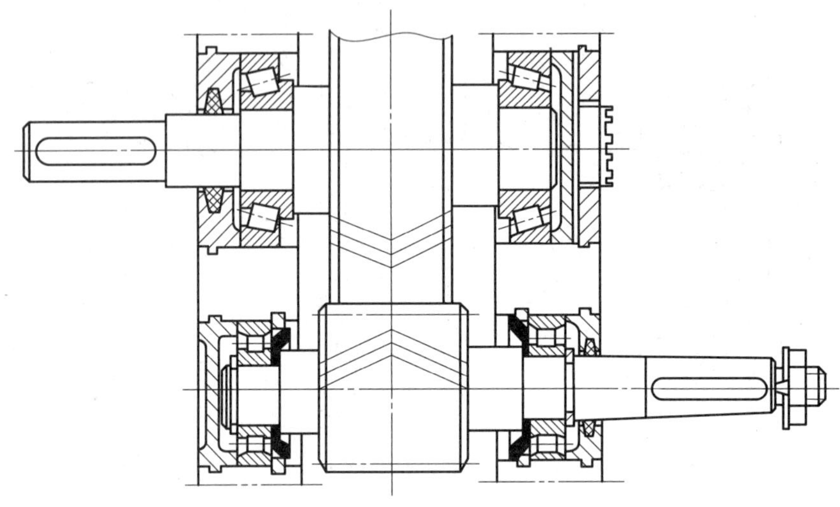

图 12.17 两端游动的支承结构

12.6.3 滚动轴承游隙的调整

轴承游隙并非越小越好,不是所有的轴承都要求最小的工作游隙,它的大小对轴承的寿命、效率、旋转精度、温升及噪声等都有很大的影响,因此必须根据条件选用合适的游隙。需要调整游隙的支承结构主要有角接触球轴承组合结构、圆锥滚子轴承组合结构和平面推力球轴承组合结构。

国家标准 GB/T 4604.1—2012 中,滚动轴承径向游隙共分 5 组,游隙值依次由小到大,其中0 组为标准游隙。基本径向游隙组适合于一般的运转条件、常规温度及常用的过盈配合,在高温、高速、低噪声、低摩擦等特殊条件下工作的轴承则宜选用较大的径向游隙,对精密主轴用轴承等宜选用较小的径向游隙,对于滚子轴承可保持较小的工作游隙。另外,对于分离型的轴承则无所谓游隙;轴承装机后的工作游隙要比安装前的原始游隙小,因为轴承要承受一定的载荷旋转,轴承配合和载荷会产生弹性变形。

滚动轴承轴向游隙的调整方法很多,有垫片调整法、螺母调整法、螺钉挡盖调整法和内外套调整法等。其中垫片调整法是最常用的调整方法。

在图 12.18a 及图 12.16c 右支点和图 12.16d 右支点的结构中,轴承的游隙和预紧是靠轴承端盖与套杯间的垫片来调整的,简单方便;而在图 12.18b 右支点的结构中,轴承的游隙是靠轴上的圆螺母来调整的,操作不方便,且螺纹为应力集中源,削弱了轴的强度。

12.6.4 滚动轴承组合位置的调整

为使锥齿轮传动中的分度圆锥锥顶重合,或使蜗轮传动中的蜗轮、蜗杆在中间平面位置处正确啮合,必须能够对整个支承轴系进行轴向位置调整,即进行轴承组合位置调整。如图 12.18 所示,整个支承轴系放在一个套杯中,套杯的轴向位置(即整个轴系的轴向位置)通过改变套杯与机座端面间垫片的厚度来调节,从而使传动件处于最佳的啮合位置。

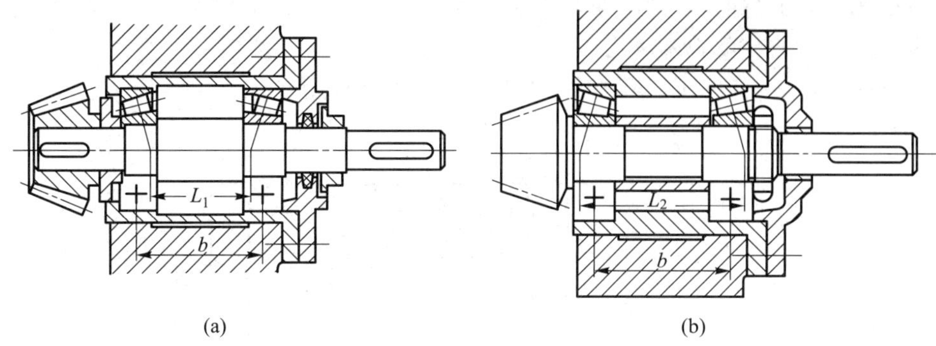

图 12.18　小锥齿轮轴支承结构

12.6.5　滚动轴承的预紧

滚动轴承的预紧是指采用适当的方法使轴承滚动体和内、外套圈直接产生一定的预变形，以保持轴承内、外圈均处于压紧状态，使轴承带负游隙运行。

预紧的目的是：增加轴承的刚度；使旋转轴在轴向和径向正确定位，提高轴的旋转精度；降低轴的振动和噪声；减小由于惯性力矩所引起的滚动体相对于内、外圈滚道的滑动；补偿因磨损造成的轴承内部游隙变化；延长轴承使用寿命。

常用的预紧方法有以下几种：

(1) 通过在两轴承的内圈或外圈之间放置垫片来预紧，如图 12.19a 所示。预紧力的大小由垫片的厚度来控制。

(2) 通过磨薄一对轴承的内圈或外圈来预紧，如图 12.19b 所示。预紧力的大小通过轴承内、外圈的磨削量来控制。

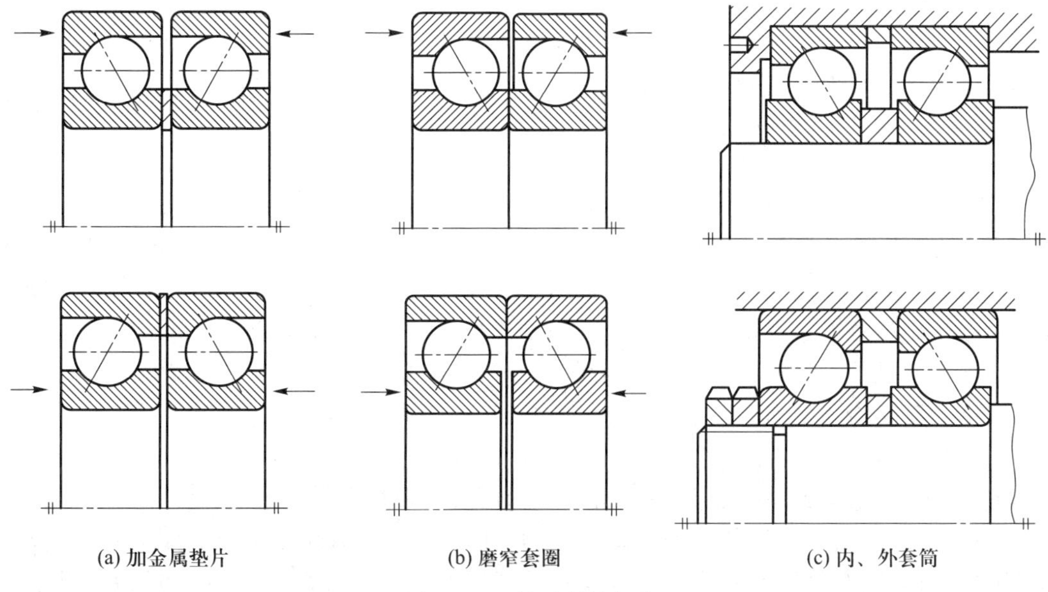

图 12.19　轴承预紧方法

(3) 通过在一对轴承的内、外圈间装入长度不等的套筒来进行预紧，如图 12.19c 所示。预紧力的大小由两套筒的长度差来决定。

(4) 通过弹簧预紧，如图 12.20 所示，该方法预紧力较稳定。

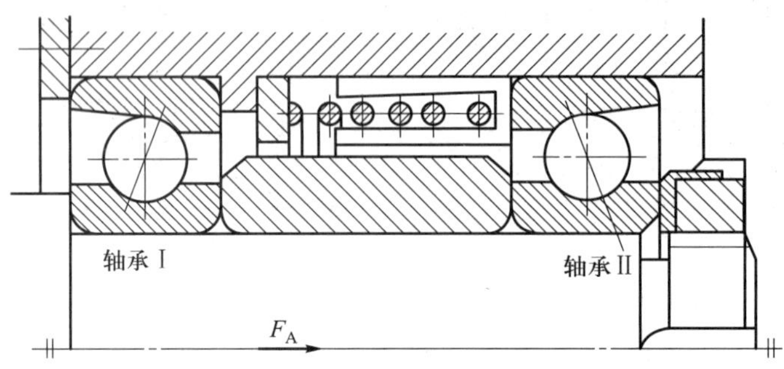

图 12.20 角接触轴承的定压预紧

12.6.6 滚动轴承支座的刚度和同轴度

轴或轴承座的变形都会使轴承内滚动体受力不均匀及运动受阻，影响轴承的旋转精度，降低轴承的寿命。因此，与轴承配合的轴和轴承支座孔应具有足够的刚度，为保证轴承支座孔的刚度，可采用加强筋(图 12.21)和增加轴承座孔的厚度。

同一根轴上的轴承座孔应保证同心，且两轴承座孔直径相同，以便加工时能一次镗孔。如果是分装式轴承座，则可将轴承座组合在一起，一次镗出两个轴承座孔。如果在一根轴上装有不同尺寸的轴承，机座上将有两个尺寸不一致的轴承孔，加工时可以按较大的孔径一次镗出两个轴承孔，再在尺寸较小的轴承与座孔之间加置套杯(图 12.16c)。对于由轻金属或非金属材料制成的机座，安装轴承处应采用钢或铸铁制成的套杯(图 12.16d)。

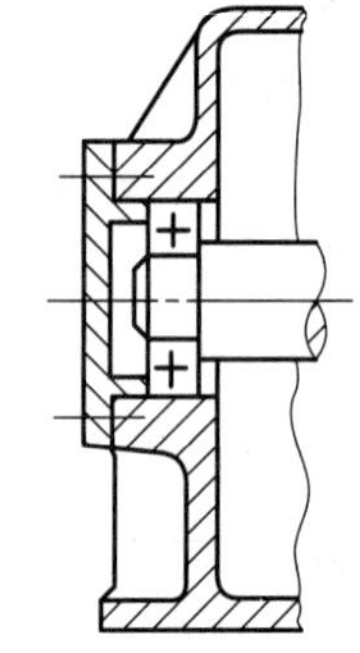

图 12.21 用加强筋提高支承的刚度

12.6.7 滚动轴承的配合

滚动轴承的配合主要是指轴承内孔与轴颈的配合以及轴承外圈与轴承座孔的配合。配合的松紧程度将直接影响轴承的工作状态。如果配合太紧，将使内圈膨胀或外圈收缩，减小了套圈与滚动体之间的游隙，可能使轴承转动失灵，同时也难以装配；如果配合太松，旋转时配合表面会因松动而引起擦伤和磨损。所以，对轴承内、外圈都要规定适当的配合。

滚动轴承的极限与配合和一般圆柱轴孔配合相比较，有如下特点：

(1) 由于滚动轴承是标准件，因此轴承内圈与轴颈的配合采用基孔制，轴承外圈与轴承座孔的配合采用基轴制。

(2) 滚动轴承配合公差标准规定：内径和外径的公差带均为单向制，且统一采用上极限偏差为零、下极限偏差为负值的分布，如图 12.22 所示。图 12.23 中表示了滚动轴承配合及其基准面(内圈内孔、外圈外圆)偏差与轴颈或轴承座孔尺寸偏差的相对关系。由图可以看出，轴承内孔与轴颈的配合比一般公差标准中规定的基孔制同类配合要紧得多。

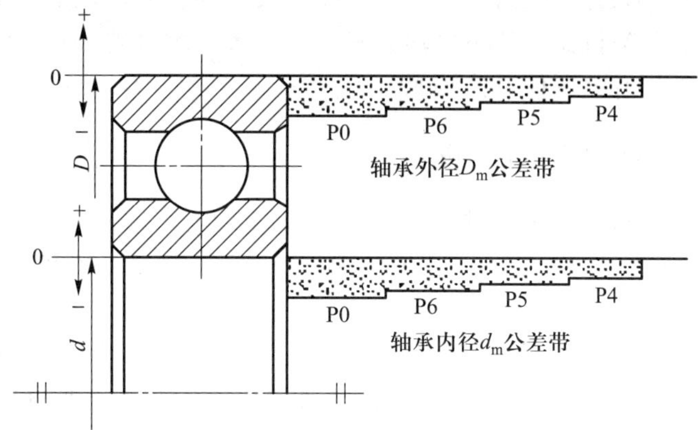

图 12.22　轴承内、外径公差带的分布

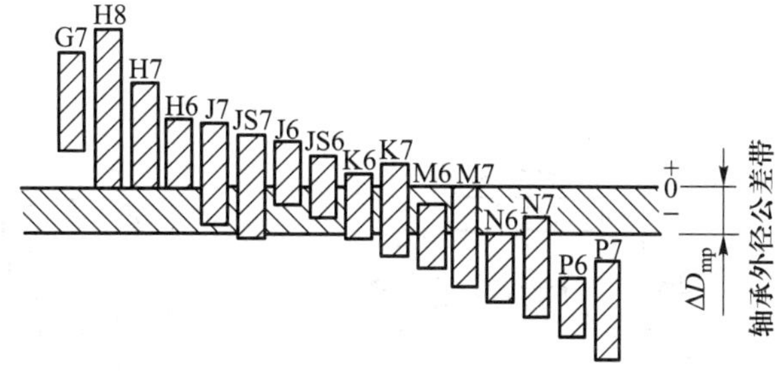

(a) 轴承外圈外圆与轴承座孔的配合

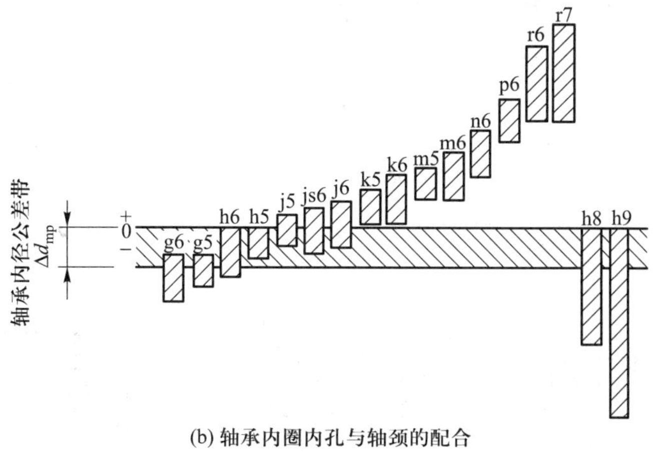

(b) 轴承内圈内孔与轴颈的配合

图 12.23　滚动轴承与轴颈及轴承座孔的配合

（3）标注方法与一般圆柱轴、孔配合方式的标注方法不同，它只标注轴颈及轴承座孔直径的公差带代号。因滚动轴承为标准件，不需标注轴承内径及外径公差带代号。

选择滚动轴承配合的一般原则是：回转套圈应选较紧配合，不回转套圈宜选较松配合；转速高、载荷大、工作温度高时应选较紧配合;需经常拆卸或游动套圈应采用较松配合。精度等级越高的轴承,与其配合的孔和轴的加工精度、表面粗糙度及几何公差均应有较高的要求,以保证高精度轴承的旋转精度。各类机器所使用的轴承配合以及各类配合的公差、表面粗糙度和几何形状允许偏差等资料可查阅有关机械设计手册。

12.6.8　滚动轴承的安装与拆卸

设计轴承装置时,应使轴承便于装拆。由于滚动轴承内圈与轴颈的配合一般较紧,安装前应在配合表面涂油,防止压入时产生咬伤。常见装配内圈与轴颈的方法有以下几种:

(1) 压力机压套,如图 12.24 所示。

(2) 加热轴承安装法。该方法多用于过盈量大的中、大型轴承装配,加热温度为 80~90℃。

(3) 对中小型轴承,可用锤子敲击装配套筒将轴承装入。当轴承外圈与轴承座孔配合较紧时,压力应施加在外圈上,如图 12.24b 所示。

拆卸轴承一般也要用专门的拆卸工具——顶拔器(图 12.25)。为便于安装顶拔器,应使轴承内圈比轴肩、外圈比凸肩露出足够的高度 h(图 12.26a、b)。对于盲孔,可在端部开设专用拆卸的螺纹孔(图 12.26c)。

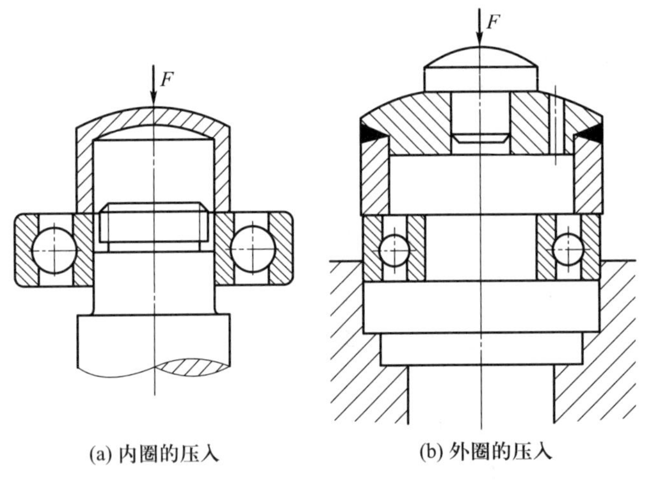

(a) 内圈的压入　　(b) 外圈的压入

图 12.24　轴承的安装

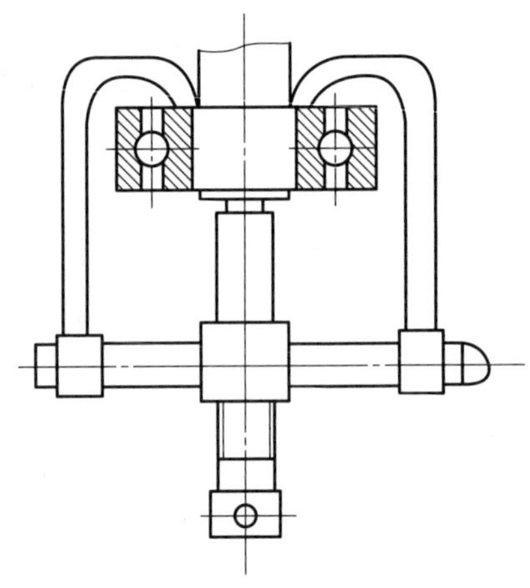

图 12.25　用顶拔器拆卸轴承

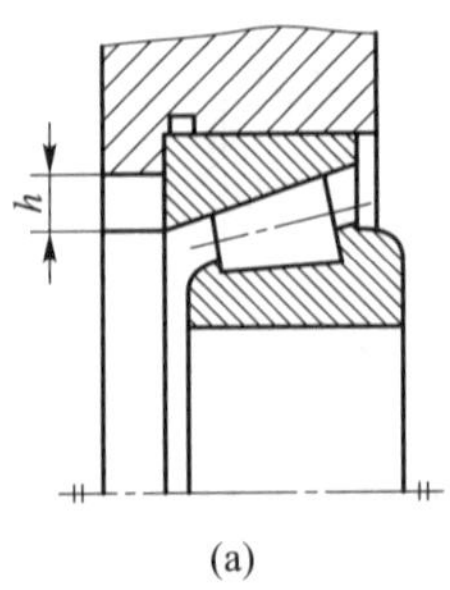

(a)

(b)

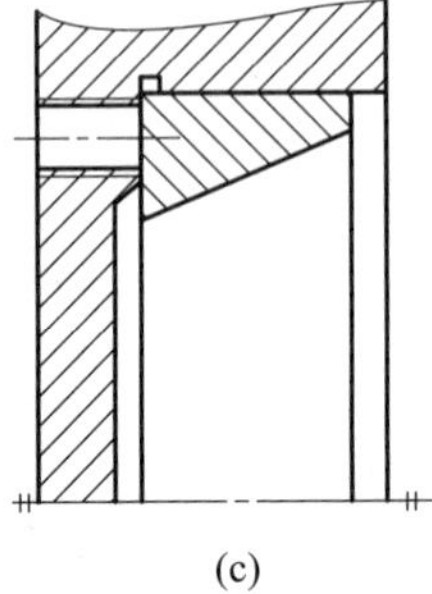

(c)

图 12.26　轴承外圈的拆卸

12.6.9 滚动轴承的润滑

滚动轴承润滑的作用是降低摩擦阻力，减少磨损，防止锈蚀，同时还可以起到散热，减小接触应力，吸收振动等作用。设计者的任务是在掌握润滑剂的性能特点、供给方式的基础上，根据滚动轴承的工况和使用要求，正确选用润滑剂和润滑剂供给方式。

滚动轴承常用的润滑方式有油润滑和脂润滑，特殊条件下也可以采用固体润滑剂（如二硫化钼、石墨等）。润滑方式与轴承速度有关，一般根据轴承的速度因素 dn 值（d 为滚动轴承内径，单位为 mm；n 为轴承转速，单位为 r/min）作出选择。适用于脂润滑和油润滑的 dn 值见表 12.15。

表 12.15 适用于脂润滑和油润滑的 dn 值 10^4 mm · r/min

轴承类型	脂润滑	油润滑			
		油浴	油滴	循环油（喷油）	油雾
深沟球轴承	16	25	40	60	>60
调心球轴承	16	25	40	50	—
角接触球轴承	16	25	40	60	>60
圆柱滚子轴承	12	25	40	60	>60
圆锥滚子轴承	10	16	23	30	—
调心滚子轴承	8	12	20	25	—
推力球轴承	4	6	12	15	—

1. 脂润滑

由于润滑脂是一种黏稠的胶凝状稠料，脂润滑一般用于 dn 值较小的轴承中。

脂润滑的优点是：润滑膜强度高，能承受较大的载荷，不易流失，容易密封，能防止灰尘等杂物进入轴承内部，对密封要求不高，一次加脂可以维持相当长的一段时间。

脂润滑的缺点是：摩擦损失大，散热效果差。

对于那些不便经常添加润滑剂的部位，或不允许润滑油流失而导致污染的机器来说，这种润滑方式十分适宜。但它只适用于较低的 dn 值。使用时，润滑脂的填充量要适中，一般为轴承内部空间容积的 1/3~2/3。

润滑脂的主要性能指标为锥入度和滴点。当轴承的 dn 值大、承受载荷小时，应选锥入度较大的润滑脂；反之，应选用锥入度较小的润滑脂。此外，轴承的工作温度应比润滑脂的滴点低，对于矿物油润滑脂，应低 10~20 ℃；对于合成润滑脂，应低 20~30 ℃。

2. 油润滑

轴承的 dn 值超过一定界限，应采用油润滑。对于采用脂润滑的轴承，如果设计上方便，有时也可用油润滑（如封闭式齿轮箱中轴承的润滑）。

油润滑的优点是：摩擦阻力小，润滑充分，具有散热、冷却和清洗滚道的作用。

油润滑的缺点是：对密封和供油的要求较高。

润滑油的主要性能指标是黏度。转速越高，宜选用黏度越低的润滑油；载荷越大，宜选用黏度越高的润滑油。具体选用润滑油时，可根据工作温度和 dn 值，由图 12.27 先确定油的黏度，然后根据黏度值从润滑油产品目录中选出相应的润滑油牌号。

常用的油润滑方法如下：

（1）油浴润滑 把轴承局部浸入润滑油中，轴承静止时，油面不高于最低滚动体的中心，如图12.28所示。这个方法不宜用于高速轴承，因为高速时搅油会造成很大能量损失，引起油液和轴承的严重过热。

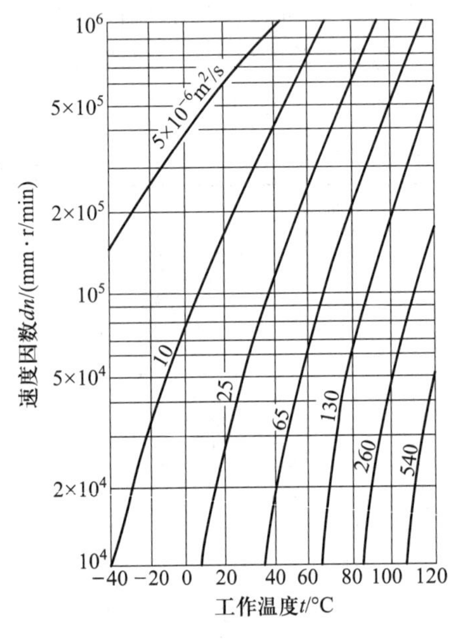

图12.27 润滑油黏度选择

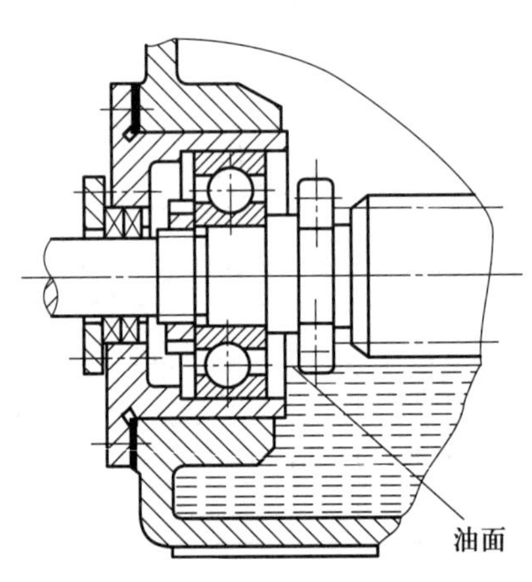

图12.28 油浴润滑

（2）飞溅润滑 这是闭式齿轮传动中轴承润滑常用的方法。它利用转动齿轮把润滑油飞溅到齿轮箱的内壁上，然后通过适当的沟槽把油引入轴承。

（3）喷油润滑 多用于旋转速度高，载荷大，要求润滑可靠的轴承。它利用油泵将润滑油增压，通过油管或机壳内特制的油孔，经喷嘴将润滑油对准轴承内圈与滚动体喷射，喷油润滑如图12.29所示。

（4）滴油润滑 滴油量可控制，多用于需要定量供油、转速较高的小型球轴承。为使滴油通畅，常使用黏度较小的全损耗系统用油L-AN15。

（5）油雾润滑 润滑油在油雾发生器中变成油雾，将低压油雾送入高速旋转的轴承，起润滑、冷却作用。但润滑轴承的油雾可能部分地随空气飘散，污染环境，必要时宜用油气分离器来收集油雾，或者采用通风装置来排除废气。这种润滑常用于机床的高速主轴、高速旋转泵等支承轴承的润滑。

（6）油-气润滑 近年来，出现一种新的油润滑技术，即油-气润滑。它以压缩空气为动力，将润滑油油滴沿管路输送给轴承，不受润滑油黏度的限制，克服了油雾润滑中存在的高黏度润滑油无法雾化、废油雾对环境造成污染、油雾量调节困难等缺点。

12.6.10 滚动轴承的密封

轴承工作时，润滑剂不允许很快流失，且外界灰尘、水分及其他杂物也不允许进入轴承，故需要对轴承设置可靠的密封装置。密封装置可分为接触式和非接触式两类。

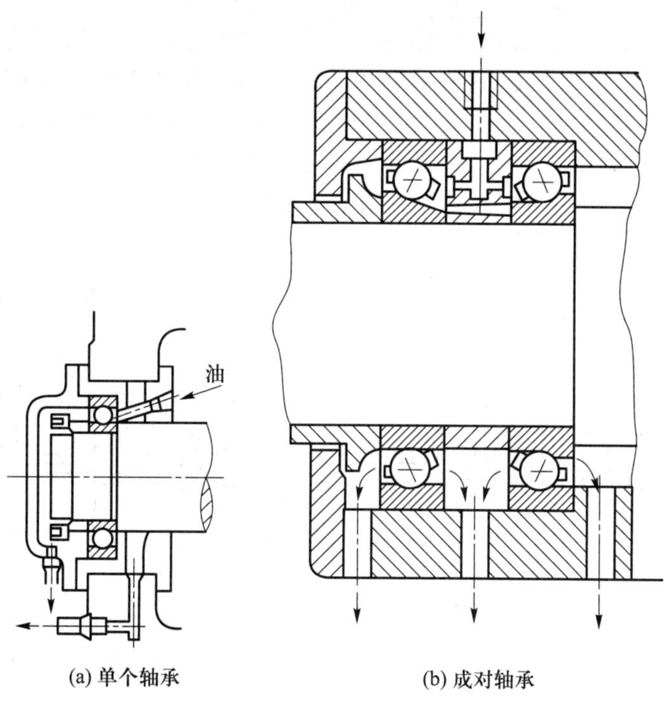

(a) 单个轴承　　(b) 成对轴承

图 12.29 喷油润滑

1. 接触式密封

通过在轴承盖内部放置密封件与轴表面直接接触而起到密封作用。这种密封形式多用于转速不高的情况下。密封件主要用毛毡、橡胶圈、皮碗等软性材料,也有用减摩性好的硬质材料,如石墨、青铜等。轴与密封件接触部位需磨光,以增强防泄漏能力和延长密封件的寿命。

常用的接触式密封结构形式有以下几种:

(1) 毡圈油封 如图 12.30 所示,密封件为用细毛毡制成的环形毡圈标准件,在轴承盖上开出梯形槽,将毡圈嵌入梯形槽中与轴密切接触。这种密封主要用于脂润滑的场合,它的结构简单,安装方便,但摩擦较大,密封压紧力较小,且不易调节,只用于滑动速度小于 5 m/s 的场合。

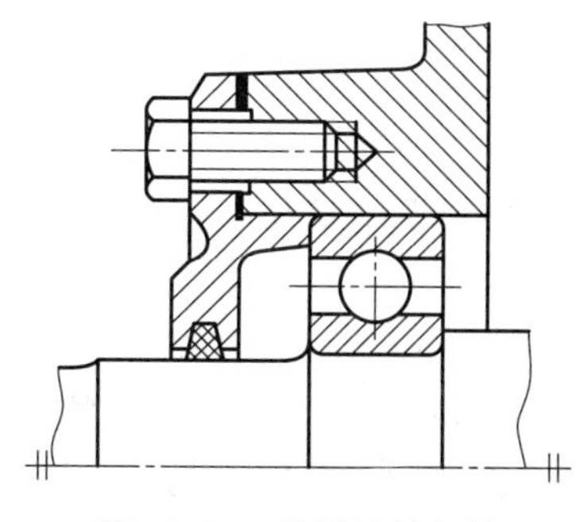

图 12.30 毡圈油封密封

（2）唇形密封圈　指在轴承盖的孔内，放置一个用耐油橡胶制成的唇形密封圈，依靠橡胶的弹力和环形螺旋弹簧压紧在密封圈的唇部，使唇部与轴密切接触，以起到密封作用。如果密封的目的主要是为了封油，密封唇应朝内（对着轴承）安装；如果主要是为了防止外界杂质的侵入，则密封唇应朝外（背着轴承）安装，如图 12.31a 所示；如果两个作用都要有，最好放置两个唇形密封圈且密封唇方向相反，如图 12.31b 所示。唇形密封圈结构简单，安装方便，易于更换，密封可靠，可用于轴的圆周速度小于 10 m/s 的油润滑或脂润滑处。

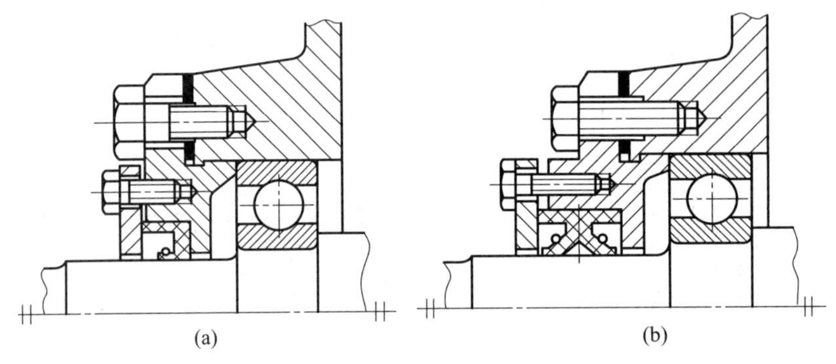

图 12.31　唇形密封圈密封

（3）密封环　密封环是一种带有缺口的环状密封件，把它放置在套筒的环槽内，如图 12.32 所示，套筒与轴一起转动，密封环通过缺口被压拢而紧贴在静止件的内孔壁上，从而起到密封作用。各个接触表面均需经硬化处理并磨光。密封环常用含铬的耐磨铸铁制造，可用于轴的圆周速度小于 100 m/s 的场合。

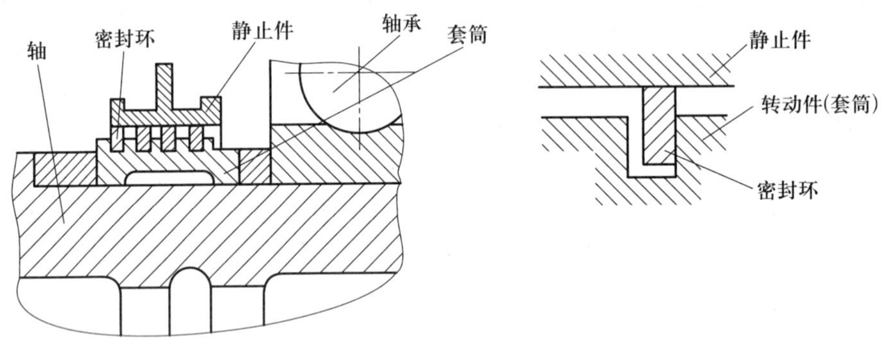

图 12.32　密封环密封

2. 非接触式密封

此类密封不与轴接触摩擦，故多用于速度较高的结构中。常用的非接触式密封有以下几种：

（1）缝隙密封　图 12.33a 所示是最简单的缝隙密封形式，它是在轴和轴承盖的通孔壁之间留出径向间隙为 0.1～0.3 mm 的缝隙，对使用脂润滑的轴承来说，已具有一定的密封效果。如果在轴承盖的通孔内车出环形槽（图 12.33b），在槽中填以润滑脂，可以提高密封效果。

（2）甩油密封　用在油润滑中，在轴上开出沟槽（图 12.34a），或装上一个油环（图 12.34b），借助于离心力将沿轴表面欲向外流失的油沿径向甩掉，再经过收集后流回油池。也可在紧贴轴承处装一甩油环，在轴上加工出螺旋式送油槽（图 12.34c），借助于螺旋的输送作用可

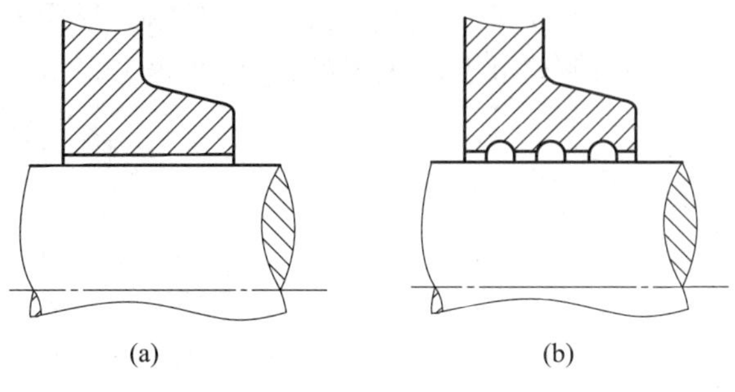

图 12.33 缝隙密封

有效地防止油外流，但该轴只能按一个方向旋转，如果轴反方向旋转，就没有密封效果。这种密封形式在停车后也会失去密封效果，故常和其他形式的密封一起使用。

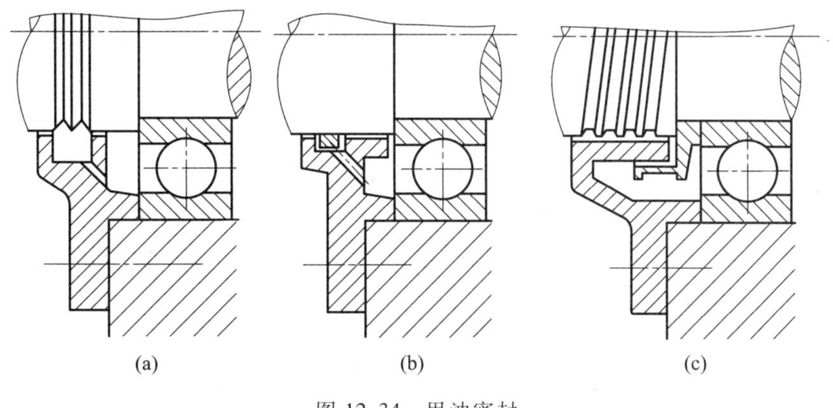

图 12.34 甩油密封

（3）迷宫式密封　迷宫是指由旋转的密封件和固定的密封件之间构成的曲折缝隙。根据密封件的结构，迷宫的布置可以是径向的（图 12.35a）或轴向的（图 12.35b）。采用轴向迷宫时，端盖应为剖分式。缝隙中填入润滑脂，可增加密封效果。

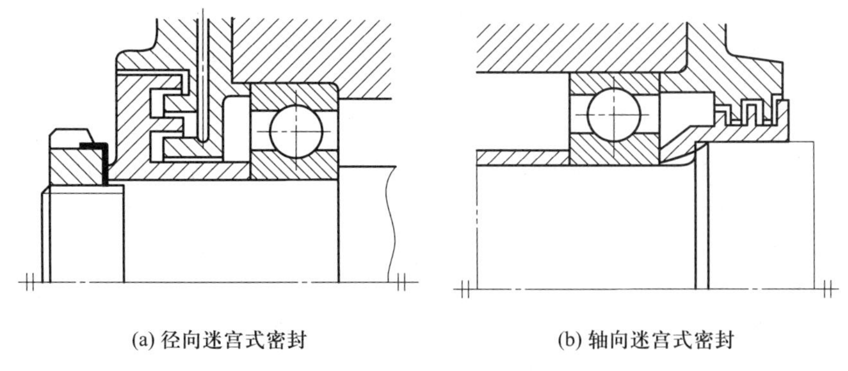

(a) 径向迷宫式密封　　(b) 轴向迷宫式密封

图 12.35 迷宫式密封

迷宫式密封对脂润滑和油润滑时都有效，特别是当环境比较脏或者比较潮湿时，采用迷宫式密封是相当可靠的。

在重要的机器中,为了获得可靠的密封效果,可以将多种密封形式进行组合。例如迷宫式与毡圈式的组合,如图 12.36a 所示;迷宫式与缝隙式的组合,如图 12.36b 所示。

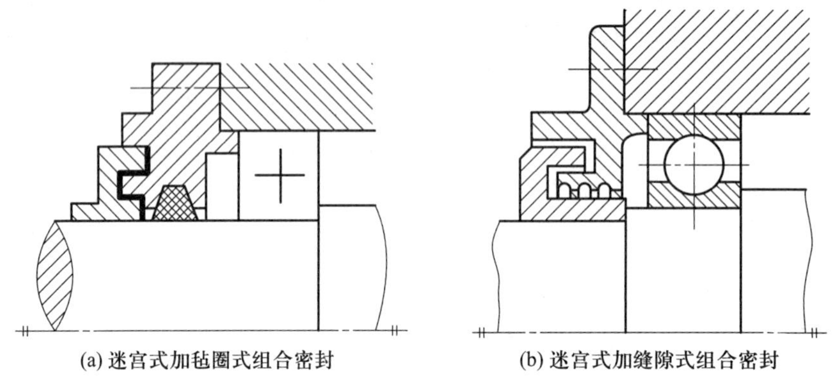

图 12.36 组合密封

习 题

12.1 滚动轴承由哪些基本元件构成?分别有什么作用?

12.2 球轴承和滚子轴承分别有什么优、缺点?适用于什么场合?

12.3 什么是滚动轴承的基本额定寿命?在额定寿命期内,一个轴承是否会发生失效?

12.4 试说明下列滚动轴承代号的意义:6205、N308/P4、30307、7208AC/P5。

12.5 什么是接触角?接触角的大小对轴承承载有何影响?

12.6 选择滚动轴承类型时主要考虑哪些因素?

12.7 怎样确定一对角接触球轴承或圆锥滚子轴承的轴向载荷?

12.8 什么叫滚动轴承的当量动载荷?它有什么作用?如何计算当量动载荷?

12.9 滚动轴承为什么要预紧?预紧的方法有哪些?

12.10 滚动轴承的工作速度对选择轴承润滑方式有什么影响?

12.11 滚动轴承的支承结构形式有哪几种?它们分别适用于什么场合?

12.12 在进行滚动轴承组合设计时,应考虑哪些方面的问题?

12.13 一农用水泵轴,用深沟球轴承支承,轴颈直径 $d=35$ mm,转速 $n=2\ 900$ r/min,径向载荷 $F_r=1\ 770$ N,轴向载荷 $F_a=720$ N,要求预期寿命 6 000 h。试选择滚动轴承的型号。

12.14 一代号为 6313 的深沟球轴承,转速 $n=1\ 250$ r/min,径向载荷 $F_r=5\ 400$ N,轴向载荷 $F_a=2\ 600$ N,工作时有轻微冲击,常温下工作,希望该轴承使用寿命不低于 5 000 h。试验算该轴承能否满足要求。

12.15 某减速器主动轴用两个圆锥滚子轴承 30212 支承,如图 12.37 所示。已知轴的转速 $n=960$ r/min,$F_{ae}=650$ N,$F_{r1}=4\ 800$ N,$F_{r2}=2\ 200$ N,工作时有中等冲击,常温下工作,要求轴承的预期寿命为 15 000 h。试判断该对轴承是否合适。

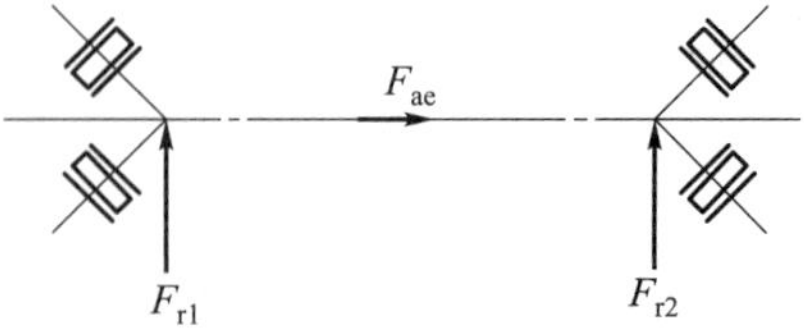

图 12.37 题 12.15 图

12.16　如图 12.38 所示，轴支承在两个 7207ACJ 轴承上，两轴承压力中心间的距离为 240 mm，轴上载荷 F_{re} = 2 800 N，F_{ae} = 750 N，方向和作用点如图 12.38 所示。试计算轴承 C、D 所受的轴向载荷 F_{aC}、F_{aD}。

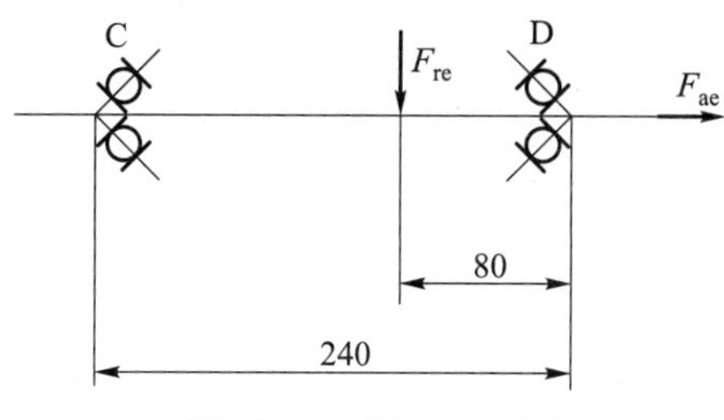

图 12.38　题 12.16 图

12.17　图 12.39 所示为从动锥齿轮轴，从齿宽中点到两个 30000 型轴承压力中心的距离分别为 60 mm 和 195 mm，齿轮的平均分度圆直径 d_{m2} = 212.5 mm，齿轮受轴向力 F_{ae} = 960 N，所受圆周力和径向力的合力 F_{re} = 2 710 N，轻度冲击，常温下工作，转速 n = 500 r/min，轴承的预期设计寿命为 30 000 h，轴颈直径 d = 35 mm。试选择轴承型号。

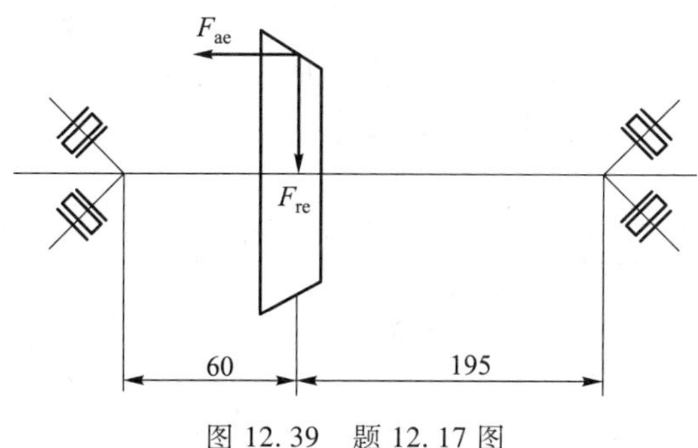

图 12.39　题 12.17 图

12.18　在一传动装置中，轴上反向（背靠背）安装一对 7210C 角接触球轴承，如图 12.40 所示。已知轴承的径向载荷 F_{r1} = 2 000 N，F_{r2} = 4 500 N，轴上的轴向外载荷 F_{ae} = 3 000 N，转速 n = 1 470 r/min，常温工作，载荷平稳。试计算两轴承的使用寿命。

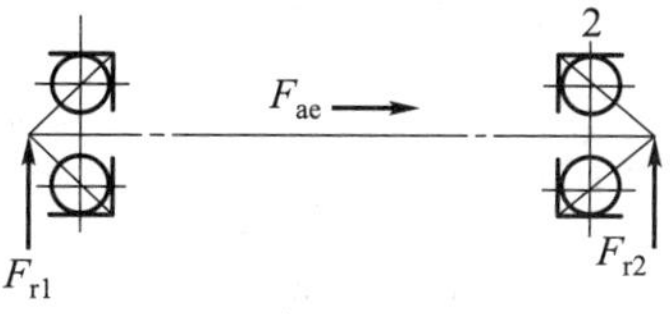

图 12.40　题 12.18 图

第 13 章　轴

轴是机械中的重要零件之一，用于支承转动的带毂零件（如齿轮、带轮等），并传递运动和动力。

13.1　轴的类型、材料和设计要求

13.1.1　轴的类型

根据轴线形状不同，可以分为直轴（图 13.1）、曲轴（图 13.2）、挠性轴（图 13.3）。曲轴常用于往复式机械装置中，挠性轴可以将回转运动灵活地传到任何位置，常用于振捣器等设备中，这两种轴都是专用零件。直轴应用最广，根据外形直轴分为光轴和阶梯轴。光轴结构简单，但不利于轴上零件的固定和定位，所以大部分轴是阶梯轴。

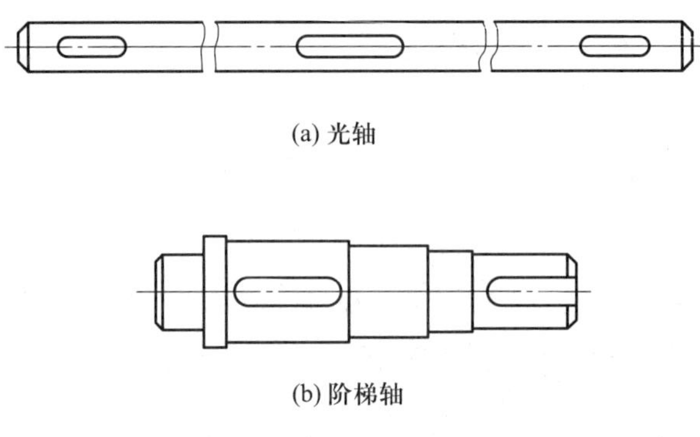

(a) 光轴

(b) 阶梯轴

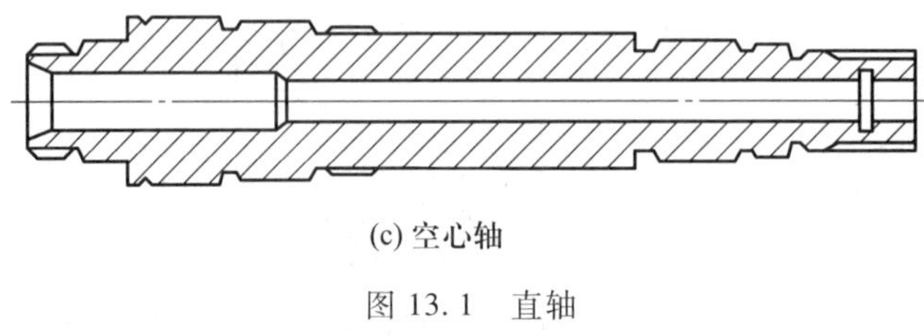

(c) 空心轴

图 13.1　直轴

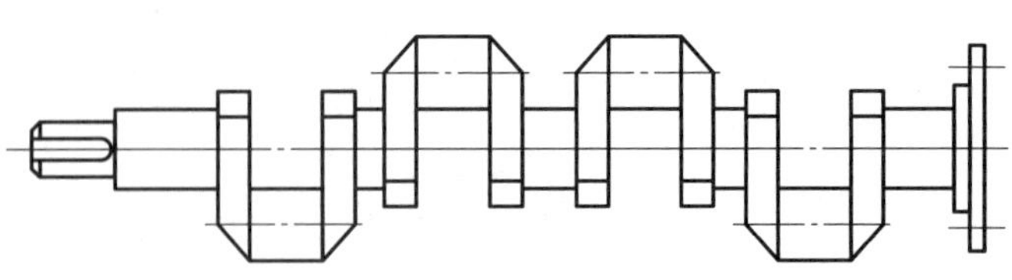

图 13.2　曲轴

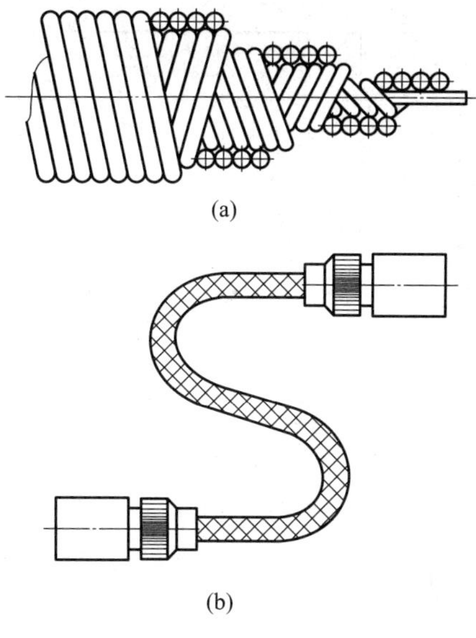

(a)

(b)

图 13.3　挠性轴

根据工作时承受载荷情况不同，轴可以分为心轴、传动轴和转轴（表 13.1）。

表 13.1　转轴、传动轴和心轴的承载情况及特点

种类	举例	受力简图	特点
转轴	轴头 轴环 轴身 轴伸 轴肩 中轴颈 端轴颈		既承受弯矩又承受转矩，是机器中最常用的一种轴；剖面上受弯曲应力和扭转切应力的复合作用
传动轴			主要承受转矩，不承受弯矩或承受很小弯矩，仅起传递动力的作用
转动心轴			只承受弯矩，不承受转矩，起支承作用，转动心轴的剖面上受变应力作用

续表

种类	举例	受力简图	特点
固定心轴			只承受弯矩，不承受转矩，起支承作用，固定心轴的剖面上受静应力作用

13.1.2 轴的材料

轴工作时主要承受弯矩和扭矩，因此要求轴的材料有一定的强度、刚度，有相对滑动的轴还要有耐磨性能要求。

轴的材料主要采用碳素钢和合金钢。由于碳素钢比合金钢价格低廉，对应力集中的敏感性较小，可以通过热处理提高其疲劳强度，所以应用广泛。45 钢是最常用的轴材料，使用时一般进行调质或正火处理，保证力学性能。合金钢具有更高的力学性能和淬火性能，在载荷大、磨损大，且要求结构紧凑、质量小时采用。

需要注意的是：碳素钢和合金钢的弹性模量相近，热处理对其影响也很小，因此选用合金钢只能提高轴的强度和耐磨性，而对轴的刚度影响很小。

轴的毛坯大多采用轧制圆钢和锻钢，有的也直接用圆钢。对于形状复杂的轴，一般通过铸造得到，因此轴的材料也可以采用铸造性能好的铸钢和球墨铸铁。表 13.2 列出了轴的常用材料及其主要力学性能。

表 13.2 轴的常用材料及其主要力学性能

材料牌号	热处理	毛坯直径 /mm	硬度 HBW	抗拉强度 σ_B /MPa	屈服强度 σ_S /MPa	弯曲疲劳强度 σ_{-1} /MPa	剪切疲劳强度 τ_{-1} /MPa	许用弯曲应力 $[\sigma_{-1}]$ /MPa	备注
Q235A	热轧或锻后空冷	≤100		400～420	225	170	105	40	用于不重要及载荷不大的轴
		>100～250		375～390	215				
45	正火	≤100	170～217	590	295	255	140	55	应用最为广泛
	回火	>100～300	162～217	570	285	245	135		
	调质	≤200	217～255	640	355	275	155	60	

续表

材料牌号	热处理	毛坯直径 /mm	硬度 HBW	抗拉强度 σ_B /MPa	屈服强度 σ_S /MPa	弯曲疲劳强度 σ_{-1} /MPa	剪切疲劳强度 τ_{-1} /MPa	许用弯曲应力 $[\sigma_{-1}]$ /MPa	备注
40Cr	调质	≤100	241~286	735	540	355	200	70	用于载荷较大而无很大冲击的重要轴
		>100~300		685	490	335	185		
40CrNi	调质	≤100	270~300	900	735	430	260	75	用于重要的轴
		>100~300	240~270	785	570	370	210		
38SiMnMo	调质	≤100	229~286	735	590	365	210	70	用于重要的轴,性能接近于 40CrNi
		>100~300	217~269	685	540	345	195		
20Cr	渗碳淬火回火	≤60	渗碳 56~62HRC	640	390	305	160	60	用于强度及韧性均较高的轴
3Cr13	调质	≤100	≥241	835	635	395	230	75	用于腐蚀条件下的轴
1Cr18Ni9Ti	淬火	≤100	≤192	530	195	190	115	45	用于高、低温及腐蚀条件下的轴
		>100~200		490		180	110		
QT600-3			190~270	600	370	215	185		用于制造复杂外形的轴
QT800-2			245~335	800	480	290	250		

13.1.3 轴的设计要求

轴的设计包括结构设计和工作能力计算两方面内容。合理的结构和足够的强度是轴设计必须满足的基本要求。

轴的结构设计是根据轴上零件的安装、定位以及轴的制造工艺等方面的要求合理地确定轴的结构形式和尺寸。如果轴的结构设计不合理,则会影响轴的加工和装配工艺,增加制造成本,甚至会影响轴的强度和刚度。

轴在工作时主要受到弯矩和扭矩作用,因此轴的主要失效形式是断裂或过大的挠性变形。轴的失效形式和相应的设计准则见表 13.3,轴的工作能力计算包括轴的强度、刚度和临界转速等方面的计算。足够的强度是轴的承载能力的基本保证,轴的强度不足,会发生塑性变形或者断裂失效,使其不能工作。对旋转精度要求较高的轴或受力较大的细长轴,如机床主轴、电动机轴等,还需要保证足够的刚度,防止工作时产生过大的弹性变形。对于一些高速旋转的轴,如高速磨床主轴、汽轮机主轴等,要考虑振动稳定性问题,考虑临界转速,防止共振的发生。

表 13.3 轴的失效形式和设计准则

<table>
<tr><th>失效形式</th><th>失效原因</th><th colspan="2">设计准则</th></tr>
<tr><td>瞬时过载引起塑性变形或断裂</td><td>静强度失效</td><td colspan="2">静强度的安全系数校核</td></tr>
<tr><td rowspan="3">疲劳断裂或塑性变形</td><td rowspan="3">疲劳强度失效</td><td rowspan="2">许用应力法</td><td>轴的扭转强度条件性计算</td></tr>
<tr><td>轴的弯扭合成强度条件性计算</td></tr>
<tr><td>安全系数法</td><td>疲劳强度的安全系数法校核</td></tr>
<tr><td rowspan="2">挠性变形过大</td><td>刚度失效</td><td colspan="2">$y\leqslant[y]$,$[y]$为许用挠度</td></tr>
<tr><td>扭转角变形过大</td><td colspan="2">$\theta\leqslant[\theta]$,$[\theta]$为许用转角</td></tr>
</table>

13.2 轴系结构组合设计

轴系结构组合设计是轴、轴上零件、轴的支承零件及其定位、固定、调整、密封等的一种零部件组合设计。

13.2.1 轴的结构设计

轴作为支承零件,同时又要传递回转运动和转矩。它既要与轴上的每一个零部件组合,又要与轴承并通过轴承与机座上的零件组合。因此,轴的结构设计必须在轴系结构组合设计中进行,具体任务是根据工作条件和要求,确定轴的合理外形和各部分的具体尺寸。

1. 轴的结构设计的基本要求

(1) 轴本身满足强度、刚度以及耐磨性(滑动轴承轴颈)要求。

(2) 轴及轴上零部件应有准确的工作位置,并且固定可靠。

(3) 轴具有良好的制造工艺性,尽量减少应力集中。

(4) 轴上零部件应便于安装、拆卸和调整。

2. 轴的设计步骤

(1) 按轴所传递的转矩,初步估算轴的最小直径。

根据材料力学知识,实心圆轴的扭转强度校核公式为

$$\tau_T=\frac{T}{W_T}=\frac{9.55\times10^6\dfrac{P}{n}}{0.2d^3}\leqslant[\tau_T] \tag{13.1}$$

由式(13.1)可得轴的直径(设计公式):

$$d\geqslant\sqrt[3]{\frac{9.55\times10^6P}{0.2[\tau_T]n}}=\sqrt[3]{\frac{9.55\times10^6}{0.2[\tau_T]}}\sqrt[3]{\frac{P}{n}}=A_0\sqrt[3]{\frac{P}{n}} \tag{13.2}$$

式中:τ_T——扭转切应力,MPa;

T——轴所受的转矩,N·mm;

W_T——轴的抗扭截面系数,mm^3;

n——轴的转速,r/min;

P——轴传递的功率,kW;

d——轴的计算直径,mm;

$[\tau_T]$——许用切应力,MPa,见表 13.4;

A_0——与材料有关的系数,$A_0=\sqrt[3]{\dfrac{9.55\times10^6}{0.2[\tau_T]}}$,见表 13.4。

表 13.4 轴常用材料的 $[\tau_T]$ 及 A_0 值

轴的材料	Q235A,20	Q275,35(1Cr18Ni9Ti)	45	40Cr,35SiMn,38SiMnMo,3Cr13
$[\tau_T]$/MPa	15~25	20~35	25~45	35~55
A_0	126~149	112~135	103~126	97~112

注:在下述情况下,$[\tau_T]$取较大值,C 取较小值:轴所受弯矩较小或只受转矩,载荷较平稳,无轴向载荷或只有较小的轴向载荷,减速器的低速轴,只作单向旋转的轴;此外,$[\tau_T]$取较小值,C 取较大值。

式(13.2)中的轴径为承受转矩作用的轴的最小直径。当轴上有键槽时,考虑键槽对轴强度的削弱,应增大轴径。对直径大于 100 mm 的轴,当轴的同一截面上有一个键槽时,轴径加大 3%;有两个键槽时,轴径加大 7%。对于直径小于 100 mm 的轴,当轴的同一截面上有一个键槽时,轴径加大 5%;有两个键槽时,轴径加大 10%~15%。最后将轴径圆整,有标准件安装的轴段应取标准直径。

(2) 按空间和布局要求进行草图设计,其中包括选定支承轴承类型,初定轴承型号和支点跨距,初定轴上零部件的安装位置及其与轴接合部位的尺寸,对轴和轴承分别进行强度、刚度和寿命的校核计算。

(3) 细化结构,确定轴系及轴上零部件的定位固定方式、轴承的润滑与密封,以便于制造、安装和调试。

3. 轴的结构设计需要解决的问题

1) 轴上零件的装配

拟订轴上零件的装配方案是进行轴的结构设计的前提。装配方案是指轴上零件的装配方向、顺序和相互关系。轴上零件可从轴的左端、右端或从轴的两端依次装配。由于受轴上零件的布置、定位和固定方式以及装配工艺等多种因素的影响,装配方案不止一种,应通过对比分析,择优选取。图 13.4 所示轴系结构组合所在的减速器为剖分式箱体,为便于轴上零件的装拆,将轴制成阶梯形,其直径自中间轴段向两端逐渐减小。具体装配过程:首先将平键 10 装在轴上,再从右端依次装入齿轮 3、套筒 4、右轴承 5,从左端装入左轴承 2,然后将轴置于减速器箱体的轴承孔中,装上左、右轴承端盖(1、6),再装上平键 9,最后从右端安装半联轴器 7。

2) 各轴段直径和长度的确定

阶梯轴各轴段直径的变化应遵循以下原则:配合性质不同的表面(含装配表面和非配合表面),直径有所不同;加工精度、表面粗糙度不同的表面,一般情况直径也不同;应便于轴上零件

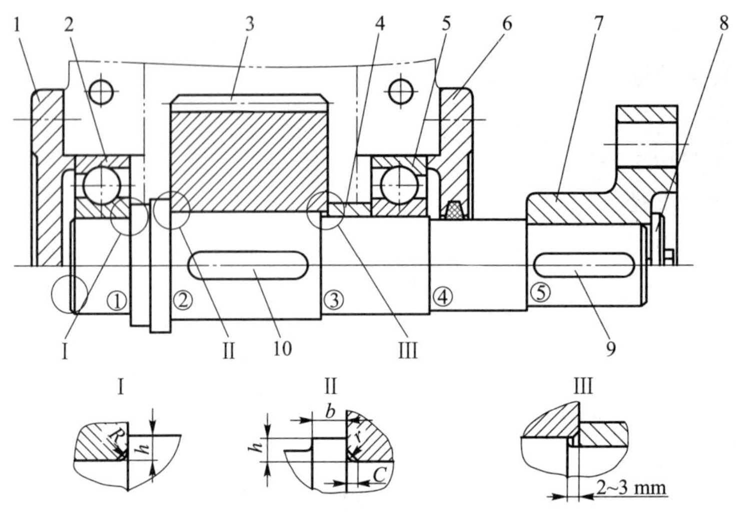

1、6—左、右轴承端盖；2、5—滚动轴承；3—齿轮；4—套筒；
7—半联轴器；8—轴端挡圈；9、10—平键

图 13.4　单级减速器高速轴的结构及轴上零件装配方案

装拆。通常从初步估算轴端最小直径开始，考虑轴上配合零部件的标准尺寸、结构特点和定位、固定、装拆、受力情况等对轴结构的要求，依次确定各轴段（包括轴肩、轴环等）的直径。具体应注意以下几方面问题：

（1）与轴承配合的轴颈，其直径必须符合滚动轴承内径的标准系列。

（2）轴上螺纹部分必须符合螺纹标准。

（3）轴肩（或轴环）定位是轴上零部件最方便可靠的定位方法。轴肩分定位轴肩（如图 13.4 中的轴肩①、②、⑤）和非定位轴肩（轴肩③、④）两类。定位轴肩常用于轴向力较大的场合，其高度 h 查表 13.5，并应满足 $h \geqslant h_{\min}$，$h_{\min}$ 查表 13.6。滚动轴承定位轴肩（如图 13.4 中的轴肩①）的高度必须低于轴承内圈的高度，以便于拆卸轴承，具体尺寸可以查轴承标准。非定位轴肩是为了加工和装配方便，其高度没有严格规定，一般取 1～2 mm。

表 13.5　常用轴上零件的轴向定位和固定方法

轴向定位和固定方法	简图	特点与应用
轴肩轴环	d　b　h　R　r　c	能承受较大的轴向力；一般可取 $h=0.07d+(1\sim2)$ mm，$b=1.4h$；设计中应使 $r<R<h$ 或 $r<c<h$

续表

轴向定位和固定方法	简图	特点与应用
圆锥面	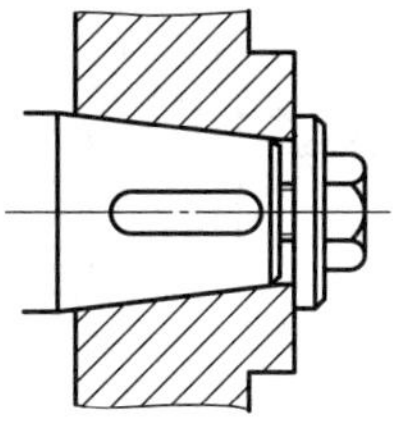	装拆较方便,能承受冲击载荷;锥面加工较麻烦,轴向定位不准确,多用于轴端零件的定位和固定;常与轴端挡圈联合使用
圆螺母	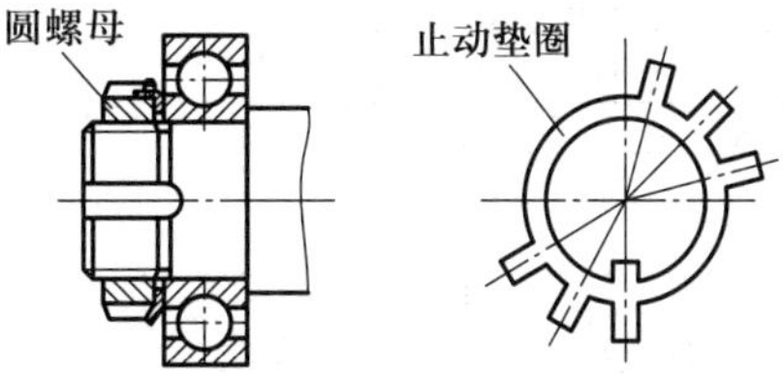 圆螺母 止动垫圈	能承受较大的轴向力,需采取防松措施,如图中的止动垫圈
弹性挡圈	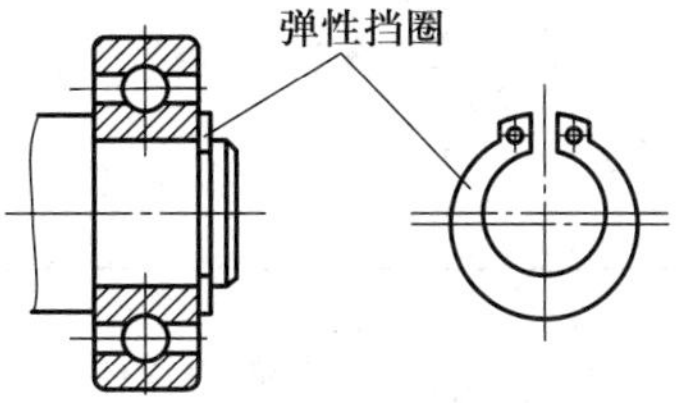 弹性挡圈	只能承受较小的轴向力,可靠性较差
轴端挡圈	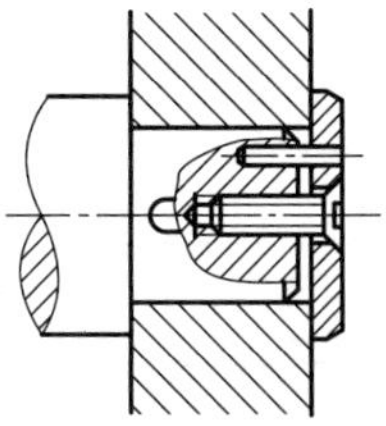	可承受剧烈振动和冲击载荷,需采取防松措施,如图中的圆柱销
锁紧挡圈	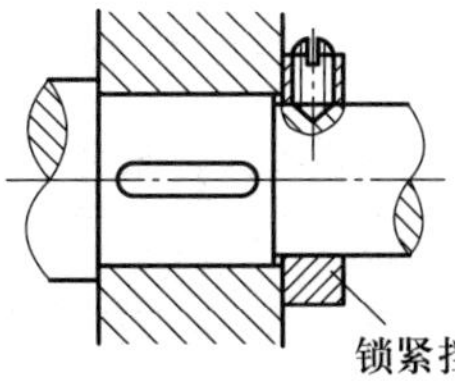 锁紧挡圈	不能承受大的轴向力,在有冲击和振动的场合应有防松装置

续表

轴向定位和固定方法	简图	特点与应用
套筒	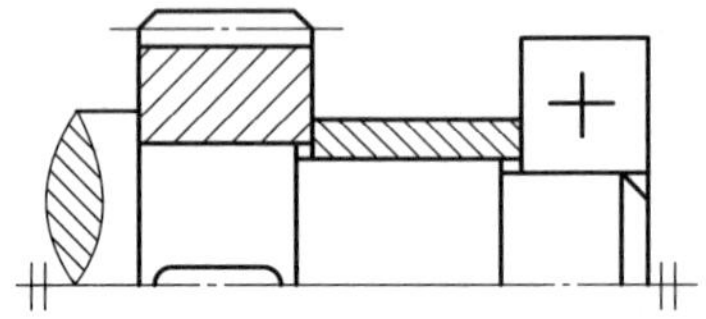	适于轴上两零件间的定位和固定
销	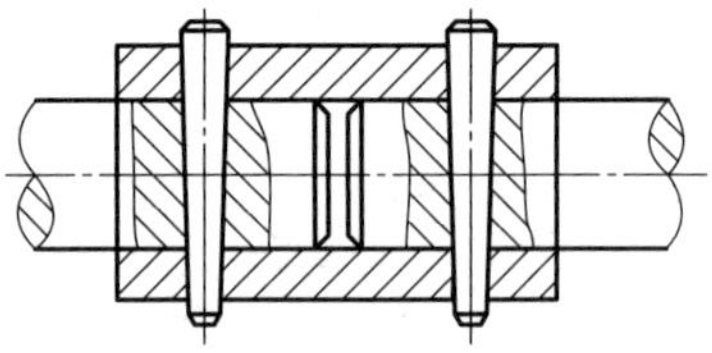	用于受力不大的场合，对轴有较大的削弱
弹性环	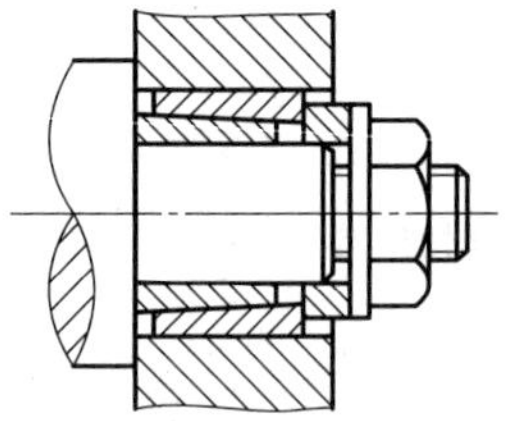	过盈量可以调整，多次装拆不会影响性能

表 13.6 定位轴肩或轴环的最小高度 h_{min}、圆角半径 r、零件孔端圆角半径 R 和倒角 C mm

直径 d	>10~18	>18~30	>30~50	>50~80	>80~100
h_{min}	2	2.5	3.5	4.5	5.5
r	0.8	1.0	1.6	2.0	2.5
R 或 C	1.6	2.0	3.0	4.0	5.0

（4）与轴上传动零件配合的轴头直径，应尽可能圆整成标准直径系列（表 13.7）或以 0、2、5、8 结尾的尺寸。

（5）非配合的轴身直径可不取标准值，但一般应取整数。

表 13.7 标准直径尺寸系列 mm

10	12	14	16	18	20	22	24	25	26	28
30	32	34	36	38	40	42	45	48	50	53
56	60	63	67	71	75	80	85	90	95	100

各轴段的长度决定于轴上零件的宽度和零件固定的可靠性,设计时应注意以下几点:

(1) 轴颈的长度通常与轴承的宽度相同,滚动轴承的宽度可查相关手册。

(2) 轴头的长度取决于与其相配合的传动零件轮毂的宽度,若该零件需轴向固定,则应使轴头长度较零件轮毂宽度小 2~3 mm,以便将零件沿轴向夹紧,保证其固定的可靠性。

(3) 轴身长度的确定应考虑轴上各零件之间的相互位置关系和装拆工艺要求,各零件间的间距可查机械设计手册。

(4) 轴环宽度一般取 $b=(0.1\sim0.15)d$ 或 $b\approx1.4h$(图 13.4 中的Ⅱ),并圆整为整数。

3) 轴上零件的定位和固定

轴上零件的定位和固定是轴的结构设计中两个十分重要的概念。定位是针对安装而言,无须任何测量可以一次安装到位;固定是针对工作而言,保持轴上零件与轴在工作过程中作为一个构件运转。轴上零件的定位和固定分为周向和轴向的定位和固定。前者用于防止轴上零件与轴发生相对转动,常用的方法有键、花键、销、紧定螺钉、弹性环以及过盈配合和非圆截面连接等,其中,紧定螺钉连接只用于传力较小处;后者用于防止轴上零件与轴发生轴向相对位移,常用的方法见表 13.5。

图 13.5 所示为轴上零件定位和固定的实例。两轴承间的齿轮轴向由轴环和套筒定位和固定,轴端半联轴器的轴向由轴肩和轴端挡圈定位和固定。齿轮和半联轴器均由平键实现周向定位和固定。滚动轴承是由过盈配合实现在轴上的周向定位和固定,轴向由轴肩(套筒)和端盖定位。

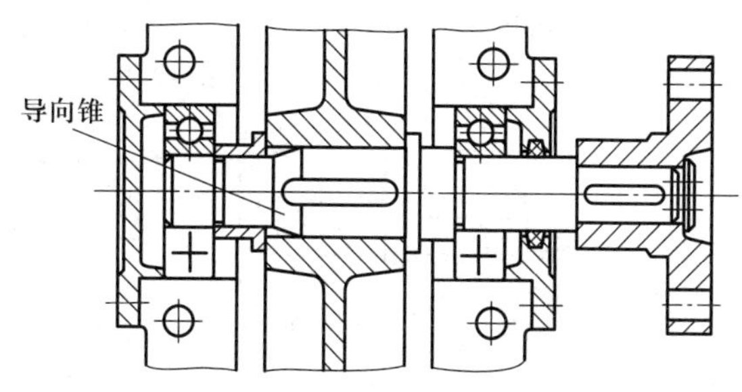

图 13.5 轴上零件的定位和固定

4) 轴的结构工艺性

轴的结构工艺性是指轴能在满足使用要求的前提下,其结构应便于加工、装配、拆卸、测量和维修等,从而提高生产率,降低生产成本。一般地说,轴的结构越简单,工艺性越好。所以,在满足使用要求的前提下,轴的结构应尽可能简化。设计时应注意以下几方面:

(1) 轴的直径变化应尽可能小,应尽量限制轴的最大直径及各轴段间的直径差,这样既能简化结构,节省材料,又可减少切削用量。

(2) 各轴段的轴端应设计成 45°的倒角。需要切制螺纹的轴段应留有螺纹退刀槽(图 13.6a),需要磨削加工的轴段应留有砂轮越程槽(图 13.6b)。

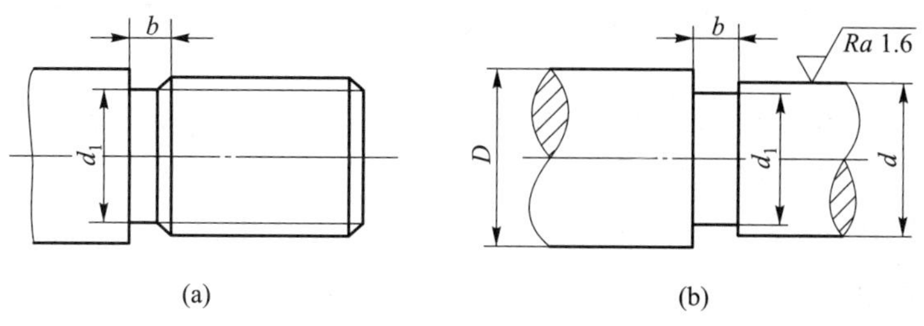

图 13.6 螺纹退刀槽和砂轮越程槽

(3) 与传动零件过盈配合的轴段,可以设置 10°的导锥(图 13.7),图中 $b\geqslant0.01d+2$ mm。

(4) 为便于拆卸轴承,定位轴肩应低于轴承内圈高度。如果轴肩高度无法降低,则应在轴上开槽,以便于放入顶拔器的钩头(图 13.8)。

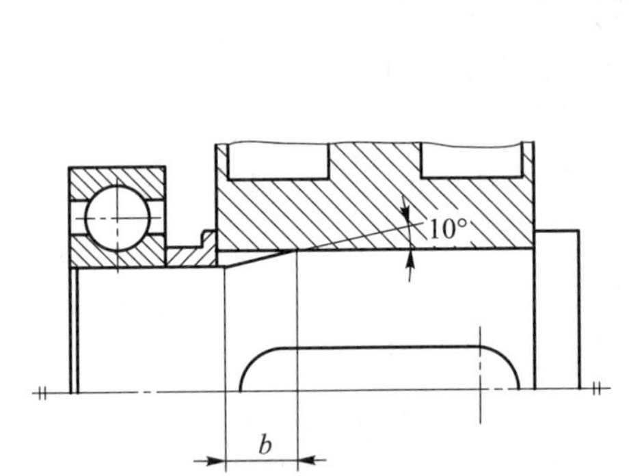

图 13.7　过盈配合轴段的导锥结构

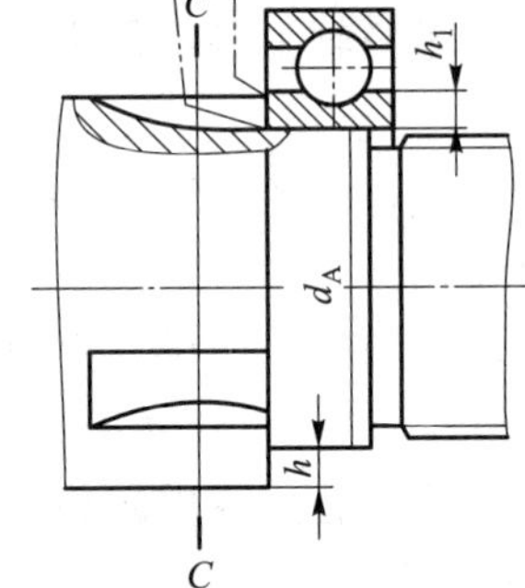

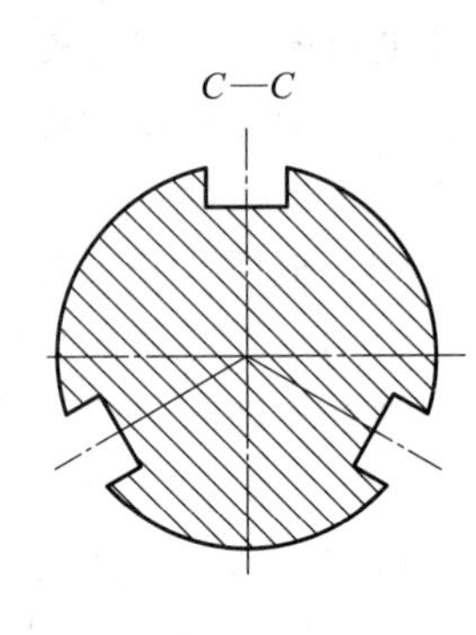

图 13.8　高定位轴肩处的开槽结构

(5) 不同轴段的键槽应布置在轴的同一条母线上(图 13.9),以避免多次装夹。

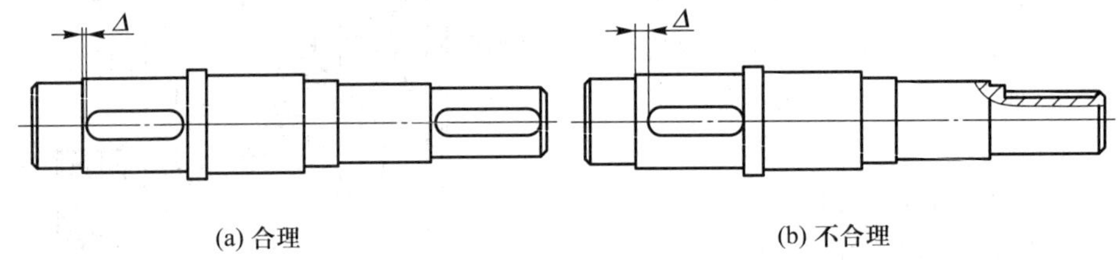

图 13.9　键槽的合理布置

(6) 轴的两端有中心孔,以保证成品轴各轴段的同轴度和尺寸精度。中心孔分不带护锥的 A 型中心孔、带护锥的 B 型中心孔及带螺纹的 C 型中心孔三种。

(7) 为了减小应力集中,常在轴的截面尺寸变化处采用过渡圆角(半径为 r),但要注意与轴上零件孔端圆角(半径为 R)或倒角(高为 C)间的协调(见表 13.6)。此外,为了减少刀具种类和提高生产率,轴上直径相近之处的圆角、倒角、键槽宽度、砂轮越程槽和螺纹退刀槽宽度等尽可能采用相同的尺寸。

(8) 精度和表面粗糙度。为了保证轴的回转精度,与滚动轴承配合的轴颈应具有较高的精度和较低的表面粗糙度值;与传动零件配合的轴段一般应比其他轴段精度高、表面粗糙度值低;对于高转速、大载荷和重要的轴,其各轴段都应有较低的表面粗糙度值,以提高轴的疲劳强度。

(9) 配合性质。当轴上零件与轴形成回转副时,减小配合间隙可提高回转精度,高速、温升高的场合应适当增大配合间隙;当零件与轴组成回转构件时,构件中传动零件与轴的配合应根据载荷的大小选取适当的过盈量;对于非传动零件,一般可选用间隙配合或较松的过渡配合。

5) 轴的强度和刚度

工程上常用提高轴的强度和刚度的方法:改用高强度钢,提高轴的强度;加大轴的直径,提高轴的强度和刚度。但是,直径加大,零件尺寸增大,导致整个设备质量增加。一般重点在轴和轴上零件的结构、工艺以及轴上零件安装布置上采取相应的措施,以提高轴的承载能力,减小轴的尺寸和质量，降低制造成本。

（1）合理设置和布置轴上零件，改善轴的受力情况，提高轴的强度。

将图 13.10a 中卷筒的轮毂设计成两段（图 13.10b），不仅可以减小轴的最大弯矩，而且可以得到良好的孔、轴配合；改变图 13.11a 中输入轮的位置（图 13.11b），则轴上最大扭矩降低了 T_2；另外，轴上受力大的零件尽可能放在靠近支承处，并尽量避免采用悬臂支承结构。

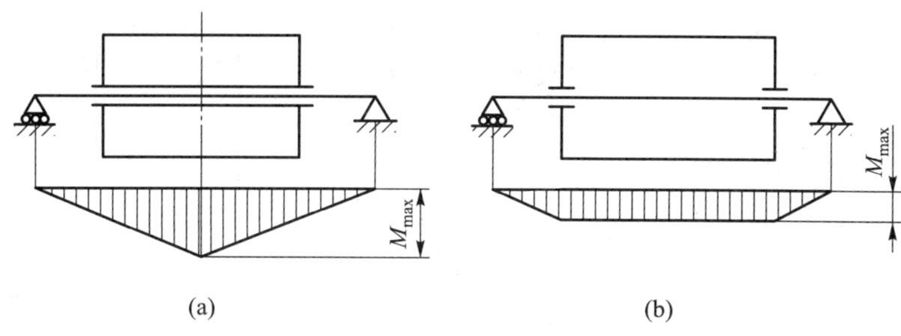

图 13.10　轴与卷筒连接结构的合理设计

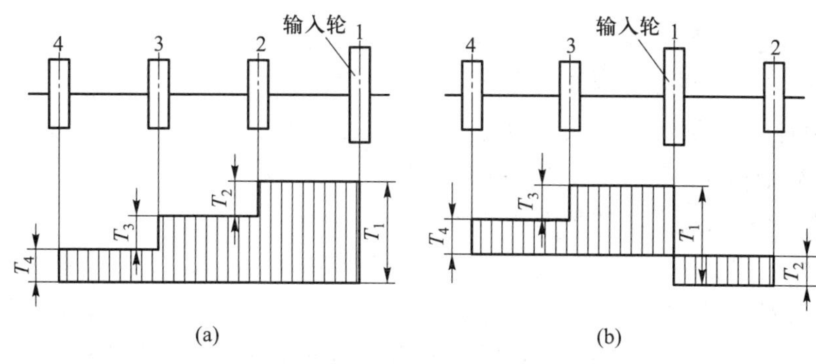

图 13.11　轴上输入轮的合理设计

（2）改进轴的结构，减小应力集中。

轴肩的过渡剖面、轮毂与轴的配合面、开有键槽及小孔的剖面等处会产生应力集中。当轴受变应力作用时，该截面容易发生疲劳破坏。为了减少应力集中源和降低应力集中的程度，提高轴的疲劳强度，应尽量采取以下措施：

采用较大的过渡圆角半径，必要时，可将过渡部分结构增设一阶梯轴段，尽量避免截面尺寸和形状突变。对于定位轴肩，必须保证轴上零件定位的可靠性，这使得过渡圆角半径受到限制，可以采用退刀槽、内凹圆角或安装隔离环（图 13.12）。

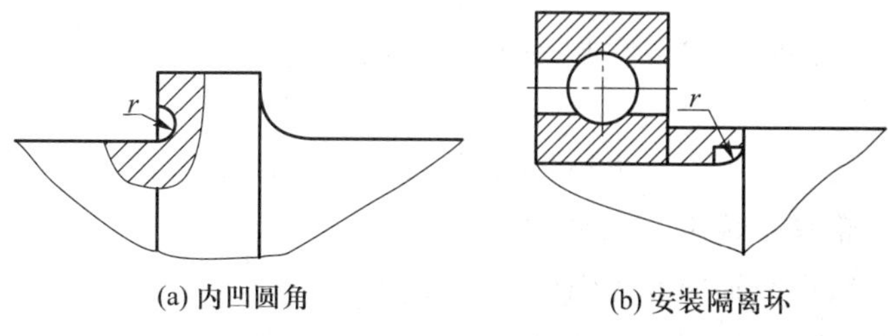

图 13.12　轴肩过渡结构

过盈配合的轴段可采用图 13.13 所示的方法。图 a 为轮毂上开减载槽,可使应力集中系数减小 15%~25%;图 b 为轴上开减载槽,可使应力集中系数减小约 40%;图 c 是增大配合处的直径,可使应力集中系数减小 30%~40%。值得注意的是,配合的过盈量越大,引起的应力集中越严重,所以要合理选择轮毂与轴的配合。

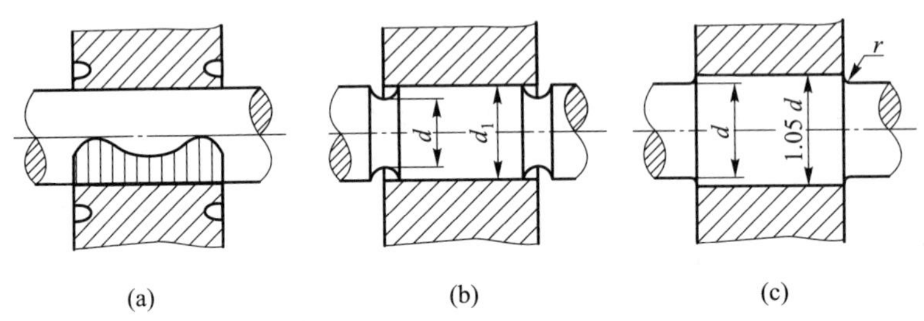

$d_1=(1.06\sim1.08)d, r>(0.1\sim0.2)d$

图 13.13 降低轴毂过盈配合处应力集中的措施

轴上尽量少开小孔、切口或凹槽,尽可能避免在轴上受力较大的区段切制螺纹。

(3) 采用空心轴,提高轴的刚度。

采用空心轴对提高轴的刚度、减小轴的质量具有显著的作用。由计算可知,内、外径之比为 0.6 的空心轴与质量相同的实心轴相比,截面系数可增大 70%。

(4) 改变支点位置,提高轴的强度和刚度。

锥齿轮传动中,将小齿轮悬臂布置(图 13.14a)改为简支结构(图 13.14b),可以提高轴的强度和刚度,改善锥齿轮的啮合状况。但是,从结构设计上,图 13.14a 所示的结构简便。另外,一对角接触向心轴承支承的轴,零件悬臂布置时轴承采用“反装”结构,可减小悬臂长度;零件简支布置时轴承采用“正装”结构,可缩短支承跨度。这些都有利于提高轴的强度和刚度。

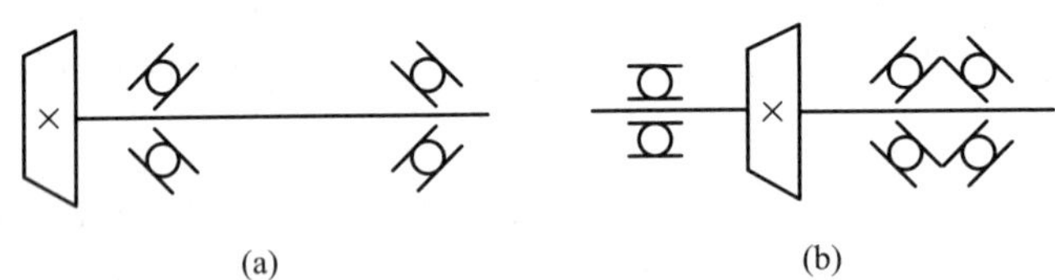

图 13.14 小锥齿轮轴承支承方案简图

(5) 采用力平衡或局部相互抵消的办法减小轴的载荷。

同一根轴上的两个斜齿轮或蜗轮蜗杆,正确设计轮齿的螺旋方向,可抵消一部分轴向力。单独一对斜齿轮传动,必要时采用人字齿轮传动,使轴向力内部抵消。对于行星轮减速器,可以对称布置行星轮,使中心轮只受转矩,不受弯矩。

(6) 改善表面质量,提高轴的疲劳强度。

轴的表面越粗糙,其疲劳强度越低,尤其是高强度材料。对配合轴段进行表面强化处理,可有效提高轴的抗疲劳能力。表面强化处理的方法有表面高频淬火、表面渗碳、氮化、氰化及碾压、喷丸处理等。通过表面强化处理,可以使轴的表层产生预应力,从而提高轴的抗疲劳能力。

13.2.2 轴系的结构设计

轴系是指回转件及其支承与定位系统。轴系结构在工作中应使回转件能够实现正确的运动,在工作载荷的作用下能够保持正确的形状和相对位置,使轴上零件得到良好的润滑。

关于轴承的组合设计请参看本书的有关章节,这里就不再重复了。下面着重介绍如何进行轴系结构方案的构思。

1. 构思轴系的结构方案

(1) 根据轴上零件类型选择滚动轴承型号。

(2) 根据轴的直径、传递的转矩和工作转速选择联轴器型号和结构尺寸。

(3) 确定支承轴向固定方式。

滚动轴承支承的轴系径向定位和固定已由轴承和机座决定,这里只介绍轴系的轴向定位和固定及其判定方法。

轴上零件的轴向定位和固定是解决轴系轴向定位和固定的前提。对于初学者,除了掌握三种轴系的基本支承形式外(两端固定,一端固定、一端游动,两端游动),还应学会确定轴系定位、固定的方法。

通常采用力传递法,如果力传递连续,则轴系便实现了轴向定位和固定。以图 13.15 为例,当蜗轮受到向右的轴向力时,力的传递路线:蜗轮→轴→轴承内圈→滚动体→轴承外圈→压盖→紧定螺钉→端盖→连接螺钉→机架;当蜗轮受到向左的轴向力时,力的传递路线:蜗轮→套筒→轴承内圈→滚动体→轴承外圈→端盖→连接螺钉→机架。两个方向的力传递路线均为连续,表明轴系实现了轴向定位和固定。

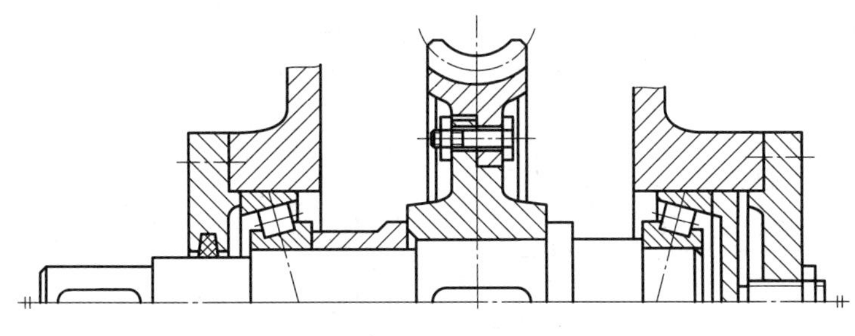

图 13.15 蜗轮轴系

(4) 根据齿轮圆周速度(高、中、低)确定轴承润滑方式(脂润滑、油润滑)。

(5) 选择轴承盖形式(凸缘式、嵌入式),并应考虑透盖处的密封方式(毡圈、皮碗、油沟)等。

(6) 考虑轴上零件的定位与固定、轴承间隙调整等问题。

为了保证滚动轴承合理的轴向间隙,又不提高加工精度,通常需设计相应的调整环节:调整垫片、调整环、可调压盖。消除轴承的径向和轴向间隙,并使其内、外圈与滚动体接触处产生适当的弹性变形,即轴承的预紧。轴承的预紧可以提高轴系的运转精度和轴承支点的刚度。滚动轴承轴向间隙的调整和轴承的预紧在滚动轴承章节已叙述。

在某些特定的场合,轴系需要准确的轴向位置。例如,锥齿轮传动要求两锥齿轮的节锥顶点重合,蜗杆传动要求蜗轮的主平面通过蜗杆的轴线。为此需要设计调整环节。

图 13.16 所示为锥齿轮传动,其高速轴系通过改变调整垫片厚度使套杯做轴向移动,以改变小锥齿轮的轴向位置;低速轴系则通过改变两端盖处的垫片厚度,使轴系轴向移动,最终使两锥齿轮的节锥顶点重合。蜗轮主平面与蜗杆轴线共面,只需调整蜗轮轴系的轴向位置即可,参见图 13.15。

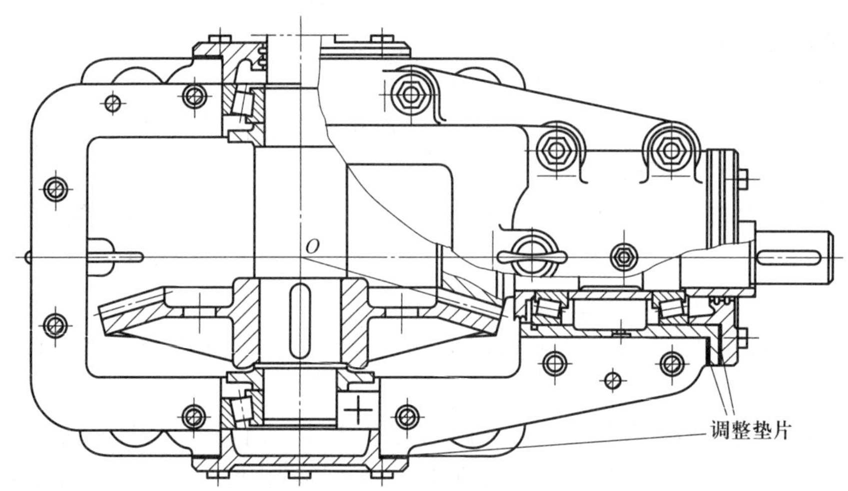

图 13.16 锥齿轮传动轴系位置的调整

(7) 绘制轴系的结构方案示意图。

2. 轴系结构实例分析

图 13.17 所示为一级圆柱齿轮减速器低速轴系的两种结构,其结构比较见表 13.8。

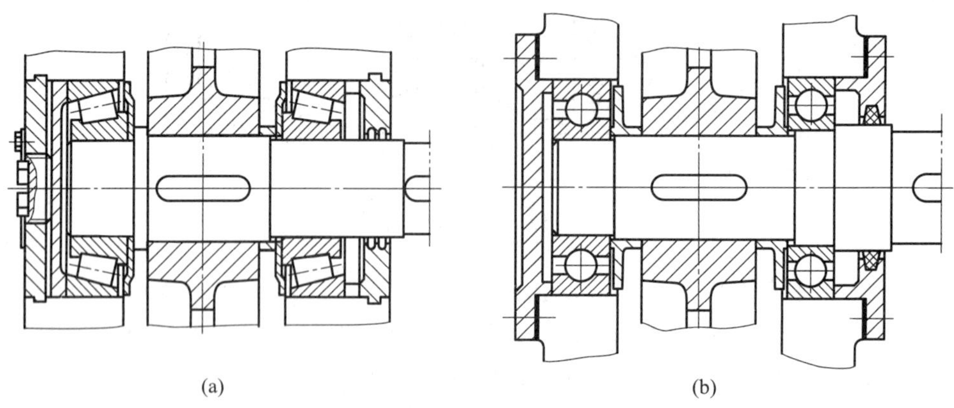

图 13.17 一级圆柱齿轮减速器低速轴系

表 13.8　图 13.17 所示两种轴系的结构比较

图号	箱体形式	端盖形式	轴承类型	轴承支点结构	轴上零件定位和固定方式	轴承间隙调整方法	轴上零件装配特点	轴承润滑密封方式	共同点	特点
图 13.17a	剖分式	嵌入式	圆锥滚子轴承	双支点单向固定	周向：齿轮靠平键，轴承靠配合，套筒靠两侧零件贴紧；轴向：轴肩、齿轮、套筒、轴承内圈靠连续接触，轴承靠配合	可调压盖	左轴承和挡油环由左端安装，其余零件由右端安装	脂润滑，沟槽式非接触密封	轴系两支点的轴承座孔径相同，便于制造，均设有挡油环	调整轴承间隙方便，但结构复杂；两轴承型号相同，额定动载荷相同；轴伸出端强度、刚度较差；密封形式适合高速和环境清洁的场合
图 13.17b		法兰式	深沟球轴承			调整垫片	全部零件由左端安装	脂润滑，油毡式接触密封		调整轴承间隙需打开端盖，较麻烦，但结构简单；右轴承的额定动载荷小于左轴承的，两轴承的额定寿命差异大；轴伸出端强度、刚度较差；端盖形式对整体式箱体也适用；密封形式适合粉尘多的场合，但运行转速受限制

13.3　轴的强度计算

进行轴的强度计算时，应根据轴的具体受载及应力情况，采取相应的计算方法，并恰当地选取其许用应力。对于仅仅或主要承受扭矩的轴(传动轴),应按扭转强度条件计算;对于只承受弯矩的轴(心轴),应按弯曲强度条件计算;对于既承受弯矩又承受扭矩的轴(转轴),应按弯扭合成强度条件计算,需要时还应按疲劳强度安全系数法进行精确校核。此外,对于瞬时过载很大或应力循环不对称性较为严重的轴,还应按峰值载荷校核其静强度,以免产生过量的塑性变形。下面介绍几种常用的计算方法。

1. 扭转强度条件计算

具体见 13.2.1 节轴的结构设计步骤中第一步内容。

2. 弯扭合成强度条件计算

轴的结构设计完成后,轴上主要结构尺寸、轴上零件位置以及载荷作用位置都已经确定,此时可用弯扭合成强度条件计算轴的强度。一般来说,这种轴的强度计算方法已足够。

弯扭合成强度计算的步骤如下:

(1) 画出轴的受力简图(即力学模型,参见例 13.1 图 13.20b)。模型中的轴简化为梁,轴承简化为支点。将轴上的作用力分解为水平面受力(图 13.20c)和垂直面受力(图 13.20e)。并求出水平面和垂直面内的支点反力。

(2) 作水平面和垂直面的弯矩(M_H、M_V)图。根据受力分析,在水平面和垂直面内分别计算各力产生的弯矩,作出水平面弯矩图(图 13.20d)和垂直面弯矩图(图 13.20f)。一般取截面上部受压、下部受拉的弯矩为正。

(3) 作合成弯矩(M)图(图 13.20g),合成弯矩 $M=\sqrt{M_H^2+M_V^2}$。

(4) 作转矩(T)图,根据轴所受转矩 T 作出扭矩图(图 13.20h)。

(5) 作当量弯矩(M_{ca})图(图 13.20i),$M_{ca}=\sqrt{M^2+(\alpha T)^2}$。

由合成弯矩 M 产生的弯曲应力 σ 是对称循环应力,而由转矩 T 产生的扭转切应力 τ 则通常不是对称循环应力。考虑两者循环特性的不同,引入折合系数 α。当扭转切应力为静应力时,$\alpha=\dfrac{[\sigma_{-1b}]}{[\sigma_{+1b}]}\approx 0.3$;当扭转切应力为脉动循环变应力时,$\alpha=\dfrac{[\sigma_{-1b}]}{[\sigma_{0b}]}\approx 0.6$;当扭转切应力为对称循环应力时,$\alpha=1$。则弯扭合成计算应力为

$$\sigma_{ca}=\sqrt{\sigma^2+4(\alpha\tau)^2} \tag{13.3}$$

对于直径为 d 的实心圆轴,弯曲应力为 $\sigma=\dfrac{M}{W}$,扭转切应力为 $\tau=\dfrac{T}{W_T}=\dfrac{T}{2W}$,代入式(13.3),得

$$\sigma_{ca}=\sqrt{\left(\frac{M}{W}\right)^2+4\left(\frac{\alpha T}{2W}\right)^2}=\frac{\sqrt{M^2+(\alpha T)^2}}{W}=\frac{M_{ca}}{W} \tag{13.4}$$

式中:σ_{ca}——轴的计算应力,MPa;

M——轴的合成弯矩,N·mm;

T——轴的转矩,N·mm;

W——轴的抗弯截面系数,mm^3,见表 13.9。

表 13.9 轴抗弯和抗扭截面系数计算公式

截面形状	W	W_T
(实心圆轴)	$\frac{\pi d^3}{32}\approx 0.1d^3$	$\frac{\pi d^3}{16}\approx 0.2d^3$
(空心圆轴)	$\frac{\pi d^3}{32}(1-\gamma^4)\approx 0.1d^3(1-\gamma^4)$ 式中:$\gamma=\frac{d_0}{d}$	$\frac{\pi d^3}{16}(1-\gamma^4)\approx 0.2d^3(1-\gamma^4)$
(单键槽)	$\frac{\pi d^3}{32}-\frac{bt(d-t)^2}{2d}$	$\frac{\pi d^3}{16}-\frac{bt(d-t)^2}{2d}$
(双键槽)	$\frac{\pi d^3}{32}-\frac{bt(d-t)^2}{d}$	$\frac{\pi d^3}{16}-\frac{bt(d-t)^2}{d}$
(花键轴)	$\frac{\pi d^3}{32}\approx 0.1d^3$	$\frac{\pi d^3}{16}\approx 0.2d^3$

(6) 校核轴的强度。危险截面的强度校核公式为

$$\sigma_{ca}=\frac{M_{ca}}{W}=\frac{\sqrt{M^2+(\alpha T)^2}}{W}\leqslant[\sigma_{-1b}] \tag{13.5}$$

对于直径为 d 的实心圆轴,轴径设计公式为

$$d\geqslant\sqrt[3]{\frac{M_{ca}}{0.1[\sigma_{-1b}]}} \tag{13.6}$$

注意:危险截面可能出现在弯矩和转矩大的截面,也可能出现在轴径较小的截面,设计计算时应选择多个危险截面进行计算,找到最危险的截面。

3. 疲劳强度安全系数法校核

按弯扭合成强度计算轴的强度能满足一般轴的强度要求,但没有考虑轴加工和尺寸变化引起的应力集中、表面质量等因素对疲劳强度的影响。因此,对非常重要的轴,应采用安全系数法精确地确定每个危险截面的安全程度。

采用安全系数法计算的前提是轴的结构设计已经完成，轴的尺寸（过渡圆角、表面粗糙度等细节）都已确定。安全系数法校核计算能判断出危险截面的安全系数，通过改善薄弱环节来提高轴的疲劳强度。

利用安全系数法计算时，首先按弯扭合成法作出轴的合成弯矩图和转矩图，确定需要精确校核的危险截面。危险截面一般取弯矩较大、轴截面较小、存在应力集中的轴段。根据危险截面上的弯矩 M 和转矩 T，可计算出危险截面的弯曲应力 σ 和切应力 τ，将这两项循环应力分解为平均应力（σ_m 和 τ_m）和应力幅（σ_a 和 τ_a），然后按照疲劳强度安全系数法的理论（第 2 章），分别求出弯矩 M 作用下的安全系数 S_σ、转矩 T 作用下的安全系数 S_τ 以及综合安全系数 S_{ca}。

$$S_\sigma=\frac{\sigma_{-1}}{K_\sigma\sigma_a+\psi_\sigma\sigma_m} \tag{13.7}$$

$$S_\tau=\frac{\tau_{-1}}{K_\tau\tau_a+\psi_\tau\tau_m} \tag{13.8}$$

$$S_{ca}=\frac{S_\sigma S_\tau}{\sqrt{S_\sigma^2+S_\tau^2}}\geqslant[S] \tag{13.9}$$

式中：K_σ——综合影响系数；

ψ_σ——材料特性等效系数，$\psi_\sigma=\dfrac{2\sigma_{-1}-\sigma_0}{\sigma_0}$。

设计安全系数$[S]$可以按下述情况选取：材料均匀，载荷与应力计算精确时，$[S]=1.3\sim1.5$；材料不够均匀，计算精度较低时，$[S]=1.5\sim1.8$；材料均匀性及计算精度都很低，或轴的直径大于 200 mm，$[S]=1.8\sim2.5$。对于破坏后会引起重大事故乃至人员伤亡的重要轴，应适当增大$[S]$值。

4. 静强度条件计算

按静强度条件校核的目的是为了评定轴对塑性变形的抵抗能力。当轴的瞬时过载很大，或应力循环的不对称性较为严重时，会引起轴的塑性变形甚至断裂，此时有必要对轴的静强度进行校核。轴的静强度是根据作用在轴上的最大瞬时载荷来进行校核的。轴的静强度条件校核公式为

$$S_{S\sigma}=\frac{\sigma_S}{\dfrac{M_{max}}{W}+\dfrac{F_{amax}}{A}} \tag{13.10}$$

$$S_{S\tau}=\frac{\tau_S}{\dfrac{T_{max}}{W_T}} \tag{13.11}$$

$$S_{Sca}=\frac{S_{S\sigma}S_{S\tau}}{\sqrt{S_{S\sigma}^2+S_{S\tau}^2}}\geqslant[S_S] \tag{13.12}$$

式中：$S_{S\sigma}$——只考虑弯矩和轴向力时的安全系数；

$S_{S\tau}$——只考虑转矩时的安全系数；

S_{Sca}——危险截面静强度的计算安全系数；

$[S_S]$——按屈服强度设计的许用安全系数，可查有关手册；

σ_S、τ_S——材料的抗弯和剪切屈服强度，MPa，$\tau_S=(0.55\sim0.62)\sigma_S$，$\sigma_S$ 的值见表 13.2；

M_{max}、T_{max}——轴的危险截面上所受的最大弯矩和最大转矩,N·mm;

F_{amax}——轴的危险截面上所受的最大轴向力,N;

A——轴的危险截面的面积,mm^2;

W、W_T——轴的危险截面的抗弯和抗扭截面系数,见表 13.9。

13.4 轴的刚度和临界转速计算

1. 轴的刚度计算

轴受弯矩和扭矩会引起弯曲和扭转变形,变形的大小与轴的刚度有关。若轴的刚度不足,则变形过大,影响机器的性能。例如,车床主轴刚度不足时,主轴的弯曲变形会影响车床的精度;安装齿轮的轴,其弯曲和扭转变形会影响轮齿的啮合;电动机轴的弯曲变形会改变转子和定子之间的间隙;一般的轴如果弯曲变形过大,轴颈处安装的轴承会发生边缘接触,引起轴承的不均匀受力、磨损等。因此,对有刚度要求的轴,必须进行轴的刚度校核。

轴的刚度分为扭转刚度和弯曲刚度。扭转刚度用单位长度扭转角 φ 度量,弯曲刚度用挠度 y 和偏转角 θ 度量。轴的刚度校核就是计算轴在工作载荷下的变形是否超过允许值。

1) 扭转刚度的校核计算

$$\varphi=5.73\times10^4\frac{T}{GI_P}\leqslant[\varphi] \tag{13.13}$$

式中:T——轴受到的转矩,N·mm;

G——材料的切变模量,MPa,对于钢,$G=8.1\times10^4$ MPa;

I_P——轴截面的极惯性矩,mm^4,对于实心圆轴,$I_P=\frac{\pi d^4}{32}$;

$[\varphi]$——允许扭转角,(°)/m,与轴使用的场合有关,见表 13.10。

2) 弯曲刚度的校核计算

轴的弯曲变形计算比较复杂,通常按材料力学的公式计算轴的挠度 y 和偏转角 θ,轴的弯曲刚度计算公式为

$$y\leqslant[y],\theta\leqslant[\theta] \tag{13.14}$$

式中:$[y]$——轴的许用挠度,mm,见表 13.10;

$[\theta]$——轴的许用偏转角,(°),见表 13.10。

计算机技术的发展为轴的强度和刚度计算提供了方便的计算工具,目前很多力学分析软件都具有强度和刚度计算功能,可以精确分析轴的各个截面的强度和刚度。软件使用的关键是正确建立力学模型。

表 13.10 轴的扭转角 φ、挠度 y 和偏转角 θ 的许用值

变形种类	应用范围	许用值
允许扭转角$[\varphi]$/[(°)/m]	精密传动	0.25~0.5
	一般传动	0.5~1
	要求不高的传动	>1

续表

变形种类	应用范围	许用值
许用挠度$[y]$/mm	一般用途的轴	$(0.0003 \sim 0.0004)\ l$
	车床主轴	$0.0002\ l$
	感应电动机轴	0.1Δ
	安装齿轮的轴	$(0.01 \sim 0.03)m_n$
	安装蜗轮的轴	$(0.02 \sim 0.05)m$
许用偏转角$[\theta]$/(°)	滑动轴承	0.06
	深沟球轴承	0.3
	调心球轴承	3
	圆柱滚子轴承	0.15
	圆锥滚子轴承	0.09
	安装齿轮处	0.06～0.12

注：l 为轴承跨距，Δ 为定子与转子之间的间隙，m_n 为齿轮的法向模数，m 为蜗轮的端面模数。

2. 轴的临界转速计算

由于轴材料的不均匀性以及加工、制造的误差，转动时轴和轴上零件会产生不平衡的离心力，从而引起轴的振动。当离心力引起的受迫振动的频率与轴的自振频率相同或相近时，轴将产生共振。共振时，轴的振幅急剧增大，运转不稳定，从而影响轴的正常工作，甚至引起轴或整个机器的破坏。

轴的振动可分为弯曲振动、扭转振动和纵向振动。轴是弹性体，旋转时，由于轴和轴上零件的材料不均匀性、制造误差或对中不良等，造成质心偏移，产生以离心力为表征的周期性干扰力，引起轴的横向振动，又称弯曲振动；当轴由于传递的功率或转速的周期性变化而产生周期性扭转变形，将引起扭转振动；当轴受到周期性轴向干扰力时，则产生纵向振动。一般机器中，轴的弯曲振动较为常见。

轴产生共振时的转速称为临界转速。对高速转动、跨距大的轴，应校核轴的临界转速，使轴的工作转速避开临界转速区。临界转速的大小与轴的支承情况、轴的刚度、回转零件的质量等有关。高转速的轴，其临界转速有多个，由低到高分别称为一阶临界转速、二阶临界转速……各阶临界转速区的共振都会加剧轴的振动，但在一阶临界转速时，轴的振动最激烈、最危险。工作转速低于一阶临界转速的轴称为刚性轴，超过一阶临界转速的轴称为挠性轴。当轴的工作转速很高时，轴的工作转速应该避开相应的共振区，这样才具有振动稳定性。

轴的弯曲振动稳定性条件为刚性轴 $n<0.85\ n_{c1}$；挠性轴 $1.15\ n_{c1}<n<0.85\ n_{c2}$。式中：$n$ 为轴的工作转速，r/min；n_{c1}、n_{c2} 为轴的一阶临界转速和二阶临界转速，r/min。

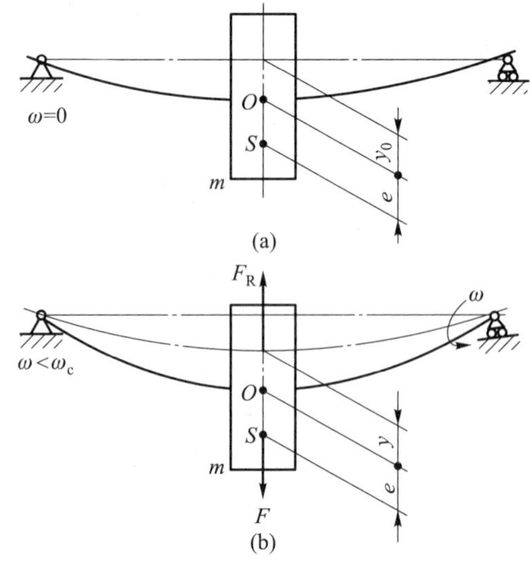

图 13.18　单圆盘双铰支承的弯曲振动

图 13.18 所示为一单圆盘双铰支承（又称转

子），设轴上圆盘部分的质量 m 很大，而轴的质量相对很小，可忽略不计，则该转子可视为无质量的弹性杆与刚性圆盘的结合体。设圆盘质心 S 与其运动中心 O（即轴的几何中心）的偏心距为 e；转子转动前，由于重力的作用，产生的静挠度为 y_0（图 13.18a）。当转子以等角速度 ω 旋转时，受离心力的作用，轴的动挠度为 y（图 13.18b），根据力平衡条件，轴的弯曲弹性反力应等于圆盘的离心惯性力，经推导整理后可得

$$y=\frac{e}{\frac{k}{m\omega^2}-1}=\frac{em\omega^2}{k-m\omega^2} \tag{13.15}$$

式中：k——轴的弯曲刚度。

由上式可知，当轴的角速度由零逐渐增大时，y 值随之增大。在没有阻尼的情况下，当 $\omega=\sqrt{k/m}$ 时，挠度 y 趋近于无穷大，轴产生共振，此时所对应的角速度为轴的一阶临界角速度，以 ω_{c1} 表示。显然，轴的临界角速度只与轴的刚度 k 和圆盘质量 m 有关，由理论力学知识可知，轴的弯曲刚度 $k=mg/y_0$，故轴的一阶临界角速度又可以写成

$$\omega_{c1}=\sqrt{\frac{k}{m}}=\sqrt{\frac{g}{y_0}} \tag{13.16}$$

式中：y_0 的单位为 mm；g 为重力加速度，取 9 810 mm/s^2。

由上式可以求得单圆盘双铰支承在不计轴的质量时的一阶临界转速

$$n_{c1}=\frac{60\omega_{c1}}{2\pi}=945.8\sqrt{\frac{1}{y_0}} \tag{13.17}$$

其他支承形式及多圆盘轴的临界转速的计算，可参看有关书籍。

例 13.1　已知某斜齿轮减速系统如图 13.19 所示，其中齿轮减速箱输入轴（高速轴）的结构如图 13.20a 所示。轴上安装大带轮的压轴力为 $F_Q=1\ 000$ N；小齿轮分度圆直径为 105 mm，作用在齿轮上的 3 个分力的方向如图 13.20b 所示，大小分别为圆周力 $F_t=2\ 500$ N，径向力 $F_r=955.4$ N，轴向力 $F_a=800.3$ N。轴的材料为 45 钢，调质处理，硬度为 217~255 HBW。试按照弯扭合成强度校核该齿轮减速箱输入轴的强度。

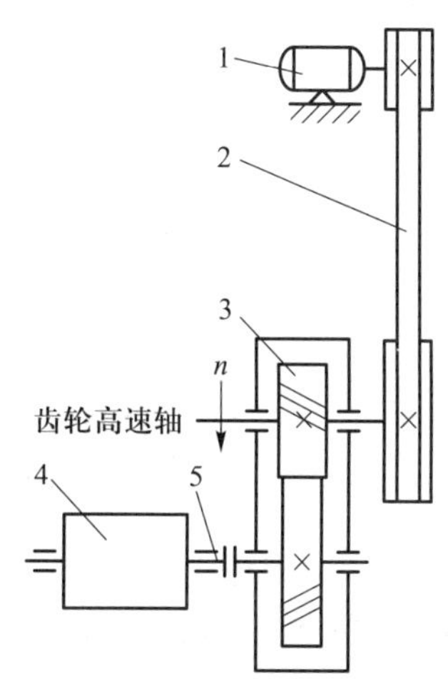

1—电动机；2—V带传动；3—斜齿圆柱齿轮传动；4—卷筒；5—联轴器

图 13.19　斜齿轮减速系统传动方案图

解　1）画受力简图

根据已知条件，画出齿轮高速轴的受力简图，如图 13.20b 所示。

2）计算轴承支反力

水平面（图 13.20c）

$$F_{H1}=\frac{F_r\times60-F_Q\times48-F_a\times105/2}{60+60}=\frac{955.4\times60-1\ 000\times48-800.3\times52.5}{120}\ \text{N}=-272.4\ \text{N}$$

$$F_{H2}=F_Q+F_r-F_{H1}=(1\ 000+955.4+272.4)\ \text{N}=2\ 227.8\ \text{N}$$

垂直面（图 13.20e）：

$$F_{V1}=F_{V2}=0.5F_t=0.5\times2\ 500\ \text{N}=1\ 250\ \text{N}$$

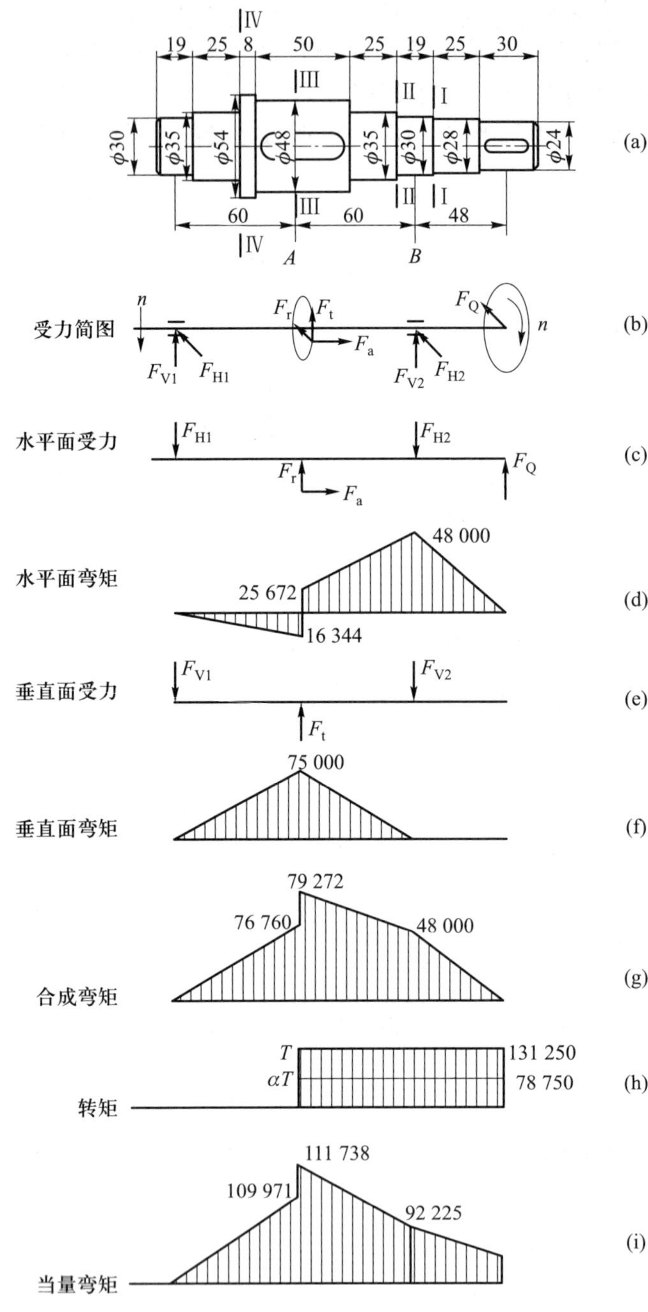

图 13.20　轴的受力简图(弯扭合成强度校核)

3）画出水平面弯矩(M_H)图(图 13.20d)和垂直面弯矩(M_V)图(图 13.20f)

水平面弯矩:小齿轮中间剖面 A 左侧水平面弯矩为

$$M_{AHL}=F_{H1}\times60=-272.4\times60\ \text{N}\cdot\text{mm}=-16\ 344\ \text{N}\cdot\text{mm}$$

小齿轮中间剖面 A 右侧水平面弯矩为

$$M_{AHR}=F_{H1}\times60+F_a\times105/2=(-272.4\times60+800.3\times105/2)\ \text{N}\cdot\text{mm}=25\ 672\ \text{N}\cdot\text{mm}$$

右轴颈中间剖面 B 处水平面弯矩为

$$M_{\rm H2}=F_{\rm Q}\times48=1\ 000\times48\ \rm N\cdot mm=48\ 000\ N\cdot mm$$

垂直面弯矩：小齿轮中间剖面 A 左侧垂直弯矩为

$$M_{A\rm V}=F_{\rm V1}\times60=1\ 250\times60\ \rm N\cdot mm=75\ 000\ N\cdot mm$$

4）画出合成弯矩(M)图(图 13.20g)

$$M=\sqrt{M_{\rm H}^2+M_{\rm V}^2}$$

小齿轮中间剖面 A 左侧弯矩为

$$M_{A\rm L}=\sqrt{M_{A\rm HL}^2+M_{\rm V}^2}=\sqrt{16\ 344^2+75\ 000^2}\ \rm N\cdot mm=76\ 760\ N\cdot mm$$

小齿轮中间剖面 A 右侧弯矩为

$$M_{A\rm R}=\sqrt{M_{A\rm HR}^2+M_{\rm V}^2}=\sqrt{25\ 672^2+75\ 000^2}\ \rm N\cdot mm=79\ 272\ N\cdot mm$$

5）画出轴的转矩(T)图(图 13.20h)

轴的转矩 $$T=\frac{F_{\rm t}\times105}{2}\rm mm=\frac{2\ 500\times105}{2}N\cdot mm=131\ 250\ N\cdot mm$$

6）按下式求当量弯矩并画出当量弯矩 $M_{\rm ca}$ 图(图 13.20i)

$$M_{\rm ca}=\sqrt{M^2+(\alpha T)^2}$$

这里取 $\alpha=0.6$，则 $\alpha T=0.6\times131\ 250\ \rm N\cdot mm=78\ 750\ N\cdot mm$。由图 13.20a 可知，在小齿轮中间剖面 A 左侧和右侧的最大当量弯矩分别为

$$M_{A\rm Lca}=\sqrt{M_{A\rm L}^2+(\alpha T)^2}=\sqrt{76\ 760^2+78\ 750^2}\ \rm N\cdot mm=109\ 971\ N\cdot mm$$

$$M_{A\rm Rca}=\sqrt{M_{A\rm R}^2+(\alpha T)^2}=\sqrt{79\ 272^2+78\ 750^2}\ \rm N\cdot mm=111\ 738\ N\cdot mm$$

右轴颈中间剖面 B 处的最大当量弯矩为

$$M_B=\sqrt{M_{\rm H2}^2+(\alpha T)^2}=\sqrt{48\ 000^2+78\ 750^2}\ \rm N\cdot mm=92\ 225\ N\cdot mm$$

7）选择轴的材料，确定许用应力

轴的材料为 45 钢，调质处理，查表 13.2 得$[\sigma_{-1}]=60\ \rm MPa$。

8）校核轴的强度

取 A 截面和 B 截面为危险截面。

由式(13.5)得 B 截面的强度条件

$$\sigma=\frac{M_B}{W}=\frac{M_B}{0.1d_B^3}=\frac{92\ 225}{0.1\times30^3}\ \rm MPa=34.2\ MPa<[\sigma_{-1}]$$

A 截面的强度条件

$$\sigma=\frac{M_A}{W}=\frac{M_{A\rm R}}{0.1d_A^3}=\frac{111\ 738}{0.1\times48^3}\ \rm MPa=10.10\ MPa<[\sigma_{-1}]$$

结论：按照弯扭合成强度校核齿轮减速箱输入轴的强度足够安全。

例 13.2 按照安全系数法校核例 13.1 中减速器输入轴的强度。已知轴材料选用 45 钢调质，$\sigma_{\rm B}=600\ \rm MPa$，$\sigma_{\rm S}=355\ \rm MPa$，$\sigma_{-1}=275\ \rm MPa$，$\tau_{-1}=155\ \rm MPa$；轴采用车削加工，$\psi_\sigma=0.34$，$\psi_\tau=0.21$，设计安全系数$[S]=1.5$。

解 根据疲劳强度条件中安全系数校核的方法，首先分析轴的受力和弯矩、扭矩，例 13.1 中

步骤1~5 仍需进行。此外,要计算如下项目。

1) 判断危险截面

如图 13.20a 所示,经初步分析,剖面Ⅰ、Ⅱ、Ⅲ、Ⅳ有较大的应力和应力集中,下面以剖面Ⅰ为例进行安全系数校核。

2) 求剖面Ⅰ的应力

弯矩: $M_{\mathrm{I}}=1\,000\times(25+30/2)\ \mathrm{N\cdot mm}=40\,000\ \mathrm{N\cdot mm}$

弯曲应力: $\sigma=\dfrac{M_{\mathrm{I}}}{W}=\dfrac{40\,000}{0.1\times28^3}\ \mathrm{MPa}=18.22\ \mathrm{MPa}$

切应力: $\tau=\dfrac{T}{W_{\mathrm{T}}}=\dfrac{131\,250}{0.2\times28^3}\ \mathrm{MPa}=29.89\ \mathrm{MPa}$

由于弯曲应力属于对称循环变应力,所以

$$\sigma_{\mathrm{a}}=\sigma=18.22\ \mathrm{MPa},\sigma_{\mathrm{m}}=0$$

由于扭转切应力属于脉动循环变应力,所以

$$\tau_{\mathrm{a}}=\tau_{\mathrm{m}}=\frac{\tau}{2}=14.95\ \mathrm{MPa}$$

3) 求剖面Ⅰ的有效应力集中系数

因剖面Ⅰ处有轴的直径变化,过渡圆角半径 $R=1$ mm,$(D-d)/R=(30-28)/1=2$,$R/d=1/28=0.036$。有效应力集中系数可由第 2 章有关表格查得。由 $\sigma_{\mathrm{B}}=600$ MPa 用插值法查得 $k_\sigma=1.665$,$k_\tau=1.42$。注意:如果一个剖面上有多种产生应力集中的结构,则分别求出有效应力集中系数,从中取最大值即可。

4) 表面质量系数 β 及绝对尺寸系数 ε_σ 和 ε_τ

由第 2 章有关表格查得 $\beta=0.925$($Ra=1.6\ \mu\mathrm{m}$),$\varepsilon_\sigma=0.91$,$\varepsilon_\tau=0.89$(按靠近应力集中处的最小直径 28 查得)。

5) 安全系数 S

按应力循环特性 $r=C$ 的情形计算安全系数。由式(13.7)和式(13.8)可知,当轴仅受法向应力或切向应力时,安全系数为

$$S_\sigma=\frac{\sigma_{-1}}{\dfrac{k_\sigma}{\varepsilon_\sigma\beta}\sigma_{\mathrm{a}}+\psi_\sigma\sigma_{\mathrm{m}}}=\frac{275}{\dfrac{1.665}{0.91\times0.925}\times18.22}=7.63$$

$$S_\tau=\frac{\tau_{-1}}{\dfrac{k_\tau}{\varepsilon_\tau\beta}\tau_{\mathrm{a}}+\psi_\tau\tau_{\mathrm{m}}}=\frac{155}{\dfrac{1.42}{0.89\times0.925}\times14.95+0.21\times14.95}=5.36$$

由式(13.9),计算安全系数为

$$S_{\mathrm{ca}}=\frac{S_\sigma S_\tau}{\sqrt{S_\sigma^2+S_\tau^2}}=\frac{7.63\times5.36}{\sqrt{7.63^2+5.36^2}}=4.39\ >[S]=1.5$$

结论:在剖面Ⅰ上,轴的疲劳强度满足要求,其他剖面的疲劳强度仍需作进一步分析与校核,计算方法同上。

习　　题

13.1　轴在机器中的功用是什么？根据承载情况，自行车的前轴、中轴和后轴各是什么轴？

13.2　轴的常用材料有哪些？为什么将轴的材料由碳钢改为合金钢不能提高轴的刚度？

13.3　轴的结构设计应满足哪些要求？设计过程如何？

13.4　如何提高轴的强度和刚度？

13.5　轴的强度计算方法有几种？它们针对的是轴的什么失效？它们的使用条件和计算精度等有什么不同？

13.6　轴的弯扭合成强度计算公式 $M_{ca}=\sqrt{M^2+(\alpha T)^2}$ 中，α 的物理意义是什么？其大小怎样确定？静强度的计算公式中为什么没有考虑 α？

13.7　已知一传动轴传递的功率为 37 kW，转速 $n=900$ r/min，轴的扭转切应力不允许超过 40 MPa。要求：

(1) 按两种情况求轴的直径：① 实心轴；② 空心轴(内、外径之比为 0.7)。

(2) 求两种情况下轴的质量之比(取实心轴质量为 1)。

13.8　图 13.21 所示为某减速器输出轴的装配图。试指出其设计错误，并画出正确的装配图。

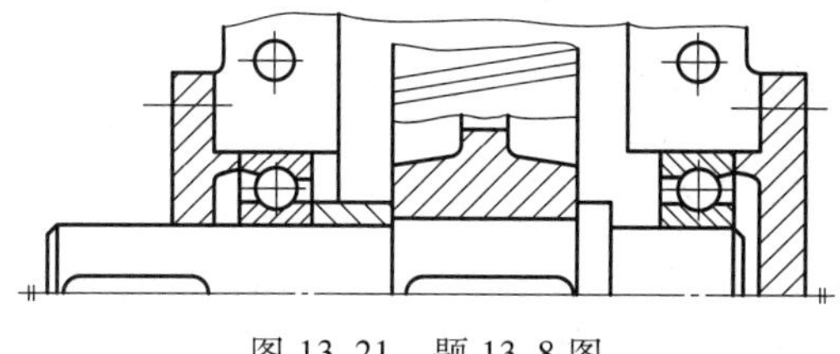

图 13.21　题 13.8 图

13.9　已知一单级直齿圆柱齿轮减速器。电动机直接驱动，电动机的功率 $P=22$ kW，转速 $n_1=1\ 440$ r/min；齿轮模数 $m=4$ mm，齿数 $z_1=18$，$z_2=82$，支承间跨距 $l=180$ mm，齿轮对称布置，轴的材料为 45 钢调质。试按照弯扭合成强度条件确定输出轴危险截面处的直径 d。

第 14 章　机座、箱体和导轨

14.1　机座和箱体

机座、箱体是机器稳固的基础零件。一般机座或箱体可占整台机器质量的 80%左右，其结构、精度，尤其是刚度，直接或间接影响机器工作时的稳定性及工作精度。所以，正确选择机座、箱体的材料、结构、尺寸、精度等对于减轻机器质量，节省材料，提高机器工作精度及稳定性是极为重要的。

机座和箱体的一般设计要求为：① 足够的刚度、强度；② 结构简单，良好的制造工艺性及安装工艺性；③ 导轨零件表面应具有良好的耐磨性；④ 高速运转机器的机座还应具有振动稳定性；⑤ 经常移动的机器，其机座或箱体应有较小的质量。

14.1.1　机座和箱体的分类

机座和箱体的形式繁多，分类方法不一。就其一般构造形式而言，可分为机座类、箱体类、机架类、基板类 4 大类，见表 14.1。

表 14.1　机座和箱体的分类

类别	形式
机座类	 (a) 卧式机座　(b) 立式机座　(c) 门式机座　(d) 环式机座
箱体类	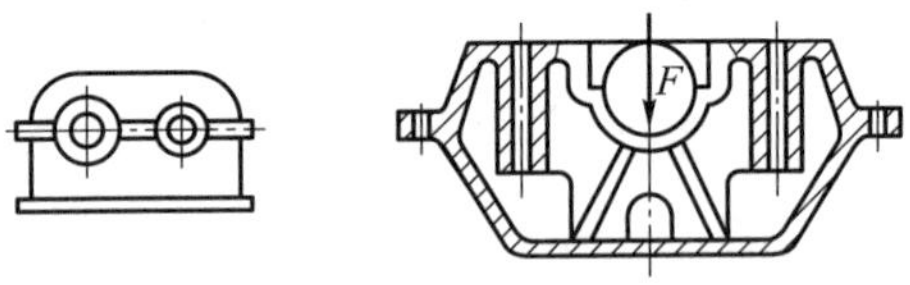 (e) 减、变速箱体　(f) 内燃机曲轴箱体
机架类	 (g) 桁架式机架　(h) 框架式机架　(i) 台式机架
基板类	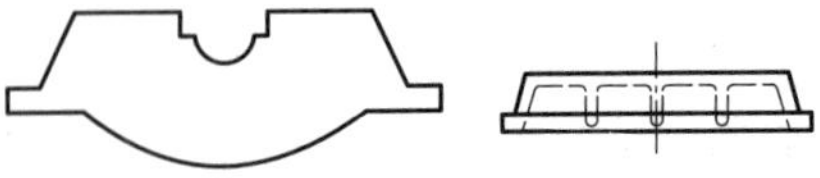 (j) 基座及基板

设计机座或箱体时，可首先根据机器的工作特点、工况要求，参考类型相近的机器设计其结构形状和主要尺寸，并根据机座或箱体承受的最大载荷校核其危险截面的强度。必要时可借助于应力实验或有限元计算，进一步改进机座或箱体的结构或材料。

14.1.2　机座、箱体的材料及制造

固定式机器，尤其是固定式重型机器，其机座和箱体的结构较为复杂，刚度要求也较高，通常都是铸造而成的。铸造材料常用既便于施工又价廉的铸铁（包括普通灰铸铁、球墨铸铁与变性灰铸铁等），只有需要强度高、刚度大时才用铸钢，当减小质量具有很大意义时（如运动式机器的机座和箱体）才用铝合金等轻合金。对于运动式机器，如飞机、汽车、拖拉机及运动式起重机等，减小机体的质量非常重要，故常用钢或轻合金型材焊制。大型机座的制造，常采取先分件铸造，然后焊成一体的办法。

铸造及焊接零件的基本工艺、应用特性及一般选择原则已在金属工艺学中阐述，设计时，应全面进行分析比较，以期设计合理，且能符合生产实际。例如，成批生产且结构复杂的零件一般以铸造为宜，单件或少量生产，且生产期限较短的零件以焊接为宜，但对具体的机座或箱体仍应分析其主要决定因素。成批生产的中小型机床及内燃机等的机座，结构复杂是其主要问题，应以铸造为宜；但成批生产的汽车底盘及运行式起重机的机体等，却要求质量小和运行灵便，则应以焊接为宜。又如质量及尺寸都不大的单件机座或箱体，以制造简便和经济为主应采用焊接；而单件大型机座或箱体，若单采用铸或焊皆不经济或不可能时，则应采用拼焊结构等。

14.1.3　机座、箱体的截面形状及肋板的选择设计

1. 机座、箱体的截面形状

绝大多数的机座和箱体受力情况都很复杂，会产生拉伸（或压缩）、弯曲、扭转等变形。当受到弯曲或扭转时，截面形状对于它们的强度和刚度有着很大的影响。如能正确设计机座和箱体的截面形状，就可在既不增大截面面积，又不增大（甚至减小）零件质量（材料消耗量）的条件下，增大截面系数及截面的惯性矩，从而提高强度和刚度。表 14.2 中列出了常用的几种截面形状（面积接近相等）。

表 14.2　常见的几种截面形状的对比

截面		弯曲			扭转			
形状	面积 /cm^2	许用弯矩 /(N·m)	相对强度	相对刚度	许用扭矩 /(N·m)	相对强度	单位长度许用扭矩 /(N·m)	相对刚度
100；29	29.0	$4.83[\sigma_b]$	1.0	1.0	$0.27[\tau_T]$	1.0	$6.6G[\varphi_0]$	1.0

续表

截面		弯曲			扭转			
形状	面积/cm^2	许用弯矩/(N·m)	相对强度	相对刚度	许用扭矩/(N·m)	相对强度	单位长度许用扭矩/(N·m)	相对刚度
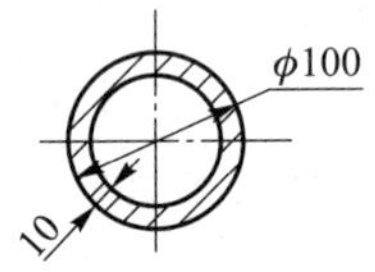 圆管（φ100，壁厚10）	28.3	5.82[σ_b]	1.2	1.15	11.6[τ_T]	43	58G[φ_0]	8.8
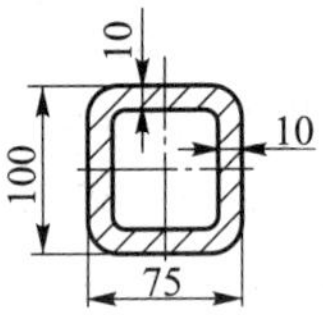 空心矩形（100×75，壁厚10）	29.5	6.63[σ_b]	1.4	1.6	10.4[τ_T]	38.5	207G[φ_0]	31.4
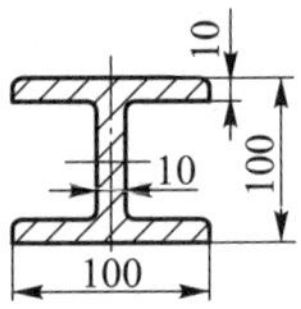 工字形（100×100，厚10）	29.5	9.0[σ_b]	1.8	2.0	1.2[τ_T]	4.5	12.6G[φ_0]	1.9

注：[σ_b]为许用弯曲应力；[τ_T]为许用扭转切应力；G为剪切模量；[φ_0]为单位长度许用扭转角。

从表14.2中可以知道，对于主要承受弯曲的机座或箱体，选用工字形截面为最佳，其承受弯曲强度和弯曲刚度均较大；而对于主要承受扭转的机座或箱体，扭转强度以圆管形截面为最好，空心矩形截面次之；扭转刚度以选用空心矩形截面为最好。空心矩形截面的机座或箱体，其内、外壁上易装设其他零件，所以，综合各方面的情况，机座和箱体的截面以空心矩形截面使用最多。

另外，为了得到最大的弯曲刚度和扭转刚度，同样大小的截面面积以材料沿截面周边分布的空心薄壁设计为最好。材料周边分布相对弯曲刚度比较见表14.3。

表14.3　材料周边分布相对弯曲刚度比较

相对比较内容	Ⅰ(基型)	Ⅱ	Ⅲ
截面形状	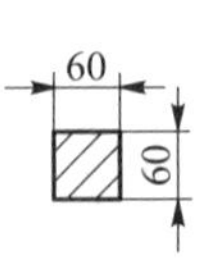 实心方形 60×60	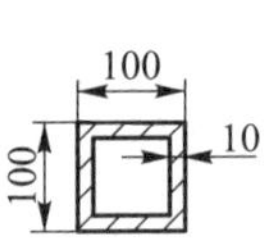 空心方形 100×100，壁厚10	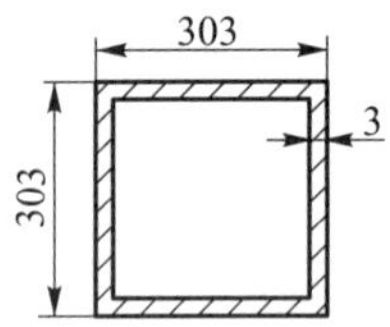 空心方形 303×303，壁厚3
相对弯曲刚度	1	4.55	50

2. 肋板的布置

一般地说，增加壁厚固然可以增大机座和箱体的强度和刚度，但不如加设肋板效果好。加设肋板既可增大强度和刚度，又比增大壁厚质量小。对于铸件，由于不需增加壁厚，可减少铸造的缺陷；对于焊件，壁薄则更易保证焊接的品质。当受到铸造、焊接工艺及结构要求的限制时，例如为了便于砂芯的安装或清除，以及需在机座内部装置其他机件等，往往要把机座制成一面或两面敞开的，或者至少在某些部位开出较大的孔洞，这样必然会大大削弱机座的刚度，此时加设肋板更为必要。

肋板布置的正确与否对于加设肋板的效果有着很大的影响。如果布置不当，不仅不能增大机座和箱体的强度和刚度，而且会造成浪费工料及增加制造的困难。表 14.4 是几种肋板布置形式相对刚度的比较。从表中可知，方案Ⅴ的斜间壁具有很好的效果，弯曲刚度比方案Ⅰ约大 0.5 倍，扭转刚度比方案Ⅰ约大两倍，而质量仅约增 26%。方案Ⅳ的交叉肋虽然弯曲刚度和扭转刚度都有所增加，但材料却要多耗费 49%。若以相对刚度和相对质量之比作为评定肋板设置的经济指标，显然，方案Ⅴ比方案Ⅳ好，方案Ⅱ、Ⅲ弯曲刚度的相对增加值不如质量的相对增加值(其比值小于 1)，说明这种肋板设置是不可取的。

虽然表中斜肋板布置方式较佳，但有时考虑焊接工艺的要求，有的箱形机座也采用平直肋板。总之，肋板的结构布置应根据应用情况及工艺情况进行设计。

表 14.4 不同肋板布置形式相对刚度的比较

比较项目		方案				
		Ⅰ	Ⅱ	Ⅲ	Ⅳ	Ⅴ
		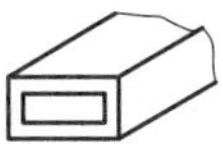	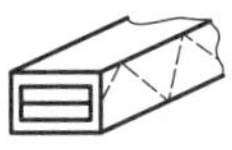			
相对质量		1	1.14	1.38	1.49	1.26
相对刚度	弯曲	1	1.07	1.51	1.78	1.55
	扭转	1	2.08	2.16	3.30	2.94
相对刚度/相对质量	弯曲	1	0.94	0.85	1.20	1.92
	扭转	1	1.83	1.56	2.22	2.34

14.1.4 机座、箱体的壁厚选择

机座、箱体的壁厚取决于其强度、刚度、材料和尺寸等因素。一般原则是，根据机座、箱体的受力情况，在满足强度、刚度、振动稳定性等条件下，应尽量选择小的壁厚，以减轻零件的质量。铸造零件的最小壁厚主要受铸造工艺的限制。从保证液态金属能通畅地充满铸型出发，采用灰铸铁和铸铝的机座或箱体的最小壁厚可根据当量尺寸由表 14.5 来选择。当量尺寸为 $N=(2L+B+H)/2$(式中：L、B 和 H 分别为铸件的长度、宽度和高度)。

实际上，由于制造木模、造型、安放砂芯等的不准确性，以及防备出芯、清理和修整铸件时的撞击等原因，选用的壁厚往往比最小允许壁厚大，一般要比满足强度、刚度要求所需的壁厚大得多。肋板的厚度一般可取主壁厚的 0.6~0.8 倍，肋板的高度约为壁厚的 5 倍；可锻铸铁的壁厚比灰铸铁的减小 15%~20%，球墨铸铁的壁厚比灰铸铁的增加 15%~20%；焊接机座，其壁厚可按

相应铸铁壁厚的 2/3~4/5 来选择。

同一铸件的壁厚应力求趋于相近。当壁厚不同时，在厚壁和薄壁连接处应设置平缓的过渡圆角或斜度。过渡圆角或斜度的有关尺寸见有关手册。

表 14.5 灰铸铁和铸铝机座和箱体的壁厚

当量尺寸 N/m	灰铸铁		铸铝/mm
	外壁厚/mm	内壁厚/mm	
0.3	6	5	4
0.5	6	5	4
1.0	10	8	6
1.5	12	10	8
2.0	16	12	10
2.5	18	14	12

14.2 导轨

导轨在机械中是使用频率较高的零部件之一，在金属切削机床、精密机械和仪表、纺织机械中广泛使用。导轨是机器的关键部件之一，其精度、承载能力和使用寿命等将直接影响机器的工作质量。如机床的加工精度就是导轨精度的直接反映。

导轨的设计要求为：① 导向精度要求，即运动的直线度和回转精度；② 运动精度要求，包括运动的平稳性（如低速不爬行）和定位准确（线定位和角定位）；③ 具有足够的承载能力和刚度，使用寿命长；④ 结构简单、工艺性好、便于调整和维修；⑤ 具有良好的润滑和防护装置。

14.2.1 导轨的分类

导轨按运动轨迹可分为直线运动导轨和回转运动导轨。

导轨按受力情况可分为开式导轨和闭式导轨两类。开式导轨必须借助外力（如重力）才能保证动、静导轨面间的接触（图 14.1a），从而保证运动部件按给定方向做直线运动，这种导轨承受垂直于导轨面方向的载荷能力较大，承受偏载和倾覆力矩的能力较差；闭式导轨则依靠本身的几何形状保证动、静导轨面间的接触（图 14.1b），这种导轨可承受任何方向载荷的作用。

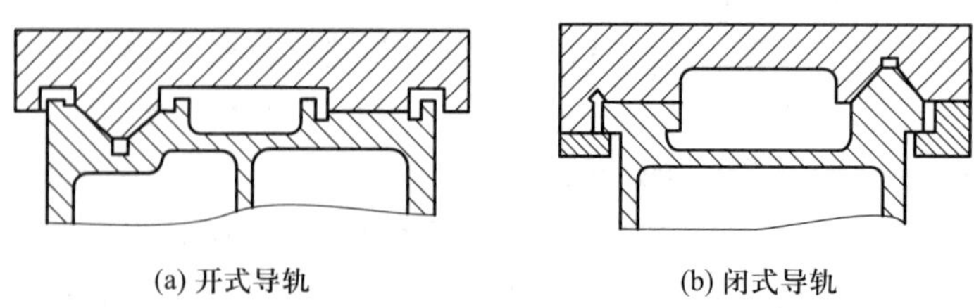

(a) 开式导轨　　(b) 闭式导轨

图 14.1 开式、闭式导轨

导轨按摩擦性质可分为滑动导轨和滚动导轨。滑动导轨按其摩擦状态又分为静压导轨、动压导轨和普通滑动导轨。

静压导轨和动压导轨的工作原理分别与静压滑动轴承和动压滑动轴承相同,导轨面间有一层液体膜,可实现液体摩擦。静压导轨适用于各种大型、重型机床,精密机床,数控机床的工作台。动压导轨主要用于速度高、精度要求一般的机床主运动导轨。

一般说的滑动导轨常指普通滑动导轨,其摩擦状态一般为边界摩擦或混合摩擦,广泛应用于各类机械。滚动导轨可分为滚珠导轨、滚柱导轨、滚针导轨、滚动轴承导轨等。滚动导轨广泛应用于各类精密机床、数控机床、精密机械、纺织机械等。

14.2.2　滑动导轨的截面形状选择和导轨间隙的调整

滑动导轨的动压、静压导轨面直接接触。其优点是结构简单、接触刚度大;缺点是摩擦阻力大、磨损快,低速运动时易产生爬行现象。

导轨由凸形和凹形两种形式相互配成导轨副。当凸形导轨为下导轨时,不易积存切屑、脏物,但也不易保存润滑油,故宜作低速导轨,如车床的床身导轨。凹形导轨为下导轨可作高速导轨,如磨床的床身导轨,但需有良好的保护装置,以防止切屑、脏物掉入。

1. 直线滑动导轨的截面形状

直线滑动导轨的截面形状有 V 形、矩形、燕尾形和圆形等,见表 14.6。

表 14.6　直线滑动导轨的截面形状

	V 形导轨		矩形导轨	燕尾形导轨	圆形导轨
	对称形	非对称形			
凸形	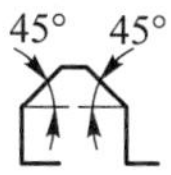 45°　45°	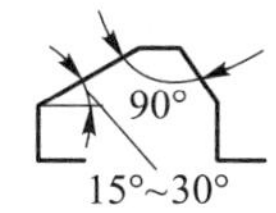 90° 15°~30°	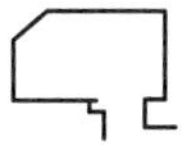	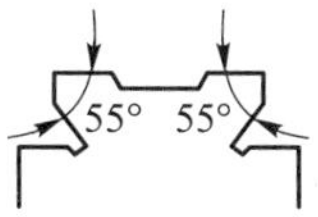 55°　55°	
凹形	 90°~120°	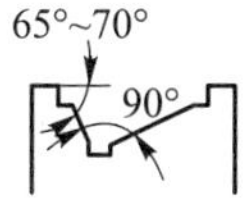 65°~70° 90°	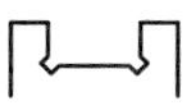	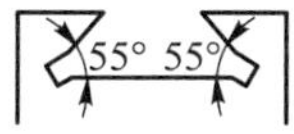 55°　55°	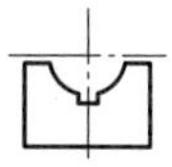

(1) V 形导轨　导向精度高,磨损后能自动补偿。对称形截面制造方便,应用广泛,两侧压力不均时应采用非对称形,以使力的作用方向尽可能垂直于导轨面。它的顶角由载荷大小及导向要求而定,一般为 90°。为增加承载面积、减小压强,在导轨高度不变的情况下,应采用较大的顶角(110°~120°),如重型机床中;为提高导向性,应采用较小的顶角(<90°),如精密机床中。

(2) 矩形导轨　结构简单,制造、检验和维修方便,承载能力大,不能自动补偿磨损,必须用镶条调整间隙,导向精度低,需良好的防护。主要用于载荷大的机床或组合导轨。

(3) 燕尾形导轨　结构紧凑,调整间隙方便,但其几何形状较复杂,难以达到很高的精度,并且导轨中的摩擦力大,运动灵活性较差。主要用于结构尺寸小、导向精度与运动灵活性要求不高的场合。

(4) 圆形导轨　制造简单,易于获得较高的精度,但磨损后不能调整和补偿间隙,闭式圆形导轨对温度变化比较敏感。为防止转动,可在圆柱表面开槽或加工出平面(图 14.2)。圆形导轨主要用于受轴向载荷场合。

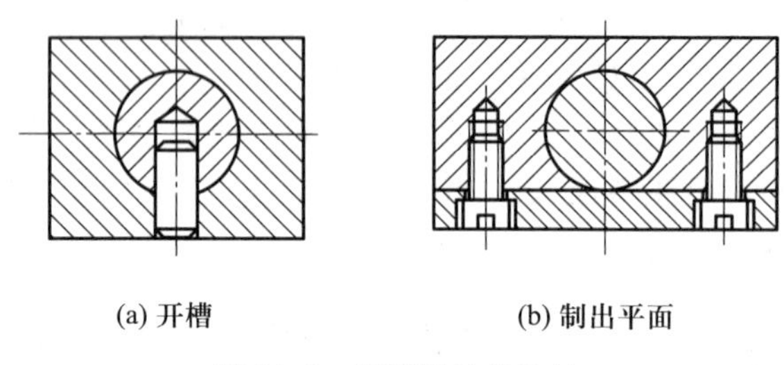

(a) 开槽　(b) 制出平面

图 14.2　圆形导轨的防转

一条导轨往往不能承受力矩载荷,因此通常都采用两条导轨来承受载荷和进行导向。常用滑动导轨的组合形式有双 V 形组合、V 形和平面组合、双矩形组合、矩形和燕尾形组合、双圆形组合等。其组合形式如图 14.3 所示。

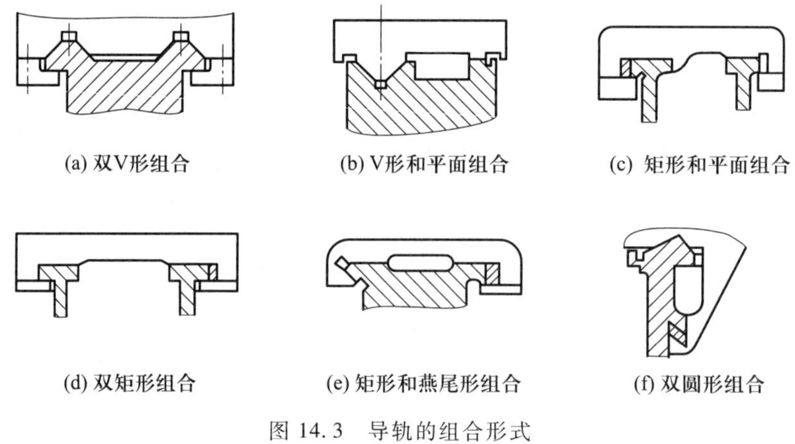

(a) 双V形组合　(b) V形和平面组合　(c) 矩形和平面组合

(d) 双矩形组合　(e) 矩形和燕尾形组合　(f) 双圆形组合

图 14.3　导轨的组合形式

(1) 双 V 形组合(图 14.3a)　两条导轨同时起着支承和导向作用,导向精度高,承载能力大,两条导轨磨损均匀,磨损后能自动补偿间隙,精度保持性好。但加工、检修困难,要求四个面接触,工艺性差,导轨对温度变化比较敏感。主要用于精度要求高的机床,如精密丝杠车床、坐标镗床等。

(2) V 形和平面组合(图 14.3b)　导向精度高,承载能力大,制造较方便,避免了由于热变形所引起的配合状态的变化,且工艺性较双 V 形组合导轨大为改善,因而应用广泛。但两条导轨磨损不均匀,不能自动补偿磨损。应用于卧式车床、龙门刨床、磨床等。

(3) 矩形和平面组合(图 14.3c)　承载能力高,制造简单,间隙受温度影响小,导向精度高,容易获得较高的平行度。侧导向面间隙用镶条调整,侧向接触刚度较低。

(4) 双矩形组合(图 14.3d)　主要承受与主支承面相垂直的作用力,刚性好,承载能力大,加工维修容易。但导向面之间的距离较大,侧向间隙受温度影响大,导向精度较矩形和平面组合差,磨损后调整间隙麻烦。适用于普通精密机床或重型机床,如升降台铣床等。

（5）矩形和燕尾形组合（图 14.3e）　能承受倾覆力矩，用矩形导轨承受大部分压力，用燕尾形导轨作侧导向面，可减少压板的接触，调整间隙方便。多用于横梁、立柱和摇臂导轨，以及多刀车床刀架导轨等。

（6）双圆形组合（图 14.3f）　结构简单，工艺性和导向性好。对两导轨的平行度要求严，导轨刚度较差，磨损后不易补偿。主要用于轻型机械，或受轴向力的场合，如模具的导杆等。

2. 回转运动滑动导轨的截面形状

回转运动滑动导轨要求在径向切削力和离心力的作用下，运动部件能保持较高的回转精度。这种导轨常常与主轴联合使用。回转运动导轨的截面形状有平面环形导轨、锥面环形导轨、V 形面环形导轨，其形状见表 14.7。

表 14.7　回转运动滑动导轨截面形状

类型	截面形状
平面环形导轨	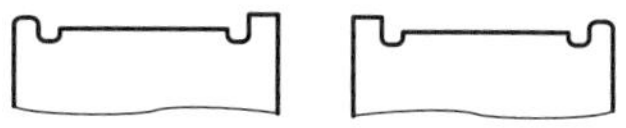
锥面环形导轨	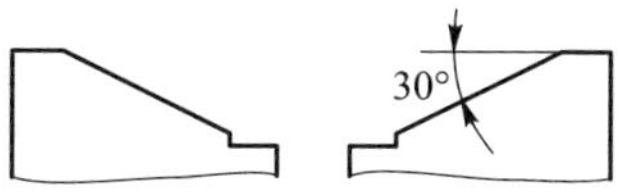 30°
V 形面环形导轨	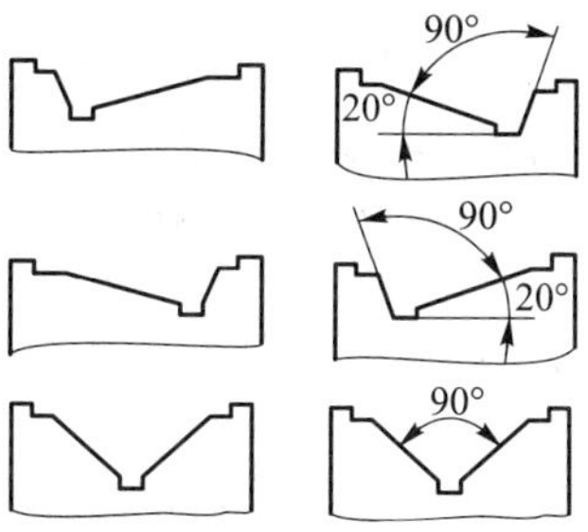 90° 20° 90° 20° 90°

（1）平面环形导轨　承载能力大，工作精度高，结构简单，制造方便，但只能承受轴向载荷，必须与主轴联合使用，由主轴承受径向载荷。适用于主轴定心的回转运动导轨的机床。

（2）锥面环形导轨　除承受轴向载荷外还可承受一定的径向载荷，不能承受较大的倾覆力矩，工艺性差。适用于花盘直径小于 3 m 的立式车床和其他机床。

（3）V 形面环形导轨　可承受较大的轴向载荷、径向载荷和一定的倾覆力矩，但工艺性差，既要保证导轨的接触又要保证导轨面与主轴同心相当困难。用于花盘直径大于 3 m 的立式车床。

3. 导轨间隙的调整

为了保证导轨正常工作，导轨滑动表面之间应保持适当的间隙。间隙过小会增大摩擦力，间隙过大又会降低导向精度。为此，常用压板和镶条来调整导轨的间隙。

（1）压板　压板用于调整辅助导轨面的间隙，并承受倾覆力矩，如图 14.4 所示。图 14.4a

所示的结构是用磨或刮压板 3 的 e 和 d 面来调整间隙的。压板的 e 面和 d 面用退刀槽分开。间隙大时磨或刮 d 面，间隙太大时则磨或刮 e 面。这种方法结构简单，应用较多，但调整比较麻烦，适用于不常调整、导轨耐磨性好或间隙对精度影响不大的场合。图 14.4b 所示的结构是用改变压板与接合面间垫片 4 的厚度的方法来调整间隙。垫片 4 是由许多薄铜片叠在一起，一侧用锡焊连接，调整时根据需要进行增减。这种方法比刮或磨压板方便，但调整量受垫片厚度的限制，而且降低了接合面的接触刚度。

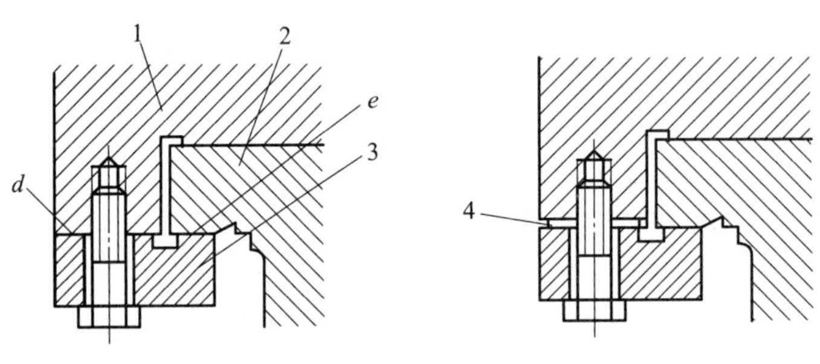

(a) 用磨或刮压板的接合面来调整　　(b) 用改变垫片的厚度来调整

图 14.4　利用压板调整导轨间隙

（2）镶条　镶条用来调整矩形导轨和燕尾形导轨的侧隙，以保证导轨面的正常接触。镶条应放在导轨受力较小的一侧。常用的有平镶条和斜镶条两种。

平镶条如图 14.5 所示，它是靠调整螺钉 1 移动镶条 2 的位置来调整间隙的。图 14.5c 在间隙调整好后，再用螺栓 3 将镶条（较厚）紧固在动导轨上。平镶条调整方便，制造容易，但图 14.5a 和图 14.5b 的镶条较薄，而且只在与螺钉接触的几个点上受力，容易变形，刚度较低。

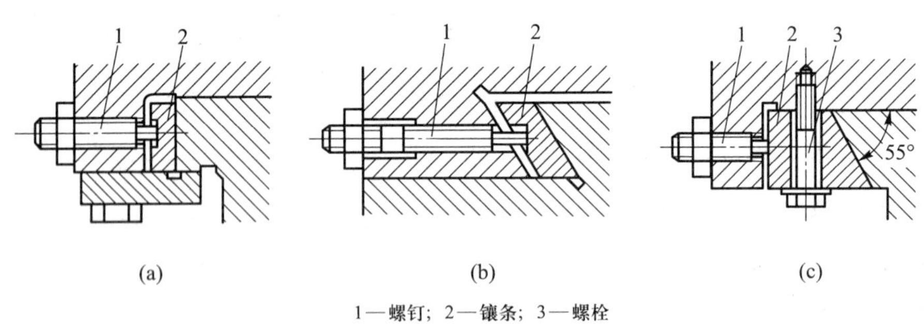

(a)　(b)　(c)

1—螺钉；2—镶条；3—螺栓

图 14.5　利用平镶条调整导轨间隙

图 14.6 所示为常用的斜镶条。镶条的两个面分别与动导轨和静导轨均匀接触，以其纵向位移来调整间隙，所以比平镶条刚度高，但加工稍困难。斜镶条的斜度为 1 ∶ 40～1 ∶ 100，镶条越长，斜度应越小，以免两端厚度相差太大。图 14.6a 所示的调整方法是用调节螺钉 1 带动镶条 2 作纵向移动来调节间隙。镶条上的沟槽 a 在刮配好后再加工。这种方法结构简单，但螺钉头凸肩和镶条上的沟槽之间的间隙会引起镶条在运动中窜动。图 14.6b 所示的调整方法是从两端用螺钉 3 和 5 调节，避免了镶条 4 的窜动，性能较好。图 14.6c 所示方法是通过螺柱 6 和螺母 7 以

及支座9调节镶条8,镶条上的圆孔在刮配好后再加工。这种调节方法方便而且能防止镶条的窜动,但纵向尺寸稍长。

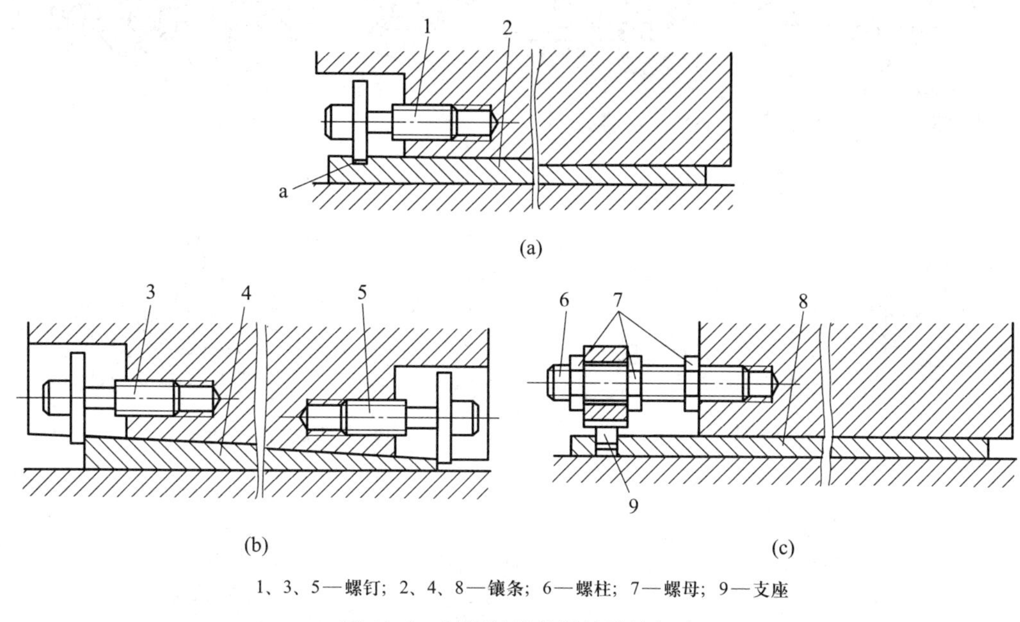

1、3、5—螺钉；2、4、8—镶条；6—螺柱；7—螺母；9—支座

图14.6　利用斜镶条调整导轨间隙

14.2.3　滚动导轨的结构及导轨的预紧

滚动导轨是在运动部件和支承部件之间放置滚动体(滚珠、滚柱、滚针等),使导轨运动时处于滚动摩擦状态。

与滑动导轨比较,滚动导轨的特点是:摩擦因数小,并且静、动摩擦因数之差很小,因此运动灵便,不易出现爬行现象;导向和定位精度高,且精度保持性好;磨损较小,寿命长,润滑简便;但结构较为复杂,加工比较困难,成本较高;对脏物及导轨面的误差比较敏感。

1. 滚动导轨的结构

滚动导轨按滚动体的形状可分为滚珠导轨、滚柱导轨、滚针导轨、滚动轴承导轨等。

(1) 滚珠导轨　如图14.7a所示,具有结构紧凑、容易制造、成本相对较低的优点,缺点是刚度低、承载能力小。

(2) 滚柱导轨　如图14.7b所示,具有刚度大、精度高、承载能力大的优点,主要缺点是对配对导轨副平行度要求过高。

(3) 滚针导轨　如图14.7c所示,承载能力大、径向尺寸比滚珠导轨紧凑,缺点是摩擦阻力大。

(4) 十字交叉滚柱导轨　如图14.7d所示,滚柱长径比略小于1。具有精度高、动作灵敏、刚度大、结构紧凑、承载能力大,且能够承受多方向载荷的优点,缺点是制造比较困难。

(5) 滚动轴承导轨　如图14.7e所示,直接用标准的滚动轴承作滚动体,结构简单,易于制造,调整方便,广泛应用于一些大型光学仪器上。

滚动导轨按导轨受力情况分为开式导轨(图14.7b)和闭式导轨(图14.7a、c、d、e)。

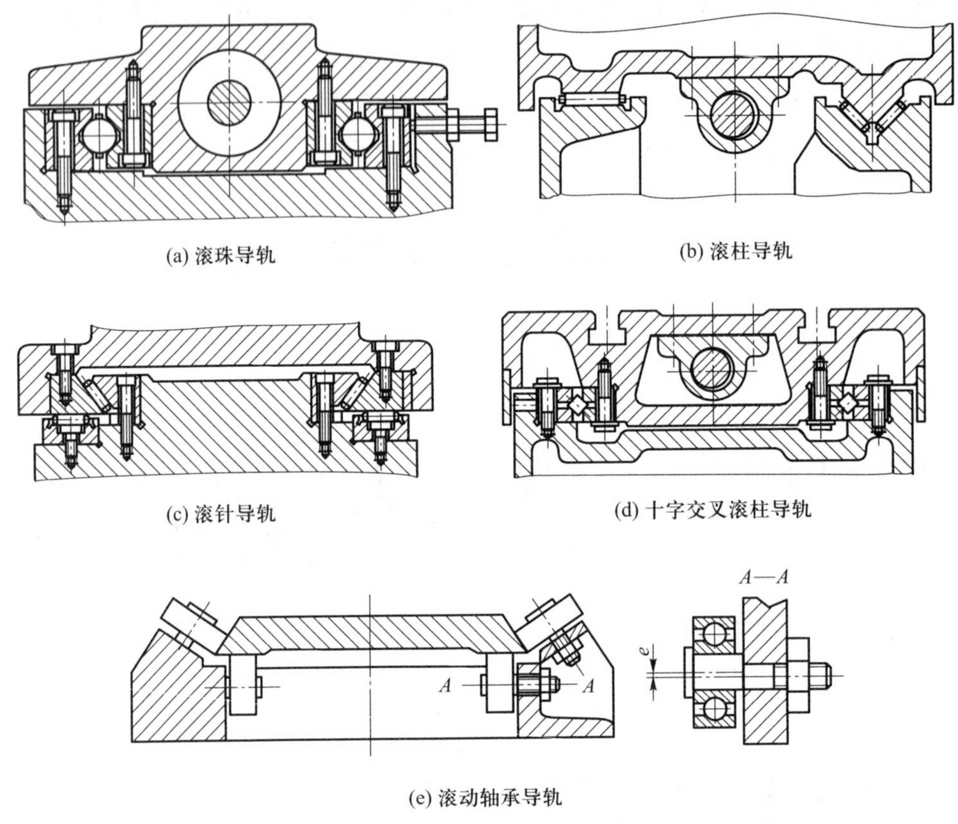

图 14.7　滚动导轨常用结构

2. 滚动导轨的预紧

使滚动体与滚道表面产生初始接触弹性变形的方法称为预紧。预紧导轨的刚度比不预紧导轨的刚度大，在合理的预紧条件下，导轨磨损较小，但导轨的结构较复杂，成本高。

如图 14.8a 所示，采用过盈配合形成预加载荷装配导轨时，根据滚动体的实际尺寸 A 刮研压板与滑板的接合面或在其间加上一定厚度的垫片，从而形成包容尺寸 $A-\Delta$（Δ 为过盈量）。过盈量有一个合理的数值，达到此数值时，导轨的刚度较好，而驱动力又不致过大。过盈量一般每边约为 5~6 μm。

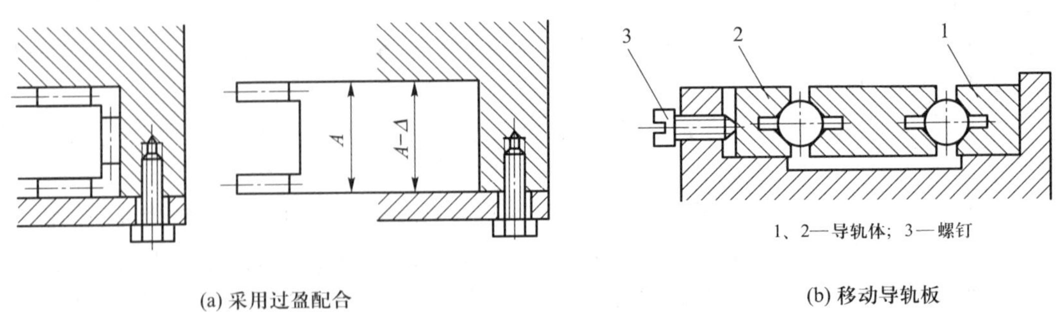

图 14.8　滚动导轨预紧方法

图 14.8b 所示为用移动导轨板实现预紧的方法。预紧时先松开导轨体 2 的连接螺钉(图中未画出),然后拧动侧面螺钉 3,即可调整导轨体 1 和 2 之间的距离。此外,也可用镶条来调整,这样,导轨的预紧量沿全长分布比较均匀,故推荐采用。

14.2.4　导轨的材料和热处理

1. 滑动导轨的材料和热处理

对滑动导轨材料的主要要求是耐磨性好,摩擦因数小,并具有良好的加工和热处理性质。滑动导轨常用的材料如下:

(1) 铸铁　如 HT200、HT300 等,均有较好的耐磨性。采用高磷铸铁(磷的质量分数高于 0.3%)、磷铜钛铸铁和钒钛铸铁做导轨,耐磨性比普通铸铁提高 1~4 倍。

铸铁导轨的硬度一般为 180~200 HBW。为提高其表面硬度采用表面淬火,表面硬度可达 55 HRC,导轨耐磨性可提高 1~3 倍。

(2) 钢　常用的有碳素钢(40、50、T8A、T10A)和合金钢(20Cr、40Cr)。淬硬后钢导轨的耐磨性比一般铸铁导轨高 5~10 倍。要求高的可用 20Cr 制成,渗碳后淬硬至 56~62 HRC;要求低的用 40Cr 制成,高频淬火硬度至 52~58 HRC。钢制导轨一般做成条状,用螺钉及销固定在铸铁机座上,螺钉的尺寸和数量必须保证良好的接触刚度,以免引起变形。

(3) 有色金属　常用的有黄铜、锡青铜、超硬铝(7A04)等。

(4) 塑料　聚四氟乙烯具有优良的减摩、耐磨和抗振性能,工作温度适应范围广(-200~+280 ℃),静、动摩擦因数都很小,是一种良好的减摩材料。以聚四氟乙烯为基体的塑料导轨性能良好,它是一种在钢板上烧结球状青铜颗粒并浸渍聚四氟乙烯塑料的板材。导轨板的厚度为 1.5~3 mm,在多孔青铜颗粒上面的聚四氟乙烯表层厚为 0.025 mm。这种塑料导轨板既有聚四氟乙烯的摩擦特性,又具有青铜和钢的刚性与导热性,装配时可用环氧树脂粘接在动导轨上。

在实际应用中,为减小摩擦阻力,常用不同材料配合使用。例如圆形导轨一般采用淬火钢-非淬火钢、青铜或铸铝,棱柱面导轨可用钢-青铜、淬火钢-非淬火钢、钢-铸铁等。

导轨经热处理后,均需进行时效处理,以减小内应力。

2. 滚动导轨的材料和热处理

对滚动导轨材料的主要要求是硬度高、性能稳定及良好的加工性能。滚动体的材料一般采用滚动轴承钢(GCr15),淬火后硬度可达 60~66 HRC。

滚动导轨常用的材料如下:

(1) 低碳合金钢　如 20Cr,经渗碳(深度 1~1.5 mm)淬火,渗碳层硬度可达 60~63 HRC。

(2) 合金结构钢　如 40Cr,淬火后低温回火,硬度可达 45~50 HRC,加工性能良好,但硬度较低。

(3) 合金工具钢　如铬钨锰钢(CrWMn)、铬锰钢(CrMn),淬火后低温回火,硬度可达 60~64 HRC,这种材料的性能稳定,可以制造变形小,耐磨性高的导轨。

(4) 氮化钢　如铬钼铝钢(38CrMoAlA)或铬铝钢(38CrAl),经调质或正火后,表面氮化,可得到很高的表面硬度(850 HV),但硬化层很薄(0.5 mm 以下),加工时应注意。

(5) 铸铁　例如某些仪器中采用铬钼铜合金铸铁,硬度可达 230~240 HBW,加工方便,滚动体用滚柱,一般可满足使用要求。

习　　题

14.1　机座和箱体按结构形式不同,可分为哪几种形式?

14.2　在设计机座、箱体和导轨时应满足哪些要求?

14.3　圆形、工字形和空心矩形三种截面中,最适用于受扭为主的机座、受弯为主的机座或弯扭组合载荷作用的机座分别是哪种?为什么?

14.4　机座和箱体壁厚的选择由哪些因素决定?如何选择?

14.5　滑动导轨的截面形状有哪些?各有什么优、缺点?

14.6　滑动导轨为什么要组合使用?有哪些组合形式?

14.7　简述调整导轨间隙的目的和方法。

14.8　简述滚动导轨的基本类型和结构特点。

14.9　滚动导轨的预紧方法有哪些?

第 5 篇　其他零部件和机械传动系统设计

弹簧是一种利用弹性来工作的机械零件，一般用弹簧钢制成，主要用来控制机件的运动、缓和冲击或振动、储蓄能量、测量力的大小等，广泛用于机器、仪表中。

机械传动系统是机电系统中的重要组成部分之一。传动系统的设计就是以执行机构或执行构件的运动和动力要求为目标，结合所采用动力机的输出特性及控制方式，合理选择并设计基本传动机构及其组合，使动力机与执行机构或执行构件之间在运动和动力方面得到合理的匹配。

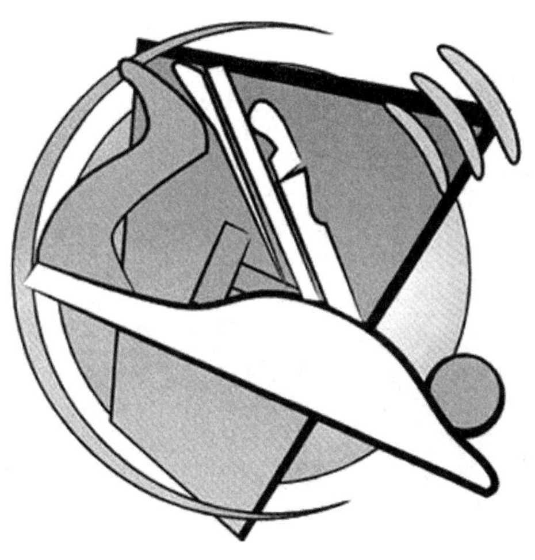

第 15 章　弹簧

弹簧是一种应用很广的弹性零件，在载荷的作用下可以产生较大的弹性变形，将机械功或动能转变为变形能，在恢复变形时，则将变形能转变为机械功或动能。

15.1　弹簧的功用与类型

15.1.1　弹簧的功用

弹簧的主要功用如下：

（1）控制机械运动，如内燃机的进、排气门弹簧，离合器及制动器的控制弹簧等。

（2）缓冲与减振，如各种车辆悬挂系统的减振弹簧、各种减振器弹簧、弹性联轴器中的弹簧等。

（3）存储能量，指通过弹簧变形存储能量，作为机械装置的原动力，如机械钟表及各种仪器中的原动弹簧、枪栓弹簧。

（4）测量力和力矩，指通过弹簧变形的大小测量作用于弹簧上力的大小，如弹簧秤。

15.1.2　弹簧的类型

常见的弹簧按照所承受的载荷形式可以分为压缩弹簧、拉伸弹簧、扭转弹簧和弯曲弹簧；按照弹簧的形状可以分为螺旋弹簧、碟形弹簧、平面涡卷弹簧、板簧和环形弹簧。表 15.1 所列为常见的弹簧类型。

表 15.1　常见的弹簧类型

形状	拉伸	压缩	扭转	弯曲
螺旋弹簧	 圆柱螺旋 拉伸弹簧	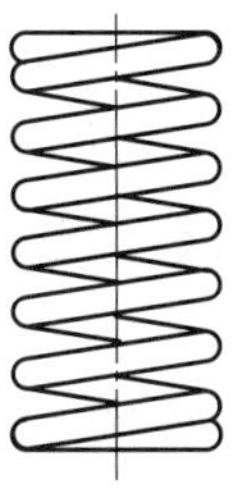 圆柱螺旋 压缩弹簧	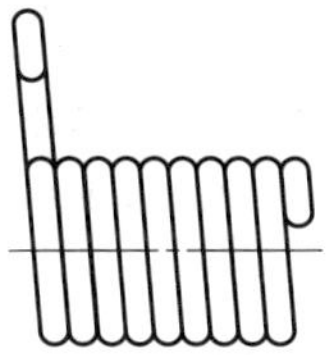 圆柱螺旋 扭转弹簧	

续表

形状	拉伸	压缩	扭转	弯曲
其他弹簧		环形弹簧 碟形弹簧	平面涡卷弹簧	板簧

螺旋弹簧由弹簧钢丝或线材卷制而成,制造方法简便,应用最广泛。螺旋弹簧可以制成压缩弹簧、拉伸弹簧和扭转弹簧,可以制成圆柱形或圆锥形、等螺距或变螺距。本章只分析螺旋弹簧的结构形式和设计方法。

碟形弹簧承载能力大,占用轴向尺寸小,可以承受冲击载荷,常用于空间受限制的场合。

环形弹簧承载能力大,而且具有很强的缓冲吸振能力,常用于车辆和其他重型设备的缓冲元件。

板簧在载荷作用方向的尺寸较小,允许变形量较大。由于多层板簧具有良好的消振作用,在车辆悬挂系统中应用较多。

15.2　弹簧的材料与制造

15.2.1　弹簧的材料

一般情况下,弹簧工作中材料的变形和承受应力较大,而且多承受交变应力作用,因此弹簧材料需要具有较高的屈服强度和疲劳强度,以及足够的冲击韧性。对于截面尺寸较大的弹簧材料,加工过程需要热变形,成形后还需要进行热处理,因此要求材料具有较好的热处理工艺性。

常用的弹簧材料有碳素弹簧钢丝、重要用途碳素弹簧钢丝、弹簧用不锈钢丝、热轧弹簧钢丝和青铜线等,见表15.2。

表 15.2 常用弹簧材料

材料名称及牌号	直径/mm	切变模量 G/GPa	弹性模量 E/GPa	推荐硬度 HRC	推荐温度/℃	性能
碳素钢弹簧钢丝 1～13 40Mn～70Mn	SL 型:1.00～10.00 SM 型:0.30～13.00 SH 型:0.30～13.00 DM 型:0.08～13.00 DH 型:0.05～13.00	79	206	—	-40～130	强度高,性能好,L、M、H 用于低、中、高抗拉强度,S 和 D 分别代表静载荷和动载荷
重要用途碳素钢弹簧钢丝 65Mn T9A T8MnA	E 组:0.08～6 F 组:0.08～6 G 组:1～6					强度高,韧性好,用于重要的小弹簧
弹簧用不锈钢钢丝 A 组 1Cr18Ni9 0Cr18Ni10 0Cr17Ni12Mo2 B 组 1Cr18Ni9 0Cr18Ni10 C 组 0Cr17Ni8Al	0.08～12	71	193		-200～300	耐腐蚀,耐高、低温,用于在腐蚀或高、低温环境中工作的小弹簧
油淬火回火钢丝 65Mn	5～80	79	196	45～50	40～120	弹性好,用于普通机械用弹簧
油淬火回火钢丝 50CrVA					40～210	有较高的疲劳强度,抗高温,用于工作温度高的较大弹簧
油淬火回火钢丝 55Si2Mn					40～250	有较高的疲劳强度,弹性好,广泛用于各种机械的弹簧

续表

材料名称及牌号	直径/mm	切变模量 G/GPa	弹性模量 E/GPa	推荐硬度 HRC	推荐温度/℃	性能
硅青铜线 QSi3-1	0.1~6	41	93.2	90~100 HBW	-40~120	有较高的耐腐蚀和防磁性能,用于机械或仪表等的弹性元件
锡青铜线 QSn4-3 QSn6.5-0.1 QSn6.5-0.4 QSn7-0.2		40			-250~120	有较高的耐磨损、耐腐蚀和防磁性能,用于机械或仪表等的弹性元件
铍青铜线 QBe2	0.03~6	44	129.5	37~40	-200~120	有较高的耐磨损、耐腐蚀、防磁和导电性能,用于机械或仪表等的精密弹性元件

弹簧钢丝和青铜线的抗拉强度见表 15.3、表 15.4 和表 15.5,许用应力见表 15.6。

弹簧按载荷循环次数分为以下 3 类:

Ⅰ类——载荷循环次数在 10^6 以上;

Ⅱ类——载荷循环次数在 10^6~10^3 之间;

Ⅲ类——受静载荷或载荷循环次数小于 10^3。

表 15.3 碳素弹簧钢丝的抗拉强度 σ_B

钢丝公称直径/mm	抗拉强度 σ_B/MPa				
	SL 型	SM 型	DM 型	SH 型	DH 型
1.0	1 720~1 970	1 980~2 220	1 980~2 220	2 230~2 470	2 230~2 470
1.2	1 670~1 910	1 920~2 160	1 920~2 160	2 170~2 400	2 170~2 400
1.4	1 620~1 860	1 870~2 100	1 870~2 100	2 110~2 340	2 110~2 340
1.6	1 590~1 820	1 830~2 050	1 830~2 050	2 060~2 290	2 060~2 290
1.8	1 550~1 780	1 790~2 010	1 790~2 010	2 020~2 240	2 020~2 240
2.0	1 520~1 750	1 760~1 970	1 760~1 970	1 980~2 200	1 980~2 200
2.1	1 510~1 730	1 740~1 960	1 740~1 960	1 970~2 180	1 970~2 180

续表

钢丝公称直径/mm	抗拉强度 σ_B/MPa				
	SL 型	SM 型	DM 型	SH 型	DH 型
2.4	1 470~1 690	1 700~1 910	1 700~1 910	1 920~2 130	1 920~2 130
2.5	1 460~1 680	1 690~1 890	1 690~1 890	1 900~2 110	1 900~2 110
2.6	1 450~1 660	1 670~1 880	1 670~1 880	1 890~2 100	1 890~2 100
2.8	1 420~1 640	1 650~1 850	1 650~1 850	1 860~2 070	1 860~2 070
3.0	1 410~1 620	1 630~1 830	1 630~1 830	1 840~2 040	1 840~2 040
3.2	1 390~1 600	1 610~1 810	1 610~1 810	1 820~2 020	1 820~2 020
3.4	1 370~1 580	1 590~1 780	1 590~1 780	1 790~1 990	1 790~1 990
3.6	1 350~1 560	1 570~1 760	1 570~1 760	1 770~1 970	1 770~1 970
3.8	1 340~1 540	1 550~1 740	1 550~1 740	1 750~1 950	1 750~1 950
4.0	1 320~1 520	1 530~1 730	1 530~1 730	1 740~1 930	1 740~1 930
4.5	1 290~1 490	1 500~1 680	1 500~1 680	1 690~1 880	1 690~1 880
5.0	1 260~1 450	1 460~1 650	1 460~1 650	1 660~1 830	1 660~1 830
5.3	1 240~1 430	1 440~1 630	1 440~1 630	1 640~1 820	1 640~1 820
5.6	1 230~1 420	1 430~1 610	1 430~1 610	1 620~1 800	1 620~1 800
6.0	1 210~1 390	1 400~1 580	1 400~1 580	1 590~1 770	1 590~1 770
6.3	1 190~1 380	1 390~1 560	1 390~1 560	1 570~1 750	1 570~1 750
6.5	1 180~1 370	1 380~1 550	1 380~1 550	1 560~1 740	1 560~1 740
7.0	1 160~1 340	1 350~1 530	1 350~1 530	1 540~1 710	1 540~1 710
7.5	1 140~1 320	1 330~1 500	1 330~1 500	1 510~1 680	1 510~1 680
8.0	1 120~1 300	1 310~1 480	1 310~1 480	1 490~1 660	1 490~1 660
8.5	1 110~1 280	1 290~1 460	1 290~1 460	1 470~1 630	1 470~1 630
9.0	1 090~1 260	1 270~1 440	1 270~1 440	1 450~1 610	1 450~1 610
9.5	1 070~1 250	1 260~1 420	1 260~1 420	1 430~1 590	1 430~1 590
10.0	1 060~1 230	1 240~1 400	1 240~1 400	1 410~1 570	1 410~1 570

表 15.4 重要用途碳素弹簧钢丝的抗拉强度 σ_B

钢丝公称直径 /mm	抗拉强度 σ_B/MPa		
	E 组	F 组	G 组
1.0	2 020～2 350	2 350～2 650	1 850～2 110
1.2	1 920～2 270	2 270～2 570	1 820～2 080
1.4	1 870～2 200	2 200～2 500	1 780～2 040
1.6	1 830～2 140	2 160～2 480	1 750～2 010
1.8	1 800～2 130	2 060～2 360	1 700～1 960
2.0	1 760～2 090	1 970～2 230	1 670～1 910
2.2	1 720～2 000	1 870～2 130	1 620～1 860
2.5	1 680～1 960	1 770～2 030	1 620～1 860
2.8	1 630～1 910	1 720～1 980	1 570～1 810
3.0	1 610～1 890	1 690～1 950	1 570～1 810
3.2	1 560～1 840	1 670～1 930	1 570～1 810
3.5	1 520～1 750	1 620～1 840	1 470～1 710
4.0	1 480～1 710	1 570～1 790	1 470～1 710
4.5	1 410～1 640	1 500～1 720	1 470～1 710
5.0	1 380～1 610	1 480～1 700	1 420～1 660
5.5	1 330～1 560	1 440～1 660	1 400～1 600
6.0	1 320～1 550	1 420～1 660	1 350～1 590

表 15.5 青铜线的抗拉强度 σ_B

材料	硅青铜线			锡青铜线		
线材直径 /mm	0.1～2	>2～4.2	>4.2～6	0.1～2.5	>2.5～4	>4～5
抗拉强度 σ_B/MPa	784	833	833	784	833	833

表 15.6 各种弹簧钢丝和材料的许用应力

钢丝类型和材料		碳素钢弹簧钢丝	重要用途碳素钢弹簧钢丝	不锈钢弹簧钢丝	65Mn	50CrVA、55Si2Mn	青铜线
压缩弹簧许用切应力 $[\tau]$	Ⅲ类	$0.5\sigma_B$	$0.5\sigma_B$	$0.45\sigma_B$	570 MPa	740 MPa	$0.4\sigma_B$
	Ⅱ类	$(0.38\sim0.45)\sigma_B$	$(0.38\sim0.45)\sigma_B$	$(0.34\sim0.38)\sigma_B$	455 MPa	590 MPa	$(0.30\sim0.35)\sigma_B$
	Ⅰ类	$(0.30\sim0.38)\sigma_B$	$(0.30\sim0.38)\sigma_B$	$(0.28\sim0.34)\sigma_B$	340 MPa	445 MPa	$(0.25\sim0.30)\sigma_B$
拉伸弹簧许用切应力 $[\tau]$	Ⅲ类	$0.4\sigma_B$	$0.4\sigma_B$	$0.36\sigma_B$	380 MPa	495 MPa	$0.32\sigma_B$
	Ⅱ类	$(0.30\sim0.36)\sigma_B$	$(0.30\sim0.36)\sigma_B$	$(0.27\sim0.30)\sigma_B$	325 MPa	420 MPa	$(0.24\sim0.28)\sigma_B$
	Ⅰ类	$(0.24\sim0.30)\sigma_B$	$(0.24\sim0.30)\sigma_B$	$(0.22\sim0.27)\sigma_B$	285 MPa	310 MPa	$(0.20\sim0.24)\sigma_B$
扭转弹簧许用弯曲应力 $[\sigma]$	Ⅲ类	$0.8\sigma_B$	$0.8\sigma_B$	$0.75\sigma_B$	710 MPa	925 MPa	$0.75\sigma_B$
	Ⅱ类	$(0.60\sim0.68)\sigma_B$	$(0.60\sim0.68)\sigma_B$	$(0.55\sim0.65)\sigma_B$	570 MPa	740 MPa	$(0.55\sim0.65)\sigma_B$
	Ⅰ类	$(0.50\sim0.60)\sigma_B$	$(0.50\sim0.60)\sigma_B$	$(0.45\sim0.55)\sigma_B$	455 MPa	590 MPa	$(0.45\sim0.55)\sigma_B$

注：1. 不锈钢不适用于直径 $d<1$ mm 的弹簧钢丝。

2. σ_B 取材料抗拉强度的下限值。

选择弹簧材料时要综合考虑功能要求、使用环境条件和加工工艺要求，进行合理选择。弹簧选材的原则：首先满足功能要求，其次是强度要求，最后考虑经济性。一般优先选用碳素弹簧钢。以下为三种常用材料的特点，可供选择时参考：

（1）碳素弹簧钢　价格便宜，来源方便；弹性极限较低，淬透性差，不能在高温条件下工作；适合于制造一般用途的小尺寸弹簧。

（2）合金弹簧钢　常用的有低锰弹簧钢、硅锰弹簧钢和铬钒钢。合金弹簧钢淬透性好，强度高；硅锰弹簧钢弹性极限高，回火稳定性好；铬钒钢组织细化，强度高，韧性好，但价格较高，适用于重要场合。

（3）不锈钢和青铜　不锈钢耐腐蚀；青铜材料的耐腐蚀、防磁和导电性能好，强度较低，常用于腐蚀性较强的化工设备上。

15.2.2 弹簧的制造

弹簧的卷制方法有冷卷法和热卷法。线径较小（$d<8\sim10$ mm）的弹簧采用经过预先热处理的冷拉弹簧丝通过冷卷法制造，卷成后通过低温回火消除内应力。线径较大的弹簧在加热的状态下卷制，卷成后需经淬火及中温回火。

对于重要的压缩弹簧，为了保证弹簧两端面与弹簧轴线垂直，要将两端面在专门的磨床上磨平。对于拉伸弹簧和扭转弹簧，为了便于连接和加载，两端制有挂钩或杆臂。

为了提高弹簧的承载能力，可以对卷制后的弹簧进行喷丸处理或强压处理，使弹簧丝表面产生与工作应力方向相反的残余应力，从而降低弹簧工作状态的最大应力。长期工作在振动、高温和腐蚀环境下的弹簧不宜进行强压处理。

15.3 圆柱螺旋弹簧的工作情况

15.3.1 圆柱螺旋弹簧的基本尺寸

普通圆柱螺旋弹簧的几何尺寸包括线径(绕制弹簧的钢丝直径)d、弹簧中径 D、弹簧外径 D_2、弹簧内径 D_1、自由高度 H_0、有效圈数 n、节距 t、螺旋角 α 等,几何尺寸之间的关系见图 15.1 和表 15.7。

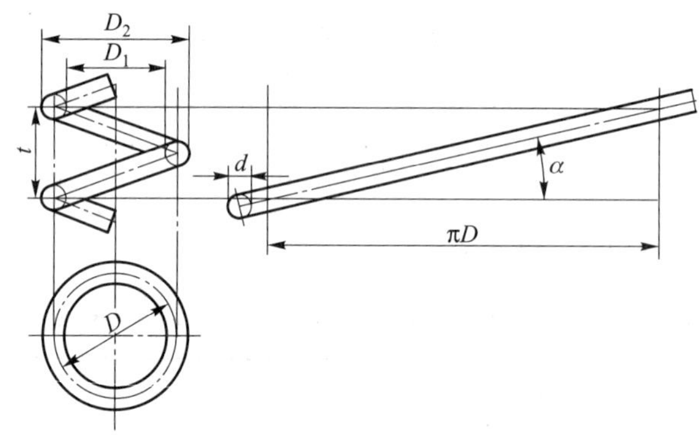

图 15.1 圆柱螺旋弹簧的几何尺寸

表 15.7 圆柱螺旋压缩和拉伸弹簧的几何尺寸

几何尺寸	压缩弹簧	拉伸弹簧
弹簧中径 D	$D=Cd$	
弹簧外径 D_2	$D_2=D+d=D_1+2d$	
弹簧内径 D_1	$D_1=D-d=D_2-2d$	
线径 d	弹簧钢丝直径	
旋绕比 C	$C=D/d$	
有效圈数 n	用于计算弹簧总变形量的弹簧圈数量	
总圈数 n_1	$n_1=n+n_z$(n_z 为支承圈数)	$n_1=n$
节距 t	螺旋弹簧两相邻有效圈截面中心线的轴向距离	
螺旋角 α	$\alpha=\arctan\dfrac{t}{\pi D}$	
自由高度 H_0	$H_0=nt+(n_z-0.5)d$(两端圈磨平) $H_0=nt+(n_z-1)d$(两端圈不磨平)	$H_0=nd+H_h$(H_h 为挂钩轴向长度)
展开长度 L	$L=\dfrac{\pi Dn_1}{\cos\alpha}$	$L=\dfrac{\pi Dn_1}{\cos\alpha}+L_h$($L_h$ 为挂钩展开长度)

15.3.2 弹簧的结构

圆柱螺旋压缩弹簧端部的常用结构见表 15.8。

圆柱螺旋压缩弹簧两端圈应与邻圈并紧，只起支承作用，不参与变形，称为死圈。热卷弹簧端部应锻扁后并紧，并保证弹簧支承端面与轴线垂直。弹簧线径小于或等于 0.5 mm 时，弹簧支承端面可不磨平；弹簧线径大于 0.5 mm 时，弹簧支承端面应磨平。

拉伸弹簧为了便于加载，端部制有挂钩。表 15.9 所示为圆柱螺旋拉伸弹簧常用的端部结构形式。其中，LⅠ，LⅡ型结构简单，制作方便，应用广泛，但是在制作中弹簧丝弯曲变形很大，适用于弹簧线径小于 10 mm 的弹簧。

表 15.8 圆柱螺旋压缩弹簧常用的端部结构

类型	代号	简图	类型	代号	简图
冷卷压缩弹簧（Y）	YⅠ	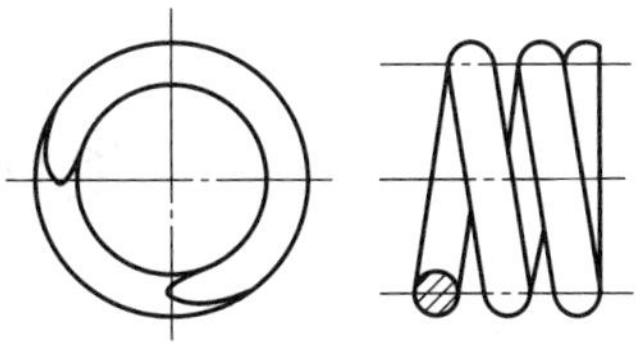 两端圈并紧，磨平 n_z=1.0～2.5	热卷压缩弹簧（RY）	RYⅠ	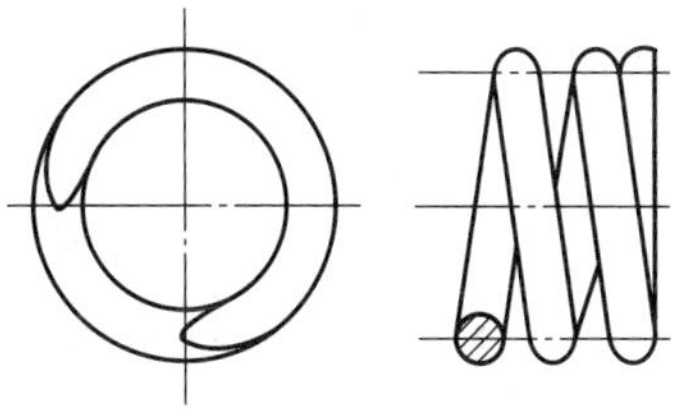 两端圈并紧，磨平 n_z=1.5～2.5
	YⅡ	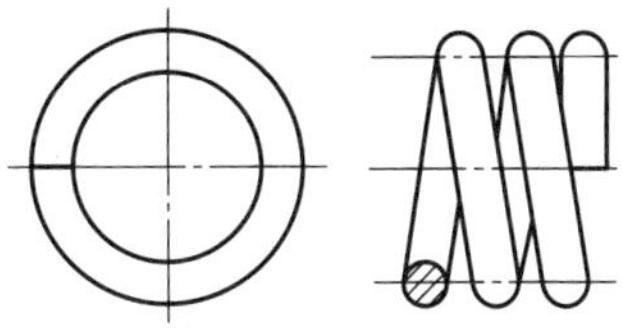 两端圈并紧，不磨平 n_z=1.5～2.0		RYⅡ	两端圈制扁并紧，磨平或不磨平 n_z=1.5～2.5
	YⅢ	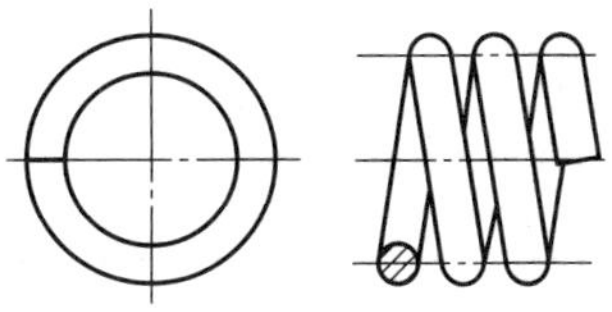 两端圈不并紧 n_z=0～1			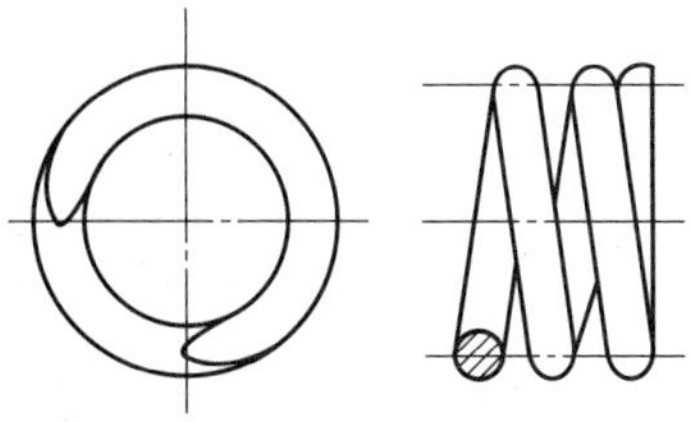

表 15.9 圆柱螺旋拉伸弹簧常用的端部结构

类型	代号	简图	类型	代号	简图
冷卷拉伸弹簧（L）	LⅠ	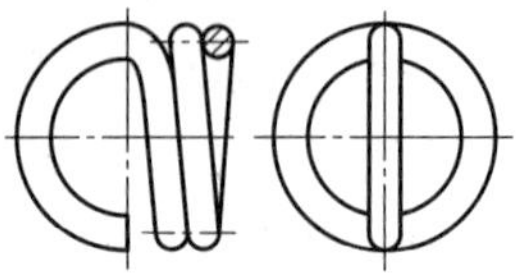 半圆钩环	冷卷拉伸弹簧（L）	LⅦ	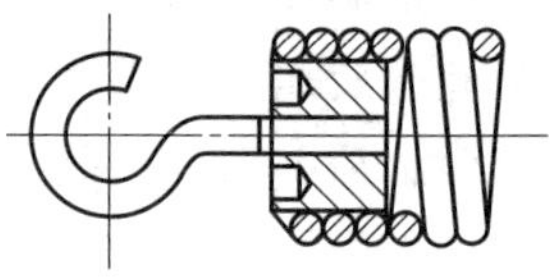 可调式拉簧
	LⅡ	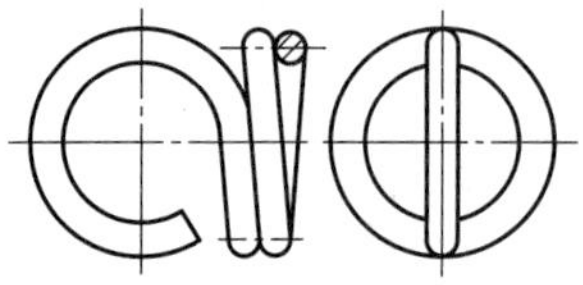 圆钩环		LⅧ	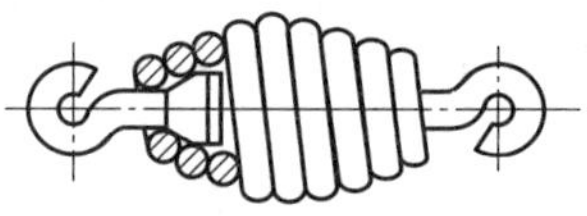 两端具有可转钩环
	LⅢ	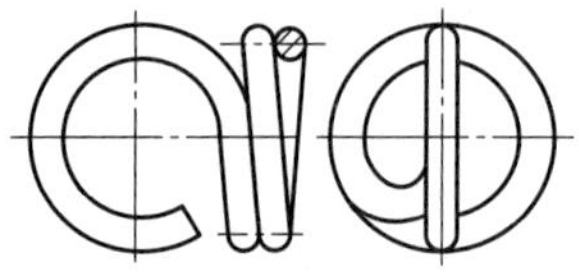 圆钩环压中心	热卷拉伸弹簧（RL）	RLⅠ	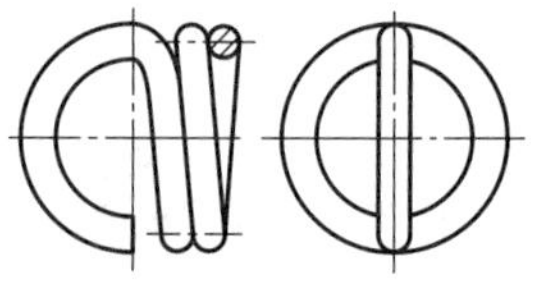 半圆钩环
	LⅣ	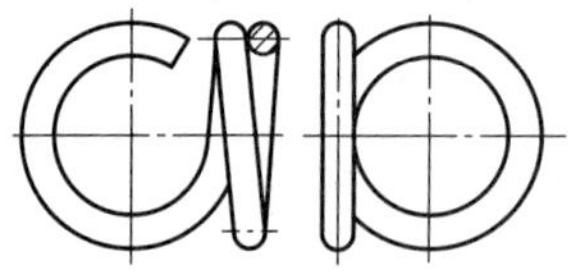 偏心圆钩环		RLⅡ	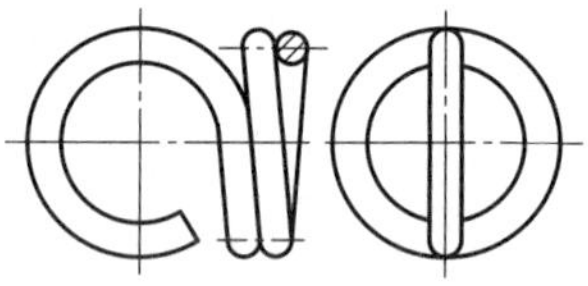 圆钩环
	LⅤ	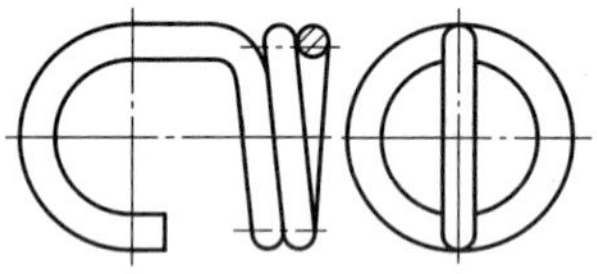 长臂半圆钩环		RLⅢ	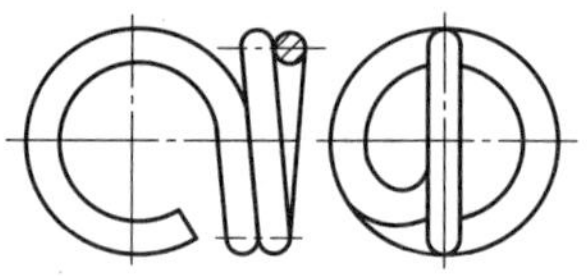 圆钩环压中心
	LⅥ	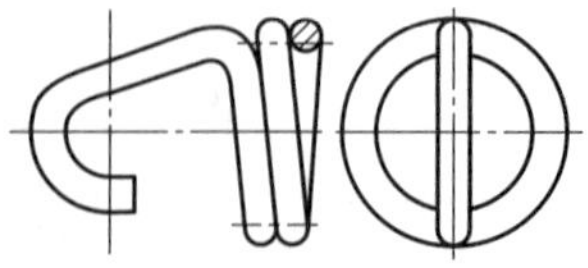 长臂小圆钩环			

15.3.3 弹簧的强度

圆柱螺旋弹簧受压或受拉时，弹簧丝的受力情况是完全一样的。现以圆截面弹簧丝绕成的圆柱螺旋压缩弹簧为例进行分析。弹簧受力如图 15.2 所示，弹簧受到轴向载荷 F 作用，由于弹

簧丝有螺旋角 α，在弹簧丝的法向截面上受到法向力 $F_n = F\sin\alpha$、切向力 $F_t = F\cos\alpha$、转矩 $T = 0.5FD\cos\alpha$ 和弯矩 $M = 0.5FD\sin\alpha$ 的作用。

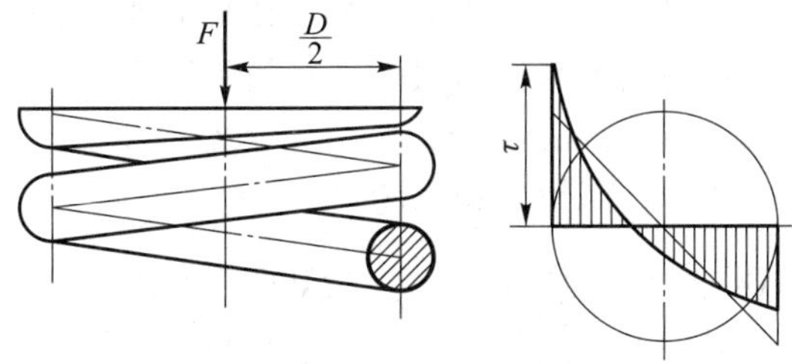

图 15.2 圆柱螺旋压缩弹簧的受力与应力

螺旋弹簧的螺旋角通常较小（$\alpha<10°$），弹簧丝的工作应力主要是由转矩引起的切应力，即

$$\tau_T = \frac{T}{W_T} = \frac{FD/2}{\pi d^3/16} = \frac{8FD}{\pi d^3} = \frac{8FC}{\pi d^2} \tag{15.1}$$

由于弹簧丝曲率的影响，同时考虑弹簧丝所受到的弯矩、切向力和法向力的影响，引入曲度系数 K 对计算应力进行修正，弹簧丝内侧的最大应力和强度条件为

$$\tau = K\tau_T = K\frac{8FC}{\pi d^2} \leqslant [\tau] \tag{15.2}$$

其中，圆截面弹簧丝的曲度系数 K 为

$$K = \frac{4C-1}{4C-4} + \frac{0.615}{C} \tag{15.3}$$

弹簧设计中可根据式（15.2）确定弹簧线径为

$$d \geqslant \sqrt{\frac{8KFC}{\pi[\tau]}} \tag{15.4}$$

15.3.4 弹簧的刚度

根据弹簧丝的扭转变形和螺旋弹簧的几何形状，圆柱螺旋弹簧的变形量为

$$f = \frac{8FD^3 n}{Gd^4} \tag{15.5}$$

式中：G——弹簧材料的切变模量。

对于有初拉力 F_0 的拉伸弹簧，变形量为

$$f = \frac{8(F-F_0)D^3 n}{Gd^4}, F>F_0 \tag{15.6}$$

弹簧产生单位变形所需的载荷称为弹簧刚度，弹簧的刚度为

$$k = \frac{F}{f} = \frac{Gd^4}{8D^3 n} = \frac{Gd}{8nC} \tag{15.7}$$

从上式可知，C 值愈小，n 值愈少，则弹簧的刚度愈大，弹簧愈硬；反之，刚度愈小，则弹簧愈软。

15.3.5　弹簧的特性曲线

弹簧工作时不允许有永久变形,设计应保证弹簧工作在弹性极限范围内。在载荷作用下弹簧产生弹性变形,表示弹簧的弹性变形与作用载荷之间关系的曲线称为弹簧的特性曲线,特性曲线是设计和生产中进行检验或试验的依据。图 15.3 所示为圆柱螺旋压缩与拉伸弹簧的特性曲线,圆柱螺旋压缩与拉伸弹簧的特性曲线是相同的。

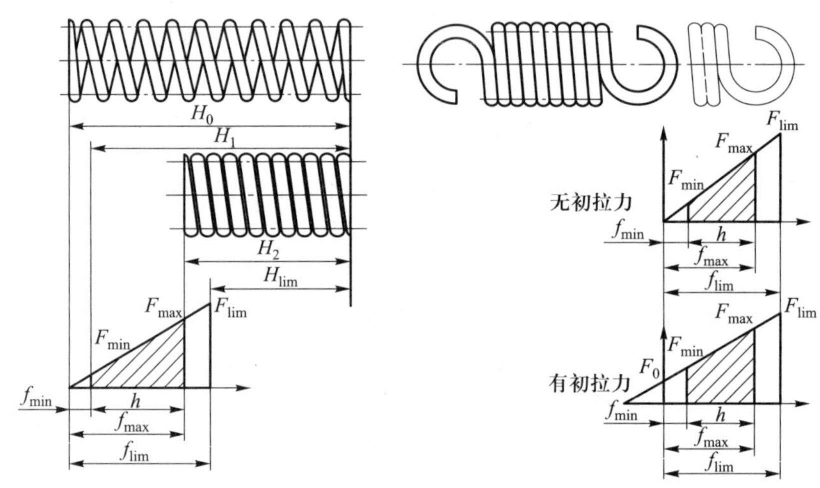

图 15.3　圆柱螺旋压缩和拉伸弹簧的特性曲线

特性曲线取纵坐标为弹簧所受载荷,横坐标为弹簧变形量。圆柱螺旋弹簧的特性曲线为线性,变直径或变节距弹簧的特性曲线为非线性。

压缩弹簧未受载荷作用时的长度(高度)为自由长度。安装时通常施加较小的载荷 F_{min},称为最小载荷,使弹簧长度被压缩到 H_1,弹簧变形量为 f_{min};当弹簧受到最大载荷 F_{max} 作用时,弹簧变形量为 f_{max},弹簧长度为 H_2;弹簧最大变形量 f_{max} 与最小变形量 f_{min} 之差称为弹簧的工作行程 $h=f_{max}-f_{min}$。使弹簧材料的应力达到屈服极限的载荷称为极限载荷 F_{lim},与之对应的弹簧长度为 H_{lim},弹簧的变形量为 f_{lim},此时弹簧丝内的应力刚好达到弹性极限。

拉伸弹簧可以具有初拉力 F_0,初拉力的大小与弹簧材料、弹簧线径以及加工方法有关。当载荷小于初拉力时,弹簧不变形。图 15.3 的右下端为有初拉力的拉伸弹簧特性曲线。

压缩弹簧的最小载荷 $F_{min}=(0.1\sim0.5)F_{max}$,但对有预应力的拉伸弹簧 $F_{min}>F_0$,F_0 为具有预应力的拉伸弹簧开始变形时所需的初拉力。弹簧的最大载荷 F_{max} 由工作条件决定,但应小于极限载荷 F_{lim},通常取 $F_{max}\leqslant0.8F_{lim}$。

15.4　圆柱螺旋压缩(拉伸)弹簧的设计

弹簧设计问题通常给定最大载荷 F_{max}、最大变形量 f_{max} 及其他结构要求,例如弹簧工作空间对弹簧尺寸的要求。通过设计,要确定弹簧的材料、线径、中径、工作圈数、端部结构、自由高度等参数。具体设计步骤如下:

(1) 选择弹簧材料

根据弹簧的工作情况和环境要求,选择弹簧材料,并确定其极限应力数据。

(2) 选择旋绕比 C

旋绕比 $C=D/d$,表示弹簧刚度的大小。当 D 相同时,C 值小,弹簧线径 d 必然大,则弹簧较硬(刚性大),卷绕成形困难,工作应力较大;反之,C 值大,弹簧刚性小。C 值过大,弹簧易出现颤动,故 C 值不能过大,也不宜过小。旋绕比 C 应在 4~14 之间,常用的范围为 5~8。具体数值可根据表 15.10 推荐的范围选择。

表 15.10 圆柱螺旋弹簧旋绕比推荐值

d/mm	0.2~0.4	0.5~1.0	1.1~2.2	2.5~6.0	7.0~16	18~50
C	7~14	5~12	5~10	4~9	4~8	4~16

(3) 初选弹簧中径 D、弹簧线径 d,确定许用应力

根据安装空间要求初选弹簧中径 D,根据旋绕比 C 初选弹簧线径 d,根据表 15.2~表 15.6,确定弹簧丝的许用应力。

(4) 根据式(15.4)试算弹簧线径 d

由于冷卷弹簧钢丝材料的许用应力与弹簧线径有关,所以需要首先假设弹簧线径,并据此确定许用应力,然后进行试算。如果试算结果与假设线径相差较大,则需要修正假设,重新试算。

计算出来的弹簧线径 d、弹簧中径 D、弹簧有效圈数 n 和弹簧自由高度 H_0 应根据表 15.11 所列数值进行圆整。

表 15.11 普通圆柱螺旋弹簧尺寸系列

<table>
<tr><td rowspan="2">弹簧线径
d/mm</td><td>第一系列</td><td>0.1 0.12 0.14 0.16 0.2 0.25 0.3 0.35 0.4 0.45 0.5 0.6
0.7 0.8 0.9 1 1.2 1.6 2 2.5 3 3.5 4 4.5 5 6 8 10 12
16 20 25 30 35 40 45 50 60 70 80</td></tr>
<tr><td>第二系列</td><td>0.08 0.09 0.18 0.22 0.28 0.32 0.55 0.65 1.4 1.8 2.2 2.8
3.2 5.5 6.5 7 9 11 14 18 22 28 32 38 42 55 65</td></tr>
<tr><td colspan="2">弹簧中径
D/mm</td><td>0.4 0.5 0.6 0.7 0.8 0.9 1 1.2 1.4 1.6 1.8 2 2.2 2.5
2.8 3 3.2 3.5 3.8 4 4.2 4.5 4.8 5 5.5 6 6.5 7 7.5 8
8.5 9 10 12 14 16 18 20 22 25 28 30 32 38 42 45 48
50 52 55 58 60 65 70 75 80 85 90 95 100 105 110 115
120 125 130 135 140 145 150 160 170 180 190 200 210 220
230 240 250 260 270 280 290 300 320 340 360 380 400 450
500 550 600 650 700</td></tr>
<tr><td rowspan="2">有效圈数 n</td><td>压缩弹簧</td><td>2 2.25 2.5 2.75 3 3.25 3.5 3.75 4 4.25 4.5 4.75 5 5.5
6 6.5 7 7.5 8 8.5 9 9.5 10 10.5 11.5 12.5 13.5 14.5 15
16 18 20 22 25 28 30</td></tr>
<tr><td>拉伸弹簧</td><td>2 3 4 5 6 7 8 9 10 11 12 13 14 15 16 17 18 19 20
22 25 28 30 35 40 45 50 55 60 65 70 80 90 100</td></tr>
</table>

续表

自由高度 H_0/mm	压缩弹簧	4　5　6　7　8　9　10　12　14　16　18　22　25　28　30　32　35　38　40 42　45　48　50　52　55　58　60　65　70　75　80　85　90　95　100　105 110　115　120　130　140　150　160　170　180　190　200　220　240　260 280　300　320　340　360　380　400　420　450　480　500　520　550　580 600　620　650　680　700　720　750　780　800　850　900　950　1 000

(5) 根据刚度条件确定弹簧圈数

对压缩弹簧和没有初拉力的拉伸弹簧,根据式(15.5)确定弹簧圈数,即

$$n=\frac{f_{max}Gd^4}{8F_{max}D^3} \tag{15.8}$$

对于有初拉力 F_0 的拉伸弹簧,根据式(15.6)确定弹簧圈数,即

$$n=\frac{f_{max}Gd^4}{8(F_{max}-F_0)D^3} \tag{15.9}$$

为避免由于载荷偏心引起过大的附加力,同时使弹簧保持稳定的刚度,弹簧有效圈数一般不少于三圈,最少不少于两圈。压缩弹簧支承圈数与端部结构可参照表15.8确定。

用不需要淬火的材料密卷的拉伸弹簧可以具有初拉力,不需要初拉力的弹簧应在各圈之间留有间隙,经过淬火的弹簧没有初拉力。初拉力按下式计算:

$$F_0=\frac{\pi d^3}{8D}\tau_0 \tag{15.10}$$

式中:τ_0——初应力,推荐根据旋绕比 C 在图15.4中的阴影部分选取,为了便于制造,建议取偏下的值。

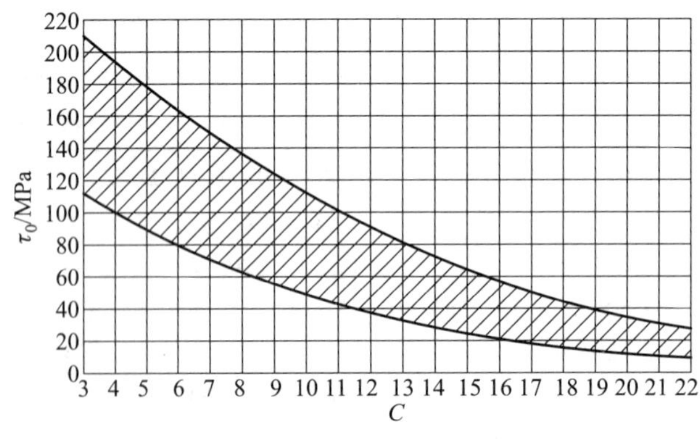

图15.4　弹簧初应力选择

(6) 计算弹簧几何参数,并检验是否符合安装条件

根据已经确定的参数可以计算弹簧的内径 D_1、外径 D_2、自由高度 H_0、有效圈数 n、节距 t、展开长度 L 和螺旋角 α 等参数。螺旋弹簧的旋向一般选右旋;组合弹簧选左、右旋相间,外层选右旋。如果几何参数不满足安装要求,则应重新选择参数,重新设计。

(7) 校核压缩弹簧的稳定性

对于压缩弹簧,如果长度过大,受力后容易失稳。为了保证弹簧工作的稳定性和便于制造,弹簧的高径比 $b=H_0/D$ 应满足以下要求:

两端固定时,$b\leqslant 5.3$;一端固定、一端回转时,$b\leqslant 3.7$;两端回转时,$b\leqslant 2.6$。

如果高径比不满足以下要求,则需要进行稳定性校核,使最大载荷 F_{max} 小于临界载荷 F_c,即

$$F_{max}<F_c=C_B k H_0 \tag{15.11}$$

式中:C_B——不稳定系数,由图 15.5 查取。

如果不满足要求,应重新选择参数,提高稳定性。当受结构限制不能改变参数时,可设置导杆或导套,导杆与导套结构如图 15.6 所示。导杆或导套与弹簧之间的间隙(直径差)参照表 15.12 选取。

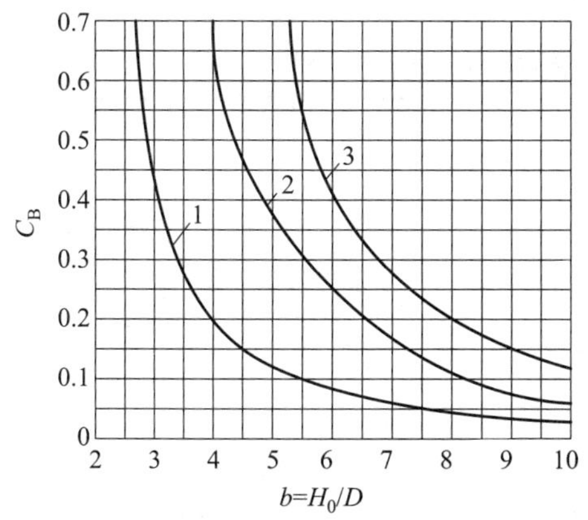

1—两端回转; 2—一端固定, 一端回转; 3—两端固定

图 15.5　不稳定系数

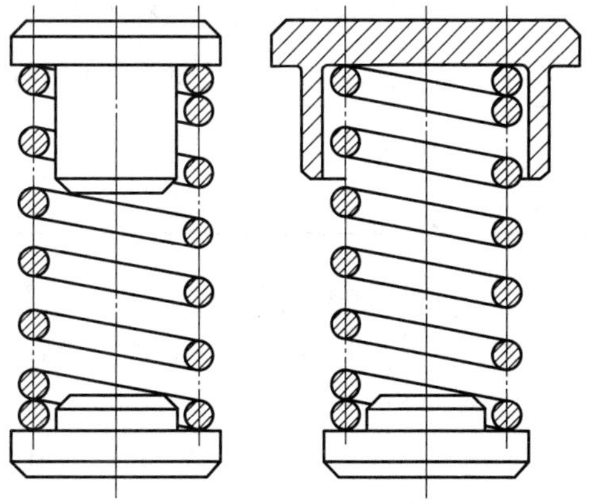

(a) 加装导杆　　(b) 加装导套

图 15.6　导杆与导套结构

表 15.12　导杆(导套)与弹簧之间的间隙　　mm

中径 D	≤5	>5~10	>10~18	>18~30	>30~50	>50~80	>80~120	>120~150
间隙 c	0.6	1	2	3	4	5	6	7

(8) 共振验算

受变载荷的弹簧在加载频率很高的条件下工作时,应进行共振验算。圆柱螺旋弹簧的自振频率为

$$\nu=\frac{1}{2}\sqrt{\frac{k}{m}} \tag{15.12}$$

式中:m——弹簧质量。

两端固定的钢制圆柱螺旋弹簧的自振频率为

$$\nu=3.56\times10^5\ \frac{d}{nD^2} \tag{15.13}$$

弹簧的自振频率与工作频率之比应大于 10。

(9) 校核弹簧疲劳强度

承受变载荷的重要弹簧应进行疲劳强度校核。受变载荷作用的弹簧,其最大应力和最小应力分别为

$$\tau_{max}=\frac{8KF_{max}D}{\pi d^3},\tau_{min}=\frac{8KF_{min}D}{\pi d^3} \tag{15.14}$$

疲劳强度的安全系数为

$$S_c=\frac{\tau_0+0.75\tau_{min}}{\tau_{max}}\geqslant[S_c]$$

式中:τ_0——弹簧材料脉动循环剪切疲劳极限,根据载荷循环次数在表15.13中查取;

$[S_c]$——弹簧疲劳强度的许用安全系数,当弹簧的设计数据和弹簧材料的性能数据精确性较高时,取$[S_c]=1.3\sim1.7$,否则$[S_c]=1.8\sim2.3$。

表15.13 弹簧材料脉动循环剪切疲劳极限 τ_0

变载荷作用次数 N	10^4	10^5	10^6	10^7
τ_0	$0.45\sigma_b$	$0.35\sigma_b$	$0.33\sigma_b$	$0.3\sigma_b$

(10) 拉伸弹簧的结构设计

结构设计是指选择拉伸弹簧的钩环类型和尺寸。

(11) 绘制弹簧工作图

弹簧工作图除应表达弹簧的形状和尺寸外,还应标注其他弹簧参数。当直接标注有困难时,可在技术要求中说明。可用图解方式在弹簧视图上方表示出弹簧的特性曲线。弹簧工作图的具体画法可参考图15.7。

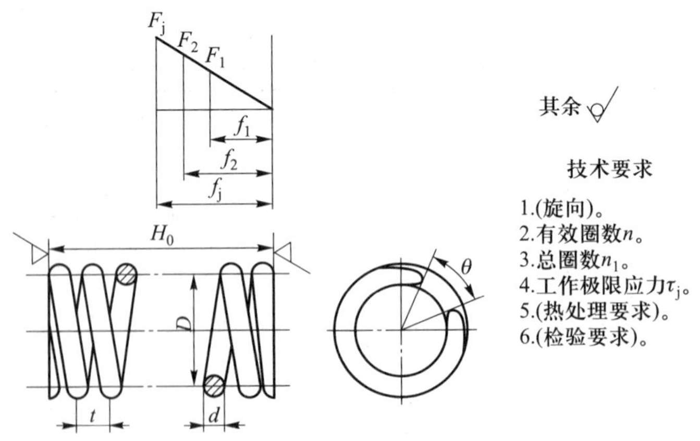

图15.7 圆柱螺旋压缩弹簧工作图

例15.1 设计一个工作在静载荷下的圆柱螺旋压缩弹簧,其最大工作载荷 $F_{max}=1\ 400$ N,最大变形量$f_{max}=25$ mm。

解 1) 选择材料

根据弹簧的工作情况选择SM型碳素弹簧钢丝。

2) 初选旋绕比

初选旋绕比 $C=5$。

3) 确定许用应力

根据假设弹簧线径 $d=4$ mm,根据表 15.3 查得 $\sigma_b=1\ 550$ MPa,根据表 15.6 查得 $[\tau]=0.5\sigma_b=0.5\times1\ 550$ MPa $=775$ MPa。

4) 计算弹簧线径 d

$$K=\frac{4C-1}{4C-4}+\frac{0.615}{C}=\frac{4\times5-1}{4\times5-4}+\frac{0.615}{5}=1.31$$

$$d\geqslant\sqrt{\frac{8KF_{max}C}{\pi[\tau]}}=\sqrt{\frac{8\times1.31\times1\ 400\times5}{\pi\times775}}\ \text{mm}=5.49\ \text{mm}$$

与假设的弹簧线径不符,重新假设弹簧线径 $d=6$ mm,重新计算。根据表 15.3 查得 $\sigma_b=1\ 420$ MPa,根据表 15.6 查得 $[\tau]=0.5\sigma_b=0.5\times1\ 420$ MPa $=710$ MPa。

$$d\geqslant\sqrt{\frac{8KF_{max}C}{\pi[\tau]}}=\sqrt{\frac{8\times1.31\times1\ 400\times5}{\pi\times710}}\ \text{mm}=5.73\ \text{mm}$$

与假设弹簧线径相符,根据表 15.11,将弹簧线径圆整为 $d=6$ mm,$D=C\times d=5\times6$ mm $=30$ mm,符合表 15.11 所列中径系列。

5) 计算弹簧圈数

根据式(15.8)得

$$n=\frac{f_{max}Gd^4}{8F_{max}D^3}=\frac{25\times79\ 000\times6^4}{8\times1\ 400\times30^3}=8.46$$

根据表 15.11,将有效圈数圆整为 8.5 圈,根据表 15.8,选择两端并紧并磨平的端部结构,两端各一圈支承圈,弹簧总圈数为 $n_1=n+n_z=8.5+2=10.5$。

6) 计算弹簧几何参数,并检验是否符合安装条件

弹簧外径 $D_2=D+d=(30+6)$ mm $=36$ mm,弹簧内径 $D_1=D-d=(30-6)$ mm $=24$ mm,取弹簧的工作高度 $H_2=n_1d+7$ mm $=70$ mm,弹簧的最大变形量 $f_{max}=25$ mm,自由高度 $H_0=nt+(n_z-0.5)d=H_2+f_{max}=95$ mm,计算得到 $t=10.118$ mm,螺旋角 $\alpha=6.13°$,选择右旋。

7) 校核压缩弹簧的稳定性

按照一端固定、一端回转计算,弹簧的高径比 $b=H_0/D=95/30=3.17\leqslant3.7$,满足稳定性要求。

8) 共振验算

弹簧承受静载荷作用,因而不需要进行共振验算。

9) 校核弹簧疲劳强度

弹簧承受静载荷作用,因而不需要校核弹簧疲劳强度。

10) 绘制弹簧工作图(略)

15.5 其他弹簧简介

15.5.1 圆柱螺旋扭转弹簧

圆柱螺旋扭转弹簧如图15.8所示。此弹簧承受的是绕弹簧轴线的外加力矩,主要用于压紧、储能或传递扭矩。它的两端带有杆臂或挂钩,以便固定和加载。扭转弹簧在相邻两圈间一般留有微小的间距,以免扭转变形时相互摩擦。

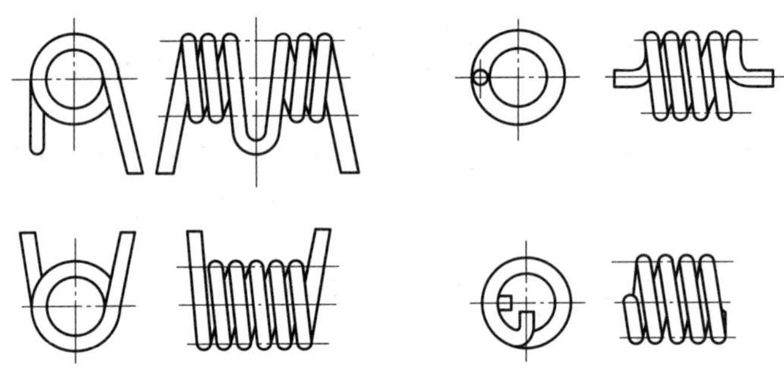

图15.8 圆柱螺旋扭转弹簧

扭转弹簧的工作应力也是在其材料的弹性极限范围内,故特性曲线为直线。扭转弹簧的旋向应与外加力矩的方向一致,可提高承载能力。

15.5.2 碟形弹簧

碟形弹簧的外形为圆锥形,如图15.9所示,一般由薄钢板冲压成形,在重型机械、车辆、一般机械中得到广泛应用。碟形弹簧的主要特点如下:

(1) 在载荷作用方向上尺寸小,刚度大,适用于轴向空间要求紧凑的场合,单位体积材料的变形能较大。

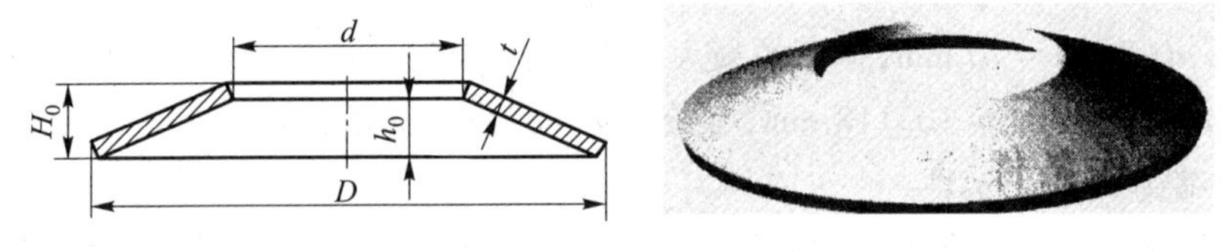

图15.9 碟形弹簧

(2) 通过改变内锥高度 h_0 和碟片厚度 t 的比值,可以得到多种不同形状的弹簧特性曲线,如图15.10所示。

(3) 按照不同的使用要求,可以将碟形弹簧按同向或反向组合使用,从而获得所需要的特性。

(4) 由于支承面以及叠合表面之间的摩擦力作用,使碟形弹簧具有较好的缓冲和吸振作用。

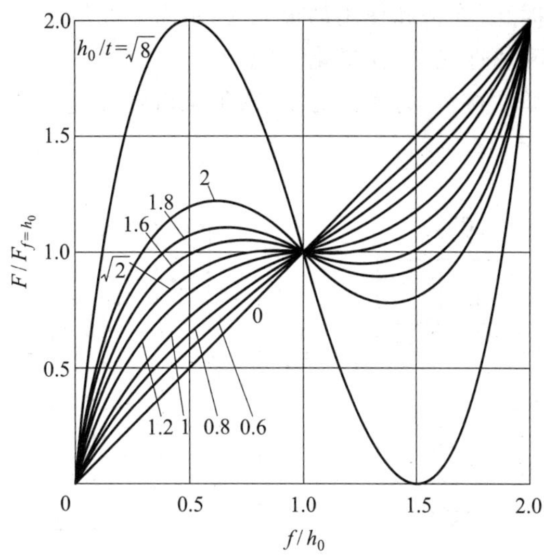

图 15.10 碟形弹簧特性曲线

15.5.3 平面涡卷弹簧

平面涡卷弹簧是将等截面细长材料卷制成平面螺旋线形,工作时一端固定,另一端施加转矩,弹簧丝材料产生弯曲变形。平面涡卷弹簧的圈数可以很多,变形角大,单位体积的储能较多。平面涡卷弹簧在仪器仪表和医疗器械中得到了广泛的应用。

平面涡卷弹簧按照相邻圈之间是否接触分为接触式平面涡卷弹簧和非接触式平面涡卷弹簧,如图 15.11 所示。

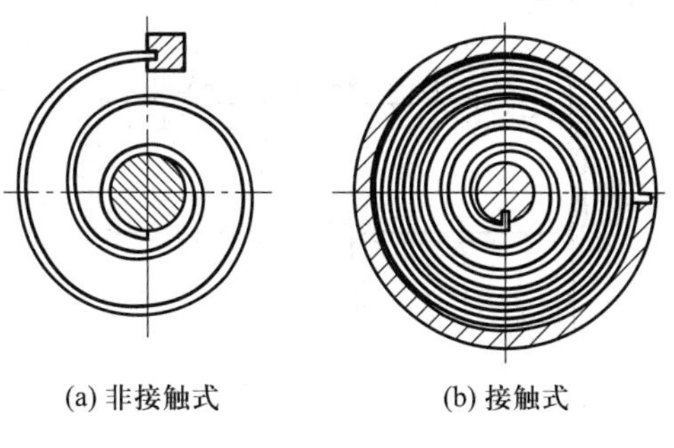

(a) 非接触式　　(b) 接触式

图 15.11 平面涡卷弹簧

15.5.4 橡胶弹簧

橡胶弹簧与金属弹簧相比具有如下特点:

(1) 同一弹簧可以同时承受来自多个方向的载荷,形状简单,设计自由度大。

(2) 橡胶材料的弹性模量小,可承受较大变形,容易实现非线性特性。

(3) 材料内阻尼大,对冲击载荷和高频振动有较好的吸振作用,并具有较好的隔声效果。常用作仪器的座垫和机器的减振器。

(4) 结构简单,安装、拆卸、维护和使用都很方便,不需要润滑。

(5) 耐高温、耐低温、耐油性能差,易老化,易蠕变。

(6) 橡胶是非线性黏弹性材料,力学性能复杂,很难对弹性进行精确计算。

橡胶弹簧的应用如图 15.12 所示。

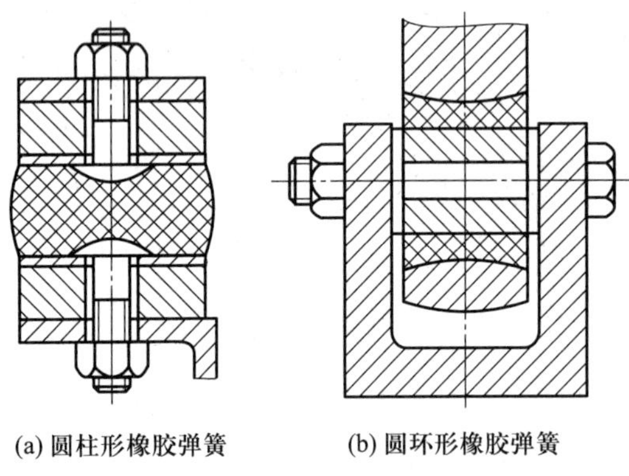

(a) 圆柱形橡胶弹簧　　(b) 圆环形橡胶弹簧

图 15.12　橡胶弹簧

15.5.5　空气弹簧

空气弹簧是在柔软的橡胶囊中充入具有一定压力的空气,利用空气的可压缩性实现弹性作用的弹性元件。图 15.13 所示为一种空气弹簧的结构图。

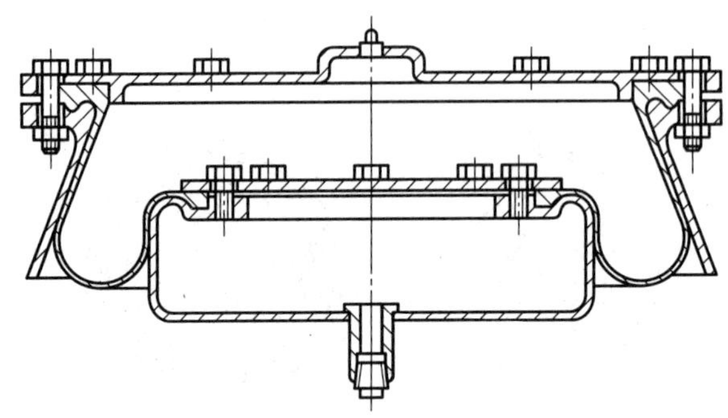

图 15.13　自由膜式空气弹簧

和金属弹簧相比,空气弹簧具有如下特点:

(1) 同一空气弹簧,可以同时承受轴向载荷和径向载荷。

(2) 空气弹簧的刚度与橡胶囊中的空气压力有关,通过控制压力可以很方便地调整空气弹簧的刚度。

(3) 空气弹簧具有非线性特征,根据需要可以将特性曲线设计成理想的形状。

(4) 可在附加空气室内设置节流阀,起到阻尼作用。

(5) 具有良好的吸收高频振动、隔声效果。

(6) 工作寿命长。

习　题

15.1　弹簧的功用有哪些？

15.2　常用弹簧的材料有哪些？简述弹簧材料应具备的性质。

15.3　弹簧的特性曲线表示弹簧的什么性能？它的作用是什么？

15.4　旋绕比 C 对弹簧性能有什么影响？设计时如何选择？

15.5　螺旋弹簧强度计算中引入曲度系数 K，有什么理由？

15.6　试述螺旋弹簧刚度的含义。

15.7　圆柱螺旋压缩弹簧的中径 $D=18$ mm，弹簧线径 $d=3$ mm，弹簧材料为 C 级碳素弹簧钢丝，弹簧承受静载荷，有效圈数 $n=5$，两端圈并紧并磨平。

（1）求弹簧能够承受的最大载荷 F_{max} 和在最大载荷作用下的变形量 f_{max}。

（2）求弹簧的节距 t、自由高度 H_0 和总圈数 n_1。

（3）校核弹簧的稳定性。

（4）绘制工作图。

15.8　设计圆柱螺旋压缩弹簧。弹簧承受静载荷，最大工作载荷 $F_{max}=1\ 100$ N，最大变形量 $f_{max}=16$ mm。

第16章　机械传动系统设计

传动系统是连接原动机和执行系统的中间部分，将原动机的运动和动力传递给执行系统。传动系统按传动的方式可分为机械传动、液压传动、气压传动和电气传动四大类。

（1）机械传动　利用机构所实现的传动称为机械传动，其优点是工作平稳、可靠，对环境的干扰不敏感。缺点是响应速度较慢，控制欠灵活。

机械传动系统是机器的重要组成部分。机器质量的好坏常与传动系统的质量密切相关，机器的机械部分成本也常取决于传动系统的造价。因此，合理地设计传动系统是机械设计工作的重要组成部分。

（2）液压传动　利用液压泵、阀、执行器等液压元器件实现的传动称为液压传动；液力传动则是利用叶轮通过液体的动能变化来传递能量。液压传动的主要优点是速度、扭矩和功率均可连续调节；调速范围大，能迅速换向和变速；传递功率大；结构简单，易实现系列化、标准化，使用寿命长；易实现远距离控制，动作响应快速；能实现过载保护。缺点主要是传动效率低，不如机械传动准确；制造、安装精度要求高；对油液质量和密封性要求高。

（3）气压传动　以压缩空气为工作介质的传动称为气压传动。气压传动的优点是易快速实现往复移动、摆动和高速转动，调速方便；气压元件结构简单，适合标准化、系列化，易制造，易操纵；响应速度快，可直接用气压信号实现系统控制，完成复杂动作；管路压力损失小，适于远距离输送；与液压传动相比，经济且不易污染环境，安全，能适应恶劣的工作环境。缺点是传动效率低；因压力不能太高，故不能传递大功率；因空气的可压缩性，故载荷变化时传递运动不太平稳；排气噪声大。

（4）电气传动　利用电动机和电气装置实现的传动称为电气传动。电气传动的特点是传动效率高，控制灵活，易于实现自动化。

由于电气传动的显著优点和计算机技术的应用，传动系统也正在发生着深刻的变化。在传动系统中作为动力源的电动机虽仍在大量应用，但已出现了具有驱动、变速与执行等多重功能的伺服电动机，从而使原动机、传动系统、执行系统朝着一体化的最小系统方向发展。目前，伺服电动机已取代了一些传统的传动系统，而且这种趋势还在增强。

本章仅介绍机械传动系统。

16.1　机械传动系统的功能、类型和特点

16.1.1　机械传动系统的功能

在机械系统中，传动系统主要实现如下功能：

(1) 减速或增速　通过传动系统将动力机的速度降低或增高,使之满足执行系统的需要。传动系统中实现减速或增速的传动装置称为减速器或增速器。

(2) 变速　在动力系统速度一定的情况下,能获得多种输出速度,以满足执行系统经常变速的要求。这种输入、输出速度关系可变的传动装置称为变速器。变速器有两种:一种是仅可获得有限的几种输入、输出速度关系,称为有级变速;另一种是输入、输出速度关系在一定的范围内可逐渐变化,称为无级变速。

(3) 改变运动形式　在动力系统与执行系统之间实现运动形式的变换,如将转动变为移动、摆动或间歇运动,并且两者之间具有特定的函数关系。

在实现上述速度关系和运动形式改变的同时,也伴随着动力机与执行机构或执行构件之间力或力矩关系的改变以及动力形式的改变。

(4) 分配运动和动力　通过传动系统,可以将一个原动机的运动和动力经变换后分别传递给多个执行机构或执行构件,并在各执行机构或执行构件之间建立起确定的运动和动力关系。

(5) 实现某些操纵控制功能　如起停、离合、制动或换向等。

16.1.2　机械传动的类型和特点

机械传动种类很多,可按不同的原则进行分类。掌握各类传动的基本特点是合理设计机械传动系统的前提条件。

1. 按传动的工作原理分类

机械传动按工作原理可分为摩擦传动、啮合传动和推压传动三类。摩擦传动的优点是工作平稳,噪声低,结构简单,造价低,具有过载保护能力;缺点是外廓尺寸较大,传动比不准确,传动效率较低,零件寿命较短。与摩擦传动相比,啮合传动的优点是工作可靠,寿命长,传动比准确,传递功率大,效率较高(蜗杆传动除外),速度范围广;缺点是对加工、制造、安装的精度要求较高。

2. 按传动比的可变性分类

(1) 定传动比传动　输入与输出转速的比值恒定,适用于工作机工况固定,要求传动比不变的场合,如齿轮、蜗杆、带、链等传动。

(2) 变传动比传动　按传动比变化的规律又可分为以下三种:

① 有级变速。传动比的变化不连续,即一个输入转速可对应多个输出转速,且按某种数列排列,适用于动力机工况固定而工作机有若干种工况的场合,或用来扩大动力机的调速范围,如汽车齿轮变速箱、钻床上的塔轮传动等。

② 无级变速。传动比可连续变化,即一个输入转速对应于某一范围内的无限多个输出转速,适用于工作机工况极多或最佳工况不明确的场合,如各种机械无级变速传动。

③ 传动比按某种规律变化。输出角速度是输入角速度的某种对应函数,用来实现函数传动及改善某些机构的动力特性,如非圆齿轮传动等。

常见机械传动的类型、性能和特点见表 16.1。

表 16.1 常见机械传动的类型、性能和特点

传动类型			传动效率	单级传动比（最大）	圆周速度 /(m·s^{-1})	外廓尺寸	相对成本	主要性能特点
啮合传动	直接接触	普通齿轮传动	高	3~5(8)（圆柱）2~3(5)（圆锥）	≤30(6级) ≤100(5级)	小	中	瞬时传动比恒定，功率和速度适应范围广，效率高，寿命长
		蜗杆传动	低	7~40 (80)	15~50	小	高	传动比大，传动平稳，结构紧凑，可实现自锁，但效率低
		行星齿轮传动	中	3~87 (500)	同普通齿轮	小	高	传动比大，传动平稳，结构紧凑
		螺旋传动	低	—	中、低	小	中	传动平稳，能自锁，增力效果好
	有中间件	链传动	中	≤5(8)	5~25	大	中	平均传动比准确，可在高温下工作，传动距离大，高速时有冲击和振动
		齿形带传动	高	≤10	50(80)	中	低	传动平稳，能保证恒定传动比
摩擦传动	直接接触	摩擦轮传动	较低	≤5~7	≤15~25	大	低	过载打滑，传动平稳，可在运转中调节传动比
	有中间件	带传动	中	≤5~7	5~25 (30)	大	低	过载打滑，传动平稳，能缓冲吸振，传动距离大，不能保证定传动比

续表

传动类型			传动效率	单级传动比（最大）	圆周速度/(m·s^{-1})	外廓尺寸	相对成本	主要性能特点
推压传动	直接接触	凸轮机构	低	—	中、低	小	高	从动件可实现各种运动，高副接触磨损较大
	有中间件	连杆机构	高	—	中	小	低	结构简单，易制造，耐冲击，能传递较大的载荷，可远距离传动

16.2 机械传动系统的组成及常用部件

16.2.1 机械传动系统的组成

机械传动系统通常包括减速或变速装置、起停装置、换向装置、制动装置和安全保护装置等几部分，设计机器时，应根据实际的工作要求选择必要的部分来确定系统的组成。

1. 减速或变速装置

减速或变速装置的作用是改变原动机的转速和转矩，以满足工作机的需要。若工作机构不需要变速，可采用具有固定传动比的变速传动系统，或采用标准的减速器、增速器实现减速传动或增速传动。当传动功率一定时，传动机构的转速越高，其传递的转矩越小，传动机构的结构尺寸就可减小，因此变速装置应位于传动系统的高速部位。如果工作机构的转速较低，则应使变速装置在前，减速机构在后。

2. 起停换向装置

起停换向装置的作用是控制工作机的起动、停车和改变运动方向。起停多采用离合器实现，换向常用惰轮机构完成。当以电动机为原动机时，也可用电动机直接起停和换向，但仅适用于功率不大或换向不频繁的场合。

3. 制动装置

当原动机停止工作后，由于摩擦阻力的作用，机器将会自动停止运转，一般不需制动装置。但运动构件具有惯性，工作转速越高，惯性越大，停车时间就越长。在需要缩短停车辅助时间，或要求工作机准确地停止在某个位置上，或发生事故需立即停车等情况时，传动系统中应配置制动装置。机器中常采用机械制动器制动。

4. 安全保护装置

当机器可能过载而本身又无起保护作用的传动件（如带传动、摩擦传动等）时，为避免损坏传动系统，应设置安全保护装置。常用的安全保护装置是各类具有过载保护功能的安全联轴器和安全离合器。为减小安全保护装置的尺寸，一般应将其安装在传动系统的高速轴上。

16.2.2 机械传动常用的部件

在机械传动系统中，很多常用的传动部件已经标准化、系列化、通用化，优先选用“三化”的传动部件，有利于减轻设计工作量，保证机器质量，降低制造成本，便于互换和维修。以下介绍一些常用的减速器和变速器部件。

1. 减速器

减速器是用于减速传动的独立部件，在原动机和工作机之间起匹配转速和传递转矩的作用。它由箱体、齿轮和蜗杆及附件组成。减速器具有结构紧凑、运动准确、工作可靠、效率较高、维护方便的优点，因此在现代机械中应用极为广泛。减速器有通用和专用两类。对于通用标准系列减速器，可按机器的功率、转速、传动比等工作要求参照产品样本或手册选用订购即可。设计中应优先采用标准减速器，只有在选不到合适的标准减速器时才自行设计。几种常用减速器的类型和主要性能特点见表16.2。

表16.2 常用减速器的类型和主要性能特点

类型		传动简图	传动比	特点及应用
单级圆柱齿轮减速器		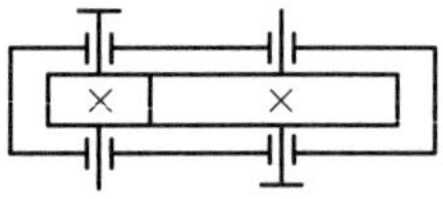	直齿≤5 斜齿≤10	应用广泛，结构简单；直齿轮用于速度较低的传动，斜齿轮用于速度较高的传动，人字齿轮用于载荷较重的传动
二级圆柱齿轮减速器	展开式	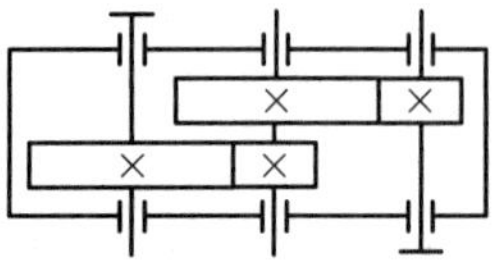	8~40	结构简单，应用最广；一般采用斜齿轮，低速级也可采用直齿轮；齿轮相对于轴承为不对称布置，齿向载荷分布不均匀，要求高速级齿轮远离输入端，轴应有较大刚度
	同轴式	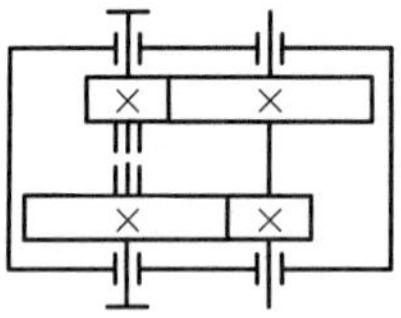	8~40	箱体长度尺寸较小，两大齿轮浸油深度可以大致相同。结构较复杂，轴向尺寸大，中间轴较长，刚度差，处于两齿轮中间的轴承润滑较困难
	分流式	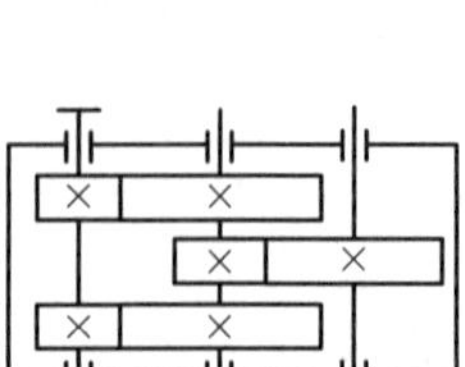	8~40	一般为高速级分流，且常采用斜齿轮；低速级可用直齿或人字齿轮；齿轮相对于轴承为对称布置，沿齿宽载荷分布较均匀；减速器结构较复杂，常用于大功率、变载荷的传动中

续表

类型	传动简图	传动比	特点及应用
单级锥齿轮减速器		直齿≤3 斜齿≤6	传动比不宜太大，以减小锥齿轮的尺寸，便于加工
圆锥-圆柱齿轮减速器		8～15	锥齿轮应置于高速级，以免使锥齿轮尺寸过大，加工困难
蜗杆减速器	(a) 蜗杆下置式　(b) 蜗杆上置式	10～70	结构紧凑，传动比较大，但传动效率低，适用于中、小功率和间歇工作场合；蜗杆下置时，润滑、冷却条件较好；当蜗杆圆周速度 $v \leq 5$ m/s 时采用下置式，$v > 5$ m/s 时采用上置式
蜗杆-齿轮减速器		15～480	结构紧凑，传动比大；蜗杆放在高速级时传动效率高
行星齿轮减速器		10～60	体积小，重量轻，传动比大，但制造精度要求高，传动效率低

2. 有级变速装置

通过改变传动装置传动比，使工作机获得若干种固定转速的传动装置称为有级变速器。有级变速器应用十分广泛，如汽车、机床等机器的变速装置。有级变速传动装置的主要参数有变速范围、公比及变速级数。

常用的有级变速装置有以下几种：

(1) 滑移齿轮变速装置　如图 16.1 所示的 C366 车床传动系统，轴Ⅲ上的三联滑移齿轮和双联滑移齿轮通过导向键在轴上移动时，分别与轴Ⅱ和轴Ⅳ上的不同齿轮啮合，使轴Ⅳ得到六种不同的输出转速，从而达到变速的目的。滑移齿轮变速可获得较大变速范围，工作可靠，传动比准确，效率高，能传递较大转矩和较高转速。缺点是不能在运动中变速，为使滑移齿轮容易进入啮合，常用直齿圆柱齿轮。这种变速方式适用于需要经常变速的场合。

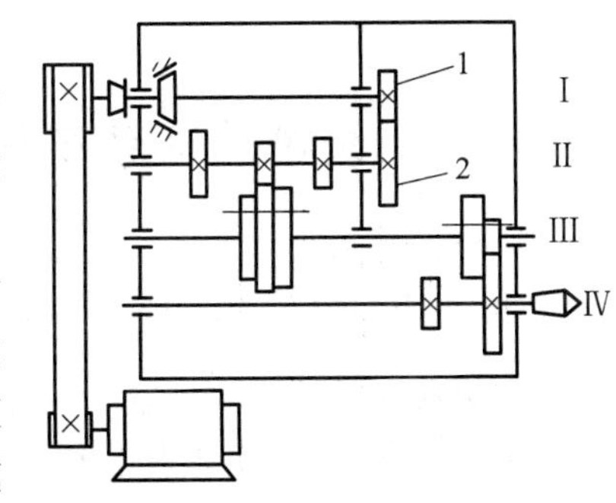

图 16.1　C336 车床传动系统

(2) 交换齿轮变速装置　图16.1中齿轮1和2是两个交换齿轮,若将它们换用其他齿数的齿轮或彼此对换位置,即可实现变速。这种变速方式结构简单,轴向尺寸小;与滑移齿轮变速方式相比,变速级数相同时,所需齿轮数量少。缺点是更换齿轮不便,交换齿轮需悬臂安装,受力条件差。这种变速方式用于不需经常变速的场合。

(3) 离合器变速装置　离合器变速装置常分为摩擦式和啮合式两类。图16.2所示为摩擦离合器变速装置的工作原理图。两个离合器M1、M2分别与空套在轴上的齿轮相连,当M1接合而M2断开时,运动由轴Ⅰ通过齿轮1、2传至轴Ⅱ;当M2接合而M1断开时,运动由轴Ⅰ通过齿轮3、4传至轴Ⅱ,从而达到变速的目的。这种变速方式可在运转中变速,有过载保护作用,但传动不够准确。啮合式离合器变速装置传递的载荷较大,传动比准确,但一般啮合式离合器只能在转速很低的情况下变速。汽车变速器中的同步器,是一种特殊的同步器,可以在较高速度下变速。离合器变速装置中非工作齿轮处于常啮合状态,故与滑移齿轮变速相比轮齿磨损较快。

(4) 塔形带轮变速装置　如图16.3所示,两个塔形带轮分别固定在轴Ⅰ、Ⅱ上,通过变换传动带在塔轮上的位置,可使轴Ⅱ获得不同的转速。传动带多用平带,也可用V带。这种变速方式结构简单,传动平稳;缺点是传动带换位操作不便,变速级数不宜太多。

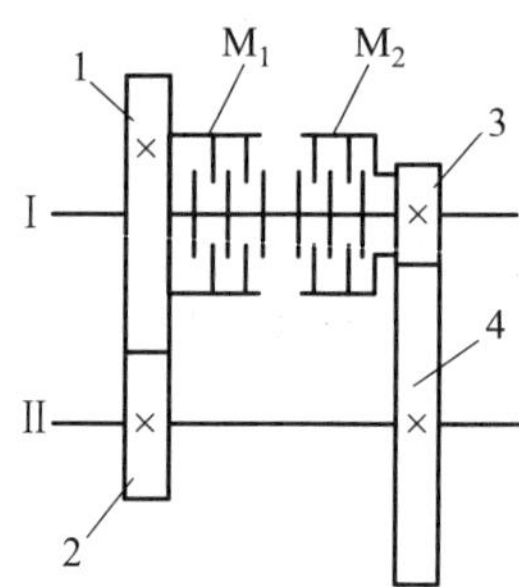

图16.2　摩擦离合器变速装置的工作原理图

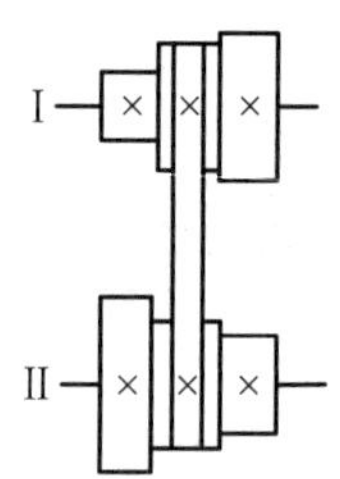

图16.3　塔形带轮变速装置

3. 无级变速器

有级变速传动输出轴的转速不能连续变化,因而不易获得最佳转速。无级变速传动可以根据工作需要连续平稳地改变传动速度。常见的无级变速器有液力机械式无级变速器和金属带式无级变速器。图10.23所示为宽V带式无级变速器,主、从动带轮均由一对可开合的锥轮组成,V带为中间传动件。变速时,可通过变速操纵机构使锥盘沿轴向作开合移动,从而使两个带轮的槽宽一个变宽,另一个变窄。由于两轮的工作半径同时改变,故从动轮转速可在一定范围内实现连续变化。

16.3　机械传动系统设计的过程和基本要求

16.3.1　机械传动系统设计的过程

传动系统设计是一项复杂的创造性工作,为了较好地完成此项工作,不仅需要对各种传动机构的性能、运动与工作特点以及适用场合等有较深入而全面的了解,而且需要具有比较丰富的实际知识和设计经验。此外,传动系统的设计并无一成不变的模式可循,而是需要充分发挥设计者的创造能力。传动系统设计的一般程序如下：

(1) 根据整个机械系统预期的功能要求，结合动力机的类型和执行系统的运动、动力特点，确定传动系统在运动和动力传递与变换方面的要求，选定传动系统的工作原理和传动方案，并从工作性能、适应性、可靠性、先进性、工艺性和经济性等角度对其进行评价和优选，绘制传动系统示意图。

(2) 根据动力机和执行系统的运动参数以及各执行机构的运动协调要求，进行运动学设计，确定传动系统中各传动机构的运动参数，绘制传动系统运动简图。

(3) 根据动力机的输出运动、动力参数和执行机构的输入运动、动力参数，进行传动系统的动力学设计和各传动机构的工作能力设计。

(4) 传动系统的结构设计，绘制传动系统的总装配图、部件图和零件工作图，编制设计技术文件。

16.3.2 机械传动系统设计的基本要求

传动系统设计需要综合运用多种知识和实践经验，进行多方案分析比较，才能设计出较为合理的方案。通常传动系统设计应满足以下基本要求：

(1) 满足机器的功能要求，且性能良好。

(2) 传动效率高。

(3) 结构简单紧凑，占用空间小。

(4) 便于操作，安全可靠。

(5) 可制造性好，加工成本低。

(6) 可维修性好，不污染环境。

在现代机械设计中，随着各种新技术的应用，机械传动系统在不断简化。例如，利用伺服电动机、步进电动机以及调频技术等，在一定条件下可简化或完全替代机械传动系统，从而提高了传动系统的效率和可靠性，并使结构简化。此外，随着微电子技术和信息处理技术的不断发展，对机械自动化和智能化的要求愈来愈高，单纯的机械传动有时已不能满足要求，因此应注意机、电、液、气传动的结合，充分发挥各种技术的优势，使设计方案更加合理和完善。

16.4 机械传动系统设计的基本原则

16.4.1 机械传动类型的选择原则

选择机械传动的类型时，应考虑以下原则。

1. 与原动机和工作机相协调

在机械传动特性上，传动系统与原动机和工作机应相互协调，使机器在最佳状态下运转。

传动系统和原动机应符合工作机在变速、起动、反向和空载方面的要求。如工作机要求调速，而又选不到调速范围合适的原动机时，应选择能满足要求的变速传动系统；当传动系统起动时的负载转矩超过原动机的起动转矩时，应在原动机和传动系统之间增加离合器或液力偶合器，以实现原动机空载起动；当工作机要求正、反向工作时，若原动机不具备该特点，则传动系统应有换向装置；当工作机需频繁起动、停车或频繁变速，而原动机不适应此工况时，传动系统应设置空挡，使原动机能脱开传动链空转，从而避免原动机频繁起停和变速。

2. 运动和动力性能要求

各种机械传动都有合理的速度和功率范围，如摩擦传动不适合于传递大功率，而齿轮、蜗杆和螺旋传动的功率范围很大；链传动不适合高速传动，而带传动适合较高速的传动。当运动有同步要求或精确的传动比要求时，只能选用齿轮、蜗杆、同步带等传动，而不能选用有滑动的传动，如平带、V 带传动及摩擦轮传动；某些传动单级传动比的合理范围相差很大，如齿轮传动、蜗杆传动、谐波齿轮传动等。

3. 结构和尺寸要求

选择传动类型时必须考虑两轴的位置（如平行、垂直或交错等）及间距。在相同的传递功率和速度下，不同类型的传动，其外廓尺寸相差很大，当要求结构紧凑时，应优先选用齿轮、蜗杆或行星齿轮传动，但蜗杆传动在小传动比时这项优势并不显著，而行星齿轮传动结构较为复杂；相反，若因布置上的原因，要求两轴距离较大时，则应采用带传动或链传动，而不宜采用齿轮传动。

4. 质量要求

很多机器对自重都有较为严格的限制，如航空机械、机动车辆、海上钻井平台机械等。传动装置的质量常以质量功率比（kg/kW）表示。由于各种传动的质量功率比差别较大，因此选择传动类型时必须慎重考虑。

5. 经济性要求

传动装置的费用包括初始费用（即制造和安装费用）、运行费用和维修费用。初始费用主要决定于价格，它是选择传动类型时必须考虑的经济因素。例如，通常齿轮传动和蜗杆传动的价格要高于带传动，后者大约为前者的 60%～70%；即使同是齿轮传动，高精度齿轮或硬齿面齿轮较一般齿轮价格要高许多；不同精度的滚动轴承，其价格会相差几倍，甚至几十倍。因此，应避免盲目采用高精度高质量零部件。运行费用则与传动效率密切相关，特别是大功率以及需要长期连续运转的传动，由于对能源消耗产生的运行费用影响较大，应优先选用效率较高的传动，如高精度齿轮传动等；而对于一般小功率传动，可选用结构简单、初始费用低的传动，如带传动、链传动以及普通精度的齿轮传动等。

在选择传动类型时，同时满足以上各原则往往比较困难，有时甚至相互矛盾和制约。例如，要求传动效率高时，传动件的制造精度要求也高，其价格必然会高；要求外廓尺寸小时，零件选用材料相对较好的，其价格也相应会高。因此在选择传动类型时，应对机器的各项要求综合考虑，以选择较合理的传动形式。

16.4.2 机械传动系统布置原则

进行机械传动系统设计时，首先是传动系统的总体布置，主要工作任务是：在确定传动系统在机器中的位置的基础上，拟订传动路线，合理安排各级传动的顺序。

1. 传动路线的确定

传动路线是机器中的能量从原动机向执行机构流动的路线，也是功率传递的路线。

拟订合理的传动路线是传动系统方案设计的基础。在实际应用中，往往随执行系统中执行机构的个数、动作复杂程度以及输出功率的大小等多种条件的不同,传动路线的形式也不相同。传动路线大体上可归纳为表 16.3 的三种基本形式。

(1) 串联系统　这种传动系统比较简单,应用也最广泛。系统中只有一个原动机和一个执行机构,传动级数可根据传动比的大小确定。由于全部能量流经每一级传动,故传动件尺寸较大。为使系统有较高的效率,其各级传动均应有较高的传动效率。

(2) 并联系统　并联系统可分为分流传动和汇流传动两种。

① 当系统中有多个执行机构,但所需总功率不大、由一台原动机可完成驱动时,可采用并联分流传动。如卧式车床上工件的旋转和大刀架的横向进给运动都是由一台电动机驱动的。这种传动路线中,各分路传递的功率可能相差较大,如许多机床进给传动链传递的功率不到主传动链的 1/10,此时若采用小型电动机单独驱动小功率分路,则既可简化传动系统,又提高了传动效率。因此,对并联分流传动,应做多方案比较,合理确定分路的个数。

表 16.3　机械传动路线的类型

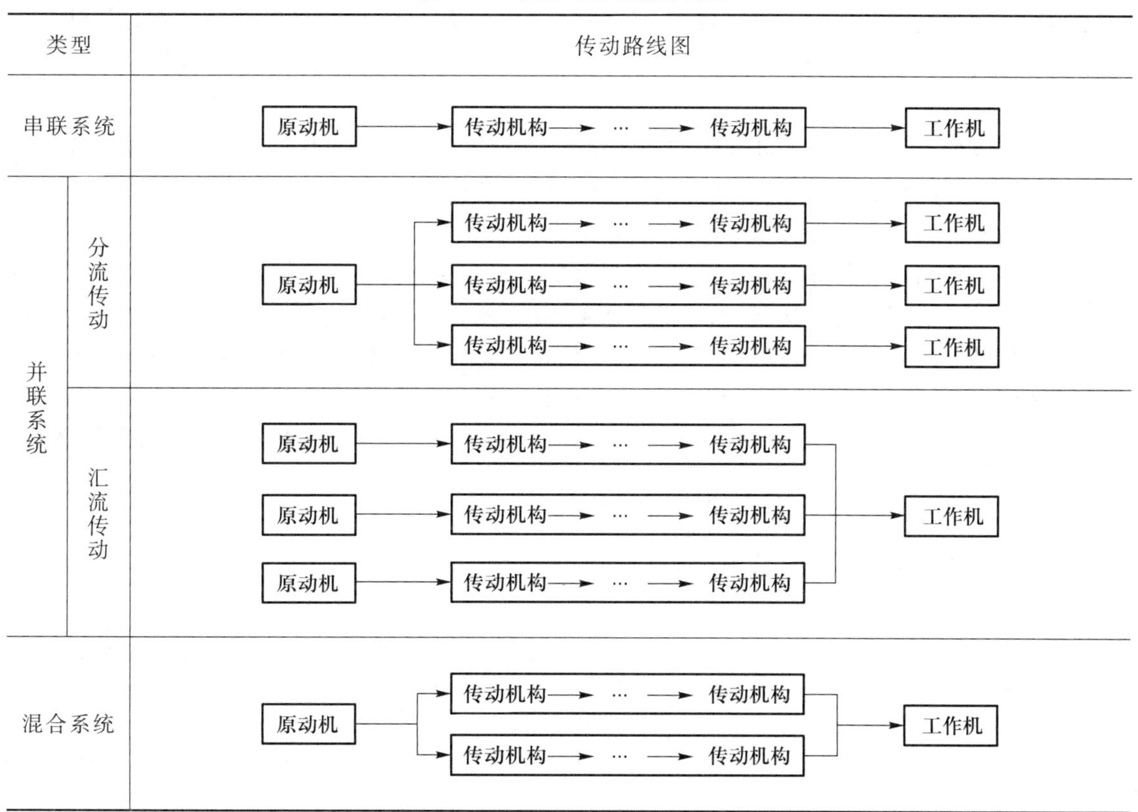

② 并联汇流传动中,采用两个或多个原动机共同驱动一个执行机构,这样有利于减小机器的体积、质量和转动惯量。某些低速大功率机器常采用这种传动路线,如轧钢机、大型转炉的倾动装置、内燃机驱动的远洋船舶等。

(3) 混合系统　混合系统是分流传动和汇流传动的混合,以双流居多,如齿轮加工机床工件与刀具的传动系统。

2. 传动顺序的安排

在多级传动组成的传动链中，各级传动类型的性能和特点各不相同，各级传动先后顺序的变化将对整机的性能和结构尺寸产生重大影响，必须合理安排。通常按以下原则考虑：

(1) 在齿轮传动中，斜齿轮传动允许的圆周速度较直齿轮高，平稳性也好，因此在同时采用斜齿轮传动和直齿轮传动的传动链中，斜齿轮传动应放在高速级；大直径锥齿轮加工困难，应将锥齿轮传动放在传动链的高速级，因高速级轴的转速高，转矩小，齿轮的尺寸小；对闭式和开式齿轮传动，为防止前者尺寸过大，应放在高速级，而后者虽通常在外廓尺寸上没有严格限制，但因其润滑条件较差，适宜在低速级工作。

(2) 带传动靠摩擦工作，承载能力一般较小，载荷相同时，结构尺寸较其他传动（齿轮传动、链传动等）大，为减小传动尺寸和缓冲减振，一般放在传动链的高速级。

(3) 滚子链传动由于多边形效应，链速不均匀，冲击振动较大，而且速度越高越严重，通常将其置于传动链的低速级。

(4) 对改变运动形式的传动或机构，如连杆机构、凸轮机构、齿轮齿条传动及螺旋传动等一般布置在传动链的末端，使其与执行机构靠近。这样布置不仅使传动链简单，而且可以减小传动系统的惯性冲击。

(5) 有级变速传动与定传动比传动串联布置时，前者放在高速级换挡较方便；而摩擦无级变速器，由于结构复杂，制造困难，为缩小尺寸，应安排在高速级。

(6) 当蜗杆传动和齿轮传动串联使用时，应根据使用要求和蜗轮材料等具体情况采用不同的布置方案。传动链以传递动力为主时，应尽可能提高传动效率，这时若蜗轮材料为锡青铜，则允许齿面有较高的相对滑动速度，而且滑动速度越高，越有利于形成润滑油膜、降低摩擦因数，因此将蜗杆传动置于高速级，传动效率较高；当蜗轮材料为无锡青铜或其他材料时，因其允许的齿面滑动速度较低，为防止齿面胶合或严重磨损，蜗杆传动应置于低速级。

此外，在布置各传动的顺序时，还应考虑传动件的寿命、传动装置使用和维护方便等因素。

16.4.3　机械传动系统传动比的分配原则

将传动系统总传动比合理分配给每级传动，不仅对传动系统的结构布局和外廓尺寸有影响，而且对传动的性能、传动件的质量和寿命以及润滑等都有着重要的影响。分配传动比时应注意以下几点：

(1) 各种传动的传动比均有其合理的应用范围，通常不应超过这个范围，以符合各种传动的工作特点。

(2) 注意使各传动件尺寸协调，结构匀称，避免发生相互干涉。如设计二级圆柱齿轮减速传动时，若传动比分配不当，可能会导致中间轴大齿轮与低速轴发生干涉，如图 16.4 所示。

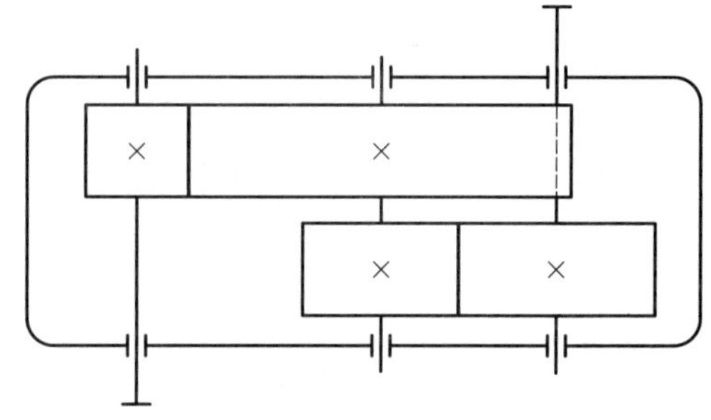

图 16.4　齿轮与轴干涉

图 16.5a 为 $i=10$ 的一级齿轮减速器，由于传动比较大，两轮尺寸不协调，外廓尺寸也较大。若改为二级齿轮传动，如图 16.5b 所示，则总体尺寸和质量都相对较小。因此，当一级齿轮传动的传动比过大时，宜采用两级或多级传动。当传动比 $i>8\sim10$ 时，通常采用两级传动；当 $i>40$

时，常设计成两级以上的齿轮传动。

（3）对于多级减速传动，可按照“前小后大”（即由高速级向低速级逐渐增大）的原则分配传动比，且相邻两级差值不要过大。这种分配方法可使各级中间轴获得较高的转速和较小的转矩，使轴及轴上零件的尺寸和质量减小，结构较为紧凑。增速传动也可按这一原则分配。

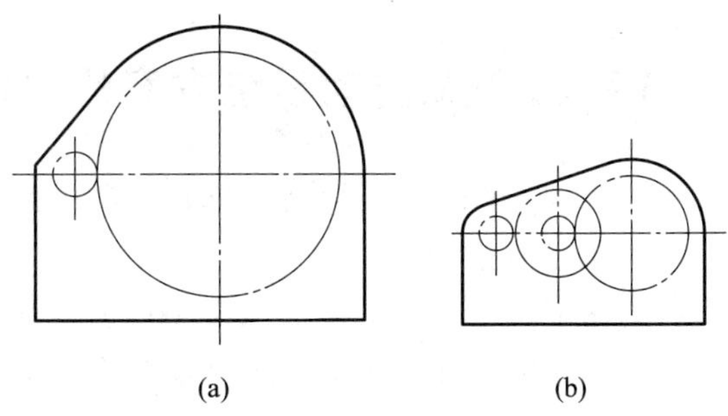

图 16.5　传动比对外廓尺寸的影响

（4）在多级齿轮减速传动中，传动比的分配将直接影响传动的多项技术经济指标。例如，传动的外廓尺寸和质量很大程度上取决于低速级大齿轮的尺寸，低速级传动比小些，有利于减小外廓尺寸和质量；闭式传动中，齿轮多采用浸油润滑，由于大直径齿轮浸油深度过大将导致搅油损失增加，因此应避免各级大齿轮直径相差过大，适当加大高速级传动比，有利于减少各级大齿轮的直径差；此外，为使各级传动寿命接近，应按等强度的原则进行设计，通常高速级传动比略大于低速级时，容易接近等强度。由以上分析可知，高速级采用较大的传动比，对减小传动的外廓尺寸、减轻质量、改善润滑条件、实现等强度设计等方面都是有利的。

对于展开式或分流式二级圆柱齿轮减速器，其高速级传动比 i_1 和低速级传动比 i_2 的关系通常取

$$i_1=(1.2\sim1.3)i_2 \tag{16.1}$$

在分配圆锥-圆柱齿轮减速器的传动比时，通常取锥齿轮传动比 $i_1\approx0.25i$（i 为总传动比），一般 $i_1\leqslant3.5$。

（5）对于要求传动系统有较高的传动精度时，分配传动比应尽可能减小系统的传动比误差。以齿轮传动和蜗杆传动串联使用为例，设齿轮传动比为 i_g，传动比误差为 Δi_g，蜗杆传动比为 i_w，传动比误差为 Δi_w，两种方案如表 16.2 中蜗杆-齿轮减速器的传动简图所示。

当蜗杆传动在高速级时，两级传动的总传动比误差 Δi_1 为

$$\Delta i_1=\frac{\Delta i_w}{i_g}+\Delta i_g$$

当齿轮传动在高速级时，总传动比误差 Δi_2 为

$$\Delta i_2=\frac{\Delta i_g}{i_w}+\Delta i_w$$

若取 $\Delta i_g=\Delta i_w$，而通常 $i_w\gg i_g$，故 $\Delta i_2<\Delta i_1$，由此可见，齿轮传动在高速级时，总传动比误差较小。

由以上分析可知，在多级减速传动中，前面任何一级传动的传动比误差都将依次向后传递，直至最后一级。因此，最后一级传动比越大，系统的总传动比误差越小，传动精度也越高。

（6）对于要求传动平稳、频繁起停和动态性能较好的多级齿轮传动，可按照转动惯量最小的原则设计。

以上几点仅是分配传动比的基本原则，而且这些原则往往不可能同时满足，着眼点不同，分配方案也会不同。具体设计时，应根据传动系统的要求进行具体分析，并尽可能做多方案比较，以获得较为合理的分配方案。当需要对某项指标严格控制时，应将传动比作为变量，选择适当的约束条件进行优化设计，才能得到最佳的传动比分配方案。

16.5 机械传动系统方案的评价

传动系统的设计，一般在方案设计阶段即要通过分析、比较进行评价，以获得最优的设计方案，在早期避免设计工作的失误。如何通过科学的评价和决策方法来确定设计方案的优劣是传动系统设计的关键问题。为此，必须根据传动系统的特点来确定评价准则和评价方法等，从而使评价结果更为准确、客观、有效，并能为广大工程技术人员和管理部门认可和接受。

16.5.1 传动系统方案的评价体系

为了使传动系统方案评价结果更准确、有效，必须建立一个评价指标体系，一般应满足以下基本要求：

(1) 评价体系应包括技术、经济、安全可靠和环保四方面的内容。评价体系应尽可能全面，但又必须突出重点。由于传动系统方案设计所能提供的信息还不够充分，尚不涉及机械结构的细节，因此只能定性地对经济性进行评价。

(2) 设计方案的评价指标总数不宜过多，各指标应具有独立性，避免彼此之间的相互影响。

(3) 评价指标应进行量化，对难以定量的评价指标可以进行分级量化。考虑到实际的可操作性，对评价指标应作分等级记分。

(4) 对于相对评价值低的方案，一般认为较差，应予剔除。若方案的相对评价值较高，那么只要它的各项评价指标都较均衡，则可以采用。对于相对评价值中等的方案，则要进行具体分析，有的方案在找出薄弱环节后加以改进，可成为较好的方案而被采纳。如果方案的缺点确实较多，又难以改进，则应淘汰。

(5) 在评价传动系统设计方案时应充分集中设计专家的知识和经验，尽可能多地掌握各种相关技术信息，对各单一的基本传动机构和整个传动系统建立合理、有效的评价指标体系。要尽量采用功能成本指标值进行方案的比较。

16.5.2 传动系统方案的评价方法

传动系统常用的评价方法有价值工程评价法、技术经济评价法、系统工程评价法和模糊综合评价法等，现介绍几种常用的方法。

1. 价值工程评价法

价值工程是以提高产品实用价值为目的，着重于产品的功能分析，以最低的寿命周期成本实现产品的必要功能，借以提高产品价值的技术经济方法。

价值工程中“价值”是指产品的功能与成本的比值，其关系式为

$$V=\frac{F}{C} \tag{16.2}$$

式中：V——价值；

F——功能；

C——成本，即寿命周期总成本。

机械运动方案的评价可以按它的功能要求求出的综合功能评价值为评价对象,以成本为评价尺度,找出某一功能的最低成本。这种方法要求有充分的实际数据作为依据,可靠性强,可比性好。而目标成本实际上是不断变化的,需要不断收集资料进行分析,并适当地调整收集到的成本值。有了系统方案的功能成本和功能评价值就可以对系统的几个方案进行评估选优。由于方案阶段不确定因素较多,因此对某一种专门机械产品,只有在资料积累之后才能有效地进行评价选择。

2. 技术经济评价法

技术经济评价法是一种综合运用技术类指标和经济类指标评价值的评价方法。技术经济评价法的步骤为:首先求出方案的技术价 W_t 和经济价 W_w,然后按一定方式进行综合,求出总价值 W,方案中总价值 W 高者为最优方案。

技术价 W_t 的计算式为

$$W_t = \frac{\sum_{i=1}^{n} b_i q_i}{b_{max}} \tag{16.3}$$

式中:b_i——各技术评价指标的评分值;

q_i——各技术评价指标的加权系数,取 $\sum_{i=1}^{n} q_i = 1$;

b_{max}——技术评价指标的最高评分值(10 分制为 10 分,5 分制为 5 分)。

技术价 W_t 值越高,说明方案的技术性能越好。理想方案的技术价为 1,若 $W_t<0.6$ 表示方案在技术上不合格,必须加以改进才能考虑选用。

经济价是理想生产成本与实际生产成本的比值,其表达式为

$$W_w = \frac{H_1}{H} \tag{16.4}$$

式中:H_1——方案的理想生产成本;

H——方案的实际生产成本。

经济价 W_w 值越高,表示该方案的经济效益越好。当 $W_w = 1$ 时,为理想的经济价,即实际生产成本与理想生产成本相等。W_w 的许用值为 0.7,小于该值的方案不合格。

技术经济综合评价的总价值可表示为

$$W = \sqrt{W_t W_w} \tag{16.5}$$

总价值 W 值越大,表明方案的技术经济综合性能越好,设计要求 $W \geqslant 0.65$。

3. 系统工程评价法

系统工程评价法是将整个机械运动方案作为一个系统,从整体上评价方案适合总功能要求的情况,以便从多种方案中客观地、合理地选择最佳方案。系统工程评价是通过总评价值 H 来进行的。当各评价指标值都重要时,采用乘法规则,总评价值 H 计算式为

$$H = \{U_1, U_2, \cdots, U_n\} \tag{16.6}$$

式中:$U_1, U_2, \cdots, U_n$——各评价指标评价值。

H 值越大表示方案越优。理想的总评价值 H_0 应为

$$H_0=\{U_{1\max},U_{2\max},\cdots,U_{n\max}\}$$

采用系统工程评价法进行机械传动系统方案评价时,通常 n 个方案中评价值最高的方案为整体最佳的方案。但是,最终的决策还是应该由设计者根据实际情况作出选择。

16.6 机械传动系统的特性参数计算

机械传动系统的特性包括运动特性和动力特性。运动特性通常用传动比、转速和变速范围等参数表示,动力特性用功率、效率、转矩和变矩系数等参数表示。这些参数是传动系统的重要特性参数,也是对各级传动进行设计计算的原始数据。在传动系统的总体布置方案和总传动比的分配完成后,这些特性参数可由原动机的性能参数或执行系统的工作参数计算得到。

1. 传动比

对于串联传动系统,当传递回转运动时,其总传动比 i 为

$$i=\frac{n_r}{n_c}=i_1i_2\cdots i_k \tag{16.7}$$

式中:n_r——原动机的转速或传动系统的输入转速,r/min;

n_c——传动系统的输出转速,r/min;

i_m——系统中各级传动的传动比,$m=1,2,\cdots,k$。

$i>1$ 时为减速传动,$i<1$ 时为增速传动。

在各级传动的设计计算完成后,由于多种因素的影响,系统的实际总传动比 i 常与预定值 i' 不完全相符,其相对误差 Δi 可表示为

$$\Delta i=\frac{i'-i}{i'}\times 100\% \tag{16.8}$$

式中:Δi——系统的传动比误差。

各种机器都规定了传动比误差的许用值,为满足机器的转速要求,Δi 不应超过许用值。

2. 转速和变速范围

传动系统中,任一传动轴的转速 n_i 可由下式计算

$$n_i=\frac{n_r}{i_1i_2\cdots} \tag{16.9}$$

式中:$i_1i_2\cdots$——从系统的输入轴到该轴之间各级传动比的连乘积。

有级变速传动装置中,当输入轴的转速 n_r 一定时,经变速传动后,若输出轴可得到 z 种转速,并由小到大依次为 $n_1,n_2,\cdots,n_z$,则 z 称为变速级数,最高转速与最低转速之比称为变速范围,用 R_n 表示,即

$$R_n=\frac{n_z}{n_1}=\frac{i_{\max}}{i_{\min}} \tag{16.10}$$

式中:$i_{\max}$——传动装置最大传动比,$i_{\max}=\dfrac{n_r}{n_1}$;

$i_{\min}$——传动装置最小传动比，$i_{\min}=\frac{n_r}{n_z}$。

输出转速常采用等比数列分布，且任意两相邻转速之比为一常数，称为转速公比，用 Φ 表示，即

$$\Phi=\frac{n_2}{n_1}=\frac{n_3}{n_2}=\cdots=\frac{n_z}{n_{z-1}} \tag{16.11}$$

转速公比 Φ 一般按标准值选取，常用值为 1.06、1.12、1.36、1.41、1.58、1.78、2.00。

变速范围 R_n、变速级数 z 和公比 Φ 之间的关系为

$$R_n=\frac{n_z}{n_1}=\frac{n_2}{n_1}\frac{n_3}{n_2}\cdots\frac{n_z}{n_{z-1}}=\Phi^{z-1} \tag{16.12}$$

变速级数越多，变速装置的功能越强，但结构也越复杂。在齿轮变速器中，常用的滑移齿轮是双联或三联齿轮，所以通常变速级数取为 2 或 3 的倍数，如 3、4、6、8、9、12 等。

3. 效率

各种机械传动及传动部件的效率值可在设计手册中查到。在一个传动系统中，设各传动及传动部件的效率分别为 $\eta_1,\eta_2,\cdots,\eta_n$，则串联式传动系统的总效率 η 为

$$\eta=\eta_1\eta_2\cdots\eta_n \tag{16.13}$$

并联及混合传动系统的总效率计算可参考有关资料。

4. 功率

机器的输出功率 P_w 可由执行件的动力参数（力或力矩）及运动参数（线速度或转速）求出。设执行机构的效率为 η_w，则传动系统的输入功率或原动机的所需功率为

$$P_r=\frac{P_w}{\eta\eta_w} \tag{16.14}$$

原动机的额定功率 P_0 应满足 $P_0\geq P_r$，由此可确定 P_0 值。

设计各级传动时，常以传动件所在轴的输入功率 P_i 作为计算依据。若从原动机至该轴之前各传动及传动部件的效率分别为 $\eta_1,\eta_2,\cdots,\eta_i$，则有

$$P_i=P'\eta_1\eta_2\cdots\eta_i \tag{16.15}$$

式中：P'——设计功率。

对于通用产品，为充分发挥原动机的工作能力，应以原动机的额定功率为设计功率，即取 $P'=P_0$；对于专用产品，为减小传动件的尺寸，降低成本，常以原动机的所需功率为计算功率，即取 $P'=P_r$。

5. 转矩和变矩系数

传动系统中任一传动轴的输入转矩 T_i（N · mm）可由下式求出：

$$T_i=9.55\times10^6\frac{P_i}{n_i} \tag{16.16}$$

式中：P_i——该轴的输入功率，kW；

n_i——该轴的转速，r/min。

传动系统的输出转矩 T_c 与输入转矩 T_r 之比称为变矩系数，用 K 表示，由上式可得

$$K=\frac{T_c}{T_r}=\frac{P_c n_r}{P_r n_c}=\eta i \tag{16.17}$$

式中：P_c——传动系统的输出功率。

16.7 原动机及其选择

在设计机械系统时，选择何种类型的原动机，在很大程度上决定着机械系统的工作性能和结构特征。由于许多原动机已经标准化、系列化，除特殊工况要求对原动机进行重新设计外，大多数的设计是根据机械系统的功能和动力要求来选择标准的原动机，因此合理地选择原动机的类型便成为设计机械系统的重要环节。

16.7.1 原动机的类型及特点

原动机的种类很多，按其使用能源的形式可分为两大类：一次原动机和二次原动机。一次原动机使用自然界的能源，直接将自然界能源转变为机械能，如内燃机、风力发电机、水轮机等；二次原动机将电能、介质动力、压力能转变为机械能，如电动机、液压马达、气动马达等。如再细分，内燃机可分为汽油机、柴油机等，电动机可分为交流电动机和直流电动机等。

各类原动机的类型和特点见表 16.4。

表 16.4 常用原动机的类型和特点

类型		功率范围/kW	转速/($r\cdot min^{-1}$)	特点	应用
汽轮机	工业汽轮机	100~5 000	3 000~10 000	起动转矩大，转速高，变速范围较大，运转平稳，寿命长；设备复杂，制造要求高，初始成本高	用于大功率高速驱动，如压缩机、泵和风机
	燃气轮机	35~25 000	5 000~120 000	结构紧凑，质量轻，起动快且转矩大，运转平稳，用水少，可用廉价燃油，维护简便；设备较复杂，制造要求高，初始成本高，燃油消耗大	用于大功率高速驱动，如机车、飞机、原油输送设备、发电机
汽油机		1.0~260	500~6 000	结构紧凑，质量轻，便于移动，转速高，能很快起动达到满载运转；燃料价格高、易燃，废气会造成大气污染	多用于汽车、中小型货车及军用越野车
柴油机		3.5~38 000	400~3 000	工作可靠，寿命长，维护简便，运转费用低，燃料较安全；初始成本较高，废气会造成大气污染	应用广泛，如各种车辆、船舶、农业机械、挖掘机、压缩机

续表

类型		功率范围/kW	转速/(r·min^{-1})	特点	应用
交流电动机	异步笼型	0.3~5 000	500~3 000	结构简单,工作可靠,维护容易,价格低廉;满载时效率和功率因数高;但起动和调速性能差;轻载时,功率因数低;变极数可以多级变速;有变频电源时,可以无级调速	通常用于载荷平稳、不调速、长期工作的机器,如水泵、金属切削机床、起重运输机械、矿山机械等
	异步绕线	200~5 000	400~3 000	起动转矩大,起动时功率因数高;在转子同路中增减外电阻可改变其滑差率,可在最大转矩时调速;但调速范围小,维护较麻烦,价格稍贵	
	同步	200~10 000	150~3 000	恒转速,功率因数可调节;需供励磁的直流电源,价格贵;可采用变频电源进行无级调速	用于功率较大、转速不要求调节的生产机械,或要求恒定转速运行的机械,如大型水泵、空气压缩机、矿井通风机等
直流电动机	并励	0.3~5 500	250~3 000	调速性能好,能适应各种载荷特性;价格较贵,维护复杂,并需要直流电源	用于在重负载下起动或要求均匀调节转速的机械,如大型可逆轧钢机、卷扬机、电力机车、电车等
	串励	1.37~650	370~2 400	起动转矩大,自适应性好,过载能力强;价格贵,维护复杂,需有直流电源	
伺服电动机	直流	0.000 1~0.1	300~10 000	起动转矩大,调速范围宽,控制方便,灵敏度高,体积小,重量轻	通常用于功率稍大的系统中,如随动系统中的位置控制装置等
	交流	0.000 5~0.1	100~3 000	运行稳定,可控性好,响应快速,灵敏度高	用于对工艺精度、加工效率和工作可靠性等要求较高的设备,如机床、印刷设备、包装设备、纺织设备、激光加工设备、机器人、自动化生产线等

续表

类型	功率范围/kW	转速/($r \cdot min^{-1}$)	特点	应用
液压马达	0.01~100	1~4 000	体积小,重量轻,结构简单,工艺性好,对油液的污染不敏感,耐冲击和惯性小	适用于各种低速重载的传动装置,也可作为直接的动力输出装置,如卫星发射器、煤矿机械、塑料机械、船舶、起扬机等
气动马达	0.01~100	1~100	结构简单,体积小,重量轻,功率大,操纵容易,维修方便,耐水、防潮、防爆	适用于恶劣环境,广泛应用于矿山机械及气动工具等

16.7.2 原动机的选择

1. 选择原则

在进行机械传动系统方案设计时,通常应根据以下原则选择原动机:

(1) 满足工作环境的要求,如能源供应、降低噪声和环境保护等要求。

(2) 机械特性和工作制度应与机械系统的负载特性(包括功率、转矩、转速等)相匹配,以保证机械系统有稳定的运行状态。

(3) 满足工作机的起动、制动、过载能力和发热的要求。

(4) 满足机械系统整体布置的需要。

(5) 具有较高的性能价格比,运行可靠,经济性指标(原始购置费用、运行费用和维修费用)合理。

2. 选择步骤

(1) 确定机械系统的负载特性。机械系统的负载由工作负载和非工作负载组成。工作负载可根据机械系统执行机构(执行构件)的运动和受力求得;非工作负载指机械系统所有的额外消耗,如机械内部的摩擦消耗,辅助装置的消耗(如润滑系统、冷却系统的消耗)等。机械系统所有的额外消耗可用效率加以考虑。

(2) 确定工作机的工作制度。工作机的工作制度是指工作负载随执行系统的工艺要求而变化的规律,包括长期工作制、短期工作制和断续工作制三大类,常用载荷-时间曲线表示。工作制度有恒载和变载、断续和连续运行、长期和短期运行等形式。由此来选择相应工作制度的原动机。原动机的实际工作制度和工作机是相同的,但在各种不同的工作制度下,原动机的允许功率是完全不同的。如国家标准对内燃机的标称功率分为四级,分别为 15 分钟功率、1 小时功率、12 小时功率和持续运转功率,一般柴油发动机的功率为 12 小时功率。

(3) 选择原动机的类型。首先根据能源供应及环境要求,选择确定原动机的种类,再根据驱动效率、运动精度、负载大小、过载能力、调速要求、外形尺寸等因素,综合考虑工作机的工况和原动机的特点,以选择合适的原动机类型。

通常电动机有较高的驱动效率和运动精度,其类型和型号繁多,能满足不同类型工作机的要求,而且还具有良好的调速、起动和反向功能,应优先选用,而野外作业和移动作业时宜选用内燃机。

(4) 选择原动机的转速。根据工作机的调速范围和传动系统的结构、性能要求选择原动机的转速。转速选择过高,会导致传动系统传动比增大,结构复杂,效率降低;转速选择过低,会使原动机本身体积增大,价格较高。原动机的转速范围可由工作机的转速乘以传动系统的总传动比得出。

(5) 确定原动机的容量。原动机的容量通常用功率表示。在确定了原动机的转速后,由工作机的负载功率(或转矩)和工作制度来确定原动机的额定功率。机械系统所需原动机的功率 P_d 可表示为

$$P_d = k\left(\sum \frac{P_g}{\eta_i} + \sum \frac{P_f}{\eta_j}\right) \tag{16.18}$$

式中:P_g——工作机所需功率;

P_f——各辅助系统所需的功率;

η_i——从工作机经传动系统到原动机的效率;

η_j——从各辅助装置经传动系统到原动机的效率;

k——考虑过载或功耗波动的余量因数,一般取 1.1~1.3。

需要指出的是,上式所确定的功率 P_d 是在工作机的工作制度与原动机的工作制度相同的前提下所需的原动机的额定功率。

16.8 机械传动系统设计实例分析

16.8.1 水泥管磨机传动系统方案设计

水泥管磨机是把水泥原料磨成细粉的建材设备,它主要由磨筒、传动系统和电动机组成。磨筒是倾斜卧置的长形圆筒,由轴承或托轮支承,水泥原料从磨筒一端进入,另一端排出。筒内散置钢球和钢棒,磨筒旋转时,它们附着在筒壁上上升到一定高度,自由落下时,将原料击磨成细粉。该机的主要工作特点是:

(1) 磨筒转速低,一般为 10~40 r/min。

(2) 功率范围较广,可从数十千瓦到数千千瓦。

(3) 起动力矩大,连续运转,载荷平稳,露天工作。

由以上特点可知,水泥管磨机属于连续运转的低速大功率设备,其主传动系统应尽量减少传动级数,提高传动效率,降低运行费用。因此,选择传动方案时应注意以下几点:

(1) 总传动比不宜过大,可选用同步转速为 750 r/min 的电动机,这样,系统的总传动比约为 75~18,故安排 2~3 级传动较为合理。

(2) 选用机械效率较高的传动类型,如齿轮传动等。蜗杆传动虽可实现大传动比,但效率较低,不适合连续运转的大功率机械;由于露天工作,环境多尘,采用链传动必须很好地密封与润滑,否则会加速磨损,降低传动效率;摆线针轮传动、谐波齿轮传动的效率较齿轮传动低,不应优先考虑。

(3) 对于小型水泥管磨机,耗电量不是很大,应主要考虑降低初始费用;中型水泥管磨机应考虑兼顾初始费用和运行费用。

下面介绍几种常用水泥管磨机主要传动系统方案的选择。

1. 带-齿轮串联传动系统

如图 16.6a 所示,该方案适用于小型水泥管磨机。高速级采用 V 带传动,低速级采用开式(或半开式)齿轮传动,大齿轮以齿圈形式固定在磨筒上。该方案能利用带传动打滑的特点,在较低的起动转矩下实现缓慢起动,而且由于管磨机功率不大,因而可选用起动转矩较小但价格较低的笼型异步电动机,这样可省去离合器等起动装置。总体方案结构简单、初始费用低。虽然外廓尺寸较大,但由于是露天工作环境,工作场地通常不会有严格要求。该方案的缺点是带传动和开式齿轮传动效率不高,而且带传动的承载能力也受带型和根数的限制。因此该方案只适合功率小的水泥管磨机。

2. 齿轮-齿轮串联传动系统

如图 16.6b 所示,该方案可用于中型水泥管磨机。传动系统中,低速级与前一方案相同,而高速级采用一级圆柱齿轮减速器。若选用一级锥齿轮减速器,不仅效率较低,价格较高,而且在传动系统中也没有必要使输入和输出轴相互垂直,改变传动方向,因此选用圆柱齿轮减速器较为合理。由于水泥管磨机功率较大,原动机选用价格较贵但起动转矩较大的绕线型异步电动机,若考虑直接起动时会造成齿轮传动的冲击,可在电动机和减速器之间安装离合器等起动装置,使之缓慢平稳起动。笼型电动机由于起动转矩小,会导致起动时间过长而使电动机发热严重,不宜用于中型水泥管磨机。该方案较前一方案效率高,寿命长,外廓尺寸小,但初始费用也较高,因此用于中型水泥管磨机较为合理。

3. 并联汇流传动系统

如图 16.6c 所示,该方案由两个电动机分别带动一个单级齿轮减速器,通过输出轴上的小齿轮共同驱动磨筒上的大齿圈。这种传动系统适合于功率较大的中型水泥管磨机。在第 2 种方案中,若增加水泥管磨机功率,不仅要选用更大功率的电动机,同时减速器和开式齿轮的尺寸也相应加大。而此方案采用两套电动机和减速器,每条传动路线上传递的功率和传动件尺寸都较小,故大齿圈每侧受力较小,而且两侧受力平衡,降低了磨筒轴承的载荷。因此,在管磨机功率较大时,该方案比第 2 种方案在初始费用和运行费用上更具优越性。

4. 中心驱动式传动系统

如图 16.6d 所示,该方案可用于大型水泥管磨机。大型水泥管磨机主要考虑降低运行费用,提高传动系统的效率。开式齿轮传动效率比闭式齿轮传动低,且大型水泥管磨机的磨筒直径很大,如用开式齿轮传动,大齿圈直径更大,其制造、运输、安装和维修中的困难较多,故开式齿轮传动不宜用于大型水泥管磨机。该方案由电动机通过齿轮减速器直接驱动,减速器输出轴与磨筒主轴同在一条中心线上,故称为中心驱动式。因单级齿轮减速器不能满足传动比要求,因此必须选用多级减速器,如二级齿轮减速器或行星齿轮减速器等。图中所示为中心驱动式二级齿轮减速器,其特点是结构对称,齿轮和轴承受力状况较好,适合传递大功率,但齿轮加工精度要求高,结构也较复杂。大型水泥管磨机的运行费用已超过设备的初始费用,因此电动机主要选用能提高功率因数的同步电动机。

5. 中心驱动式并联汇流传动系统

如图 16.6e 所示,该方案一般用于大型或超大型水泥管磨机。传动系统由两台电动机和一台双驱动式二级齿轮减速器组成,减速器的高速级每侧均由两对齿轮传递载荷,采用斜齿轮时,合理配置齿形螺旋线方向可使轴向力相互抵消;低速级大齿轮两侧同时工作,轴和轴承受力较小,故减速器能传递很大的功率。整个传动系统为双路驱动,完全采用闭式传动,因而同时具备了第 3 种和第 4 种方案传动功率大、传动件尺寸小、质量轻以及效率高的优点,为水泥管磨机向更大功率发展创造了条件。目前有些大型或超大型水泥管磨机采用的中心驱动式汇流传动系统并联路线的数目多达 8 个,齿轮减速装置也更为复杂,为保证各传动路线的同步和均载,还要增加辅助设备。

6. 电动机直接驱动系统

如图 16.6f 所示,该方案不需要齿轮等减速装置,传动路线大大缩短,避免了传动副的功率

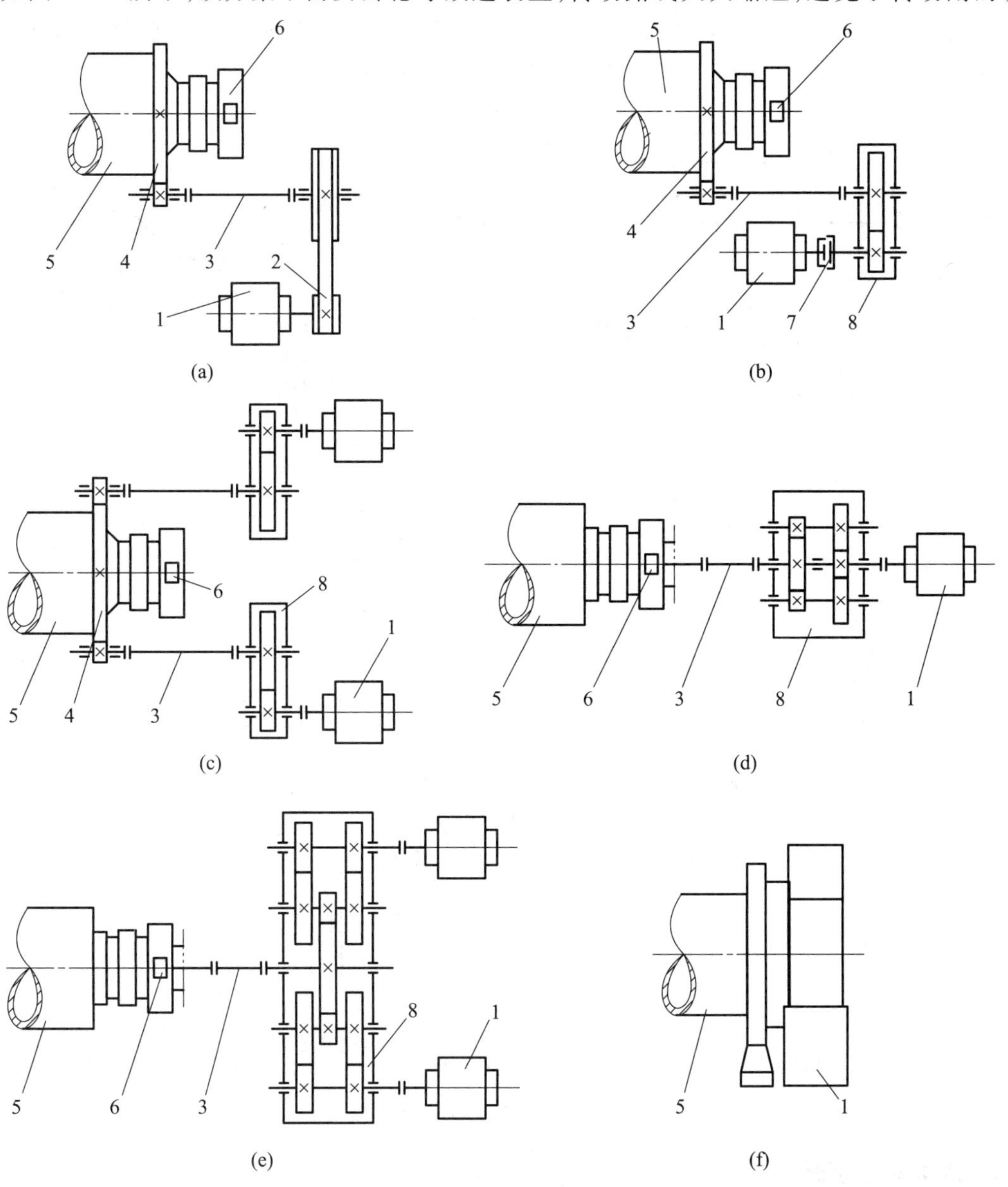

1—电动机；2—带传动；3—联轴器；4—大齿圈；5—磨筒；6—出料口；7—离合器；8—减速器

图 16.6　水泥管磨机传动方案

损失,效率更高,因此传递的功率更大。而且还可通过变频装置进行调速,以适应不同的水泥原料和装载量,便于调整制造工艺。该方案体积小,维护简单,但电动机等电气装置的初始费用很高。同等功率时,单位产量所需总费用比机械传动方案约高 29%~50%。

16.8.2 肥皂压花机的传动系统分析及传动比的分配

肥皂压花机是利用模具在肥皂块上压制花纹和字样的自动机械,其机械传动系统的机构简图如图 16.7 所示。按一定尺寸切制好的肥皂块 12 由曲柄滑块机构 11 送至压模工位,下模具 7 上移,将肥皂块推至固定的上模具 8 下方,靠压力在肥皂块上、下两面同时压制出图案,下模具返回时,凸轮机构 13 的顶杆将肥皂块推出,完成一个运动循环。

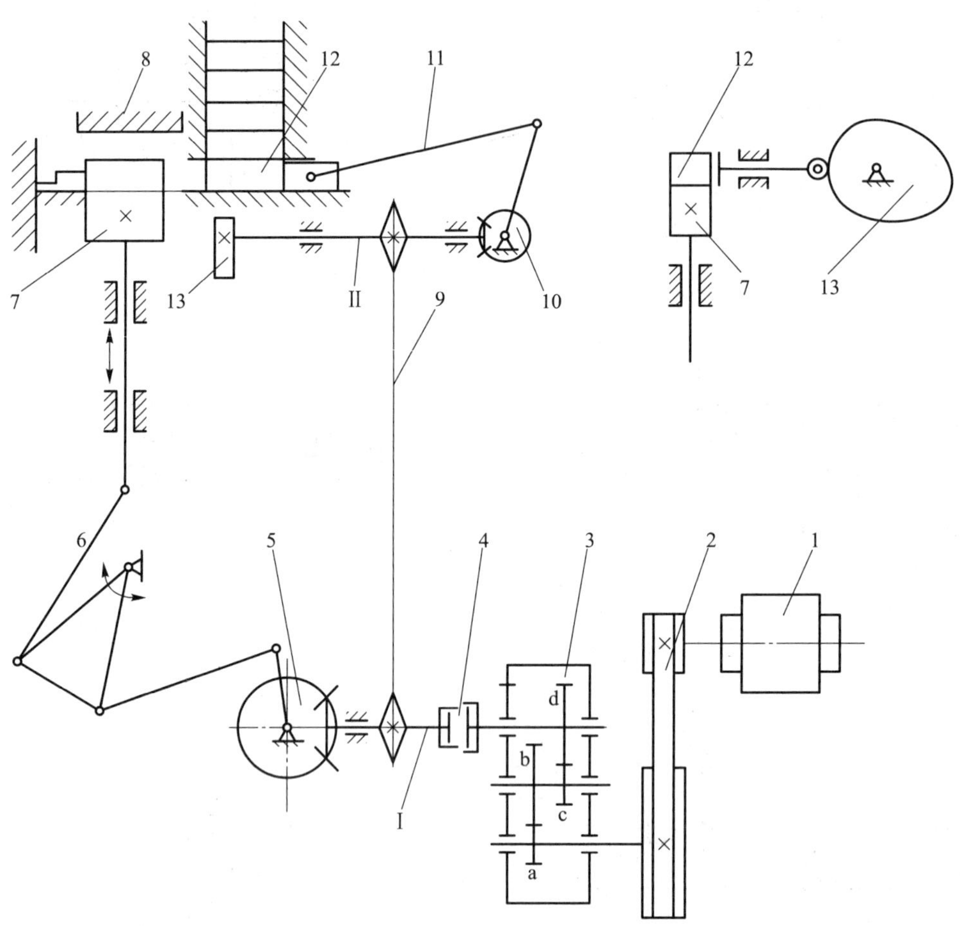

1—电动机;2—V带传动;3—齿轮减速器;4—离合器;5、10—锥齿轮传动;6—六杆机构;7—下模具;8—上模具;9—链传动;11—曲柄滑块机构;12—肥皂块;13—凸轮机构

图 16.7 肥皂压花机传动系统机构简图

1. 传动系统分析

该机器的执行系统是由三个执行机构组成的,分别完成规定的动作功能。曲柄滑块机构 11 完成肥皂块送进运动,六杆机构 6 完成模具的往复运动,凸轮机构 13 完成成品移位运动。三个

运动相互协调,连续工作。由于整机功率不大,故共用一个电动机。各执行机构的工作频率较低,故需采用减速装置。减速装置为三个执行机构共用,由一级 V 带传动和两级齿轮传动组成。带传动兼有安全保护功能,适宜在高速级工作,故安排在第一级。当机器要求具有调速功能时,可将带传动改为带式无级变速传动。传动系统中,链传动 9 是为实现较大距离的传动而设置的,锥齿轮传动 5 和 10 用于改变传动方向。

该机器的传动系统为三路并联分流传动,其中模具的往复运动路线为主传动链,肥皂块送进运动和成品移位运动路线为辅助传动链。具体传动路线如图 16.8 所示。

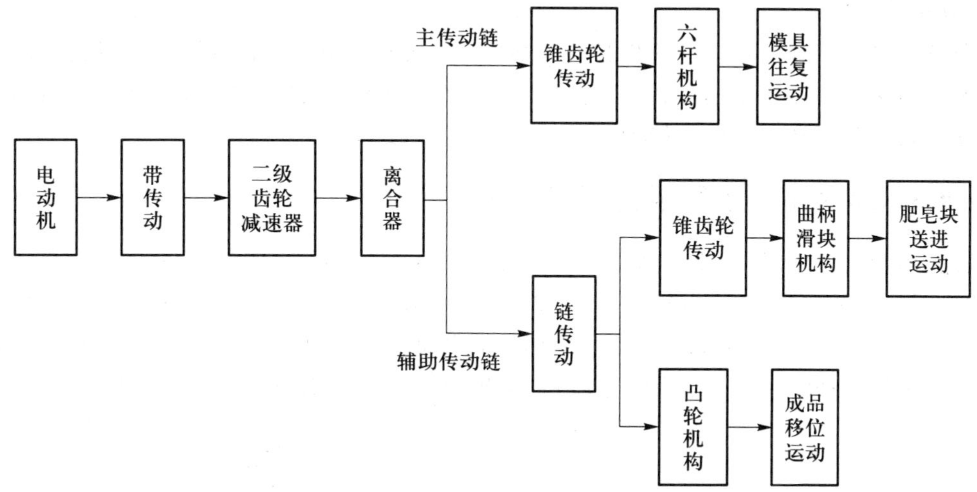

图 16.8 肥皂压花机传动路线图

2. 传动比分配

机器的工作条件为:电动机转速 1 450 r/min,每分钟压制 50 块肥皂,要求传动比误差为 ±2%。以下对上述方案进行传动比分配并确定相关参数。

1) 主传动链(电动机→模具往复移动)

锥齿轮传动 5 的作用主要是改变传动方向,可暂定其传动比为 1。这时,每压制一块肥皂,六杆机构带动下模具完成一个运动循环,相应分配轴 I 应转动一周,故轴 I 的转速为 $n_{\mathrm{I}}=50\ \mathrm{r/min}$。因已知电动机转速 $n_{\mathrm{d}}=1\ 450\ \mathrm{r/min}$,由此可知,该传动链总传动比的预定值为

$$i_{\mathrm{t}}'=\frac{n_{\mathrm{d}}}{n_{\mathrm{I}}}=\frac{1\ 450}{50}=29$$

设带传动及二级齿轮减速器中高速级和低速级齿轮传动的传动比分别为 i_1、i_2、i_3,根据多级传动的传动比分配时“前小后大”及相邻两级之差不宜过大的原则,取 $i_1=2.5$,则减速器的总传动比为 29/2.5=11.6,两级齿轮传动平均传动比为 3.4。从有利于实现两级传动等强度及保证较好的润滑条件出发,按二级展开式圆柱齿轮减速器传动比分配公式(16.1)取 $i_2'=1.2i_3'$,则由 $i_2'i_3'=11.6$ 可求得 $i_2'=3.73$,$i_3'=3.11$。

选取各轮齿数为 $z_{\mathrm{a}}=23$,$z_{\mathrm{b}}=86$,$z_{\mathrm{c}}=25$,$z_{\mathrm{d}}=78$。

实际传动比为

$$i_2=\frac{z_{\mathrm{b}}}{z_{\mathrm{a}}}=\frac{86}{23}=3.739,\quad i_3=\frac{z_{\mathrm{d}}}{z_{\mathrm{c}}}=\frac{78}{25}=3.120$$

主传动链的实际总传动比为

$$i_t = i_1 i_2 i_3 = 2.5 \times 3.739 \times 3.120 = 29.164$$

由式(16.8),传动比误差为

$$\Delta i = \frac{i_t' - i_t}{i_t'} \times 100\% = \frac{29 - 29.164}{29} \times 100\% = -0.57\%$$

传动比满足误差小于 2%的要求,且各传动比均在常用范围之内,故该传动链传动比分配方案合适。

2）辅助传动链

皂块送进和成品移位运动的工作频率应与模具往复运动频率相同,即在一个运动周期内,三套执行机构各完成一次运动循环,即送进—压花—移位。因此,分配轴Ⅱ必须与分配轴Ⅰ同步,即 $n_{\text{Ⅱ}} = n_{\text{Ⅰ}}$,故链传动 9 和锥齿轮传动 10 的传动比均应为 1。

16.8.3　运输机传动系统特性参数计算

板式运输机传动系统如图 16.9 所示。运输机负载的总阻力 $F = 6\ 200$ N,曳引链速度 $v = 0.3$ m/s,节距 $p = 160$ mm,驱动链轮齿数 $z = 12$。在传动方案设计中已预分配各级传动比为:锥齿轮传动 $i_1 = 3$,圆柱齿轮传动 $i_2 = 4.5$,链传动 $i_3 = 6$。采用同步转速为 750 r/min 的电动机。要求曳引链速度误差不超过±5%。为该传动系统选择电动机型号,并计算各轴的运动和动力特性参数。

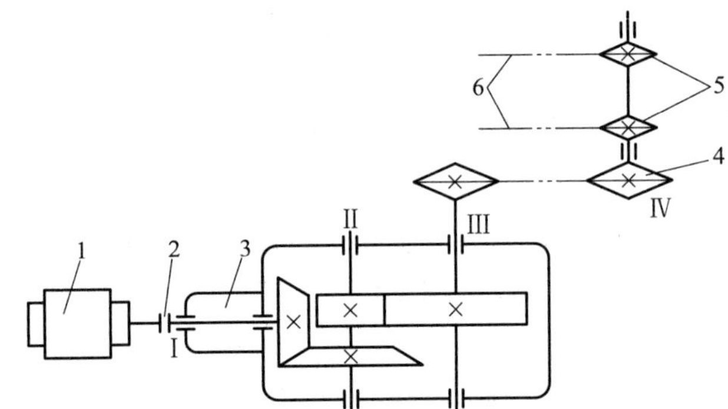

1—电动机；2—联轴器；3—减速器；4—链传动；5—驱动链轮；6—曳引链

图 16.9　板式运输机传动系统

1）计算传动系统输出轴(Ⅳ轴)转速和功率

Ⅳ轴转速为

$$n_4 = \frac{v}{zp} = \frac{0.3 \times 60 \times 10^3}{12 \times 160}\ \text{r/min} = 9.4\ \text{r/min}$$

Ⅳ轴输出功率 P_w 为

$$P_w = \frac{Fv}{1\ 000} = \frac{6\ 200 \times 0.3}{1\ 000}\ \text{kW} = 1.86\ \text{kW}$$

2）求传动系统总效率和电动机所需功率

传动系统中各传动及传动件的效率由手册查得:联轴器 $\eta_1 = 0.99$,锥齿轮传动 $\eta_2 = 0.96$,圆柱齿轮传动 $\eta_3 = 0.97$,链传动 $\eta_4 = 0.96$,减速器滚动轴承每对 $\eta_5 = 0.98$,Ⅳ轴上的滑动轴承

$\eta_6=0.97$,故由式(16.13),传动系统的总效率为

$$\eta=\eta_1\eta_2\eta_3\eta_4\eta_5^3\eta_6=0.99\times0.96\times0.97\times0.96\times0.98^3\times0.97=0.808$$

由式(16.14),需要电动机输出的功率为

$$P_r=\frac{P_w}{\eta}=\frac{1.86}{0.808}\ \text{kW}=2.3\ \text{kW}$$

3）选择电动机

根据运输机设计要求,电动机所需功率为

$$P_d=1.2P_r=1.2\times2.3\ \text{kW}=2.76\ \text{kW}$$

由手册查得,可选用 YEJ132M-8 型电动机,额定功率 $P_0=3$ kW,满载转速 $n=705$ r/min。

4）计算总传动比及各级传动比

传动系统的输入转速 $n_r=n=705$ r/min,输出转速 $n_c=n_4=9.38$ r/min,故由式(16.7)得系统的总传动比为

$$i'=\frac{n_r}{n_c}=\frac{n}{n_4}=\frac{705}{9.38}=75.16$$

选取:锥齿轮 $z_1=23,z_2=72$;圆柱齿轮 $z_3=24,z_4=109$;滚子链 $z_5=19,z_6=105$。

则各传动实际传动比为

$$i_1=\frac{z_2}{z_1}=\frac{72}{23}=3.13,i_2=\frac{z_4}{z_3}=\frac{109}{24}=4.54,i_3=\frac{z_6}{z_5}=\frac{105}{19}=5.53$$

实际总传动比为

$$i=i_1i_2i_3=3.13\times4.54\times5.53=78.58$$

由式(16.8),传动比误差为

$$\Delta i=\frac{i'-i}{i'}\times100\%=\frac{75.16-78.58}{75.16}\times100\%=-4.55\%$$

满足传动比误差要求,所选参数合适。

5）计算各轴转速

由式(16.9)得各轴转速为

$$n_1=n_r=705\ \text{r/min}$$

$$n_2=\frac{n_1}{i_1}=\frac{705}{3.13}\ \text{r/min}=225.24\ \text{r/min}$$

$$n_3=\frac{n_2}{i_2}=\frac{225.24}{4.54}\ \text{r/min}=49.61\ \text{r/min}$$

$$n_4=\frac{n_3}{i_3}=\frac{49.61}{5.53}\ \text{r/min}=8.97\ \text{r/min}$$

6）计算各轴功率

取电动机的额定功率 P_0 为设计功率,则由式(16.15)可求得各轴输入功率为

$$P_1=P_0\eta_1=3\times0.99\ \text{kW}=2.97\ \text{kW}$$

$$P_2=P_1\eta_2\eta_5=2.97\times0.96\times0.98\ \text{kW}=2.79\ \text{kW}$$

$$P_3=P_2\eta_3\eta_5=2.79\times0.97\times0.98\ \text{kW}=2.65\ \text{kW}$$

$$P_4 = P_3\eta_4\eta_5 = 2.65\times0.96\times0.98\ \text{kW} = 2.49\ \text{kW}$$

7）各轴转矩

由式(16.16)得各轴转矩为

$$T_1 = 9.55\times10^6\frac{P_1}{n_1} = 9.55\times10^6\times\frac{2.97}{705}\ \text{N}\cdot\text{mm} = 4.02\times10^4\ \text{N}\cdot\text{mm}$$

$$T_2 = 9.55\times10^6\frac{P_2}{n_2} = 9.55\times10^6\times\frac{2.79}{225.24}\ \text{N}\cdot\text{mm} = 11.83\times10^4\ \text{N}\cdot\text{mm}$$

$$T_3 = 9.55\times10^6\frac{P_3}{n_3} = 9.55\times10^6\times\frac{2.65}{49.61}\ \text{N}\cdot\text{mm} = 51.01\times10^4\ \text{N}\cdot\text{mm}$$

$$T_4 = 9.55\times10^6\frac{P_4}{n_4} = 9.55\times10^6\times\frac{2.49}{8.97}\ \text{N}\cdot\text{mm} = 265.10\times10^4\ \text{N}\cdot\text{mm}$$

习　题

16.1　在图16.10中，已知卷扬机最大起重量 $G=20$ kN，重物提升速度 $v=0.5$ m/s，卷筒直径 $D=600$ mm，各轴的支承均为滚动轴承，采用电磁制动三相异步电动机(YEJ系列)，卷筒效率为0.96。

(1) 初步分配传动比，确定电动机功率及转速(假设起动负载与额定负载之比不大于1.3)。

(2) 确定各轮齿数，计算各轴的运动参数和动力参数。要求速度误差不超过±5%。

16.2　切纸机主传动系统如图16.11所示。已知电动机转速 $n=1\ 440$ r/min，切纸刀作往复直线运动，裁切次数为33次/min，带轮直径分别为 $d_1=160$ mm，$d_2=400$ mm，各齿轮模数相同，要求传动比误差不超过±5%。试确定各轮齿数。

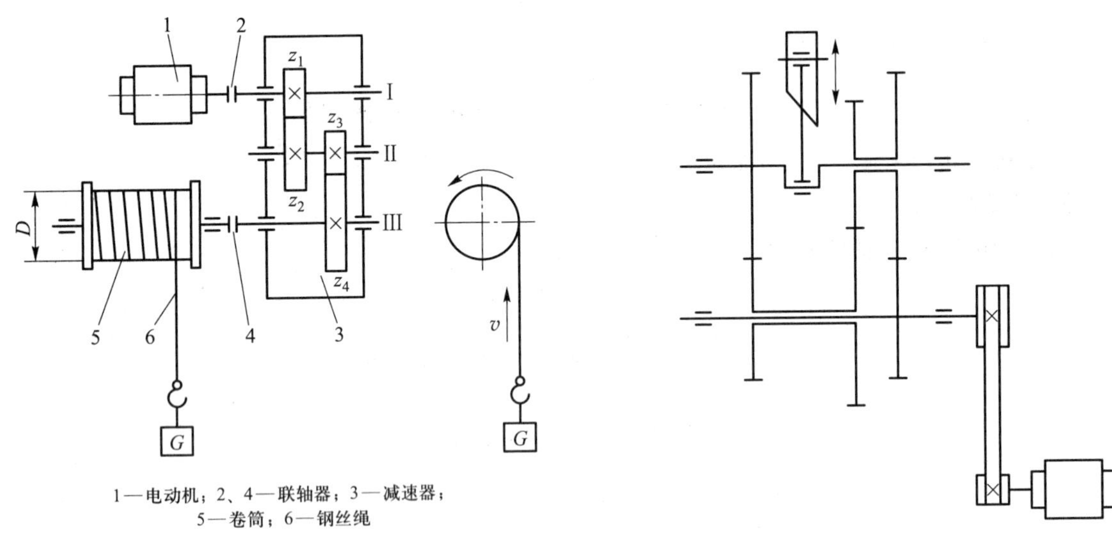

图16.10　题16.1图

图16.11　题16.2图

16.3　某真空式饮料灌装机的传动系统如图16.12所示。贮液箱5、托瓶台3和灌装阀2均由蜗轮轴6带动旋转。空瓶被输送至由滑道4支承的托瓶台上，并随滑道高度变化而上升、下降，当瓶口顶住阀头时完成灌装，瓶子下降时阀头关闭。气阀7用于控制供料装置(图中未画出)阀门的开启。假设该机生产能力为5 000瓶/h，贮液箱每转一周可灌装32瓶，气阀阀芯转速为80～85 r/min，电动机转速为1 450 r/min。试分析传动线路，分配各级传动比并确定各轮齿数。

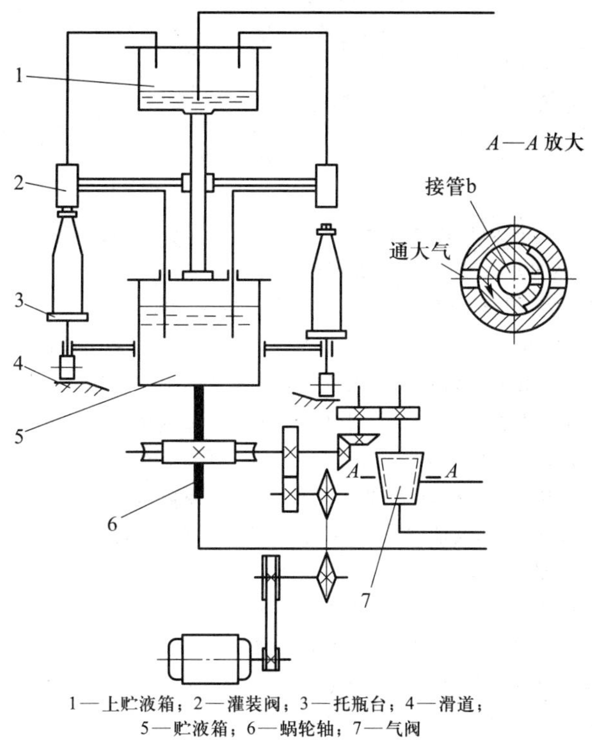

1—上贮液箱；2—灌装阀；3—托瓶台；4—滑道；
5—贮液箱；6—蜗轮轴；7—气阀

图 16.12　题 16.3 图

16.4　为保护书芯不变形并便于翻阅，硬皮精装书需在前、后封皮与书脊连接部位压出一道沟槽。压槽工艺过程包括 9 个工序，全部在压槽机的转盘上进行，每完成一个工序，转盘旋转 40°。驱动转盘的传动系统如图 16.13 所示。

（1）若电动机转速为 750 r/min，生产率为 45 本/min，试确定各级传动比。

（2）若希望通过改变电动机转速实现生产率能在 29～50 本/min 范围内变化，试确定电动机的最高转速和最低转速。

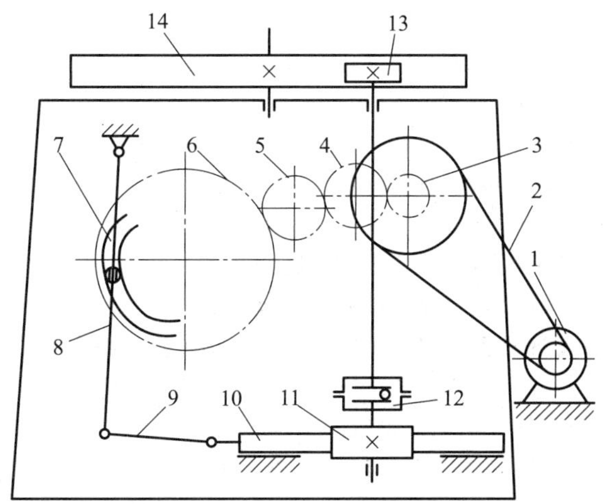

1—电动机；2—带传动；3、4、5、6、11、13—齿轮；7—槽凸轮；
8—摆杆；9—连杆；10—齿条；12—超越离合器；14—齿轮转盘

图 16.13　题 16.4 图

参 考 文 献

[1] 谭学润. 机械设计[M]. 北京:中国石化出版社,1994.

[2] 郑江,许瑛. 机械设计[M]. 北京:中国林业出版社,2006.

[3] 于惠力,向敬忠,张春宜. 机械设计[M]. 北京:科学出版社,2007.

[4] 成大先. 机械设计手册:单行本 轴及其连接[M]. 5 版. 北京:化学工业出版社,2010.

[5] 温诗铸,黎明. 机械学发展战略研究[M]. 北京:清华大学出版社,2003.

[6] 彭文生,黄华梁. 机械设计教学指南[M]. 北京:高等教育出版社,2003.

[7] 濮良贵,纪名刚. 机械设计[M]. 8 版. 北京:高等教育出版社,2006.

[8] 孙志礼,马星国,黄秋波,等. 机械设计[M]. 北京:科学出版社,2008.

[9] 吴克坚,于晓红,钱瑞明. 机械设计[M]. 北京:高等教育出版社,2003.

[10] 王德伦,马雅丽. 机械设计[M]. 北京:机械工业出版社,2015.

[11] 周海. 机械设计课程设计[M]. 西安:西安电子科技大学出版社,2011.

[12] 陆凤仪. 机械设计[M]. 北京:机械工业出版社,2007.

[13] 安琦. 机械设计[M]. 北京:科学出版社,2008.

[14] 孙志理. 机械设计[M]. 北京:科学出版社,2008.

[15] 吴宗泽. 机械设计教程[M]. 北京:机械工业出版社,2003.

[16] 邱宣怀. 机械设计[M]. 4 版. 北京:高等教育出版社,1997.

[17] 徐锦康. 机械设计[M]. 北京:机械工业出版社,2001.

[18] 吴宗泽. 机械设计[M]. 北京:高等教育出版社,2001.

[19] 唐照民,李质芳. 机械设计[M]. 西安:西安交通大学出版社,1995.

[20] Shigley J E, Mischke R Charles. Mechanical Engineering Design[M]. 6 版. 北京:机械工业出版社,2002.

[21] Mott R L. Machine Elements in Mechanical Design[M]. 3 版. 北京:机械工业出版社,2003.

[22] Spotts M F, Shoup T E. Design of Machine Elements[M]. 3 版. 北京:机械工业出版社,2003.

[23] 吴宗泽,黄纯颖. 机械零件习题集[M]. 3 版. 北京:高等教育出版社,2002.

[24] 吴宗泽. 机械结构设计[M]. 北京:机械工业出版社,1988.

[25] 吴宗泽. 机械设计禁忌 500 例[M]. 北京:机械工业出版社,1987.

[26] 王大康,卢颂峰. 机械设计课程设计[M]. 北京:北京工业大学出版社,2000.

[27] 弗罗尼斯 S. 设计学:传动零件[M]. 王汝霖,等,译. 北京:高等教育出版社,1988.

[28] 齿轮手册编委会. 齿轮手册[M]. 2 版. 北京:机械工业出版社,2001.

[29] 徐灏. 机械设计手册[M]. 2 版. 北京:机械工业出版社,2000.

[30] 辛一行. 现代机械设备设计手册[M]. 北京:机械工业出版社,1996.

[31] 卜炎. 机械传动装置设计手册[M]. 北京:机械工业出版社,1999.

[32] 成大先. 机械设计手册[M]. 4 版. 北京:化学工业出版社,2002.

[33] 中国机械设计大典编委会. 中国机械设计大典[M]. 南昌:江西科学技术出版社,2002.